“十二五”普通高等教育本科国家级规划教材

水污染控制工程

（第五版）下册

高廷耀　顾国维　周琪　主编

中国教育出版传媒集团
高等教育出版社·北京

内容提要

本书第四版是“十二五”普通高等教育本科国家级规划教材，并于2021年获得首届全国优秀教材二等奖。第三版是普通高等教育“十一五”国家级规划教材，第二版是面向21世纪课程教材。

本书在第四版的基础上修订而成。全书框架基本保持了原书的结构，并且根据近年来水污染控制工程在理论、技术等领域的进展和教学需求，结合国家生态文明建设和绿色发展要求，对原书进行了必要的补充和完善。同时，为适应信息技术的发展趋势，第五版采用了新形态教材的建设理念，以丰富教材的内容和形式。

本书是《水污染控制工程》的下册，共十二章。内容包括污水水质和污水出路、污水的物理处理、污水生物处理的基本概念和生化反应动力学基础、活性污泥法、生物膜法、稳定塘和污水的土地处理、污水的厌氧生物处理、污水的化学与物理化学处理、城镇污水回用、污泥的处理与处置、工业废水处理、污水处理厂设计等。为方便教学和学习，每章后配有思考题和习题。

本书可供高等学校环境工程、环境科学、给排水科学与工程等专业本科生作为教材，也可供广大科技人员参考。

图书在版编目(CIP)数据

水污染控制工程．下册 / 高廷耀，顾国维，周琪主编．--5版．--北京：高等教育出版社，2023.8（2024.12重印）
ISBN 978-7-04-060758-1

Ⅰ．①水… Ⅱ．①高… ②顾… ③周… Ⅲ．①水污染-污染控制-高等学校-教材 Ⅳ．①X520.6

中国国家版本馆CIP数据核字(2023)第123947号

Shui Wuran Kongzhi Gongcheng

策划编辑 陈正雄　责任编辑 宋明玥 陈正雄　封面设计 贺雅馨　版式设计 杨 树
责任绘图 邓 超　责任校对 吕红颖　责任印制 沈心怡

出版发行 高等教育出版社
社　　址 北京市西城区德外大街4号
邮政编码 100120
印　　刷 涿州市星河印刷有限公司
开　　本 787mm×1092mm 1/16
印　　张 30.5
字　　数 650千字
购书热线 010-58581118
咨询电话 400-810-0598
网　　址 http://www.hep.edu.cn
http://www.hep.com.cn
网上订购 http://www.hepmall.com.cn
http://www.hepmall.com
http://www.hepmall.cn
版　　次 1989年2月第1版
2023年8月第5版
印　　次 2024年12月第4次印刷
定　　价 63.00元

物 料 号 60758-00

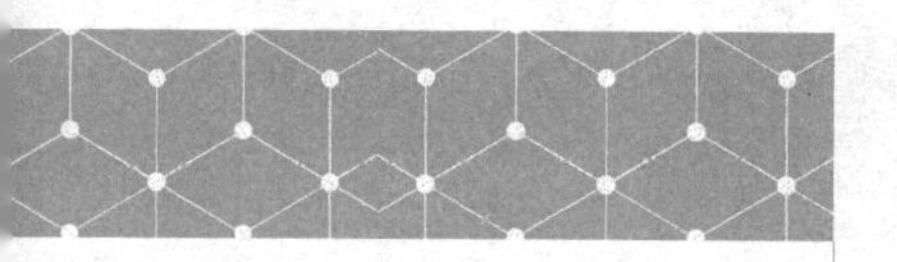

水污染控制工程

（第五版）下册

高廷耀　顾国维　周琪　主编

1 计算机访问http://abook.hep.com.cn/1262572，或手机扫描二维码、下载并安装Abook应用。

2 注册并登录，进入"我的课程"。

3 输入封底数字课程账号（20位密码，刮开涂层可见），或通过Abook应用扫描封底数字课程账号二维码，完成课程绑定。

4 单击"进入课程"按钮，开始本数字课程的学习。

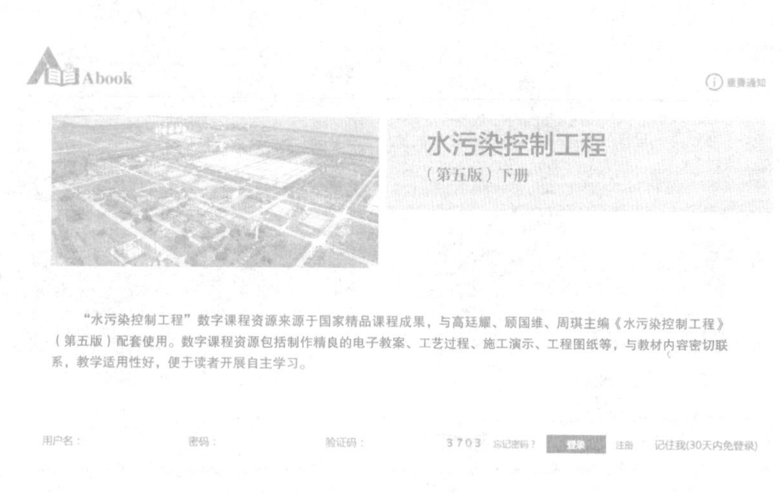

课程绑定后一年为数字课程使用有效期。受硬件限制，部分内容无法在手机端显示，请按提示通过计算机访问学习。

如有使用问题，请发邮件至abook@hep.com.cn。

http://abook.hep.com.cn/1262572

第五版前言

《水污染控制工程》自出版以来在国内高等学校获得较广泛的应用，受到广大读者的好评。《水污染控制工程》为普通高等教育“十一五”国家级规划教材和“十二五”普通高等教育本科国家级规划教材，并于2021年获得首届全国优秀教材二等奖。《水污染控制工程》(第四版)出版8年多来，环境保护与可持续发展的理念更加深入人心，水污染控制的理论和技术不断发展，工程实践也为教学积累了更多的经验与案例。特别是随着我国新时代绿色发展理念进一步深入和生态文明建设的要求，为适应环境学科的发展和人才培养需求，在《水污染控制工程》(第四版)基础上，第五版做了较大的修改和补充，增补了反映近年来水污染控制技术的新发展的内容，如上册排水管渠系统部分增补了海绵城市建设等内容，下册污水、污泥处理部分增加了污水处理厂碳排放核算等内容；在污水的物理与生物处理、城镇污水资源化、污水处理厂设计等部分都相应增补了新的工艺和技术方法。新版采用了新形态教材建设理念，丰富了教材的内容和形式，以提高教与学的效率。

《水污染控制工程》(第五版)各章节由徐竟成、周增炎(第一、二、三、五、八章及附录,第四章第一、二、三、五节)，陆斌、全洪福(第六章)，陆斌、朱保罗(第七章)，周琪(绪论,第十四、十五、十八章)，周琪、章非娟(第十一章)，徐竟成(第九、十七、二十章,第四章第四节)，徐竟成、章非娟(第十三章)，杨殿海、章非娟(第十章)，杨殿海、顾国维(第十二章)，王志伟、李国建、高廷耀(第十六章)，黄翔峰(第十九章)等编写；全书由高廷耀、顾国维、周琪担任主编。本书编写过程中参考了许多文献资料，上海市政工程设计研究总院(集团)有限公司提供了封面污水处理厂鸟瞰图，信息化资料中采用了部分工程实景，在此一并表示诚挚的感谢。

由于编者水平有限，对于本书的漏误之处，热忱希望读者提出批评和意见。

编　者

2023年1月

第四版前言

本书为“十二五”普通高等教育本科国家级规划教材。《水污染控制工程》自出版以来在国内高等学校得到较广泛的应用，受到广大读者的好评，并多次获得相关教材奖。在《水污染控制工程》（第三版）出版的7年间，环境保护与可持续发展的理念已更加深入人心，水污染控制的理论和技术有很大的发展，工程实践也为教学积累了大量的经验与案例。为适应环境学科的发展和人才培养，本书在《水污染控制工程》（第三版）基础上做了较大的修改和补充，特别是增补了近年来水污染控制技术的发展现状。例如，第一章增补了新型材质的管道、检查井和雨水口；第四章增补了立体交叉道路雨水的排除和雨水径流控制及资源化；第七章增补了排水管渠系统管理维护新技术；第十二章增加了生物脱氮的新工艺技术；增加了第十九章工业废水处理；污水厌氧消化、污泥的处理处置等章节的内容也有较多的增补。全书仍分为上、下两篇。上篇为排水管渠系统部分，共八章；下篇为污水、污泥处理部分，共十二章。

《水污染控制工程》（第四版）由周增炎（第一、二、三、五、八章，第四章第一、二、三、五节），全洪福（第六章），朱保罗（第七章），周琪（绪论、第十四、十五、十八章），周琪、章非娟（第十一章），徐竟成（第九、十七、二十章、第四章第四节），徐竟成、章非娟（第十三章），杨殿海、章非娟（第十章），杨殿海、顾国维（第十二章），李国建、高廷耀（第十六章）、黄翔峰（第十九章）编写；由高廷耀、顾国维、周琪担任主编。

由于编者水平有限，在本书的编写过程中难免会出现漏误之处，热忱希望读者提出批评和意见。

编　者

2014年5月

第三版前言

《水污染控制工程》自出版以来受到广大读者的好评，在国内高等院校获得较广泛的应用。其第一版于1989年出版，1990年获第二届全国优秀教材一等奖；第二版于1999年出版，2002年获全国普通高等学校优秀教材二等奖，2003年获上海市优秀教材一等奖；第三版为普通高等教育“十一五”国家级规划教材。

《水污染控制工程》（第二版）自出版至今已有7年。7年来，循环经济、保护环境、可持续发展的理念已深入人心。人们对水污染控制方面的认识在不断深化，水污染控制的理论和技术也在不断发展。因此，根据学科发展现状和教学的要求，《水污染控制工程》（第三版）在第二版的基础上进行了较大的修改和补充。

全书仍分为上、下两篇。上篇为排水管渠系统部分，共八章；下篇为污水处理部分，共十一章。

《水污染控制工程》（第三版）由周增炎（第一、二、三、五、八章，第四章第一、三、四、五节），全洪福、郑贤谷（第六章），朱保罗、郑贤谷（第七章），周琪（绪论，第十四、十五、十八章），周琪、章非娟（第十一章），徐竟成（第九、十七、十九章，第四章第二节），徐竟成、章非娟（第十三章），杨殿海、章非娟（第十章），杨殿海、顾国维（第十二章），高廷耀、李国建（第十六章）等同志改编；由高廷耀、顾国维、周琪担任主编。

由于编者水平有限，在本书的编写过程中难免会出现漏误之处，热忱希望读者提出批评和意见。

编　者

2006年10月

第二版前言

本书的第一版是1989年印刷的。出版后，在国内高等学校获得较广泛的应用，并多次重印。

第一版教材出版至今已有10年。10年来，保护环境、可持续发展的理念已经深入人心。人们在水污染控制方面的认识也逐渐深化，技术上有了新的进展，这些理应在教材中有所反映。同时，第一版教材中包括了给水工程方面的内容，对多数读者来说是不必要的；且有些内容过于繁复，不够精练；第一版教材中，还存在不少印刷上的错误，给读者带来很多不便。因此，我们决心对原教材做较大的修改和补充，以克服上述的缺点。

全书分为上、下两篇。上篇为污水沟道部分，共九章；下篇为污水处理部分，共十二章。

本书由周增炎（第二、三、四、七章）、杨海真（总论、第九章）、屈计宁（第一、二十章）、郑贤谷（第五、六章）、胡家骏（第八章）、章非娟（第十、十一、十二、十三章）、顾国维（第十四、十八、十九章）、高廷耀（第十四章第六节，第十五、十六、十七、二十一章）等同志改编；由高廷耀、顾国维担任主编。全书经胡家骏教授审改。

由于我们的水平限制，本教材还可能有错误，热忱希望读者提出批评和意见。

编　者

1999年3月

第一版前言

“水污染控制工程”是高等工业学校环境工程专业的一门必修专业课，但目前缺乏合适的教材和参考书。本书在同济大学1977—1980年所编的“排水工程”教材的基础上重新改编而成，主要供高等工业学校环境工程专业“水污染控制工程”课程（多学时）教学使用，也可供给水排水工程专业“排水工程”课程教学使用，同时，可供有关工程技术人员阅读参考。目前，我国各所学校的环境工程专业的课程设置和培养侧重点有所不同。有的是偏于土建类的，既要强调水的治理工程，也要重视管道系统的规划设计；有的是偏于化工类的，对管道系统的规划设计的要求较低，同时在教学计划中不再有给水工程方面的课程。因此，要使一份教材满足各方面的要求是相当困难的，在编写的内容上就要适当兼顾，以便各校按照具体情况选用。作为教材，本书着重于基本原理和基础理论的阐述，因为又是参考书，有些内容的介绍就较为详细，但在教学中不必详细讲述。

本书是同济大学环境工程系的教师集体编写的，由高廷耀教授任主编。全书分上、下两册。上册主要介绍管道系统部分，包括污水沟道系统，雨水沟道系统和给水管道系统的规划设计等。下册主要介绍水处理部分，包括水体的污染和自净，水的物理处理，化学处理，生物处理，物理化学处理，污泥处理和给水，污水处理厂的规划设计等。水污染控制问题应从整个工程系统的角度加以考虑，因此本书对管道系统的规划设计做了必要介绍。在水处理部分，将废水处理和给水处理结合在一起加以阐述是一种尝试。

书籍内容的叙述上，力求基本概念正确。能适当反映本学科最近的进展和新的水平，引入了近年来同济大学环境工程系的教师和研究生的部分科研成果。书中也列举了一些计算例题和思考题，供教学中参考。

上册部分由蔡不忒（总论）、周增炎（第一至第三章）、邓培德（第四至第六章）、许建华（第七章）等同志编写。下册部分由蔡不忒（第八、九、十、二十章）、赵俊瑛（第十一、十二章）、秦麟源（第十三章）、章非娟（第十五章）、顾国维（第十六章）、高廷耀（第十四、十七、十八、十九、二十二章和第十六章的第六、七节）、徐建华（第二十一章）等同志编写。由高廷耀担任主编。

由于我们的理论和实践水平的限制，加工时间仓促，本教材并不成熟，还可能有错误，我们热忱希望读者提出批评和意见。

编　者

1988年3月

目录

第九章

污水水质和污水出路

第一节 污水性质与污染指标

一、污水的类型与特征

污水根据其来源一般可以分为生活污水、工业废水、初期雨水及城镇污水。其中，城镇污水指由城镇排水系统收集的生活污水、工业废水及部分城镇地表径流（雨雪水）、入渗地下水等，是一种综合污水，也是本书讨论的主要内容。各种类型污水的特征及其影响因素如下。

1. 生活污水

生活污水主要来自家庭、商业、机关、学校、医院、城镇公共设施及工厂的餐饮、卫生间、浴室、洗衣房等，包括厕所冲洗水、厨房洗涤水、洗衣排水、沐浴排水及其他排水等。生活污水的主要成分为纤维素、淀粉、糖类、脂肪和蛋白质等有机物，以及含氮、磷、硫等的无机盐类和泥砂等杂质，生活污水中还含有多种微生物及病原体。影响生活污水水质的主要因素有生活水平、生活习惯、卫生设备及气候条件等。

2. 工业废水

工业废水主要是在工业生产过程中被生产原料、中间产品或成品等物料污染的水。工业废水由于种类繁多，污染物成分及性质随生产过程而异，变化复杂。一般而言，工业废水污染比较严重，往往含有有毒有害物质，有的含有易燃、易爆和腐蚀性强的污染物，须局部处理达到要求后才能排入城镇排水系统，是城镇污水中有毒有害污染物的主要来源。影响工业废水水质的主要因素有工业类型、生产工艺和生产管理水平等。

3. 初期雨水

初期雨水是雨雪降至地面形成的初期地表径流，将大气和地表中的污染物带入水中，形成面源污染。初期雨水的水质水量随区域环境、季节和时间变化，成分比较复杂。个别地区甚至可以出现初期雨水污染物浓度超过生活污水的现象。某些工业废渣或城镇垃圾堆放场地经雨水冲淋后产生的污水更具危险性。影响初期雨水被污染的主要因素有大气质量、气候条件、地面及建筑物环境质量等。

4. 城镇污水

城镇污水包括生活污水、工业废水等，在合流制排水系统中包括被截流进入的雨水，在半分流制排水系统中包括初期雨水。城镇污水成分性质比较复杂，不仅各城镇间不同，同一城市中的不同区域也有差异，需要进行全面细致的调查研究，才能确定其水质成分及特点。影响城镇污水水质的因素较多，主要为所采用的排水体制，以及所在地区生活污水与工业废水的特点及比例等。

二、污水的性质与污染指标

污水中杂质颗粒分布及性质

水质污染指标是评价水质污染程度、进行污水处理工程设计、反映污水处理厂处理效果、开展水污染控制的基本依据。

污水所含的污染物成分复杂，可通过分析检测方法对污染物做出定性、定量的评价。污水污染指标一般可分为物理性质、化学性质和生物性质三类。

（一）污水的物理性质与污染指标

表示污水物理性质的污染指标主要有温度、色度、嗅和味、固体物质等。

1. 温度

许多工业企业排出的污水都有较高的温度，排放这些污水会使水体温度升高，引起水体的热污染。氧在水中的饱和溶解度随水温升高而降低，较高的水温又加速耗氧反应，可导致水体缺氧与水质恶化。

2. 色度

色度是一项感官性指标。纯净的天然水是清澈透明无色的，但带有金属化合物或有机物等有色污染物的污水呈现各种颜色。将有色污水用蒸馏水稀释后与蒸馏水在比色管中对比，一直稀释到两个水样没有色差，此时污水的稀释倍数即为其色度。污水排放标准对色度也有严格的要求。

3. 嗅和味

嗅和味同色度一样也是感官性指标。天然水是无臭无味的，当水体受到污染后会产生异样的气味。水的异味来源于还原性硫和氮的化合物、挥发性有机物和氯气等污染物。盐分也会给水带来异味，如氯化钠带咸味，硫酸镁带苦味，铁盐带涩味，硫酸钙略带甜味等。

4. 固体物质

污水中固体成分内在相关性

水中所有残渣的总和称为总固体（total solid，TS），总固体包括溶解性固体（dissolved solid，DS）和悬浮固体［在国家标准和规范中，又称为悬浮物，用 SS（suspended solid）表示］。水样经过滤后，滤液蒸干所得的固体即为溶解性固体（DS），滤渣脱水烘干后即是悬浮固体（SS）。固体残渣根据挥发性能可分为挥发性固体（volatile solid，VS）和非挥发性固体（fixed solid，FS）。将固体在 600 ℃ 的温度下灼烧，挥发掉的量即是挥发性固体（VS），灼烧残渣则是非挥发性固体（FS），也称为灰分。溶解性固体一般表示盐类的含量，悬浮固体表示水中不溶解的固态物质含量，挥发性固体反映固体的有机成分含量。

饮用水、工业用水、渔业用水和灌溉用水等对悬浮固体和溶解性固体均有不同的要求。悬浮固体和挥发性固体是重要的水质指标，也是污水处理厂设计的重要参数。

（二）污水的化学性质与污染指标

表示污水化学性质的污染指标可分为有机污染物指标和无机污染物指标。

1. 有机污染物指标

污水有机污染物指标之间的关系

生活污水和某些工业废水中所含的糖类、蛋白质、脂肪等有机物在微生物作用下最终分解为简单的无机物(如二氧化碳和水等)。这些有机物在分解过程中需要消耗大量的氧气，故属于耗氧有机污染物。耗氧有机污染物是使水体产生黑臭的主要因素之一。

污水中有机污染物的组成较复杂，分别测定各类有机污染物的周期较长，工作量较大，通常在工程中必要性不大。有机污染物的主要危害是消耗水中溶解氧。因此，在工程中一般采用生化需氧量(biochemical oxygen demand, BOD)、化学需氧量(chemical oxygen demand, COD 或 OC)、总有机碳(total organic carbon, TOC)、总需氧量(total oxygen demand, TOD)等指标来反映水中有机污染物的含量。

BOD与CBOD、NBOD及BOD_L与BOD_5的关系

(1) 生化需氧量(BOD)：水中有机污染物被好氧微生物分解时所需的氧量称为生化需氧量(以 mg/L 为单位)，间接反映了水中可生物降解的有机污染物量。生化需氧量越高，表示水中耗氧有机污染物越多。有机污染物被好氧微生物氧化分解的过程，一般可分为两个阶段：第一阶段主要是有机污染物被转化成二氧化碳、水和氨；第二阶段主要是氨被转化为亚硝酸盐和硝酸盐。污水的生化需氧量通常只指第一阶段有机污染物生物氧化所需的氧量。微生物的活动与温度有关，测定生化需氧量时以 20℃ 作为测定的标准温度。生活污水中的有机物一般需20 d左右才能基本上完成第一阶段的分解氧化过程，即测定第一阶段的生化需氧量至少需 20 d，这在实际应用中周期太长。目前以 5 d 作为测定生化需氧量的标准时间，简称 5 日生化需氧量(用 BOD_5 表示)。据实验研究，生活污水 5 日生化需氧量约为第一阶段生化需氧量的 70%。

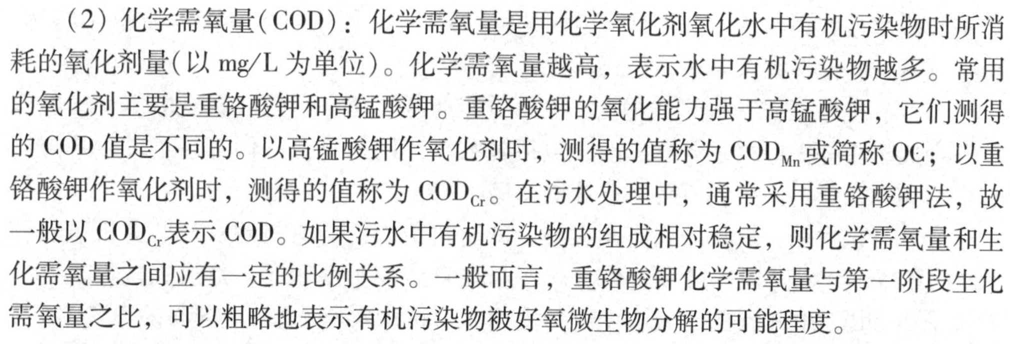

(2) 化学需氧量(COD)：化学需氧量是用化学氧化剂氧化水中有机污染物时所消耗的氧化剂量(以 mg/L 为单位)。化学需氧量越高，表示水中有机污染物越多。常用的氧化剂主要是重铬酸钾和高锰酸钾。重铬酸钾的氧化能力强于高锰酸钾，它们测得的 COD 值是不同的。以高锰酸钾作氧化剂时，测得的值称为 COD_{Mn} 或简称 OC；以重铬酸钾作氧化剂时，测得的值称为 COD_{Cr}。在污水处理中，通常采用重铬酸钾法，故一般以 COD_{Cr} 表示 COD。如果污水中有机污染物的组成相对稳定，则化学需氧量和生化需氧量之间应有一定的比例关系。一般而言，重铬酸钾化学需氧量与第一阶段生化需氧量之比，可以粗略地表示有机污染物被好氧微生物分解的可能程度。

(3) 总有机碳(TOC)与总需氧量(TOD)：目前应用的 5 日生化需氧量(BOD_5)测试时间长，不能快速反映水体被有机污染物污染的程度。可以采用总有机碳和总需氧量的测定，并寻求它们与 BOD_5 的关系，实现快速测定。

总有机碳(TOC)包括水样中所有有机污染物的含碳量，也是评价水样中有机污染物的一个综合参数。有机污染物中除含有碳外，还含有氢、氮、硫等元素，当有机污染物全都被氧化时，碳被氧化为二氧化碳，氢、氮及硫则被氧化为水、一氧化氮、二氧化硫等，此时需氧量称为总需氧量(TOD)。

TOC 和 TOD 的测定都是燃烧化学氧化反应，前者测定结果以碳表示，后者则以氧表示。TOC、TOD 的耗氧过程与 BOD 的耗氧过程有本质不同，而且由于各种水样中有机物的成分不同，生化过程差别也较大。各种水质之间 TOC 或 TOD 与 BOD 不存在固定的相关关系。在水质条件基本相同的条件下，BOD 与 TOC 或 TOD 之间存在一定的相关关系。

(4) 油类污染物：油类污染物有石油类和动植物油脂两种。工业含油污水所含的油大多为石油或其组分，含动植物油脂的污水主要产生于人的生活过程和食品工业。

油类污染物进入水体后影响水生生物生长、降低水体的资源价值。油膜覆盖水面阻碍水的蒸发，影响大气和水体的热交换。油类污染物进入海洋，改变海面的反射率和减少进入海洋表层的日光辐射，对局部地区的水文气象条件可能产生一定的影响。大面积油膜将阻碍大气中的氧气进入水体，从而降低水体的自净能力。

随着石油工业的发展，石油类物质对水体的污染越来越严重。石油污染对幼鱼和鱼卵的危害很大。石油污染还能使鱼虾类产生石油臭味，降低水产品的食用价值。

(5) 酚类污染物：酚类化合物是有毒有害污染物。水体受酚类化合物污染后影响水产品的产量和质量。水体中的酚浓度很低时已能影响鱼类的洄游繁殖，酚的质量浓度(后文简称为浓度)达 0.1～0.2 mg/L 时鱼肉有酚味，浓度高时引起鱼类大量死亡，甚至绝迹。酚的毒性可降低水中微生物(如细菌、藻等)的自然生长速率，有时甚至使其停止生长。

(6) 表面活性剂：生活污水和使用表面活性剂的工业废水含有大量表面活性剂。表面活性剂有两类：① 烷基苯磺酸盐，俗称硬性洗涤剂(英文缩写为 ABS)，含有磷并易产生大量泡沫，属于难生物降解有机污染物，20 世纪 60 年代前常用；② 直链烷基苯磺酸盐，俗称软性洗涤剂(英文缩写为 LAS)，属于可生物降解有机污染物，代替了 ABS，泡沫大大减少，但仍然含有磷。

(7) 有机酸碱：有机酸工业废水含短链脂肪酸、甲酸、乙酸和乳酸等。人造橡胶、合成树脂等工业废水含有机碱，包括吡啶及其同系物。它们都属于可生物降解有机污染物，但对微生物有毒害或抑制作用。

(8) 有机农药：有机农药有两大类，即有机氯农药与有机磷农药。有机氯农药(如 DDT,六六六等)毒性极大且难分解，会在自然界不断积累，造成二次污染，故我国于 20 世纪 70 年代起，禁止生产与使用。有机磷农药(含杀虫剂与除草剂)有敌百虫、乐果、敌敌畏等，毒性大，属于难生物降解有机污染物，并对微生物有毒害与抑制作用。

(9) 苯类化合物：苯环上的氢被氯、硝基、氨基等取代后生成的芳香族化合物，主要来源于染料工业废水(含芳香族氨基化合物,如偶氮染料、蒽醌染料、硫化染料等)、炸药工业废水(含芳香族硝基化合物,如三硝基甲苯、苦味酸等)，以及电器、塑料、制药、合成橡胶等工业废水(含多氯联苯、联苯胺、萘胺、三苯磷酸盐、丁苯等)。这些人工合成高分子有机物种类繁多，成分复杂，大多属于难生物降解有机污染物，使城镇污水的净化处理难度大大增加，并对微生物有毒害与抑制作用。

2. 无机污染物指标

（1）pH：主要指示水样的酸碱性。pH<7 水样呈酸性，pH>7 水样呈碱性。一般要求处理后污水的 pH 为 6~9。天然水体的 pH 一般近中性，当受到酸碱污染时 pH 发生变化，可杀灭水体中的生物或抑制其生长，妨碍水体自净，还可腐蚀船舶。若天然水体长期遭受酸、碱污染，将使水质逐渐酸化或碱化，从而对正常生态系统产生严重影响。

（2）植物营养元素：污水中的氮、磷为植物营养元素，从农作物生长角度看，植物营养元素是宝贵的养分，但过多的氮、磷进入天然水体会导致富营养化。

"富营养化"一词来自湖沼学。湖沼学家认为，富营养化是湖泊衰老的一种表现。湖泊中植物营养元素含量增加，导致水生植物和藻类的大量繁殖，使鱼类生活的空间越来越少；且藻类的种类逐渐减少，而个体数则迅速增加。藻类过度生长繁殖还将造成水中溶解氧的急剧变化。藻类在有阳光的时候，在光合作用下产生氧气；在夜晚无阳光的时候，藻类的呼吸作用和死亡藻类的分解作用所消耗的氧气能在一定时间内使水体处于严重缺氧状态，从而严重影响鱼类生存。在自然界物质的正常循环过程中，也有可能使某些湖泊由贫营养湖发展为富营养湖，进一步发展为沼泽和干地。

① 氮及其化合物：污水中含氮化合物包括有机氮、氨氮、亚硝酸盐氮与硝酸盐氮，四种含氮化合物的总量称为总氮（TN，以 N 计）。有机氮不稳定，在微生物的作用下会分解为氨氮；在有氧的条件下，氨氮可以进一步生物转化为亚硝酸盐氮与硝酸盐氮。凯氏氮（KN 或 TKN）是有机氮与氨氮之和，可以用来判断污水生物法处理时，氮营养是否充足。氨氮在污水中的存在形式有游离氨（NH_3）和离子状态铵盐（NH_4^+）两种。一般来说，总氮与凯氏氮之差值，约等于亚硝酸盐氮与硝酸盐氮之和。凯氏氮与氨氮之差值，约等于有机氮。

② 磷及其化合物：污水中含磷化合物可分为有机磷与无机磷两类。有机磷的存在形式主要有：葡萄糖-6-磷酸、2-磷酸甘油酸及磷肌酸等。无机磷以磷酸盐形式存在，包括正磷酸盐（PO_4^{3-}），偏磷酸盐（PO_3^-），磷酸氢盐（HPO_4^{2-}），磷酸二氢盐（$H_2PO_4^-$）等。

各水质指标间的关系

水体富营养化现象除发生在湖泊、水库中，也发生在海湾内。水体中氮、磷含量的高低与水体富营养化程度有密切关系。

（3）重金属：重金属主要指汞、镉、铅、铬、镍等生物毒性显著的元素，也包括具有一定毒害性的一般重金属，如锌、铜、钴、锡等。

重金属是构成地壳的物质，在自然界分布非常广泛。重金属在自然环境的各部分均存在着本底含量，在正常的天然水中重金属含量均很低，汞的含量为 0.001~0.01 mg/L，铬含量小于 0.001 mg/L，在河流和淡水湖中铜的含量平均约为 0.02 mg/L，钴为 0.004 3 mg/L，镍为 0.001 mg/L。

重金属在人类的生产和生活方面有广泛的应用。这一情况使环境中存在着各种各样的重金属污染源。采矿、冶炼、电镀、芯片制造是向环境中释放重金属的主要污染源。这些企业通过排放污水、废气、废渣向环境中释放重金属，因而能在局部地区造成严重的污染后果。

(4) 无机性非金属有害有毒污染物：水中无机性非金属有害有毒污染物主要有总砷、含硫化合物、氰化物等。

① 总砷：砷在水质标准中为保证人体健康及保护水生生物的毒理学指标，以水中砷总量计。单质砷不溶于水，几乎没有毒性，但在空气中极易被氧化为剧毒的三氧化二砷，即砒霜。砷的化合物种类很多，固态的有 As_2O_3、As_2O_2、As_2S_3 和 As_2O_5 等，液态的有 $AsCl_3$，气态的有 AsH_3。水环境中的砷多以三价和五价形态存在，其化合物可能是有机的，也可能是无机的，三价砷化物比五价砷化物对哺乳动物和水生生物的毒性更大。

② 含硫化合物：硫在水中存在的主要形式是硫酸盐、无机硫化物和有机硫化物。硫酸盐(SO_4^{2-})分布很广。天然水中，它的主要来源是石膏、硫酸镁、硫酸钠等矿岩的淋溶、硫铁矿的氧化、含硫有机物的氧化分解，以及某些含硫工业废水的污染，每升水中硫酸根离子的浓度可从几毫克至几千毫克不等。

硫化氢(H_2S)有强烈的臭味，每升水中只要有零点几毫克，就会产生令人不愉快的臭味。厌氧生化反应产生的 H_2S 气体，不仅造成恶臭危害，而且会腐蚀下水道和处理构筑物，空气中的 H_2S 超量会引起人畜中毒死亡。

③ 氰化物：氰化物是含—CN 化合物的总称，分为简单氰化物、氰配合物和有机氰化物(腈)。其中简单氰化物，最常见的是氰化氢、氰化钠和氰化钾，易溶于水，有剧毒，摄入 0.1 g 左右就会致人死亡。天然水体一般不含有氰化物，水中如发现有氰化物存在，往往是工业废水污染所致，如电镀、煤气、炼焦、化纤、选矿和冶金等工业废水中，都有氰化物的存在。

(三) 污水的生物性质与污染指标

表示污水生物性质的污染指标主要有细菌总数、大肠菌群和病毒。

1. 细菌总数

水中细菌总数反映了水体受细菌污染的程度，可作为评价水质清洁程度和考核水净化效果的指标，一般细菌总数越多，表示病原菌存在的可能性越大。细菌总数不能说明污染的来源，必须结合大肠菌群数来判断水的污染来源和安全程度。

2. 大肠菌群

水是传播肠道疾病的一种重要媒介，而大肠菌群被视为最基本的粪便污染指示菌群。大肠菌群的值可表明水被粪便污染的程度，间接表明有肠道病菌(伤寒、痢疾、霍乱等)存在的可能性。

3. 病毒

由于肝炎、脊髓灰质炎等多种病毒性疾病可通过水体传染，水体中的病毒已引起人们的高度重视。这些病毒也存在于人的肠道中，通过患者粪便污染水体。目前因缺乏完善的经常性检测标准及技术，水质标准对病毒还没有明确的规定。

(四) 污水水质

城镇污水水质变化较大，下面为一些典型城镇污水的水质指标数据。表 9-1 是沿海某城市居住小区和公共建筑生活污水水质的一般日平均值数据。

表 9-1 沿海某城市居住小区和公共建筑生活污水水质 单位：mg·L^{-1}

建筑类别	BOD_5	COD_{Cr}	SS	NH_3-N	动植物油脂
居住小区	150~200	250~350	200~300	25~35	30~40
公共建筑	180~250	350~450	200~300	35~40	≤40

表 9-2 是《给水排水设计手册》提出的我国典型生活污水水质。

表 9-2 我国典型生活污水水质

序号	指标	浓度/(mg·L^{-1})		
		高	中	低
1	总固体(TS)	1 200	720	350
2	溶解性总固体(TDS)	850	500	250
3	非挥发性	525	300	145
4	挥发性	325	200	105
5	悬浮物(SS)	350	200	100
6	非挥发性	75	55	20
7	挥发性	275	165	80
8	可沉降物(mL/L)	20	10	5
9	生化需氧量(BOD_5)	400	220	110
10	溶解性	200	110	55
11	悬浮性	200	110	55
12	总有机碳(TOC)	290	160	80
13	化学需氧量(COD_{Cr})	1 000	400	250
14	溶解性	400	150	100
15	悬浮性	600	250	150
16	可生物降解部分	750	300	200
17	溶解性	375	150	100
18	悬浮性	375	150	100
19	总氮(TN)	85	40	20
20	有机氮	35	15	8
21	游离氮	50	25	12
22	亚硝酸盐	0	0	0
23	硝酸盐	0	0	0
24	总磷(TP)	15	8	4
25	有机磷	5	3	1
26	无机磷	10	5	3
27	氯化物(Cl^-)	200	100	60
28	硫酸盐(SO_4^{2-})	50	30	20
29	碱度($CaCO_3$)	200	100	50
30	动植物油脂	150	100	50
31	总大肠菌群数(个/100 mL)	10^8~10^9	10^7~10^8	10^6~10^7
32	挥发性有机物(VOCs)(μg/L)	>400	100~400	<100

表9-3是某城市工业区污水处理厂的水质情况表(工业废水量占50%以上)。

表9-3 某城市工业区污水处理厂的水质情况

序号	污染指标	浓度均值	浓度范围	序号	污染指标	浓度均值	浓度范围
1	pH	5.9	5.6~6.8	15	甲醛(mg/L)	0.15	未检出~0.45
2	SS(mg/L)	221	204~247	16	苯(mg/L)	0.06	未检出~0.25
3	COD_{Cr}(mg/L)	397	280~597	17	甲苯(mg/L)	0.46	0.012~1.23
4	BOD_5(mg/L)	98.3	27.9~188	18	邻二甲苯(mg/L)	未检出	未检出
5	氨氮(mg/L)	26.7	17.7~33.6	19	对二甲苯(mg/L)	未检出	未检出
6	油类(mg/L)	7.7	5.4~9.23	20	间二甲苯(mg/L)	未检出	未检出
7	硫化物(mg/L)	未检出	未检出	21	铜(mg/L)	0.061	0.11~2.41
8	色度(倍)	133	100~200	22	镍(mg/L)	0.08	0.03~0.14
9	挥发酚(mg/L)	0.39	0.29~0.56	23	镉(mg/L)	未检出	未检出
10	氰化物(mg/L)	0.061	0.007~0.149	24	六价铬(mg/L)	未检出	未检出
11	苯胺(mg/L)	1.53	0.98~3.64	25	三价铬(mg/L)	0.076	0.05~0.1
12	硝基苯(mg/L)	0.73	0.1~6.3	26	锌(mg/L)	0.98	0.34~2.42
13	氟化物(mg/L)	0.68	0.63~0.75	27	铅(mg/L)	未检出	未检出
14	阴离子洗涤剂(mg/L)	0.73	0.49~1.17	28	钴(mg/L)	0.002	未检出~0.004

第二节 污染物在水体中的自净过程

污染物排入水体后受到稀释、扩散和降解等自净作用，污染物浓度逐步减小。在河流中，污染物随河水往下游流动的过程中，在稀释、扩散和降解等自净过程的共同作用下，污染物浓度逐步减小。污染物在河流中的扩散和降解受到河流的流量、流速、水深等因素的影响。大河和小河的纳污能力差别很大。

河口是指河流进入海洋前的感潮河段。一般以落潮时最大断面的平均流速与涨潮时最小断面的平均流速之差等于0.05 m/s的断面作为河口与河流的分界。河口污染物的自净及迁移转化受潮汐影响，也受涨潮、平潮时的水位、流向和流速的影响。污染物排入感潮河流后，随水流不断回荡，在河流中停留时间较长，对排放口上游的河水也会产生影响。

湖泊、水库的贮水量大，但水流一般比较慢，对污染物的稀释、扩散能力较弱。污染物不能很快和湖泊、水库的水混合，易在局部形成污染。当湖泊和水库的平均水深超过一定深度时，由于水温变化使湖(库)水产生温度分层，当季节变化时易出现翻湖现象，湖底的污泥翻上水面。

海洋虽有巨大的自净能力，但海湾属于半封闭水体，自净能力有限。同时，污水的水温较高，含盐量少，密度较海水小，易于浮在表面，在排放口处易形成污水层。

地下水埋藏在地质介质中，其污染是一个缓慢的过程，但地下水一旦受到污染，要恢复原状非常困难。污染物在地下水中的迁移转化受对流与弥散、机械过滤、吸附与解吸、化学反应、溶解与沉淀、降解与转化等过程的影响。

以河流为例，河流的自净过程是指河水中的污染物在河水向下游流动过程中浓度自然降低的现象，从净化机制来看，可分为以下几类。

（1）物理净化：是指由于污染物的稀释、扩散、沉淀或挥发等作用而使河水污染物浓度降低的过程。其中稀释作用是一项重要的物理净化过程。

（2）化学净化：是指由于污染物的氧化、还原、分解等作用而使河水污染物浓度降低的过程。

（3）生物净化：是指由于水中生物活动，尤其是水中微生物对有机物的氧化分解作用而引起的污染物浓度降低的过程。

河流自净作用包含十分广泛的内容，而实际上这些作用又常是相互交织在一起的。因此在具体情况下，研究工作中必然有所侧重。

1. 污水排入河流的混合过程

河流点源污染扩散过程

（1）竖向混合阶段：污染物排入河流后因分子扩散、湍流扩散和弥散作用逐步向河水中分散，由于一般河流的深度与宽度相比较小，所以首先在深度方向上达到浓度分布均匀，从排入口到深度上达到浓度分布均匀的阶段称为竖向混合阶段。在竖向混合阶段也存在横向混合作用。

（2）横向混合阶段：当深度上达到浓度分布均匀后，在横向上还存在混合过程。经过一定距离后污染物在整个横断面达到浓度分布均匀，这一过程称为横向混合阶段。

（3）断面充分混合后阶段：在横向混合阶段后，污染物浓度在横断面上处处相等。在河水向下游流动的过程中，持久性污染物浓度将不再变化，非持久性污染物浓度将不断降低。

2. 持久性污染物的稀释扩散

当难以生物降解的持久性污染物随污水稳态排入河流后，经过混合过程到达充分混合段时，河流完全混合模式下的污染物浓度可由质量守恒定律得出：

$$c=\frac{c_w Q_w + c_h Q_h}{Q_w + Q_h} \tag{9-1}$$

式中：c——排放口下游河水的污染物浓度，mg/L；

c_w，Q_w——污水的污染物浓度和流量，mg/L 和 m^3/d；

c_h，Q_h——排放口上游河水的污染物浓度和流量，mg/L 和 m^3/d。

3. 非持久性污染物的稀释扩散和降解

河流横断面方向达到充分混合后，污染物浓度受到纵向分散作用和污染物自身的分解作用而不断降低。根据质量守恒定律，其变化过程可用下式描述：

$$v\frac{dc}{dx}=M_x\frac{d^2c}{dx^2}-Kc \tag{9-2}$$

$$c=c_0\exp\left[\frac{vx}{2M_x}\left(1-\sqrt{1+\frac{4KM_x}{v^2}}\right)\right] \tag{9-3}$$

式中：v——河水流速，m/d；

x——初始点到下游 x 断面处的距离，m；

M_x——纵向分散系数；

K——污染物分解速率常数；

c_0——初始点的污染物浓度，mg/L；

c——x 断面处的污染物浓度，mg/L。

4. 水体的氧平衡(氧垂曲线)

耗氧污染物排入水体后即发生生物化学分解作用，在分解过程中消耗水中的溶解氧。在受污染水体中，污染物的分解过程制约着水体中溶解氧(DO)的变化过程。这一问题的研究，对评价水污染程度，了解污染物对水产资源的危害和利用水体自净能力，都有重要意义。

河流有机污染扩散及氧垂曲线

在一维河流和不考虑扩散的情况下，河流中的可生物降解有机污染物和溶解氧的变化可以用 S-P(Streeter-Phelps)公式模拟：

$$\frac{dc_L}{dt}=-K_1c_L \tag{9-4}$$

$$\frac{dc_D}{dt}=K_1c_L-K_2c_D \tag{9-5}$$

在 $c_L(x=0)=c_{L0}$，$c_C(x=0)=c_{C0}$，$c_D(x=0)=c_{D0}$的初值条件下求得上述微分方程的解为

$$c_L=c_{L0}e^{-K_1t} \tag{9-6}$$

$$c_D=c_{D0}e^{-K_2t}-\frac{K_1c_{L0}}{K_1-K_2}(e^{-K_1t}-e^{-K_2t}) \tag{9-7}$$

$$c_C=c_{CS}-(c_{CS}-c_{C0})e^{-K_2t}+\frac{K_1c_{L0}}{K_1-K_2}(e^{-K_1t}-e^{-K_2t}) \tag{9-8}$$

式中：c_L，c_{L0}——x 和 $x=0$ 处的河水 BOD_5 浓度，mg/L；

c_D，c_{D0}——x 和 $x=0$ 处的河水亏氧浓度，mg/L，$c_D=c_{CS}-c_C$；

c_C，c_{C0}——x 和 $x=0$ 处的河水溶解氧浓度，mg/L；

c_{CS}——河水的饱和溶解氧浓度，mg/L；

K_1——河水中 BOD_5 衰减(耗氧)系数；

K_2——河流复氧系数；

t——初始点至下游 x 断面处的河水流行时间，d，$t=x/v$。

图 9-1 表示一条被污染河流中生化需氧量和溶解氧的变化曲线。横坐标从左到右表示河流的流向和距离，纵坐标表示生化需氧量和溶解氧的浓度。

将污水排入河流处定为基点 0。在上游未受污染的区域，BOD_5 很低，溶解氧接近

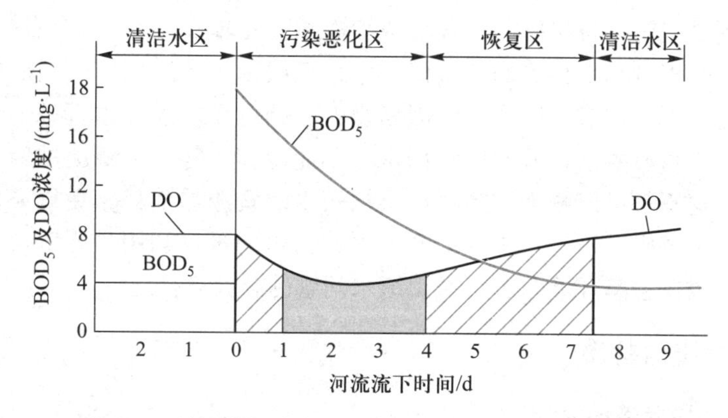

图 9-1　被污染河流中生化需氧量和溶解氧的变化曲线

饱和值，在0点有污水排入。由DO曲线可以看出：DO与BOD$_5$有非常密切的关系。在污水未排入前，河水中DO浓度很高，污水排入后因有机物分解作用耗氧，耗氧速率大于大气复氧速率，DO浓度从0点开始向下游逐渐减低。从0点流经2.5 d，降至最低点，此点称为临界点。该点处耗氧速率等于复氧速率。临界点后，耗氧速率因有机物浓度降低而小于复氧速率，DO浓度又逐渐回升，最后恢复到近于污水注入前的状态。在污染河流中DO曲线呈下垂状，称为溶解氧下垂曲线(简称为氧垂曲线)。

在图9-1中，根据BOD$_5$与DO曲线，可以把该河划分为污水排入前的清洁水区、排入后的水质污染恶化区、恢复区和恢复后的清洁水区。图中斜线部分表示DO浓度受污染后低于正常值，黑影部分表示DO浓度低于水体质量标准。

第三节　污水出路与排放标准

一、污水出路

随着我国社会经济的快速发展，城镇化水平不断提高，城镇污水排放量持续增加，科学合理地处理好城镇污水出路问题是生态环境可持续发展的重要保障。城镇污水经过处理后的最终出路是返回到自然水体，或者经过深度处理后再生利用。

（一）污水经处理后排放水体

排放水体是污水净化后的传统出路和自然归宿，也是目前最常用的方法。污水直接排放水体会破坏水体的环境功能。为了避免污水对水体的污染，保护水生生态，污水必须经过处理达到排放标准后才能排入水体。但通常经处理净化后的污水仍有少量污染物，排入水体后有一个逐步稀释、降解的自然净化过程。污水处理厂的排放口一般设在城镇江河的下游或海域，以避免污染城镇给水厂水质和影响城镇水环境质量。

（二）污水的再生利用

我国水资源十分短缺，人均水资源只有世界平均水平的1/4，水已成为制约国民经济发展和人民生活水平提高的重要因素。一方面城镇缺水十分严重，另一方面大量处理后的城镇污水直接排放，既浪费了资源，又增加水体环境负荷。

在与城镇供水量几乎相等的城镇污水中，经城镇污水处理厂处理后的出水水质水量相对稳定，不受季节、洪枯水等因素影响，是可靠的潜在水资源，经适当的深度处理后回用于水质要求较低的市政用水、工业冷却水等，是解决城镇水资源短缺的有效途径。这不仅可以减少城镇对优质饮用水水资源的消耗，更重要的是可以缓解干旱地区城镇缺水的窘迫状态。因此，城镇污水的再生利用是开源节流、减轻水体污染程度、改善生态环境、解决城镇缺水问题的有效途径之一。

二、污水排放标准

（一）水环境质量标准

天然水体是人类的重要资源，为了保护天然水体的质量，不因污水的排入而导致恶化甚至破坏，在水环境管理中需要控制水体水质分类达到一定的水环境质量标准要求。水环境质量标准是污水排入水体时采用排放标准等级的重要依据，我国目前水环境质量标准主要有《地表水环境质量标准》(GB 3838—2002)、《海水水质标准》(GB 3097—1997)、《地下水质量标准》(GB/T 14848—2017)。

依据地表水水域环境功能和保护目标，《地表水环境质量标准》按功能高低依次将水体划分为五类：Ⅰ类主要适用于源头水、国家自然保护区；Ⅱ类主要适用于集中式生活饮用水地表水源地一级保护区、珍稀水生生物栖息地、鱼虾类产卵场、幼鱼的索饵场等；Ⅲ类主要适用于集中式生活饮用水地表水源地二级保护区、鱼虾类越冬场、洄游通道、水产养殖区等渔业水域及游泳区；Ⅳ类主要适用于一般工业用水区及人体非直接接触的娱乐用水区；Ⅴ类主要适用于农业用水区及一般景观要求水域。《海水水质标准》按照海域的不同使用功能和保护目标，将海水水质分为四类：第一类适用于海洋渔业水域，海上自然保护区和珍稀濒危海洋生物保护区；第二类适用于水产养殖区，海水浴场，人体直接接触海水的海上运动或娱乐区，以及与人类食用直接有关的工业用水区；第三类适用于一般工业用水区，滨海风景旅游区；第四类适用于海洋港口水域，海洋开发作业区。

国家《污水综合排放标准》(GB 8978—1996)规定地表水Ⅰ、Ⅱ类水域和Ⅲ类水域中划定的保护区，以及海洋水体中第一类海域，禁止新建排污口，现有排污口应按水体功能要求，实行污染物总量控制，以保证受纳水体水质符合规定用途的水质标准。

（二）污水排放标准

污水排放标准根据控制形式可分为浓度标准和总量控制标准。根据地域管理权限可分为国家排放标准、行业排放标准、地方排放标准。

1. 浓度标准

浓度标准规定了排出口向水体排放污染物的浓度限值，其单位一般为 mg/L。我国现有的国家标准和地方标准基本上都是浓度标准。浓度标准的优点是指标明确，对每个污染指标都执行一个标准，管理方便。但由于未考虑排放量的大小，以及接受水体的环境容量大小、性状和要求等，不能完全保证水体的环境质量。当排放总量超过水体的环境容量时，水体水质不能达到质量标准。另外，企业也可以通过稀释来降低排放水中的污染物浓度，造成水资源浪费，水环境污染加剧。

2. 总量控制标准

总量控制标准是以与水环境质量标准相适的水体环境容量为依据而设定的。水体的水环境质量要求高，则环境容量小。水环境容量可采用水质模型法等方法计算。这种标准可以保证水体的质量，但对管理技术要求高，需要与排污许可证制度相结合进行总量控制。

3. 国家排放标准

国家排放标准按照污水排放去向，规定了水污染物最高允许排放浓度，适用于排污单位水污染物的排放管理，以及建设项目的环境影响评价、建设项目环境保护设施设计、竣工验收及其投产后的排放管理。我国现行的国家排放标准主要有《污水综合排放标准》(GB 8978—1996)、《城镇污水处理厂污染物排放标准》(GB 18918—2002)、《污水排入城镇下水道水质标准》(GB/T 31962—2015)及《污水海洋处置工程污染控制标准》(GB 18486—2001)等。

《污水综合排放标准》(GB 8978—1996)规定排入《地表水环境质量标准》(GB 3838—2002)中Ⅲ类水域(划定的保护区和游泳区除外)和排入《海水水质标准》(GB 3097—1997)中二类海域的污水，执行一级标准。排入《地表水环境质量标准》(GB 3838—2002)中Ⅳ、Ⅴ类水域和排入《海水水质标准》(GB 3097—1997)中三类海域的污水，执行二级标准。排入设置二级污水处理厂的城镇排水系统的污水，执行三级标准。

《城镇污水处理厂污染物排放标准》(GB 18918—2002)规定一级标准的A标准是城镇污水处理厂出水作为回用水的基本要求，当污水处理厂出水引入稀释能力较小的河湖作为城镇景观用水和一般回用水等用途时，执行一级标准的A标准；城镇污水处理厂出水排入《地表水环境质量标准》(GB 3838—2002)地表水Ⅲ类功能水域(划定的饮用水水源保护区和游泳区除外)、《海水水质标准》(GB 3097—1997)海水二类功能水域和湖、库等封闭或半封闭水域时，执行一级标准的B标准；城镇污水处理厂出水排入《地表水环境质量标准》(GB 3838—2002)地表水Ⅳ、Ⅴ类功能水域或《海水水质标准》(GB 3097—1997)海水三、四类功能海域，执行二级标准。

《污水排入城镇下水道水质标准》(GB/T 31962—2015)规定了向城镇下水道排放污水的排水户排入城镇下水道污水中有害物质的最高允许浓度。

4. 行业排放标准

根据部分行业排放污水的特点和治理技术发展水平，国家对部分行业制定了国家行业排放标准，如《制浆造纸工业水污染物排放标准》(GB 3544—2008)、《船舶水污染物排放控制标准》(GB 3552—2018)、《海洋石油勘探开发污染物排放浓度限值》(GB 4914—2008)、《纺织染整工业水污染物排放标准》(GB 4287—2012)、《烧碱、聚氯乙烯工业水污染物排放标准》(GB 15581—2016)、《肉类加工工业水污染物排放标准》(GB 13457—1992)、《合成氨工业水污染物排放标准》(GB 13458—2013)、《钢铁工业水污染物排放标准》(GB 13456—2012)及《磷肥工业水污染物排放标准》(GB 15580—2011)等。

5. 地方排放标准

省、直辖市等根据经济发展水平和管辖地水体污染控制需要，可以依据《中华人民共和国环境保护法》《中华人民共和国水污染防治法》等制定地方污水排放标准。地方污水排放标准可以增加污染物控制指标数，但不能减少；可以提高对污染物排放标准的要求，但不能降低标准。

三、污水处理基本方法

1. 污水的处理方法

城镇污水处理通过各种污水处理技术和措施，将污水中所含的污染物分离、回收利用或转化为无害和稳定的物质，使污水得到净化。污水处理技术按原理及单元可分为物理处理法、生物处理法、化学及物理化学处理法。

物理处理法：利用物理原理和方法，分离污水中的污染物，在处理过程中一般不改变水的化学性质。物理处理法包括筛滤法、沉淀法、浮上法、过滤法和膜处理法等。

生物处理法：利用微生物的新陈代谢功能，使污水中呈溶解和胶体状态的有机污染物被降解并转化为无害物质。按微生物对氧的需求，生物处理法可分为好氧处理法和厌氧处理法两类。按微生物存在的形式，可分为活性污泥法、生物膜法等类型。

化学及物理化学处理法：利用化学反应的原理和方法，分离回收污水中的污染物，使其转化为无害或可再生利用的物质。化学及物理化学处理法包括中和、混凝、氧化还原、萃取、吸附、离子交换、电渗析等，这些处理方法更多地用于工业废水处理和污水的深度处理。

由于污水中的污染物形态和性质是多种多样的，一般需要几种处理方法组合成处理工艺，达到对不同性质污染物的处理效果。

2. 污水的处理程度

污水按照处理的目标和要求，其处理程度一般可分为一级处理、二级处理和三级处理(深度处理)。

一级处理：主要去除污水中呈悬浮状态的固体污染物，主要技术为物理法。城镇污水处理厂中，一级处理对 BOD_5 的去除率一般为20%~30%，故一级处理一般作为二级处理的前处理。

二级处理：污水经过一级处理后，再用生物方法进一步去除污水中的胶体和溶解性污染物，经过生物脱氮除磷的过程，其 BOD_5 的去除率在90%以上。

三级处理：也可称深度处理，是以更高的处理与排放要求或以污水的回用为目的，在一、二级处理后增加的处理过程，以进一步去除污染物。其技术方法更多地采用物理法、化学法及物理化学法等，与前面的处理技术形成组合处理工艺。一般情况下，三级处理指二级处理后以达到排放标准为目标而增加的工艺过程，而深度处理则更多地指以污水的再生回用为目标。

思考题和习题<<<

1. 简述水质污染指标在水体污染控制、污水处理工程设计中的作用。

2. 分析总固体、溶解性固体、悬浮固体及挥发性固体、非挥发性固体指标之间的相互关系，画出这些指标的关系图。

3. 生化需氧量、化学需氧量、总有机碳和总需氧量指标的含义是什么？分析这些指标之间的联系与区别。

4. 水体自净有哪几种类型？氧垂曲线的特点和适用范围是什么？

5. 试论述排放标准、水环境质量标准、环境容量之间的关系。

6. 我国现行的排放标准有哪几种？各种标准的适用范围及相互关系是什么？

7. 污水的主要处理方法有哪些？各有什么特点？

8. 污水的处理程度有哪几种？各在什么场合使用？

参考文献<<<

[1] 张自杰．排水工程：下册[M].5 版．北京：中国建筑工业出版社，2015.

[2] 张自杰，钱易，章非娟．环境工程手册：水污染防治卷[M]. 北京：高等教育出版社，1996.

[3] 章非娟．工业废水污染防治[M]. 上海：同济大学出版社，2001.

[4] 金兆丰，徐竟成．城市污水回用技术手册 [M] ．北京：化学工业出版社，2004.

[5] 北京市市政工程设计研究总院有限公司．给水排水设计手册：第五册[M].3 版．北京：中国建筑工业出版社，2017.

[6] 陆雍森．环境评价[M]. 上海：同济大学出版社，1999.

[7] 范瑾初，金兆丰．水质工程[M]. 北京：中国建筑工业出版社，2009.

第十章

污水的物理处理

通过物理方面的重力或机械力作用使城镇污水水质发生变化的处理过程称为污水的物理处理。物理处理可以单独使用，也可与生物处理或化学处理联合使用，与生物处理或化学处理联合使用时又可称为一级处理或初级处理，有一些深度处理方法也采用物理处理。

污水的物理处理去除对象主要是污水中的漂浮物和悬浮物，采用的主要方法有：

筛滤截留法——筛网、格栅、过滤、膜分离等；

重力分离法——沉砂池、沉淀池、隔油池、气浮池等；

离心分离法——旋流分离器、离心机等。

第一节　格栅和筛网

一、格栅的作用

格栅除污设备

格栅由一组或数组平行的金属栅条、塑料齿钩或金属筛网、框架及相关装置组成，倾斜安装在污水渠道、泵房集水井的进口处或污水处理构筑物的前端，用来截留污水中较粗大的漂浮物和悬浮物，如纤维、碎皮、毛发、果皮、蔬菜、木片、布条、塑料制品等，防止堵塞和缠绕水泵机组、曝气器、管道阀门、处理构筑物配水设施、进出水口，减少后续处理产生的浮渣，保证污水处理设施的正常运行。

格栅设计的主要参数是栅条间隙宽度，栅条间隙宽度与处理规模、污水的性质及后续处理设备有关，一般以不堵塞水泵和污水处理厂(站)的处理设备，保证整个污水处理系统能正常运行为原则。多数情况下污水处理厂设置有两道格栅，第一道格栅间隙较粗一些，通常设置在提升泵前面，栅条间隙根据水泵要求确定，一般采用16~40 mm，特殊情况下，最大间隙可为100 mm，第二道格栅间隙较细，一般设置在污水处理构筑物前，栅条间隙一般采用1.5~10 mm。有时采用粗、中、细三道格栅，甚至更多组更细的格网或格栅，膜生物反应器工艺前常设置四道格栅。

被格栅截留的物质称为栅渣，栅渣的数量与服务地区的情况、污水排水系统的类型、污水流量及栅条的间隙等因素有关。对于城镇污水处理厂，一般可参考下列数据：

① 当栅条间隙为 16~25 mm 时，栅渣截留量为 0.10~0.05 m^3/(10^3 m^3 污水)；

② 当栅条间隙为 40 mm 左右时，栅渣截留量为 0.03~0.01 m^3/(10^3 m^3 污水)。

栅渣的含水率约为 80%；密度约为 960 kg/m^3。

二、格栅的种类

按栅条净间隙，可分为粗格栅(50~100 mm)、中格栅(10~40 mm)、细格栅(1.5~10 mm)和超细格栅(0.5~1.0 mm)四种，平面格栅和曲面格栅都可做成粗、中、细和超细形式，超细格栅一般采用不锈钢丝编网或不锈钢板打孔形式做成 0.5~1.0 mm的孔状结构，在对进水颗粒和纤维类杂质控制要求较高的工艺，如膜生物反应器等工艺前广泛使用。

按格栅形状，可分为平面格栅和曲面格栅。

平面格栅由栅条与框架组成，基本形式见图 10-1，安装方式见图 10-2，基本参数与尺寸包括宽度 B、长度 L、栅条间隙 b，可根据污水渠道、泵房集水井进口尺寸、水泵型号等参数选用不同的数值。

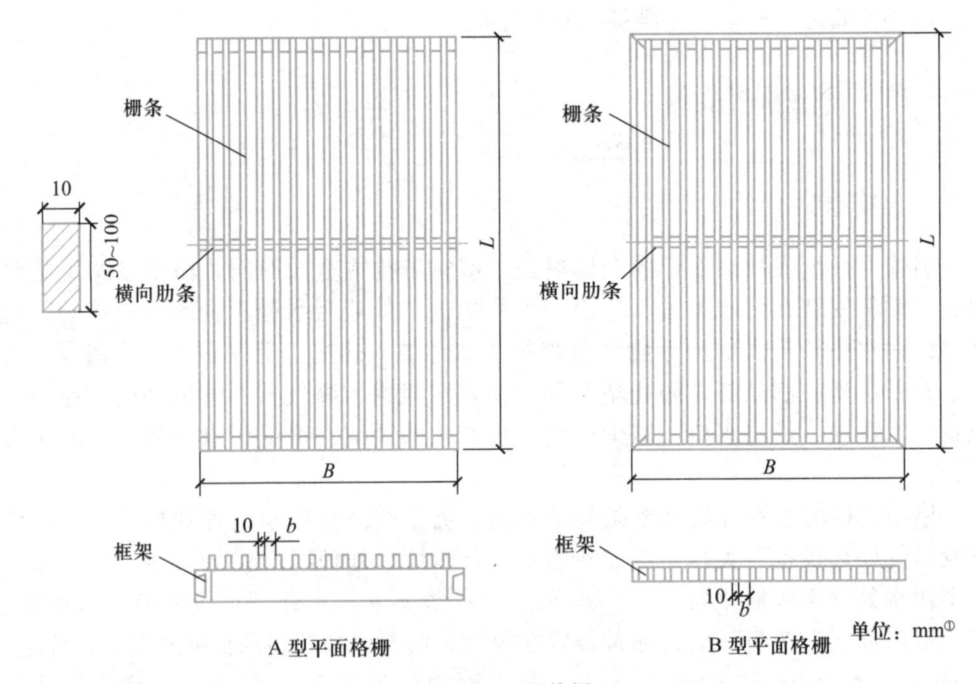

图 10-1 平面格栅

① 本书图中尺寸，如未注明单位，则按 mm 计。

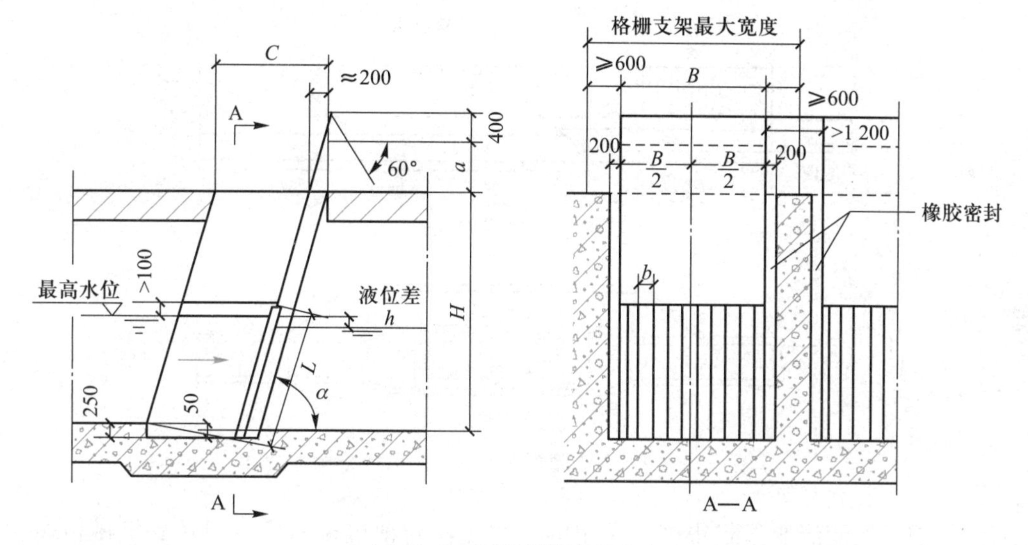

图 10-2 平面格栅安装方式

曲面格栅又可分为固定曲面格栅和旋转鼓筒式格栅两种，曲面格栅可采用水力桨板清渣、电动旋转齿耙清渣，或旋转鼓筒用穿孔冲洗水管冲渣，见图10-3。

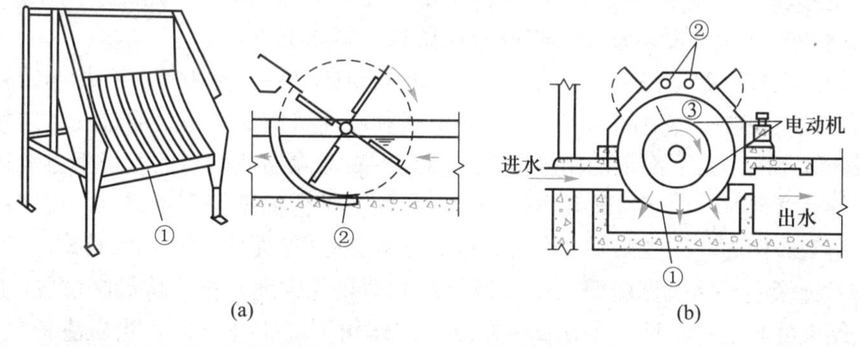

① 格栅；② 清渣桨板。　　① 鼓筒；② 穿孔冲洗水管；③ 渣槽。

图 10-3 曲面格栅

（a）固定曲面格栅；（b）旋转鼓筒式格栅

按清渣方式，可分为人工清渣和机械清渣两种。

处理流量小或所需截留的污染物量较少时，可采用人工清渣格栅。这类格栅通常采用直钢条制成，为了便于人工清渣作业，避免清渣过程中栅渣回落水中，格栅安装角度一般与水平面成 30°～60°，倾角小时，清渣时较省力，栅渣不易回落，但需要较大的占地面积。人工清渣格栅还常作为机械清渣格栅的备用格栅。图 10-4 为带溢流旁通道的人工清渣格栅示意图。

人工清渣格栅，其设计过水面积应采用较大的安全系数，一般不小于进水管渠有效面积的 2 倍，以免清渣过于频繁。在污水泵站前集水井中的格栅，应特别关注有害气体对操作人员的危害，并应采取有效的防范措施。

为改善劳动和卫生条件，每天的栅渣量大于 0.2 m^3 时，都应采用机械清渣方

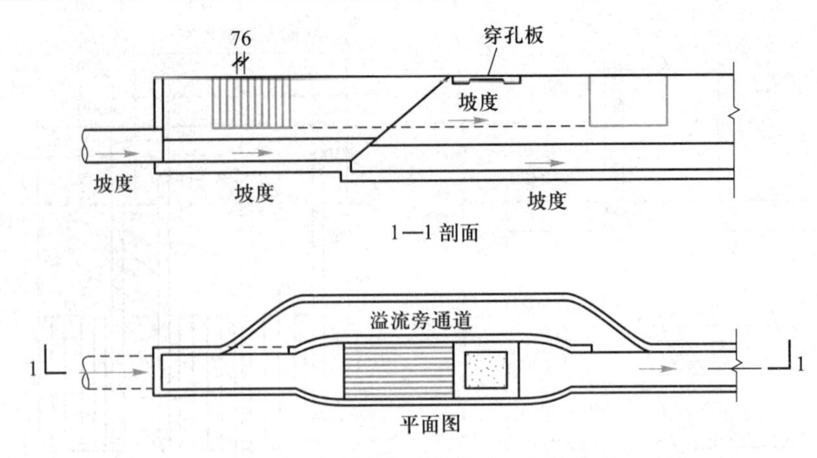

图 10-4 带溢流旁通道的人工清渣格栅

式。目前机械清渣的方式很多，常用的有往复移动耙机械格栅、回转式机械格栅、钢丝绳牵引卷筒机械格栅、阶梯式机械格栅和转鼓式机械格栅等，如图 10-5 至图 10-9所示。机械清渣的格栅，除转鼓式机械格栅除污机外，其余安装倾角一般为 60°~90°；格栅过水面积，一般应不小于进水管渠有效面积的1.2倍。

往复移动耙机械格栅通过设在水面上部的驱动装置将耙齿从格栅的前部或者后部嵌入栅条，并做往复运动不断将栅渣从栅条上剥离下来。

回转式机械格栅是一种可以连续自动清除栅渣的格栅。它由许多个相同的耙齿机件交错平行组装成一组封闭的耙齿链，在电机和减速机的驱动下，通过一组槽轮和链条形成连续不断、自下而上的循环运动，达到不断清除栅渣的目的。当耙齿链运转到设备上部及背部时，由于链轮和弯轨的导向作用，平行的耙齿产生错位，可使污物靠自重下落到渣槽内。但脱落不干净时，这类格栅容易把污物带到栅后渠道中。

钢丝绳牵引卷筒机械格栅工作时钢丝绳驱动装置放绳，耙斗从最高位置(上一循环撇渣结束处)沿导轨下行，撇渣板在自重的作用下随耙斗下降。当撇渣板复位后，耙斗在开闭耙装置(电动推杆)的推动下通过中间钢丝绳的牵引张开并继续下行直至抵达渠底下限位，待耙齿插入格栅间隙后，钢丝绳驱动装置收绳，强制耙斗完全闭合。随后耙斗和斗车沿导轨上行，清除栅渣直至触及撇渣板，在两者相对运动的作用下，栅渣被撇出，经导渣板落入渣槽，完成了一个工作循环。

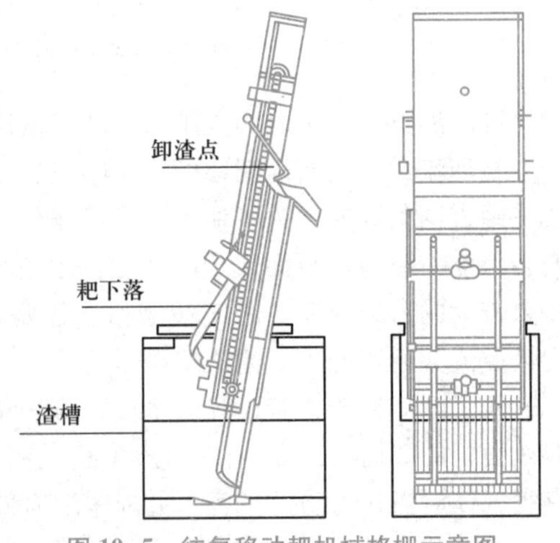

图 10-5 往复移动耙机械格栅示意图

阶梯式机械格栅的截污条由两组错开的格子状薄金属片组成，其形状如自动扶梯，在驱动电机作用下，一组相对于另一组做往复提升动作，将污物一个台阶接一个台阶向上抬升，直至将截留的污物输送至收集设备中。

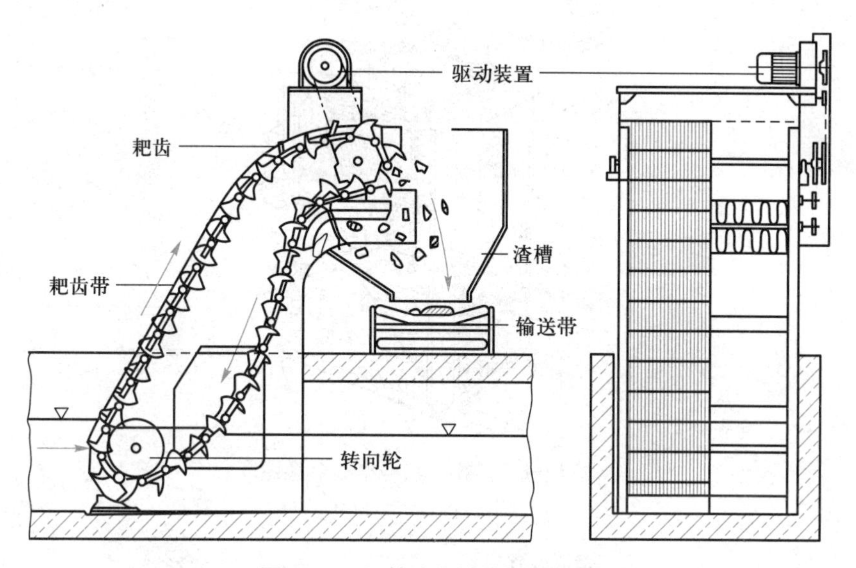

图 10-6 回转式机械格栅示意图

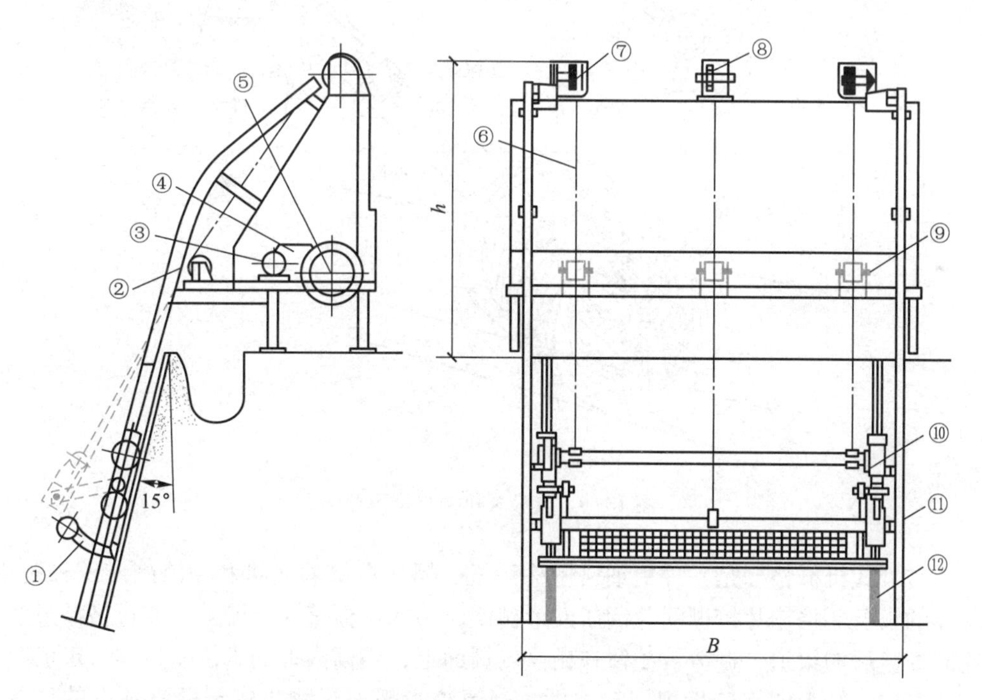

① 除污耙；② 上导轨；③ 电机；④ 齿轮减速箱；⑤ 钢丝绳卷筒；⑥ 钢丝绳；
⑦ 两侧转向滑轮；⑧ 中间转向滑轮；⑨ 导向轮；⑩ 滚轮；⑪ 侧轮；⑫ 扁钢轨道。

图 10-7 钢丝绳牵引卷筒机械格栅示意图

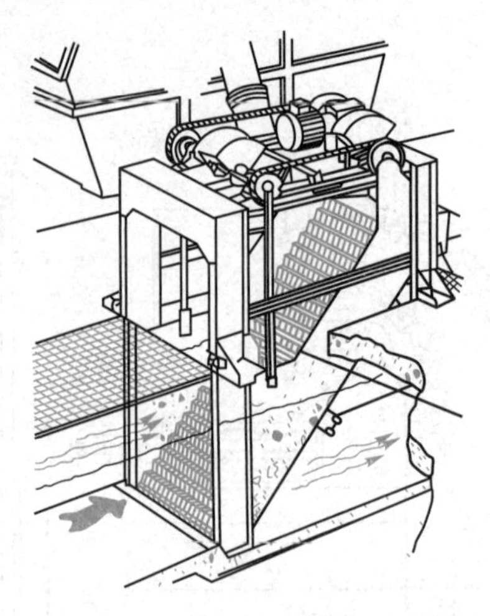

图 10-8 阶梯式机械格栅示意图

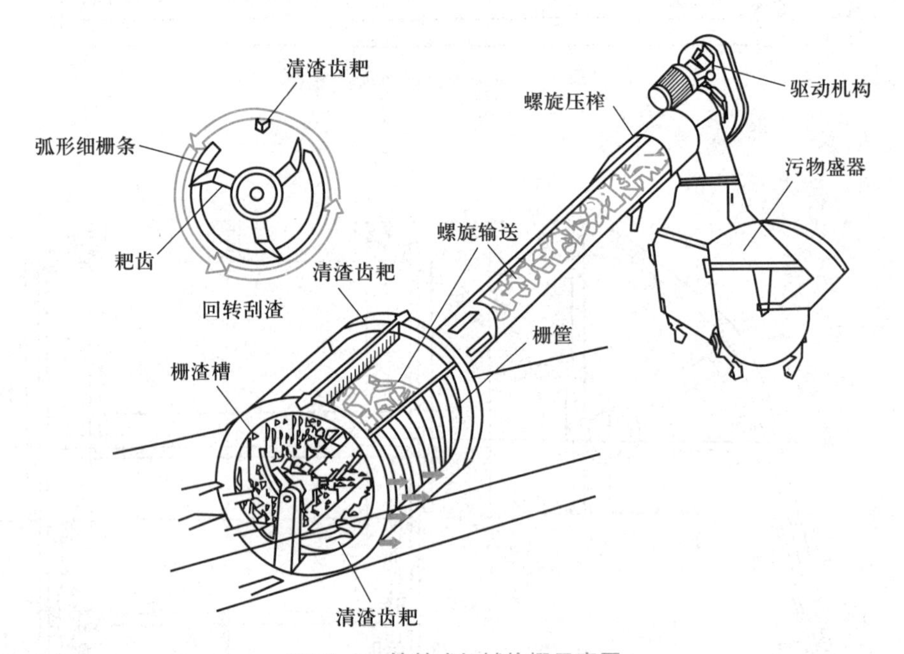

图 10-9 转鼓式机械格栅示意图

转鼓式机械格栅是一种集细格栅除污机、栅渣螺旋输送机和栅渣螺旋压榨机于一体的设备。格栅片按栅间隙制成鼓形栅筐，污水从栅筐前端流入，通过格栅过滤，流向栅筐后的渠道，栅渣被截留在栅筐内栅面上，当栅内外的水位差达到一定值时，安装在中心轴上的旋转齿耙回转清污，当清渣齿耙把污物扒集至栅筐顶点的位置，通过栅渣自重、水的冲洗及挡渣板的作用，栅渣卸入中间渣槽，再由槽底螺旋输送机提升，至上部压榨段压榨脱水后外运，栅渣含固量可达 35%~45%。

清除的栅渣可采用带式输送机或螺旋输送机输送，输送过程宜进行密封处理，最终清运前宜进行压榨脱水，图 10-10 和图 10-11 为无轴螺旋输送机和栅渣螺旋压榨机示意图。

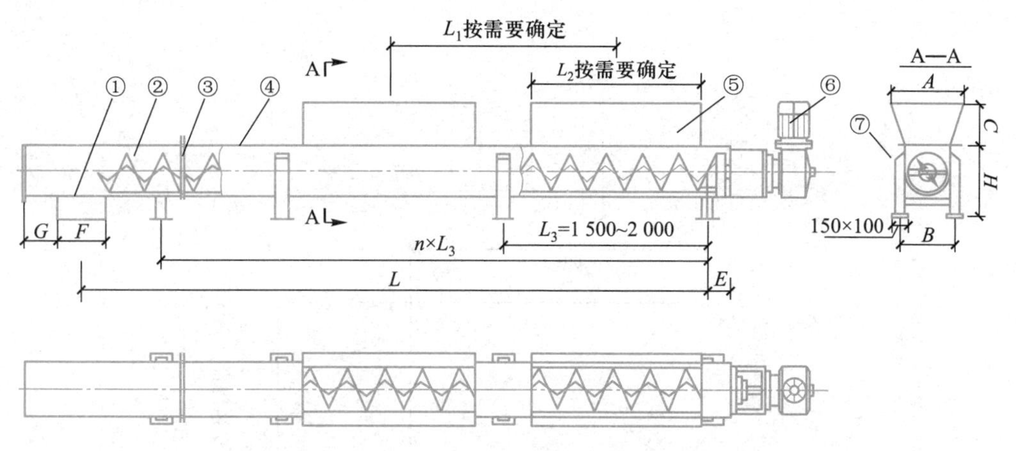

① 出料口；② 输送螺旋；③ U 形槽；④ 盖板；⑤ 进料口；⑥ 驱动机构；⑦ 衬条。

图 10-10　无轴螺旋输送机示意图

注：其他尺寸参见设备生产厂商提供数据

格栅栅条的断面形状有圆形、矩形、正方形或其他流线型，圆形或按流线修圆的断面水力条件较正方形好。目前多采用断面形状为矩形的栅条。表 10-1 为栅条的断面形状及尺寸。

表 10-1　栅条的断面形状及尺寸

栅条断面形状	一般采用尺寸/mm
正方形	20　20　20 20
圆形	20　20　20
锐边矩形	10　10　10 50
迎水面为半圆形的矩形	10　10　10 50
迎水面、背水面均为半圆形的矩形	50 10　10　10

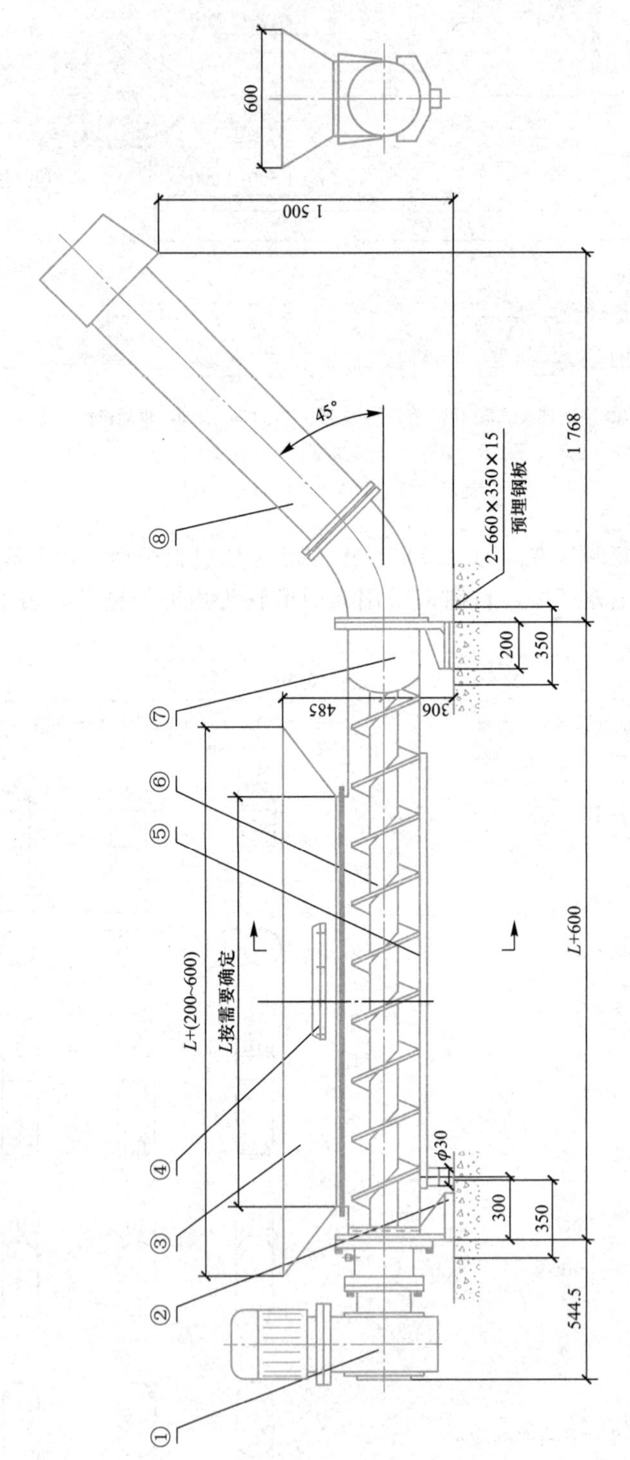

① 驱动机构；② 底部支架；③ 料斗；④ 网格；⑤ 出水斗；⑥ 螺旋杆；⑦ 料筒；⑧ 输渣管。

图10－11 栅渣螺旋压榨机示意图

设置格栅的渠道，宽度要适当，应使水流保持适当的流速。一方面泥砂不至于沉积在沟渠底部，另一方面又防止把已经截留的污物冲过格栅，通常采用0.4~0.9 m/s。为了防止栅条间隙堵塞，污水通过栅条间隙的流速(过栅流速)一般采用0.6~1.0 m/s，最大流量时可提高到1.2~1.4 m/s。

格栅间设置的工作平台标高应高出栅前最高设计水位0.5 m，并应有安全和冲洗设施。平台的正面过道宽度，采用机械清渣时不应小于1.5 m，并应满足设备安装的空间尺寸要求，采用人工清渣时不应小于1.2 m，两侧过道宽度宜采用0.7~1.0 m，格栅前端距井壁的尺寸，应根据不同格栅机要求设计，链动刮板除污机或回转式固液分离机应大于1.0 m。钢丝绳牵引除污机或移动悬吊葫芦抓斗式除污机应大于1.5 m。格栅间应设置通风设施或进行臭气收集处理，并设置有毒有害气体的检测和报警装置。

为了防止格栅前渠道出现阻流回水现象，一般在设置格栅的渠道与栅前渠道的联结部位，应具有一定展开角 α_1 的渐扩部位(见图10-12)。

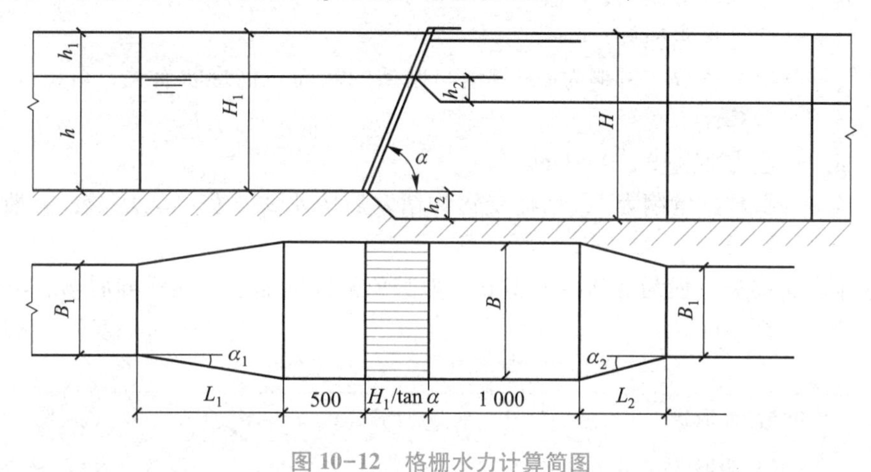

图10-12 格栅水力计算简图

三、格栅的设计与计算

格栅的设计与计算主要包括格栅形式选择、渠道宽度、尺寸计算、过栅水头损失、水力计算、每日栅渣量计算等，尽管格栅的布置方式多样，但都可通过图10-12进行格栅计算。

1. 格栅槽总宽度

$$B=S(n-1)+bn \tag{10-1}$$

式中：B——格栅槽总宽度，m；

S——栅条宽度，m；

b——栅条间隙，m；

n——格栅间隙数。

格栅间隙数 n 可由下式决定：

$$n=\frac{Q_{\max}\sqrt{\sin\alpha}}{bhv} \tag{10-2}$$

式中：Q_{max}——最大设计流量，m^3/s；

b——栅条间隙，m；

h——栅前水深，m；

v——污水流经格栅的速度，一般取0.6~1.0 m/s；

α——格栅安装倾角，(°)；

$\sqrt{\sin\alpha}$——经验修正系数，量纲为1。

格栅间隙数 n 确定以后，则格栅框架内的栅条数目为 $n-1$。

2. 过栅水头损失

过栅水头损失 h_2 可以按下式计算：

$$h_2 = kh_0 \tag{10-3}$$

$$h_0 = \xi\frac{v^2}{2g}\sin\alpha \tag{10-4}$$

式中：h_2——过栅水头损失，m；

h_0——计算水头损失，m；

ξ——阻力系数，量纲为1，其值与栅条的断面几何形状有关，可按表10-2计算；

g——重力加速度，9.81 m/s^2；

k——系数，量纲为1，格栅受污物堵塞后的水头损失增大倍数，一般采用 $k=3$。

过栅水头损失一般为0.08~0.15 m，为避免格栅前涌水，故将栅后槽底下降 h_2 作为补偿，见图10-12。

表10-2 格栅阻力系数 ξ 计算公式

栅条断面形状	计算公式	说 明
锐边矩形	$\xi=\beta\left(\frac{S}{b}\right)^{\frac{4}{3}}$ β：形状系数	$\beta=2.42$
迎水面为半圆形的矩形		$\beta=1.83$
圆形		$\beta=1.79$
迎水面、背水面均为半圆形的矩形		$\beta=1.67$
正方形	$\xi=\left(\frac{b+S}{\varepsilon b}-1\right)^2$ ε：收缩系数	$\varepsilon=0.64$

3. 栅后槽总高度

$$H = h + h_1 + h_2 \tag{10-5}$$

式中：H——栅后槽总高度，m；

h——栅前水深，m；

h_1——格栅前渠道超高，一般取 $h_1=0.3$ m；

h_2——过栅水头损失，由式(10-3)计算确定。

4. 格栅槽总长度

$$L=L_1+L_2+0.5+1.0+\frac{H_1}{\tan\ \alpha} \quad (10-6)$$

式中：L_1——进水渠道渐宽部位的长度，m，$L_1=\frac{B-B_1}{2\tan\ \alpha_1}$，其中，$B_1$ 为进水渠道宽度，m，α_1 为进水渠道渐宽部位的展开角度，(°)；

L_2——格栅槽与出水渠道连接处的渐窄部位长度，一般取 $L_2=0.5L_1$；

H_1——格栅前槽高，m。

5. 每日栅渣量

$$W=\frac{Q_{max}W_1\times 86\ 400}{K_z\times 1\ 000} \quad (10-7)$$

式中：W——每日栅渣量，m^3/d；

W_1——单位体积污水栅渣量，$m^3/(10^3\ m^3$ 污水)，一般取 0.1～0.01，细格栅取大值，粗格栅取小值；

K_z——污水流量总变化系数，量纲为 1。

栅渣的最终处置方法，包括与城市垃圾一道填埋、焚烧(820 ℃以上)及堆肥等。

四、筛网

筛网的去除效果，可相当于初次沉淀池的作用，目前普遍采用生物脱氮除磷工艺处理城镇污水，很多污水处理厂都存在碳源不足问题，采用细筛网或格网代替初次沉淀池既可以节省占地，又可以保留有效的碳源。

目前，应用于小型污水处理系统回收短小纤维的筛网主要有两种形式，即振动筛网和水力筛网。振动筛网示意图见图 10-13。污水由渠道流过振动筛网进行水和悬浮物的分离，并利用机械振动，将呈倾斜面的振动筛网上截留的纤维等杂质卸到固定筛网上，进一步滤去附在纤维上的水滴。

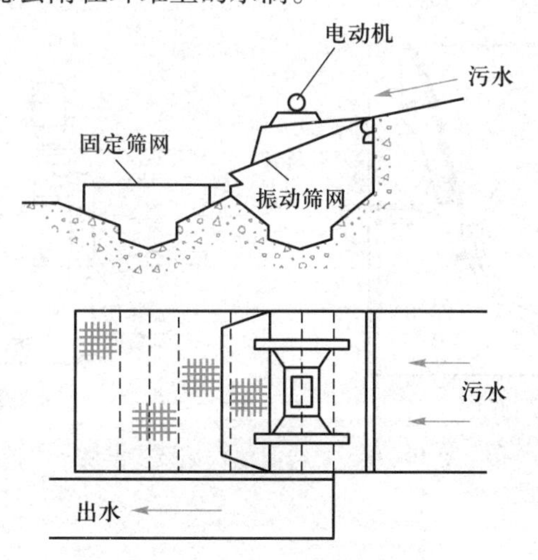

图 10-13　振动筛网示意图

水力筛网的构造见图 10-14。旋转筛网呈截顶圆锥形，中心轴呈水平状态，锥体则呈倾斜状态。污水从圆锥体的小端进入，水流在从小端到大端的流动过程中，纤维状污染物被筛网截留，水则从筛网的细小孔中流入集水渠。由于整个筛网呈圆锥体，被截留的污染物沿筛网的倾斜面卸到固定筛上网，以进一步滤去水分。这种筛网利用水的冲击力和重力作用产生筛网的旋转运动。

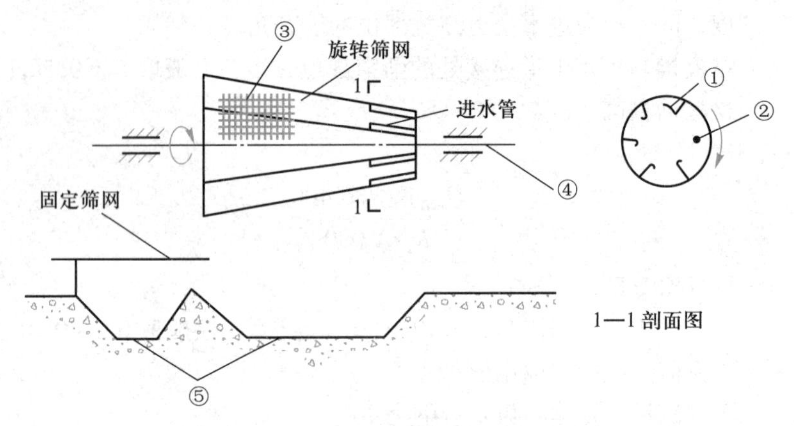

① 进水方向；② 导水叶片；③ 筛网；④ 转动轴；⑤ 集水渠。

图 10-14 水力筛网构造示意图

五、破碎机

破碎机将污水中较大的悬浮固体破碎成较小的、均匀的碎块，留在污水中随水流进入后续处理构筑物处理。在污泥脱水设备的进料泵前，以及厌氧消化的混合液循环系统中常使用破碎机，小型破碎机甚至可以在家庭的厨房集水盆下面使用。

破碎机可以安装在格栅后污水泵前，作为格栅的补充，防止污水泵堵塞，也可安装在沉砂池之后，以免无机颗粒损坏破碎机，破碎机的构造及安装见图10-15。

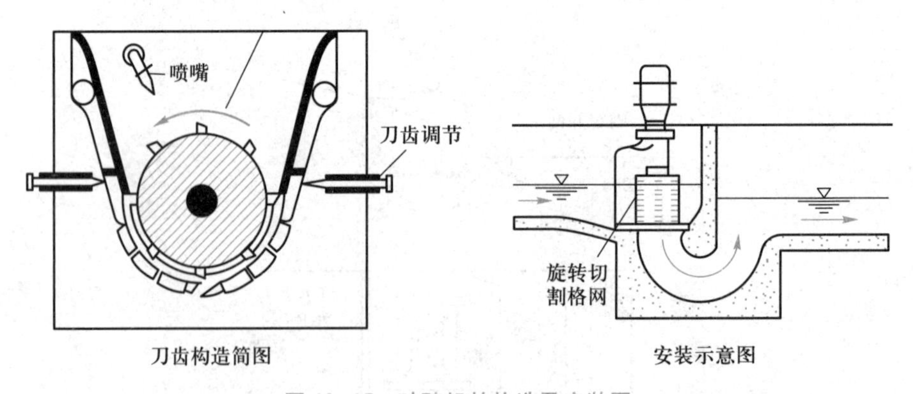

图 10-15 破碎机的构造及安装图

第二节　沉淀的基础理论

一、概述

沉淀法是水处理中最基本的方法之一。它是利用水中悬浮颗粒和水的密度差，在重力场作用下产生下沉作用，以达到固液分离的一种过程。

按照污水的性质与所要求的处理程度不同，沉淀处理工艺可以是整个水处理过程中的一个工序，亦可以作为唯一的处理方法。在典型的污水处理厂中，沉淀法可用于下列几个方面。

1. 污水处理系统的预处理

如沉砂池，常作为一种预处理手段用于去除污水中易沉降的无机颗粒物。

2. 污水的初级处理（初次沉淀池，简称初沉池）

初沉池可较经济有效地去除污水中的悬浮颗粒，同时去除一部分呈悬浮状态的有机物，以减轻后续生物处理构筑物的有机负荷。有时初沉池也单独使用，对污水进行一级处理后排放。

3. 生物处理后的固液分离（二次沉淀池，简称二沉池）

二沉池主要用来分离浓缩悬浮生长生物处理工艺中的活性污泥、生物膜法工艺中脱落的生物膜等，使处理后的出水得以澄清。

4. 污泥处理阶段的污泥浓缩

污泥浓缩池将来自二沉池的污泥，或者二沉池及初沉池污泥一起进一步浓缩，以减小体积，降低后续构筑物的尺寸、处理负荷和运行成本等。

二、沉淀类型

根据水中悬浮颗粒的性质、凝聚性能及浓度，沉淀通常可以分为四种不同的类型。

1. 自由沉淀

自由沉淀是发生在水中悬浮颗粒浓度不高时的一种沉淀类型。沉淀过程悬浮颗粒之间互不干扰，颗粒各自独立完成沉淀过程，水平流颗粒的沉淀轨迹呈直线。在整个沉淀过程中，颗粒的物理性质，如形状、大小及相对密度等不发生变化。砂粒在沉砂池中的沉淀就属于自由沉淀。

2. 絮凝沉淀

在絮凝沉淀中，悬浮颗粒浓度不高，但沉淀过程中悬浮颗粒之间有互相絮凝作用，颗粒因互相聚集增大而加快沉降，水平流沉淀的轨迹呈曲线（图 10-16）。沉淀过程中，颗粒的质量、形状和沉速是变化的，实际沉速很难用理论公式计算，需通过试验测定。化学混凝沉淀及活性污泥在二沉池中间段的沉淀属于絮凝沉淀。

3. 区域沉淀（或称成层沉淀、拥挤沉淀）

区域沉淀的悬浮颗粒浓度较高（5 000 mg/L 以上），颗粒的沉降受到周围其他颗

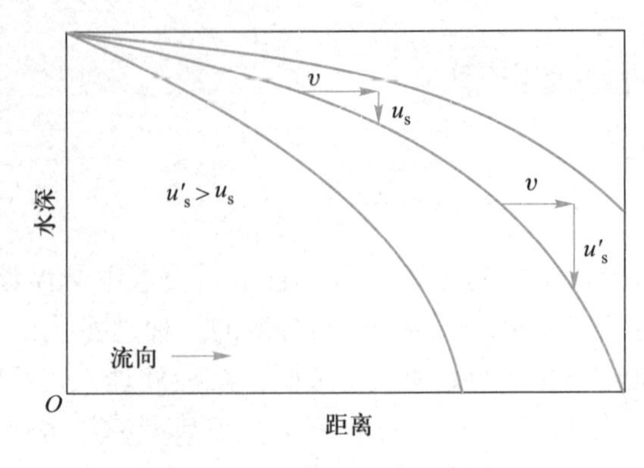

图 10-16 絮凝沉淀示意图

粒影响，颗粒间相对位置保持不变，形成一个整体共同下沉。与澄清水之间有清晰的泥水界面，沉淀显示为界面下沉。二沉池下部及污泥重力浓缩池开始阶段均有区域沉淀发生。

4. 压缩沉淀

压缩沉淀发生在高浓度悬浮颗粒的沉降过程中，由于悬浮颗粒浓度很高，颗粒相互之间互相接触、互相支承，下层颗粒间的水在上层颗粒的重力作用下被挤出，使污泥得到浓缩。二沉池污泥斗中的污泥浓缩过程及污泥重力浓缩池中均存在压缩沉淀。

三、自由沉淀与絮凝沉淀分析

1. 自由沉淀理论基础

水中的悬浮颗粒，都因两种力的作用而发生运动：悬浮颗粒受到的重力，水对悬浮颗粒的浮力。悬浮颗粒在重力大于浮力时下沉，两力相等时相对静止，重力小于浮力时上浮。

为分析简便起见，假定：① 颗粒为球形；② 沉淀过程中颗粒的大小、形状、重量等不变；③ 颗粒只在重力作用下沉淀，不受器壁和其他颗粒影响。

悬浮颗粒在静水中一旦开始沉淀以后，会受到三种力的作用：颗粒的重力 F_1，颗粒的浮力 F_2，下沉过程中受到的摩擦阻力 F_3。沉淀开始时，颗粒因受重力作用产生加速运动，经过很短的时间后，三种作用力达到相互平衡时，颗粒即呈等速下沉（图 10-17）。

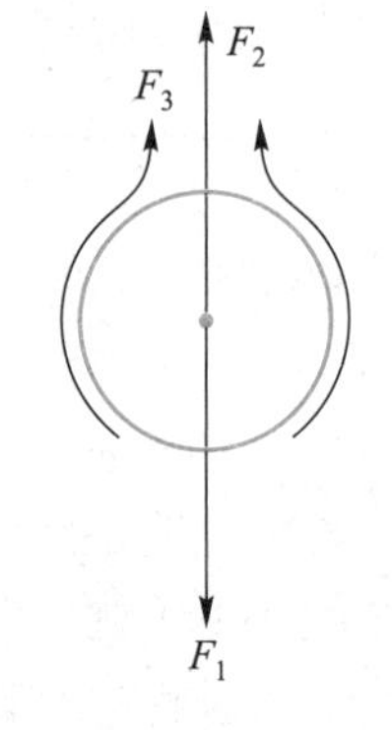

图 10-17 颗粒自由沉淀过程

可用牛顿第二定律表达颗粒的自由沉淀过程：

$$m\frac{\mathrm{d}u}{\mathrm{d}t}=F_1-F_2-F_3 \tag{10-8}$$

式中：m——颗粒质量，kg；

u——颗粒沉速，m/s；

t——沉淀时间，s；

F_1——颗粒的重力，$F_1=\frac{\pi d^3}{6}\rho_S g$，其中 ρ_S 为颗粒密度，kg/m^3，d 为颗粒的直径，m，g 为重力加速度，m/s^2；

F_2——颗粒的浮力，$F_2=\frac{\pi d^3}{6}\rho_L g$，其中 ρ_L 为液体的密度，kg/m^3；

F_3——颗粒沉淀过程中受到的摩擦阻力。

颗粒沉淀过程中受到的摩擦阻力可表示为

$$F_3=\lambda A\rho_L\frac{u^2}{2} \tag{10-9}$$

式中：λ——阻力系数，量纲为1，当颗粒周围绕流处于层流状态时，$\lambda=\frac{24}{Re}$，其中 Re 为颗粒绕流雷诺数，与颗粒的直径、沉速、液体的黏滞度等有关，$Re=\frac{ud\rho_L}{\mu}$，其中 μ 为液体的动力黏滞度，$N\cdot s/m^2$；

A——自由沉淀颗粒在垂直面上的投影面积，$\frac{1}{4}\pi d^2$。

颗粒下沉开始时，沉速为0，逐渐加速，阻力 F_3 也随之增加，很快三种力达到平衡，颗粒等速下沉，$\frac{du}{dt}=0$，把 F_1、F_2、F_3 公式代入式(10-8)：

$$m\frac{du}{dt}=(\rho_S-\rho_L)g\frac{\pi d^3}{6}-\lambda\frac{\pi d^2}{4}\rho_L\frac{u^2}{2} \tag{10-10}$$

故

$$u=\left[\frac{4}{3}\cdot\frac{g}{\lambda}\cdot\frac{\rho_S-\rho_L}{\rho_L}\cdot d\right]^{1/2}$$

代入阻力系数公式，整理后得

$$u=\frac{\rho_S-\rho_L}{18\mu}gd^2 \tag{10-11}$$

式(10-11)即为球状颗粒自由沉淀的沉速公式，也称斯托克斯(Stokes)公式。该式表明，颗粒沉速与下列因素有关：① 颗粒沉速的决定因素是 $\rho_S-\rho_L$，当 ρ_S 大于 ρ_L 时，$\rho_S-\rho_L$ 为正值，颗粒以 u 下沉；当 ρ_S 与 ρ_L 相等时，$u=0$，颗粒在水中呈随机悬浮状态，这类颗粒如采用沉淀处理，必须采用絮凝沉淀或气浮法；当 ρ_S 小于 ρ_L 时，$\rho_S-\rho_L$ 为负值，u 亦为负值，颗粒以 u 上浮，可用浮上法去除。② u 与颗粒直径 d 的平方成正比，因此增加颗粒直径有助于提高沉速(或上浮速度)，提高去除效果。③ u 与液体的动力黏滞度 μ 成反比，μ 随水温上升而下降，即沉速受水温影响，水温上升，沉速增大。

在实际应用中，由于悬浮颗粒在形状、大小及密度等方面有很大差异，不能直接用式(10-11)进行工艺设计，但该公式有助于理解沉淀规律。

2. 絮凝沉淀分析

在絮凝沉淀过程中，沉淀颗粒会发生凝聚，凝聚的程度与悬浮颗粒浓度、颗粒性质、尺寸分布、负荷、沉淀池深、沉淀池中的速度梯度等因素有关，这些变量的影响只能通过沉淀试验确定。

絮凝沉淀试验柱理论上可以采用任意直径，但考虑到边界影响和取样量的问题，沉淀试验柱直径一般取 150~200 mm，高度上应与拟建沉淀池相同，含悬浮颗粒混合液引入柱中时，开始应缓慢搅拌均匀，同时保证试验过程中温度均匀，以避免对流，试验时间应与拟建沉淀池沉淀时间相同，取样口的位置约间隔0.5 m，在不同的时间间隔取样分析悬浮颗粒浓度，对每个分析样品计算去除率，然后像绘制等高线一样绘制等去除率曲线，标于图 10-18。

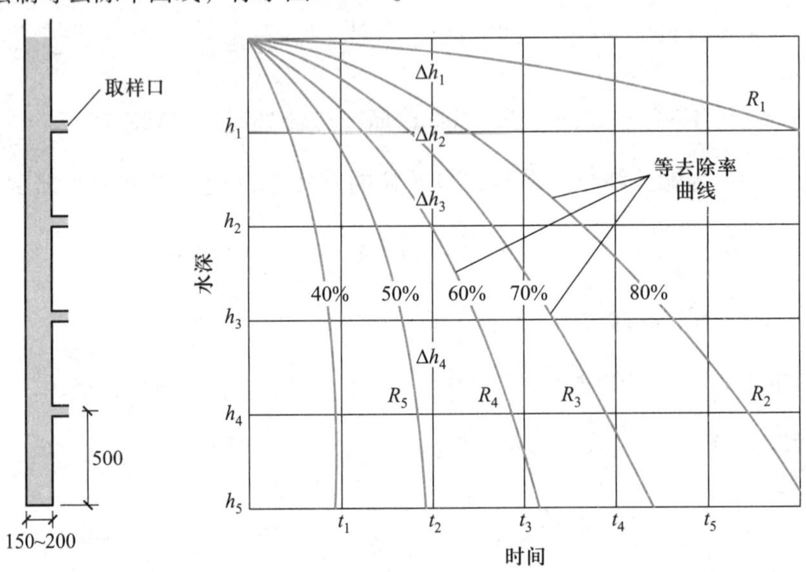

图 10-18 絮凝沉淀试验分析

絮凝沉速 u 可以用下式计算：

$$u=\frac{H}{t} \tag{10-12}$$

式中：u——沉速，m/s；

H——沉淀试验柱高度，m；

t——达到给定去除率所需要的时间，s。

对于指定的沉淀时间和沉淀高度，总沉淀效率 η 可用下式计算：

$$\eta = \sum_{i=1}^{n}\left(\frac{\Delta h_i}{H}\right)\left(\frac{R_i + R_{i+1}}{2}\right) \tag{10-13}$$

式中：η——总沉淀效率，%；

i——等去除率曲线号；

Δh_i——等去除率曲线之间的距离，m；

H——沉降试验柱高度，m；

R_i——曲线号 i 的等去除率，%；

R_{i+1}——曲线号 i+1 的等去除率，%。

区域沉淀和压缩沉淀分析见污泥处理有关章节。

四、沉淀池的工作原理

为便于说明沉淀池的工作原理及分析水中悬浮颗粒在沉淀池内的运动规律，Hazen 和 Camp 提出了理想沉淀池这一概念。理想沉淀池可划分为五个区域，即进口区、沉淀区、出口区、缓冲区及污泥区，并做下述假定：

（1）沉淀区过水断面上各点的水流速度均相同，水流速度为 v；

（2）悬浮颗粒在沉淀区等速下沉，沉速为 u；

（3）在沉淀池的进口区，水流中的悬浮颗粒均匀分布在整个过水断面上；

（4）颗粒沉到缓冲区后，即认为已被去除。

根据上述的假定，悬浮颗粒自由沉淀的迹线可用图 10-19 表示。

当某一颗粒进入沉淀池后，一方面随着水流在水平方向流动，其水平分速 v 等于水流速度：

$$v=\frac{Q}{A'}=\frac{Q}{Hb} \tag{10-14}$$

式中：v——颗粒的水平分速，m/s；

Q——进水流量，m^3/s；

A'——沉淀区过水断面面积，m^2，$A'=Hb$；

H——沉淀区池深，m；

b——沉淀区宽度，m。

另一方面，颗粒在重力作用下沿垂直方向下沉，其沉速即是颗粒的自由沉降速度 u。颗粒运动的轨迹为其水平分速 v 和沉速 u 的矢量和。在沉淀过程中，颗粒运动轨迹是一组倾斜的直线，其坡度为 $i=\frac{u}{v}$。

从沉淀区顶部 x 点进入的颗粒中，必存在着某一粒径的颗粒，其沉速为 u_0，到达沉淀区末端时刚好能沉至池底。由图 10-19 可以看到，当颗粒沉速 $u_1 \geqslant u_0$ 时，无论这种颗粒处于进口区的什么位置，它都可以沉到池底而被去除，即图10-19(a)中的轨迹线 xy 与 $x'y'$。当颗粒沉速 $u_1<u_0$ 时，从沉淀区顶部进入的颗粒不能沉到池底，会随水流排出，如图 10-19(b)中轨迹 xy''所示，而当其从位于水面下的某一位置进入沉淀区时，它可以沉到池底而被去除，如图中轨迹 $x'y$ 所示。说明对于沉速 u_1 小于指定颗粒沉速 u_0 的颗粒，有一部分会沉到池底而被去除。

设沉速为 u_1 的颗粒占全部颗粒的 $\mathrm{d}P(\%)$，其中$\frac{h}{H}\mathrm{d}P(\%)$的颗粒将会从水中沉到池底而去除。

在同一沉淀时间 t，下式成立：

$$h=u_1 t$$

$$H=u_0 t$$

故

$$\frac{h}{H}=\frac{u_1}{u_0}$$

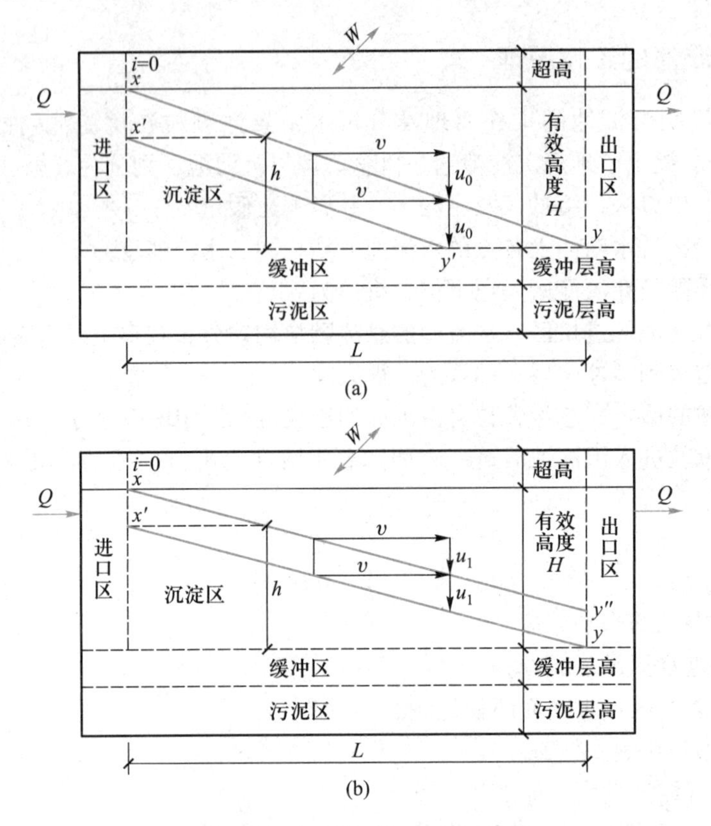

图 10-19 平流理想沉淀池示意图

（a）颗粒沉速 $u_1 \geqslant u_0$；（b）颗粒沉速 $u_1 < u_0$

$$\frac{h}{H}\mathrm{d}P = \frac{u_1}{u_0}\mathrm{d}P$$

而沉淀池能去除的颗粒包括 $u_1 \geqslant u_0$ 及 $u_1 < u_0$ 两部分，故沉淀池对悬浮颗粒的去除率为

$$\eta = (1 - P_0) + \frac{1}{u_0}\int_0^{P_0} u_1 \mathrm{d}P \tag{10-15}$$

式中：P_0——沉速 $< u_0$ 的颗粒占全部悬浮颗粒的百分数；

$1-P_0$——沉速 $\geqslant u_0$ 的颗粒去除率。

图 10-19 的运动迹线中的相似三角形存在着如下关系：

$$\frac{v}{u_0} = \frac{L}{H}$$

$$v = \frac{L}{H}u_0 \tag{10-16}$$

将式(10-16)代入(10-14)，得

$$\frac{Q}{Hb} = \frac{L}{H}u_0$$

$$u_0 = \frac{Q}{Lb} = \frac{Q}{A} \tag{10-17}$$

式中：Q/A——反映沉淀效率的参数，一般称为沉淀池的表面水力负荷，或称为沉淀池的溢流率，常用符号 q 表示，它的物理意义为在单位时间内通过沉淀池单位表面积的流量，单位是 $m^3/(m^2 \cdot h)$ 或 $m^3/(m^2 \cdot s)$，也可简化为 m/h 或 m/s。

$$q = \frac{Q}{A} \tag{10-18}$$

由式(10-17)及式(10-18)可以看出，在理想沉淀池中，u_0 与 q 在数值上相同，但它们的物理概念不同。可见，只要确定需要去除颗粒的沉速 u_0，就可以求得理想沉淀池的溢流率或表面水力负荷。

此外，式(10-17)还表明，理想沉淀池的沉淀效率与池的表面面积 A 有关，与池深 H、沉淀时间 t、池的体积 V 等无关。但实际沉淀池在池深和池宽方向都存在着水流速度分布不均匀问题，以及由于存在温差、密度差、风力影响、水流与池壁摩擦力等而造成紊流，使实际沉淀池去除率要低于理想沉淀池。同时，增加池深有利于沉淀污泥的压缩，提高排泥浓度。

第三节 沉砂池

沉砂池及沉砂设备

城镇污水中往往含有一些泥砂、煤渣等无机物，特别是在易刮风沙的地区和城镇道路建设不够完备的地区。污水中的无机颗粒如不能及时分离、去除，会严重影响城镇污水处理厂的后续处理设施运行，不仅会降低活性污泥的挥发性组分比例，还会板结在反应池底部减小反应器有效容积，引起曝气池中曝气器的堵塞和污泥输送管道的堵塞，甚至损坏污泥后续处理构筑物及设备。沉砂池的设置目的就是去除污水中泥砂、煤渣等相对密度较大的无机颗粒，以免影响后续处理构筑物的正常运行。

在城镇污水处理厂的建设中，沉砂池占整个污水处理厂的用地比例和投资比例都极少，但若处置不当会给污水处理厂正常运行带来很大困难。

沉砂池的工作原理是以重力分离或离心力分离为基础，即控制进入沉砂池的污水流速或旋流速度，使相对密度大的无机颗粒下沉，而有机悬浮颗粒则被水流带走。

在工程设计中，可参考下列设计原则与主要参数：

(1) 城镇污水处理厂一般均应设置沉砂池，工业废水处理是否要设置沉砂池，应根据水质情况而定。城镇污水处理厂沉砂池的只数或分格数应不少于2。

(2) 设计流量应按分期建设考虑。① 当污水自流进入时，应按每期的最大设计流量计算；② 当污水为提升进入时，应按每期工作水泵的最大组合流量计算；③ 在合流制处理系统中，应按降雨时的设计流量计算。

(3) 城镇污水的沉砂量可按每立方污水沉砂 0.03 L 计算，其含水率约为 60%，容重约为 1 500 kg/m^3。沉砂池应设置砂水分离器进行洗砂和砂水分离，分离器溢流上清液重新回到处理系统中。

(4) 贮砂斗的容积不应大于2日沉砂量，贮砂斗壁的倾角不应小于55°，沉砂池排砂宜采用机械方式，并经砂水分离后贮存或外运。人工排砂时，排砂管直径不应小于200 mm，同时考虑防堵塞措施。

(5) 沉砂池的超高不宜小于0.3 m。

一般认为粒径大于0.21 mm的砂粒是造成后续处理问题的主要原因，所以传统上沉砂池是基于去除粒径0.21 mm(65目)以上，相对密度为2.65的砂粒而设计的，但除砂数据分析表明，沉砂的相对密度为1.3~2.7，而且现已有沉砂池能够做到去除0.11 mm(140目)砂粒70%以上。

常用的沉砂池形式有平流式沉砂池、曝气沉砂池、旋流沉砂池等。

一、平流式沉砂池

平流式沉砂池是早期污水处理系统常用的一种形式，通过降低流速使无机颗粒沉降下来，它具有截留无机颗粒效果较好、构造较简单等优点，但也存在流速不易控制、沉砂中有机颗粒含量较高、排砂常需要洗砂处理等缺点。图10-20所示为平流式沉砂池的基本形式。沉砂池的主体部分，实际是一个加宽、加深了的明渠，由入流渠、沉砂区、出流渠、贮砂斗等部分组成，两端设有闸板以控制水流。在池的底部设置1~2个贮砂斗，下接排砂管。

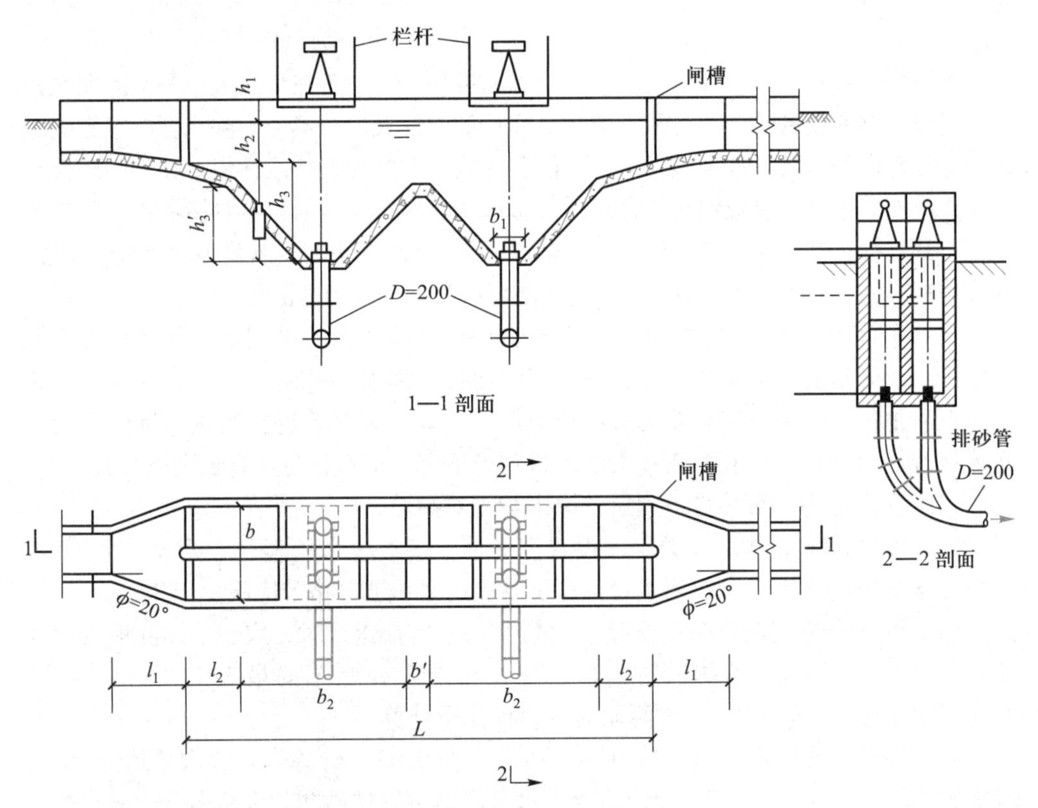

图10-20 平流式沉砂池工艺图

1. 平流式沉砂池的设计参数

（1）污水在池内的最大流速为0.3 m/s，最小流速应不小于0.15 m/s；

（2）最高流量时，污水在池内的停留时间不应小于45 s；

（3）有效水深不应大于1.5 m，每格宽度不宜小于0.6 m；

（4）池底坡度一般为0.01~0.02，当设置除砂设备时，可根据除砂设备的要求，确定池底的形状。

2. 平流式沉砂池设计

（1）沉砂部分的长度 L

$$L=vt \tag{10-19}$$

式中：L——沉砂池沉砂部分长度，m；

v——最大设计流量时的速度，m/s；

t——最大设计流量时的停留时间，s。

（2）水流断面面积 A

$$A=\frac{Q_{\max}}{v} \tag{10-20}$$

式中：A——水流断面面积，m^2；

$Q_{\max}$——最大设计流量，m^3/s。

（3）池总宽度 B

$$B=\frac{A}{h_2} \tag{10-21}$$

式中：B——池总宽度，m；

h_2——设计有效水深，m。

（4）贮砂斗容积 V

$$V=\frac{86\ 400\ Q_{\max}TX}{1\ 000K_z} \tag{10-22}$$

式中：V——贮砂斗容积，m^3；

X——城镇污水的沉砂量，一般采用0.03 L/(m^3 污水)；

T——排砂时间的间隔，d；

K_z——污水流量的总变化系数，量纲为1。

（5）贮砂斗各部分尺寸计算

设贮砂斗底宽 $b_1=0.5$ m；斗壁与水平面的倾角为60°；则贮砂斗的上口宽 b_2 为

$$b_2=\frac{2h'_3}{\tan 60°}+b_1 \tag{10-23}$$

贮砂斗的容积 V_1 为

$$V_1=\frac{1}{3}h'_3(S_1+S_2+\sqrt{S_1S_2}) \tag{10-24}$$

式中：V_1——贮砂斗容积，m^3；

h_3'——贮砂斗高度，m；

S_1，S_2——分别为贮砂斗上口和下口的面积，m^3。

（6）贮砂斗的高度 h_3

假设采用重力排砂，池底设 0.06 坡度坡向砂斗，则

$$h_3 = h_3' + 0.06 l_2 = h_3' + 0.06 \frac{L - 2b_2 - b'}{2} \tag{10-25}$$

（7）池总高度 H

$$H = h_1 + h_2 + h_3 \tag{10-26}$$

式中：H——池总高度，m；

h_1——超高，m。

（8）核算最小流速 $v_{\min}$

$$v_{\min} = \frac{Q_{\min}}{n_1 A_{\min}} \tag{10-27}$$

式中：$Q_{\min}$——设计最小流量，m^3/s；

n_1——最小流量时工作的沉砂池数目；

$A_{\min}$——最小流量时沉砂池中的过水断面面积，m^2。

平流式沉砂池可采用重力排砂或机械排砂。

二、曝气沉砂池

曝气沉砂池

曝气沉砂池从 20 世纪 50 年代开始使用，它具有下述特点：① 沉砂中含有机污染物的量低于 5%；② 由于池中设有曝气设备，它还具有预曝气、脱臭、除泡作用，以及加速污水中油类和浮渣的分离等作用。这些特点对后续的沉淀池、曝气池、污泥消化池的正常运行，以及对沉砂的最终处置提供了有利条件。但是，曝气作用要消耗能量，对生物脱氮除磷系统的厌氧段或缺氧段的运行存在不利影响。

1. 曝气沉砂池的构造及工作原理

曝气沉砂池的剖面如图 10-21 所示。

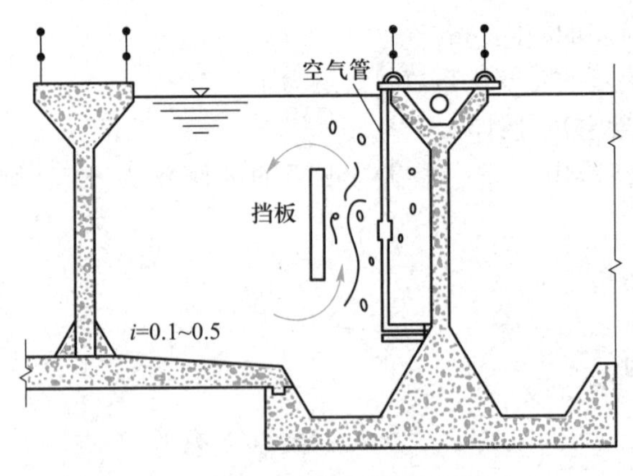

图 10-21 曝气沉砂池剖面图

曝气沉砂池呈矩形，沿渠道壁一侧的整个长度上，一般在距池底 0.6~0.9 m 处设置曝气设备，曝气设备下面设置集砂槽，在池底另一侧有 i=0.1~0.5 的坡度，坡向集砂槽，集砂槽侧壁的倾角应不小于 60°，为了曝气时能使池内水流产生旋流运动，必要时可在设置曝气设备的一侧设置挡板。

污水在池中存在着两种运动形式，一种为水平流动，同时，由于在池的一侧有曝气作用，在池的横断面上产生另一种旋转运动，整个池内水流产生螺旋状前进的流动形式（图 10-22）。旋流线速度在过水断面的中心处最小，而在池的周边则为最大。空气的供给量应保证池中污水的旋流线速度达到 0.25~0.3 m/s。旋流主要由鼓入的空气形成，不依赖水流的作用，因而曝气沉砂池比其他形式的沉砂池对流量的适应程度要高很多，沉砂效果稳定可靠。

由于曝气及水流的旋流作用，污水中悬浮颗粒相互碰撞、摩擦，并受到气泡上升时的冲刷作用，使黏附在砂粒上的有机污染物得以摩擦去除，螺旋状水流还将密度相对较轻的有机颗粒悬浮起来随出水带走，沉于池底的砂粒较为纯净。有机污染物含量只有 5%左右，便于沉砂的处置。

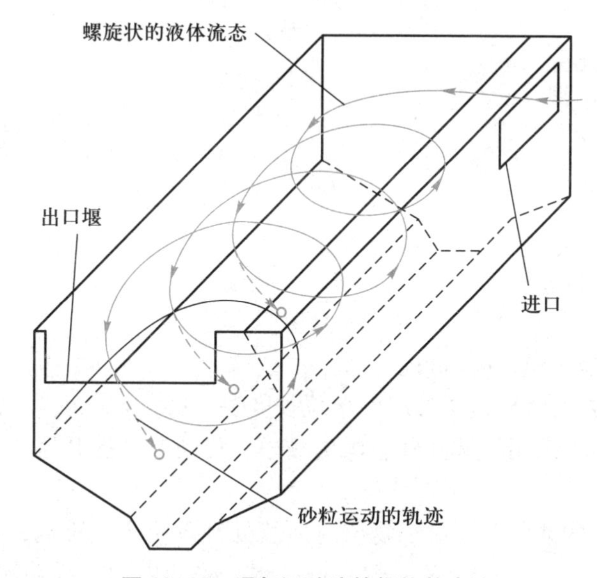

图 10-22 曝气沉砂池的螺旋状水流

2. 曝气沉砂池的设计参数

（1）水平流速不宜大于 0.1 m/s；

（2）最大流量时污水在池内的停留时间宜大于 4 min，如同时作为预曝气池使用，停留时间可取 10~30 min；

（3）池的有效水深宜为 2.0~3.0 m。池宽与池深比为 1.0~1.5，池的长宽比可达 5，当池的长宽比大于 5 时，可考虑设置横向挡板；

（4）曝气沉砂池多采用穿孔管曝气，穿孔孔径为 2.5~6.0 mm，距池底一般为 0.6~0.9 m，每组穿孔曝气管应有调节阀门；

（5）曝气沉砂池曝气量为 5.0~12 L(空气)/[m(池长)·s]。

曝气沉砂池的形状应尽可能不产生偏流和死角，进水方向应与池中旋流方向一致，出水方向应与进水方向垂直。

3. 曝气沉砂池设计

（1）总有效容积 V

$$V=60Q_{max}t \tag{10-28}$$

式中：V——总有效容积，m^3；

Q_{max}——最大设计流量，m^3/s；

t——最大设计流量时停留时间，min。

（2）池断面积 A

$$A=\frac{Q_{max}}{v} \tag{10-29}$$

式中：A——池断面积，m^2；

v——最大设计流量时水平流速，m/s。

（3）池总宽度 B

$$B=\frac{A}{H} \tag{10-30}$$

式中：B——池总宽度，m；

H——有效水深，m。

（4）池长 L

$$L=\frac{V}{A} \tag{10-31}$$

式中：L——池长，m。

（5）所需曝气量 q

$$q=60DL \tag{10-32}$$

式中：q——所需曝气量，m^3/min；

D——单格曝气沉砂池单位时间单位长度曝气量，$m^3/(m\cdot s)$。

集砂槽中的砂可采用机械刮砂、螺旋输送、移动空气提升器或移动泵吸式排砂机排除。

为避免污水中的油脂和浮渣类物质对后续处理系统产生影响，保证油脂和浮渣类物质的去除效果，宜在沉砂区一侧平行设置分隔的撇油除渣功能区（图 10-23），并配套设置撇油和除渣设备。这种沉砂池在除砂的同时可以有效去除浮渣，减轻后续沉淀池或反应构筑物表面的浮渣量，如果后续采用 MBR 工艺，可以有效防止膜表面短小纤维杂质的聚集，工程经验证明，曝气沉砂池是一种比较理想的沉砂构筑物。

三、旋流沉砂池

1. 旋流沉砂池构造

旋流沉砂池是一种沿圆形池壁内切方向进水，利用水力或机械力控制水流流态与流速，在径向方向产生离心作用，加速砂粒的沉淀分离，并使有机污染物被水流带走的沉砂装置。旋流沉砂池有多种类型，沉砂效果也各有不同。

一般旋流沉砂池由流入口、流出口、沉砂区、砂斗、涡轮驱动装置及排砂系统

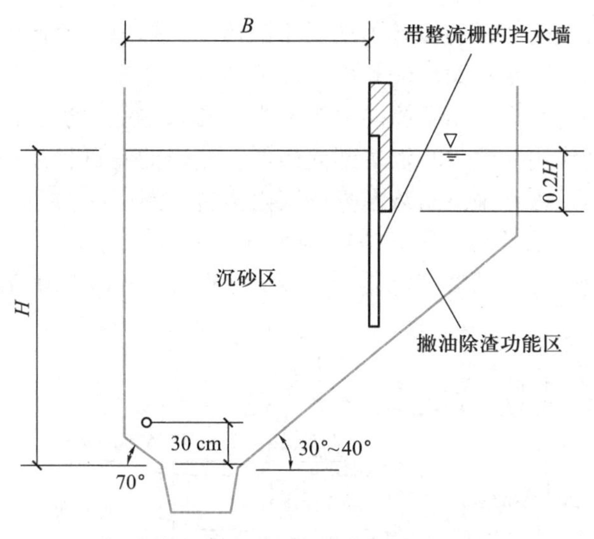

图 10-23 曝气沉砂池的除渣区

组成(见图 10-24)。污水由流入口切线方向流入沉砂区，旋转的涡轮叶片使砂粒呈螺旋状流动，促进有机污染物和砂粒的分离，由于所受离心力不同，相对密度较大的砂粒被甩向池壁，在重力作用下沉入砂斗，有机污染物被出水旋流带出池外。通过调整转速，可达到最佳沉砂效果。砂斗内沉砂可采用空气提升、排砂泵等方式排除，再经过砂水分离器进行洗砂，达到砂粒与有机污染物再次分离从而清洁排砂的目的。

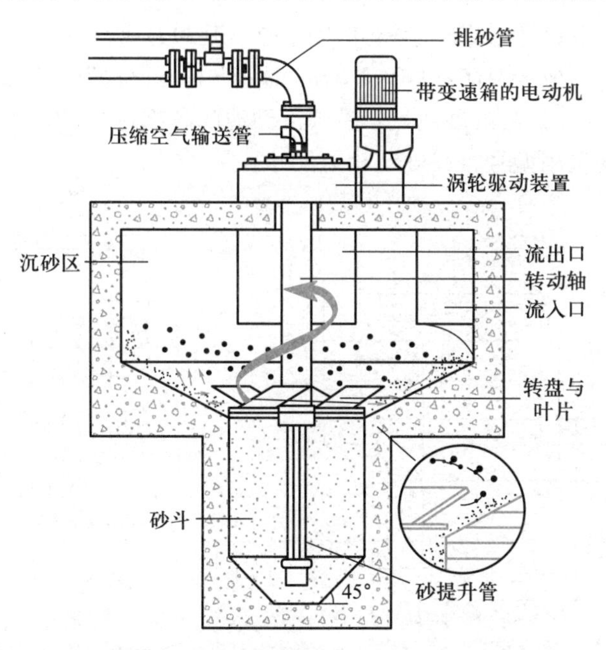

图 10-24 一种旋流沉砂池工艺剖面图

比氏旋流沉砂池(PISTA®)对进水和沉砂池内部构造进行了改进，进水渠为一条封闭的满流倾斜进水渠，进水直接进入沉砂池底部，由于射流的作用，在池内形成旋流，同时在中心轴向桨板的旋转驱动下于池体中部形成一个向上的推动力，使水流在垂面亦形成环流。在垂面环流和水平旋流的共同作用下，水流在沉砂池中以螺旋状前进，砂粒在离心力作用下撞向池壁沿水流滑入池底。积于池底的砂粒由于垂面环流的水平推动作用向池中心汇集跌入砂斗，较轻的有机悬浮颗粒则在中部上升水流的作用下重新进入水中。水流在分选区内回转一周(360°)后，进入与进水渠同流向但位于分选区上部的出水渠。去除的沉砂跌入池底的砂斗，为防止砂粒板结，桨板驱动轴下端设叶片式砂粒流化器，沉砂定时排出池外(图 10-25)。

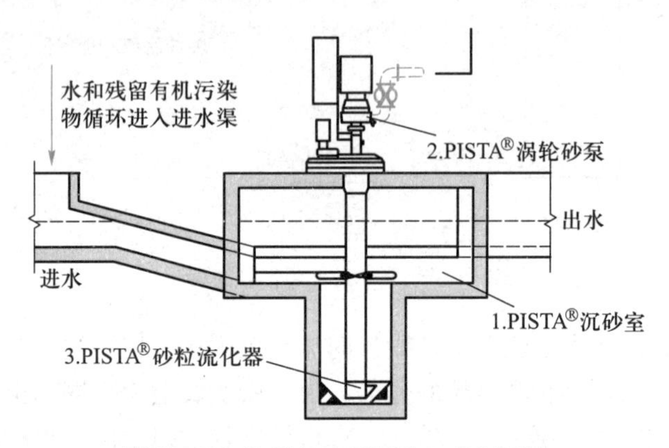

图 10-25 比氏旋流沉砂池工艺剖面图

2. 旋流沉砂池的设计

旋流沉砂池最高设计流量时的停留时间不应小于 30 s，设计水力表面负荷宜为 150~200 $m^3/(m^2 \cdot h)$，有效水深宜为 1.0~2.0 m，池径与池深比宜为 2.0~2.5。

图 10-26 为一种旋流沉砂池——钟式沉砂池的各部分尺寸，可以根据处理流量的大小按表 10-3 选用型号，并确定相关尺寸。

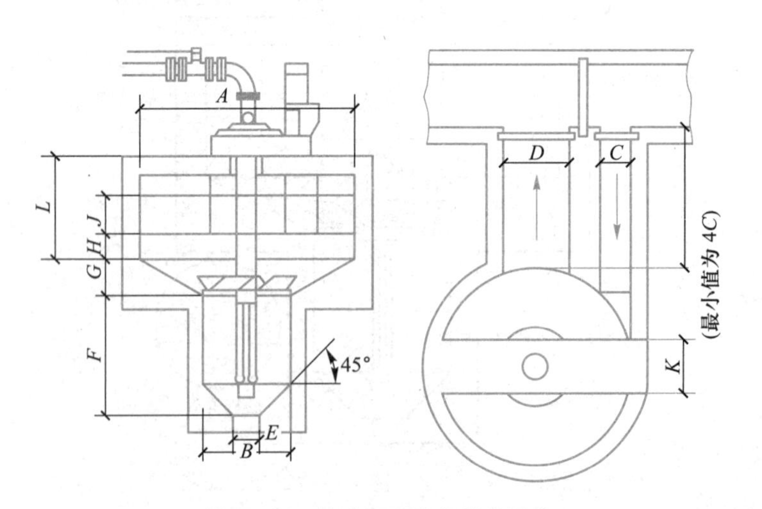

图 10-26 钟式沉砂池各部分尺寸

表 10-3　钟式沉砂池型号及尺寸

型号	流量/（L·s^{-1}）	A	B	C	D	E	F	G	H	J	K	L
50	50	1.83	1.0	0.305	0.610	0.30	1.40	0.30	0.30	0.20	0.80	1.10
100	110	2.13	1.0	0.380	0.760	0.30	1.40	0.30	0.30	0.30	0.80	1.10
200	180	2.43	1.0	0.450	0.900	0.40	1.35	0.40	0.30	0.40	0.80	1.15
300	310	3.05	1.0	0.610	1.200	0.45	1.35	0.45	0.30	0.45	0.80	1.35
550	530	3.65	1.5	0.750	1.50	0.60	1.70	0.60	0.51	0.58	0.80	1.45
900	880	4.87	1.5	1.00	2.00	1.00	2.20	1.00	0.51	0.60	0.80	1.85
1 300	1 320	5.48	1.5	1.10	2.20	1.00	2.20	1.00	0.61	0.63	0.80	1.85
1 750	1 750	5.80	1.5	1.20	2.40	1.30	2.50	1.30	0.75	0.70	0.80	1.95
2 000	2 200	6.10	1.5	1.20	2.40	1.30	2.50	1.30	0.89	0.75	0.80	1.95

其他如多尔(Doer)沉砂池、用水力代替曝气产生旋流的水力旋流沉砂池等在实际工程中也有应用。

第四节　沉淀池

一、沉淀池概况

沉淀池是分离悬浮固体的一种常用处理构筑物。

沉淀池按照在工艺流程中的位置不同，可分为初沉池和二沉池，初沉池是一级污水处理系统的主要处理构筑物，或作为生物处理法中预处理的构筑物，对于一般的城镇污水，初沉池的去除对象是悬浮固体，一般可以去除40%~55%的SS，同时可去除20%~30%的BOD_5，可降低后续生物处理构筑物的有机负荷。初沉池中沉淀物质称为初沉池污泥。二沉池设在生物处理构筑物后面，用于沉淀分离活性污泥或去除生物膜法中脱落的生物膜，是生物处理工艺中的一个重要组成部分。

沉淀池及其配套设备

沉淀池常按池内水流方向不同分为平流式、竖流式及辐流式等三种。图10-27为三种形式沉淀池的示意图。

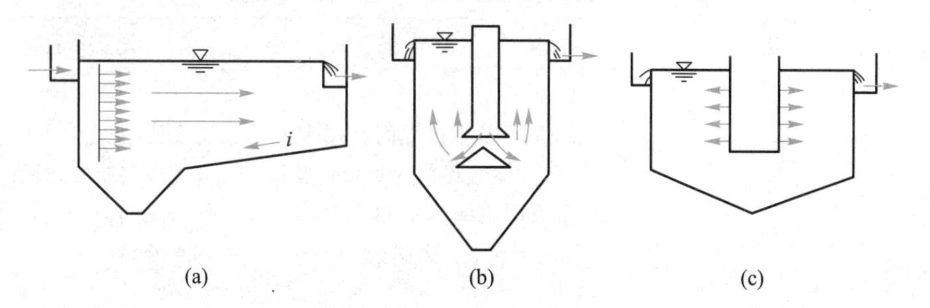

图 10-27　三种形式沉淀池示意图

（a）平流式；（b）竖流式；（c）辐流式

1. 平流式沉淀池

平流式沉淀池呈长方形，污水从池的一端流入，水平方向流过，从池的另一端流出。在池的进水口处底部设贮泥斗，其他部位池底设有坡度，坡向贮泥斗，也有整个池底都设置成多斗排泥的形式(图 10-32)，或者在整个池底水平布置，通过行车等吸刮泥设备排除沉泥。

2. 竖流式沉淀池

竖流式沉淀池多为圆形，亦有呈正方形或多角形的，污水从设在池中央的中心管进入，从中心管的下端经过反射板后均匀缓慢地分布在池的横断面上，由于出水口设置在池面或池壁四周，故水的流向基本由下向上。污泥贮积在底部的污泥斗中[图 10-27(b)]。

3. 辐流式沉淀池

辐流式沉淀池亦称为辐射式沉淀池，多呈圆形，有时亦采用正方形。池的进水口一般在中心位置，出口在周围。水流在池中呈水平方向向四周辐射，由于过水断面面积不断变大，故池中的水流速度从池中心向池四周逐渐减小。贮泥斗设在池中央，池底向中心倾斜，污泥通常用刮泥机(或吸泥机)机械排除[图 10-27(c)]。

沉淀池由五个部分组成，即进水区、出水区、沉淀区、缓冲区及贮泥区。进水区和出水区的功能是使水流的进入与流出保持均匀平稳，以提高沉淀效率；沉淀区是沉淀池进行悬浮固体分离的场所；缓冲区介于沉淀区和贮泥区之间，缓冲区的作用是避免已沉污泥被水流搅起带走及缓解冲击负荷；贮泥区是存放沉淀污泥的地方，它起到贮存、浓缩与排放的作用。

沉淀池的运行方式，有间歇式与连续式两种。

在间歇运行的沉淀池中，其工作过程大致分为三步：进水、静置及排水。污水中可沉淀的悬浮固体在静置时完成沉淀过程，然后由移动式的滗水装置或设置在沉淀池壁不同高度的排水管排出。

在连续运行的沉淀池中，污水连续不断地流入与排出。污水中可沉颗粒在水的流动过程中完成沉淀，可沉颗粒受到由重力所造成的沉速与水流流动的速度两方面的作用。水流流动的速度对颗粒的沉淀有重要的影响。

三种形式沉淀池的特点及适用条件见表 10-4。

表 10-4 三种形式沉淀池的特点及适用条件

池型	优 点	缺 点	适用条件
平流式	① 对冲击负荷和温度变化适应能力较强； ② 施工简单，造价低	① 采用多斗排泥时，每个贮泥斗需要单独设排泥管各自操作； ② 采用机械排泥时，大部分设备位于水下，易腐蚀	① 适用于地下水位较高及地质较差的地区； ② 适用于大、中、小型污水处理厂

续表

池型	优　点	缺　点	适用条件
竖流式	① 排泥方便，管理简单； ② 占地面积较小	① 池子深度大，施工困难； ② 对冲击负荷及温度变化适应能力较差； ③ 造价较高； ④ 池径不宜太大	适用于处理水量不大的小型污水处理厂
辐流式	① 采用机械排泥，运行较好； ② 排泥设备有定型产品	① 水流速度不稳定； ② 易于出现异重流现象； ③ 机械排泥设备复杂，对池体施工质量要求高	① 适用于地下水位较高的地区； ② 适用于大、中型污水处理厂

二、沉淀池的一般设计原则及设计参数

1. 设计流量

沉淀池的设计流量与沉砂池的设计流量相同。在分流制的污水处理系统中，当污水自流进入沉淀池时，应按最大流量作为设计流量；当用水泵提升时，应按水泵的最大组合流量作为设计流量。在合流制系统中应按降雨时的设计流量校核，但沉淀时间应不小于 30 min。

2. 沉淀池数量

对于城镇污水处理厂，沉淀池应不少于 2 座，并考虑 1 座发生故障时，其余工作的沉淀池能够负担全部流量。

3. 沉淀池的经验设计参数

城镇污水处理厂，如无污水沉淀性能的实测资料时，可参照表 10-5 的经验设计参数选用。

表 10-5　沉淀池经验设计参数

类型	在处理工艺中的作用	沉淀时间/h	表面水力负荷/($m^3 \cdot m^{-2} \cdot h^{-1}$)	每人每日污泥量/($g \cdot 人^{-1} \cdot d^{-1}$)	污泥含水率/%	固体负荷/($kg \cdot m^{-2} \cdot d^{-1}$)
初沉池	沉淀处理	0.5~2.0	1.5~4.5	16~36	95~97	—
二沉池	生物膜法后	1.5~4.0	1.0~2.0	10~26	96~98	≤150
	活性污泥法后	1.5~4.0	0.6~1.5	12~32	99.2~99.6	≤150

注：当二沉池采用周边进水、周边出水辐流沉淀时，固体负荷不宜超过 200 $kg \cdot m^{-2} \cdot d^{-1}$。

4. 沉淀池的构造尺寸

沉淀池超高不应小于 0.3 m；有效水深宜采用 2.0~4.0 m；缓冲层高度，非机械排泥时宜采用 0.5 m，机械排泥时，应根据刮泥板高度确定，且缓冲层上缘宜高

出刮泥板 0.3 m；贮泥斗斜壁的倾角，方斗宜为 60°，圆斗宜为 55°；坡向贮泥斗的底板坡度，平流式沉淀池不宜小于 0.01，辐流式沉淀池不宜小于 0.05。

5. 沉淀池出水部分

一般采用堰流，堰口应保持水平。初沉池的出水堰最大负荷不宜大于 2.9 L/(s·m)；二沉池出水堰最大负荷不宜大于 1.7 L/(s·m)。可采用多槽出水布置，减轻单位长度堰口水力负荷，提高出水水质。

6. 贮泥斗的容积

初沉池一般按不大于 2 d 的污泥量计算，采用机械排泥的贮泥斗可按 4 h 污泥量计算；活性污泥法处理后二沉池的污泥区容积，宜按不超过 2 h 贮泥时间计算，并应有连续排泥措施；生物膜法处理后二沉池的污泥区容积，宜按 4 h 的污泥量计算。

7. 排泥部分

沉淀池一般采用静水压力排泥，初沉池排泥静水头不应小于 1.5 m(H_2O)；生物膜法的二沉池不应小于 1.2 m(H_2O)，活性污泥法的二沉池不应小于 0.9 m(H_2O)；排泥管直径不应小于 200 mm。

三、平流式沉淀池

1. 平流式沉淀池的构造及工作特点

设有行车刮泥机的平流式沉淀池剖面示意见图 10-28。为使入流污水均匀、稳定地进入沉淀池，进水区应有消能和整流措施，常见的几种进水整流措施见图 10-29，入流处的挡流板，一般高出池水水面 0.15~0.2 m，挡流板的浸没深度应不少于0.25 m，一般用 0.5~1.0 m，挡流板距进水槽 0.5~1.0 m。

平流式沉淀池的出流装置如图 10-30 和图 10-31 所示。

出水堰不仅可控制沉淀池内的水面高度，而且对沉淀池内水流的均匀分布有直接影响。沉淀池整个出水堰的单位长度溢流量应相等。锯齿形三角堰应用最普遍，水面宜位于齿高的 1/2 处。为适应水流的变化或构筑物的不均匀沉降，堰板安装孔应便于上下调节堰口高度，使出水堰保持水平状态。

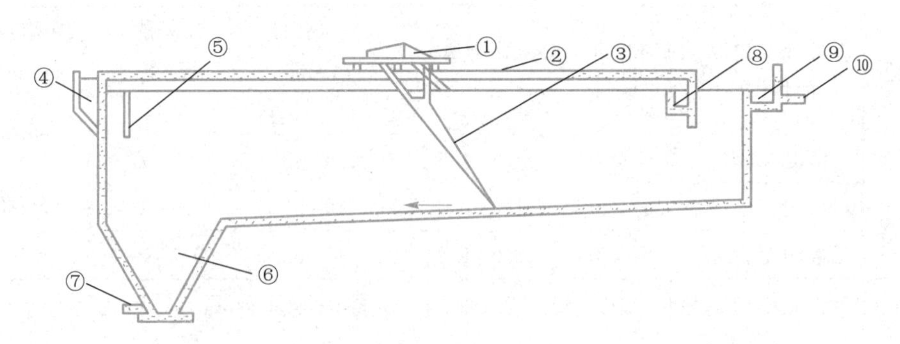

① 刮泥行车；② 刮渣板；③ 刮泥板；④ 进水槽；⑤ 挡流板；
⑥ 泥斗；⑦ 排泥管；⑧ 浮渣槽；⑨ 出水槽；⑩ 出水管。

图 10-28 设有行车刮泥机的平流式沉淀池

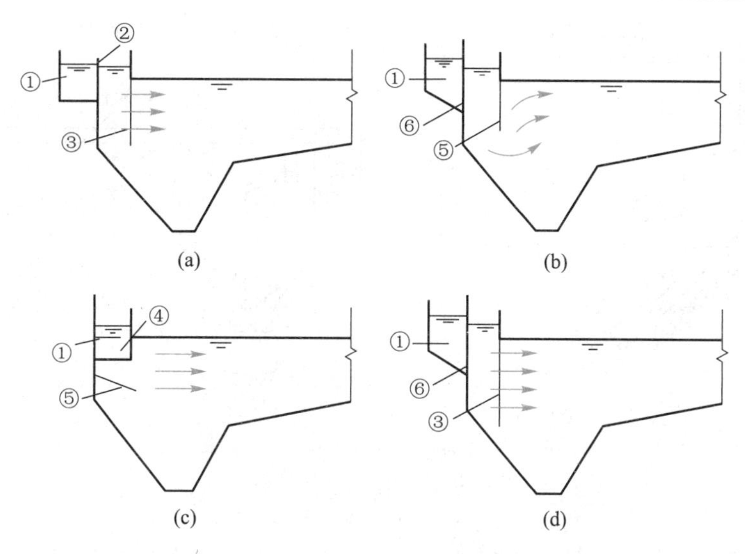

① 进水槽；② 溢流堰；③ 穿孔整流板；④ 底孔；⑤ 挡流板；⑥ 潜孔。

图 10-29 平流式沉淀池的进水整流措施

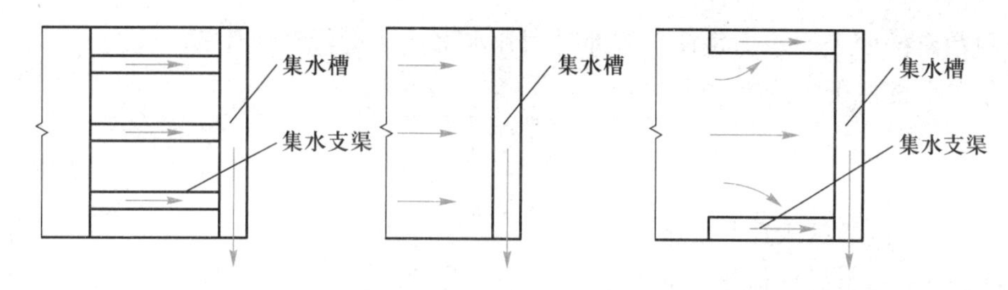

图 10-30 平流式沉淀池出口集水槽的形式

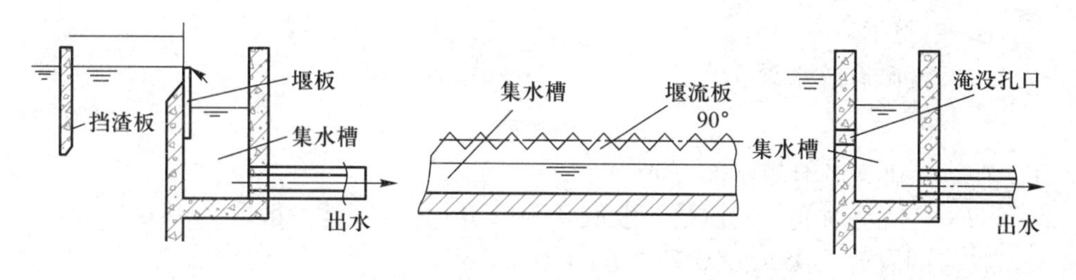

图 10-31 堰口和潜水出水孔示意图

堰前应设置挡渣板，以阻拦漂浮物，同时应设置浮渣收集和排除装置。挡渣板应当高出水面 0.15~0.2 m，浸没在水面下 0.3~0.4 m，距出水口处 0.25~0.5 m。

平流式沉淀池排泥可以采用带刮泥机的单斗排泥或多斗排泥(图 10-32)，多斗式沉淀池可以不设置机械刮泥设备，每个贮泥斗单独设置排泥管，各自独立排泥，互不干扰，保证污泥的浓度。在池的宽度方向贮泥斗一般不多于两排。

2. 平流式沉淀池的设计

平流式沉淀池设计的内容包括确定沉淀池的数量，入流、出流装置设计，沉淀区和污泥区尺寸计算，排泥和排渣设备选择等。

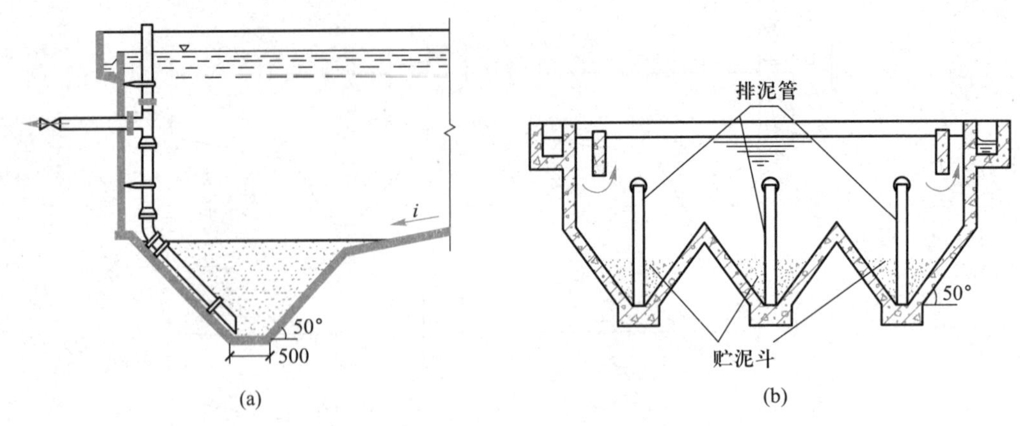

图 10-32 平流式沉淀池的单斗与多斗排泥

(a) 单斗排泥；(b) 多斗排泥

设计沉淀池时应根据需达到的去除率，确定沉淀池的表面水力负荷(或溢流率)、沉淀时间，以及污水在池内的平均流速等，应该以沉淀试验为依据并参考同类沉淀池的运行资料进行设计。

目前常按照表面水力负荷、沉淀时间和水平流速进行设计计算。

(1) 沉淀区的表面积 A

$$A=\frac{Q_{\max}}{q} \tag{10-33}$$

式中：A——沉淀区表面积，m^2；

$Q_{\max}$——最大设计流量，m^3/h；

q——表面水力负荷，$m^3/(m^2 \cdot h)$，通过沉淀试验取得，或参照表 10-5 选取。

(2) 沉淀区有效水深 h_2

$$h_2=qt \tag{10-34}$$

式中：h_2——沉淀区有效水深，m；

t——沉淀时间，初沉池一般取 0.5~2.0 h，二沉池一般取 1.5~4.0 h。

沉淀区的有效水深 h_2 通常取 2.0~4.0 m。

(3) 沉淀区有效容积 V

$$V=Ah_2 \tag{10-35}$$

或

$$V=Q_{\max}t$$

式中：V——沉淀区有效容积，m^3。

(4) 沉淀池长度 L

$$L=3.6vt \tag{10-36}$$

式中：L——沉淀池长度，m；

v——最大设计流量时的水平流速，mm/s，一般不大于 5 mm/s。

(5) 沉淀区的总宽度 B

$$B=\frac{A}{L} \tag{10-37}$$

式中：B——沉淀区的总宽度，m。

（6）沉淀池的数量 n

$$n=\frac{B}{b} \tag{10-38}$$

式中：n——沉淀池数量或分格数；

b——每座或每格沉淀池的宽度，m，受长宽比影响，同时与选用的刮泥机有关。

平流式沉淀池的长度一般为30~50 m，不宜大于60 m，为了保证污水在池内分布均匀，池长与池宽比不宜小于4，长度与有效水深比不宜小于8。

（7）污泥区的容积 V_w

对于生活污水，可按每日产生污泥量和排泥的时间间隔设计。

$$V_w=\frac{SNT}{1\,000} \tag{10-39}$$

式中：S——每人每日产生的污泥量，L/（人·d），可参考表10-5；

N——设计人口数，人；

T——两次排泥的时间间隔，d，初沉池按2 d考虑，活性污泥法后二沉池按2 h考虑，机械排泥初沉池和生物膜法后二沉池按4 h设计计算。

如果已知污水悬浮固体浓度与去除率，污泥区容积可按下式计算：

$$V_w=\frac{Q_{max}\cdot 24(C_0-C_1)\cdot 1\,000}{1\,000\gamma(100-p_0)}\cdot T \tag{10-40}$$

式中：C_0、C_1——沉淀池进水和出水的悬浮固体浓度，mg/L；

γ——污泥容重，kg/m^3，含水率在95%以上时，可取1 000 kg/m^3；

p_0——污泥含水率，%；

T——两次排泥时间间隔，同上。

（8）沉淀池总高度 H

$$H=h_1+h_2+h_3+h_4=h_1+h_2+h_3+h_4'+h_4'' \tag{10-41}$$

式中：H——沉淀池总高度，m；

h_1——沉淀池超高，m，一般取0.3 m；

h_2——沉淀区的有效深度，m；

h_3——缓冲层高度，m，无机械刮泥设备时为0.5 m；有机械刮泥设备时，其上缘应高出刮板0.3 m；

h_4——污泥区高度，m；

h_4'——贮泥斗高度，m；

h_4''——梯形部分的高度，m。

（9）贮泥斗的容积 V_1

$$V_1=\frac{1}{3}h_4'(S_1+S_2+\sqrt{S_1S_2}) \tag{10-42}$$

式中：V_1——贮泥斗的容积，m^3；

S_1、S_2——贮泥斗的上、下口面积，m^2。

(10) 贮泥斗以上梯形部分污泥容积 V_2

$$V_2=\left(\frac{L_1+L_2}{2}\right)h_4''b \tag{10-43}$$

式中：V_2——贮泥斗以上梯形部分污泥容积，m^3；

L_1、L_2——梯形上、下底边长，m。

四、竖流式沉淀池

1. 竖流式沉淀池的工作原理

在竖流式沉淀池中，污水从下向上以流速 v 做竖向流动，污水中的悬浮颗粒有以下三种运动状态：① 当颗粒沉速 $u>v$ 时，则颗粒将以 $u-v$ 的差值向下沉淀，颗粒得以去除；② 当 $u=v$ 时，则颗粒处于悬浮状态，不下沉亦不上升；③ 当$u<v$时，颗粒将不能沉淀下来，而会被上升水流带走。由此可知，当可沉颗粒属于自由沉淀类型时，在相同的表面水力负荷条件下，竖流式沉淀池的去除率要比其他沉淀池低。但当可沉颗粒属于絮凝沉淀类型时，则发生的情况就比较复杂。一方面，由于在池中颗粒存在相反方向的运动，就会出现上升着的颗粒与下降着的颗粒，同时还存在着上升颗粒与上升颗粒之间、下降颗粒与下降颗粒之间的相互接触和碰撞，使颗粒的直径逐渐增大，有利于颗粒的沉淀；另一方面，絮凝颗粒在上升水流的顶托和自身重力作用下，会在沉淀区内形成一个絮凝污泥层，这一层可以网捕拦截污水中的待沉颗粒。

2. 竖流式沉淀池的构造

图 10-33 为竖流式沉淀池的构造示意图。

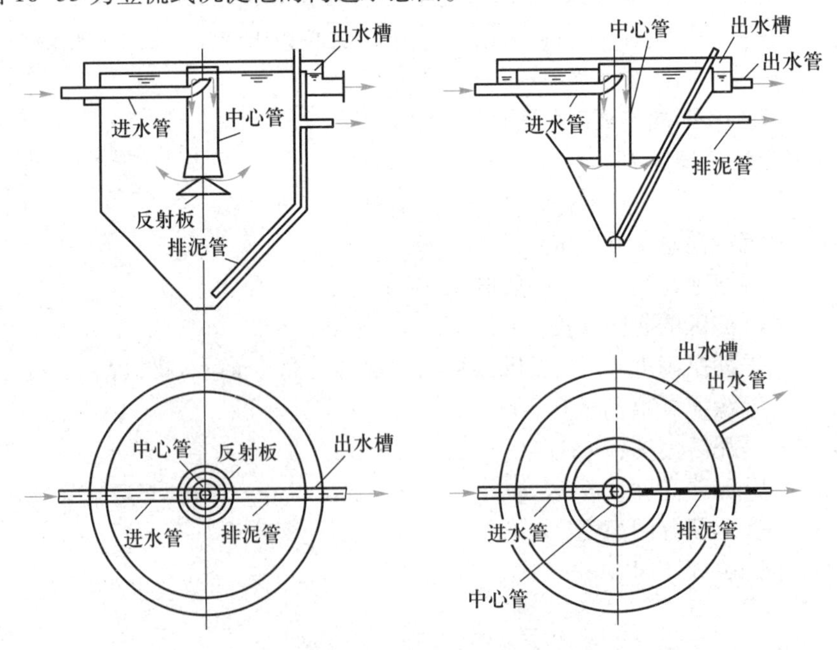

图 10-33 竖流式沉淀池

竖流式沉淀池的平面可为圆形、正方形或多角形。为使池内配水均匀，池径不宜过大，一般采用4~7 m，不大于10 m。为了降低池的总高度，污泥区可采用多斗排泥方式。

竖流式沉淀池的直径（或正方形的一边）与有效水深之比一般不大于3。

竖流式沉淀池的中心管如图10-34所示。污水在中心管内的流速 v_0 对悬浮颗粒的去除有一定影响，其流速不应大于30 mm/s，中心管下口应设有喇叭口和反射板，板底面距泥面不宜小于0.3 m，在反射板的阻挡下，水流由垂直向下变成向反射板四周分布。水从中心管喇叭口与反射板间流出的速度 v_1 一般不大于40 mm/s，水流自反射板四周流出后均匀地分布于整个池中，并以上升流速 v 缓慢地由下而上流动，经过澄清后的上清液从设置在池壁顶端的堰口溢出，通过出水槽流出池外。

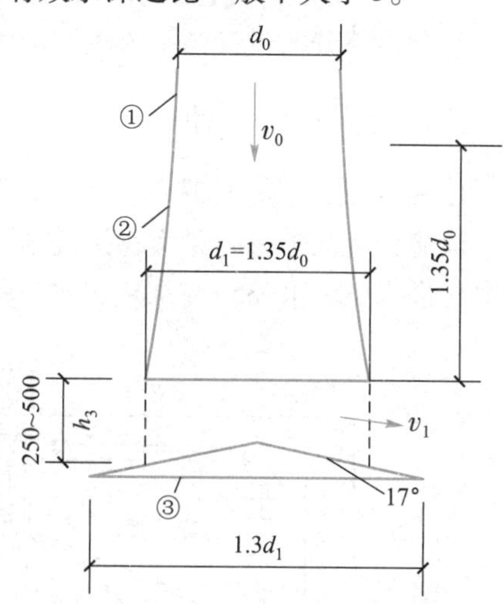

① 中心管；② 喇叭口；③反射板。

图10-34 中心管和反射板的结构尺寸

3. 竖流式沉淀池的设计

（1）中心管截面积 f_1 与中心管直径 d_0

$$f_1=\frac{Q_{max}}{v_0} \tag{10-44}$$

$$d_0=\sqrt{\frac{4f_1}{\pi}} \tag{10-45}$$

式中：Q_{max}——每组沉淀池最大设计流量，m^3/s；

f_1——中心管截面积，m^2；

v_0——中心管内流速，m/s；

d_0——中心管直径，m。

（2）中心管喇叭口到反射板之间的间隙高度 h_3

$$h_3=\frac{Q_{max}}{v_1\pi d_1} \tag{10-46}$$

式中：h_3——间隙高度，m；

v_1——间隙流出速度，m/s；

d_1——喇叭口直径，m。

（3）沉淀区面积 f_2 和池径 D

$$f_2=\frac{3\ 600Q_{max}}{q}$$

$$A=f_1+f_2 \tag{10-47}$$

$$D=\sqrt{\frac{4A}{\pi}} \tag{10-48}$$

式中：f_2——沉淀区面积，m^2；

q——表面水力负荷，$m^3/(m^2 \cdot h)$；

A——沉淀池面积(含中心管截面积)，m^2；

D——沉淀池直径(池径)，m。

其余各部分的设计与平流沉淀池相似。

五、辐流式沉淀池

1. 辐流式沉淀池构造

辐流式沉淀池是一种大型沉淀池，池径最大可达 100 m，池周水深 1.5~3.0 m。有中心进水(图 10-35)与周边进水(图 10-36)两种形式。

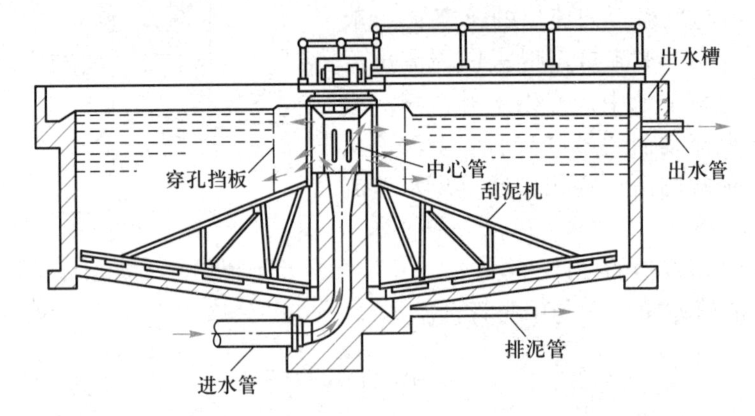

图 10-35 中心进水辐流式沉淀池

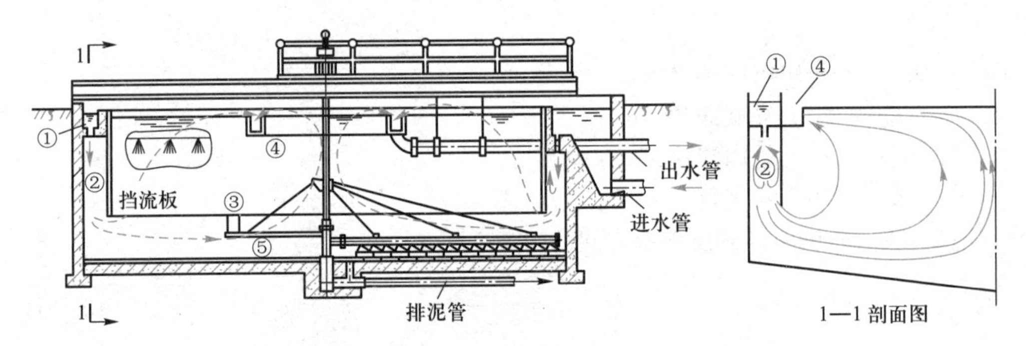

① 配水槽；② 导流絮凝区；③ 沉淀区；④ 集水槽；⑤ 污泥区。

图 10-36 周边进水辐流式沉淀池

中心进水辐流式沉淀池进水部分在池中心，因中心导流筒流速大，活性污泥在中心导流筒内难于絮凝，并且这股水流与池内水相比，相对密度较大，向下流动时动能也较高，易冲击池底沉泥。周边进水辐流式沉淀池的入流区在构造上有两个特点：① 进水槽断面较大，而槽底的孔口较小，布水时的水头损失集中在孔口上，故布水比较均匀，但配水渠内浮渣难于排除，容易结壳；② 进水挡板的下沿深入水面下约 2/3 深度处，距进水孔口有一段较长的距离，这有助于进一步把水流均匀地分布在整个入流区的过水断面上，而且污水进入沉淀区的流速要小得多，有利于悬浮颗粒的沉淀。池子的出水槽可设在池的半径中间或池的周边。进出水的改进在一定程度上克服了中心进水辐流式沉淀池的缺点，可以提高沉淀池的容积利用率。但是，如果辐流式沉淀池的直径很大，进口的布水和导流装置设计不当，则周边进水辐流式沉淀池会发生短流现象，严重影响效果。

沉淀于池底的污泥一般采用机械刮泥机排除。机械刮泥机由刮泥板和桁架组成，刮泥板固定在桁架底部，桁架绕池中心缓慢地转动，池底污泥可以通过虹吸或用刮泥板推入池中心处的贮泥斗中，污泥在贮泥斗中可利用静水压力排除，亦可用污泥泵抽吸。对辐流式沉淀池而言，目前常用的机械刮泥机有中心传动式刮泥机(吸泥机)及周边传动式刮泥机(吸泥机)等，一般情况下，当池直径小于 20 m 时可考虑用中心传动式，池直径大于 20 m 时用周边传动式。为了满足机械刮泥机的排泥要求，辐流式沉淀池的池底坡度平缓，常取 0.05。当池径较小时，亦可采用多斗排泥，这一形式的贮泥斗与竖流式沉淀池相似。

2. 辐流式沉淀池设计

(1) 每座沉淀池的表面积 A_1 和池径 D

$$A_1=\frac{Q_{max}}{nq_0} \tag{10-49}$$

$$D=\sqrt{\frac{4A_1}{\pi}} \tag{10-50}$$

式中：A_1——每座沉淀池的表面积，m^2；

D——池径，m，一般池径不宜大于 50 m；

Q_{max}——最大设计流量，m^3/h；

n——池数；

q_0——表面水力负荷，$m^3/(m^2\cdot h)$。

(2) 沉淀池有效水深 h_2

$$h_2=q_0t \tag{10-51}$$

式中：h_2——有效水深，m；

t——沉淀时间，h。

池径(或正方形的一边)与有效水深之比宜为 6~12。

(3) 沉淀池总高度 H

$$H=h_1+h_2+h_3+h_4+h_5 \tag{10-52}$$

式中：H——沉淀池总高度，m；

h_1——沉淀池超高，m，一般取 0.3 m；

h_2——有效水深，m；

h_3——缓冲层高度，m；

h_4——沉淀池底坡落差，m；

h_5——贮泥斗高度，m。

六、斜板(管)沉淀池

1. 斜板(管)沉淀池的构造

哈真(Hazen)浅池理论认为，把沉淀池水平分成 n 层，就可以把处理能力提高 n 倍，为了解决沉淀池排泥问题，哈真浅池理论在实际应用时，把水平隔板改为在沉淀区设置倾角为 α 的斜板或斜管，α 通常采用 60°。由于斜板(管)湿周长，斜板(管)的雷诺数 Re 远小于层流界限 500，弗劳德数 Fr 可达 $10^{-3} \sim 10^{-4}$，确保了水流的稳定性。

斜板(管)沉淀池由斜板(管)沉淀区、进水配水区、清水出水区、缓冲区和污泥区组成(图 10-37)。

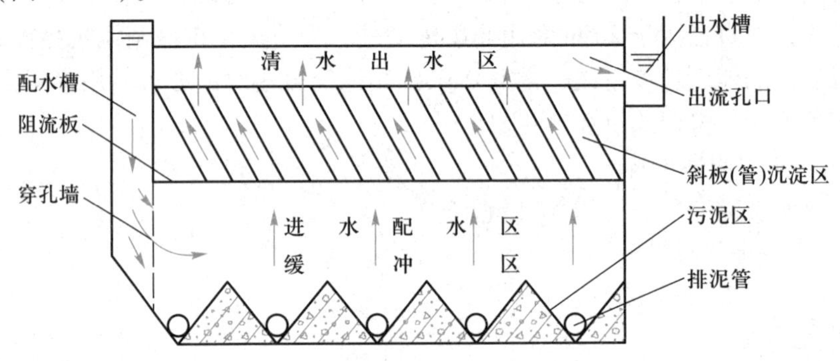

图 10-37 升流式斜板(管)沉淀池

按斜板(管)间水流与污泥的相对运动方向来区分，斜板(管)沉淀池可分为异向流、同向流和侧向流三种。在污水处理中常采用升流式异向流斜板(管)沉淀池(图 10-38)。

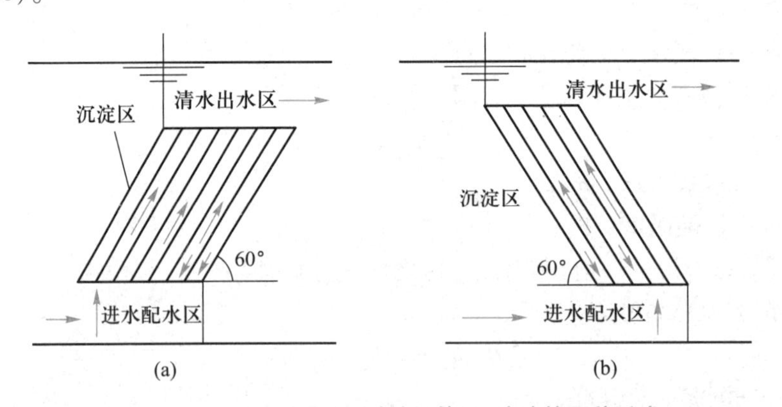

图 10-38 升流式异向流斜板(管)沉淀池的两种形式

在异向流斜板(管)沉淀池中，斜板(管)与水平面呈 60°角，斜板(管)长通常为 1.0~1.2 m，斜板净距(或斜管孔径)一般为 80~100 mm。斜板(管)区上部清水出水区水深为 0.7~1.0 m，底部进水配水区和缓冲层高度宜大于 1.0 m。尺寸可根据具体情况调整。

2. 斜板(管)沉淀池设计

(1) 沉淀池表面积 A

$$A=\frac{Q_{\max}}{0.91nq_0} \tag{10-53}$$

式中：A——斜板(管)沉淀池表面积，m^2；

$Q_{\max}$——最大设计流量，m^3/h；

n——池数；

0.91——斜板(管)面积利用系数，量纲为1；

q_0——表面水力负荷，$m^3/(m^2\cdot h)$，可按普通沉淀池表面水力负荷的2倍计。

根据表面积和池体形状计算圆形池体的直径或矩形池体的长宽。

(2) 池内停留时间 t

$$t=\frac{h_2+h_3}{q_0} \tag{10-54}$$

式中：t——池内停留时间，h；

h_2——斜板(管)上部清水出水区高度，m，一般为0.7~1.0 m；

h_3——斜板(管)自身垂直高度，m，一般为0.866~1.0 m。

其他设计参考前面所述有关章节。

通过技术研发和工程示范，斜管沉淀产生了一种水平管沉淀分离技术，该技术充分利用哈真浅池理论，将断面形状呈菱形的沉淀管水平放置，含悬浮颗粒的水水平流动，悬浮物垂直分离，减少沉淀和分离的干扰。水平管底部设有排泥狭缝，排除的悬浮固体滑入排泥通道(图10-39)。水平管沉淀分离改变了异向流斜管沉淀的排泥条件，但排泥通道在配水横断面上占据了一定的过水断面。

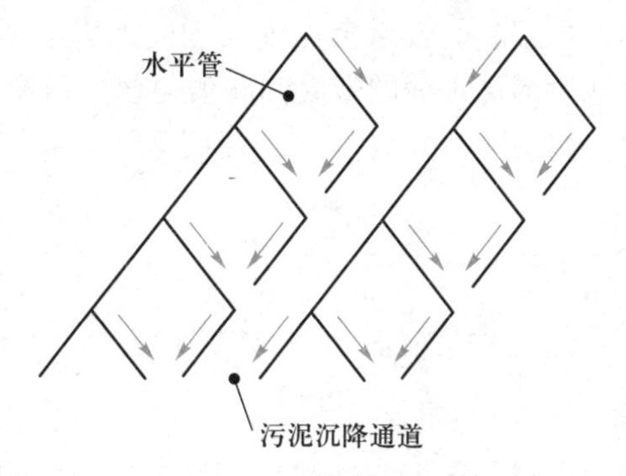

图10-39　水平管断面示意图

3. 斜板(管)沉淀池在污水处理中的应用

斜板(管)沉淀池具有去除率高、停留时间短、占地面积小等优点，在给水处理中得到比较广泛的应用，在污水处理中常用于以下情形：① 原有污水处理厂的挖潜或扩大处理能力改造时采用；② 当污水处理厂的占地受到限制时，可考虑作为初沉池使用；③ 生物处理后续深度处理时，进一步去除悬浮固体。但斜板(管)沉淀池不宜作为二沉池使用。

七、高效沉淀池

沉淀污泥具有一定的凝聚性能，回流污泥颗粒能够提高絮凝体的沉降速度，通过污水与回流污泥的混凝、絮凝增大悬浮物的尺寸，形成高效的沉淀分离，还可以在投加混凝剂的同时添加砂、磁粉等重介质，增强沉淀效果，表面负荷可提高至 10 $m^3/(m^2 \cdot h)$ 以上。

八、提高沉淀池沉淀效果的有效途径

沉淀池是污水处理工艺中使用最广泛的一种处理构筑物，如何提高沉淀池的去除效率和减小沉淀池容积，值得研究探讨。

除了可以在沉淀区增设斜板(管)以提高沉淀池的分离效果和处理能力外，其他方法还有：对污水进行曝气搅动及回流部分活性污泥等。

曝气搅动利用气泡的搅动促使废水中的悬浮颗粒相互作用，产生自然絮凝。采用这种预曝气方法，可使沉淀效率提高 5%~8%，每立方米污水的曝气量约为 0.5 m^3。预曝气方法一般应在专设的构筑物——预曝气池或生物絮凝池内进行。

将剩余活性污泥投加到入流污水中，利用污泥的活性，产生吸附与絮凝作用，这一过程称为生物絮凝。采用这种方法，可以使沉淀效率相较原来的沉淀池提高 10%~15%，BOD_5 的去除率也能增加 15%以上，活性污泥的投加量一般为 100~400 mg/L。

在工业废水处理中，由于水质水量的不均匀性，一般均设置污水调节池，在调节池中布置一些曝气设备，可以有效地提高污水处理程度，而且还可以防止污泥在调节池中沉积。

对于活性污泥法系统中的二沉池，当曝气池的混合液进入二沉池后必有一个再絮凝的过程。研究表明，再絮凝的效果会在很大程度上影响活性污泥的性质和沉降性能，因此，进入二沉池后活性污泥的絮凝问题值得认真研究探讨。

第五节 隔油池

一、含油废水的来源与危害

1. 含油废水的来源

含油废水的来源非常广泛，除了石油开采及加工工业排出大量含油废水外，固体燃料热加工、纺织工业中的洗毛废水、轻工业中的制革废水、铁路及交通运输业、屠宰及食品加工业，以及机械工业中车削工艺产生乳化液等均排放含油废水。

隔油气浮池

石油工业含油废水主要来自石油开采、石油炼制及石油化工等过程。石油开采过程中的废水主要来自带水原油的分离水、钻井提钻时的设备冲洗水、井场及油罐区的地面降水等。

石油炼制、石油化工含油废水主要来自生产装置的油水分离过程，以及油品、设备的洗涤、冲洗过程。

固体燃料热加工工业排出的焦化含油废水，主要来自焦炉气的冷凝水、洗煤气水和各种贮罐的排水等。

2. 废水中油的存在形态

含油废水中的油类污染物，其相对密度一般都小于1，但焦化厂或煤气发生站排出重质焦油的相对密度可高达1.1。废水中的油通常有四种存在形态。

（1）可浮油：如把含油废水放在容器中静置，有些油滴就会慢慢浮升到水的表面。这些呈悬浮状态的油滴粒径较大，通常大于100 μm，可以依靠油水密度差而从水中分离出来。对于炼油厂废水而言，这种状态的油一般占废水中含油量的60%~80%，可采用普通隔油池去除。

（2）细分散油：油滴粒径一般为10~100 μm，以微小油滴分散悬浮于水中，长时间静置后可以形成可浮油，可采用斜板隔油池去除。

（3）乳化油：油滴粒径小于10 μm，一般为0.1~2.0 μm。往往因水中含有表面活性剂而呈乳化状态，即使静置数小时，甚至更长时间，仍然稳定分散于水中。这种状态的油不能用静置法从废水中分离出来，这是由于乳化油油滴表面上有一层由乳化剂形成的稳定薄膜，阻碍油滴合并。如果能消除乳化剂的作用，乳化油即可转化为可浮油，称为破乳。乳化油经过破乳之后，就能用油水密度差来分离。

（4）溶解油：油滴粒径比乳化油还小，有的可小到数纳米，几乎以溶解状态存在于水中，但油在水中的溶解度非常低，通常只有几毫克每升。

3. 含油废水对环境的危害

油污染的危害主要表现在对生态系统、植物、土壤和水体的严重影响。

含油废水排入水体后将在水体表面产生油膜，阻碍大气复氧，断绝水体氧的来源，在滩涂还会影响养殖和滩涂开发利用。有资料表明，向水体排放1 t油品，即可形成$5×10^6$ m^2油膜；水中存在乳化油和溶解油时，由于好氧微生物作用，分解过程会消耗水中溶解氧，使水体处于缺氧状态，影响鱼类和水生生物生存。

含油废水浸入土壤空隙间形成油膜，产生阻碍作用，致使空气、水分和肥料均不能渗入土中，破坏土层结构，不利于农作物的生长，甚至使农作物枯死。

含油废水排入城镇排水管道，对排水管道、附属设备及城镇污水处理厂都会造成不良影响，采用生物处理法时，一般规定石油和焦油的含量不得超过50 mg/L，否则将影响水处理微生物的正常代谢过程。

工业生产过程排放的含油废水，应分类收集处理，可采用重力分离法去除可浮油和细分散油，采用气浮法、电解法等方法去除乳化油。

二、隔油池

常用隔油池有平流式和斜板式两种型式。

图10-40为典型的平流式隔油池。从图中可以看出，它与平流式沉淀池在构造上基本相同。

废水从池子的一端流入，以较低的水平流速(2~5 mm/s)流经池子，流动过程中，密度小于水的油粒浮出水面，密度大于水的颗粒杂质沉于池底，水从池子的另一端流出。

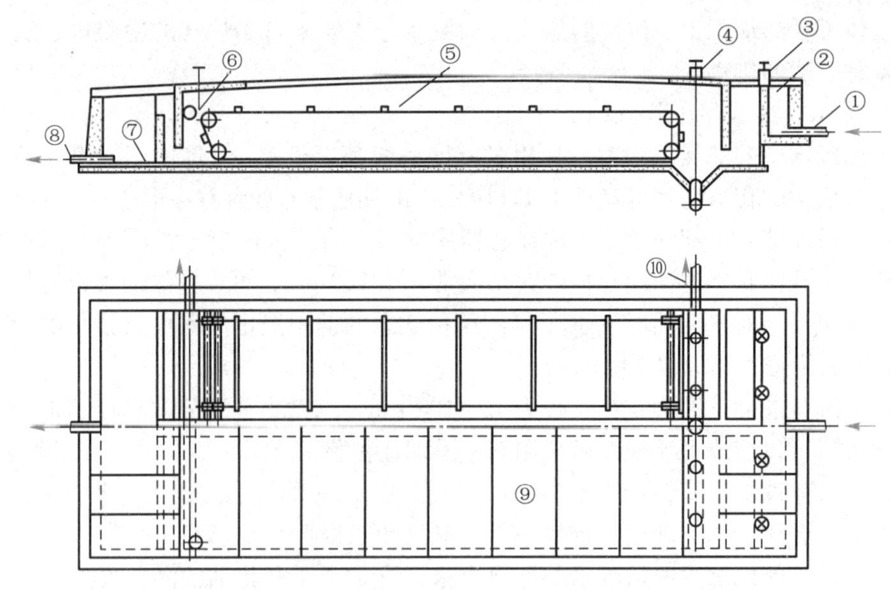

① 进水管；② 配水槽；③ 进水闸；④ 排泥阀；⑤ 刮油刮泥机；
⑥ 集油管；⑦ 出水槽；⑧ 出水管；⑨ 盖板；⑩ 排泥管。

图 10-40 平流式隔油池

在隔油池的出水端设置集油管。集油管一般用 ϕ200~300 mm的钢管制成，沿长度方向在管壁的一侧开弧度为60°~90°的槽口。集油管可以绕轴线转动，平时槽口位于水面上，当浮油层积到一定厚度时，将集油管的开槽方向转向水面以下，让浮油进入管内，导出池外。为了能及时排油及排除底泥，大型隔油池还应设置刮油刮泥机。刮油刮泥机的刮板移动速度一般应与池中水流流速相近，以减少对水流的影响。收集在排泥斗中的污泥由设在池底的排泥管借助静水压力排走。隔油池的池底构造与沉淀池相同。

平流式隔油池表面一般应设置盖板，除便于冬季保持浮渣的温度，从而保证它的流动性外，同时还可以防火与防雨。寒冷地区还应在集油管及油层内设置加温设施。

平流式隔油池的特点是构造简单、便于运行管理、油水分离效果稳定。有资料表明，平流式隔油池可以去除的最小油滴直径约为 100 μm，相应的上升速度不高于 0.9 mm/s。

对于细分散油同样可以利用哈真浅池理论来提高分离效果，图 10-41 为斜板隔油池，通常采用波纹斜板，板间距约 40 mm，倾角不小于 45°，废水沿板面向下流动，从出水堰排出，水中油滴沿板的下表面向上流动，经集油管收集排出。这种形式的隔油池可分离油滴的最小粒径约为 80 μm，相应的上升速度约为0.2 mm/s，表面水力负荷为 0.6~0.8 $m^3/(m^2\cdot h)$，停留时间一般不大于 30 min。

隔油池的浮渣，以油为主，也含有水分和一些固体杂质，对石油工业废水，含水率有时可高达 50%，其他杂质一般为 1%~20%。

仅仅依靠油滴与水的密度差产生上浮而进行油水分离，油的去除率一般为 70%~80%，隔油池的出水仍含有一定数量的乳化油和附着在悬浮固体上的油分，一般较难降到排放标准以下。

气浮法油水分离的效果较好，出水中含油量一般可低于 20 mg/L。

对于铁路运输、化工等行业使用的小型隔油池，其撇油装置依靠水与油的密度差形成液位差而达到自动撇油的目的。其构造见示意图 10-42。

平流式隔油池的设计与平流式沉淀池基本相似，按表面负荷设计时，一般采用 1.2 $m^3/(m^2 \cdot h)$；按停留时间设计时，一般采用 1.5~2.0 h。

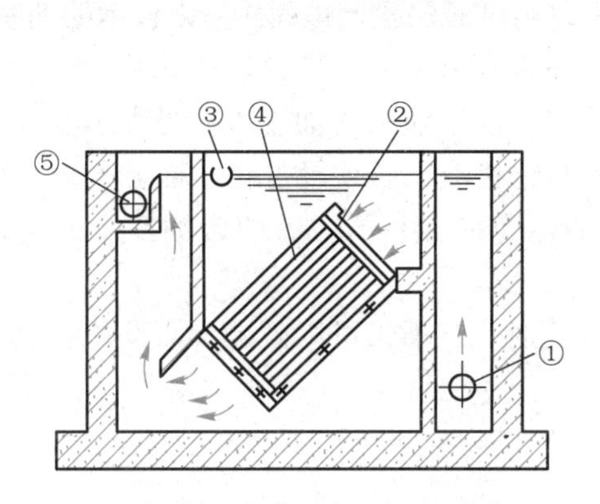

① 进水管；② 布水板；③ 集油管；
④ 波纹斜板；⑤ 出水管。
图 10-41　斜板隔油池

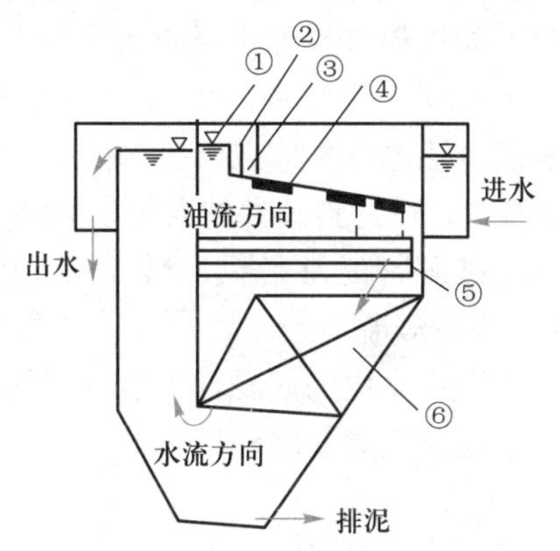

① 集油口；② 可调堰板；③ 油槽；
④ 密封受压盖板；⑤ 蒸汽管；⑥ 斜板。
图 10-42　自动撇油小型斜板隔油池

三、乳化油及破乳方法

当油和水相混，又有乳化剂存在时，乳化剂会在油滴与水滴表面上形成一层稳定的薄膜，油和水就不会分层，而呈一种不透明的乳状液。当分散相是油滴时，称为水包油乳状液；当分散相是水滴时，则称为油包水乳状液。乳状液的类型取决于乳化剂。

1. 乳化油的形成

乳化油的主要来源：① 由于生产工艺的需要而制成的乳化油，如机械加工中车床切削用的冷却液，是人为制成的乳化油；② 以洗涤剂清洗受油污染的机械零件、油槽车等而产生乳化油废水；③ 含油（可浮油）废水在管道中与含乳化剂的废水相混合，受水流搅动而形成。

在含油废水产生的地点立即用隔油池进行油水分离，可以避免油的乳化，而且还可以就地回收油品，降低含油废水的处理费用。例如，石油炼制厂减压塔塔顶冷凝器流出的含油废水，立即进行隔油回收，得到的浮油实际上就是塔顶馏分，经过简单的脱水，就是一种中间产品。如果隔油后，废水中仍含有乳化油，可就地破乳。此时，废水的成分比较单纯，容易得到较好的效果。

2. 破乳方法简介

破乳的方法有多种，但基本原理一样，即破坏油滴界面上的稳定薄膜，使油、水得以分离。破乳方法有下述几种：

（1）投加换型乳化剂，例如，氯化钙可以使钠皂为乳化剂的水包油乳状液转换为以钙皂为乳化剂的油包水乳状液。在转型过程中存在着一个由钠皂占优势转化为钙皂占优势的转化点，这时的乳状液非常不稳定，可借此进行油水分离。因此控制“换型剂”的用量，即可达到破乳的目的，这一转化点用量应由试验确定。

(2) 投加盐类、酸类物质可使乳化剂失去乳化作用。

(3) 投加某种本身不能成为乳化剂的表面活性剂，例如，异戊醇可从两相界面上挤掉乳化剂使其失去乳化作用。

(4) 剧烈搅拌、震荡或转动，使乳化的液滴猛烈碰撞而合并。

(5) 如以粉末为乳化剂的乳状液，可以用过滤法拦截被固体粉末包围的油滴。

(6) 改变乳状液的温度(加热或冷冻)来破坏乳状液的稳定。

破乳方法的选择应以试验为依据。某些石油工业的含油废水，当废水温度升到65~75℃时，可达到破乳的效果。相当多的乳状液，必须投加化学破乳剂，目前所用的化学破乳剂通常是钙、镁、铁、铝的盐类或无机酸。有的含油废水亦可用碱($NaOH$)进行破乳。

水处理中常用的混凝剂也是较好的破乳剂。它不仅可以破乳，而且还对废水中的其他杂质起到混凝的作用。

第六节 气浮池

气浮法是一种有效的固液分离和液液分离方法，常用于对那些相对密度接近或小于1的细小颗粒进行分离。

水和废水的气浮法处理技术是在水中形成微小气泡，使微小气泡与水中悬浮的颗粒黏附，形成水-气-颗粒三相混合体系，颗粒黏附上气泡后，形成表观密度小于水的漂浮絮体，絮体上浮至水面，形成浮渣层被刮除，以此实现固液分离。由此可知，气浮法处理工艺必须满足下述基本条件：① 必须向水中提供足够量的微小气泡；② 必须使废水中的污染物能形成悬浮状态；③ 必须使气泡与悬浮的物质产生黏附作用。有了上述这三个基本条件，才能完成气浮处理过程，达到将污染物从水中去除的目的。

在污、废水处理工程中，气浮法固液分离或液液分离技术已广泛地应用在下述几个方面：

(1) 石油、化工及机械制造业中含油(包括乳化油)废水的油水分离；

(2) 废水中有用物质的回收，如造纸废水中的纸浆纤维及填料的回收；

(3) 含悬浮固体相对密度接近1的工业废水预处理；

(4) 取代二沉池进行泥水分离，特别适用于活性污泥絮体不易沉淀或易于产生膨胀的情况；

(5) 剩余污泥的气浮浓缩。

一、气浮法的类型

按产生微小气泡的方法，气浮法分为：电解气浮法、分散空气气浮法和溶解空气气浮法。

1. 电解气浮法

电解气浮法装置见示意图10-43。电解气浮过程是将正负相间的多组电极浸泡在废水中，当通以直流电时，废水电解，正负两极间产生氢气和氧气的微小气泡黏附于悬浮物上，将其带至水面而达到分离的目的。

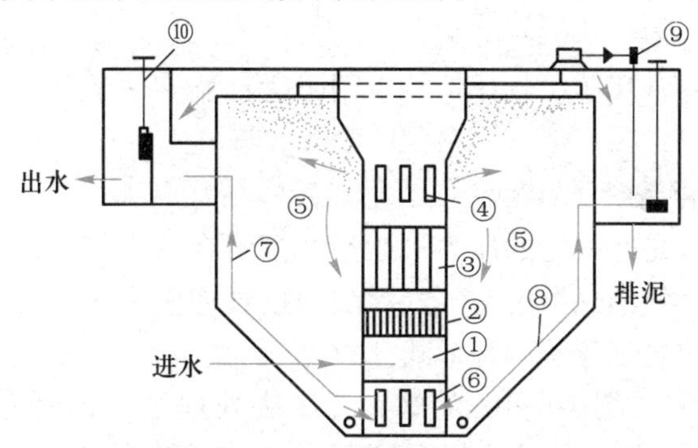

① 入流室；② 整流栅；③ 电极组；④ 出流孔；⑤ 分离室；⑥ 集水孔；
⑦ 出水管；⑧ 沉淀排泥管；⑨ 刮渣机；⑩ 水位调节器。

图 10-43　电解气浮法装置示意图

电解气浮法产生的气泡小于其他方法产生的气泡，故特别适用于脆弱絮状悬浮物。电解气浮法的表面水力负荷通常低于 4 $m^3/(m^2 \cdot h)$。

电解气浮法，主要用于工业废水处理，处理水量一般为 10~20 m^3/h。由于电耗高、操作运行管理复杂及电极结垢等问题，较难适用于大型生产。

2. 分散空气气浮法

目前应用的有微孔曝气气浮法和剪切气泡气浮法两种形式。

图 10-44 为微孔曝气气浮法示意图。压缩空气被引入靠近池底处的微孔板，并被微孔板的微孔分散成微小气泡。

微孔曝气气浮法的优点是简单易行，但也存在微孔扩散装置的微孔易于堵塞、气泡较大、气浮效果不佳等缺点。

图 10-45 为剪切气泡气浮法示意图。该法是将空气引入一个高速旋转混合器或叶轮机的附近，通过高速旋转混合器或叶轮机的高速剪切，将引入的空气切割粉碎成微小气泡。

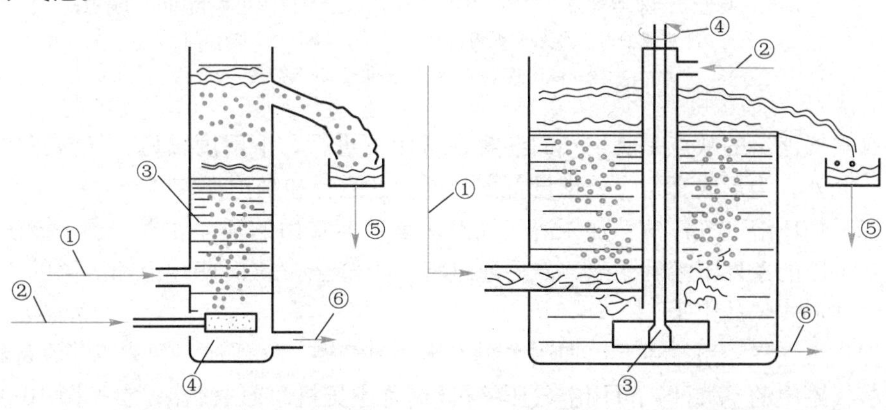

① 入流废水；② 空气；③ 分离区；
④ 微孔扩散装置；⑤ 浮渣；⑥ 出流。

图 10-44　微孔曝气气浮法

① 入流废水；② 空气；③ 高速旋转混合器；
④ 驱动装置；⑤ 浮渣；⑥ 出流。

图 10-45　剪切气泡气浮法

剪切气泡气浮法适用于处理水量不大，而污染物浓度较高的废水。用于除油时，除油效果可达80%左右。

分散空气气浮法常用于矿物浮选，也用于含油脂、羊毛及大量表面活性剂等废水的初级处理。

3. 溶解空气气浮法

溶解空气气浮法是在一定的压力下让空气溶解在水中，然后在减压条件下析出溶解空气，形成微小气泡。溶解空气气浮法根据气泡析出时所处压力的不同可分为真空气浮法和加压溶气气浮法两种形式。

(1) 真空气浮法：图10-46为真空气浮法处理系统的示意图。废水经流量调节器后先进入曝气室，由曝气器预曝气，使废水中的空气溶解量接近于常压下的饱和值，未溶解的空气在脱气井中脱除，然后废水被引入分离区。由于气浮分离池压力低于常压，预先溶入水中的空气就以非常微小的气泡逸出来，废水中的悬浮颗粒与从水中逸出的微小气泡相黏附，并上浮至浮渣层。旋转的刮渣板把浮渣刮至集渣槽，然后进入出渣室。部分相对密度较大的颗粒会沉淀到池底，池底刮泥板可将沉淀污泥同样刮至出渣室。处理后的出水经环形出水槽收集后排出。

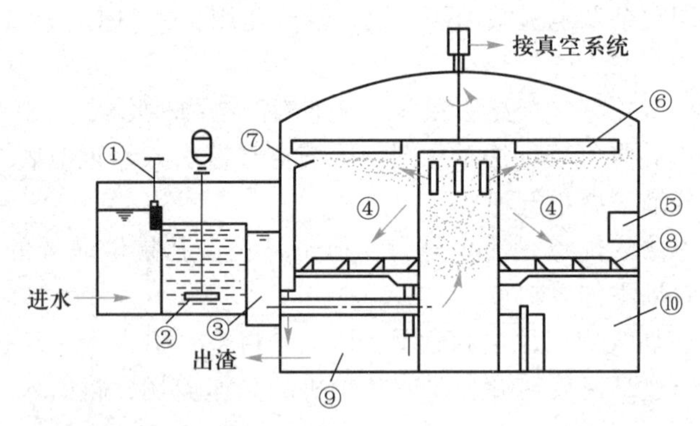

① 流量调节器；② 曝气器；③ 脱气井；④ 分离区；⑤ 环形出水槽；⑥ 刮渣板；
⑦ 集渣槽；⑧ 池底刮泥板；⑨ 出渣室；⑩ 设备及操作间。

图10-46 真空气浮法处理系统示意图

真空气浮法的缺点是其空气的溶解在常压下进行，溶解度很低，气泡释放量很有限。此外，为形成真空，处理设备需密闭，其运行和维护都较困难。

(2) 加压溶气气浮法：加压溶气气浮法是目前常用的气浮处理方法。该法是将空气在加压的条件下溶解于水，然后通过将压力降至常压而使过饱和溶解的空气以微小气泡形式释放出来。

加压溶气气浮系统主要由加压水泵、压力溶气罐、气浮池、刮渣机等设备组成，压力溶气罐中的空气注入可用空气压缩机(简称空压机)或射流器，参见图10-47和图10-48。

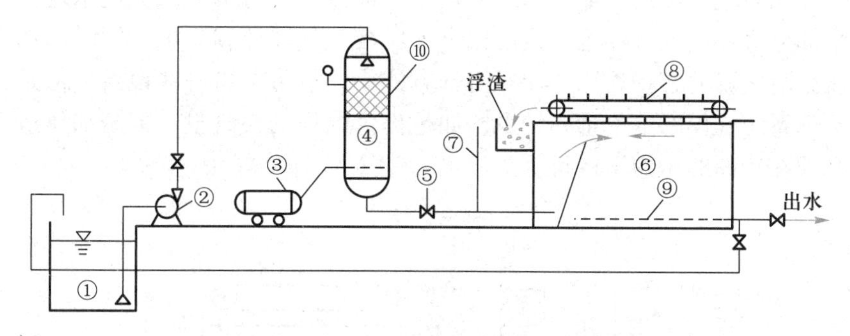

① 吸水井；② 加压水泵；③ 空压机；④ 压力溶气罐；⑤ 减压释放阀；⑥ 气浮池；
⑦ 废水进水管；⑧ 刮渣机；⑨ 出水系统；⑩ 填料层。

图 10-47　空压机溶气气浮系统

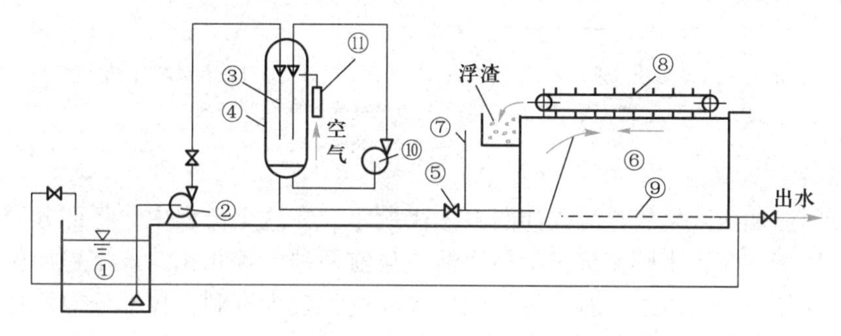

① 吸水井；② 加压水泵；③ 射流器；④ 压力溶气罐；⑤ 减压释放阀；⑥ 气浮池；
⑦ 废水进水管；⑧ 刮渣机；⑨ 出水系统；⑩ 循环泵；⑪ 吸气阀。

图 10-48　水泵-射流器溶气气浮系统

加压溶气气浮法根据加压溶气水的来源不同可分为三种基本流程：全加压溶气气浮流程、部分加压溶气气浮流程和部分回流加压溶气气浮流程。

全加压溶气气浮流程如图 10-49 所示，该流程将全部入流废水进行加压溶气，再经过减压释放装置进入气浮池，进行固液分离。

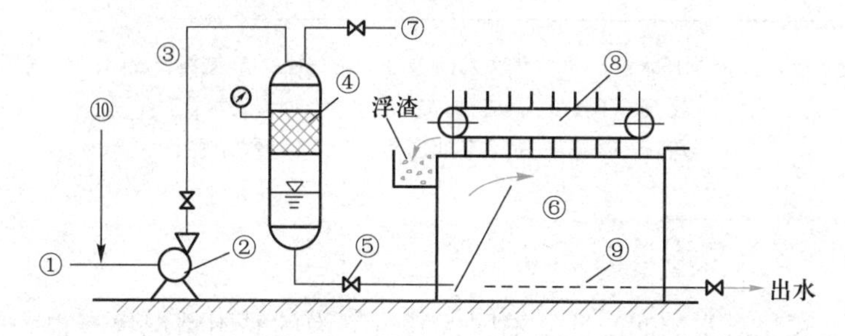

① 废水进入；② 加压水泵；③ 空气注入；④ 压力溶气罐；⑤ 减压释放阀；⑥ 气浮池；
⑦ 泄气阀；⑧ 刮渣机；⑨ 出水系统；⑩ 化学药剂。

图 10-49　全加压溶气气浮流程示意图

部分加压溶气气浮流程如图 10-50 所示。该流程是将部分入流废水进行加压溶气，其余部分直接进入气浮池。该法比全加压溶气气浮流程省电，同时因加压溶气水量与压力溶气罐的容积均比全加压溶气方式小，故可节省一些设备。但是由于部分加压溶气系统提供的空气量亦较少，如欲提供同样的空气量，部分加压溶气气浮流程就必须在较高的压力下运行。

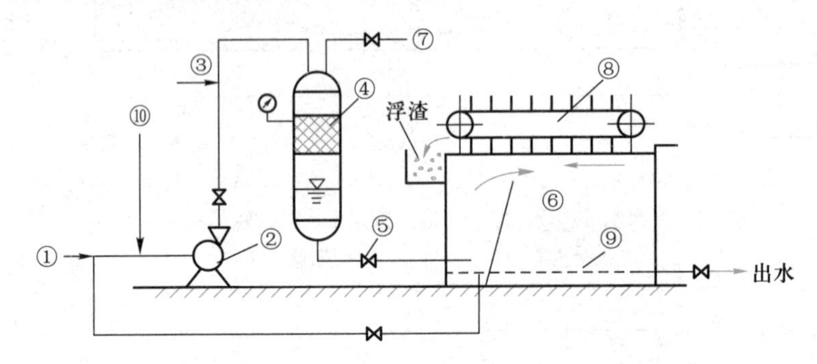

① 废水进入；② 加压水泵；③ 空气注入；④ 压力溶气罐；⑤ 减压释放阀；⑥ 气浮池；⑦ 泄气阀；⑧ 刮渣机；⑨ 出水系统；⑩ 化学药剂。

图 10-50 部分加压溶气气浮流程示意图

部分回流加压溶气气浮流程如图 10-51 所示。在这个流程中，将部分澄清液进行回流加压，入流废水则直接进入气浮池，与前两种流程相比，该流程加压溶气水为经过气浮处理的澄清水，对溶气及减压释放过程较为有利，故部分回流加压溶气气浮流程是目前最常用的气浮处理流程。

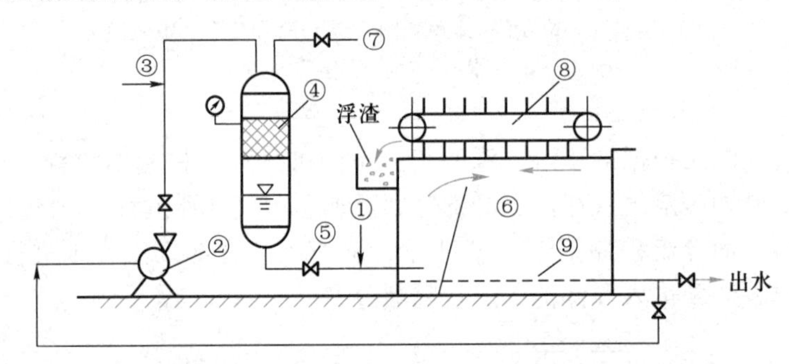

① 废水进入；② 加压水泵；③ 空气注入；④ 压力溶气罐；⑤ 减压释放阀；⑥ 气浮池；⑦ 泄气阀；⑧ 刮渣机；⑨ 集水管及回流清水管。

图 10-51 部分回流加压溶气气浮流程示意图

二、加压溶气气浮法的基本原理

由于悬浮颗粒对水的润湿性质不同，其对气泡的黏附情况也有很大的差别。因此，要研究颗粒的气浮现象，就需要研究气、液、颗粒这三相间的相互关系。

（一）空气在水中的溶解度与压力及温度的关系

空气在水中的溶解度，常用单位体积水溶液中溶入的空气体积来表示，即 mL

(气)/L(水)，也可用单位体积水溶液中溶入的空气质量来表示，即 g(气)/m^3(水)。

空气在水中的溶解度与压力及温度有关。在一定范围内，温度越低、压力越大，其溶解度越大(图 10-52)。一定温度下，溶解度与压力成正比。

空气从水中析出的过程分两个步骤，即气泡核的形成过程与气泡的增长过程。气泡核的形成过程起着非常重要的作用，有了相当数量的气泡核，就可以控制气泡数量的多少与气泡直径的大小。从溶气气浮的要求来看，应当在这个过程中形成数目众多的气泡核，因为同样的溶解空气，如形成的气泡核数量越多，则形成的气泡直径也就越小，气浮处理效果也越好。

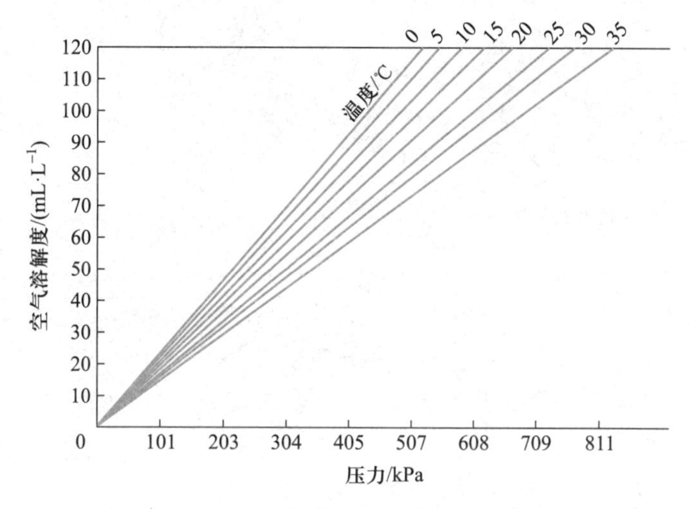

图 10-52 空气在纯水中的饱和溶解度

(二) 水中的悬浮颗粒与微小气泡黏附的原理

1. 微小气泡与悬浮颗粒黏附的条件

从图 10-53 可以看到，液体表面分子所受的分子引力与液体内部分子所受的分子引力不同，表面分子所受的作用力是不平衡的，这种不平衡的力有把表面分子拉向液体内部、缩小液体表面积的趋势，这种力称为流体的表面张力。要使表面分子不被拉向液体内部，就需要克服液体内部分子的吸引力而做功，可见液体表层分子具有更多的能量，这种能量称为表面能。

在气浮过程中存在着气、水、颗粒三相介质，在各个不同介质的表面也都因受力不平衡而产生表面张力(或称为界面张力)，即具有表面能(或称为界面能)。

界面能 E 与界面张力的关系如下：

$$E=\sigma S \tag{10-55}$$

式中：σ——界面张力系数；

S——界面面积。

气泡未与悬浮颗粒黏附之前，颗粒与气泡单位面积上的界面能分别为 $\sigma_{水-粒}\times1$ 和 $\sigma_{水-气}\times1$，这时单位面积上的界面能之和 E_1 为

$$E_1=\sigma_{水-粒}+\sigma_{水-气} \tag{10-56}$$

当微小气泡与悬浮颗粒黏附后，界面能缩小，黏附面单位面积上的界面能 E_2 及其缩小值 ΔE 分别为

$$E_2=\sigma_{气-粒} \tag{10-57}$$

$$\Delta E=E_1-E_2=\sigma_{水-粒}+\sigma_{水-气}-\sigma_{气-粒} \tag{10-58}$$

这部分能量差即为挤开气泡和颗粒之间的水膜所做的功，此值越大，气泡与颗粒黏附得越牢固。

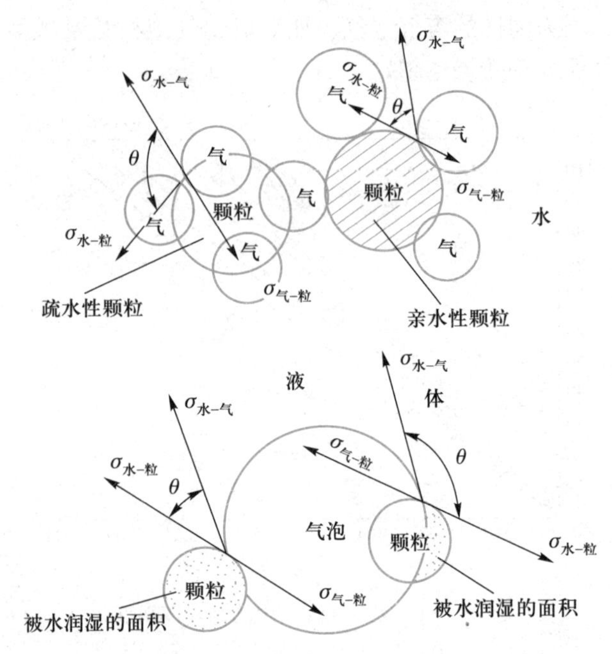

图 10-53 不同悬浮颗粒与水接触的润湿情况

水中悬浮颗粒是否能与微小气泡黏附，与气、水、颗粒间的界面能有关。当三者相对稳定时，三相界面张力的关系如图 10-53 所示，其关系式为

$$\sigma_{水-粒}=\sigma_{水-气}\cos(180°-\theta)+\sigma_{气-粒} \tag{10-59}$$

式中：θ——接触角(也称为湿润角)。

将式(10-59)代入式(10-58)得

$$\Delta E=\sigma_{水-粒}+\sigma_{水-气}-(\sigma_{水-粒}+\sigma_{水-气}\cos\theta)$$

$$\Delta E=\sigma_{水-气}(1-\cos\theta) \tag{10-60}$$

式(10-60)表明，并不是水中所有的污染物都能与气泡黏附，是否能黏附与该类物质的接触角有关。当 $\theta\to0$ 时，$\cos\theta\to1$，$\Delta E\to0$，这类物质亲水性强(称为亲水性物质)，无力排开水膜，不易与气泡黏附，很难用气浮法去除。当 $\theta\to180°$ 时，$\cos\theta\to-1$，$\Delta E\to2\sigma_{水-气}$，这类物质疏水性强(称为疏水性物质)，易与气泡黏附，宜用气浮法去除。

微小气泡与悬浮颗粒的黏附形式有气-颗粒吸附、气泡顶托，以及气泡裹挟三种形式，见图 10-54 所示。

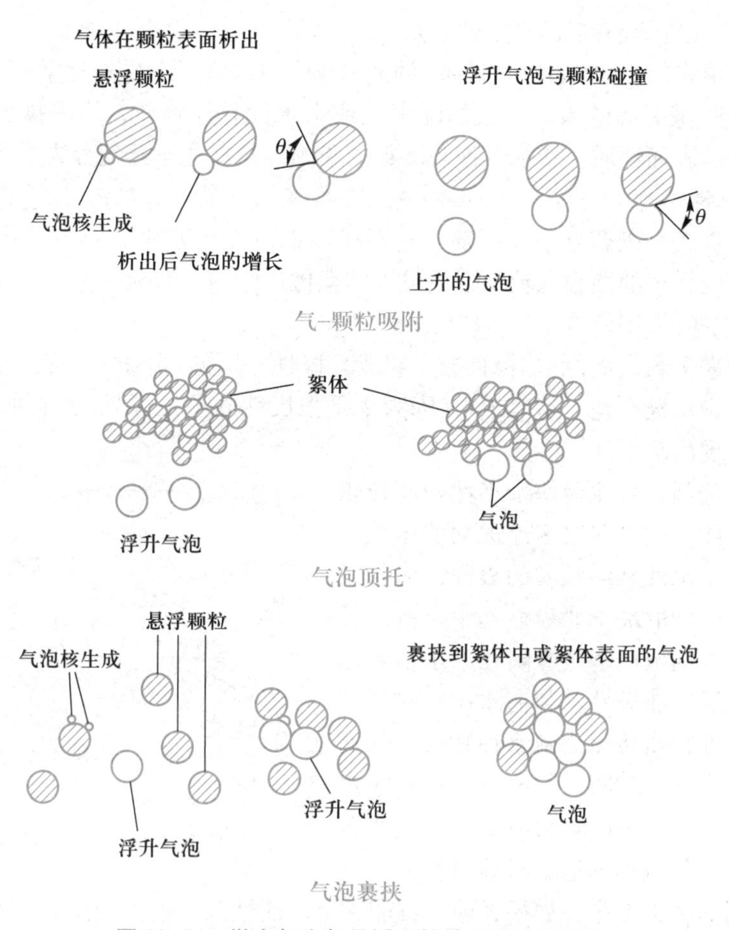

气-颗粒吸附

气泡顶托

气泡裹挟

图 10-54 微小气泡与悬浮颗粒的三种黏附方式

2. “颗粒-气泡”复合体(简称带气絮体)的上浮速度

带气絮体的上浮速度公式与沉淀池中的颗粒沉速一样，当流态为层流时，则带气絮体的上浮速度可按斯托克斯公式计算：

$$u_{上}=\frac{\rho_L-\rho_S}{18\mu}gd^2 \tag{10-61}$$

式中：d——带气絮体的直径，m；

ρ_S——带气絮体的表观密度，kg/m^3。

上述公式表明，带气絮体的上浮速度 $u_{上}$ 取决于水与带气絮体的密度差与复合体的有效直径。如果带气絮体上黏附的气泡越多，则 ρ_S 越小，d 越大，因而其上浮速度亦越大。

由于水中的带气絮体大小不等，形状各异，各种颗粒表面性质亦不一样，它们在上浮过程中会进一步发生碰撞，相互聚合而改变上浮速度。另外，在气浮池中水力条件及池型、水温等因素也会改变上浮速度，因此，在实际使用中最好以试验来确定絮体的上浮速度。

（三）投加化学药剂提高气浮效果

疏水性很强的物质(如植物纤维、油滴及炭粉末等)，不投加化学药剂即可获得满意的固(液)液分离效果。一般的疏水性或亲水性悬浮物质，均需投加化学药剂，以改变颗粒的表面性质，增加气泡与颗粒的吸附。这些化学药剂分为下述几类：

1. 混凝剂

各种无机或有机高分子混凝剂，它不仅可以改变废水中悬浮颗粒的亲水性能，而且还能使废水中的微小颗粒絮凝成较大的絮体以吸附、截获气泡，加速颗粒上浮。

2. 浮选剂

浮选剂大多数由极性-非极性分子组成。极性-非极性分子的结构一般用符号○—表示，圆头表示极性基，易溶于水(因为水是强极性分子)，尾端表示非极性基，难溶于水，表现出疏水性。

投加浮选剂之后能否使亲水性物质转化为疏水性物质，主要取决于浮选剂的极性基能否附着在亲水性悬浮颗粒的表面，而与气泡黏附的强弱则取决于非极性基中碳链的长短。当浮选剂的极性基被吸附在亲水性悬浮颗粒的表面后，非极性基朝向水中，这样就可以使亲水性物质转化为疏水性物质，从而能使其与微小气泡黏附。图 10-55 表示亲水性物质在加入极性-非极性物质后转化为疏水性物质然后与微小气泡黏附的情形。

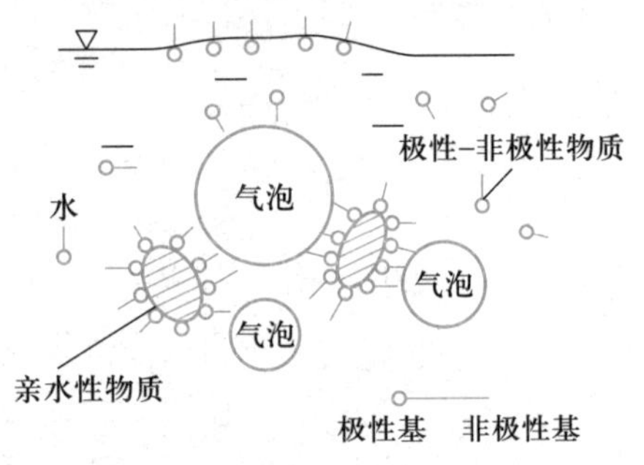

图 10-55 亲水性物质和极性-非极性物质作用后与微小气泡黏附的情况

浮选剂的种类很多，如松香油、石油、表面活性剂、硬脂酸盐等。

3. 助凝剂

助凝剂的作用是提高悬浮颗粒表面的水密性，以提高颗粒的可浮性。常见助凝剂有聚丙烯酰胺等。

4. 抑制剂

抑制剂的作用是暂时或永久性地抑止某些物质的气浮性能，而又不妨碍需要去除悬浮颗粒的上浮，如石灰、硫化钠等。

5. 调节剂

调节剂主要调节废水的 pH，改进和提高气泡在水中的分散度，以及提高悬浮颗粒与气泡的黏附能力，如各种酸、碱等。

三、加压溶气气浮法系统的组成及设计

（一）加压溶气气浮法系统的组成与主要工艺参数

加压溶气气浮法系统主要由三个部分组成：压力溶气系统、空气释放系统和气浮分离设备(气浮池)。

1. 压力溶气系统

压力溶气系统包括加压水泵、压力溶气罐、空气供给设备(空压机或射流器)及

其他附属设备。

加压水泵的作用是提升废水，将水、气以一定压力送至压力溶气罐，其扬程的选择应考虑溶气压力和管路系统的水力损失两部分。

压力溶气罐的作用是使水与空气充分接触，促进空气的溶解。压力溶气罐的溶气形式有多种，如图 10-56 所示，其中以罐内填充填料的压力溶气罐效率最高。

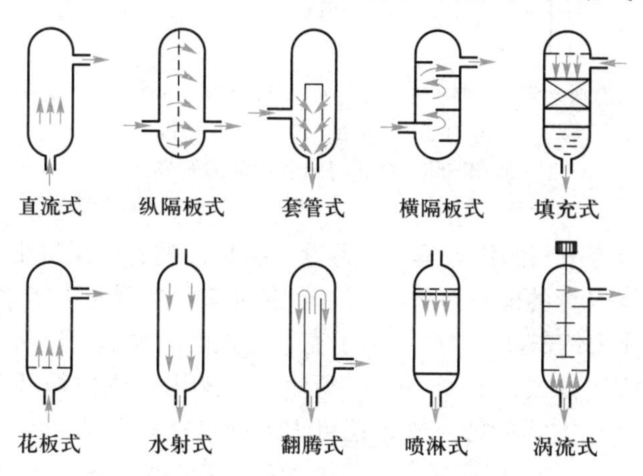

图 10-56　压力溶气罐的几种溶气方式

影响填料压力溶气罐效率的主要因素为：填料特性、填料层高度、罐内液位高度、布水方式和温度等。

填料压力溶气罐的主要工艺参数为：

过流密度：2 500~5 000 $m^3/(m^2 \cdot d)$

填料层高度：0.8~1.3 m

液位的控制高度：0.6~1.0 m(从罐底计)

压力溶气罐承压能力：大于 0.6 MPa

压力溶气罐溶气方式有三种：水泵吸水管吸气溶气方式(图 10-57)、水泵出水管射流溶气方式(图 10-58,图 10-59)和空压机供气溶气方式(图 10-60)。

水泵吸水管吸气溶气方式在经济和安全方面都不理想，已很少使用。

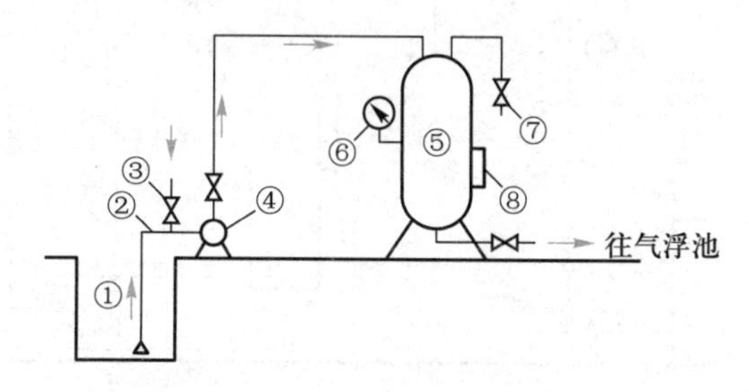

① 吸水井；② 吸水管；③ 进气调节阀；④ 水泵；⑤ 压力溶气罐；⑥ 压力表；⑦ 泄气阀；⑧ 水位计。

图 10-57　水泵吸水管吸气溶气方式

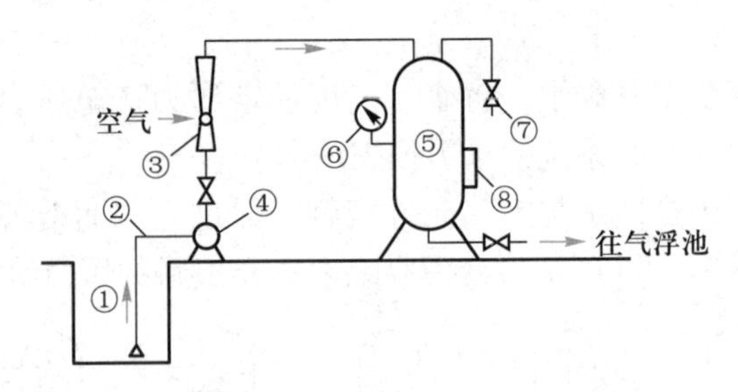

① 吸水井；② 吸水管；③ 射流器；④ 水泵；⑤ 压力溶气罐；
⑥ 压力表；⑦ 泄气阀；⑧ 水位计。

图 10-58 水泵出水管射流溶气方式

水泵出水管射流溶气的优点是不需另设空压机，没有空压机带来的油污染和噪声；缺点是射流器本身的能量损失大，一般为 30%，当所需溶气水压力为0.3 MPa时，水泵出口处压力约需 0.5 MPa。为了克服能耗高的缺点，同济大学开发出了内循环式射流加压溶气方式，如图 10-59 所示，它采用空气内循环和水流内循环系统，除保留射流溶气方式的特点外，还可大大降低能耗，达到空压机供气的能耗水平。

内循环式射流加压溶气的工作原理是：处理工艺要求溶气水压力为 P，处理流量为 Q，工作泵压力为 P_1 时，射流器 I 在 $\Delta P_1=P_1-P$ 压差的作用下，把压力溶气罐内剩余的空气吸进，并与加压水混合送入压力溶气罐，这时压力溶气罐内压力逐渐上升，达到 P 值时，打开减压释放装置，溶气水进入气浮池。在 ΔP_1 的作用下，压力溶气罐内的空气不断被吸出，罐中空气不断减少，水位逐渐上升，当水位上升到某一指定高度时，水位自动控制装置就启动循环泵开始工作。循环泵的压力为 P_2，从压力溶气罐抽出循环水量，在压差 $\Delta P_2=P_2-P$ 的作用下，射流器Ⅱ吸入空气，随循环水送入压力溶气罐。随着空气的不断吸入，罐中水位不断下降，当降到某一指定水位时，水位自动控制装置就指令循环水泵停止工作，如此循环往复。

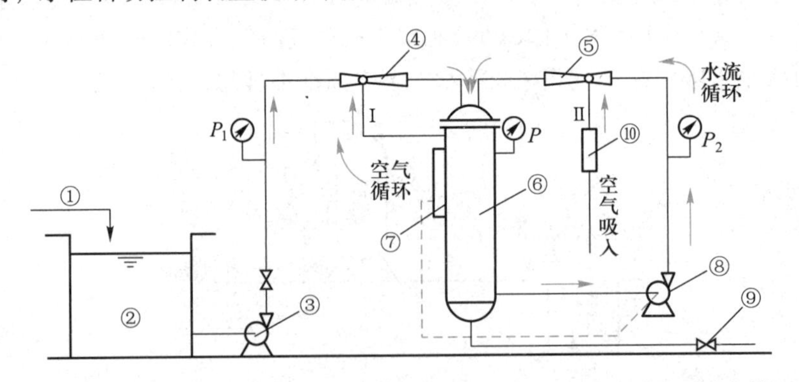

① 回流水；② 清水池；③ 加压水泵；④ 射流器 I；⑤ 射流器Ⅱ；⑥ 压力溶气罐；
⑦ 水位自动控制；⑧ 循环泵；⑨ 减压释放装置；⑩ 真空进气阀。

图 10-59 内循环式射流加压溶气方式

空压机供气是较早使用的一种供气方式，应用较广泛，其优点是能耗相对较低；其缺点是除产生噪声和油污染外，操作也比较复杂，特别要控制好水泵与空压机的压力，并使其达到平衡状态。

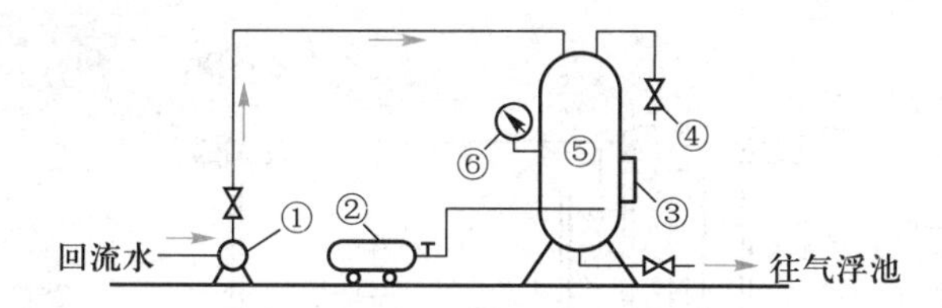

① 水泵；② 空压机；③ 水位计；④ 泄气阀；⑤ 压力溶气罐；⑥ 压力表。

图 10-60 空压机供气溶气方式

2. 空气释放系统

空气释放系统由溶气释放装置和溶气水管路组成。溶气释放装置的功能是将压力溶气水减压，使溶气水中的气体以微小气泡的形式释放出来，并能迅速、均匀地与水中的颗粒物质黏附，减压释放装置产生的微小气泡直径在 20~100 μm。常用的溶气释放装置有减压阀、专用溶气释放器等。

减压阀可利用现成的截止阀，其缺点是：多个阀门相互间的开启度难于一致，其最佳开启度难以调节控制，因而从每个阀门的出流量各异，且释放出的气泡尺寸大小不一致；阀门安装在气浮池外，减压后经过一段管道才送入气浮池，如果此段管道较长，则气泡合并现象严重，从而影响气浮效果。

专用溶气释放装置国内有同济大学研究开发的 TS 型、TJ 型和 TV 型等，如图 10-61 所示。

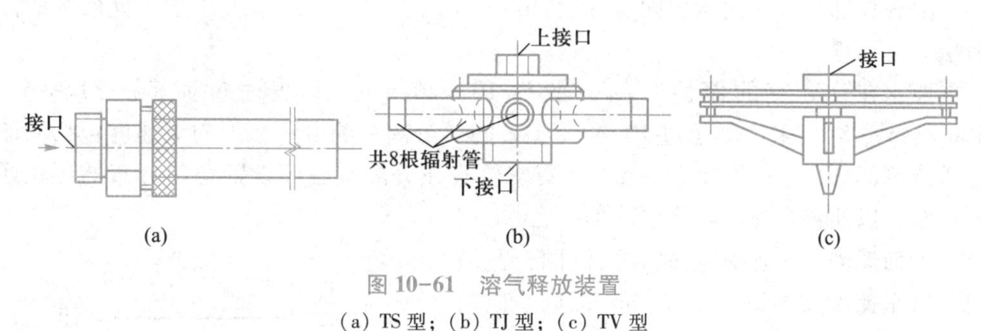

图 10-61 溶气释放装置

(a) TS 型；(b) TJ 型；(c) TV 型

TS 型、TJ 型和 TV 型的特点是：① 能瞬时释放溶气量的 99%左右，释气完全；② 在 0.2 MPa 以上的低压下工作，即能取得良好的气浮效果，节约能耗；③ 释放出的气泡微细，平均直径为 20~40 μm，气泡密集，黏附性能好。

3. 气浮池

气浮池的功能是提供一定的容积和池表面积，使微小气泡与水中悬浮颗粒充分混合、接触、黏附，并使带气絮体与水分离。

目前已经开发出各种形式的气浮池，应用较为广泛的有平流式和竖流式两种。

平流式气浮池(图 10-62)是目前最常用的一种形式，其反应池与气浮池合建。废水进入反应池完全混合后，经挡板底部进入接触室以延长絮体与气泡的接触时间，然后由接触室上部进入分离室进行固液分离。

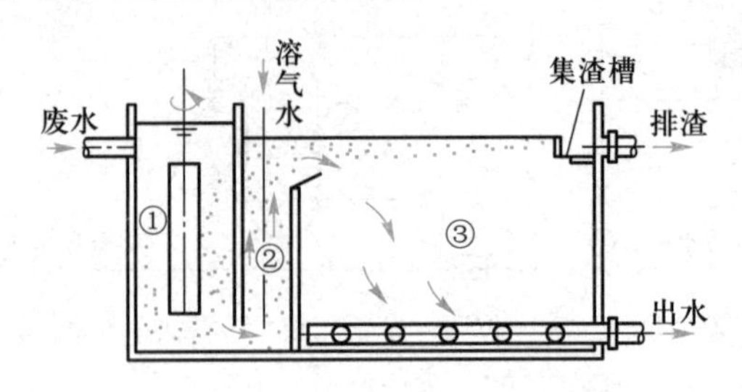

① 反应池；② 接触室；③ 分离室。

图 10-62 平流式气浮池

平流式气浮池的优点是池身浅、造价低、构造简单、运行方便。缺点是分离部分的容积利用率不高等。

气浮池的有效水深通常为 2.0～2.5 m，一般以单格宽度不超过 10 m，长度不超过 15 m 为宜。

废水在反应池中的停留时间与混凝剂种类、投加量、反应形式等因素有关，一般为 5～15 min。为避免打碎絮体，废水经挡板底部进入接触室时的流速应小于 0.1 m/s。

废水在接触室中的上升速度为 10～20 mm/s，水力停留时间为 1～2 min，隔板的作用是使已经黏附气泡的悬浮颗粒向池表面产生上升运动，隔板一般设置 60°的倾斜，隔板顶部与气浮池水面间应留有 300 mm 以上的空间，以防止干扰分离区的浮渣层。

废水在分离室的停留时间一般为 10～20 min，其表面负荷率一般为 6～8 $m^3/(m^2 \cdot h)$，最大不超过 10 $m^3/(m^2 \cdot h)$。分离室的澄清水下向流速度包括回流加压流量部分，一般取 1～3 mm/s。集水管宜在分离室底部设置均匀分布的环状或树枝状，以便整个池面积集水均匀。

池面浮渣一般都用机械方法清除，刮渣机的行车速度宜控制在 5 m/min 以内，以防止刮渣时浮渣再次下落，注意浮渣刮除的方向，使可能下落的浮渣落在接触室，便于带气絮体再次将其托起，而不致影响出水水质。

气浮池底部可同时设贮泥斗，以排除颗粒相对密度较大、没有与气泡黏附上浮的沉淀污泥。

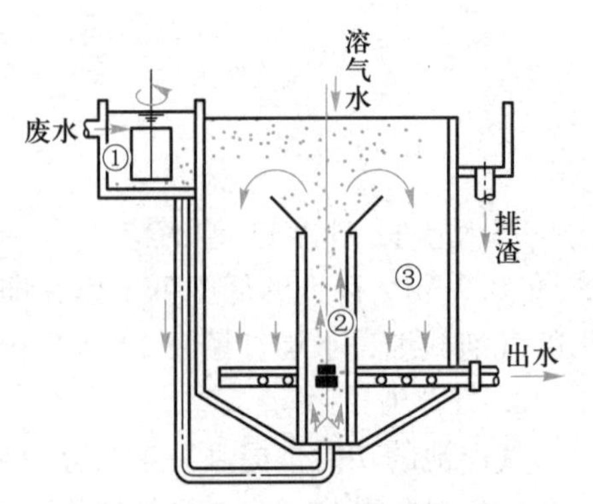

① 反应池；② 接触室；③ 分离室。

图 10-63 竖流式气浮池

竖流式气浮池(图 10-63)的基本工艺参数与平流式气浮池相同。其优点是接触室在池中央，水流向四周扩散，水力条件较好。

缺点是气浮池与反应池较难衔接，容积利用率较低。

废水处理工程中还使用一种浅层气浮池，它利用带气絮体上浮速度较快的特点，池深仅 1 m 左右，一般采用旋转臂配水和刮渣，底部设集水系统，表面负荷率更高，水力停留时间更短。

（二）设计计算

加压溶气气浮池的主要设计计算内容包括所需空气量、加压溶气水量、压力溶气罐尺寸和气浮池主要尺寸等。

1. 气浮所需空气量 Q_G

设计气浮池加压溶气系统时最基本的参数是气固比，气固比(a)的定义是可释放的溶解空气量(A)与废水中悬浮固体含量(S)的比值，可用下式表示：

$$a=\frac{A}{S}=\frac{\text{减压释放的气体总量(g)}}{\text{废水中悬浮固体总量(g)}} \tag{10-62}$$

在溶气压力 P 下溶解的空气，经减压释放后，理论上释放空气量 A 为

$$A=\rho C_S\left(f\frac{P}{P_0}-1\right)Q_R \tag{10-63}$$

式中：A——减压至 101.325 kPa 时释放的空气量，g/d；

ρ——空气密度，g/L，见表 10-6；

C_S——在一定温度下，一个大气压时的空气溶解度，mL/L，见表 10-6；

P——溶气压力(绝对压力)，大气压 atm；

P_0——当地气压(绝对压力)，大气压 atm；

f——加压溶气系统的溶气效率，为实际空气溶解度与理论溶解度之比，与压力溶气罐等因素有关，通常取 0.5~0.8，参见表 10-7。

Q_R——加压溶气水的流量，m^3/d。

表 10-6 空气的密度及其在水中的溶解度

温度/℃	空气密度 $\rho/(g\cdot L^{-1})$	溶解度 $C_S/(mL\cdot L^{-1})$
0	1.252	29.2
10	1.206	22.8
20	1.164	18.7
30	1.127	15.7
40	1.092	14.2

气浮的悬浮固体干重 S 为

$$S=QS_a \tag{10-64}$$

式中：S——悬浮固体干重，g/d；

Q——气浮处理的废水量，m^3/d；

S_a——废水中的悬浮固体浓度，g/m³。

因此，气固比(g/g)可写成：

$$a=\frac{A}{S}=\frac{\rho C_S\left(f\frac{P}{P_0}-1\right)Q_R}{QS_a} \tag{10-65}$$

表 10-7 阶梯环填料罐(层高 1 m)的水温、溶气压力与溶气效率关系

水温/℃	5			10			15		
溶气压力/MPa	0.2	0.3	0.4~0.5	0.2	0.3	0.4~0.5	0.2	0.3	0.4~0.5
溶气效率/%	76	83	80	77	84	81	80	86	83
水温/℃	20			25			30		
溶气压力/MPa	0.2	0.3	0.4~0.5	0.2	0.3	0.4~0.5	0.2	0.3	0.4~0.5
溶气效率/%	85	90	90	88	92	92	93	98	98

气固比选用涉及废水水质、出水要求、设备、动力等因素，对于所处理的废水最好经过气浮试验来确定气固比，无试验资料时一般取 0.005~0.06，废水中悬浮固体浓度不高时取下限，如选用 0.005~0.006，但悬浮固体浓度较高时，可选用上限，如气浮用于剩余污泥浓缩时气固比一般采用 0.03~0.04。得到 A 后可进一步计算所需空气量 Q_G。

如已知气固比，可利用上式计算加压溶气水或回流澄清水的流量：

$$Q_R=\frac{QS_a\left(\frac{A}{S}\right)}{\rho C_S\left(f\frac{P}{P_0}-1\right)} \tag{10-66}$$

当有试验资料时，可用下述公式计算：

$$Q_G=QR'a_ck \tag{10-67}$$

式中：Q——气浮处理的废水量，m³/h；

R'——试验条件下的澄清液回流比，%；

a_c——试验条件下的释气量，L/m³；

k——水温校正系数，取 1.1~1.3(主要考虑水的黏度影响，试验时水温与冬季水温相差大者取高值)。

2. 压力溶气罐

选定过流密度 I 后，压力溶气罐直径 D_d 按下式计算：

$$D_d=\sqrt{\frac{4\times Q_R}{\pi I}} \tag{10-68}$$

一般对于空罐，I 选用 1 000~2 000 $m^3/(m^2 \cdot d)$；对于填料罐，I 选用 2 500~5 000 $m^3/(m^2 \cdot d)$。

压力溶气罐高 h

$$h=2h_1+h_2+h_3+h_4 \tag{10-69}$$

式中：h_1——罐顶、底封头高度（根据罐直径而定），m；

h_2——布水区高度，一般取 0.2~0.3 m；

h_3——贮水区高度，一般取 1.0 m；

h_4——填料层高度，一般取 1.0~1.3 m。

3. 气浮池

接触室的表面积 A_c，在选定接触室中水流的上升流速 u_c 后，按下式计算：

$$A_c=\frac{Q+Q_R}{u_c} \tag{10-70}$$

式中：A_c——接触室的表面积，m^2；

Q——气浮处理的废水量，m^3/h，如为部分加压，则按 Q 已含 Q_R 的量计算；

Q_R——回流加压水量，m^3/h；

u_c——接触室水流的上升流速，m/h。

接触室的容积一般应按停留时间大于 60 s 进行复核。

分离室的表面积 A_s，可按下述方法计算。

（1）根据表面负荷率计算

$$A_s=\frac{Q}{q} \tag{10-71}$$

式中：A_s——分离室的表面积，m^2；

Q——气浮处理的废水量，m^3/h；

q——分离室表面负荷率，$m^3/(m^2 \cdot h)$，一般取 6~8 $m^3/(m^2 \cdot h)$。

（2）按分离速度 u_s（分离室向下平均水流速度）计算

$$A_s=\frac{Q+Q_R}{u_s} \tag{10-72}$$

式中：Q——气浮处理的废水量，m^3/h；

Q_R——回流加压水量，m^3/h；

u_s——分离速度，m/h。

矩形气浮池分离室的长宽比一般取 1∶1~2∶1。

气浮池的净容积 V，对于选定池的平均水深 H（指分离室水深），按下式计算：

$$V=(A_c+A_s)H \tag{10-73}$$

同时以池内水力停留时间（t）进行校核，一般要求 t 为 10~20 min。

计算浮渣的量时，应包括废水中悬浮固体量、投加化学药剂的量及投加化学药剂后废水中由溶解的、乳化的或胶体状物质转化为絮状可浮物质的量。

思考题和习题

1. 试说明沉淀有哪几种类型，各有何特点，并讨论各种类型的内在联系与区别，以及各适用的场合。

2. 设置沉砂池的目的和作用是什么？曝气沉砂池的工作原理与平流式沉砂池有何区别？

3. 水的沉淀法处理的基本原理是什么？试分析球形颗粒的静水自由沉降（或上浮）的基本规律，以及影响沉淀或上浮的因素。

4. 已知某小型污水处理站设计流量 $Q=400\ m^3/h$，悬浮固体浓度 SS = 250 mg/L。设沉淀效率为 55%。根据性能曲线查得 $\mu_0=2.8\ m/h$，污泥的含水率为 98%，试为该处理站设计竖流式初沉池。

5. 已知某城镇污水处理厂设计平均流量 $Q=20\ 000\ m^3/d$，服务人口100 000人，初沉池污泥量按 25 g/(人 · d)，污泥含水率按 97%计算，试为该厂设计曝气沉砂池和平流式沉淀池。

6. 加压溶气气浮法的基本原理是什么？有哪几种基本流程？各有何特点？

7. 微小气泡与悬浮颗粒黏附的基本条件是什么？有哪些影响因素？如何改善微小气泡与颗粒的黏附性能？

8. 气固比的定义是什么？如何确定适当的气固比？

9. 在废水处理中，气浮法与沉淀法相比较，各有何优缺点？

10. 某工业废水水量为 1 200 m^3/d，水中悬浮固体浓度为 800 mg/L，需要进行气浮法预处理，请为其设计平流式气浮处理系统。

11. 如何改进及提高沉淀或气浮分离效果？

参考文献

[1] 张自杰. 排水工程：下册[M]. 5 版. 北京：中国建筑工业出版社，2015.

[2] 北京市政工程设计总院有限公司. 给水排水设计手册：第五册[M]. 3 版. 北京：中国建筑工业出版社，2017.

[3] 聂梅生. 水工业工程设计手册：废水处理及再用[M]. 北京：中国建筑工业出版社，2002.

[4] Metcalf & Eddy | AECOM. Wastewater engineering：treatment and resource recovery[M]. 5th ed. Boston：McGraw-Hill，2014.

第十一章

污水生物处理的基本概念和生化反应动力学基础

第一节 概述

污水生物处理是利用自然界中广泛分布的个体微小、代谢营养类型多样、适应能力强的微生物的新陈代谢作用对污水进行净化的处理方法。污水生物处理方法是建立在环境自净作用基础上的人工强化技术，其意义在于创造出有利于微生物生长繁殖的良好环境，增强微生物的代谢功能，促进微生物的增殖，加速有机物的无机化，提高污水的净化效率。

根据参与代谢活动的微生物对溶解氧的需求不同，污水生物处理技术分为好氧生物处理、缺氧生物处理和厌氧生物处理。好氧生物处理是在水中存在溶解氧的条件下(即水中存在分子氧)进行的生物处理过程；缺氧生物处理是在水中无分子氧存在，但存在如硝酸盐等化合态氧的条件下进行的生物处理过程；厌氧生物处理是在水中既无分子氧又无化合态氧存在的条件下进行的生物处理过程。好氧生物处理是城镇污水处理所采用的主要方法，高浓度有机污水的处理常常用到厌氧生物处理方法。近年来，随着氮、磷等营养物质去除要求的提高，缺氧生物处理和厌氧生物处理也广泛应用于城镇污水处理，缺氧和好氧结合的生物处理主要用于生物脱氮，厌氧和好氧结合的生物处理则主要用于生物除磷。工业废水则视其污染物浓度和可生物降解性采用不同的生物处理方法，同时辅以必要的预处理或深度处理单元。

根据微生物生长方式的不同，生物处理技术又分成悬浮生长法和附着生长法两类，以及两种方法结合的泥膜共生的生长方式，如固定生物膜-活性污泥系统(integrated fixed-film activated sludge, IFAS)、移动床生物膜反应器(moving bed biofilm reactor, MBBR)等。悬浮生长法是指通过适当的混合方法使微生物在生物处理构筑物中保持悬浮状态，并与污水中的污染物充分接触，完成对污染物的降解和去除。与悬浮生长法不同，附着生长法中的微生物附着在某种载体上生长，并形成生物膜，污水流经生物膜时，微生物与污水中的污染物接触，完成对污水的净化。悬浮生长法的典型代表是活性污泥法，而附着生长法则主要指生物膜法。目前各种污水的生物处理技术都是围绕着这两类方法而展开的。

第二节 污水生物处理基本原理

污水生物处理是微生物在酶的催化作用下，利用微生物的新陈代谢功能，对污水中的污染物进行分解和转化。微生物代谢由分解代谢(异化)和合成代谢(同化)两个过程组成，是物质在微生物细胞内发生一系列复杂生化反应的总称。微生物可以利用污水中的大部分有机物和部分无机物作为营养源，这些可被微生物利用的物质，通常称为底物或基质。更确切地说，一切在生物体内可通过酶的催化作用而进行生物化学反应的物质都称为底物。

分解代谢是微生物在利用底物的过程中，一部分底物在酶的催化作用下降解同时释放出能量的过程，这个过程也称为生物氧化。合成代谢是微生物利用另一部分底物或分解代谢过程中产生的中间产物，在合成酶的作用下合成微生物细胞的过程，合成代谢所需的能量由分解代谢提供。污水生物处理过程中有机物的生物降解实际上就是微生物将有机物作为底物进行分解代谢获取能量的过程。不同类型微生物进行分解代谢所利用的底物是不同的，异养微生物利用有机物，自养微生物则利用无机物。

有机底物的生物氧化主要以脱氢(包括失电子)方式实现，底物氧化后脱下的氢可表示为

$$2H \longrightarrow 2H^+ + 2e^-$$

根据氧化还原反应中最终电子受体的不同，分解代谢可分成发酵和呼吸两种类型，呼吸又可分成好氧呼吸和缺氧呼吸两种方式。

一、发酵与呼吸

(一) 发酵

发酵指微生物将有机物氧化释放的电子直接交给底物本身未完全氧化的某种中间产物，同时释放能量并产生不同的代谢产物。在发酵条件下有机物只发生部分氧化，因此，只释放出一小部分能量。发酵过程的氧化是与有机物的还原偶联在一起的，被还原的有机物来自初始发酵的分解代谢，故发酵过程不需要外界提供电子受体。发酵过程只能释放出一小部分能量，并合成少量的 ATP，其原因有两个，一是底物的碳原子只是部分被氧化，二是初始电子供体和最终电子受体的还原电势相差不大。

发酵在污水和污泥厌氧生物处理(或称为厌氧消化)过程中起着重要作用，目前国内外的研究表明，在厌氧生物处理中主要存在两种发酵类型：丙酸型发酵(propionic acid type fermentation)和丁酸型发酵(butyric acid type fermentation)。丙酸型发酵参与的细菌是丙酸杆菌属(*Propionibacterium*)，丙酸型发酵的特点是气体(CO_2)产量很少，甚至无气体产生，主要发酵末端产物为丙酸和乙酸。丁酸型发酵参与的细菌是某些梭状芽孢杆菌(*Clostridium* spp.)，许多研究结果表明，含可溶性糖类(如葡萄糖、蔗糖、乳糖、淀粉等)污水的发酵常出现丁酸型发酵，发酵中主要末

端产物为丁酸、乙酸、H_2、CO_2 及少量丙酸。

（二）呼吸

微生物在降解底物的过程中，将释放出的电子交给 NAD(P)+(辅酶Ⅱ)、FAD(黄素腺嘌呤二核苷酸)或 FMN(黄素单核苷酸)等电子载体，再经电子传递系统传给外源电子受体，从而生成水或其他还原型产物并释放能量的过程，称为呼吸作用。其中以分子氧作为最终电子受体的称为好氧呼吸(aerobic respiration)，以氧化型化合物作为最终电子受体的称为缺氧呼吸(anoxic respiration)。呼吸作用与发酵作用的根本区别在于：电子载体不是将电子直接传递给底物降解的中间产物，而是交给电子传递系统，逐步释放出能量后再交给最终电子受体。

电子传递系统是由一系列氢和电子传递体组成的多酶氧化还原体系，NADH、$FADH_2$ 及其他还原型载体上的氢原子，以质子和电子的形式在其上进行定向传递；其组成酶系是定向有序的，且不对称地排列在原核微生物的细胞质膜上，或真核微生物的线粒体内膜上。电子传递系统的功能有两个：一是从电子供体接受电子并将电子传递给电子受体，二是通过合成 ATP 把电子传递过程中释放的一部分能量储存起来。电子传递系统中的氧化还原酶包括：NADH 脱氢酶、黄素蛋白、铁硫蛋白、细胞色素及醌等。

1. 好氧呼吸

好氧呼吸的最终电子受体是 O_2，反应的电子供体(底物)则根据微生物的不同而异，异养微生物的电子供体是有机物，自养微生物的电子供体是无机物。

异养微生物进行好氧呼吸时，有机物最终被分解成 CO_2、氨和水等无机物，同时释放出能量，如式(11-1)和式(11-2)所示：

$$C_6H_{12}O_6+6O_2 \longrightarrow 6CO_2+6H_2O+2\,817.3\ kJ \qquad (11-1)$$

$$C_{18}H_{19}O_9N+17.5O_2+H^+ \longrightarrow 18CO_2+8H_2O+NH_4^++\Delta E \qquad (11-2)$$

有机污水的好氧生物处理，如活性污泥法、生物膜法、污泥的好氧消化等都属于这种类型的呼吸。

自养微生物进行好氧呼吸时，其最终产物也是无机物，同时释放出能量，如式(11-3)和式(11-4)所示：

$$H_2S+2O_2 \longrightarrow H_2SO_4+\Delta E \qquad (11-3)$$

$$NH_4^++2O_2 \longrightarrow NO_3^-+2H^++H_2O+\Delta E \qquad (11-4)$$

大型合流制排水管渠和污水排水管渠中常存在式(11-3)所示的生化反应，其是引起管道腐蚀的主要原因，式(11-4)所示的反应表示的是氨的氧化，或称为生物硝化过程。

好氧呼吸的电子传递系统常称为呼吸链(respiration chain)，共有两条，即 NADH 氧化呼吸链和 $FADH_2$ 氧化呼吸链。在电子传递中，能量逐渐积存在电子传递体中，当能量增加至足以将 ADP 磷酸化时，则产生 ATP。

2. 缺氧呼吸

某些厌氧和兼性微生物在无分子氧的条件下进行缺氧呼吸。缺氧呼吸的最终电子受体是 NO_3^-、NO_2^-、SO_4^{2-}、$S_2O_3^{2-}$、CO_2 等含氧的化合物。缺氧呼吸也需要细胞色素等电子传递体，并能在能量分级释放过程中伴有磷酸化作用，也能产生能量用于生命活动。但由于部分能量随电子传递给最终电子受体，故生成的能量少于好氧呼吸。

微生物分解代谢的三种方式产能结果是不同的，如表 11-1 所示（以葡萄糖为例）。

表 11-1 葡萄糖三种分解代谢方式的产能结果

分解代谢方式	最终电子受体	产能/kJ
好氧呼吸	分子氧	2 817.3
缺氧呼吸	化合态氧	1 755.6
发酵	有机物	92

二、好氧生物处理

好氧生物处理是污水中有分子氧存在的条件下，利用好氧微生物（包括兼性微生物,但主要是好氧细菌）降解有机物，使其稳定、无害化的处理方法。微生物利用污水中存在的有机污染物（以溶解状和胶体状为主）为底物进行好氧代谢，这些高能位的有机物经过一系列的生化反应，逐级释放能量，最终以低能位的无机物稳定下来，达到无害化的要求，以便返回自然环境或进一步处置。污水处理工程中，好氧生物处理法主要有活性污泥法和生物膜法两大类。

污水好氧生物处理的过程可用图 11-1 表示。

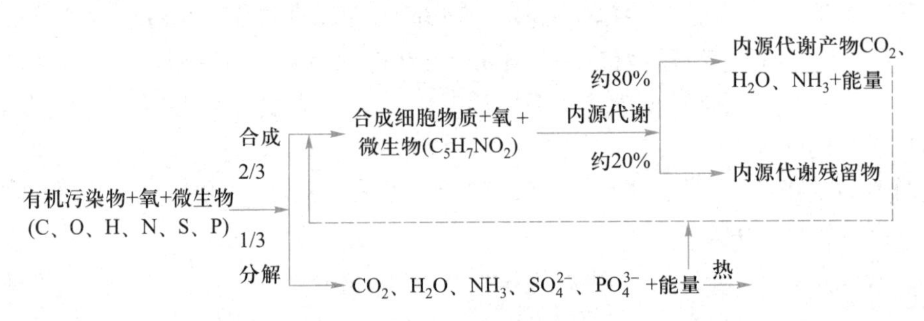

图 11-1 好氧生物处理过程中有机污染物转化示意图

图 11-1 表明，有机污染物被微生物摄取后，通过代谢活动，约有 1/3 被分解、稳定，并提供其生理活动所需的能量，约有 2/3 被转化，合成新的细胞物质，即进行微生物自身生长繁殖。同时，微生物又无时无刻不在进行内源呼吸，净增长的生物量通常称为剩余污泥或脱落生物膜，又称为生物污泥。在污水生物处理过程中，生物污泥经固液分离后，需进一步处理和处置。

好氧生物处理的反应速率较快，所需的反应时间较短，故处理构筑物容积较小，且处理过程中散发的臭气较少。因此，目前对中、低浓度的有机污水，通常采用好氧生物处理法。

三、厌氧生物处理

厌氧生物处理是在没有分子氧及化合态氧存在的条件下，兼性细菌与厌氧细菌降解和稳定有机污染物的生物处理方法。在厌氧生物处理过程中，复杂的有机污染物被降解、转化为简单的化合物，同时释放能量。在这个过程中，有机污染物的转化分为三部分：一部分转化为甲烷，这是一种可燃气体，可回收利用；一部分被分解为二氧化碳、水、氨、硫化氢等无机物，并为细胞合成提供能量；少量有机污染物被转化、合成为新的细胞物质。由于仅少量有机污染物用于合成，故相对于好氧生物处理，厌氧生物处理的污泥增长率小得多。

厌氧生物处理过程中有机污染物的转化如图 11-2 所示。

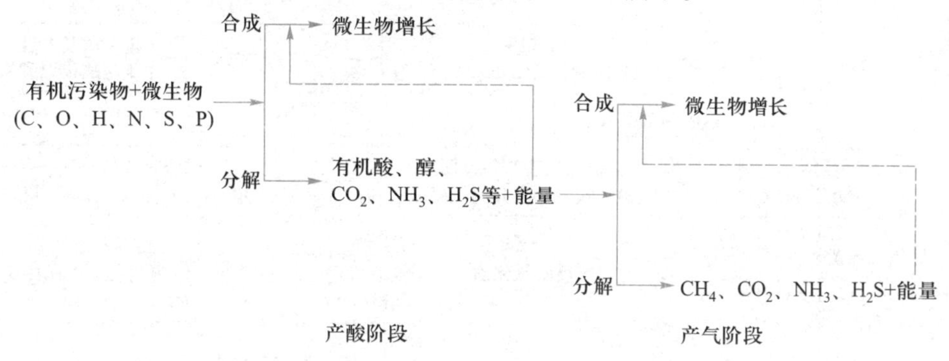

图 11-2 厌氧生物处理过程中有机污染物转化示意图

由于厌氧生物处理过程不需另外提供电子受体，故运行费低。此外，它还具有剩余污泥量少、可回收能量(甲烷)等优点。其主要缺点是反应速率较慢，反应时间较长，处理构筑物容积大等。通过开发新型反应器，或对高含固污泥进行适当的预处理，可以提高厌氧处理构筑物的容积负荷，减少投资和运行费用。

有机污泥和中、高浓度有机污水适宜采用厌氧生物处理法进行处理。

四、脱氮除磷基础理论

（一）生物脱氮

城镇污水中含氮有机污染物绝大多数可以通过分解、水解或氧化作用转变为氨氮，不可生物降解的颗粒态含氮有机污染物可以通过絮凝作用在泥水分离过程中得到去除，溶解的不可生物降解有机氮会随出水排出，这部分在城镇污水中所占比例很低，一般为 1.0~2.0 mg/L，如果排水收集系统中含有工业废水，该部分废水的浓度可能会偏高，最终会与生物脱氮系统未完全去除的氨氮和硝态氮一起导致出水总氮超出排放标准要求。

生物处理过程中通过同化作用净增长的微生物有机组分中主要成分为蛋白质，可以通过物理、化学、生物预处理溶菌以后，进行蛋白质或多肽及氨基酸的提取和利用。城镇污水及污泥处理过程中产生的高浓度氨氮滤液，或含高浓度氨氮的工业废水，首先应该采取措施进行氨回收，可以通过汽提、吹脱、膜分离等工艺进行铵盐回收，或者与镁离子及磷酸根共同形成鸟粪石沉淀（磷酸铵镁）。

生物脱氮是含氮化合物经过氨化、硝化、反硝化后，主要转变为N_2而被去除的过程。氨通过氨氧化、硝化至硝酸盐以后进行反硝化，称为全程硝化反硝化，氨氧化至亚硝酸盐以后进行反硝化称为短程硝化反硝化，如果部分氨氮氧化至亚硝酸盐与氨氮摩尔浓度比大约为1.3∶1时，则厌氧氨氧化菌利用氨氮作为电子供体，亚硝酸盐作为电子受体进行的脱氮过程称为厌氧氨氧化。污水处理过程中氮素污染物的回收利用及处理流程见图11-3。

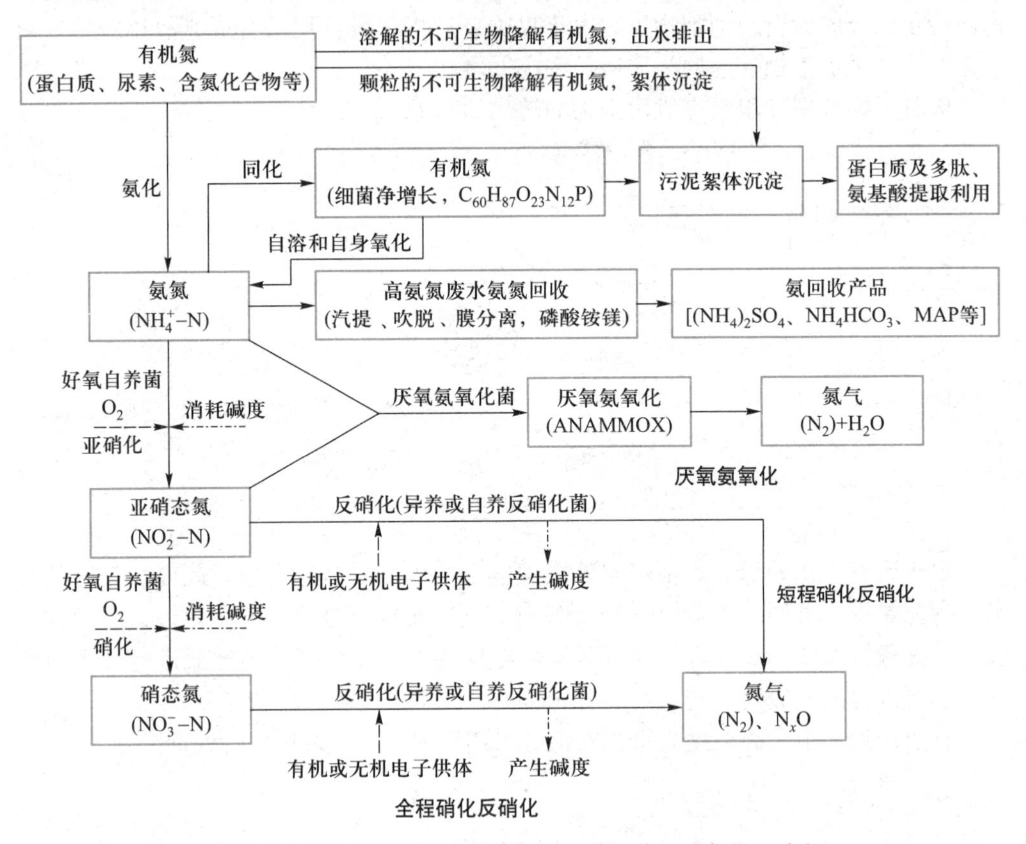

图11-3　污水处理过程中氮素污染物的回收利用与处理流程

氨化反应可在好氧或厌氧条件下进行，硝化作用在好氧条件下进行，反硝化作用在缺氧条件下进行。

1. 氨化

污水中的有机氮一般以蛋白质、氨基酸等形式存在，蛋白质的相对分子质量大，不能直接进入微生物细胞，在细胞外被蛋白酶逐步水解为胨、小分子肽和氨基酸以后才能透过细胞膜被微生物利用。微生物水解及分解有机氮化合物产生氨的过程称为氨化反应，很多细菌、真菌和放线菌都能分解蛋白质及其含氮衍生物，其中分解能力强并释放出氨的微生物统称为氨化微生物。在氨化微生物的作用下，有机氮化合物可以在好氧或厌氧条件下分解、转化为氨态氮，脱氨的方式有氧化脱氨、还原脱氨、水解脱氨及减饱和脱氨等。以氨基酸为例，其氧化脱氨、还原脱氨、水解脱氨的基本反应式见式(11-5)、式(11-6)和式(11-7)。

氧化脱氨：

$$RCHNH_2COOH+O_2 \longrightarrow RCOOH+CO_2+NH_3 \quad (11-5)$$

还原脱氨：

$$RCHNH_2COOH+2[H] \longrightarrow RCH_2COOH+NH_3 \quad (11-6)$$

水解脱氨：

$$RCHNH_2COOH+H_2O \longrightarrow RCHOHCOOH+NH_3 \quad (11-7)$$

2. 硝化

在氨氧化菌(ammonia oxidizing bacteria, AOB)和亚硝酸盐氧化菌(nitrite oxidizing bacteria, NOB)的作用下，氨态氮转化为亚硝酸盐(NO_2^-)和硝酸盐(NO_3^-)的过程称为硝化反应。硝化反应的第一步是氨氧化菌氧化氨氮为亚硝酸盐，基本化学反应见式(11-8)，亚硝酸盐进一步在硝化菌的作用下被氧化为硝酸盐，反应见式(11-9)。

$$2NH_4^++3O_2 \longrightarrow 2NO_2^-+4H^++2H_2O \quad (11-8)$$

$$2NO_2^-+O_2 \longrightarrow 2NO_3^- \quad (11-9)$$

硝化反应的总基本化学反应式为

$$NH_4^++2O_2 \longrightarrow NO_3^-+2H^++H_2O \quad (11-10)$$

从上式可以看出，每克氨氮(以氮计)完全氧化需要4.57 g氧气，其中3.43 g用于氨氮氧化为亚硝酸盐，1.14 g用于亚硝酸盐氧化为硝酸盐。如果考虑到碱度的消耗，硝化过程的反应式可表示为

$$NH_4^++2HCO_3^-+2O_2 \longrightarrow NO_3^-+2CO_2+3H_2O \quad (11-11)$$

氧化每摩尔氨氮需要2摩尔的碳酸氢根碱度，以碳酸钙计算，氧化每克氨氮(以氮计)需要7.14 g $CaCO_3$碱度。因为在实际的硝化过程中存在氨氮的同化作用，氧气和碱度的消耗要低于化学式的理论计算值。除了溶解氧浓度、碱度、温度等基本条件外，硝化菌还需要CO_2作为无机碳源，以及磷、钙、铜、镁等营养元素。如果考虑硝化菌的同化合成作用，硝化过程的总反应式可以写成式(11-12)。

$$NH_4HCO_3+0.985\,2NaHCO_3+0.099\,1CO_2+1.867\,5O_2 \longrightarrow$$
$$0.019\,82C_5H_7NO_2+0.985\,2NaNO_3+2.923\,2H_2O+1.985\,2CO_2 \quad (11-12)$$

3. 反硝化

缺氧条件下，NO_2^-和NO_3^-在反硝化菌的作用下被还原为氮气的过程称为反硝化。大多数反硝化菌是异养型兼性厌氧细菌，在污水和污泥中，很多细菌均能进行反硝化作用，如无色杆菌属(*Achromobacter*)、产气杆菌属(*Aerobacter*)、产碱杆菌属(*Alcaligenes*)、黄杆菌属(*Flavbacterium*)、变形杆菌属(*Proteus*)、假单胞菌属(*Pseudomonas*)等。反硝化过程需要有电子供体提供电子和质子，使得硝酸盐和亚硝酸盐发生还原反应，逐步还原NO_3^-至N_2。目前公认的从硝酸盐还原为氮气的过程见图11-4。

$$NO_3^- \xrightarrow{\text{硝酸盐还原酶}} NO_2^- \xrightarrow{\text{亚硝酸盐还原酶}} NO \xrightarrow{\text{氧化氮还原酶}} N_2O \xrightarrow{\text{氧化亚氮还原酶}} N_2$$

图11-4　硝酸盐还原为氮气的过程

污水生物脱氮过程中的电子供体一般是污水中的有机物、微生物内碳源、外加有机碳源等，也可以是硫、铁、氢气等无机电子供体。

$$0.2NO_3^-+1.2H^++e^- \longrightarrow 0.1N_2+0.6H_2O \quad (11-13)$$

$$NO_2^-+4H^++3e^- \longrightarrow 0.5N_2+2H_2O \quad (11-14)$$

如果用 $C_{10}H_{19}O_3N$ 表示污水中的可生物降解有机物，当其作为电子供体时，反硝化反应方程式为

$$C_{10}H_{19}O_3N+10NO_3^- \longrightarrow 5N_2+10CO_2+3H_2O+NH_3+10OH^- \quad (11-15)$$

污水中电子供体不足时，反硝化过程通常需要外加碳源，从运行和管理的安全角度出发，外加碳源通常选择乙酸或乙酸钠，选择乙酸作为电子供体时，硝酸盐及亚硝酸盐反硝化反应见式(11-16)和式(11-17)。

$$5CH_3COOH+8NO_3^- \longrightarrow 4N_2+10CO_2+6H_2O+8OH^- \quad (11-16)$$

$$3CH_3COOH+8NO_2^- \longrightarrow 4N_2+6CO_2+2H_2O+8OH^- \quad (11-17)$$

从生物脱氮的反应过程而言，亚硝酸盐氧化为硝酸盐，再在反硝化过程中还原为亚硝酸盐是一段多余的路程，如果能够通过工艺条件的控制，把硝化过程控制在亚硝酸盐阶段，则在硝化反硝化过程中就缩短了行程，实现了短程硝化反硝化过程。短程硝化反硝化具有经济学优势，由式(11-8)、式(11-9)的硝化过程反应式和式(11-16)、式(11-17)的反硝化过程反应式可以看出，与全程硝化反硝化相比，短程硝化反硝化可以节省曝气需氧量25%，供氧设备也可相应压缩，亚硝酸盐反硝化比硝酸盐反硝化可以节省40%的碳源消耗量。

4. 厌氧氨氧化

厌氧氨氧化(anaerobic ammonium oxidation，ANAMMOX)指在厌氧(缺氧)条件下，氨氮以亚硝酸盐作为电子受体直接被氧化为氮气的过程，亚硝酸盐可以由氨氮短程硝化或硝酸盐的短程反硝化获得。

$$NH_4^++NO_2^- \longrightarrow N_2+2H_2O \quad (11-18)$$

如果考虑微生物的同化作用，厌氧氨氧化化学计量学方程如式(11-19)。

$$1.0NH_4^++1.032NO_2^-+0.066HCO_3^-+0.13H^+ \longrightarrow$$

$$1.02N_2+0.026NO_3^-+0.066CH_2O_{0.5}N_{0.021}+2.03H_2O \quad (11-19)$$

厌氧氨氧化仅需约一半氨氮浓度就可以实现亚硝化，与传统全程硝化工艺相比，可以节省曝气需氧量62.5%，节省碱度50%，脱氮时直接以氨氮作为电子供体，不需要提供任何碳源，与传统反硝化相比节省碳源100%，所以，厌氧氨氧化也被称为绿色的生物脱氮工艺。

厌氧氨氧化工艺的实现主要有两个难点：一是如何通过控制反应过程的温度、pH、溶解氧、污泥龄、碱度，甚至反应物氨氮的浓度负荷等过程参数，实现氨氮的部分亚硝化；二是厌氧氨氧化菌世代周期长，反应环境条件要求高，如何控制溶解氧、温度等条件，保证厌氧氨氧化菌的健康生长。

目前厌氧氨氧化已经从实验室研究阶段进入工程实际应用，特别是在食品加工废水、污泥厌氧消化液等高含氨氮废水处理中得到成功运用。

5. 同化脱氮及同化反硝化脱氮

生物处理过程中，污水中的一部分氮被同化成微生物细胞的组成成分，并以剩余活性污泥的形式得以从污水中去除的过程，称为同化脱氮作用。当进水氨氮浓度较低时，微生物可以逐步同化还原硝态氮为氨氮作为微生物生长的基质，称为同化反硝化脱氮作用。

（二）强化生物除磷

从污水中去除磷可以有效防止受纳水体的富营养化，污水中的磷可以通过强化生物除磷（enhanced biological phosphorus removal，EBPR）、化学药剂除磷、吸附剂吸附除磷等方法，或者将它们相结合的方法去除。传统的以有机污染物去除为主的工艺，通过细胞生长产生的污泥含磷量约为 0.015 g(P)/g(VSS)，可以通过排除剩余污泥去除城镇污水中 10%~20%的磷。20 世纪 70 年代后期，人们通过厌氧-好氧交替选择发现了聚磷微生物（phosphorus accumulating organisms，PAOs），它可以使城镇污水中磷的去除率达到 80%以上，使用聚磷微生物去除磷的工艺称为强化生物除磷工艺。相比于化学除磷，强化生物除磷不仅可以减少化学品投加量，降低污泥产量，减少污水处理全生命周期的碳排放量，而且生物聚集的磷更有利于磷资源的回收。

在厌氧-好氧或厌氧-缺氧交替运行的系统中，利用聚磷微生物具有厌氧释磷及好氧（或缺氧）超量吸磷的特性，使好氧（或缺氧）段中混合液磷酸盐的浓度大幅度降低，最终通过排放富含磷的剩余污泥而达到从污水中除磷的目的（图 11-5）。强化生物除磷主要由一类统称为聚磷菌的微生物完成，聚磷菌在厌氧状态下能够通过水解释放体内聚磷获得的能量同化发酵产物，使得聚磷菌在厌氧-好氧生物除磷系统中具备了竞争优势。因为厌氧环境没有溶解氧、硝酸盐、亚硝酸盐等电子受体，其他专门或兼性异养菌不能消耗可生物降解有机污染物以得到能量进行同化作用，所以厌氧-好氧处理过程中的厌氧池有时亦被称为“选择器”。有研究表明，不动杆菌是主要的聚磷菌，在生物除磷系统中出现的其他具有释磷和聚磷功能的细菌还有假单胞菌属（*Pseudomonas*）、气单胞菌属（*Aeromonas*）、放线菌属（*Actinomyces*）和诺卡氏菌属（*Nocardia*）等。

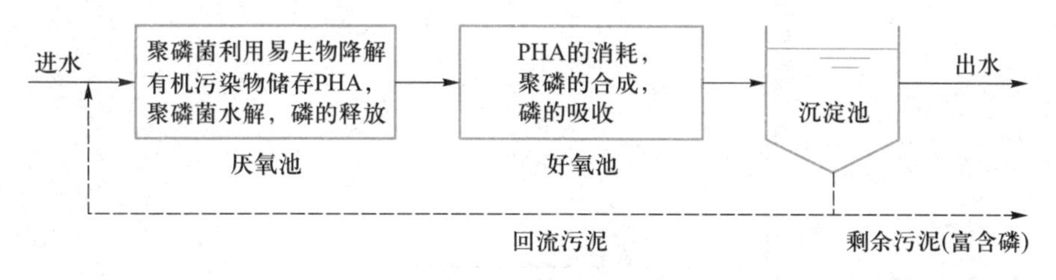

图 11-5 污水厌氧-好氧强化生物除磷流程

强化生物除磷工艺需要在各种悬浮生长的好氧曝气池前设置一个厌氧池，因为厌氧释磷速率通常比后续的聚磷速率要快，所以厌氧池的水力停留时间一般为 1.0 h，在厌氧池内回流的活性污泥与入流污水充分混合接触，将有机基质吸收为内部的糖类储存起来，以便稍后在有氧区氧化。在厌氧条件下，兼性菌将溶解性有机物转化成挥发性脂肪酸（volatile fatty acids，VFAs），聚磷菌把细胞内聚磷水解为正磷酸盐释放磷，并从中获得能量，吸收污水中易生物降解的有机基质，形成胞内碳能源贮存物聚羟基脂肪酸酯(PHA)等。在好氧条件下，聚磷菌以分子氧作为电子受体，氧化代谢胞内 PHA 等产生能量，并过量地从污水中摄取磷酸盐，以高能物质 ATP 形式存贮于胞内。有一类聚磷菌可以利用硝酸盐等作为电子受体在缺氧条件下氧化体内能量贮存物获得能量，同时摄取磷酸根，该类聚磷菌称为反硝化聚磷微生物(denitrifying phosphorus accumulating organisms, DPAOs)。

第三节 微生物的生长规律和生长环境

一、微生物的生长规律

微生物的生长实际上是微生物对周围环境中物理或化学各种因素的综合反应。研究微生物的生长通常采用群体生长的概念，所谓群体生长，是指在适宜条件下，微生物细胞在单位时间内数目或细胞总质量的增加。它的实质是细胞的生长与繁殖。研究微生物群体生长的传统方法是分批培养法，所谓分批培养，即将少量纯种微生物细胞接种到一定体积的培养液中，随着时间的推移观察其生长情况的一种方法。它的特点是在培养过程中营养物质(即底物)随时间的延长而消耗，结果就出现了如图 11-6 所示的生长曲线。

这条曲线表示了微生物在不同培养环境下的生长情况及其生长过程。微生物学家曾对纯菌种的生长规律做了大量的研究。按微生物生长速率，其生长过程可分为四个时期，即延滞期、对数增长期、稳定期和衰亡期。这四个生长期有着各自的特点。

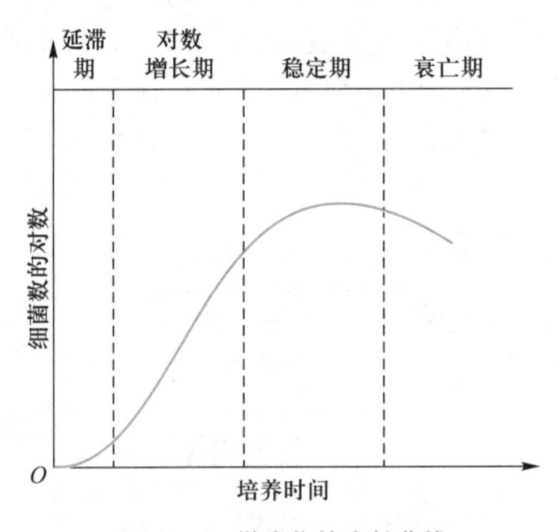

图 11-6 微生物的生长曲线

1. 延滞期(适应期)

这是微生物细胞刚进入新环境的时期。由于细胞需要适应新的环境，细胞便开始吸收营养物质合成新的酶系。这个时期一般不繁殖，活细胞数目不会增加，甚至由于不适应新的环境，接种活细胞可能死亡而数量减少。延滞期末期和对数增长期前期的细胞对热、化学物质等不良条件的抵抗力减弱。延滞期持续时间的长短与菌种特性、接种量、菌龄和移植至新鲜培养基前后所处的环境条件是否相同等因素有关，短则几分钟，长则几小时。

2. 对数增长期

微生物细胞经过延滞期的适应之后，开始以基本恒定的生长速率进行繁殖。此时细胞的形态特征与生理特征比较一致（即细胞的大小、形态及生理生化反应比较一致）。从生长曲线上可看出细胞增殖数量（对数）与培养时间基本上呈直线关系。这个时期大量消耗了限制性的底物，同时细胞内代谢物质也丰富地积累了，这个时期的细胞是作为研究工作的理想材料。

3. 稳定期（减速增长期）

在一定容积的培养液中，细菌不可能按对数增长期的恒定生长速率无限期地生长下去，这是因为营养物质不断被消耗，代谢物质不断地积累，当环境条件的改变不再利于微生物的生长时，即进入稳定期。这一时期，微生物细胞生长速率下降，死亡速率上升，新增加的细胞数与死亡细胞数趋于平衡，从生长曲线看，在一定的培养时间内，细菌生长对数值几乎不变。由于营养物质减少，微生物活动能力降低，细菌之间易于相互黏附，分泌物增多，开始形成菌胶团（絮凝体）。稳定期微生物不但具有一定的降解有机污染物的能力，而且还具有良好的沉降性能。如果在此期间，继续增加营养物质并排出代谢产物，那么菌体细胞又可以恢复对数增长期的生长速率。

4. 衰亡期（内源呼吸期）

这个时期营养物质已耗尽，微生物细胞靠内源呼吸代谢维持生存。生长速率为零，而死亡速率随时间延长而加快，细胞形态多呈衰退型，许多细胞出现自溶。此时由于能量水平低，微生物絮凝体吸附有机物的能力显著，但活性降低，絮凝体较松散。

在污水生物处理构筑物中，微生物是一个混合群体，系统中每一种微生物都有自己的生长曲线，其增殖规律较为复杂，一种特定的微生物在生长曲线上的位置和形状取决于食物、可利用的营养物及各种环境因素，如盐度、pH、温度等，因此，微生物种群间还存在递变规律，如图 11-7 所示。

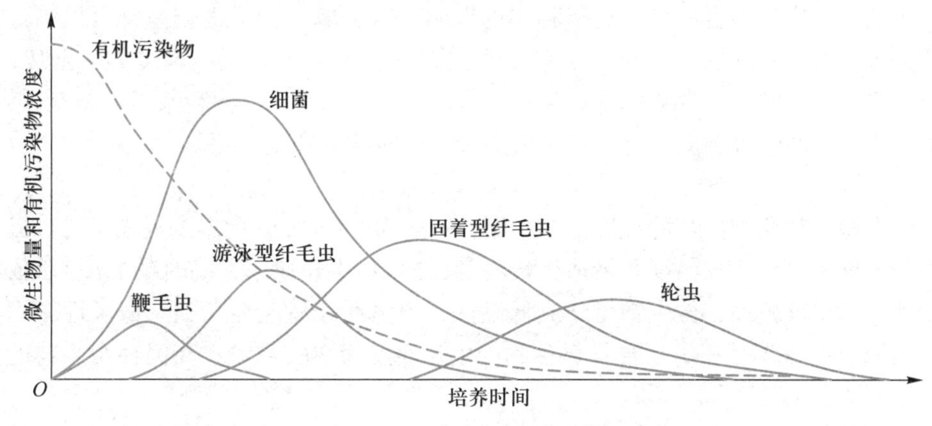

图 11-7　不同微生物种群的增长与递变

当有机污染物浓度较高时，以有机污染物为食料的细菌占优势，数量最多；当细菌很多时，出现以细菌为食料的原生动物；而后出现以细菌及原生动物为食料的后生动物。因此，污水生物处理构筑物中的微生物群体组成了具有一定食物链关系的微生物生态系统。研究表明，这种群体生长的状况从总体上看与纯种生长有着相似性，因此，前述的生长曲线仍可以用于描述群体的生长。

在污水生物处理过程中，控制微生物的生长期对系统运行尤为重要。例如，将微生物维持在活力很强的对数增长期未必会获得最好的处理效果。这是因为若要维持较高的生物活性，就需要有充足的营养物质，含有高浓度有机污染物的进水容易造成出水有机污染物浓度超标，使出水达不到排放要求；另外，对数增长期的微生物活力强，使活性污泥不易凝聚和沉降，给泥水分离造成一定困难。此外，如果将微生物维持在衰亡期末期，此时处理过的污水中含有的有机污染物浓度固然很低，但由于微生物氧化分解有机物能力很差，所需反应时间较长，在实际工作中是不可行的。所以，为了获得既具有较强氧化和吸附有机污染物的能力，又具有良好沉降性能的活性污泥，在实际工程的泥水分离前常将活性污泥控制在稳定期末期和衰亡期初期。

二、微生物的生长环境

微生物的生长与环境条件关系极大。在污水生物处理过程中，应设法创造良好的环境，使微生物能很好地生长、繁殖，以取得令人满意的处理效果和经济效益。

影响微生物生长的环境因素很多，其中最主要的是营养、温度、pH、溶解氧及有毒有害物质等。

（一）微生物的营养

微生物为合成自身的细胞物质，需要从周围环境中摄取自身生存所必需的各种物质，这就是营养物质。其中主要的营养物质是碳、氮、磷等，这些是微生物细胞化学成分的骨架。对微生物来讲，碳、氮、磷营养有一定的比例要求，一般好氧生物处理营养要求为 $BOD_5:N:P=100:5:1$。

生活污水中大多含有微生物能利用的碳源，氮和磷的含量也较高，可以满足生物法处理时微生物的营养需求。但对于某些含碳量低或者含氮、磷低的工业废水，可能需要另加碳源、氮源或磷源，如投加生活污水、米泔水、淀粉浆料等补充碳源，投加尿素、硫酸铵等补充氮源，投加磷酸钾、磷酸钠等补充磷源。

（二）温度

各类微生物所能生长的温度范围不同，一般为5~80℃。此温度范围又可分成最低生长温度、最高生长温度和最适生长温度（微生物生长速率最高时的温度）。依微生物适应的温度范围，微生物可分成低温性、中温性和高温性三类。低温性微生物的生长温度在20℃以下，中温性微生物的生长温度为20~45℃，高温性微生物的生长温度在45℃以上。

一般好氧生物处理中的微生物多属于中温性微生物，其生长繁殖的最适温度为

20～37℃，当温度超过最高生长温度时，微生物的蛋白质迅速变性且酶系统会遭到破坏失去活性，严重时可使微生物死亡。低温会使微生物代谢活力降低，进而处于生长繁殖停止状态，但仍可维持生命。

厌氧生物处理中，常利用中温性和高温性两种类型的微生物，中温性厌氧菌的最适温度为25～40℃，高温性厌氧菌的最适温度为50～60℃。如厌氧消化中的中温消化常采用33～38℃，高温消化常采用52～57℃。

（三）pH

不同的微生物有不同的pH适应范围。例如，细菌、放线菌、藻类和原生动物的pH适应范围为4.0～10.0。大多数细菌适宜中性和偏碱性环境（pH为6.5～7.5）；氧化硫化杆菌喜欢在酸性环境，其最适pH为3.0，亦可在pH为1.5的环境中生活；酵母菌和霉菌要求在酸性或偏酸性的环境中生活，最适pH为3.0～6.0。在污水生物处理过程中，保持最适pH范围是十分必要的。如活性污泥法曝气池中的适宜pH为6.5～8.5，如果pH上升到9.0，原生动物将由活跃转为呆滞，菌胶团黏性物质解体，活性污泥结构遭到破坏，处理效果显著下降。如果进水pH突然降低，曝气池混合液呈酸性，活性污泥结构也会发生变化，二沉池中将出现大量浮泥现象。

当污水的pH变化较大时，应设置调节池，以保持生物反应器中的pH在合适的范围内。

（四）溶解氧

溶解氧是影响生物处理效果的重要因素。在好氧生物处理中，如果溶解氧不足，好氧微生物由于得不到充足的氧，其活性将受到影响，新陈代谢能力降低，同时对溶解氧要求较低的微生物将逐步成为优势种属，影响正常的生化反应过程，造成处理效果下降。对于生物脱氮除磷来讲，厌氧释磷和缺氧反硝化过程又不需要溶解氧，否则将导致有机碳源的无贡献型异养消耗，造成氮、磷去除效果下降。

好氧生物处理的溶解氧一般以2～3 mg/L为宜。缺氧池和厌氧池应尽量降低溶解氧浓度，通常缺氧池需要维持氧化还原电位（ORP）在-150 mV以下，厌氧池ORP维持在-200 mV以下。

（五）有毒有害物质

在工业废水中，有时存在着对微生物具有抑制和毒害作用的化学物质，这类物质称为有毒有害物质，其毒害作用主要表现为破坏细胞的正常结构及使菌体内的酶变质，并失去活性。例如，重（类）金属（砷、铅、镉、铬、铁、铜、锌等）能与细胞内的蛋白质结合，使酶变质失去活性。因此，生物处理中应对有毒有害物质严加控制。

第四节　反应速率和反应级数

生化反应是一种以生物酶为催化剂进行的化学反应。

一、反应速率

在生化反应中，反应速率是指单位时间内底物的减少量、最终产物的增加量或细胞的增加量。在污水生物处理中，以单位时间内底物的减少或微生物细胞的增加来表示生化反应速率。

生化反应过程可以用图 11-8 表示。

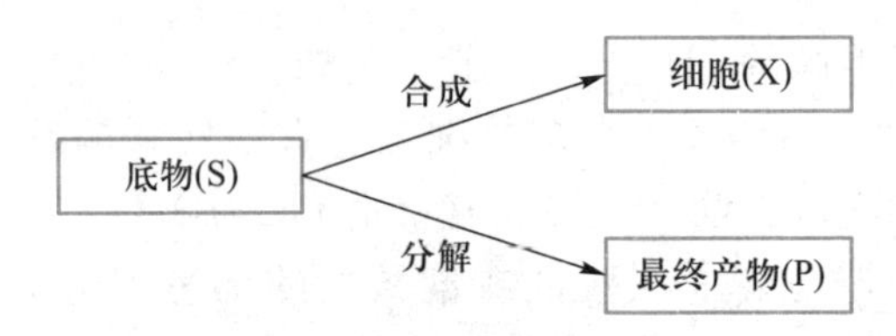

图 11-8 生化反应过程底物变化示意图

$$S \longrightarrow YX+ZP \tag{11-20}$$

$$\frac{dX}{dt}=Y\left(-\frac{dS}{dt}\right) \tag{11-21}$$

即

$$-\frac{dS}{dt}=\frac{1}{Y}\left(\frac{dX}{dt}\right) \tag{11-22}$$

式中：S，X——底物、微生物细胞浓度。

生物处理进程中，伴随着有机或无机底物的降解和去除，微生物细胞得到增殖，微生物增殖量与底物消耗量的比值称为产率系数，通常用 Y 表示，单位为 g(生物量)/g(降解的底物)。式(11-22)反映了底物消耗速率和细胞增长速率之间的关系，它是污水生物处理中研究生化反应过程的一个重要关系式，了解这个规律，可以更合理地设计和管理污水生物处理过程和污泥的处理处置过程。

二、反应级数

反应速率与一种反应物 A 的浓度 S_A 成正比时，称这种反应对这种反应物为一级反应；反应速率与两种反应物 A、B 的浓度 S_A、S_B 成正比时，或与一种反应物 A 的浓度 S_A 的平方(S_A^2)成正比时，称这种反应为二级反应；反应速率与$S_A \cdot S_B^2$ 成正比时，称这种反应为三级反应，也可称这种反应是 A 的一级反应或 B 的二级反应。例如，B 的浓度 S_B 远远大于 S_A，即使大部分 A 已进入反应，S_B 基本上不变，这时反应速率与 S_A 成正比。

试验表明，在生化反应过程中，底物的变化速率和反应器中的底物浓度有关。其生化反应方程式见式(11-20)，生化反应速率可由下式表示：

$$v=-\frac{dS}{dt}\propto S^n$$

或

$$v=-\frac{dS}{dt}=kS^n \tag{11-23}$$

式中：k——反应速率常数，随温度而异；

n——反应级数。

式(11-23)亦可改写为

$$\lg v=n\lg S+\lg k \tag{11-24}$$

式(11-24)可以用图 11-9 来表示，图中直线的斜率即为反应级数 n 的数值。

反应速率不受反应物浓度影响时，称这种反应为零级反应。在温度不变的情况下，零级反应的反应速率是常数。

对反应物 A 而言，零级反应：

$$v=k, \quad -\frac{dS_A}{dt}=k$$

$$S_A=S_{A0}-kt \tag{11-25}$$

一级反应：

$$v=kS_A, \quad -\frac{dS_A}{dt}=kS_A$$

$$\lg S_A=\lg S_{A0}-\frac{k}{2.3}t \tag{11-26}$$

二级反应：

$$v=kS_A^2, \quad -\frac{dS_A}{dt}=kS_A^2$$

$$\frac{1}{S_A}=\frac{1}{S_{A0}}+kt \tag{11-27}$$

式中：v——反应速率；

t——反应时间；

k——反应速率常数，受温度影响。

在反应过程中，反应物 A 的量增加时，反应速率为正值；反之则为负值。在污水生物处理中，有机污染物逐渐减少，反应速率为负值。$t-S_A$ 的图形如图 11-10、图11-11、图 11-12 所示。

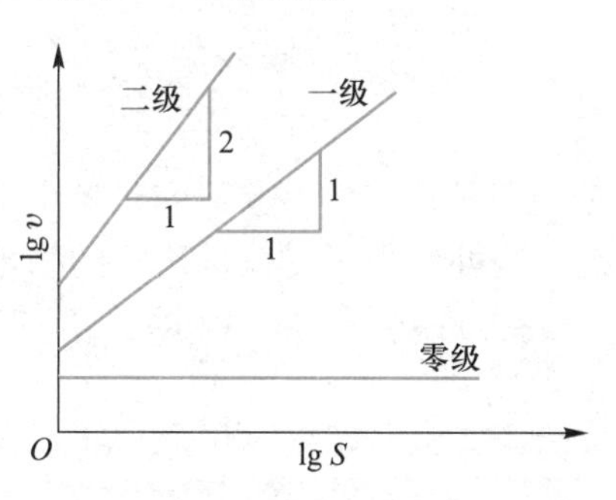

图 11-9　lg v 与 lg S 之间的关系

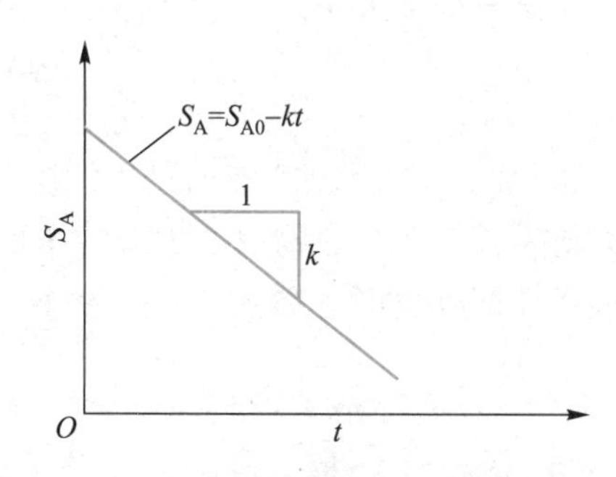

图 11-10　零级反应示意图

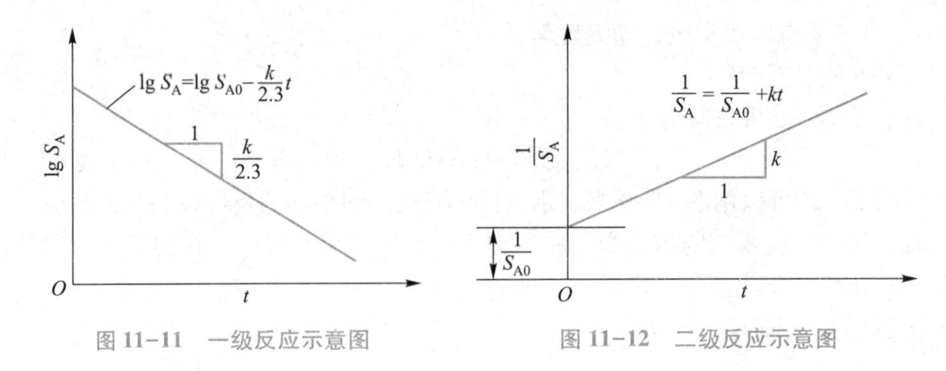

图 11-11 一级反应示意图

图 11-12 二级反应示意图

第五节 微生物生长与底物降解动力学

一、微生物的生长速率

在生化反应中，当适宜微生物生长的营养条件及环境因子(温度及物理、化学条件)具备时，微生物在利用底物的同时得到生长，dX 表示反应时段 dt 内的微生物生长量，则微生物的生长速率表示为

$$\frac{\mathrm{d}X}{\mathrm{d}t}=r_X \tag{11-28}$$

式中：X——现有微生物菌群浓度；

r_X——微生物生长速率。

从反应动力学的角度看，微生物的比生长速率为下面的表达式：

$$\frac{\mathrm{d}X}{\mathrm{d}t}\frac{1}{X}=\frac{r_X}{X}=\mu \tag{11-29}$$

式中：μ——微生物的比生长速率。

在某一时刻活性污泥系统中微生物的生长量，与该时刻的微生物浓度和微生物比生长速率有如下关系：

$$\frac{\mathrm{d}X}{\mathrm{d}t}=\mu X \tag{11-30}$$

莫诺(Monod)于 1942 年通过连续流稀溶液纯菌种培养的试验研究，得出了微生物菌群比生长速率与底物浓度之间的函数关系，当外部电子受体，适宜的物理、化学环境条件都具备时，微生物的比生长速率与营养底物的关系式(即莫诺方程)见下式：

$$\mu=\mu_{max}\frac{S}{K_S+S} \tag{11-31}$$

式中：μ——比生长速率；

μ_{max}——μ 在限制生长的底物达到饱和浓度时的最大值；

S——底物浓度；

K_S——饱和常数，即 $\mu=\frac{\mu_{max}}{2}$ 时的底物浓度，也称为半速率常数。

上述莫诺方程在形式上与米-门公式(Michaelis-Menten)是相似的。区别在于，米-门公式表达的是酶促反应速率与底物浓度之间的关系，是一个生化反应速率表达式，而莫诺方程是纯菌种微生物培养的生长速率，可以进一步衍生用来表示活性污泥群体的增殖。

式(11-31)中的动力学参数 μ_{max} 和 K_S 可通过试验，并采用兰维福-布克(Lineweaver-Burk)图解法求得。

将式(11-31)取倒数得

$$\frac{1}{\mu}=\frac{K_S}{\mu_{max}}\frac{1}{S}+\frac{1}{\mu_{max}} \tag{11-32}$$

试验时，选择不同的底物浓度 S，测定对应的比生长速率 μ，求出两者的倒数，并以 $\frac{1}{\mu}$ 对 $\frac{1}{S}$ 作图，可得出如图 11-13 所示的直线，直线在纵坐标轴上的截距为 $\frac{1}{\mu_{max}}$，直线的斜率为 $\frac{K_S}{\mu_{max}}$，由此可求得 μ_{max} 和 K_S。

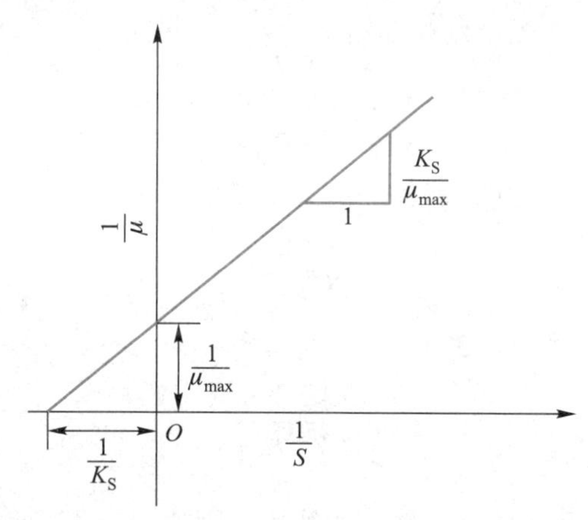

图 11-13　作图法求 μ_{max} 与 K_S

二、底物利用速率

污水生物处理的目的着眼于对污染物的降解，因此，在污水处理领域中，底物的利用或降解速率比微生物量的生长速率更为重要和实用。虽然污水生物处理依靠混合微生物利用、降解污水中混合污染物，但根据不少学者特别是劳伦斯(Lawrence)等于 1970 年的研究表明，仍可以利用单一底物纯菌种培养的结果来建立微生物生长与底物利用间的关系式。

底物利用速率与现存微生物群体浓度 X 成正比，即

$$-\frac{dS}{dt}=qX \tag{11-33}$$

式中：$\frac{dS}{dt}$——底物利用速率；

X——现存微生物群体浓度；

q——比例常数，即比底物利用速率。

研究表明，微生物的生长是底物降解的结果，彼此之间存在着一定的比例关系，如令 ΔX 为利用底物 ΔS 而产生的微生物增量，则两者的比值为

$$-\frac{\Delta X}{\Delta S}=Y \tag{11-34}$$

Y 即前面式(11-21)和式(11-22)提到的产率系数。

当$\frac{\Delta X}{\Delta S}$中时间间隔很小时，则得到下式：

$$-\frac{dX}{dS}=Y \tag{11-35}$$

该式上下同除以 $X\mathrm{d}t$ 得

$$\frac{\frac{1}{X}\frac{dX}{dt}}{\frac{1}{X}\left(-\frac{dS}{dt}\right)}=Y \tag{11-36}$$

则
$$\frac{1}{X}\left(-\frac{dS}{dt}\right)=\frac{1}{YX}\frac{dX}{dt}$$

对比式(11-30)、式(11-33)和式(11-35)有

$$q=\frac{\mu}{Y} \tag{11-37}$$

将式(11-31)代入式(11-37)可得

$$q=\frac{\mu_{max}}{Y}\frac{S}{K_S+S} \tag{11-38}$$

令 $q_{max}=\frac{\mu_{max}}{Y}$，$q_{max}$为最大比底物利用速率，则式(11-38)变为

$$q=q_{max}\frac{S}{K_S+S} \tag{11-39}$$

式中：q_{max}——最大比底物利用速率，即单位微生物量利用底物的最大速率；

K_S——饱和常数，即 $q=\frac{q_{max}}{2}$时的底物浓度，也称为半速率常数；

S——底物浓度。

式(11-39)是 1970 年劳伦斯(Lawrence)和麦卡蒂(McCarty)根据莫诺方程提出的底物利用速率与反应器中微生物浓度及底物浓度之间的动力学关系式，因此，又称为劳-麦方程。方程表明了比底物利用速率与底物浓度之间的关系在整个浓度区间上都是连续的，见图 11-14。

式(11-39)中的动力学参数 q_{max} 和 K_S 可采用与式(11-31)一样的图解方法求得。

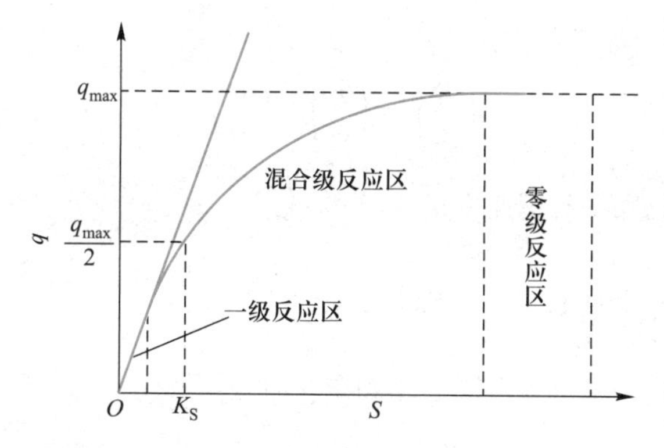

图 11-14　比底物利用速率与底物浓度的关系

当 S 远大于 K_S 时，可忽略式(11-39)中的 K_S，方程变为

$$q=q_{max} \tag{11-40}$$

$$-\frac{dS}{dt}=q_{max}X \tag{11-41}$$

式(11-40)表明，在高有机污染物浓度条件下，有机底物以最大速率降解，与底物的浓度无关，呈零级反应关系。这是因为在高有机污染物浓度条件下，微生物处于对数增长期，其酶系统的活性部位都为有机底物所饱和。式(11-41)表明，在高有机污染物浓度条件下，底物的降解速率仅与微生物的浓度有关，呈一级反应关系。

当 K_S 远大于 S 时，可忽略式(11-39)中分母的 S，方程变为

$$q=\frac{q_{max}}{K_S}S=KS \tag{11-42}$$

$$-\frac{dS}{dt}=KXS \tag{11-43}$$

式中：$K=\frac{q_{max}}{K_S}$。

式(11-42)表明，此时的底物降解速率与底物浓度呈一级反应关系，在这种条件下，微生物生长处于稳定期或衰亡期，微生物的酶系统多未被饱和。

式(11-41)和式(11-43)是式(11-39)的两种极端情况，这两个式子一般合称为“关于底物利用的非连续函数”，由加勒特(Garrett)和索耶(Sawyer)在1960年提出。

三、微生物生长与底物降解

对于异养微生物来说，底物既可起营养源作用，又可起能源作用。关于这些微生物，有必要区分底物利用的两个方面，一是底物中用于合成的部分(即为微生物增长提供结构物质)；二是底物中用于提供能量的部分，这一部分随即被氧化，以便为所有的细胞功能提供能量。这种区分可以通过对在时间增量 Δt 内被利用的底物进行物质平衡实现：

$$\Delta S=(\Delta S)_s+(\Delta S)_e$$

上式可以改写成如下形式：

$$\left(\frac{dS}{dt}\right)_u=\left(\frac{dS}{dt}\right)_s+\left(\frac{dS}{dt}\right)_e \tag{11-44}$$

式中：$\left(\frac{dS}{dt}\right)_u$——总底物利用速率；

$\left(\frac{dS}{dt}\right)_s$——用于合成的底物利用速率；

$\left(\frac{dS}{dt}\right)_e$——用于提供能量的底物利用速率。

用于提供能量的底物又可分为用于合成作用提供能量的底物和用于维持生命提供能量的底物两部分。赫伯特(Herbert)提出，维持生命所需要的能量是通过内源代谢来满足的，也就是说，内源代谢存在于代谢的整个过程。由此，通过微生物体的平衡可以写成：

$$\left(\frac{dX}{dt}\right)_g=\left(\frac{dX}{dt}\right)_s-\left(\frac{dX}{dt}\right)_e \tag{11-45}$$

式中：$\left(\frac{dX}{dt}\right)_g$——微生物的净生长速率；

$\left(\frac{dX}{dt}\right)_s$——微生物的合成速率；

$\left(\frac{dX}{dt}\right)_e$——内源呼吸时微生物自身氧化速率或内源代谢速率。

内源代谢速率与现阶段的微生物量成正比，即

$$\left(\frac{dX}{dt}\right)_e=K_dX \tag{11-46}$$

式中：K_d——衰减系数或内源代谢系数，表示单位微生物单位时间内由于内源呼吸而消耗的微生物量。

由式(11-21)，微生物的合成速率可用下式表示：

$$\left(\frac{dX}{dt}\right)_s=Y\left(-\frac{dS}{dt}\right)_u \tag{11-47}$$

式中：Y——被利用的单位底物量转换成微生物量的系数，这一产率没有将内源代谢造成的微生物减少量计算在内。

将式(11-46)、式(11-47)代入式(11-45)可得

$$\left(\frac{dX}{dt}\right)_g=Y\left(-\frac{dS}{dt}\right)_u-K_dX \tag{11-48}$$

式(11-48)描述了微生物净生长速率和底物利用速率之间的关系，称为微生物增长的基本方程。

根据式(11-30)，式(11-48)两边同时除以微生物浓度 X，可改写成：

$$\mu=Y\frac{1}{X}\left(-\frac{dS}{dt}\right)_u-K_d \tag{11-49}$$

即

$$\mu = Yq - K_d \tag{11-50}$$

其中，$q = \frac{1}{X}\left(-\frac{dS}{dt}\right)_u$，则

$$q = \frac{\mu}{Y} + \frac{K_d}{Y} \tag{11-51}$$

在工程实践中，污水处理的设计和运营管理单位一般不关心微生物的总合成产率系数，而更关心处理过程的微生物净生长量，谢拉德（Sherrard）和施罗德（Schroeder）提出可用下列关系式描述净生长速率：

$$\left(\frac{dX}{dt}\right)_g = Y_{obs}\left(-\frac{dS}{dt}\right)_u \tag{11-52}$$

式中：Y_{obs}——表观产率系数，或净生长产率系数。

式（11-48）与式（11-52）的不同之处在于式（11-48）要求从理论总产量中减去维持生命所需的内源呼吸量，而式（11-52）描述的是考虑了总的能量需求之后实际观测到的产量。

上述过程建立了一系列方程式，其中式（11-31）、式（11-39）、式（11-48）等可称为污水生物处理的基本动力学方程式，在建立污水生物处理反应器数学模型中具有十分重要的作用。

思考题和习题<<<

1. 简述好氧和厌氧生物处理有机污水的原理和适用条件。

2. 某种污水在一个连续进水的理想推流式反应器里进行处理，假设污染物反应是不可逆的，且符合一级反应（$v=-kS_A$），反应温度下速率常数 k 为 0.10 d^{-1}，求解当反应池容积为 100 m^3、污染物去除率为 95%时，该反应器每天能够处理的污水流量是多少？

3. 简述城镇污水生物脱氮过程的基本步骤和影响因素。

4. 简述生物除磷的原理和影响因素。

5. 微生物的比生长速率是生化反应动力学的重要参数，为了测量某生物处理系统中微生物生长的饱和常数和最大比生长速率，某试验组同学测得在 20 ℃时完全混合反应器内连续流微生物生长实验的试验数据如下：

微生物生长底物浓度/($mg \cdot L^{-1}$)	40	20	13.3	10.0	8.0	6.7	5.7	5.0	4.4
微生物比生长速率/h^{-1}	0.61	0.43	0.33	0.27	0.23	0.20	0.18	0.16	0.14

（1）写出微生物生长速率与底物浓度关系的莫诺方程，并说明零级反应区和一级反应区的底物浓度范围。

（2）如何计算莫诺方程中的饱和常数 K_S 和最大比生长速率 μ_{max}？

（3）根据本题提供的试验数据，分别计算 K_S 和 μ_{max}。

6. 生化反应动力学分析可以建立污水处理系统进出水水质与反应体系内各动力学参数、计量学参数、微生物浓度、污泥龄及水力停留时间之间的关系。以葡萄糖厌氧分解产生乙酸为例：

$$C_6H_{12}O_6+2H_2O \longrightarrow 2CH_3COOH+4H_2+2CO_2$$

在一个无微生物回流的连续流完全混合反应器中，反应器体积是 5 m^3，进料流量是 10 m^3/d，葡萄糖进料浓度是 5 kg(COD)/m^3。相关参数如下表所示：

参数	q_{max}/[kg(COD)·kg(VSS)$^{-1}$·d^{-1}]	K_S/[kg(COD)·m^{-1}]	Y/[kg(VSS)·kg(COD)$^{-1}$]	K_d/d^{-1}
数值	41.20	1.50	0.15	0.06

注：q_{max}为最大比底物利用速率；K_S 为半速率常数；Y 为产率系数，K_d 为内源代谢系数。

试求解在稳定状态下，出水的葡萄糖浓度是多少 kg(COD)/m^3？

参考文献<<<

［1］张自杰．排水工程：下册［M］．5 版．北京：中国建筑工业出版社，2015.

［2］Metcalf & Eddy | AECOM. Wastewater engineering：treatment and resource recovery［M］. 5th ed. Boston：McGraw-Hill，2014.

第十二章

活性污泥法

活性污泥法工艺是一种广泛应用而行之有效的传统污水生物处理法，这体现在它对水质水量的广泛适应性、灵活多样的运行方式、良好的可控制性、运行的经济性，以及通过厌氧区或缺氧区的设置使之具有生物脱氮、除磷的效能等方面。不管污水生物处理技术如何发展，都离不开活性污泥法的精髓。

活性污泥法工艺能从污水中去除溶解的和胶体的可生物降解有机污染物，以及能被活性污泥吸附的悬浮固体和其他一些物质，无机盐类也能被部分去除，类似的工业废水也可用活性污泥法处理。

活性污泥法本质上与天然水体(江、湖)的自净过程相似，两者都是好氧生物过程，只是活性污泥法的净化强度大，因而可认为是天然水体自净作用的人工强化。1914 年至今，活性污泥法的研究与应用经过百余年的发展，在理论和实践上都取得了很大的进步，本章将讨论活性污泥法的基本概念和实际应用问题。

第一节 基本概念

一、活性污泥

活性污泥法的起源最早可追溯到 1880 年安古斯 · 史密斯(Angus Smith)博士所做的工作，他是最早对污水进行曝气试验的人，其后许多人研究过污水的曝气，1912 年克拉克(Clark)和盖奇(Gage)在 Lawrence 研究所的试验中发现，对污水长时间曝气会产生污泥，同时水质会得到明显的改善。继而阿尔敦(Arden)和洛凯特(Locket)对这一现象进行了研究，曝气试验是在瓶中进行的，每天试验结束时把瓶子倒空，第二天重新开始。他们偶然发现，由于瓶子清洗不干净，瓶壁附着污泥时，处理效果反而更好。由于认识了瓶壁留下污泥的重要性，他们把它称为活性污泥。随后，他们在每天结束试验前，把曝气后的污水静置沉淀，只倒去上层净化清水，留下瓶底的污泥，供第二天使用，这样大大缩短了污水处理的时间。1914 年 4 月 3 日，在英国化学工程年会曼彻斯特分会上，阿尔敦和洛凯特发表了他们的论文，论文的第一个工程化应用便是于 1916 年在曼彻斯特市建造的第一个活性污泥法污水处理厂。

(一) 活性污泥组成

活性污泥法的混合液静置沉淀会分离出起主要净化作用的活性污泥，在显微镜下观察这些褐色的絮状污泥，可以见到大量的细菌、真菌，还有原生动物和后生动物等多种微生物群体，它们组成了一个特有的生态系统。正是这些微生物群体(主要是细菌)以污水中的有机污染物及其他营养物质为基质，进行代谢和繁殖，才降低了污水中有机污染物的含量，同时通过污泥絮体的生物絮凝和吸附，可去除污水中呈悬浮或胶体状态的其他物质。

活性污泥组成可分为四部分：有活性的微生物(Ma)；微生物自身氧化残留物(Me)；吸附在活性污泥上没有被微生物降解的有机物(Mi)；无机悬浮固体(Mii)。有活性的微生物主要由细菌、真菌组成，通常以菌胶团的形式存在，呈游离状态的较少。菌胶团是由细菌分泌的多糖类物质将细菌等包覆成的黏性团块，使细菌具有抵御外界不利因素的性能，同时便于活性污泥生物絮凝和沉降分离。游离状态的细菌不易沉淀，而原生动物可以捕食这些游离细菌，这样沉淀池的出水就会更清澈，因而原生动物有利于提高出水水质，无机组分主要来自入流的污水，也包括细胞物质中的一些无机物。

(二) 活性污泥性状

活性污泥是粒径为200~1 000 μm 的类似矾花状不定形的絮体，具有良好的凝聚沉降性能，絮体通常具有20~100 cm^2/mL 的较大表面积，在其内部或周围附着或匍匐着微型动物，在曝气池混合液进入二沉池后，生物絮体能有效地从污水中分离出来。

曝气池中的活性污泥一般呈茶褐色，略显酸性，稍具土壤的气味并夹带一些霉臭味，供氧不足或出现厌氧状态时活性污泥呈黑色，供氧过多营养不足时污泥呈灰白色，曝气池混合液相对密度为1.002~1.003，回流污泥相对密度为1.004~1.006。

(三) 活性污泥的评价方法

1. 生物相观察

利用光学显微镜或电子显微镜，观察活性污泥中的细菌、真菌、原生动物及后生动物等微生物的种类、数量、优势度及其代谢活动等状况，在一定程度上可反映整个系统的运行状况。

2. 混合液悬浮固体浓度、混合液挥发性悬浮固体浓度

混合液悬浮固体浓度(mixed liquor suspended solids, MLSS)指曝气池中单位体积混合液中活性污泥悬浮固体的质量，也称为污泥浓度。它包括如前所述的Ma、Me、Mi及Mii四者在内的总量。混合液挥发性悬浮固体浓度(mixed liquor volatile suspended solids, MLVSS)是指混合液悬浮固体中有机污染物的质量，它包括Ma、Me及Mi，不包括污泥中的无机物。

采用具有活性的微生物浓度作为活性污泥浓度从理论上更加准确，但测定活性微生物的浓度非常困难，很难满足工程应用要求。而MLSS测定简便，工程上往往以它作为评价活性污泥量的指标，同时MLVSS代表混合液悬浮固体中有机物的含量，比MLSS更接近活性微生物的浓度，测定也较为方便，且对某一特定的污水处理系统，MLVSS/MLSS的比值(通常用f_v表示)相对稳定，因此可用MLVSS表示污泥浓度，一般城镇污水处理厂曝气池混合液f_v为0.6~0.7。

3. 污泥沉降比

为了在后续沉淀池中进行泥水分离和提供更高的回流污泥浓度，在设计二沉池

时必须考虑混合液中污泥的沉降或浓缩特性，通常使用污泥沉降比(settled volume，SV,%)和污泥体积指数来表示活性污泥的沉降性能。

污泥沉降比是指曝气池混合液静置 30 min 后沉淀污泥的体积分数，标准采用 1 L的量筒测定污泥沉降比。由于正常的活性污泥在静置 30 min 后可接近它的最大密度，故可反映污泥的沉降性能。污泥沉降比与所处理污水性质、污泥浓度、污泥絮体颗粒大小及污泥絮体性状等因素有关，混合液污泥浓度在3 000 mg/L左右时，正常曝气池污泥沉降比在 30%左右。

4. 污泥体积指数

污泥体积指数(sludge volume index,SVI)是指曝气池混合液沉淀 30 min 后，单位质量干泥形成的湿污泥体积，常用单位为 mL/g。SVI 通常按下述方法测定：① 在曝气池出口处取混合液样品；② 测定 MLSS；③ 测定样品的 SV，读取 1 L 混合液沉淀污泥的体积(mL)；④ 按下式计算 SVI。

$$SVI=\frac{\text{沉淀污泥的体积}}{\text{MLSS}} \tag{12-1}$$

SVI 是判断活性污泥絮体沉降浓缩性能的一个重要参数，因为同样沉淀性能的污泥，受污泥浓度的影响，SV 会有差异，而 SVI 表示沉淀后单位质量干泥所占体积，比 SV 能更准确反映污泥的沉降性能。通常认为 SVI 为 100~150 mL/g 时，污泥沉降性能良好；SVI>200 mL/g 时，污泥沉降性能差；SVI 过低时，如小于 50 mL/g，污泥絮体细小紧密，含无机物较多，污泥活性差。不同于絮体污泥，好氧颗粒污泥具有污泥浓度高、生物量大的特点，可在颗粒内部形成局部缺氧及厌氧区域，从而具备生物脱氮和除磷功能，而且由于其具有密实结构，没有污泥膨胀之虞，沉降迅速，3~5 min 即可完成高效沉淀。

二、活性污泥法的基本流程

活性污泥法处理流程包括曝气池、沉淀池、污泥回流及剩余污泥排除系统等基本组成部分，见图 12-1。

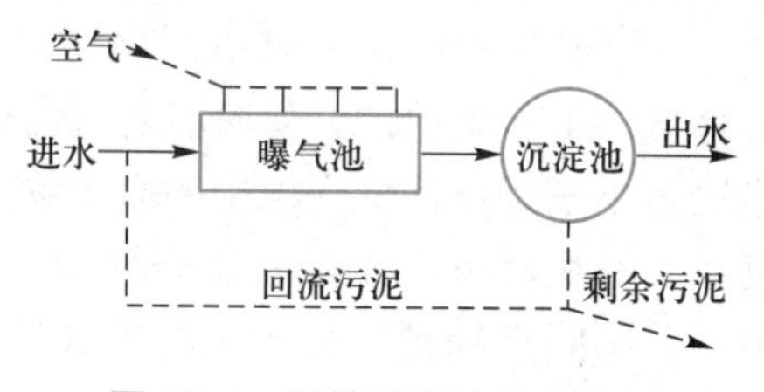

图 12-1 活性污泥法基本流程

污水和回流的活性污泥一起进入曝气池形成混合液。曝气池是一个生物反应器，通过曝气设备充入空气，空气中的氧气溶入污水使活性污泥混合液产生好氧代谢反应。曝气设备不仅传递氧气进入混合液，同时起搅拌作用而使混合液呈悬浮状态(某些曝气场合另外增设有搅拌设备)。这样，污水中的有机污染物、氧气与微生物能充分进行传质和反应。随后混合液流入沉淀池，混合液中的悬浮固体在沉淀池中进行固液分离，流出沉淀池的就是净化水。沉淀池中的污泥大部分回流至曝气池，称为回流污泥，回流污泥的目的是使曝气池内保持一定的悬浮固体浓度，也就是保持一定的微生物浓度。曝气池中的生化反应导致微生物的增殖，增殖的微生物通常需要从沉淀池底泥中排除，以维持活性污泥系统的稳定运行，从系统中排除的污泥叫剩余污泥。剩余污泥中含有大量的微生物，进入环境前应进行有效处理和处置，防止污染环境。

从上述流程可以看出，要使活性污泥法形成一个实用的处理方法，污泥除了有氧化和分解有机污染物的能力外，还要有良好的凝聚和沉淀性能，以使活性污泥能从混合液中分离出来，得到澄清的出水。

三、活性污泥降解污水中有机污染物的过程

活性污泥在曝气过程中，对有机污染物的降解(去除)过程可分为两个阶段：吸附阶段和稳定阶段。在吸附阶段，主要是污水中的有机污染物转移到活性污泥上去，这是由于活性污泥具有较大的表面积，而表面上又含有多糖类的黏性物质。在稳定阶段，主要是转移到活性污泥上的有机污染物被微生物利用。吸附阶段很短，一般在 15~45 min 就可完成吸附过程，而稳定阶段较长。污水中处于悬浮状态和胶体状态的有机污染物浓度越高，吸附效果越明显。

为了认识活性污泥降解污水中有机污染物的过程，可通过一个简单的实验说明：把某厂的污水与活性污泥混合，曝气，每隔一定的时间取样，用离心机分离污水，测其耗氧量(替代 BOD_5 测定)，并观察耗氧量的下降过程。图 12-2 是某次实验的结果。这次实验中，混合液活性污泥浓度为 2 500 mg/L，污水的初始耗氧量为 120 mg/L，图中曲线分别是污水耗氧量的残留量曲线和耗氧量的去除率曲线，去除率是下降量与初始量的百分比。从图中可以看出，随着曝气过程的推进，耗氧量残留量曲线的斜率迅速降低，这表明污水耗氧量的下降速率很快；同时从耗氧量去除率曲线上可以看出，在 40 min 内去除了 69%的耗氧量，到 2 h 后也只去除了 76%，即后面的 80 min 仅去除 7%。

耗氧量同 BOD_5 一样，可用来反映污水中有机污染物的浓度，耗氧量的下降就是表明有机污染物浓度的降低。上述实验的开始阶段有机污染物浓度下降得这么快，从污水中去除的有机污染物是不是都被活性污泥中的微生物氧化分解了呢?

在好氧微生物的活动下，有机污染物先被氧化分解为中间产物，接着一些中间产物合成为细胞物质，另一些中间产物被氧化为无机的最终产物。在此过程中，微生物消耗水中的溶解氧，溶解氧的消耗就是通常所说的生化需氧量。这样生化需氧量这个水质指标就间接地度量了污水中被微生物利用了的有机污染物量。如果不考虑内源呼吸，BOD_5 下降量若等于氧的消耗量，则表示从污水中去除的有机污染物已全部被微生物利用(一部分转化为细胞物质；另一部分转化为无机物)；如果两值不等，那么从污水中去除的有机污染物并未全部被微生物利用，两值的差相当于尚未被微生物利用的那部分有机污染物量。

进一步研究证明，从污水中去除的有机污染物量并没有立即全部被氧化分解，

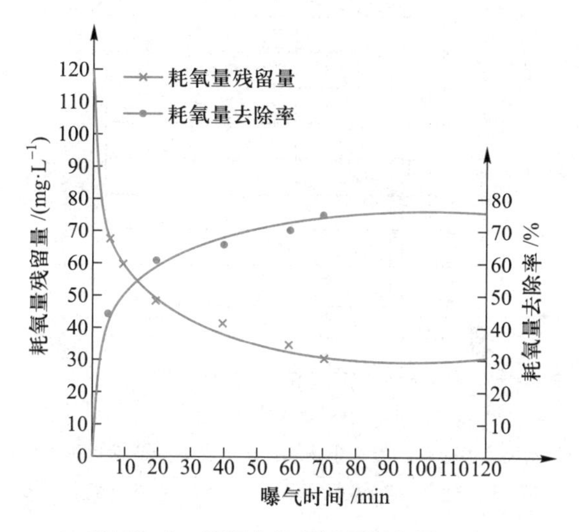

图 12-2　某污水处理过程耗氧量下降

“去除量”可分为“氧化合成量”和“吸附量”，“氧化合成量”即已被微生物利用的有机污染物量，“吸附量”指转移到活性污泥上，但尚未被微生物利用的量。活性污泥法曝气过程中污水有机污染物的变化，可概括分析如下：

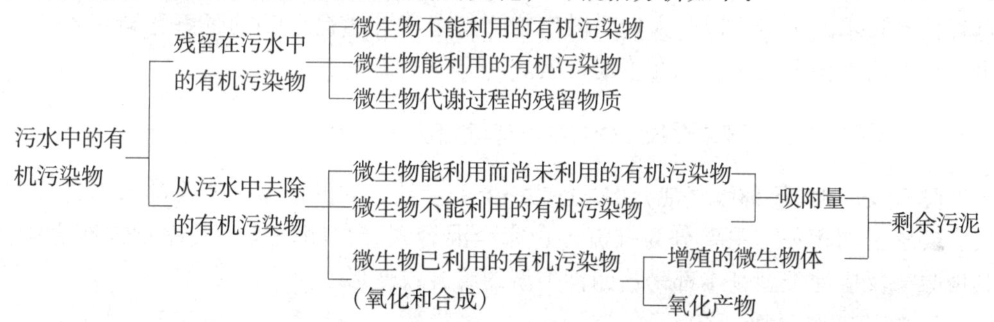

图 12-3 反映了普通活性污泥法曝气池中的有机污染物去除率、氧化和合成率及吸附率的一般关系。曲线①表示曝气池中的有机污染物去除率，反映污水中有机污染物的下降(去除)规律；曲线②表示活性污泥中微生物已经氧化和合成的百分率，反映活性污泥利用有机污染物的规律；曲线③表示活性污泥的吸附率，反映了活性污泥吸附有机污染物的规律。三组曲线表明在一般活性污泥法的曝气过程中：污水中有机污染物的去除在较短时间(图中是 5 h 左右)内就基本完成了(见曲线①)；污水中的有机污染物先转移到(吸附)污泥上(见曲线③)，然后逐渐为微生物所利用(见曲线②)；吸附作用在相当短的时间(图中是 45 min 左右)内就基本完成了(见曲线③)；微生物利用有机污染物的过程比较缓慢(见曲线②)。

必须指出，上面的实验分析中没有考虑微生物的内源呼吸。微生物的内源呼吸也消耗氧，特别是在微生物的浓度比较高时，这部分耗氧量还比较大，不能忽略。因而上面的分析是概略的，主要目的是说明活性污泥法过程中的有机污染物吸附降解过程。

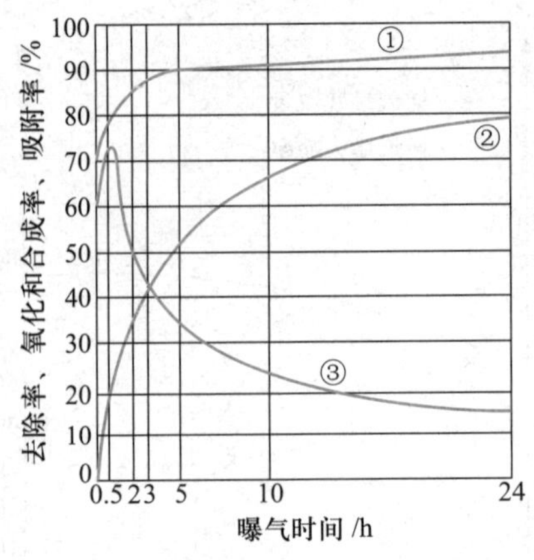

① 有机污染物去除率；② 微生物氧化和合成率；③ 活性污泥吸附率。

图 12-3　混合液在曝气过程中的有机污染物变化规律

第二节　活性污泥法的发展

活性污泥法自早期的概念形成以来，随着处理要求的不断提高，设备、材料、过程控制技术的进步，以及人们对微生物降解过程和生命活动的了解逐渐深入，污水处理的活性污泥法工艺也在不断发展。

一、活性污泥法曝气反应池的基本形式

城镇污水不同处理工艺流程

曝气反应池（简称曝气池）实质上是一个反应器，它的池型与所需的水力特征及反应要求密切相关，主要分为推流式、完全混合式、封闭环流式及序批式四大类。其他曝气反应池类型基本都是这四种类型的组合或变形。

1. 推流式曝气池

推流式曝气池（plug-flow aeration basin）自 1920 年出现以来，一直得到普遍应用。其工艺流程如图 12-4 所示。污水及回流污泥一般从池体的一端进入，水流呈推流型，理论上在曝气池推流横断面上各点浓度均匀一致，纵向不存在掺混，底物浓度在进口端最高，沿池长逐渐降低，至池出口端最低。但实际中的推流式曝气池存在掺混现象，真正的理想推流式并不存在。

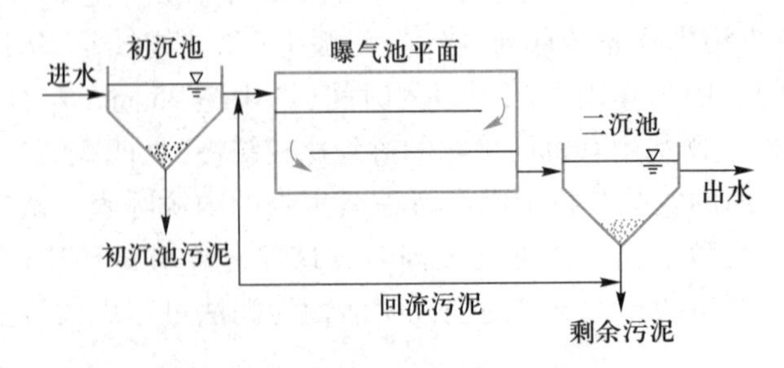

图 12-4　推流式曝气池工艺流程

（1）平面布置：推流式曝气池的长宽比一般为 5~10。为了便于布置，长池可以两折或多折，污水从一端进入，另一端流出。进水方式不限，为保证曝气池的有效水位，出水都采用溢流堰。

（2）横断面布置：推流式曝气池的池宽和有效水深之比一般为 1~2。与常用曝气鼓风机的出口风压匹配，有效水深通常为 5~6 m，但也有深至 12 m 的情况。根据横断面上的水流情况，又可分为平移推流式和旋转推流式。

平移推流式的曝气池底铺满曝气设备，池中的水流只有沿池长方向的流动。这种池型的横断面宽深比可以高一些，见图 12-5。

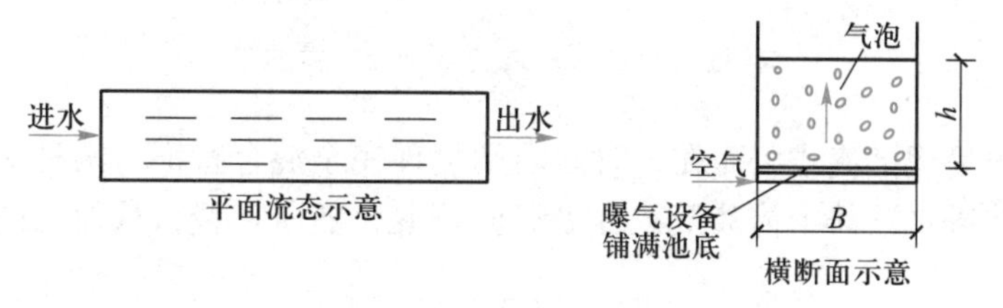

图 12-5　平移推流式曝气池流态

旋转推流式的曝气设备安装于横断面的一侧。由于气泡形成的密度差，池水产生旋流。池中的混合液除沿池长方向流动外，还有侧向旋流，形成了旋转推流式，见图 12-6。

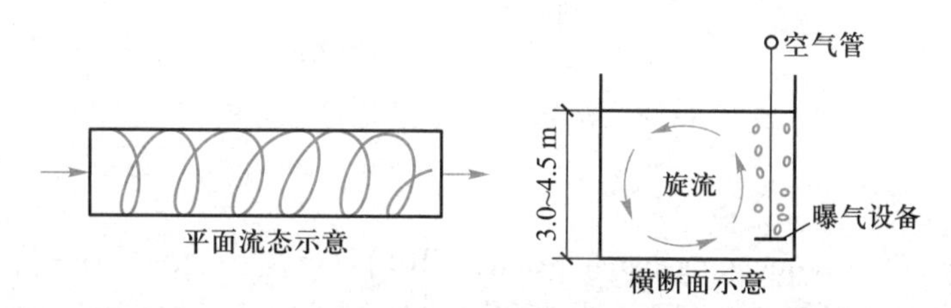

图 12-6　旋转推流式曝气池流态

2. 完全混合式曝气池

完全混合式曝气池（completely mixed aeration basin）的形状可以是圆形，也可以是正方形或矩形，曝气设备可采用表面曝气机或鼓风曝气方式。污水一进入曝气反应池，在曝气搅拌作用下就立即和全池混合，曝气池内各点的底物浓度、微生物浓度、需氧速率完全一致（图 12-7），不像推流式那样前后段有明显的区别，当入流出现冲击负荷时，因为瞬时完全混合，曝气池混合液的组成变化较小，故完全混合式耐冲击负荷能力较大。

3. 封闭环流式反应池

封闭环流式反应池（closed loop reacter，CLR）结合了推流和完全混合两种流态的特点，污水进入反应池后，在曝气设备的作用下被快速、均匀地与反应器中混合液进行混合，混合后的水在封闭的沟渠中循环流动（图 12-8）。循环流动流速一般为 0.25~0.35 m/s，完成一个循环所需时间为 5~15 min。污水在反应器内的停留时间为 10~24 h，因此，污水在这个停留时间内会完成 40~300 次循环。封闭环流式反应

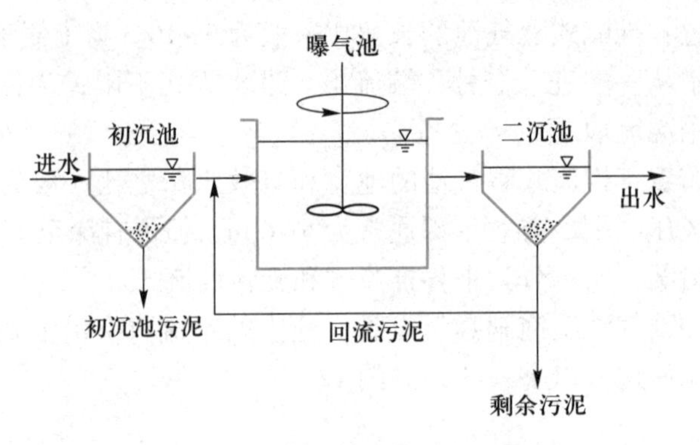

图 12-7 完全混合式曝气池工艺流程

池在短时间内呈现推流式，而在长时间内则呈现完全混合特征。两种流态的结合可减少短流，使进水被数十倍甚至数百倍的循环混合液所稀释，从而提高了反应器的缓冲能力。

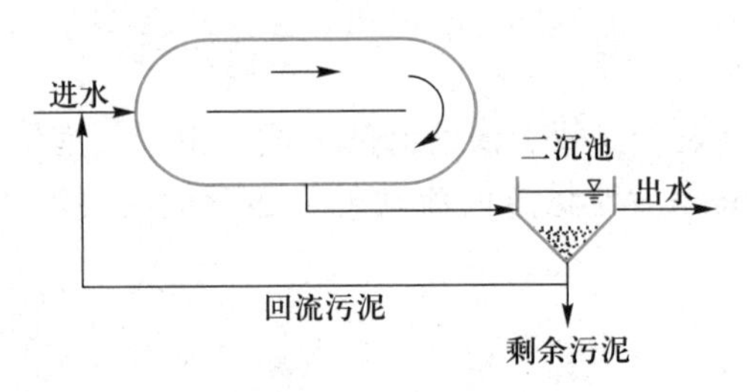

图 12-8 封闭环流式反应池工艺流程

4. 序批式反应池

序批式反应池(sequencing batch reactor,SBR)属于“注水-反应-排水”类型的反应器，在流态上属于完全混合，但有机污染物却是随着反应时间的推移而被逐步降解的。图 12-9 为序批式反应池的基本运行模式，其操作流程由进水、反应、沉淀、出水和闲置五个基本过程组成，从污水流入到闲置结束构成一个周期，所有处理过程都在同一个设有曝气或搅拌装置的反应器内依次进行，混合液始终留在池中，从而不需另外设置沉淀池。周期循环时间及每个周期内各阶段时间均可根据不同的处理对象和处理要求进行调节。

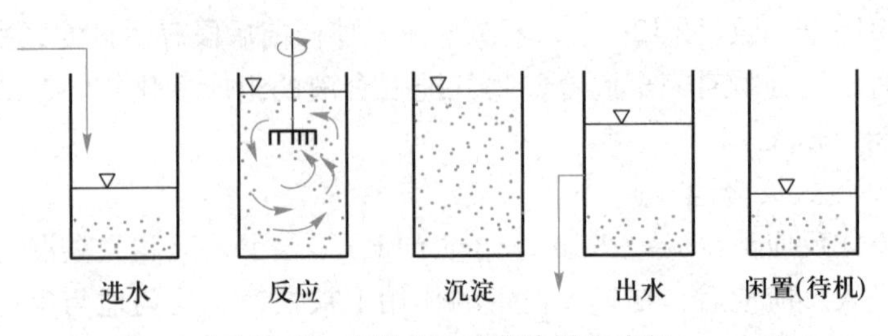

图 12-9 序批式反应池的操作流程

二、活性污泥法的发展和演变

活性污泥法自发明以来，根据反应时间、进水方式、曝气设备、氧的来源、反应池型、去除对象等的不同，已经发展出多种变形，这些变形方式各有特点和最佳适用条件，同时新开发的处理工艺还应在工程中接受实践的考验，采用时须慎重区别对待，因地因时地加以选择。

1. 传统推流式

在传统推流式活性污泥法工艺流程(图 12-4)中，污水和回流污泥在曝气池的前端进入，在池内呈推流式流动至池的末端，由鼓风机通过扩散装置或机械曝气机曝气并搅拌，因为廊道的长宽比要求为 5~10，所以一般采用 3~5 条廊道。在曝气池内进行吸附、絮凝和有机污染物的氧化分解，最后进入二沉池进行处理后的污水和活性污泥的分离，部分污泥回流至曝气池，部分污泥作为剩余污泥排放。传统推流式运行中存在的主要问题，一是池内流态呈推流式，首端有机污染物负荷高，耗氧速率高；二是污水和回流污泥进入曝气池后，不能立即与整个曝气池混合液充分混合，易受冲击负荷影响，适应水质、水量变化的能力差；三是混合液的需氧量在长度方向是逐步下降的，而充氧装置通常沿池长是均匀布置的，这样会出现前半段供氧不足，后半段供氧超过需求的现象(图 12-10)。

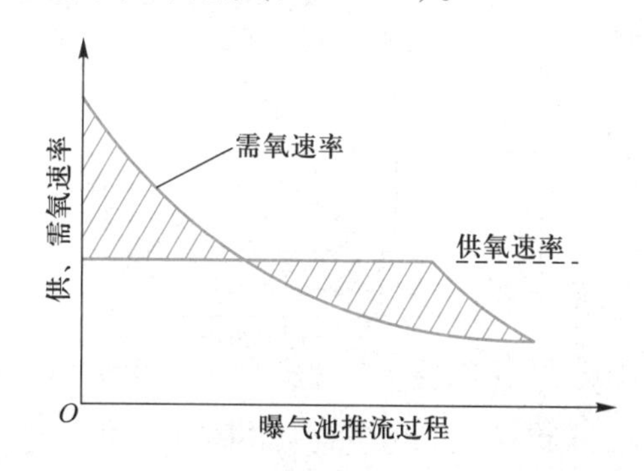

图 12-10 传统推流式曝气池中的供氧速率和需氧速率

2. 渐减曝气法

为了改变传统推流式活性污泥法供氧和需氧的差距，可以采用渐减曝气法，充氧装置的布置沿池长方向与需氧量匹配，或者通过分区的曝气调节阀，实现沿程的曝气量调控，使布气沿程逐步递减，接近需氧速率，而总的空气用量有所减少，从而可以节省能耗，提高处理效率(图 12-11)。

3. 阶段曝气(多点进水)法

降低传统推流式曝气池中进水端需氧量峰值要求，还可以采用多点进水方式，入流污水在曝气池中分 3、4 点进入，均衡了曝气池内有机污染物负荷及需氧率，提高了曝气池抗水质、水量冲击负荷的能力(图 12-12)。阶段曝气推流式曝气池一般采用 3 条或更多廊道，在第一个进水点后，混合液的 MLSS 浓度可高达 5 000~9 000 mg/L，后面廊道污泥浓度随着污水多点进入而降低。在池体容积相同情况下，与传统推流式

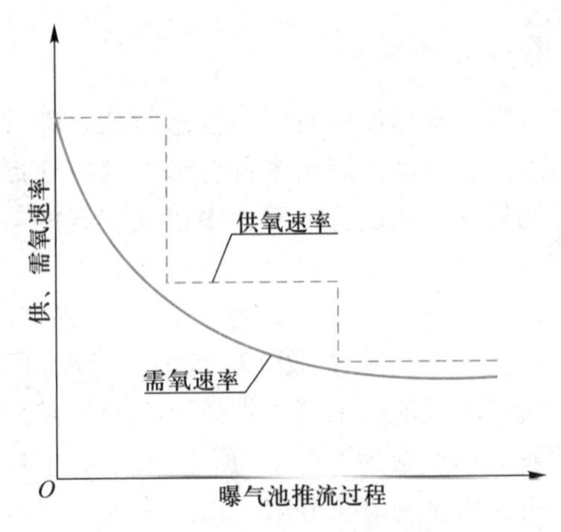

图 12-11 渐减曝气活性污泥法的曝气过程

相比，阶段曝气活性污泥法系统可以拥有更高的污泥总量，从而使污泥龄得以提高。

阶段曝气法也可以只向后面的廊道进水，使系统按照吸附再生法运行。在雨季合流高峰流量时，可将进水超越到后面廊道，从而减少进入二沉池的固体负荷，避免曝气池混合液悬浮固体的流失，暴雨高峰流量过后通过改变进水点可以很快恢复运行。

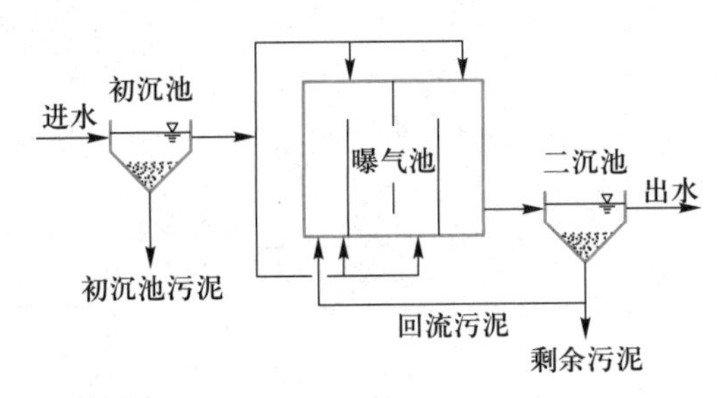

图 12-12 阶段曝气法流程示意图

4. 高负荷曝气法

高负荷曝气法（又称为改良曝气法）在系统与曝气池构造方面与传统推流式活性污泥法相同，但曝气停留时间仅 1.5~3.0 h，曝气池活性污泥处于生长旺盛期。该工艺的主要特点是有机污染物容积负荷或污泥负荷高，曝气时间短，但处理效果低，一般 BOD_5 去除率不超过 75%，为了维护系统的稳定运行，必须保证充分的搅拌和曝气。在高负荷曝气活性污泥法工艺中，微生物处于快速生长阶段，内源呼吸弱，可实现进水碳源的有效富集。

5. 延时曝气法

延时曝气法与传统推流式类似，不同之处在于该工艺的活性污泥处于生长曲线的内源呼吸期，有机污染物容积负荷非常低，曝气反应时间长，一般在 24 h 以上，污泥龄长，为 20~30 d，曝气系统的设计取决于系统的搅拌要求而不是需氧量。由于活性污泥在池内长期处于内源呼吸期，剩余污泥量少且稳定，剩余污泥主要是一些难于生物降解的微生物内源代谢残留物，因此也可以说该工艺是污水、污泥综合好氧处理系统。该工艺还具有处理过程稳定性高，对进水水质、水量变化适应性强，不需要初沉池等优点，但也存在需要池体容积大，基建费用和运行费用都较高等缺点，一般适用于小型污水处理系统。

6. 吸附再生法

吸附再生法又称为接触稳定法，出现于 20 世纪 40 年代后期美国的污水处理厂扩建改造中，其工艺流程示于图 12-13。

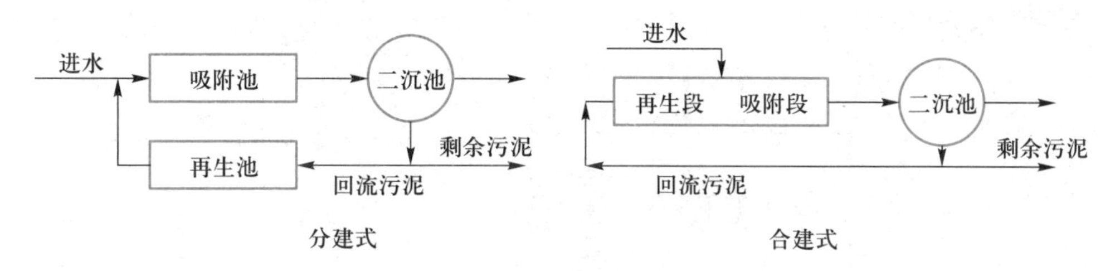

图 12-13 吸附再生活性污泥法系统

20 世纪 40 年代末，美国得克萨斯州奥斯汀(Austin)城的污水处理厂由于水量增加，需要扩建。虽然另有空地，但地价昂贵，不得不寻求厂内改造方法。

在实验室里，用活性污泥法处理牛奶污水时，混合液中溶解部分的 BOD_5 下降并有一定的规律。如果测定 BOD_5 时的取样间隔时间较长，例如，每隔 1 h 取样一次，那么所得的 BOD_5 下降曲线是光滑的，如图 12-14 的实线所示，表明有机污染物去除接近于一级反应。但是，缩短取样间隔时，人们发现在运行开始后的 1 h 内，BOD_5 有一个迅速下降而后又逐渐回升的现象，见图 12-14 中虚线，而且在这个短暂过程中，BOD_5 的最低值与曝气数小时后的 BOD_5 基本相同。利用这一事实，把曝气时间缩短为 15~45 min(MLSS 为 2 000 mg/L 左右)，获得了 BOD_5 相当低的出水。但是，回流污泥处于营养饱和状态，丧失了吸附能力，其去除污水中 BOD_5 的能力下降了。于是在把回流污泥与入流的城镇污水汇合之前预先进行充分曝气，这样即可恢复它的活性。在适当改变原曝气池的进水位置和增添充氧装置后，只用了原池一半容积，就解决了超负荷问题。

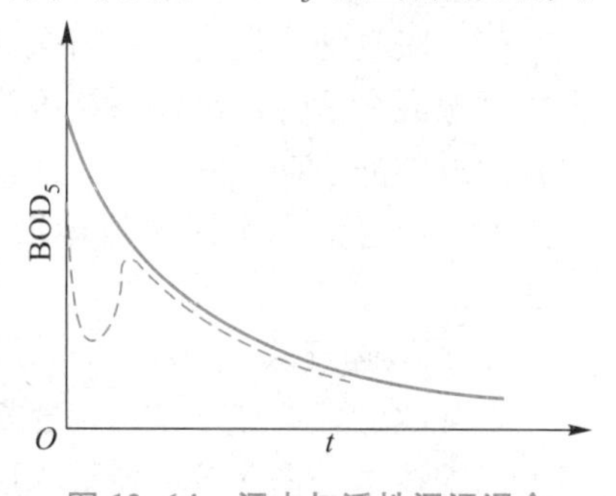

图 12-14 污水与活性污泥混合曝气后 BOD_5 变化动态

但是，每月总有一天出水质量不好。调查研究后发现这一天是城内牛奶场的清洗日。牛奶场污水 BOD_5 很高而 SS 不高。这说明混合液曝气过程中第一阶段 BOD_5 的下降是吸附作用造成的，对于溶解的有机污染物，吸附作用不大或没有。因此，把这种方法称为吸附再生法，混合液的曝气完成了吸附作用，回流污泥的曝气完成了活性污泥的再生。

此外，还发现：① 这一方法直接用于原污水的处理比用于初沉池的出流水效果好，初沉池可以不用；② 剩余污泥量有所增加。

该工艺的特点是污水与活性污泥在吸附池内吸附时间较短(30~60 min)，吸附池容积较小，而再生池接纳的是已经排除剩余污泥的回流污泥，且污泥浓度较高，因此，再生池的容积也较小；吸附再生法具有一定的抗冲击负荷能力，如果吸附池污泥遭到破坏，则可以由再生池进行补充。

但由于吸附接触时间短，限制了有机污染物的降解和氨氮的硝化，处理效果低于传统法，对于含溶解性有机污染物较多的污水处理，该工艺并不适用。

7. 完全混合法

污水与回流污泥进入曝气池后，立即与池内的混合液充分混合，池内的混合液是有待泥水分离的处理水(图 12-15)。

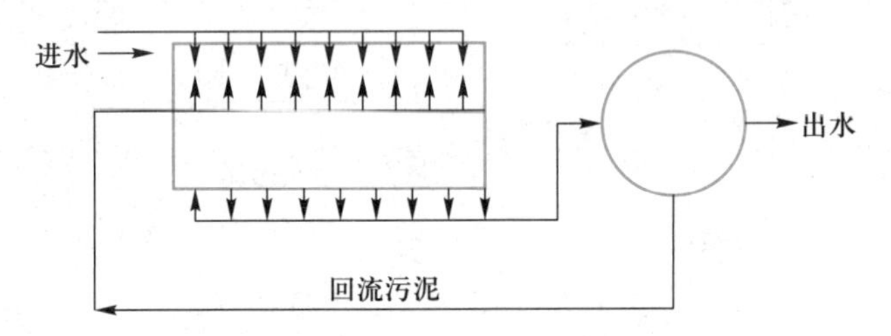

图 12-15 完全混合活性污泥法处理系统

该工艺具有如下特征：

(1) 进入曝气池的污水很快即被池内已存在的混合液稀释、均化，入流出现冲击负荷时，池液的组成变化较小，因为骤然增加的负荷可为全池混合液所分担，而不是像推流式仅仅由部分回流污泥来承担，所以该工艺对冲击负荷具有较强的适应能力，适用于处理工业废水，特别是浓度变化较大的工业废水。

(2) 污水在曝气池内分布均匀，F/M 值均等，各部位有机污染物降解工况相同，微生物群体的组成和数量几近一致，因此，有可能通过对 F/M 值的调整，将整个曝气池的工况控制在最佳条件，以更好发挥活性污泥的净化功能。

(3) 曝气池内混合液的需氧速率均衡。

完全混合活性污泥法系统因为有机污染物容积负荷较低，微生物生长通常位于生长曲线的静止期或衰亡期，活性污泥存在污泥膨胀风险。

完全混合活性污泥法池体形状可以采用圆形或正方形，与沉淀池可以合建或分建。

8. 深层曝气法

曝气池的经济深度是由基建费用和运行费用决定的。根据长期的经验，并经过多方面的技术经济比较，经济深度一般为 5~6 m。但随着城市的发展，用地普遍紧张，为了节约用地，从 20 世纪 60 年代开始研究并发展了深层曝气法。

一般深层曝气池水深可达 10~20 m，但超深层曝气法，又称竖井或深井曝气，直径为 1.0~6.0 m，水深可达 150~300 m，大大节省了用地面积。同时由于水深大幅度增加，可以提高氧传递速率，处理功能几乎不受气候条件的影响。该工艺适用于处理高浓度有机废水。

图 12-16 为深井曝气法处理流程，井中分隔成两个部分，一面为下降管，另一面为上升管。污水及污泥从下降管导入，在循环中由上升管排出。在深井靠地面的井颈

部分，局部扩大，以排除部分气体。经处理后的混合液，先经真空脱气(也可以加一个小的曝气池代替真空脱气,并充分利用混合液中的溶解氧)，再经二沉池固液分离。混合液也可用气浮法进行固液分离。

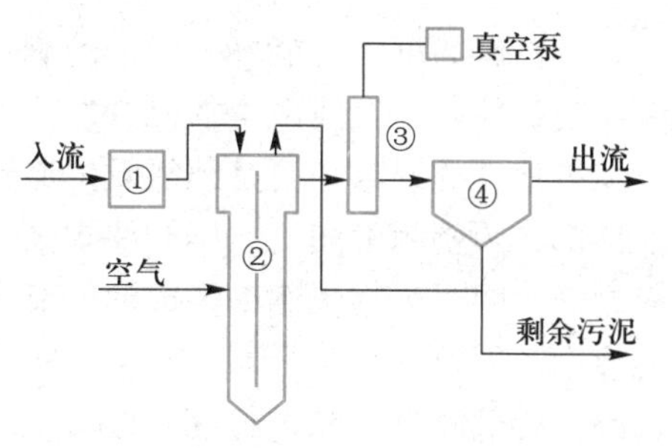

① 沉砂池；② 深井曝气池；③ 脱气塔；④ 二沉池。

图 12-16　深井曝气法处理流程

在深井中可利用空气作为动力，促使液流循环。采用空气循环的方法，启动时先在上升管中比较浅的部位输入空气，使液流开始循环。待液流完全循环后，再在下降管中逐步供给空气。液流在下降管中与输入的空气一起，经过深井底部流入上升管中，并从井颈顶管排出，并释放部分空气。由于下降管和上升管的气液混合物存在着密度差，故促使液流保持不断循环。深井曝气池简图见图 12-17。

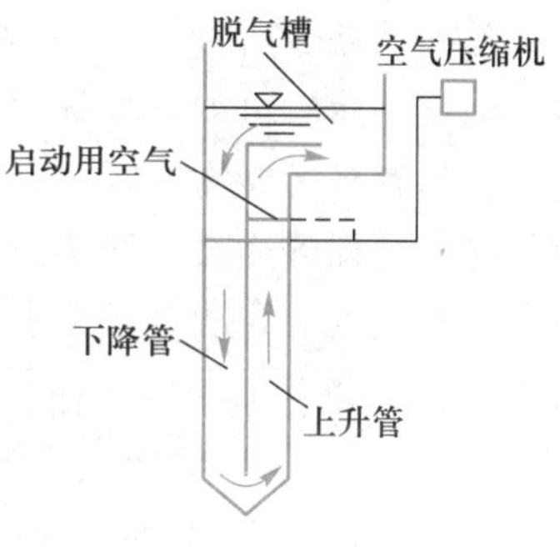

图 12-17　深井曝气池简图

深井曝气法中，活性污泥经受压力的变化较大，有时加压，有时减压，实践表明这时微生物的活性和代谢能力并没有异常变化。但合成和能量的分配有一定变化，运行中发现二氧化碳产生量比常规曝气多 30%，污泥产量低。

深井曝气池内，气液紊流大，液膜更新快，促使 K_{La} 值增大，同时气液接触时间增长，溶解的空气量增大，溶解氧的饱和浓度也随深度的增加而增加。国外已建成了几十个深井曝气处理厂，国内也有应用。但是，当井壁腐蚀或受损时，污水是否会通过井壁渗透，污染地下水，这个问题必须引起重视。

9. 纯氧曝气法

以纯氧或氧分压较高的富氧代替空气，可以提高生物处理的速率。纯氧曝气一般采用密闭的池子。曝气时间较短，一般为 1.5~3.0 h，MLSS 较高，一般为 6 000~8 000 mg/L，因而二沉池的设计和运行要引起注意。纯氧曝气池的构造见图 12-18。

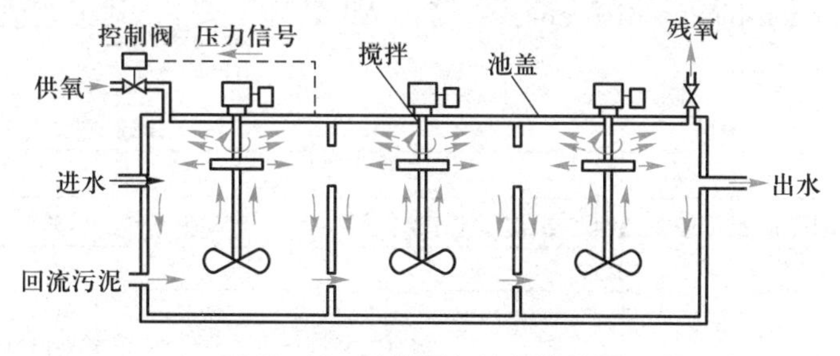

图 12-18　纯氧曝气池构造简图

纯氧曝气法的主要优点之一是：氧的纯度可达 90% 以上，在密闭的容器中，溶解氧饱和浓度可提高，氧转移的推动力也随之提高，氧传递速率增加了，因而处理效果好，污泥的沉淀性能好，产生的剩余污泥量少。纯氧曝气并没有改变活性污泥或微生物的性质，但使微生物充分发挥了作用。

纯氧曝气的缺点主要是纯氧发生器容易出现故障，装置复杂，运转管理较麻烦。水池顶部必须密闭不漏气，结构要求高。如果进水中混入大量易挥发的烃类，容易引起爆炸。同时生物代谢中生成的二氧化碳，将使气体的二氧化碳分压上升，溶解于溶液中，导致 pH 的下降，妨碍生物处理的正常运行，特别是影响硝化反应的过程，因而要适时排气和进行 pH 的调节，非封闭池体的纯氧或富氧曝气时对曝气充氧装置要求较高，纯氧利用率下降。

10. 克劳斯法

酿造厂污水的糖类含量有时特别高，给城镇污水处理厂的运行造成很大困难，常引起污泥膨胀。膨胀的活性污泥不易在二沉池中沉淀，因而随水流带走，不仅影响了出水水质，而且造成回流污泥量不足，进而降低了曝气池中混合液悬浮固体浓度。

美国的克劳斯(Kraus)工程师把厌氧消化富含氨氮的上清液加到回流污泥中一起曝气硝化，然后再加入曝气池。除了提供氮源外，低氧时硝酸盐也可以作为电子受体，参与有机污染物的降解。工艺改造后成功地克服了高糖类所带来的污泥膨胀问题，这个流程称为克劳斯法(图 12-19)。此外，消化池上清液挟带的消化污泥密度较大，有改善混合液沉淀性能的功效。

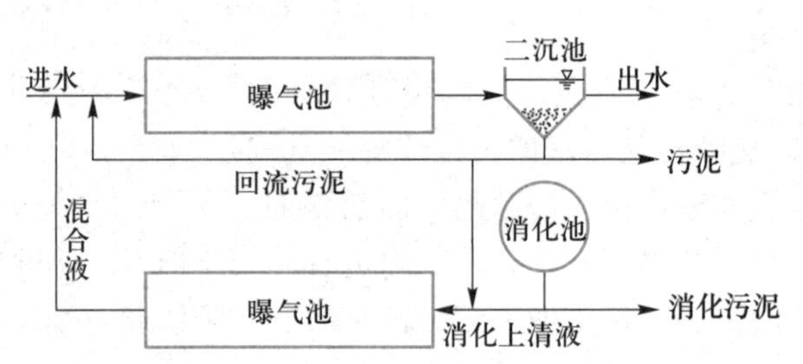

图 12-19 克劳斯法工艺流程

11. 吸附-生物降解工艺

20 世纪 70 年代中期，德国亚琛工业大学的宾克(Boehnke)教授提出了吸附-生物降解工艺(adsorption-biodegration process，简称 AB 处理工艺)，其工艺流程如图12-20所示。

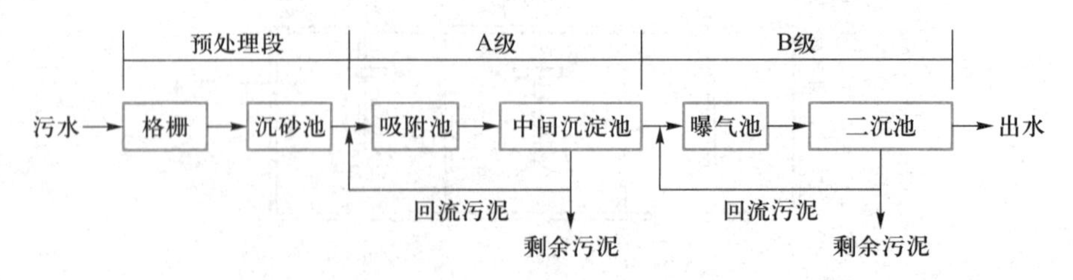

图 12-20 AB 处理工艺流程图

从工艺流程图来看，AB 处理工艺的主要特征是：

(1) 整个污水处理系统共分为预处理段、A 级、B 级等三段，在预处理段只设格栅、沉砂池等处理设备，不设初沉池；

（2）A 级由吸附池和中间沉淀池组成，B 级由曝气池及二沉池组成；

（3）A 级与 B 级各自拥有独立的污泥回流系统，每级能够培育出各自独特的、适合本级水质特征的微生物种群。

A 级以高负荷或超高负荷运行，污泥负荷为 2~6 kg(BOD_5)/[kg(MLSS)·d]，曝气池停留时间短，一般为 30~60 min，污泥龄为 0.3~0.5 d；B 级以低负荷运行，污泥负荷一般为 0.1~0.3 kg(BOD_5)/[kg(MLSS)·d]，曝气停留时间为 2~4 h，污泥龄为 15~20 d。

对于有机污染物的去除和氨氮硝化，该工艺处理效果稳定，具有抗冲击负荷能力，在欧洲有广泛的应用。该工艺还可以根据经济实力进行分期建设。例如，可先建 A 级，利用有限的资金投入，去除尽可能多的污染物，达到优于一级处理的效果；等条件成熟，再建 B 级以满足更高的处理要求。AB 处理工艺曾在我国的青岛海泊河污水处理厂、淄博污水处理厂等得到应用，运行良好。但是，目前的城镇污水处理厂建设及老厂改造都要求生物脱氮除磷功能，A 级去除的主要是有机碳源，B 级如果采用传统生物脱氮除磷工艺会出现碳源不足问题，故从 20 世纪末开始，AB 处理工艺逐渐淡出，随着低碳或无碳源要求脱氮技术研究的深入和工程化实践，加上污水处理行业碳减排的要求，AB 处理工艺又重新焕发了活力。

12. 序批式活性污泥法

序批式活性污泥法(SBR 法)比连续流活性污泥法出现得更早，但由于当时运行管理条件限制而被连续流系统所取代。随着自动控制水平的提高，SBR 法又引起人们的重视，并对它进行了更加深入的研究与改进。自 1985 年我国第一座 SBR 处理设施在上海市吴淞肉联厂投产运行以来，SBR 工艺在国内已广泛用于屠宰、缫丝、啤酒、化工、鱼品加工、制药等工业废水和生活污水的处理。SBR 工艺操作过程参见图 12-9。

SBR 工艺与连续流活性污泥法工艺相比有一些优点：① 工艺系统组成简单，曝气池兼具二沉池的功能，无污泥回流设备；② 耐冲击负荷，在一般情况下(包括工业废水处理)无须设置调节池；③ 反应推动力大，易于得到优于连续流系统的出水水质；④ 运行操作灵活，通过适当调节各阶段操作状态可达到脱氮除磷的效果；⑤ 活性污泥在一个运行周期内，经过不同的运行环境条件，污泥沉降性能好，SVI 较低，能有效地防止丝状菌膨胀；⑥ 该工艺可通过计算机进行自动控制，易于维护管理。但是 SBR 工艺也存在水头损失大、构筑物容积利用率低、设备利用率低、出水不连续、受滗水器出水量限制不适用大规模污水处理厂建设等缺点。

13. 氧化沟

20 世纪 50 年代开发的氧化沟是延时曝气法的一种特殊形式(图 12-21)，一般采用圆形或椭圆形廊道，池体狭长，池深较浅，在沟槽中设有机械曝气和推进装置，也有采用局部区域鼓风曝气外加水下推进器的运行方式。池体的布置和曝气、搅拌装置都有利于廊道内的混合液单向流动。通过曝气或搅拌作用在廊道中形成 0.25~0.30 m/s 的流速，使活性污泥呈悬浮状态，在这样的廊道流速下，混合液在 5~15 min内完成一次循环，而廊道中大量的混合液可以稀释进水 20~30 倍，廊道中水

氧化沟工艺及配套装置

流虽然呈推流式，但过程动力学接近完全混合式反应池。当混合液离开曝气区后，溶解氧浓度降低，有可能发生反硝化反应。

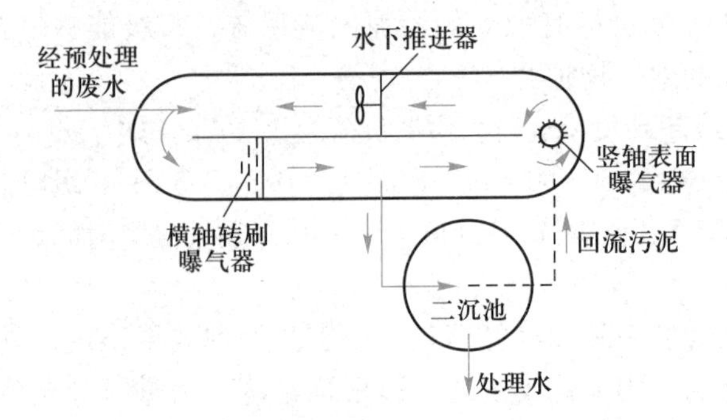

图 12-21 氧化沟处理系统

大多数情况下，氧化沟处理系统需要二沉池，但有些场合可以在廊道内进行沉淀以完成泥水分离过程，如一体化氧化沟或三沟式氧化沟。

14. 循环活性污泥工艺

循环活性污泥工艺(cyclic activated sludge technology，CAST 或 cyclic activated sludge system，CASS)是 SBR 工艺的一种变形，池体内用隔墙隔出生物选择区、兼性区和主反应区三个区域，三个区域的容积比大致为 1∶2∶20，混合液由主反应区回流到生物选择区，回流比一般为 20%，在生物选择区内活性污泥与进入的新鲜污水混合、接触，创造微生物种群在高浓度、高负荷环境下竞争生存的条件，从而选择出适合该系统的独特微生物种群，并有效地抑制丝状菌的过分增殖，避免污泥膨胀现象的发生，提高系统的稳定性(图 12-22)。

生物选择区在高污泥浓度和新鲜进水条件下具有释放磷的作用，兼性区可以进一步促进磷的释放和反硝化作用，如果要求系统达到一定的脱氮除磷目的，主反应区需对应进行缺氧、厌氧、好氧环境设计，系统的反硝化反应除了在兼性区进行外，在沉淀和滗水阶段的污泥层中也观察到很高的水平，同时还可以控制好氧阶段的溶解氧水平，实现同步硝化反硝化。

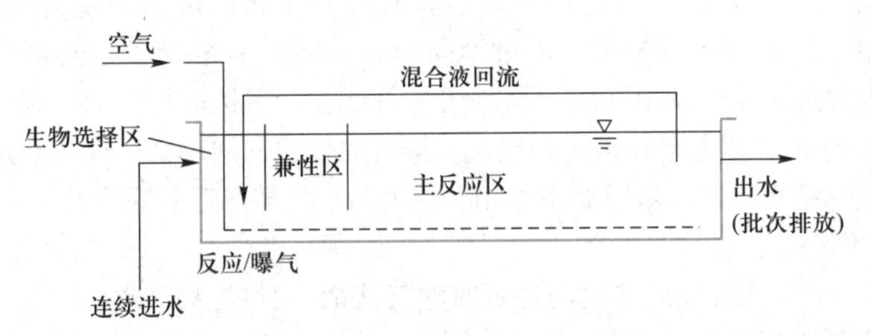

图 12-22 CASS 系统

属于 SBR 变形工艺的还有多种，此处不一一介绍。

几种活性污泥法的基本运行参数归纳见表 12-1。

表 12-1 传统活性污泥法的典型设计参数

运行方式		污泥龄/d	污泥负荷 /[kg（BOD_5）·kg^{-1}（MLSS）·d^{-1}]	容积负荷 /[kg（BOD_5）·m^{-3}·d^{-1}]	MLSS /（mg·L^{-1}）	停留时间/h	回流比 Q_R/Q
传统推流式		3~5	0.2~0.4	0.4~0.9	2 000~3 000	4~8	0.25~0.75
阶段曝气法		3~5	0.2~0.4	0.4~1.2	2 000~3 000	3~5	0.25~0.75
高负荷曝气法		0.2~0.5	1.5~5.0	1.2~1.4	200~500	1.5~3	0.05~0.15
延时曝气法		20~30	0.05~0.15	0.1~0.4	3 000~6 000	18~36	0.75~1.5
吸附再生法		3~5	0.2~0.4	1.0~1.2	吸附池 1 000~3 000 再生池 4 000~8 000	吸附池 0.5~1.0 再生池 3~6	0.5~1.0
完全混合法		3~5	0.25~0.5	0.5~1.8	2 000~4 000	3~5	0.25~1.0（分建） 1.0~4.0（合建）
深井曝气[①]法		5	1.0~1.2	5~10	5 000~10 000	>0.5	0.5~1.5
纯氧曝气法		8~20	0.25~1.0	1.6~3.3	6 000~8 000	1~3	0.25~0.5
克劳斯法		3~5	0.3~0.8	0.6~1.6	2 000~3 000	4~8	0.5~1.0
AB 处理工艺	A 级	0.5~1	2~6	—	2 000~3 000	0.5	0.5~0.8
	B 级	15~20	0.1~0.3	—	2 000~5 000	2~4	0.5~0.8
SBR 法		5~15	—	—	2 000~5 000	—	—

① 数据摘自中国工程建设标准化协会标准，《深井曝气工程技术规程》（CECS 42—2021）。

三、活性污泥法生物脱氮除磷

20 世纪 80 年代以前，污水处理过程主要以去除有机污染物为主要目的，在去除有机污染物过程中，经过活性污泥的同化作用，通过剩余污泥的排放，氮、磷等营养物质可以得到 10%~20%的去除，随着水体富营养化的加剧和排放要求的不断提高，活性污泥法通过逐步发展创新，很多具有高效生物脱氮除磷的污水处理工艺被开发出来。

污水生物脱氮除磷基本原理见第十一章。生物脱氮过程一般要完成从 NH_4^+-N 氧化为 NO_x^--N，以及将 NO_x^--N 还原为 N_2 的过程。在流程中必须具备氨氮硝化的好氧区(aerobic 或 oxic)或好氧时间段，好氧区的水力停留时间和污泥龄必须满足氨氮硝化的要求，污泥龄通常大于 6 d，同时还应具备缺氧区(anoxic)或缺氧时间段以完成生物反硝化过程，在对缺氧区的硝酸盐进行反硝化时，需要提供碳源作为反硝化过程的电子供体，常用的作为电子供体的有机物为入流污水中的有机污染物，当碳源不足时，可外加碳源。

生物除磷过程需要设置厌氧区(anaerobic)和好氧区，同时活性污泥需要不断经过厌氧区磷释放和好氧区磷吸收，排除经过好氧区以后富含磷的污泥使污水中磷得以有效去除，部分聚磷菌可以利用缺氧区的硝酸盐作为电子受体氧化体内贮存的有机物以获得能量，从而进行磷吸收。生物除磷的厌氧过程对污水中碳源的品质和数量有更高的要求，最理想的碳源为挥发性脂肪酸，其次为易发酵的有机物。

单独的生物除磷系统一般仅设置厌氧区和好氧区，好氧区设计满足磷的吸收和有机污染物降解就可以了，采用较短污泥龄运行，以控制硝化反应的发生。

如果需要同时考虑生物脱氮除磷问题，活性污泥法流程中需要同时设置厌氧区、缺氧区和好氧区，典型的工艺为 AAO(anaerobic/anoxic/oxic)工艺，污泥回流到厌氧区，在厌氧区进行磷释放，含硝酸盐混合液从好氧区回流到缺氧区，在缺氧区进行反硝化反应，好氧区主要进行氨氮硝化、磷酸盐吸收，以及经过厌氧和缺氧区以后剩余有机污染物的异养菌生物降解。

四、膜生物反应器

BNR - MBR 工艺及配套设备

膜生物反应器(membrane biological reactor, MBR)是用微滤膜或超滤膜代替二沉池进行污泥固液分离的污水处理装置，为膜分离技术与活性污泥法的有机结合，出水水质相当于二沉池出水再加微滤或超滤的效果(图 12-23)。膜生物反应器不仅提高了污染物的去除率，在很多情况下出水可以作为再生水直接回用，膜生物反应器工艺在城镇污水和工业废水处理中占有一定的份额。

膜生物反应器在一个处理构筑物内可以完成生物降解和固液分离功能，生物反应区可以根据有机污染物降解或生物脱氮及除磷的要求，设置不同的反应区域，因为没有二沉池泥水分离和固体通量的限制，混合液悬浮固体浓度可以比普通活性污泥法高几倍，容积负荷及耐冲击负荷能力比传统生物脱氮除磷工艺更高。但膜生物反应器并不是普通生物脱氮除磷工艺和膜分离设备的简单加合，因为膜池的防污堵

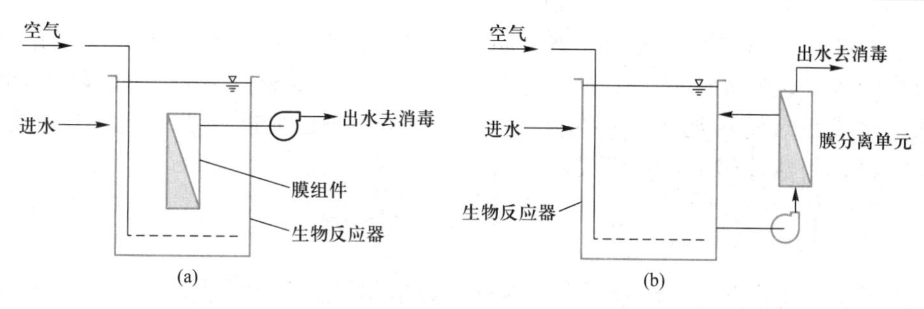

图 12-23 膜生物反应器示意图

(a) 内置浸没膜组件；(b) 外置膜分离单元

曝气冲刷需要，膜池的溶解氧浓度会达到6~8 mg/L，甚至接近饱和浓度，如果膜池回流的污泥直接进入生化处理系统的厌氧池或缺氧池，会对厌氧环境或缺氧环境造成冲击和破坏，所以在膜生物反应器的生化处理系统设计及运行过程中必须注重各功能区的微生物环境条件要求。

膜生物反应器的优点是：① 容积负荷率高、水力停留时间短；② 污泥龄较长，剩余污泥量减少；③ 混合液污泥浓度高，避免了因为污泥丝状菌膨胀或其他污泥沉降问题而影响曝气反应区的 MLSS 浓度；④ 因污泥龄较长，系统硝化反硝化效果好，在低溶解氧浓度运行时，可以同时进行硝化和反硝化；⑤ 出水有机污染物浓度、悬浮固体浓度、浊度均很低，甚至致病微生物都可被截留，出水水质好；⑥ 污水处理设施占地面积相对较小。

膜生物反应器类型可分为内置浸没膜组件的内置式膜生物反应器和外置膜分离单元的外置式膜生物反应器。

目前，膜生物反应器还存在系统造价较高、膜通量易于衰减、膜组件易受污染需要不断进行膜清洗、膜使用寿命有限、曝气能耗大、运行费用高、系统控制要求高、运行管理复杂等缺点。

第三节 活性污泥法数学模型基础

生化处理系统中微生物的增长与底物降解速率可用第十一章的动力学理论描述。将生化反应动力学引入活性污泥法系统，并结合系统的物料平衡，就可以建立活性污泥法系统的数学模型，以便对活性污泥法系统进行科学的设计和运行管理。早期传统的活性污泥法数学模型，如劳伦斯和麦卡蒂(Lawrence-McCarty)、埃肯菲尔德(Eckenfelder)及麦金尼(McKinney)的动力学模型，主要研究相对单一的有机污染物的降解速率、污泥产率及它们相互间的关系，属于传统静态模型。

随着对活性污泥处理系统的研究不断深入，研究者发现污水水质组分复杂而且组分间关系具有交互性，作用的微生物种类很多、生长环境要求多样，每个组分可能参与若干反应过程，同一过程可能有多种组分同时参加。例如，对于活性污泥系统异养菌的好氧生长过程，涉及的组分有可降解有机污染物量、溶解氧、氨氮、碱度等，而对于可生物降解有机污染物组分的反应速率，则涉及颗粒有机污染物的水解、异养菌好氧生长、异养菌缺氧生长、细菌的衰减等过程，如果要更深入地了解活性污泥系统中复杂的净化过程，则必须进一步了解国际水协会(IWA)推荐的活性污泥法数学模型。

一、底物降解与微生物增长数学模型的假设

为了研究问题方便，在建立底物降解与微生物增长数学模型时对反应系统做如下假设：

(1) 曝气池处于完全混合状态；

(2) 进水中的微生物浓度与曝气池中的活性污泥微生物浓度相比很小，可忽略；

(3) 全部可生物降解的底物都处于溶解状态；

(4) 系统处于稳定状态(稳态假定)；

(5) 二沉池中没有微生物的活动；

(6) 二沉池中没有污泥积累，泥水分离良好。

图 12-24 表示了一个完全混合活性污泥法系统的典型流程，也是建立活性污泥法数学模型的基础，图中虚线表示系统物料平衡的范围。Q、S_0、X_0 表示进入系统的污水流量、有机底物浓度和进水中微生物浓度，曝气池中的活性污泥浓度、有机底物浓度和曝气池容积分别用 X、S_e、V 表示，R 表示回流污泥流量与进水流量之比，叫作污泥回流比，X_R 为回流污泥浓度，Q_w 为剩余污泥排放流量，X_e 为出水中活性污泥的浓度。图中的流量单位为 m^3/d，浓度单位为 g/m^3，活性污泥浓度均以 MLVSS 计。

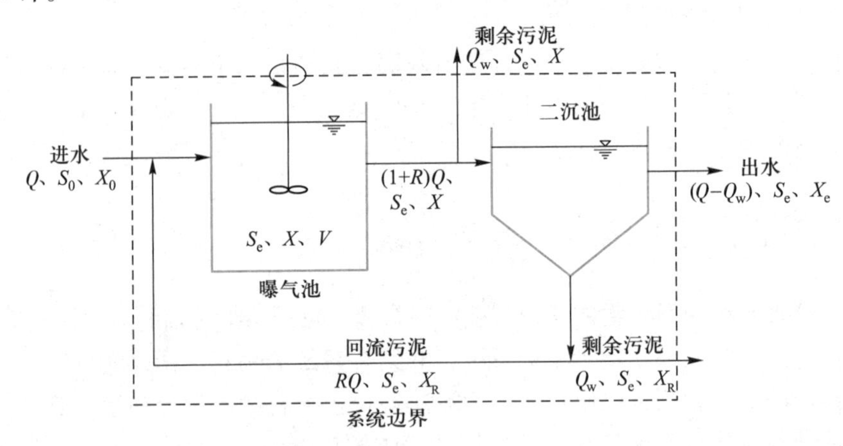

图 12-24 完全混合活性污泥法系统的典型流程

图 12-24 中系统剩余污泥的排除方式有两种，一种从二沉池底部排泥管排除，另一种以排除曝气池混合液方式排除。第一种排除剩余污泥的方式因为排放的污泥浓度较高，排放的剩余污泥体积较小，所以在实际工程中普遍采用。第二种排除剩余污泥的方式虽然排除的体积量比第一种方式大，但因为排放的污泥浓度不受二沉

池浓缩效果的影响，与系统曝气池污泥浓度保持一致，所以在理论研究及中小型试验系统中常采用这种排泥方式。

二、劳伦斯和麦卡蒂模型

劳伦斯和麦卡蒂强调了生物固体停留时间(solids retention time,SRT)即污泥龄这一运行参数的重要性。污泥龄被定义为在处理系统(曝气池)中微生物的平均停留时间，常用 θ_c 表示。

$$\theta_c=\frac{(X)_T}{(\Delta X/\Delta t)_T} \tag{12-2}$$

式中：　θ_c——污泥龄(SRT)，d；

$(X)_T$——处理系统(曝气池)中总的活性污泥质量，kg；

$(\Delta X/\Delta t)_T$——每天从处理系统中排除的活性污泥质量，包括从排泥管线上有意识排除的污泥加上随出水流失的污泥量，kg/d。

在曝气池中，活性污泥微生物在降解有机底物的同时自身也得到增殖，为保持曝气池中活性污泥量的恒定，应从曝气池中排除一部分污泥(即剩余污泥)，其排除量应与增加量相当。我们可以认为排除的剩余污泥是老化的污泥，这样，新增的污泥逐渐代替老化污泥，直至曝气池中的活性污泥全部更新。式(12-2)所表达的污泥龄实质就是曝气池中的活性污泥全部更新一次所需要的时间。污泥龄 θ_c 是活性污泥处理系统设计、运行的重要参数，在理论上也有重要意义。

结合图 12-24，根据污泥龄的概念，有下式：

$$\theta_c=\frac{XV}{(Q-Q_w)X_e+Q_wX_R} \tag{12-3}$$

一般二沉池沉淀效果良好时，出水中的 SS 小于 15 g/m^3，因此，随出水排除的污泥量对污泥龄的影响相比于剩余污泥量对污泥龄的影响小很多，甚至可以忽略，因而污泥龄可简化为

$$\theta_c=\frac{XV}{Q_wX_R} \tag{12-4}$$

图 12-24 中，如果剩余污泥是从曝气池直接排除的，那么上式中污泥浓度是一样的，故

$$\theta_c=\frac{V}{Q_w} \tag{12-5}$$

在稳态条件下，对图 12-24 做系统活性污泥的物料平衡，有

$$\begin{matrix}\text{单位时间}\\\text{进入物料}\end{matrix}=\begin{matrix}\text{单位时间}\\\text{排除物料}\end{matrix}+\begin{matrix}\text{单位时间}\\\text{消耗物料}\end{matrix}+\begin{matrix}\text{单位时间}\\\text{累积物料}\end{matrix}$$

根据前述假设，进水中的微生物浓度 X_0 可以忽略，而且系统处于稳定状态，没有污泥浓度的累积，保持污泥浓度不变，即单位时间增长的生物量=单位时间排除的生物量，用公式表示为

$$\left(\frac{\mathrm{d}X}{\mathrm{d}t}\right)_g V=(Q-Q_w)X_e+Q_wX_R \tag{12-6}$$

式中：X_e——出水中微生物浓度，g(VSS)/m^3；

X_R——回流污泥浓度，g(VSS)/m^3；

X——曝气池中活性污泥浓度，g(VSS)/m^3；

V——曝气池容积，m^3；

Q——进水流量，m^3/d；

Q_w——剩余污泥排除量，m^3/d；

$\left(\frac{dX}{dt}\right)_g$——活性污泥的净增长速率，g(VSS)/($m^3$·d)。

由第十一章分析可知，微生物的净增长速率与底物利用速率之间存在下列关系：

$$\left(\frac{dX}{dt}\right)_g=Y\left(-\frac{dS}{dt}\right)_u-K_dX \tag{12-7}$$

将式(12-7)代入式(12-6)，两边同时除以 XV 整理得

$$Y\frac{1}{X}\left(-\frac{dS}{dt}\right)_u-K_d=\frac{(Q-Q_w)X_e+Q_wX_R}{XV} \tag{12-8}$$

或

$$\frac{1}{\theta_c}=Y\frac{1}{X}\left(-\frac{dS}{dt}\right)_u-K_d \tag{12-9}$$

$$\frac{1}{\theta_c}=Yq-K_d \tag{12-10}$$

式中：Y——活性污泥的产率系数，g(VSS)/g(BOD_5)；

K_d——内源代谢系数，d^{-1}；

$\left(-\frac{dS}{dt}\right)_u$——底物利用速率，g($BOD_5$)/($m^3$·d)。

对照式(11-50)可得

$$\mu=\frac{1}{\theta_c} \tag{12-11}$$

式中：μ——活性污泥的比增长速率，g(新细胞)/［g(细胞)·d］。

式(12-10)称为劳伦斯-麦卡蒂方程，它反映了活性污泥系统的污泥龄与产率系数、底物的比降解速率及微生物内源呼吸速率之间的关系。因此，以污泥龄作为生物处理的控制参数，其重要性是明显的，因为通过控制污泥龄可以控制微生物的比增长速率、生理状态和底物的降解效果，同时污泥龄影响着活性污泥处理系统的诸多工艺参数。

三、劳伦斯-麦卡蒂方程的应用

1. 出水有机底物浓度与污泥龄的关系

将式(11-39)代入劳伦斯-麦卡蒂方程式(12-10)得

$$\frac{1}{\theta_c}=Y\frac{q_{max}S_e}{K_S+S_e}-K_d \tag{12-12}$$

从上式中解出 S_e，得

$$S_e=\frac{K_S(1+K_d\theta_c)}{\theta_c(Yq_{max}-K_d)-1} \tag{12-13}$$

式中：S_e——出水中溶解性有机底物的浓度，$g(BOD_5)/m^3$；

K_S——饱和常数，即 $q=\frac{q_{max}}{2}$时的底物浓度，也称为半速率常数，$g(BOD_5)/m^3$；

q_{max}——最大比底物利用速率，$g(BOD_5)/[g(VSS)\cdot d]$。

上式说明活性污泥法系统的出水有机底物浓度与污泥龄及反应过程的其他动力学和计量学参数之间的函数关系。

2. 曝气池污泥浓度或容积与污泥龄的关系

在稳态条件下，对图 12-24 的曝气池做底物的物料平衡，有

$$QS_0+RQS_e=(1+R)QS_e+\left(-\frac{dS}{dt}\right)_u V+0 \tag{12-14}$$

整理得

$$\left(-\frac{dS}{dt}\right)_u=\frac{Q(S_0-S_e)}{V} \tag{12-15}$$

将式(12-15)代入式(12-9)得

$$\frac{1}{\theta_c}=Y\frac{Q(S_0-S_e)}{XV}-K_d \tag{12-16}$$

从上式解出 X 并整理得

$$X=\frac{YQ(S_0-S_e)\theta_c}{V(1+K_d\theta_c)} \tag{12-17}$$

或根据污泥龄和设定的曝气池混合液浓度，计算曝气池需要的容积：

$$V=\frac{YQ(S_0-S_e)\theta_c}{X(1+K_d\theta_c)} \tag{12-18}$$

3. 污泥回流比与污泥龄的关系

在稳态条件下，对进入和离开曝气池的微生物建立物料平衡方程，可推导出污泥回流比 R 与 θ_c 之间的关系式：

$$\begin{matrix}单位时间\\进入物料\end{matrix}+\begin{matrix}单位时间\\增长物料\end{matrix}=\begin{matrix}单位时间\\排除物料\end{matrix}+\begin{matrix}单位时间\\累积物料\end{matrix}$$

$$RQX_R+\left(\frac{dX}{dt}\right)_g V=Q(1+R)X+0 \tag{12-19}$$

将微生物增长基本方程代入上式，有

$$RQX_R+\left[Y\left(-\frac{dS}{dt}\right)_u-K_dX\right]V=Q(1+R)X+0 \tag{12-20}$$

将式(11-43)代入上式，有

$$RQX_R+(YKXS_e-K_dX)V=Q(1+R)X+0 \tag{12-21}$$

式中：$K=\frac{q_{max}}{K_S}$。

将式(11-42)代入式(12-10)，有

$$\frac{1}{\theta_c}=YKS_e-K_d \tag{12-22}$$

或

$$S_e=\frac{1+K_d\theta_c}{YK\theta_c} \tag{12-23}$$

将上式代入式(12-21)并解出 θ_c，得

$$\frac{1}{\theta_c}=\frac{Q}{V}\left(1+R-R\frac{X_R}{X}\right) \tag{12-24}$$

或

$$R=\left(1-\frac{t}{\theta_c}\right)\left(\frac{X}{X_R-X}\right) \tag{12-25}$$

式中：t——曝气池水力停留时间，d，$t=V/Q$。

上式表明污泥龄是$\frac{X_R}{X}$和回流比 R 的函数，而$\frac{X_R}{X}$又是活性污泥沉降性能及二沉池沉淀效率的函数。当二沉池运行正常时，可用下式估计回流污泥的最高浓度：

$$(X_R)_{max}=\frac{10^6}{SVI} \tag{12-26}$$

式中：SVI——污泥体积指数，mL/g。

对于稳定运行的完全混合曝气池，活性污泥的微生物物料平衡可简化为

$$RQX_R=(1+R)QX \tag{12-27}$$

则有

$$X=\frac{R}{1+R}X_R \tag{12-28}$$

或

$$R=\frac{X}{X_R-X} \tag{12-29}$$

计算过程中注意悬浮固体浓度(即 MLSS)与挥发性悬浮固体浓度(MLVSS)的换算。

4. 产率系数与污泥龄的关系

合成产率 Y 表示微生物摄取、利用、代谢单位质量底物而使自身增殖的总量，表观产率 Y_{obs} 表示可实测计量的微生物净增殖量，考虑到进水中有机或无机颗粒污泥被活性污泥絮凝吸附沉淀，在工程实践中有时用 Y_t 表示系统污泥的实测总产率系数，但 Y_t 仅具有统计学意义。

由式(11-48)得

$$Y_{obs}\left(-\frac{dS}{dt}\right)_u=Y\left(-\frac{dS}{dt}\right)_u-K_dX \tag{12-30}$$

两边同除以$-\frac{dS}{dt}$，得

$$Y_{obs}=Y-K_d\left(-\frac{dt}{dS}\right)X \tag{12-31}$$

把$q=\frac{1}{X}\left(-\frac{dS}{dt}\right)$代入上式：

$$Y_{obs}=Y-\frac{K_d}{q} \tag{12-32}$$

由式(12-10)得

$$q=\frac{1}{Y}\left(\frac{1}{\theta_c}+K_d\right) \tag{12-33}$$

代入式(12-32)得

$$Y_{obs}=\frac{Y}{1+K_d\theta_c} \tag{12-34}$$

式(12-34)表明了合成产率Y、表观产率Y_{obs}与污泥内源代谢系数及污泥龄的关系，内源代谢系数越大、污泥龄越长，则系统的实际污泥产率越低。

四、劳伦斯-麦卡蒂方程参数的测定

模型中包含了活性污泥反应过程的动力学参数，如q_{max}、K_S、K_d，以及计量学参数，如Y、Y_{obs}等，这些参数测定都较方便，其测定方法如下：

由式(12-15)和式(11-39)可得

$$\frac{Q(S_0-S_e)}{XV}=q_{max}\frac{S_e}{K_S+S_e} \tag{12-35}$$

取倒数得

$$\frac{XV}{Q(S_0-S_e)}=\frac{K_S}{q_{max}}\frac{1}{S_e}+\frac{1}{q_{max}} \tag{12-36}$$

定义$\frac{V}{Q}$为水力停留时间(即HRT)，用t表示。则上式变为

$$\frac{Xt}{S_0-S_e}=\frac{K_S}{q_{max}}\frac{1}{S_e}+\frac{1}{q_{max}} \tag{12-37}$$

上式中$\frac{Xt}{S_0-S_e}$与$\frac{1}{S_e}$成直线关系，实测时，可根据污水处理厂的进出水水质，曝气池中的污泥浓度(MLSS)，曝气池的水力停留时间，以$\frac{Xt}{S_0-S_e}$为纵坐标，以$\frac{1}{S_e}$为横坐标作图，采用兰维福-布克(Lineweaver-Burk)图解法求得q_{max}、K_S。

对于合成产率Y、内源代谢系数K_d的测定方法，可由式：

$$Y_{obs}=\frac{Y}{1+K_d\theta_c}$$

取倒数，有

$$\frac{1}{Y_{obs}}=\frac{K_d}{Y}\theta_c+\frac{1}{Y} \tag{12-38}$$

Y_{obs}可由下式求出：

$$Y_{obs}=\frac{Xt}{(S_0-S_e)\theta_c} \tag{12-39}$$

因此

$$\frac{(S_0-S_e)\theta_c}{Xt}=\frac{K_d}{Y}\theta_c+\frac{1}{Y} \tag{12-40}$$

这样，可根据污泥龄、水力停留时间、污泥浓度和进出水水质，以$\frac{(S_0-S_e)\theta_c}{Xt}$为纵坐标，以 θ_c 为横坐标作图，求出 Y 和 K_d。

对于城镇污水，典型的动力学参数如表 12-2 所示。

表 12-2 城镇污水的典型动力学参数值(20 ℃)

动力学参数	单位	范围	典型值
q_{max}	g(COD)/[g(VSS)·d]	2~10	5
K_S	$g(BOD_5)/m^3$	25~100	60
Y	$g(VSS)/g(BOD_5)$	0.4~0.8	0.6
K_d	d^{-1}	0.04~0.075	0.06

以劳伦斯-麦卡蒂方程为基础，通过活性污泥法系统的物料衡算关系，可以推导出系列具有应用价值的活性污泥处理系统各参数间的关系式，在污水处理学术界和工程界得到广泛的应用。

五、国际水协会活性污泥数学模型简介

活性污泥法系统的重任已经从去除有机污染物发展到硝化、反硝化、生物除磷或同时脱氮、除磷系统，甚至要涉及有毒有害物质的抑制和降解，以及资源、能源利用和碳减排问题，工艺流程更加复杂，不同类型的细菌在反应过程中扮演不同的角色，它们有异养菌，其中有聚磷功能的，有非聚磷功能的，有能利用硝酸盐作为电子受体的，还有自养型硝化细菌，这个混杂的群体，在不同的环境条件下利用各种环境要素，如有机基质(溶解的和颗粒的)、无机基质(氨、硝酸盐、磷)、溶解氧等，进行自身繁殖和物质降解。国际水协会在前人研究的基础上进行专门研究，试图让活性污泥反应过程从一个黑箱模型慢慢变得透明，他们的研究成果就是逐步推出的活性污泥系列模型。

1. 水质特征的表征

随着研究的不断深入，现代活性污泥法系统设计，特别是脱氮、除磷工艺，越来越注重进水水质的细化分析和表征，传统的水质分析项目难以满足科学研究和工

程设计要求。污水的水质特性可以归纳为下列几类：碳源基质、含氮化合物、含磷化合物、总悬浮固体及碱度等，可以采用表 12-3 的命名对各类水质进行细分。

表 12-3　污水水质组分的细分

组分		含义	组分		含义
BOD	BOD_5	总 5 日生化需氧量	氮	TKN	总凯氏氮
	$sBOD_5$	溶解性 5 日生化需氧量		bTKN	可生物降解的总凯氏氮
	UBOD	最终生化需氧量		sTKN	溶解性总凯氏氮
COD	COD	总化学需氧量		ON	有机氮
	bCOD	可生物降解化学需氧量		bON	可生物降解的有机氮
	pCOD	颗粒态化学需氧量		nbON	不可生物降解的有机氮
	sCOD	溶解性化学需氧量		pON	颗粒态有机氮
	nbCOD	不可生物降解的化学需氧量		nbpON	不可生物降解的颗粒态有机氮
	rbCOD	易生物降解的化学需氧量		sON	溶解性有机氮
	bsCOD	可生物降解的溶解性化学需氧量		nbsON	不可生物降解的溶解性有机氮
	sbCOD	慢速生物降解的化学需氧量	SS	TSS	总悬浮固体
	bpCOD	可生物降解的颗粒态化学需氧量		VSS	挥发性悬浮固体
	nbpCOD	不可生物降解的颗粒态化学需氧量		nbVSS	不可生物降解的挥发性悬浮固体
	nbsCOD	不可生物降解的溶解性化学需氧量		iTSS	惰性总悬浮固体

BOD 表示碳源组分，是活性污泥法设计的常用参数，但由于 COD 测定方便、数据重现性好、便于物料衡算目前在污水处理系统的模拟、设计和运行管理也变得越来越普遍，与 BOD 不同的是，COD 有一部分是不可生物降解的，人们更为关心的是，COD 的每一类组分中有多少是溶解的，有多少是呈胶体或悬浮状态存在的。不可生物降解的溶解性有机污染物，将随出水流出，而不可生物降解的颗粒态有机污染物将随活性污泥系统的生物絮凝作用进入剩余污泥中。图 12-25 为污水中的 COD 成分分析。

由于不可生物降解的颗粒态 COD（nbpCOD）是有机污染物，所以它也是污水中 VSS 浓度和活性污泥混合液悬浮固体的成分，可称为不可生物降解的挥发性悬浮固体（nbVSS）。污水进水也会含有非挥发性悬浮固体，加入活性污泥的 MLSS 浓度中去，这些固体是进水中的惰性 SS（iSS），并可用污水进水中 TSS 和 VSS 之差予以量化。至于 bCOD，rbCOD 部分很快被微生物利用，而颗粒态和胶体 COD 必须首先被

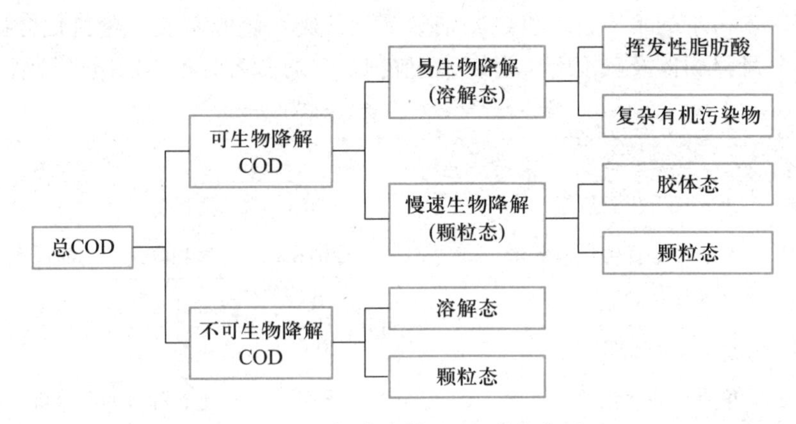

图 12-25 污水中的 COD 成分分析

胞外酶溶解，降解速率就慢得多。

COD 中部分组分对活性污泥的生长动力学和过程性能有直接的影响。在推流式曝气池中，池的前端 rbCOD 浓度高，需氧量较多；在生物脱氮的缺氧区，rbCOD 浓度越高，则硝酸盐反硝化速率越快，缺氧池容积可以减小，反硝化效率也会提高；在生物除磷的厌氧区，进水 rbCOD 很快在发酵过程中转化为 VFA，其浓度越高，磷释放越充分，除磷效果越好，rbCOD 浓度还直接用来预测生物除磷的性能。

污水中氮的组成见图 12-26，总凯氏氮(TKN)由氨氮和有机氮组成，一般情况下，氨氮一般占进水 TKN 的 60%~70%，氨氮很容易被细胞合成利用和硝化，颗粒态可生物降解有机氮的去除比溶解性的要缓慢。颗粒态不可生物降解的有机氮可以通过剩余污泥去除，溶解性不可生物降解的有机氮将随二沉池出水排出。

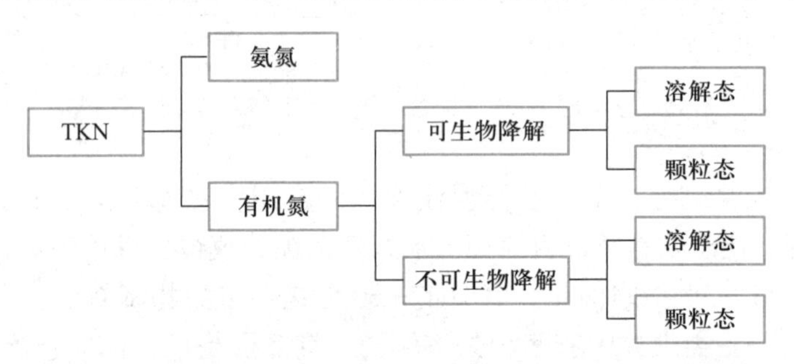

图 12-26 污水中氮的组成

污水中各种固体成分之间的关系见图 12-27，TSS 的测定采用 0.45~2.0 μm 的滤纸过滤，且过滤过程中孔径还在不断缩小，所以 TSS 的测定带有不确定性，一般认为通过孔径小于或等于 2.0 μm 的固体颗粒即为溶解固体。挥发性固体是在马弗(muffle)炉(500±50℃)灼烧时可挥发和燃烧的物质，通常用来表示有机物的量。

2. 活性污泥法模型概况

经过多年的发展，活性污泥法数学模型已可以用来描述许多生化反应过程。

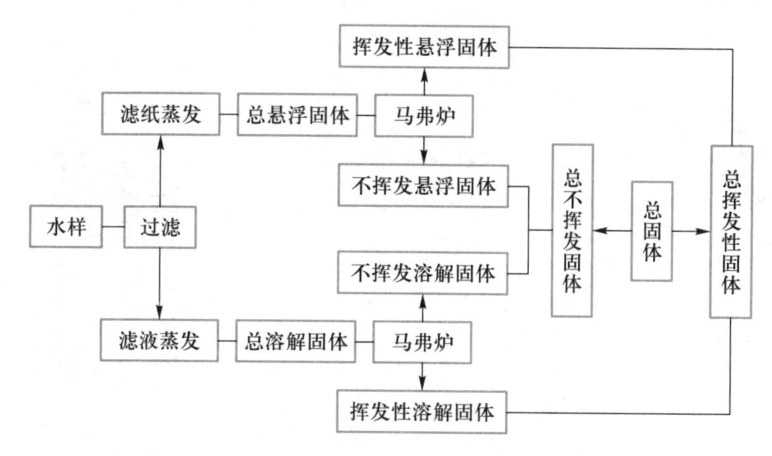

图 12-27 污水中各种固体成分之间的关系

ASM1(activated sludge model No. 1)模型包括有机污染物降解和硝化过程，ASM2 模型在 ASM1 模型基础上发展了包括聚磷菌及其相应的厌氧、缺氧和好氧过程反应，ASM2 模型包含了反硝化聚磷菌反应过程，在进一步深入了解活性污泥法机理的基础上又发展了活性污泥 3 号模型(ASM3)，21 世纪初国际水协会又推出了厌氧消化 1 号模型(ADM1)，模型的研究还在不断发展过程中。对于如此复杂的处理系统，通常没有时间和资金来对各种可行方案进行试验，但是，人们对污水组分中非溶解性、溶解性、可生物降解、不可生物降解的基质对反应速率、耗氧量和污泥产量的重要性的了解在不断深入，基础理论研究也在不断加强；并且，计算机提供了把大量水质参数和很多反应过程结合起来进行运算的工具，开发出模拟各种活性污泥法过程的软件。这样，人们就可以方便地模拟进水水质、工艺设计参数对过程的影响，预测出水水质，指导活性污泥法的设计和运行。现在有很多商用软件程序可应用于不同形式的反应器，很方便根据不同目标获得模型程序并加以利用。

模型中采用了莫诺比生长速率动力学方程形式来表达自养菌或异养菌的生长，与生长速率有关的单个过程中各组分之间的数量关系用化学计量系数描述。为了简化单位的换算，模型对全部有机组分和生物体统一采用 COD 当量来表示，从而存在基质利用、生物体生长和氧消耗的 COD 平衡。

无论采取何种方法，模拟是污水处理系统研究和设计中的重要步骤。

3. 模型矩阵格式、组分和过程

活性污泥模型创造性地采用了矩阵形式描述反应过程，不仅方便表达各组分及各反应过程的化学计量关系，而且便于计算机编程计算，表 12-4 为 ASM1 模型组分和化学计量。模型按照 13 项污水特性组分编制，组分的定义见表12-5。使用活性污泥数学模型时，完整而准确的污水特性表征是很重要的，组分 1~5 为颗粒状有机物，以 COD 表示，组分 12 为颗粒可降解有机氮，以 N 表示，它们也是活性污泥 MLVSS 浓度的组成部分。组分 6~11 均为溶解性基质，包括电子受体如氧(S_O)及硝酸盐(S_{NO})。不可生物降解的溶解性 COD 用 S_i 表示，由于它未参与任何反应，故未给出化学计量系数。

表 12-4 ASM$_1$ 模型组分和化学计量

工艺过程 \ 组分		1 X_i	2 X_S	3 $X_{B,H}$	4 $X_{B,A}$	5 X_P	6 S_i	7 S_S	8 S_O	9 S_{NO}	10 S_{NH}	11 S_{ND}	12 X_{ND}	13 S_{Alk}	过程速率 $r/(mg \cdot L^{-1} \cdot d^{-1})$
1	异养菌好氧生长			1				$-\frac{1}{Y_H}$	$\frac{1-Y_H}{Y_H}$		$-i_{N/XB}$			$-\frac{i_{N/XB}}{14}$	$\hat{\mu}_H\left(\frac{S_S}{K_S+S_S}\right)\left(\frac{S_O}{K_{O,H}+S_O}\right)X_{B,H}$
2	异养菌缺氧生长			1				$-\frac{1}{Y_H}$		$-\frac{1-Y_H}{2.86Y_H}$	$-i_{N/XB}$			$\frac{1-Y_H}{14\times2.86Y_H}-\frac{i_{N/XB}}{14}$	$\hat{\mu}_H\left(\frac{S_S}{K_S+S_S}\right)\left(\frac{S_O}{K_{O,H}+S_O}\right)\left(\frac{S_{NO}}{K_{NO}+S_{NO}}\right)\eta_g X_{B,H}$
3	自养菌好氧生长				1				$\frac{4.57-Y_A}{Y_A}$	$\frac{1}{Y_A}$	$-i_{N/XB}-\frac{1}{Y_A}$			$-\frac{i_{N/XB}}{14}-\frac{1}{7Y_A}$	$\hat{\mu}_A\left(\frac{S_{NH}}{K_{NH}+S_{NH}}\right)\left(\frac{S_O}{K_{O,A}+S_O}\right)X_{B,A}$
4	异养菌衰亡		$1-f_P$	-1		f_P							$-i_{N/X_H}-f_{P,N/X_D}$		$b_{L,H}X_{B,H}$
5	自养菌衰亡		$1-f_P$		-1	f_P							$-i_{N/X_A}-f_{P,N/X_D}$		$b_{L,A}X_{B,A}$
6	溶解性有机氮氨化											-1		$\frac{1}{14}$	$K_a S_{NS} X_{B,H}$
7	颗粒有机物水解		-1					1			1				$K_h\left[\frac{X_S/X_{B,H}}{K_h+X_S/X_{B,H}}\right]\left[\left(\frac{S_O}{K_{O,H}+S_O}\right)+\eta_h\left(\frac{K_{O,H}}{K_{O,H}+S_O}\right)\left(\frac{S_{NO}}{K_{NO}+S_{NO}}\right)\right]X_{B,H}$
8	颗粒有机氮水解											1	-1		$r_7(X_{NS}/X_S)$
观察转换速率/$(mg \cdot L^{-1} \cdot d^{-1})$		$r_i=\sum_{j=1}^{n}\psi_{ij}r_j$													

表 12-5 ASM1 模型中组分定义

编号	符号	定 义
1	X_i	惰性颗粒有机物，mg/L，以 COD 计
2	X_S	慢速可生物降解基质，mg/L，以 COD 计
3	$X_{B,H}$	异养菌，mg/L，以 COD 计
4	$X_{B,A}$	自养菌，mg/L，以 COD 计
5	X_P	生物衰减产生的颗粒性产物，mg/L，以 COD 计
6	S_i	惰性溶解有机物，mg/L，以 COD 计
7	S_S	易生物降解基质，mg/L，以 COD 计
8	S_O	溶解氧，mg/L，以 O_2(COD)计
9	S_{NO}	硝酸盐与亚硝酸盐氮，mg/L，以 N 计
10	S_{NH}	氨氮，mg/L，以 N 计
11	S_{ND}	溶解性可生物降解有机氮，mg/L，以 N 计
12	X_{ND}	颗粒可降解有机氮，mg/L，以 N 计
13	S_{Alk}	碱度，mol/L

各种反应过程速率列于表 12-4 的最后一列。如第二行最后一列为异养菌在缺氧条件下的生长反应，异养菌生长速率受易生物降解基质(S_S)浓度、DO(S_O)浓度及硝酸盐与亚硝酸盐氮(S_{NO})浓度的影响。第 2 项代表异养菌中能利用硝酸盐取代 DO 作为电子受体的那一部分菌。对于细胞衰减，采用了死亡溶菌模型，它用过程 4 和 5 分别表示异养菌和自养菌。微生物衰减时产生的细胞残渣用 X_p 表示，慢速可生物降解基质用 X_S 表示，溶解性可生物降解有机氮 S_{ND}转化为氨氮 S_{NH}用过程 6 表示。颗粒有机物和颗粒状有机氮分别在好氧和缺氧条件下水解为溶解性基质(分别为 S_S 及 S_{ND})，用过程 7 和 8 表示。

在矩阵内，有若干化学计量系数将一项特定组分的变化率与过程反应速率联系起来。例如，过程速率为好氧异养菌的生长速率，单位以 mg/(L·d)表示，化学计量系数将模型组分的变化与生长速率联系起来。对于组分 3，化学计量系数为 1，对于异养菌的生长速率，式(12-41)表达了在溶解氧浓度充足时的普通莫诺方程表达式，式(12-42)表达了考虑溶解氧浓度限制时异养菌的生长速率，式(12-43)表达了同时考虑缺氧生长的生长速率，式(12-44)表达了同时考虑衰亡时的生长速率：

$$R_{B,H}=\hat{\mu}_H\left(\frac{S_S}{K_S+S_S}\right)X_{B,H} \tag{12-41}$$

$$R_{B,H}=\hat{\mu}_H\left(\frac{S_S}{K_S+S_S}\right)\left(\frac{S_O}{K_{O,H}+S_O}\right)X_{B,H} \tag{12-42}$$

$$R_{B,H}=\hat{\mu}_H\left(\frac{S_S}{K_S+S_S}\right)\left(\frac{S_O}{K_{O,H}+S_O}\right)\left(\frac{S_{NO}}{K_{NO}+S_{NO}}\right)\eta_g X_{B,H} \tag{12-43}$$

$$R_{B,H}=\hat{\mu}_H\left(\frac{S_S}{K_S+S_S}\right)\left(\frac{S_O}{K_{O,H}+S_O}\right)\left(\frac{S_{NO}}{K_{NO}+S_{NO}}\right)\eta_g X_{B,H}-b_{L,H}X_{B,H} \tag{12-44}$$

式中：$R_{B,H}$——异养菌的生长率，g/(m^3 · d)；

S_S——易生物降解基质的浓度，g(COD)/m^3；

$\hat{\mu}_H$——最大比生长速率，g(VSS)/[g(VSS) · d]；

K_S——易生物降解基质的半速度系数，g(COD)/m^3；

S_O——溶解氧浓度，g/m^3；

S_{NO}——硝酸盐与亚硝酸盐氮浓度，以 N 计，g/m^3；

$K_{O,H}$——溶解氧浓度的半速度系数，g/m^3；

K_{NO}——硝酸盐浓度的半速度系数，g/m^3；

$X_{B,H}$——异养菌浓度，g/m^3；

η_g——缺氧条件下利用硝酸盐的异养菌系数，g/g；

$b_{L,H}$——异养菌衰减系数，g/(g · d)。

组分 7 为易生物降解基质 S_S，用于生长，而$-(1/Y_H)$将异养菌生长速率与 S_S 浓度变化联系起来：

$$R_{S_S}=-\frac{1}{Y_H}(RX_{B,H}) \tag{12-45}$$

S_S 的总变化速率等于 S_S 栏中化学计量系数乘以各自的过程速率之和。

耗氧的化学计量系数表示如下：对于异养生长($R_{j,1}$)，$(1-Y_H)$项为去除单位 COD 所需氧的比例。$(1-Y_H)$项除以 Y_H [gCOD(细胞)/gCOD(利用)]，以得出细胞生长与所需氧的化学计量系数，与矩阵格式相适应。自养生长的化学计量项含系数 4.57，氨是硝化细菌的基质，在矩阵中以 S_{NH}的氮表示，而氧以 COD 表示，氧对氨的当量是 4.57g(O_2)/g(NH_4^+-N)，分子中的数量少了 Y_A，是由于氨用在了细胞的合成。

4. 活性污泥模型的应用

数学模型的主要作用是：① 用于污水处理工艺模型的建立或直接建设数字污水处理厂用于指导设计和运行；② 作为研究的工具以评价生物过程，并深入了解影响某种工艺运行的重要参数，进一步指明污水处理系统的研究方向；③ 用以评价给定设施的处理容量，帮助污水处理厂操作管理人员获得更有效的信息；④ 用于污水处理厂的智能控制和智慧管理，提高运行操作和管理水平。

为评估现有污水处理厂的能力，利用污水特性表征和污水厂运行数据对模型进行校正。掌握的数据越多，校正后的模型越贴近实际情况。

表 12-6 汇集了模型参数的典型取值。这些数值并不保证模型就能准确预见活性污泥的性能，因为有些系数在不同地点、不同污水处理厂可能不同。其中，在不同地区变化最大，且在模型校正时调整较多的参数之一，是自养菌最大比生长速率

$\hat{\mu}_A$。污水特性的不同、可能存在的抑制物质或其他因素都可能影响硝化动力学过程，对 $\hat{\mu}_A$ 进行调整可以增加模型的适用性。

表 12-6　ASM 模型的典型化学计量参数值

符号	说明	单位	取值
Y_H	异养菌产率系数	g（COD,生物体）/g(COD,利用)	0.6
f_P	代谢残留系数	g(细胞残渣)/g(COD,生物体)	0.08
$i_{N/XB}$	微生物含氮量	g(N)/g(COD,活体生物体)	0.086
$i_{N/XD}$	代谢残留物含氮量	g(N)/g(COD,生物体残渣)	0.06
Y_A	自养菌产率系数	g(COD,生物体)/g(N,转化)	0.24
$\hat{\mu}_H$	异养菌最大比生长速率	g/(g·d)	6.0
K_S	异养菌半速度常数	mg/L	20.0
$K_{O,H}$	异养菌的 DO 半速度常数	mg/L	0.10
K_{NO}	硝酸盐半速度常数	mg/L	0.20
$b_{L,H}$	异养菌衰亡系数	g/(g·d)	0.40
η_g	缺氧条件下利用硝酸盐异养菌系数	g/g	0.80
η_h	缺氧/好氧水解速率系数	g/g	0.40
K_a	氨化速率常数	L/[mg(COD)·d]	0.16
K_h	颗粒水解最大比生长速率常数	g/(g·d)	2.21
K_x	水解半速度常数	g/(g·d)	0.15
$\hat{\mu}_A$	自养菌最大比生长速率	g/(g·d)	0.76
K_{NH}	自养菌半速度常数	mg/L	1.0
$K_{O,A}$	自养菌的 DO 半速度常数	mg/L	0.75
$b_{L,A}$	自养菌衰亡系数	g/(g·d)	0.07

第四节　气体传递原理和曝气设备

构成活性污泥法有三个基本要素，一是引起吸附和氧化分解作用的微生物，也就是活性污泥；二是污水中的有机污染物，它是处理对象，也是微生物的食料；三是溶解氧，没有充足的溶解氧，好氧微生物既不能生存也不能发挥氧化分解作用，尽管目前通过厌氧池、缺氧池的设置使生物处理系统具有强化生物脱氮除磷功能，但好氧曝气池是生化处理系统的基本单元。作为一个有效的处理工艺，还必须使微生物、有机污染物和氧充分接触，加强传质作用，因而在充氧的同时，必须使混合液悬浮固体处于扰动悬浮状态。充氧和混合通常是通过曝气设备来实现的。

鼓风曝气设备

曝气系统的设计和工作状况的优劣决定了活性污泥法的能耗和处理的效果。要达到理想的效果，曝气设备的选择还必须与曝气池的构造相配合。因而本节重点讨论气体传递原理，曝气系统的设计和曝气池的构造等问题。

一、气体传递原理

物质从一相传递到另一相的过程，称为物质的传递过程，或称为传质过程。在曝气过程中，空气中的氧从气相传递到液相中，亦是个传质过程。由于物质传递是借助于扩散作用从一相到另一相的，故传质过程实质上亦是个扩散过程。这一过程之所以产生，主要是由于界面两侧物质存在着分压差或浓度差，这个差值就是扩散过程的推动力，使得物质分子由浓度较高一侧向着较低一侧扩散，扩散中单位路程长度上的浓度变化值，称为浓度梯度，以$\frac{\mathrm{d}c}{\mathrm{d}\delta}$表示，$c$ 为物质浓度，δ 为扩散路程长度。浓度梯度的大小影响着物质的扩散速率，它们两者之间存在着正比关系，即

$$v_{\mathrm{d}}=-D\frac{\mathrm{d}c}{\mathrm{d}\delta} \tag{12-46}$$

式中：v_{d}——物质的扩散速率，以单位时间内通过单位截面积的物质数量表示；

D——扩散系数，表明物质在介质中的扩散能力，主要与扩散物质和介质的特性及温度有关。

上式亦称为菲克(Fick)定律，是扩散过程的基本定律，表明组分物质在静止或层流状态的介质中进行分子扩散的规律。如上式的 v_{d} 写成 $v_{\mathrm{d}}=\frac{\frac{\mathrm{d}M}{\mathrm{d}t}}{A}$，并代入式(12-46)，则得

$$\frac{\frac{\mathrm{d}M}{\mathrm{d}t}}{A}=-D\frac{\mathrm{d}c}{\mathrm{d}\delta},\ \frac{\mathrm{d}M}{\mathrm{d}t}=-DA\frac{\mathrm{d}c}{\mathrm{d}\delta} \tag{12-47}$$

式中：$\frac{\mathrm{d}M}{\mathrm{d}t}$——单位时间内通过界面扩散的物质质量，kg/h；

A——界面面积，m^2。

在曝气充氧过程中，气体分子从气相转移到液相，必须经过气、液相界面，目前普遍使用 Lewis 和 Whitman 在 1923 年提出的双膜理论来解释气体传递的机理。双膜理论的基本论点是：

(1) 在气、液两相接触的自由界面附近，分别存在着做层流流动的气膜和液膜。在其外侧则分别为气相主体和液相主体，两个主体均处于紊流状态，紊流程度越高，对应的层流膜厚度就越薄。

(2) 在两膜以外的气、液相主体中，由于流体的充分湍动(紊流)，组分物质的浓度基本上是均匀分布的，不存在浓度差，也就是没有任何传质阻力(或扩散阻力)。气体从气相主体传递到液相主体，所有的传质阻力仅存在于气、液两层层流膜中。

(3) 在气膜中存在着氧的分压梯度，在液膜中存在着氧的浓度梯度，它们是氧

转移的推动力。在气、液两相界面上，两相的组分物质浓度总是互相平衡，也即界面上不存在传质阻力。

(4) 氧是一种难溶气体，溶解度很小，故传质的阻力主要在于液膜上，因此通过液膜的转移速率是氧转移过程的控制速率。

按双膜理论的假定，把复杂的氧转移过程简化为通过气、液两层层流膜的分子扩散过程，通过这两层膜的分子扩散阻力构成了传质的总阻力。双膜理论的简化模型见图 12-28。

相对于液膜来说，氧在气膜中的传递阻力很小，气相主体与界面之间的氧分压差(p_G-p_i)值很低，一般可以认为 $p_G=p_i$。这样界面处的溶解氧浓度值 c_S 可以认为是在氧分压为 p_G 条件下的溶解氧饱和浓度值。

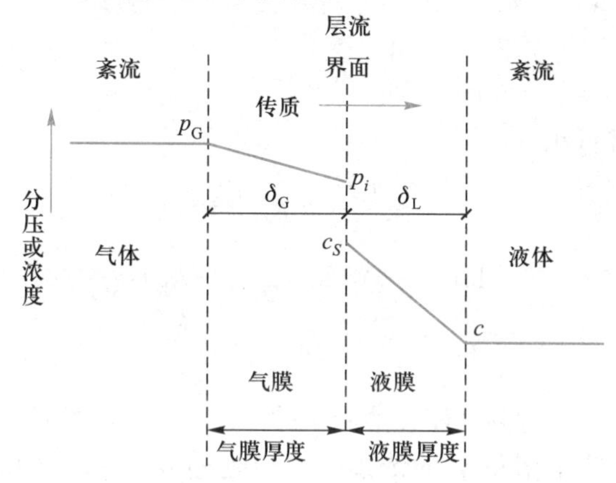

图 12-28　气体传递双膜理论简图

一般情况下，由于液膜厚度(δ_L)很小，故液膜内的浓度可以按直线变化考虑，则液膜两侧的溶氧浓度梯度可表示为

$$-\frac{\mathrm{d}c}{\mathrm{d}\delta}=\frac{c_S-c}{\delta_L} \tag{12-48}$$

将上式代入式(12-47)中得

$$\frac{\mathrm{d}M}{\mathrm{d}t}=-DA\frac{\mathrm{d}c}{\mathrm{d}\delta}=DA\left(\frac{c_S-c}{\delta_L}\right) \tag{12-49}$$

式中：$\frac{\mathrm{d}M}{\mathrm{d}t}$——氧传递率，kg($O_2$)/h；

D——液膜中氧分子扩散系数，m^2/h；

A——气液接触界面面积，m^2；

c_S——与界面氧分压所对应的溶液饱和溶解氧值，kg(O_2)/m^3；

c——溶液中溶解氧浓度，kg(O_2)/m^3；

$\frac{c_S-c}{\delta_L}$——溶解氧浓度梯度，kg(O_2)/($m^3\cdot m^{-1}$)。

设液相主体体积为 V(m^3)，式(12-49)同除以 V 得

$$\frac{\frac{\mathrm{d}M}{\mathrm{d}t}}{V}=\frac{D}{\delta_{\mathrm{L}}}\frac{A}{V}(c_{\mathrm{S}}-c)$$

$$\frac{\mathrm{d}c}{\mathrm{d}t}=K_{\mathrm{L}}\frac{A}{V}(c_{\mathrm{S}}-c) \tag{12-50}$$

式中：$\frac{\mathrm{d}c}{\mathrm{d}t}$——液相中溶解氧浓度变化率（或氧传递速率），kg(O_2)/(m^3·h)；

$K_{\mathrm{L}}=\frac{D}{\delta_{\mathrm{L}}}$——液膜中氧分子的传质系数，m/h。

通常以 $K_{\mathrm{La}}=K_{\mathrm{L}}\frac{A}{V}$ 表示氧分子的总传质系数（单位：h^{-1}），式(12−50)可改写为

$$\frac{\mathrm{d}c}{\mathrm{d}t}=K_{\mathrm{La}}(c_{\mathrm{S}}-c) \tag{12-51}$$

将式(12−51)进行积分：

$$\int_{c_1}^{c_2}\frac{\mathrm{d}c}{c_{\mathrm{S}}-c}=K_{\mathrm{La}}\int_{t_1}^{t_2}\mathrm{d}t$$

$$\ln(c_{\mathrm{S}}-c_2)=\ln(c_{\mathrm{S}}-c_1)-K_{\mathrm{La}}t$$

或

$$\lg(c_{\mathrm{S}}-c_2)=\lg(c_{\mathrm{S}}-c_1)-\frac{K_{\mathrm{La}}}{2.303}t \tag{12-52}$$

式中：c_1，c_2——t_1 和 t_2 时刻气体在溶液中的浓度。对于活性污泥法，c_1 和 c_2 即为混合液中溶解氧的浓度，可以通过实验用式(12−52)求得总传质系数。

从式(12−52)可以看出，影响氧传递速率的主要参数是溶液的溶解氧不饱和值、气、液相的接触面积和液膜的厚度。为了提高氧传递速率，可从以下两方面考虑：

（1）提高 K_{La} 值：加强液相主体的紊流程度，降低液膜厚度，加速气、液界面的更新，采用微孔曝气方式，增大气、液接触面积等。

（2）提高 c_{S} 值：提高气相中的氧分压，如采用纯氧曝气、深井曝气等。

二、氧传递的影响因素

1. 污水水质

污水中含有各种杂质，对氧的传递会产生一定的影响。其中主要是溶解性有机物，特别是某些表面活性物质，它们会在气、液界面处集中，形成一层分子膜，增加了氧传递的阻力，影响了氧分子的扩散，污水中总传质系数 K_{La} 值将相应地下降，为此，采用一个小于 1 的系数 α 进行修正。

$$\alpha=\frac{K_{\mathrm{La}}(污水)}{K_{\mathrm{La}}(清水)} \tag{12-53}$$

$$K_{\mathrm{La}}(污水)=\alpha K_{\mathrm{La}}(清水) \tag{12-54}$$

污水处理系统中污泥浓度对氧的传递同样存在一定影响，在高浓度活性污泥处理系统，如 MBR 系统的曝气池，在混合液 MLSS 浓度达到 10 g/L 时，微孔曝气系统

的 α 值将降为 0.4 左右。

此外，污水中含有的各种溶解盐类影响溶解氧的饱和值，对此，引入另一个小于 1 的系数 β 予以修正，β 值为污水中的 c_S 与清水中的 c_S 比值。

$$\beta=\frac{c_S(\text{污水})}{c_S(\text{清水})} \tag{12-55}$$

$$c_S(\text{污水})=\beta c_S(\text{清水}) \tag{12-56}$$

上述 α、β 修正系数值均可通过对污水和清水的曝气充氧试验测定。对于鼓风曝气扩散装置，α 值为 0.4~0.8，对于机械曝气扩散装置，α 值为0.6~1.0。β 值一般为 0.70~0.98，通常取 0.95。

2. 水温

水温对氧的传递影响较大，水温上升，水的黏度降低，液膜厚度减小，扩散系数提高，K_{La}值增大；反之，则 K_{La}值降低，K_{La}值随温度的变化符合下列关系式：

$$K_{La(T)}=K_{La(20)}\cdot 1.024^{(T-20)} \tag{12-57}$$

式中：$K_{La(T)}$——水温为 T 时的氧总传质系数，h^{-1}；

$K_{La(20)}$——水温为 20 ℃时的氧总传质系数，h^{-1}；

T——设计计算温度,℃；

1.024——温度系数。

水温对溶解氧饱和度 c_S 值也产生影响，随着温度的增加，K_{La} 值增大，c_S 值降低，液相中氧的浓度梯度有所减小。因此，水温对氧的传递有两种相反的影响，但并不完全抵消，总的来说，水温降低有利于氧的传递。

3. 氧分压

c_S 值除了受到污水中溶解盐类及温度的影响外，自然还受到氧分压或气压的影响，气压降低，c_S 值也随之下降；反之则提高。因此，在气压不是 1.013×10^5 Pa的地区，c_S 值应乘以压力修正系数 ρ：

$$\rho=\frac{\text{所在地点实际气压(Pa)}}{1.013\times10^5} \tag{12-58}$$

对于鼓风曝气池，安装在池底的空气扩散装置出口处的氧分压最大，c_S 值也最大；但随气泡上升至水面，气体压力逐渐降低，降低到一个大气压，而且气泡中的一部分氧已转移到液相中，氧分压更低。故鼓风曝气池中的 c_S 值应是扩散装置出口处和混合液表面处溶解氧饱和浓度的平均值：

$$\begin{aligned}\bar{c}_S&=\frac{1}{2}(c_{S1}+c_{S2})=\frac{1}{2}\left(\frac{p_d}{1.013\times10^5}c_S+\frac{\varphi_O}{21}c_S\right)\\&=c_S\left(\frac{p_d}{2.026\times10^5}+\frac{\varphi_O}{42}\right)\end{aligned} \tag{12-59}$$

式中：$\bar{c}_S$——鼓风曝气池内混合液溶解氧饱和浓度的平均值，mg/L，对于表面曝气而言，$\bar{c}_S=c_S$；

c_{S1}，c_{S2}——池底、池面混合液溶解氧饱和浓度，mg/L；

c_S——大气压力为 1.013×10^5 Pa 时的溶解氧饱和浓度，mg/L；

p_d——空气扩散装置出口处的绝对压力(Pa)，其值等于下式：

$$p_d = p + 9.8\times10^3 H \tag{12-60}$$

p——大气压力，$p=1.013\times10^5$ Pa；

H——空气扩散装置的安装深度，m，一般为有效水深-0.3 m(距池底 0.3 m)；

φ_O——气泡离开池面时，氧的体积分数(%)，可按下式计算：

$$\varphi_O = \frac{21(1-E_A)}{79+21(1-E_A)}\times100\% \tag{12-61}$$

E_A——空气扩散装置的氧转移效率，小气泡扩散装置一般取 6%~12%，微孔曝气器一般取 15%~30%。

上述各项因素，受自然条件、环境条件和构筑物本身因素所限制，需要通过计算去修正，并降低其所造成的影响。

此外，可以通过设备选择、运行方式改变等人为因素，使氧传递速率得以提高。如氧传递速率与气泡的大小、液体的紊流程度和气泡与液体的接触时间有关。气泡大小可通过选择扩散器来决定。气泡小，则接触面面积 A 较大，将提高 K_{La} 值，有利于氧的传递；但气泡小却不利于紊流，对氧的传递也有不利的影响。紊流程度大，接触充分，K_{La} 值增高，氧传递速率也将有所提高，气泡与液体接触时间加长有助于氧的充分传递。

混合液中氧的浓度越低，氧传递的推动力越大，因此氧传递速率越大。

氧从气泡中传递到液体中，逐渐使气泡周围液膜的氧含量饱和，这样，氧传递速率又取决于液膜的更新速率。气泡的形成、上升、破裂和紊流都有助于气泡液膜的更新和氧的传递。

综合上述，气相中氧分压、液相中氧的浓度梯度、气液之间的接触面积和接触时间、水温、污水的性质、水流的紊流程度等因素都影响着氧传递速率。

三、氧传递速率与供气量的计算

在稳定条件下，氧传递速率应等于活性污泥微生物的需氧速率(R_r)：

$$\frac{dc}{dt} = \alpha K_{La(20)} \cdot 1.024^{(T-20)} \left[\beta\rho \bar{c}_{S(T)} - c\right] F = R_r \tag{12-62}$$

式中：F——空气扩散装置堵塞系数，通常取 0.65~0.9，其他参数同前。

设备供应商提供的空气扩散装置氧传递参数是在标准条件下测定的，所谓标准条件是指：水温为 20 ℃、大气压力为 1.013×10^5 Pa、测定用水是脱氧清水。

在标准条件下，转移到一定体积脱氧清水中的总氧量(O_S,单位:kg/h)为

$$O_S = K_{La(20)} c_{S(20)} V \tag{12-63}$$

而在实际条件下，同样的空气扩散装置，能够转移到同样体积曝气池混合液的总氧量(O_2,单位:kg/h)为

$$O_2 = \alpha K_{La(20)} \left[\beta\rho \bar{c}_{S(T)} - c\right] \cdot 1.024^{(T-20)} FV \tag{12-64}$$

一般 O_2 仅为 O_S 的 60%~75%，联解上面两式得

$$O_S=\frac{O_2 c_{S(20)}}{\alpha\left[\beta\rho \bar{c}_{S(T)}-c\right]\cdot 1.024^{(T-20)}F} \tag{12-65}$$

O_2为曝气池的实际需氧量，可以通过生化过程的设计计算求得，据式(12-65)可以求得换算为 O_S的值，再由 O_S值根据氧转移效率计算供气量，或根据机械曝气的性能参数选择机械曝气设备。

氧转移效率 E_A(单位:%)为

$$E_A=\frac{O_S}{S}\cdot 100\% \tag{12-66}$$

式中：S——供氧量，kg/h，供氧量与供气量的关系可用下式表示：

$$S=G_S\times 0.21\times 1.331=0.28G_S \tag{12-67}$$

G_S——供气量，m^3/h；

0.21——氧在空气中所占体积分数；

1.331——20 ℃时氧气的密度，kg/m^3。

对于鼓风曝气，各种空气扩散装置在标准状态下的 E_A值是生产厂商提供的，因此，将式(12-67)代入式(12-66)可以计算曝气系统需要的供气量(m^3/h)：

$$G_S=\frac{O_S}{0.28E_A} \tag{12-68}$$

根据选择的鼓风机系统的台数，可以确定单台风机的风量，一般工作台数小于3 台时，应有 1 台备用，工作台数为 4 台或大于 4 台时，应有 2 台备用，备用风机同时可用于高峰负荷时补充供气量，鼓风机宜有风量调节装置，以便根据实际工况调节供气量。

鼓风机的选型应根据使用的风压、单机风量、控制方式、噪声和维护管理等条件确定，输气管道中空气流速干管宜采用 10～15 m/s，竖管、小支管为 4～5 m/s，鼓风机与输气管道连接处宜设置柔性连接管，输气管道从鼓风机出口至曝气池液面宜采用焊接钢管，在输气管道的低点应设置排除水分(或油分)的排泄口和清扫管道的排出口，进入生物反应池的空气管道应有高出水面 0.5 m 的阻水弯，防止风机突然停止时曝气池混合液回流到风机而造成损坏，池底扩散装置的支管应设置泄水管以定期排除冷凝水。

计算鼓风机的工作压力时，应根据扩散装置的淹没水深、扩散装置风压损失、风管的压力损失、管道中调节阀门等配件的局部压力损失等计算确定，鼓风机出口风压可用下式确定：

$$p=H+h_d+h_f \tag{12-69}$$

式中：p——鼓风机出口风压，kPa；

H——扩散装置的淹没深度，换算成压力单位 kPa，1 m H_2O 压力相当于 9.8 kPa；

h_d——扩散装置的风压损失，kPa，与充氧装置形式有关，一般取 3～5 kPa；

h_f——输气管道的总风压损失，kPa，包括沿程风压损失和局部风压损失，可以通过计算确定。

此外，在式(12-69)计算结果的基础上，根据鼓风曝气系统和设备具体情况，一般尚需考虑2~3 kPa的富余安全压力。

对于机械曝气，各种设备在标准条件下的充氧量与设备的相关参数关系也是厂商通过实际测定并提供的。如泵型叶轮的充氧量与叶轮直径及叶轮线速度的关系，有以下公式供参考：

$$Q_S = 0.379v^{2.8}D^{1.88}K \tag{12-70}$$

式中：Q_S——在标准状态下脱氧清水中的充氧量，kg/h；

v——叶轮线速度，m/s；

D——叶轮直径，m；

K——池形修正系数。

计算曝气池需氧量，再换算成标准条件下的需氧量，$Q_S = O_S$，然后可根据式(12-70)估算所需叶轮直径，其他机械曝气设备的充氧量可以参考相应设备厂商提供的资料。

四、曝气设备

曝气设备主要分为鼓风曝气和机械曝气两大类。

（一）鼓风曝气

鼓风曝气系统由进口空气过滤器、鼓风机、空气输配管系统和浸没于混合液下的扩散器组成。鼓风机供应一定的风量，风量要满足生化反应所需的氧量，并能保持混合液悬浮固体呈悬浮状态。风压则要满足克服管道系统和扩散器的摩阻损失及扩散器上部的静水压。鼓风机进口空气过滤器的目的是改善整个曝气系统的运行状态，防止灰尘进入鼓风机的运动部件造成损坏，以及进入扩散器内部造成阻塞。

扩散器是整个鼓风曝气系统的关键部件，它的作用是将空气分散成不同尺寸的气泡，气泡在扩散器的出口处形成，气泡尺寸取决于扩散器的形式，气泡越小，与周围混合液的接触界面积越大。气泡在上升及随水流循环流动过程中，空气中的氧不断转移溶解于混合液中，最后在液面处破裂。

根据分散气泡的大小，扩散器又可分成以下几种类型。

1. 微气泡扩散器

这类扩散装置形成的气泡直径在100 μm左右，气液接触面大，氧利用率高，其缺点是压力损失较大，易堵塞，对送入的空气必须进行过滤处理，一般对于微气泡扩散器，固体颗粒含量应小于15 mg/m^3。微气泡扩散器制造材料一般分为两大类，一类为多孔性刚性材料，如刚玉、陶粒、粗瓷等掺以适当的酚醛树脂一类的黏合剂，在高温下烧结定型而成，停止曝气时微孔被沉积物堵塞。另一类材料为柔性橡胶膜，可形成管式(图12-29)、圆盘式(图12-30)等形状，膜上用激光均匀开有微孔。鼓风时，空气进入膜片与支撑管或支撑底座之间，使膜片微微鼓起，孔眼张开，空气从孔眼逸出，达到空气扩散的目的。供气停止，压力消失，在膜片的弹性作用下，孔眼自动闭合，并且由于水压的作用，膜片压实在底座之上，曝气池混合液不会倒流，孔眼不会堵塞。

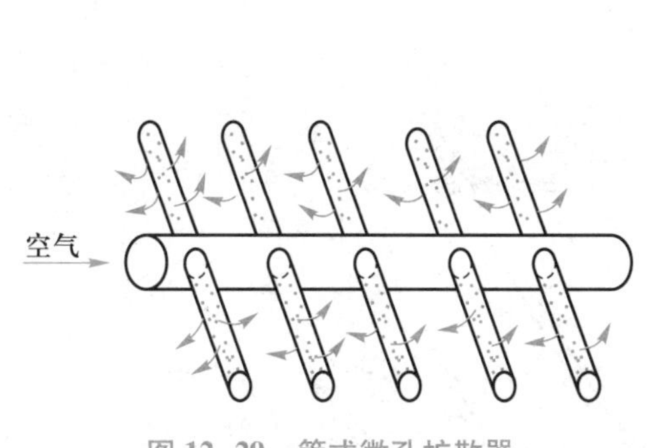

图 12-29　管式微孔扩散器

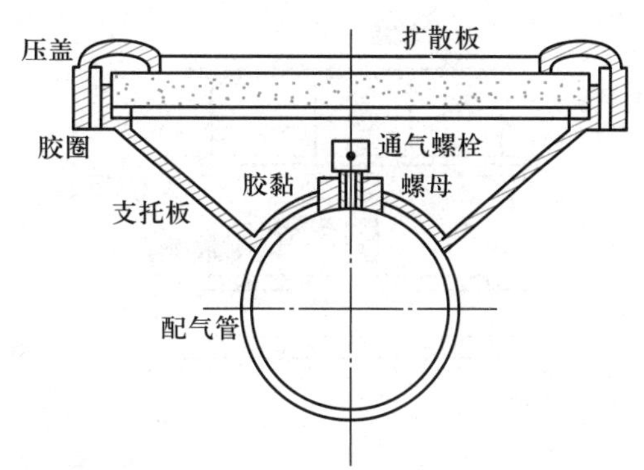

图 12-30　圆盘式微孔扩散器

为了便于维护管理，可以将微孔曝气管制成成组的可提升装置，需要维护时，随时可以将扩散器提出水面进行清理。

这类扩散装置的氧转移效率可达 30%，但选择时应注重扩散装置在整个生命周期的氧转移效率和动力效率，如果因为堵塞等问题而导致扩散装置在生命周期的后期效率快速下降，则也不是理想的扩散装置，具体安装要求及性能参数可参照生产厂家提供的数据。

2. 小气泡扩散器

小气泡扩散器是采用多孔材料(陶瓷、砂砾、塑料等)制成的扩散板或扩散管，分散气泡直径可小于 1.5 mm[图 12-31(a)]。

3. 中气泡扩散器

中气泡扩散器常用穿孔管和莎纶管。穿孔管由管径为 25~50 mm 的钢管或塑料管制成，在管壁两侧向下呈 45°角方向开有直径为 2~3 mm 的孔眼，孔眼间距 50~100 mm，两边错开排列，孔口的气体流速不小于 10 m/s，以防堵塞[图 12-31(b)]。莎纶管以多孔金属管为骨架，管外缠绕莎纶绳。金属管上开了许多小孔，压缩空气从小孔逸出后，从绳缝中以气泡的形式挤入混合液。空气之所以能从绳缝中挤出，是由于莎纶富有弹性。

4. 大气泡扩散器

采用 15 mm 的支管直接伸入混合液曝气，气泡直径在 15 mm 左右。因为氧利用率和动力效率较低，目前已经很少采用[图 12-31(c)]。

5. 剪切分散空气曝气器

除了上述几种扩散装置以外，还有一类曝气器不是将空气直接分散，而是利用水力或机械力的剪切作用，在空气从装置吹出之前，将大气泡切割成小气泡，如倒盆式扩散装置、固定螺旋扩散装置、射流式空气扩散器、水下空气扩散器等。

通常扩散器形成的气泡越大，氧的传递速率越低，然而它的优点是堵塞的可能性小，空气的净化要求也低，养护管理比较方便。微小气泡扩散器由于氧的传递速率高，反应时间短，曝气池的容积可以缩小。因而选择何种扩散器要因地制宜。

扩散器可以布满整个曝气池底，或沿曝气池横断面的一侧布置，使混合液中的

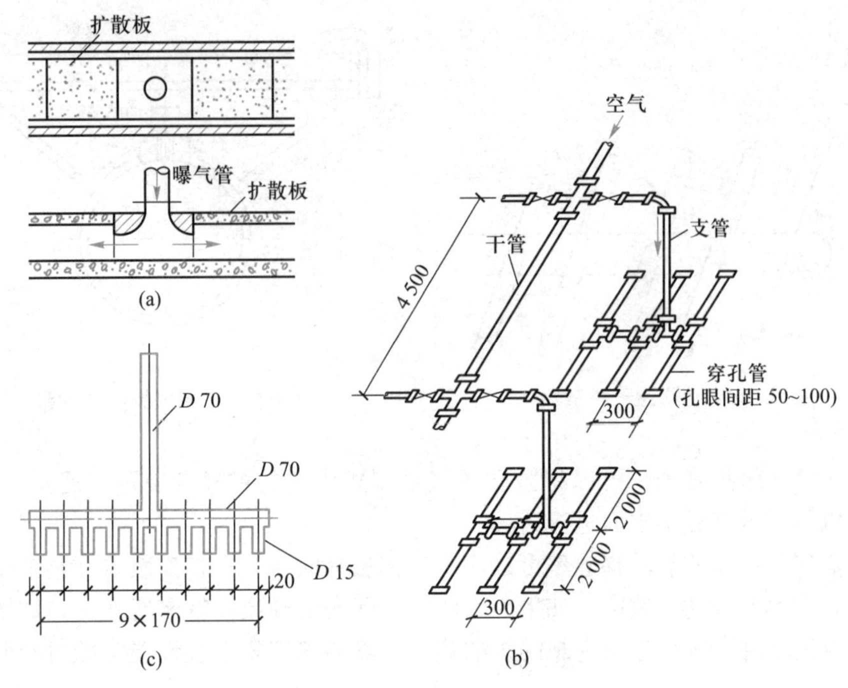

图 12-31 不同粒径气泡扩散装置

（a）小气泡扩散板；（b）中气泡穿孔管；（c）大气泡竖管曝气

悬浮固体呈悬浮状态，沿一侧布置时可以在曝气池断面上形成旋流，增加气泡和混合液的接触时间，有利于氧的传递。

鼓风曝气用鼓风机供应所需空气量，常用的有罗茨鼓风机、离心式鼓风机和悬浮风机。罗茨鼓风机造价便宜，但受单机风量影响，一般适用于中小型污水处理厂，且运行时噪声大，必须采取消音、隔音措施。离心式鼓风机又可分为单级高速离心风机和多级离心风机，单机风量大，风量调节方便，运行噪声小，工作效率高，但进口离心风机价格较贵，一般适用于大中型污水处理厂。悬浮风机分为磁浮风机和空浮风机，运行时噪音低，效率高，风量调节方便，但单机风量受限。

（二）机械曝气

鼓风曝气是液下曝气，机械曝气则是通过安装于池面的表面曝气器来实现的。机械曝气器按传动轴的安装方向，可分为竖轴式和卧轴式两类。

1. 竖轴式曝气器

竖轴式曝气器的传动轴与液面垂直，装有叶轮，其基本充氧途径是：① 当叶轮快速转动时，把大量的混合液以液幕、液滴抛向空中，在空中与大气接触进行氧的转移，然后挟带空气形成水气混合物回到曝气池中，由于气液接触界面大，空气中的氧很快溶入水中；② 随着曝气器的转动，曝气叶轮的后侧形成负压区，卷吸部分空气；③ 曝气叶轮的转动具有提升、输送液体的作用，使混合液连续上下循环流动，气液接触界面不断更新，不断使空气中的氧向液体中转移，同时池底含氧量小的混合液向上环流与表面充氧区发生交换，从而提高了整个曝气池混合液的溶解氧含量(图 12-32)。因为混合液的流动状态同池形有密切的关系，所以曝气的效率不仅决定于曝气器的性能，还与曝气池的池形有密切关系。

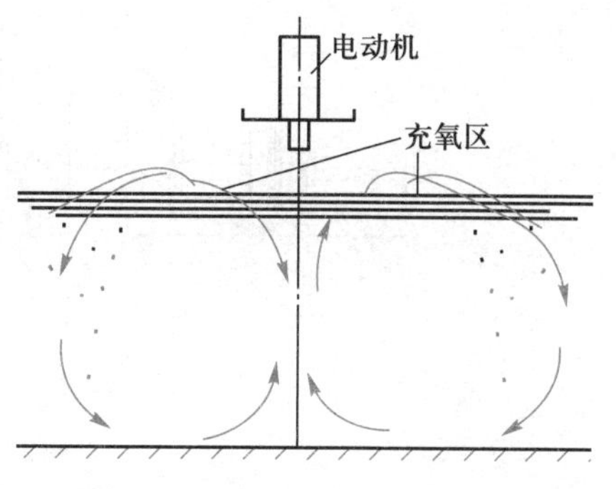

图 12-32 竖轴式曝气器

曝气叶轮的淹没深度一般为 10~100 mm，可以调节。淹没深度大时提升水量大，但所需功率亦会增大，叶轮转速一般为 20~100 r/min，因而电机需通过齿轮箱变速，同时可以进行二挡或三挡调速，以适应进水水量和水质的变化。常用的这类曝气器叶轮有泵型、倒伞型和平板型，见图 12-33。

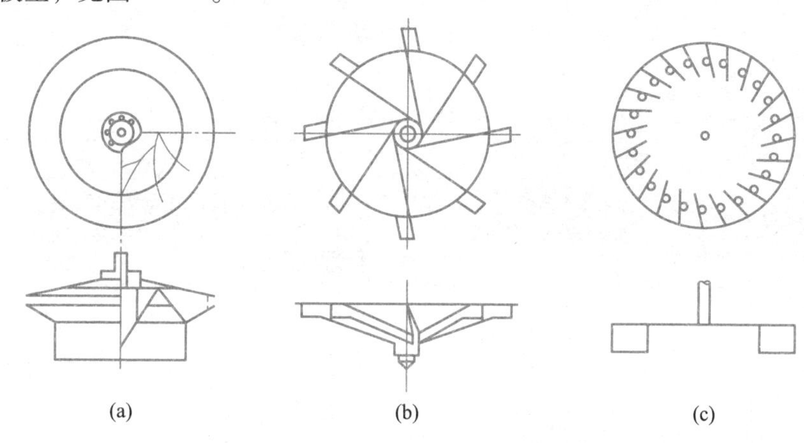

图 12-33 竖轴式曝气器——几种典型叶轮

(a) 泵型；(b) 倒伞型；(c) 平板型

2. 卧轴式曝气器

卧轴式曝气器的转动轴与液面平行，主要用于氧化沟系统。在转动轴上安装开有鳞片孔的转碟，或在垂直于转轴的方向装有不锈钢丝(转刷)或塑料板条，电机驱动，转速在 50~70 r/min，淹没深度为转刷直径的 1/3~1/4。转动时，转碟或转刷把大量液滴抛向空中，并使液面剧烈波动，促进氧的溶解；同时推动混合液在池内流动，促进曝气器附近的混合液更新，便于溶解氧的扩散(图12-34)。

(三) 曝气设备性能指标

比较各种曝气设备性能的主要指标有：① 氧传递速率，单位为 mg(O_2)/(L·h) 或 kg(O_2)/(m^3-h)；② 充氧能力(或动力效率)，即每消耗 1 kW·h 的动力能传递到水中的氧量，单位为 kg(O_2)/(kW·h)；③ 氧利用率，通过鼓风曝气系统转移到混合液中的氧量占总供氧的百分比，单位为%。机械曝气无法计量总供氧量，因而氧利用率对其不适用。

表 12-7 中的标准状态是指用清水做曝气试验，水温为 20 ℃，大气压力为1.013×10^5 Pa，采用脱氧剂使开始试验的清水溶解氧浓度降为 0。现场试验用的是污水，水温为 15 ℃，海拔 150 m，α=0.85，β=0.9。

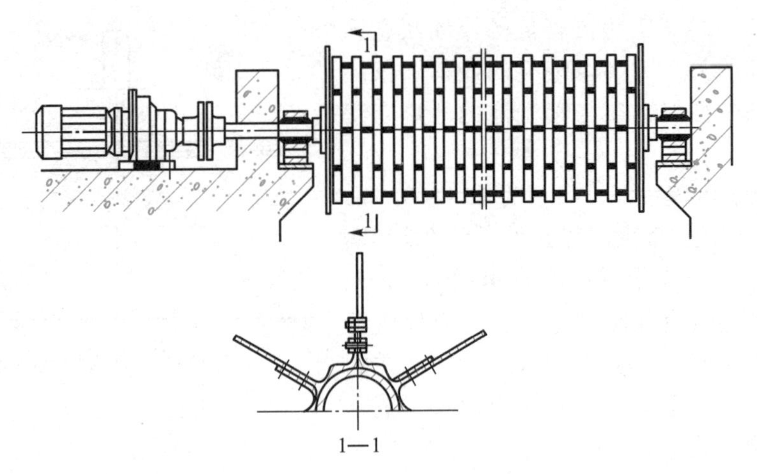

图 12-34 卧轴式曝气器-转刷曝气器

表 12-7 各类曝气设备性能

曝气设备类型	氧传递速率/[$mg(O_2)\cdot L^{-1}\cdot h^{-1}$]	动力效率/[$kg(O_2)\cdot kW^{-1}\cdot h^{-1}$]	
		标准状态	现场
小气泡	46~60	1.2~2.0	0.7~1.4
中气泡	20~30	1.0~1.6	0.6~1.0
大气泡	10~20	0.6~1.2	0.3~0.9
射流曝气器	40~120	1.2~2.4	0.7~1.4
低速表面曝气器	10~90	1.2~2.4	0.7~1.3
低速表面曝气加导管	60~90	1.2~2.4	0.7~1.4
高速浮动曝气器	—	1.2~2.4	0.7~1.3
转刷曝气器	—	1.2~2.4	0.7~1.3

表中各类曝气设备的性能都不是一个绝对值，而是一个范围。这是由于同类设备中还有不同结构的产品，同时在现场试验中，曝气池的形式和深度也影响其性能。

上面所提及的各类曝气设备除了要满足充氧要求外，还应满足如下最低的混合强度要求：采用鼓风曝气器时，按标准规定，处理每 1 m^3 污水的曝气量不应小于 3 m^3，如果曝气池水位较深，则可以安装最低曝气设备(每单位池底面积、单位时间内的曝气量)1.2 $m^3/(m^2\cdot h)$(中气泡曝气)~2.2 $m^3/(m^2\cdot h)$(小气泡曝气)控制，如果扩散器的氧转移效率很高，也可以辅助安装机械搅拌装置保持混合液处于悬浮状态；采用机械曝气器时，混合全池污水所需功率不宜小于 25 W/m^3；氧化沟不宜小于 15 W/m^3。

第五节　去除有机污染物的活性污泥法过程设计

活性污泥法的设计计算，主要是根据进水水质和出水的要求，确定活性污泥法工艺流程，选择曝气池的类型，计算曝气池的容积，确定污泥回流比，计算所需的供氧量，选择曝气设备和计算剩余污泥量等。本节主要讨论有机污染物去除及硝化过程的活性污泥法设计计算。

一、曝气池容积设计计算

曝气池的选型，从理论上分析，推流优于完全混合，但由于充氧装置能力的限制，以及纵向混合的存在，实际上推流和完全混合的处理效果相近。若能克服纵向掺混，则推流比完全混合好，而完全混合抗冲击负荷的能力强。究竟选择哪一类型，要根据进水的负荷变化情况、曝气设备的选择、场地布置，以及设计者的经验等因素综合确定。在可能条件下，曝气池的设计要既能按推流方式运行，也能按其他多种模式操作，以增加运行的灵活性，在运行过程中探索恰当的运行方式。

曝气池的设计计算，正在由经验方法向更精确的理论方法过渡，由于污水水质的复杂性，有些情况需要通过试验来确定设计参数。但是，理论方法能深刻地揭示活性污泥法的本质，加深对它的认识和理解，这对做好设计是极为重要的。

1. 有机负荷法

有机负荷通常有两种表示方法：活性污泥负荷(简称污泥负荷)和曝气池容积负荷(简称容积负荷)。

活性污泥负荷的方法，在原理上是基于对活性污泥法中微生物生长曲线的理解，认为微生物所处的生长阶段决定于基质总投加量(F)与微生物总量(M)的比例(即活性污泥负荷)。活性污泥负荷主要决定了活性污泥法系统中活性污泥的凝聚、沉降性能和系统的处理效率。对于一定进水浓度的污水(S_0)，只有合理地选择混合液污泥浓度(X)和恰当的活性污泥负荷(F/M)，才能达到一定的处理效率。

根据这样的概念，活性污泥负荷 L_S 可以用下式表示：

$$L_S=\frac{F(\text{基质的总投加量})}{M(\text{微生物总量})}=\frac{QS_0}{XV} \tag{12-71}$$

因此，曝气池容积应为

$$V=\frac{QS_0}{L_SX} \tag{12-72}$$

式(12-71)是承担负荷的概念，我国现行的《室外排水设计标准》(GB 50014—2021)中的负荷是去除负荷的概念，其计算容积公式为

$$V=\frac{Q(S_0-S_e)}{L_SX} \tag{12-73}$$

按此公式，计算得到的曝气池容积(V)可以略为减小。

式中：L_S——活性污泥负荷，kg(BOD_5)/[kg(MLSS)·d]或 kg(BOD_5)/[kg(MLVSS)·d]；

F/M——基质与微生物比，g（BOD_5）/[g（MLSS）·d] 或 g（BOD_5）/[g(MLVSS)·d]；

Q——与曝气时间相当的平均进水流量，m^3/d；

S_0——曝气池进水的平均 BOD_5，mg/L 或 kg/m^3；

S_e——曝气池出水的平均 BOD_5，mg/L 或 kg/m^3；

X——曝气池混合液污泥浓度，MLSS 或 MLVSS，mg/L 或 kg/m^3；

V——曝气池容积，m^3。

运用污泥负荷要注意使用 MLSS 或 MLVSS 表示曝气池混合液污泥浓度时应与 L_S 中的污泥浓度含义相对应。

容积负荷是指单位容积曝气池在单位时间内所能接纳的 BOD_5量，即

$$L_V=\frac{QS_0}{V} \tag{12-74}$$

式中：L_V——容积负荷，kg(BOD_5)/(m^3·d)。

根据容积负荷可计算曝气池容积 V(m^3)，即

$$V=\frac{QS_0}{L_V} \tag{12-75}$$

Q 和 S_0是已知的，X 和 L_S、L_V可参考表 12-1 选择。对水质较为复杂的工业废水要通过试验来确定 X 和 L_S、L_V值。污泥负荷法应用方便，但需要一定的经验。

2. 污泥龄法

根据有机负荷确定曝气池容积主要依据工程实践经验，随着人们对活性污泥法反应过程机理的了解不断深入，各国学者为了进一步揭示生化反应过程中物质的变化规律，在生化反应动力学方面做了大量试验研究工作，得到了相关的生物反应动力学模型，并应用于工程设计和运行管理。对于活性污泥法处理系统，污泥龄是一个非常重要的参数，选择、控制好一个合理、可靠的污泥龄对活性污泥法系统的工程设计和运行管理非常重要。

根据第三节的活性污泥法数学模型分析得知，出水水质、曝气池混合液污泥浓度、污泥回流比等都与污泥龄存在一定的数学关系，利用这些数学关系可以进行生物处理过程设计。如根据式(12-18)可以计算曝气池容积：

$$V=\frac{YQ(S_0-S_e)\theta_c}{X(1+K_d\theta_c)} \tag{12-76}$$

式中：V——曝气池容积，m^3；

Y——活性污泥的产率系数，g(VSS)/g(BOD_5)；

Q——与曝气时间相当的平均进水流量，m^3/d；

S_0——曝气池进水的平均 BOD_5，mg/L；

S_e——曝气池出水的平均 BOD_5，mg/L；

θ_c——污泥龄(SRT)，d；

X——曝气池混合液污泥浓度，MLVSS 或 MLSS，mg/L；

K_d——内源代谢系数，d^{-1}。

为了在曝气池投产期或运行中检修驯化活性污泥，各类曝气池在设计时，都应在池深1/2处设中间排液管，以便排除静沉污泥浓缩后的上清液。

二、剩余污泥量计算

1. 按污泥龄计算

根据活性污泥系统污泥龄的定义，污泥龄提供了一个计算每天剩余污泥量的简易公式：

$$\Delta X=\frac{VX}{\theta_c} \tag{12-77}$$

式中：ΔX——每天排除的剩余污泥量，kg(SS)/d；

X——曝气池中的MLSS浓度，kg(MLSS)/m^3；

V——曝气池容积，m^3；

θ_c——污泥龄(SRT)，d。

2. 根据污泥产率系数或表观产率系数计算

污泥产率系数是指降解单位质量的底物所增长的微生物质量，根据污泥产率系数Y和内源代谢系数K_d计算活性污泥微生物每日在曝气池内的净增长量为

$$\Delta X_V=Y(S_0-S_e)Q-K_dVX_V \tag{12-78}$$

式中：ΔX_V——每日增长的挥发性污泥量，kg(VSS)/d；

Y——污泥产率系数，即微生物每代谢1 kg BOD_5所合成的VSS，kg；

$Q(S_0-S_e)$——每日的有机污染物去除量，kg/d；

VX_V——曝气池内挥发性悬浮固体总量，kg。

用上面提到的污泥产率系数Y计算的是微生物的总增长量，没有扣除生化反应过程中用于内源呼吸而消亡的微生物量，故Y有时也称为合成产率系数或总产率系数。

污泥产率系数的另一种表达为表观产率系数Y_{obs}，用Y_{obs}计算的微生物量为净增长量，即已经扣除内源呼吸而消亡的微生物量，表观产率系数可在实际运转中观测到，故Y_{obs}又称为观测产率系数或净产率系数。

$$Y_{obs}=\frac{\frac{dX'}{dt}}{-\frac{dS}{dt}}=-\frac{dX'}{dS} \tag{12-79}$$

式中：dX'——微生物的净增长量。

用Y_{obs}计算每日增长的挥发性污泥量就显得简便快捷：

$$\Delta X_V=Y_{obs}Q(S_0-S_e) \tag{12-80}$$

式中各项意义同前。

通过式(12-78)和式(12-80)计算得出的是每日增长的挥发性污泥量，可运用系数f_v(MLVSS/MLSS)换算为含无机和惰性组分的总污泥量，再通过排泥含水率换算为剩余污泥排放体积。

实际工程中考虑到进水中不可生物降解和惰性悬浮固体通过生物絮凝进入剩余

污泥，常用式(12-81)计算剩余污泥量：

$$\Delta X = YQ(S_0 - S_e)\ K_d V X_V + fQ(SS_0 - SS_e) \tag{12-81}$$

式中：f——SS 的污泥转化率，一般可取(0.5~0.7)g(MLSS)/g(SS)；

SS_0，SS_e——生化反应系统进水和出水悬浮固体浓度，kg/m^3。

三、需氧量设计计算

曝气池内活性污泥对有机污染物的氧化分解及微生物的正常代谢活动均需要氧气，需氧量一般可利用下列方法计算。

1. 根据有机污染物降解需氧率和内源代谢需氧率计算

在曝气池内，活性污泥对有机污染物的氧化分解和其本身的内源代谢都是耗氧过程。这两部分氧化过程所需要的氧量，一般用以下公式确定：

$$O_2 = a'QS_r + b'VX_V \tag{12-82}$$

式中：O_2——混合液需氧量，kg(O_2)/d；

a'——活性污泥微生物氧化分解有机污染物过程的需氧率，即活性污泥微生物代谢单位质量(1 kg) BOD_5所需要的氧量，kg(O_2)/kg；

Q——处理污水流量，m^3/d；

S_r——经活性污泥代谢活动被降解的有机污染物(BOD_5)量，kg/m^3，$S_r = S_0 - S_e$；

b'——活性污泥微生物内源代谢的自身氧化过程的需氧率，即 1 kg 活性污泥每天自身氧化所需要的氧量，kg(O_2)/(kg · d)；

V——曝气池容积，m^3；

X_V——曝气池内 MLVSS 浓度，kg(MLVSS)/m^3。

上式可改写为下列两种形式：

$$\frac{O_2}{QS_r} = a' + \frac{X_V V}{QS_r} b' = a' + \frac{b'}{L_S} \tag{12-83}$$

$$\frac{O_2}{X_V V} = a' \frac{QS_r}{X_V V} + b' = a' L_S + b' \tag{12-84}$$

式中：L_S——BOD_5污泥负荷，kg(BOD_5)/[kg(MLVSS) · d]；

$\frac{O_2}{QS_r}$——降解单位质量 BOD_5的需氧量，kg(O_2)/kg(BOD_5)；

$\frac{O_2}{X_V V}$——单位质量活性污泥的需氧量，kg(O_2)/[kg(MLVSS) · d]。

从式(12-83)可以看出，当活性污泥法处理系统在高 BOD_5污泥负荷条件下运行时，活性污泥的污泥龄(SRT)较短，降解单位质量 BOD_5的需氧量就较低。这是因为在高负荷条件下，一部分被吸附而未被摄入细胞体内的有机污染物随剩余污泥排出。同时，在高负荷条件下，活性污泥的内源代谢作用弱，因此需氧量较低。与之相反，当 BOD_5污泥负荷较低时，污泥龄较长，微生物对有机污染物分解代谢程度较高，微生物的内源代谢作用时间长，这样降解单位质量 BOD_5的需氧量就较高。

从公式(12-84)可以看到，在BOD_5污泥负荷高时，污泥龄较短，降解单位质量BOD_5的需氧量较高，也就是单位容积曝气池的需氧量较高。

生活污水的a'为0.42~0.53，b'为0.19~0.11。

2. 微生物对有机污染物的氧化分解需氧量

含碳可生物降解物质的需氧量可根据处理污水的可生物降解COD(bCOD)浓度和每天由系统排除的剩余污泥量来决定。如果bCOD被完全氧化分解为二氧化碳和水，则需氧量等于bCOD浓度，但微生物只氧化bCOD的一部分以供给能量而将另一部分用于细胞生长。实际去除的bCOD一部分需耗氧分解，另一部分直接合成细胞物质VSS(合成微生物体,以氧当量表示)。因此，对于活性污泥法处理系统，所需要的氧量：

$$耗氧量=去除的\ bCOD-合成微生物\ COD \tag{12-85}$$

$$O_2=Q(bCOD_0-bCOD_e)-1.42\Delta X_V \tag{12-86}$$

式中：Q——处理污水流量，m^3/d；

$bCOD_0$——系统进水可生物降解COD浓度，g/m^3；

$bCOD_e$——系统出水可生物降解COD浓度，g/m^3；

ΔX_V——剩余污泥量(以MLVSS计算)，g/d；

1.42——污泥的氧当量系数，完全氧化1单位的细胞(以$C_5H_7NO_2$表示细胞分子式)，需要1.42单位的氧。

通常使用BOD_5作为污水中可生物降解的有机污染物浓度，如果近似以BOD_L代替bCOD，则在20℃，$K_1=0.1$时，$BOD_5=0.68BOD_L$，式(12-86)可写为

$$O_2=\frac{Q(S_0-S_e)}{0.68}-1.42\Delta X_V \tag{12-87}$$

式中符号同前。

推导推流式曝气池的计算模式，在数学上较为烦琐，劳伦斯和麦卡蒂做了简化计算的假定后，求得了推流的计算模式，但实际上很少使用。由于当前两种形式的曝气池实际效果差不多，完全混合的计算模式也可用于推流式曝气池的设计计算。

例12-1　某污水处理厂处理规模为21 600 m^3/d，经预处理沉淀后BOD_5为200 mg/L，要求经过生物处理后的出水BOD_5小于20 mg/L。该地区大气压为1.013×10^5 Pa，要求设计曝气池容积、剩余污泥量和需氧量。相关参数可按下列条件选取：

(1) 曝气池污水温度为20 ℃；

(2) 曝气池中MLVSS与MLSS之比为0.8；

(3) 回流污泥悬浮固体浓度取10 000 mg/L；

(4) 曝气池中的MLSS取3 000mg/L；

(5) 污泥龄取10 d；

(6) 二沉池出水中含有12 mg/L总悬浮固体（TSS)，其中VSS占65%；

(7) 污水中含有足够的生化反应所需的氮、磷和其他微量元素。

解：(1) 估算出水中溶解性 BOD_5浓度

出水中 BOD_5由两部分组成，一部分是没有被生物降解的溶解性 BOD_5，另一部分是没有沉淀下来随出水漂走的悬浮固体。悬浮固体所占 BOD_5计算：

① 悬浮固体中可生物降解部分为 $0.65\times12\ \text{mg/L}=7.8\ \text{mg/L}$

② 可生物降解悬浮固体最终 $BOD_L=7.8\times1.42\ \text{mg/L}\approx11\ \text{mg/L}$

③ 可生物降解悬浮固体的 BOD_L换算为 $BOD_5=0.68\times11\ \text{mg/L}\approx7.5\ \text{mg/L}$

④ 确定经生物处理后要求的溶解性有机污染物，即 S_e：

$$7.5\ \text{mg/L}+S_e\leqslant20\ \text{mg/L},\qquad S_e\leqslant12.5\ \text{mg/L}$$

(2) 计算曝气池容积

① 按污泥负荷率计算：

参考表 12-1，取污泥负荷 0.25 kg(BOD_5)/[kg(MLSS)·d]，本题按平均流量计算：

$$V=\frac{Q(S_0-S_e)}{L_SX}=\frac{21\ 600\times(200-12.5)}{0.25\times3\ 000}\text{m}^3=5\ 400\ \text{m}^3$$

② 按污泥龄计算：

取 $Y=0.6\ \text{kg(MLVSS)/kg(BOD}_5\text{)}$，$K_d=0.08\ \text{d}^{-1}$

$$V=\frac{QY\theta_c(S_0-S_e)}{X_V(1+K_d\theta_c)}=\frac{21\ 600\times0.6\times10\times(200-12.5)}{3\ 000\times0.8\times(1+0.08\times10)}\text{m}^3=5\ 625\ \text{m}^3$$

经过计算，可以取曝气池容积 5 700 m^3。

(3) 计算曝气池的水力停留时间

$$t=\frac{V}{Q}=\frac{5\ 700\times24\ \text{h}}{21\ 600}\approx6.33\ \text{h}$$

(4) 计算每天排除的剩余污泥量

① 按表观污泥产率计算：

$$Y_{obs}=\frac{Y}{1+K_d\theta_c}=\frac{0.6}{1+0.08\times10}\approx0.333$$

计算系统排除的以挥发性悬浮固体计的干污泥量：

$$\Delta X_V=Y_{obs}Q(S_0-S_e)=0.333\times21\ 600\times(200-12.5)\times10^{-3}\ \text{kg(VSS)/d}\approx1\ 350\ \text{kg(VSS)/d}$$

计算总排泥量：$\frac{1\ 350}{0.8}\ \text{kg(SS)/d}\approx1\ 688\ \text{kg(SS)/d}$

② 按污泥龄计算：

$$\Delta X=\frac{VX}{\theta_C}=\frac{5\ 700\times3\ 000}{10}\times10^{-3}\ \text{kg(SS)/d}=1\ 710\ \text{kg(SS)/d}$$

③ 排放湿污泥量计算：

剩余污泥含水率按 99%计算，每天排放湿污泥量(以每天产泥 1 688 kg 计算)：

$$\frac{1\ 688}{1\ 000}\ \text{t}\approx1.68\ \text{t(干泥)},\quad\frac{1.68}{100\%-99\%}\ \text{m}^3=168\ \text{m}^3$$

(5) 计算污泥回流比 R

曝气池中 MLSS 浓度为 3 000 mg/L，回流污泥浓度为 10 000 mg/L，则

$$10\ 000\times Q_R=3\ 000\times(Q+Q_R)$$

$$R=\frac{Q_R}{Q}\approx 43\%$$

（6）计算曝气池的需氧量

根据式（12-87）：$O_2=\frac{Q(S_0-S_e)}{0.68}-1.42\Delta X_V$

$$O_2=\frac{Q(S_0-S_e)}{0.68}-1.42\Delta X_V=\left[\frac{21\ 600(200-12.5)}{0.68\times 1\ 000}-1.42\times 1\ 350\right]\ \mathrm{kg/d}\approx 4\ 039\ \mathrm{kg/d}$$

（7）计算空气量

如果采用鼓风曝气，设曝气池有效水深为 6.0 m，曝气扩散器安装距池底 0.2 m，则扩散器上静水压为 5.8 m，其他相关参数选择：

α 值取 0.7，β 值取 0.95，$\rho=1$，曝气设备堵塞系数 F 取 0.8，采用管式微孔扩散装置，$E_A=18\%$，扩散器压力损失为 4 kPa，20 ℃水中溶解氧饱和度为 9.17 mg/L，曝气池混合液溶解氧浓度设定为 2.0 mg/L。

扩散器出口处绝对压力：

$$p_d=p+9.8\times 10^3H=[1.013\times 10^5+9.8\times 10^3\times(6.0-0.2)]\ \mathrm{Pa}\approx 1.58\times 10^5\ \mathrm{Pa}$$

空气离开曝气池面时，气泡含氧体积分数按式（12-61）计算：

$$\varphi_o=\frac{21(1-E_A)}{79+21(1-E_A)}\times 100\%=\frac{21(1-18\%)}{79+21(1-18\%)}\times 100\%\approx 17.9\%$$

20 ℃时曝气池混合液中平均氧饱和度，按式（12-59）计算：

$$\bar{c}_S=c_S\left(\frac{p_d}{2.026\times 10^5}+\frac{\varphi_o}{42}\right)=9.17\times\left(\frac{1.58\times 10^5}{2.026\times 10^5}+\frac{17.9}{42}\right)\ \mathrm{mg/L}\approx 11.06\ \mathrm{mg/L}$$

将计算需氧量按式（12-65）换算为标准状态下（20℃，脱氧清水）充氧量：

$$\begin{aligned}O_S&=\frac{O_2c_{S(20)}}{\alpha\ [\beta\rho\bar{c}_{S(T)}-c]\ \cdot 1.024^{(T-20)}F}\\&=\frac{4\ 039\times 9.17}{0.7\times(0.95\times 1\times 11.06-2.0)\times 1.024^{(20-20)}\times 0.8}\ \mathrm{kg/d}\\&\approx 7\ 775\ \mathrm{kg/d}\approx 324\ \mathrm{kg/h}\end{aligned}$$

曝气池供气量按式（12-68）：

$$G_S=\frac{O_S}{0.28E_A}=\frac{324}{0.28\times 18\%}\ \mathrm{m^3/h}\approx 6\ 427\ \mathrm{m^3/h}$$

如果选择三台风机，两用一备，则单台风机风量：3 214 $\mathrm{m^3/h}$（54 $\mathrm{m^3/min}$）。

（8）计算鼓风机出口风压

选择一条最不利空气管路计算空气管的沿程和局部压力损失，如果管路压力损失 5.5 kPa（计算省略），扩散器压力损失 4 kPa，则据式（12-69）计算的出口风压 p 为

$$p=H+h_d+h_f=[5.8\times 9.8+4+5.5+3(\text{安全余量})]\ \mathrm{kPa}\approx 69.3\ \mathrm{kPa}$$

第六节 脱氮除磷活性污泥法工艺及其设计

生化反应池及回流与搅拌装置

传统活性污泥法在去除有机污染物的同时由于同化作用可以去除污水中部分营养性氮、磷物质，一般情况下总氮去除率为10%~20%，总磷去除率为5%~20%，进水有机污染物浓度较高时，通过同化作用去除的氮、磷量会更高一些。随着环境水体水质的富营养化不断加剧和排放标准的不断提高，目前的污水处理系统设计通常要考虑强化脱氮、除磷问题。

一、生物脱氮工艺

在自然界中存在着氮素循环的自然现象，在采取适当的技术措施以后完全能够利用活性污泥法系统对这一自然过程进行模拟和强化，形成活性污泥法生物脱氮工艺。

在生物脱氮过程中，污水中的有机氮及氨氮经过氨化作用、硝化反应、反硝化反应，最后转化为氮气，对应的在活性污泥法处理系统中应设置相应的好氧硝化段和缺氧反硝化段。

（一）生物脱氮工艺

生物脱氮技术的开发是在20世纪30年代发现生物滤床中的硝化、反硝化反应开始的，但其应用还是在1969年美国的Barth提出三段生物脱氮工艺之后。现对几种典型的生物脱氮工艺进行讨论。

1. 三段生物脱氮工艺

该工艺将有机污染物氧化、硝化及反硝化段独立开来，每一部分都有其自己的沉淀池和各自独立的污泥回流系统。使除碳、硝化和反硝化在各自的反应器中进行，并分别控制在适宜的条件下运行，处理效率高。其流程如图12-35所示。

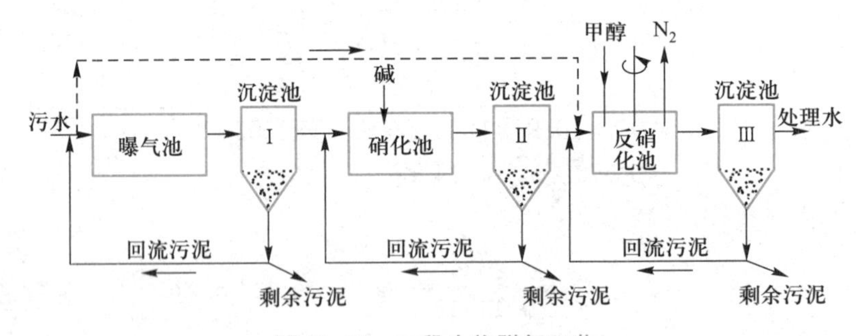

图12-35 三段生物脱氮工艺

由于反硝化段设置在有机污染物氧化和硝化段之后，如果依靠内源呼吸利用碳源进行反硝化，效率很低，所以必须在反硝化段投加碳源来保证高效稳定的反硝化反应。有机污染物降解和氨氮硝化都是好氧过程，随着对硝化反应机理认识的加深，有机污染物氧化和硝化可以合并成一个系统，从而形成二段生物脱氮工艺(图12-36)。各段同样有其自己的沉淀及污泥回流系统。除碳和硝化作用在一个反应器中进行时，设计的污泥负荷率要低，水力停留时间和污泥龄要满足硝化菌的生长要求。在反硝化段仍需要外加碳源来维持反硝化的顺利进行。

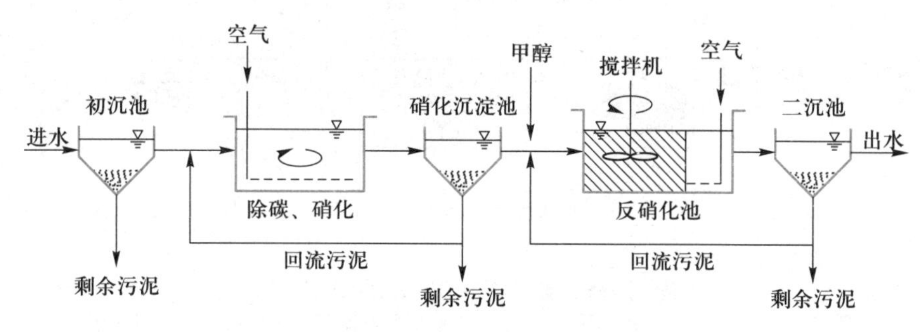

图 12-36 补充外碳源的二段生物脱氮工艺

2. 后置缺氧-好氧生物脱氮工艺

后置缺氧-好氧生物脱氮工艺如图 12-37 所示，可以补充外加碳源，也可以在没有外加碳源的情况下利用活性污泥的内源呼吸提供电子供体还原硝酸盐，反硝化速率一般认为仅是前置缺氧反硝化速率的 1/8～1/3，这时需要较长的停留时间才能达到一定的反硝化效率。必要时应在后缺氧区补充碳源，碳源除了来自甲醇、乙酸、乙酸钠等普通化学品外，污水处理厂的原污水及含有机碳的工业废水等也可以考虑，只是要注意投加适当的量，以免增加出水的有机污染物浓度。甲醇是最理想的补充碳源，不仅反硝化速率快，而且反应后没有任何副产物。

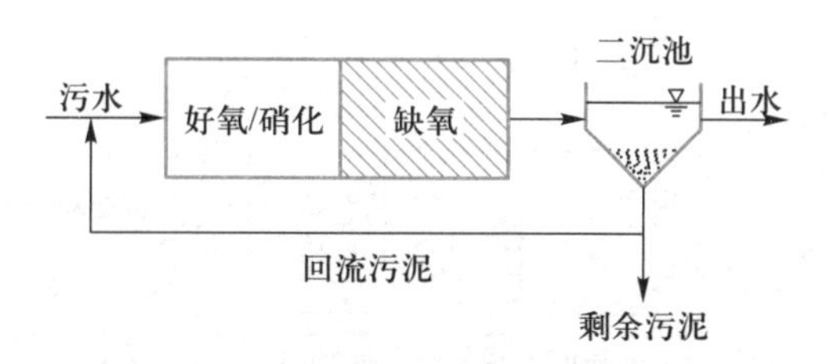

图 12-37 后置缺氧-好氧生物脱氮工艺

3. 前置缺氧-好氧生物脱氮工艺

该工艺于 20 世纪 80 年代初开发，其工艺流程如图 12-38 所示。该工艺将反硝化段设置在系统的前面，因此又称为前置式反硝化生物脱氮系统，是目前较为广泛采用的一种生物脱氮工艺。反硝化反应以污水中的有机污染物为碳源，曝气池混合液中含有大量硝酸盐，通过内循环回流到缺氧池中，在缺氧池内进行反硝化脱氮。

前置缺氧-好氧生物脱氮工艺具有以下特点：反硝化产生碱度补充硝化反应之需，约可补偿硝化反应中所消耗碱度的 50%；利用原污水中的有机污染物，无须外加碳源；利用硝酸盐作为电子受体处理进水中的有机污染物，这不仅可以节省后续曝气量，而且反硝化细菌对碳源的利用更广泛，甚至包括难降解有机污染物；前置缺氧池可以有效控制系统的污泥膨胀。该工艺流程简单，因而基建费用及运行费用较低，对现有设施的改造比较容易，脱氮效率一般为 70%，但由于出水中仍有一定浓度的硝酸盐，在二沉池沉淀污泥中，有可能继续进行反硝化反应，造成污泥上浮，

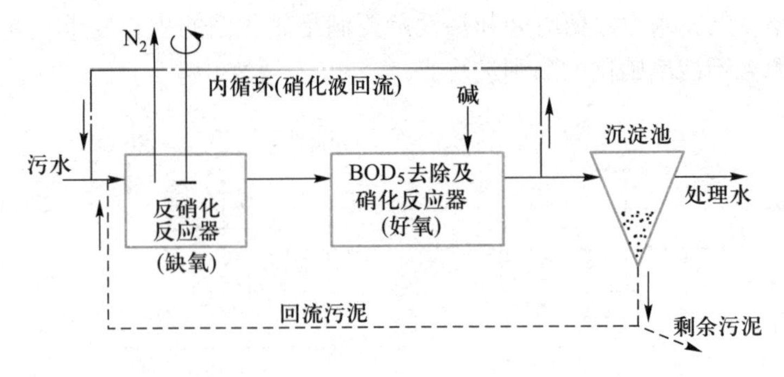

图 12-38 前置缺氧-好氧生物脱氮工艺

影响出水水质。

4. Bardenpho 生物脱氮工艺

该工艺取消了三段生物脱氮工艺的中间沉淀池，如图 12-39 所示。工艺中设立了两个缺氧段，第一段利用原污水中的有机污染物作为碳源和好氧池 1 中回流的含有硝态氮的混合液进行反硝化反应。经第一段处理，脱氮已大部分完成。为进一步提高脱氮效率，污水进入第二段反硝化反应器，利用内源呼吸或外加碳源进行反硝化。最后的短时曝气用于净化残留的有机污染物，吹脱污水中的氮气，提高污泥的沉降性能，防止在二沉池发生污泥上浮现象。这一工艺比三段生物脱氮工艺减少了投资和运行费用。

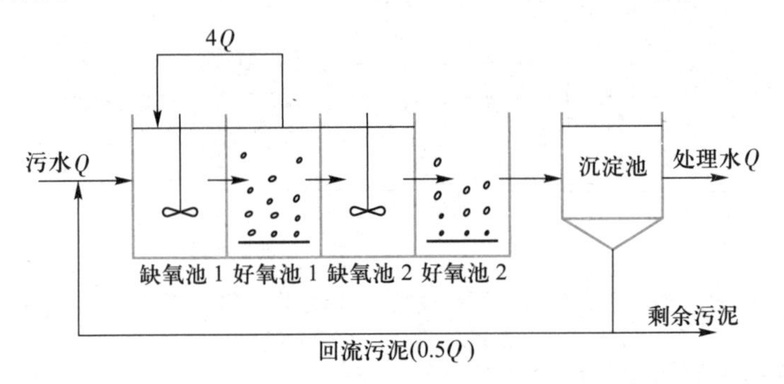

图 12-39 Bardenpho 生物脱氮工艺

5. 同步硝化反硝化过程

同步硝化反硝化(SNdN)过程是指在没有明显独立设置缺氧区的活性污泥法处理系统内总氮被大量去除的过程。

对同步硝化反硝化过程的机理解释主要有以下三个方面。

(1) 反应器溶解氧分布不均理论：在反应器的内部，由于充氧不均衡，混合不均匀，反应器内部形成不同部分的缺氧区和好氧区，分别为反硝化细菌和硝化细菌的作用提供了优势环境，造成事实上硝化和反硝化作用的同时进行。除了反应器不同、空间上的溶解氧不均外，反应器在不同时间点上的溶解氧变化也可认为是同步硝化反硝化过程。

图 12-40 所示为一种氧化沟处理系统，由一系列同心的圆形或椭圆形廊道组成，污水和回流污泥由最外圈沟渠进入，然后依次进入内圈沟渠，最后由位于中心的沟渠进入二沉池进行泥水分离。三个廊道的溶解氧分别控制为 0～0.3 mg/L、0.5～1.5 mg/L、2～3 mg/L，通过控制曝气强度，使外圈廊道的供氧速率与渠道内耗氧速率相近，保证混合液的硝化反应，同时由于溶解氧浓度低，反硝化细菌可以利用硝酸盐作为电子受体进行反硝化反应。氮素在外圈的反应过程是一个同步硝化反硝化过程。

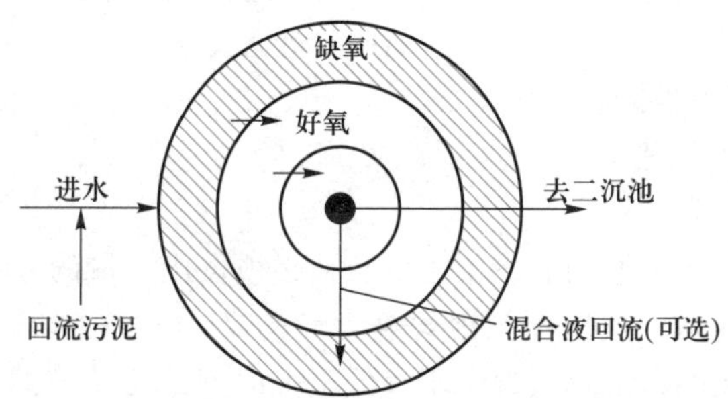

图 12-40 控制溶解氧浓度的同步硝化反硝化(Orbal 氧化沟)

（2）缺氧微环境理论：缺氧微环境理论被认为是同步硝化反硝化发生的主要原因之一。其基本观点认为：在活性污泥的絮体中，从絮体表面至其内核的不同层次上，由于氧传递的限制原因，氧的浓度分布是不均匀的，微生物絮体外表面氧的浓度较高，内层浓度较低。在生物絮体颗粒尺寸足够大的情况下，菌胶团内部可以形成缺氧区，在这种情况下，絮体外层好氧硝化细菌占优势，主要进行硝化反应，内层为反硝化细菌占优势，主要进行反硝化反应(如图 12-41)。除了活性污泥絮体外，一定厚度的生物膜中同样可存在溶解氧梯度，使得生物膜内层形成缺氧微环境。

在实际运行的低溶解氧水平的污水生化处理系统可以观察到显著的同时硝化反硝化或短程硝化反硝化现象。

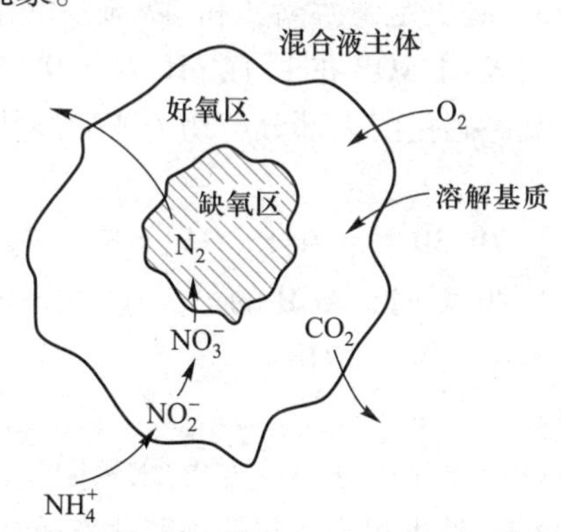

图 12-41 活性污泥颗粒内部存在的好氧区和缺氧区

（3）微生物学解释：传统理论认为硝化反应只能由自养菌完成，反硝化反应只能在缺氧条件下进行，有研究已经证实存在好氧反硝化细菌和异养硝化细菌。在好氧条件下很多反硝化细菌可以进行氨氮硝化作用。在低浓度氧状态下，硝化细菌 *Nitrosomonas europaea* 和 *N. eutropha* 可以进行反硝化反应。

在诸多的生物脱氮工艺中，目前前置缺氧-好氧生物脱氮工艺使用较为普遍，随着生物脱氮工艺的发展，新的工艺不断被研究开发出来，其中厌氧氨氧化工艺已经从实验室走向实际工程应用，如果能采用类似于 AB 法工艺的 A 级单元，使污水中的碳源得到快速富集分离，在 B 级实现主流的低碳源或无碳源需求脱氮，则污水处理系统可以进一步践行资源、能源回收利用和碳减排。同时，人们将生物脱氮与除磷工艺相结合形成了许多新的生物脱氮除磷处理工艺。

（二）生物脱氮过程的影响因素

1. 硝化过程影响因素

（1）溶解氧浓度

硝化细菌为了获得足够的能量用于生长，必须氧化大量的 NH_4^+ 和 NO_2^-，氧是硝化反应过程的电子受体，反应器内溶解氧含量的高低，必将影响硝化反应的进程，在硝化反应的曝气池内，溶解氧含量不宜低于 1 mg/L，多数学者建议溶解氧应保持在 1.2~2.0 mg/L。如果需要控制氨氮氧化至亚硝酸盐水平，降低溶解氧浓度有利于促进 AOB 生长，限制 NOB 的生长。

（2）碱度

硝化细菌需要无机碳源作为营养，同时硝化反应过程释放 H^+，使 pH 下降，为保持适宜的 pH，应当在污水中保持足够的碱度，以调节 pH 的变化，1 g 氨态氮（以 N 计）完全硝化，需碱度（以 $CaCO_3$ 计）7.14 g。

$$NH_4^+ + 2HCO_3^- + 2O_2 \longrightarrow NO_3^- + 2CO_2 + 3H_2O \tag{12-88}$$

（3）pH

硝化细菌对 pH 的变化十分敏感，最佳 pH 为 8.0~8.4，在最佳 pH 条件下，硝化细菌的最大比生长速率可以达到最大值。pH 对 AOB 和 NOB 的影响存在两个方面，一是 pH 与温度等因素一起决定了游离氨和游离亚硝酸盐浓度，二是 pH 影响酶的活性和物质传递。有研究表明 AOB 的适宜 pH 为 7.0~8.5，NOB 的适宜 pH 为 6.5~7.5，pH 大于 7.5 时氨氮硝化的大部分产物为亚硝酸盐。

（4）反应温度

硝化反应的适宜温度是 20~30 ℃，在 15 ℃以下时，硝化反应速率下降，在5 ℃时几乎完全停止。温度高于 20 ℃时，AOB 的最大比生长速率要大于 NOB，因此提高反应器温度有利于筛选 AOB，淘汰 NOB。

（5）混合液中有机污染物含量

硝化细菌是自养菌，有机基质浓度并不是它的增殖限制因素，但它们需要与普通异养菌竞争电子受体，若 BOD_5 浓度过高，将使增殖速率较快的异养型细菌迅速增殖，从而使硝化细菌在利用溶解氧作为电子受体方面处于劣势而不能成为优势种属。

（6）污泥龄

为了使硝化菌群能够在反应器内存活并繁殖，微生物在反应器内的污泥龄 SRT，必须大于其最小世代增殖时间，否则将使硝化细菌从系统中流失殆尽，一般认为硝化细菌最小世代增殖时间在适宜的温度条件下为 3 d。SRT 与温度密切相关，温度低，SRT 取值应明显提高。由于 AOB 的世代增殖时间短于 NOB，在悬浮生长系统中，适当缩短污泥龄有利于逐渐淘汰 NOB，有利于实现短程硝化。

（7）重金属及有毒有害物质

除重金属及有毒有害物质外，对硝化反应产生抑制作用的物质还有：高浓度的 NH_4^+-N、高浓度的 NO_x-N、高浓度的有机基质及络合阳离子等。

2. 反硝化过程影响因素

（1）碳源

反硝化细菌为兼性异养菌，必须提供有机污染物作为电子供体，能为反硝化细菌所利用的碳源较多，从污水生物脱氮考虑，可有下列三类：一是原污水中所含碳源，对于城镇污水，当原污水 BOD_5/TKN 为 3~5 时，即可认为碳源充足；二是外加碳源，如市售的甲醇、乙酸钠等，工程中多采用甲醇和乙酸钠，因为甲醇作为电子供体反硝化速率高，被分解后的产物为 CO_2 和 H_2O，不留任何难降解的中间产物，乙酸钠在采购运输、贮存和投加过程中更安全；三是利用微生物组织进行内源反硝化。在反硝化反应中，目前面临最大的问题是碳源的浓度，就是污水中可用于反硝化的有机碳源的多少及其可生化程度。除了有机电子供体外，硫、铁、氢气等亦可以作为无机电子供体完成硝酸盐的还原。

（2）pH

反硝化反应最适宜的 pH 是 6.5~7.5，pH 高于 8 或低于 6，反硝化速率将大为下降。

（3）溶解氧浓度

反硝化细菌在无分子氧同时存在硝酸根或亚硝酸根离子的条件下，能够利用这些离子作为电子受体进行呼吸，使硝酸盐还原，如果溶解氧浓度过高，则反硝化细菌将把电子供体提供的电子转交溶解氧以获得更多能量，这时硝酸盐无法得到电子以被还原，进而无法完成脱氮过程。此外，反硝化细菌体内的某些酶系统组分，只有在有氧条件下才能够合成。这样，反硝化反应宜在缺氧、好氧交替的条件下进行，反硝化时溶解氧浓度应控制在 0.5 mg/L 以下。

（4）温度

反硝化反应的最适宜温度是 20~40 ℃，低于 15 ℃反硝化反应速率降低。为了保持一定的反硝化速率，在冬季低温季节，可采用如下措施：加入易生物降解有机污染物作为电子供体；提高生物固体平均停留时间；提高混合液污泥浓度；降低负荷率；提高污水的水力停留时间。

（三）生物脱氮工艺过程设计

在缺氧/好氧生物脱氮工艺中，硝酸盐由回流污泥及好氧池的混合液回流进入缺氧池，在后置缺氧或阶段进水的缺氧/好氧过程中硝酸盐将随前面硝化阶段的混合液流入缺氧区，电子供体由进入缺氧区的污水提供，或另外投加电子供体。

1. 缺氧区容积计算

缺氧区反硝化速率的高低决定了反硝化反应去除进入缺氧区硝酸盐的时间，从而影响缺氧区容积。所以可以根据反硝化速率计算确定缺氧区容积，缺氧区硝酸盐的去除可用式(12-89)表示。

$$N_{NOr}=V_nK_{de}X_V \tag{12-89}$$

式中：N_{NOr}——缺氧区去除的硝酸盐，g/d；

V_n——缺氧区容积，m^3；

K_{de}——比反硝化速率，$g(NO_3^--N)/[g(MLVSS)\cdot d]$；

X_V——混合液挥发性悬浮固体浓度，g/m^3。

据式(12-89)可以计算缺氧区容积，这里假定生物脱氮系统进水中没有硝酸盐，进水的总凯氏氮浓度为$N_k(g/m^3)$，系统出水总氮浓度为$N_{te}(g/m^3)$，系统中活性污泥中氮元素占挥发性活性污泥总量的12%，除每天剩余污泥排放所去除的氮外，其他即为缺氧区反硝化去除的量，则缺氧区容积计算式：

$$V_n=\frac{Q(N_k-N_{te})-0.12\Delta X_V}{K_{de}X_V} \tag{12-90}$$

式中：V_n——缺氧区容积，m^3；

Q——生物脱氮系统设计污水流量，m^3/d；

N_k——生物脱氮系统进水总凯氏氮浓度，g/m^3；

N_{te}——生物脱氮系统出水总氮浓度，g/m^3；

K_{de}——比反硝化速率，$g(NO_3^--N)/[g(MLVSS)\cdot d]$；

ΔX_V——排除生物脱氮系统的剩余污泥量，g(MLVSS)/d。

反硝化速率的影响因素很多，首先，一个重要的因素是为还原硝酸盐提供足够量电子供体所需要的碳源及碳源品质，很多学者研究过不同碳源对硝酸盐反硝化过程的影响，发现它们对反硝化速率影响很大；其次是反应区温度等影响因素，故在工程设计过程中最好通过试验研究确定系统的反硝化速率。对于一般城镇污水，没有试验资料时，前置反硝化系统利用原污水碳源作为电子供体时，在20 ℃情况下，K_{de}值可取0.03~0.42 $g(NO_3^--N)/[g(MLVSS)\cdot d]$，对于没有外加碳源的后置内源反硝化系统，$K_{de}$值可取0.01~0.03 $g(NO_3^--N)/[g(MLVSS)\cdot d]$。有人把反硝化速率与缺氧区的有机污染物负荷$\left(\frac{F}{M}\right)$联系起来，按式(12-91)修正反硝化速率：

$$K_{de}=0.03\left(\frac{F}{M}\right)+0.029\text{d}^{-1} \tag{12-91}$$

式中：$\left(\frac{F}{M}\right)$——缺氧区中的有机污染物与微生物比，$g(BOD_5)/[g(MLVSS)\cdot d]$。

对于温度的影响，可用下式修正：

$$K_{de(T)}=K_{de(20)}1.08^{(T-20)} \tag{12-92}$$

式中：$K_{de(T)}$和$K_{de(20)}$分别为T ℃和20 ℃时的反硝化速率。

缺氧区可以设计为完全混合的单池型，也可设计成停留时间相同或不同的几个完全混合池串联，缺氧区通常采用机械搅拌方式，混合功率宜采用2~8 W/m^3(池容)，应参照各种搅拌设备技术说明或进行搅拌器的水力模拟确定搅拌器在缺氧池中的间距和位置布置。

2. 好氧区容积计算

可以参照式(12-18)，同样利用污泥龄的概念设计去除有机污染物及带硝化功能的好氧区容积，但硝化系统的污泥龄要比仅去除有机污染物的系统污泥龄长，因为硝化细菌的世代增殖时间比去除有机污染物的异养菌长得多，硝化速率将控制好氧硝化池的容积设计。

考虑到溶解氧(DO)对硝化过程的影响，硝化细菌的比生长速率可用下式表示：

$$\mu_{n}=\left(\frac{\mu_{nm}N_{a}}{K_{n}+N_{a}}\right)\left(\frac{DO}{K_{o}+DO}\right)-K_{dn} \tag{12-93}$$

式中：μ_n——硝化细菌的比生长速率，d^{-1}；

μ_{nm}——硝化细菌的最大比生长速率，d^{-1}；

N_a——好氧硝化池氨氮浓度，g/m^3；

K_n——硝化作用中的半速率常数，g/m^3；

K_{dn}——硝化细菌的内源代谢系数，d^{-1}；

DO——硝化反应池中的溶解氧浓度，g/m^3；

K_o——溶解氧影响的开关系数，g/m^3。

硝化反应池中 DO 浓度一般足够高，$\frac{DO}{K_o+DO}\approx 1$，如果再忽略硝化细菌的内源代谢作用，硝化细菌的比生长速率可简写为

$$\mu_{n}=\mu_{nm}\left(\frac{N_{a}}{K_{n}+N_{a}}\right) \tag{12-94}$$

硝化细菌的比生长速率同样受温度影响，15 ℃时硝化细菌的最大比生长速率为 0.47 d^{-1}，硝化细菌的比生长速率与温度的关系可表示为

$$\mu_{n(T)}=0.47\frac{N_{a}}{K_{n}+N_{a}}e^{0.098(T-15)} \tag{12-95}$$

式中：$\mu_{n(T)}$——温度为 T 时硝化细菌的比生长速率，d^{-1}；

T——设计计算温度，℃。

根据硝化细菌的比生长速率可以确定好氧区的污泥龄：

$$\theta_{co}=F\frac{1}{\mu_{n}} \tag{12-96}$$

式中：θ_{co}——好氧区的污泥龄，d；

F——污泥龄设计安全系数，可根据进水峰值总凯氏氮(TKN)浓度/TKN 平均浓度确定，一般取 1.5~2.5。

则好氧区容积根据下式确定：

$$V=\frac{QY\theta_{CO}(S_{0}-S_{e})}{X_{V}(1+K_{d}\theta_{CO})} \tag{12-97}$$

式中：θ_{CO}——考虑硝化细菌正常生长时的好氧区污泥龄，其他符号意义同前。

3. 需氧量计算

在有硝酸盐存在但没有 DO 或 DO 浓度很低时，呼吸作用电子传递链上的硝酸

盐还原酶被激活，促使氢和电子转移至作为最终电子受体的硝酸盐，反硝化过程就是活性污泥中反硝化细菌以硝酸盐或亚硝酸盐替代氧作为电子受体，还原硝酸盐的同时对有机污染物进行生物氧化的过程。

去除 BOD_5 及氨氮硝化反应过程的总需氧量在式(12-87)基础上需要加上氨氮氧化时的需氧量：

$$O_2=\frac{Q(S_0-S_e)}{0.68}-1.42\Delta X_V+4.57\ [Q(N_k-N_{ke})-0.12\Delta X_V] \tag{12-98}$$

式中：O_2——有机污染物降解和氨氮硝化需氧量，g/d；

Q——设计污水流量，m^3/d；

S_0——生化处理系统进水的平均 BOD_5，g/m^3；

S_e——生化处理系统出水的平均 BOD_5，g/m^3；

ΔX_V——系统每天排除的剩余污泥量，g(VSS)/d；

4.57——氨氮的氧当量系数；

N_k——生化处理系统进水总凯氏氮浓度，g/m^3；

N_{ke}——生化处理系统出水总凯氏氮浓度，g/m^3。

在前置反硝化工艺中，硝酸盐作为电子受体时，还原 1 单位硝酸盐相当于提供 2.86 单位氧气，所以系统的总需氧量应扣除硝酸盐还原提供的氧当量，故前置反硝化系统的总需氧量见式(12-99)。

$$O_2=\frac{Q(S_0-S_e)}{0.68}-1.42\Delta X_V+4.57\ [Q(N_k-N_{ke})-0.12\Delta X_V]-2.86\ [Q(N_t-N_{ke}-N_{oe})-0.12\Delta X_V] \tag{12-99}$$

式中：O_2——生物脱氮系统总需氧量，g/d；

Q——设计污水流量，m^3/d；

2.86——单位硝酸盐还原提供的氧当量；

N_t——生化处理系统进水总氮浓度，g/m^3；

N_k——生化处理系统进水总凯氏氮浓度，g/m^3；

N_{ke}——生化处理系统出水总凯氏氮浓度，g/m^3；

N_{oe}——生化处理系统出水总硝态氮浓度，g/m^3。

4. 混合液回流量

可以通过系统氮的平衡来确定曝气池中产生的硝酸盐量及需要多大的混合液回流比才能满足出水硝酸盐浓度要求。好氧区产生的硝酸盐量与进水流量及氮的浓度、同化过程所消耗的量、出水氨氮浓度、出水溶解性有机氮浓度有关。作为偏保守设计方法，假定进水所有 TKN 都是可生物降解的，且出水溶解性有机氮浓度忽略不计，则好氧区产生的硝酸盐量应等于内回流、回流污泥和出水中的硝酸盐量之和。建立相应的物料平衡：

$$\text{好氧区产生的硝酸盐}=\text{内回流中的硝酸盐}+\text{回流污泥中的硝酸盐}+\text{出水中的硝酸盐}$$

即

$$QN_{NO}=QR_iN_{NOe}+QRN_{NOe}+QN_{NOe} \tag{12-100}$$

$$R_i=\frac{N_{NO}}{N_{NOe}}-R-1.0 \tag{12-101}$$

式中：R_i——内回流比（混合液回流比）；

R——污泥回流比；

N_{NO}——好氧区产生的硝酸盐浓度，g/m^3；

N_{NOe}——出水硝酸盐浓度，g/m^3。

图 12-42 给出了一定的 N_{NO} 浓度，在污泥回流比 $R=0.5$ 时，内回流比 R_i 对出水 NO_3^--N 浓度的影响。当好氧区产生的硝酸盐浓度较高时需要较大的内回流比才能达到同样的出水要求，典型的内回流比为 2～3，再提高内回流比一般没有必要，因为所增加的 NO_3^--N 去除量很低，而回流所耗能量增加，且会有更多的 DO 从好氧区回流进入缺氧区，如果需要进一步提高反硝化效果，可以采用多级缺氧-好氧脱氮工艺。

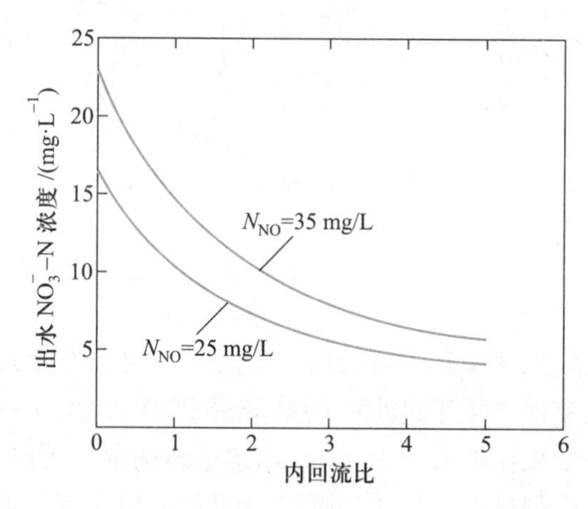

图 12-42　内回流比对缺氧/好氧过程出水硝酸盐浓度的影响（$R=0.5$）

缺氧区的 DO 会消耗易降解 COD 的量，减少了反硝化需要的电子供体，对反硝化过程不利，所以在实际工程中常在曝气池末端的混合液回流区域设置消氧区，以降低回流混合液中的 DO 浓度。出于同样的原因，注意在污水生物脱氮除磷系统前的预处理单元中也要避免过量空气的溶入。

5. 碱度平衡

氨氮硝化过程要消耗碱度，前置反硝化过程可以补充约 50%的碱度。如果进水中碱度不足，则将无法维持反应混合液 pH 呈中性，甚至影响硝化反应的进行。许多工程实例出现了因为碱度不足而造成硝化反应不完全，导致出水氨氮浓度偏高的情况，特别是对于工业废水处理，或工业废水所占比重较大的城镇污水处理，更应重视这一现象，必要时应在硝化池补充碱度，一般认为对于以生活污水为主的城镇污水处理厂，保持反应池 pH 中性所需的碱度为 80 mg/L（以 $CaCO_3$ 计）以上。

二、生物除磷工艺

在生物除磷工艺中，污泥必须交替经过厌氧和好氧过程。Barnard 于 1974 年首先发现对回流污泥和入流污水进行厌氧接触反应，然后再好氧曝气能实现生物除磷的目的。这一过程逐渐发展，现在出现了与生物脱氮工艺相结合及强化除磷的多种工艺流程。如在厌氧池前设置预缺氧池，通过内源反硝化降低回流污泥中硝酸盐浓度，减小其对厌氧释磷的影响，向厌氧区投加挥发性脂肪酸或初沉池污泥发酵上清液以增加厌氧区磷释放效果，或在旁流中结合化学除磷以增加系统的除磷效率等。

（一）生物除磷工艺

生物除磷工艺的最基本流程为 A_P/O 除磷工艺，而 Phostrip 除磷工艺为生物除磷与化学除磷的结合。

1. A_P/O 除磷工艺

A_P/O 除磷工艺是由厌氧区和好氧区组成的同时去除污水中有机污染物及磷的处理系统，其流程如图 12-43 所示。

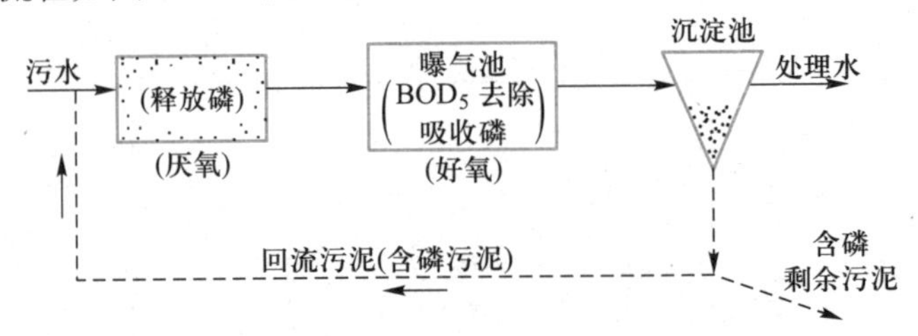

图 12-43 A_P/O 除磷工艺流程

为了使微生物在好氧区中易于吸收磷，溶解氧应维持在 2 mg/L 以上，pH 应控制在 7~8。磷的去除率还取决于进水中的易降解 COD 含量，一般用 BOD_5 与磷浓度之比表示。据报道，如果比值大于 10：1，出水中磷的浓度可降至 1 mg/L 左右。由于微生物吸收磷是可逆的过程，过长的曝气时间及污泥在沉淀池中长时间停留都有可能造成磷的释放。

2. Phostrip 除磷工艺

Phostrip 除磷工艺过程将生物除磷和化学除磷结合在一起，在回流污泥过程中增设厌氧释磷池和上清液的化学沉淀处理系统，称为旁路（图 12-44）。一部分富含磷的回流污泥送至厌氧释磷池，释磷后的污泥再回到曝气池进行有机污染物降解和磷的吸收，用石灰或其他化学药剂对释磷上清液进行沉淀处理。Phostrip 除磷效率不像其他生物除磷系统那样受进水的易降解 COD 浓度的影响，处理效果稳定。

（二）生物除磷过程影响因素

（1）厌氧环境条件

厌氧释磷要控制厌氧反应器的溶解氧、硝酸盐等电子受体浓度，保证厌氧反应条件。① 氧化还原电位：Barnard、Shapiro 等研究发现，在批式试验中，反硝化完成后，ORP（氧化还原电位，oxidation-reduction potential）突然下降，随后开始磷释放，

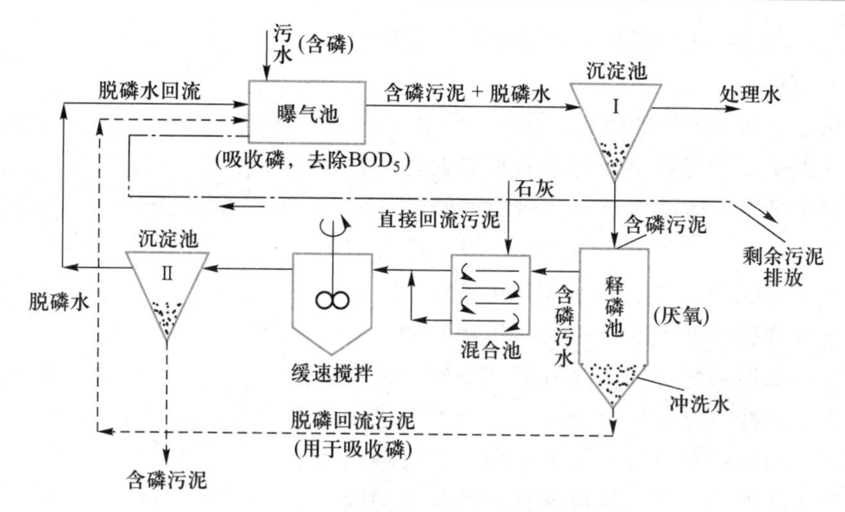

图 12-44 Phostrip 除磷工艺流程

释磷时 ORP 一般小于-150 mV；② 溶解氧浓度：厌氧区如存在溶解氧，兼性厌氧菌就不会启动其发酵代谢，不会产生脂肪酸，也不会诱导释磷，好氧呼吸会消耗易降解有机质；③ NO_x^- 浓度：产酸菌利用 NO_x^- 作为电子受体，消耗易生物降解有机质，抑制厌氧发酵过程。

所以，如果厌氧池存在溶解氧、硝酸盐等电子受体，在聚磷菌厌氧释磷前，异养菌或反硝化细菌将会利用一定的时间和空间来完成溶解氧消耗和反硝化过程，同时必定会损失易生物降解有机污染物浓度。

（2）有机污染物浓度及可利用性

碳源的性质对磷释放及其速率影响很大，传统水质指标 bCOD 或 BOD_5 中的挥发性脂肪酸(VFA)、其他结构简单的易降解的有机污染物等是聚磷菌最理想的胞内碳能源贮存物的底物，转化贮存过程中通过释放磷获得能量。

（3）污泥龄

在厌氧-好氧生物除磷处理系统中，如果体系内的聚磷菌已经占到异养菌中比较高的比例，则缩短污泥龄可以增大排泥量，从而通过剩余污泥排除更多的磷，有研究表明，进水中易降解有机污染物浓度越高，污泥龄越短，则出水磷酸盐浓度越低。

但是因为聚磷菌的内源呼吸衰减速率仅为普通异养菌的 1/10~1/15，所以在厌氧-好氧生物除磷处理系统的开始调试运行阶段宜延长污泥龄以增加系统中聚磷菌的含量。

同时生物脱氮除磷系统应处理好污泥龄的矛盾。

（4）pH

与常规生物处理相同，生物除磷系统合适的 pH 为中性和微碱性，过酸会导致聚磷菌溶解，pH 不合适时应注意调节。

（5）温度

在适宜的温度范围内，温度越高释磷速度越快；温度低时应适当延长厌氧区的水力停留时间或投加外源易生物降解有机污染物。

（6）其他

影响系统除磷效果的还有污泥沉降性能和剩余污泥处理方法等，二沉池溢流带出的悬浮固体几乎与剩余污泥含有相同的磷酸盐含量，出水悬浮固体浓度越高，带出的磷酸盐浓度越高，如果污泥中磷含量按5%计算，磷排放标准小于1.0 mg/L，则在出水TSS为20 mg/L时就很难达到排放要求（图12-45）。生物除磷系统的剩余污泥如果采用重力浓缩等处理方式，会导致污泥在浓缩池内进行厌氧磷释放，上清液进入污水处理厂内的排水系统而导致磷酸盐在处理系统中进行循环处理。建议尽可能减少贮泥池的容积，并采用带充氧的搅拌设备，或者运用气浮浓缩，或者采用机械浓缩脱水一体化设备，尽量减少污泥处理过程中的磷释放量。对污泥处理过程中的回流上清液进行单独加药沉淀处理，也是减少磷再次进入污水处理系统的一个有效方法。

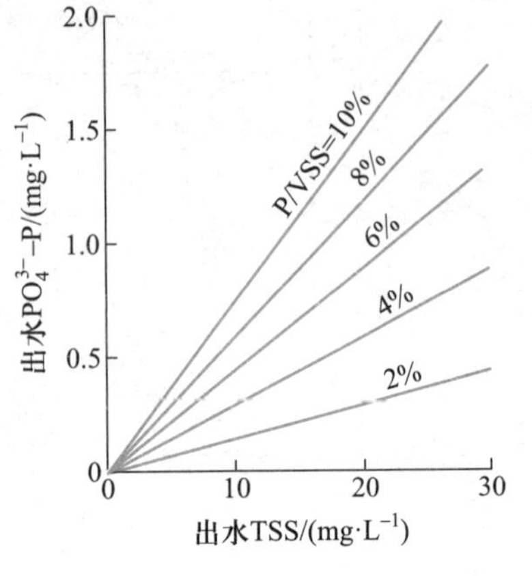

图12-45 二沉池出水悬浮固体对出水磷浓度的影响

（三）生物除磷工艺过程设计

1. 厌氧区容积计算

影响厌氧释磷的因素很多，最重要的影响因素是进水中易降解COD浓度。厌氧条件下，易降解COD发酵为挥发性脂肪酸（VFA）的时间为0.25~1.0 h。太长的厌氧区水力停留时间可能会导致磷的二次释放，磷的二次释放是指聚磷菌没有吸收VFA，也没有为后续好氧氧化作用积累聚羟基丁酸酯（polyhydroxybutyrate，PHB），这样的聚磷菌到了好氧区就无法过量吸收磷酸盐。一般认为厌氧区停留时间超过3 h时就会引起磷的二次释放。厌氧区容积一般按照水力停留时间设计，按进水中易降解COD的浓度计算生物除磷的量，一般认为，生物去除每克磷约需要消耗10 g易降解COD。

厌氧区容积可按下式计算：

$$V_P = Qt_P \tag{12-102}$$

式中：V_P——厌氧区容积，m^3；

Q——设计污水流量，m^3/h；

t_P——厌氧区水力停留时间，一般取1~2 h。

2. 好氧区容积计算

好氧区的设计同样可根据污泥龄计算[参见式（12-98）]，如果系统仅需要生物除磷，则污泥龄宜较短，在20℃时污泥龄为2~3 d，在10℃时为4~5 d。低污泥负荷和高污泥龄对除磷非常不利，因为最终的磷去除量与排除的富含磷的剩余污泥量成正比；此外，当污水中碳源不足而污泥龄较长时，聚磷菌处于较长的内源呼吸期，会消耗其胞内较多的贮存物质，如果胞内的糖原被耗尽，则在厌氧区对VFA的吸收和 PHB 的贮存效率就会下降，从而使得整个系统的除磷效率降低。

三、生物脱氮除磷工艺

城镇污水处理厂通常需要在一个流程中同时完成脱氮、除磷功能，依据生物脱氮除磷的理论而产生的最基本的工艺是由美国气体产品与化学公司在 20 世纪 70 年代发明的 A^2/O 工艺。随着对生物脱氮除磷机理研究的不断深入，以及各种新材料、新技术、新设备的不断运用，许多新的生物脱氮除磷工艺被开发出来，其中典型的几种处理工艺如下。

1. A^2/O 工艺

A^2/O 工艺或称为 AAO 工艺，是英文 anaerobic-anoxic-oxic 第一个字母的简称，在一个处理系统中同时具有厌氧反应器、缺氧反应器、好氧反应器，能够同时做到脱氮、除磷和有机污染物的降解，其工艺流程见图 12-46。

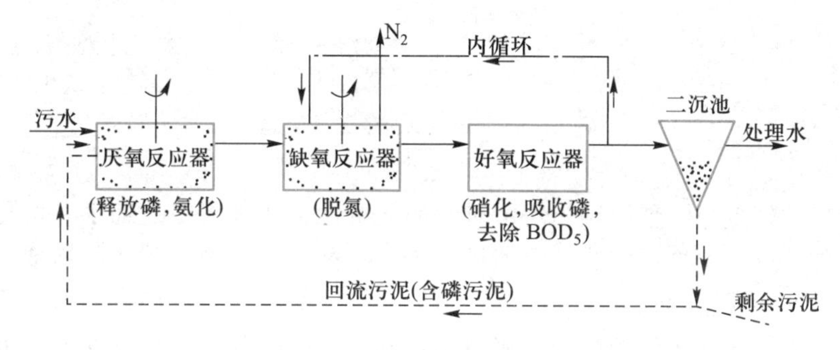

图 12-46　A^2/O 工艺流程

污水进入厌氧反应器，同时进入的还有从二沉池回流的活性污泥，聚磷菌在厌氧环境条件下释磷，同时转化易降解 COD、VFA 为 PHB，部分含氮有机污染物进行氨化。

污水经过厌氧反应器以后进入缺氧反应器，此反应器的首要功能是进行脱氮。硝态氮通过混合液内循环由好氧反应器转输过来，通常内回流量为 2~3 倍原污水流量，部分有机污染物在反硝化细菌的作用下利用硝酸盐作为电子受体而得到降解去除。

混合液从缺氧反应器进入好氧反应器，如果反硝化反应进行基本完全，混合液中的 COD 浓度已基本接近排放标准，在好氧反应器除进一步降解有机污染物外，主要进行氨氮的硝化和磷的吸收，混合液中硝态氮回流至缺氧反应器，污泥中过量吸收的磷通过剩余污泥排除。

该工艺流程简洁，污泥在厌氧、缺氧、好氧环境中交替运行，丝状菌不能大量繁殖，污泥沉降性能好。碳源充足，设计得当时该处理系统出水中磷浓度基本可达到 1 mg/L 以下，氨氮也可达到 5 mg/L 以下，总氮去除率大于 50%。

该工艺需要注意的问题是，进入沉淀池的混合液通常需要保持一定的溶解氧浓度，以防止在沉淀池中发生反硝化和污泥厌氧释磷，但这会导致回流污泥和回流混合液中存在一定的溶解氧，回流污泥中存在的硝酸盐对厌氧释磷过程也存在一定影响，同时，系统所排放的剩余污泥中，仅有一部分污泥经历了完整的厌氧和好氧的过程，影响了污泥充分吸收磷。系统污泥龄因为兼顾硝化细菌的生长而不可能太短，导致除磷效果难以进一步提高。

A^2/O 工艺发展至今，为了进一步提高脱氮、除磷效果和节约能耗，又有了多种变形和改进的工艺流程。近年来，同济大学研究开发的改进型 A^2/O 工艺（又称为倒置 A^2/O 工艺，如图 12-47 所示），由于具有明显的节能和提高除磷效果等优点，在我国一些大、中型城镇污水处理厂的建设和改造工程中得到较为广泛的应用。

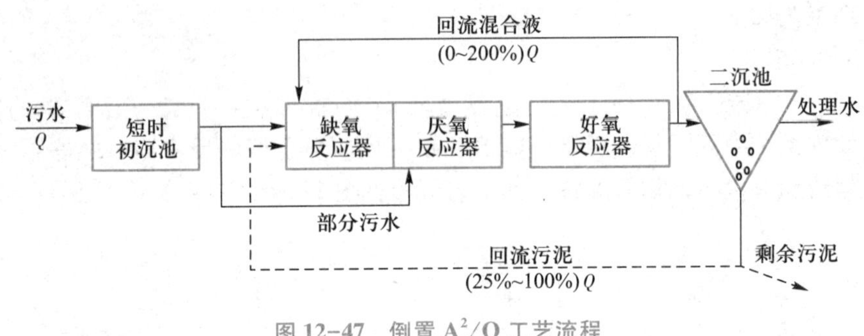

图 12-47 倒置 A^2/O 工艺流程

该工艺的特点是：采用较短停留时间的初沉池，使进水中的细小有机悬浮固体有相当一部分进入生物反应器，以满足反硝化细菌和聚磷菌对碳源的需要，并使生物反应器中的污泥能达到较高的浓度；整个系统中的活性污泥都完整地经历过厌氧和好氧的过程，因此排放的剩余污泥中都能充分地吸收磷；避免了回流污泥中的硝酸盐对厌氧释磷的影响；反应器中活性污泥浓度较高，促进了好氧反应器中的同步硝化、反硝化，因此可以用较少的总回流量（污泥回流和混合液回流）达到较好的总氮去除效果。

2. 改良 Bardenpho 工艺

改良 Bardenpho 工艺（图 12-48）流程由厌氧-缺氧-好氧-缺氧-好氧五段组成，混合液从第一好氧区回流至第一缺氧区，第二缺氧区利用第一好氧区产生的剩余硝酸盐作为电子受体，利用剩余碳源或内碳源作为电子供体进一步提高反硝化效果，最后第二好氧池主要用于氮气的吹脱。因为系统脱氮效果好，通过回流污泥进入厌氧池的硝酸盐量较少，对污泥的释磷反应影响小，从而使整个系统达到较好的脱氮除磷效果。

3. UCT（University of Cape Town）及改良 UCT 工艺

UCT 工艺（图 12-49）为南非开普敦大学研究开发，其基本思想是减少回流污泥中的硝酸盐对厌氧区的影响，所以与 A^2/O 工艺不同的是，UCT 工艺的回流污泥是回到缺氧区而不是厌氧区，从缺氧区出来的混合液硝酸盐含量较低，回流到厌氧区后为污泥的释磷反应提供了最佳的条件。由于混合液悬浮固体浓度降低，厌氧区水力停留时间较长。

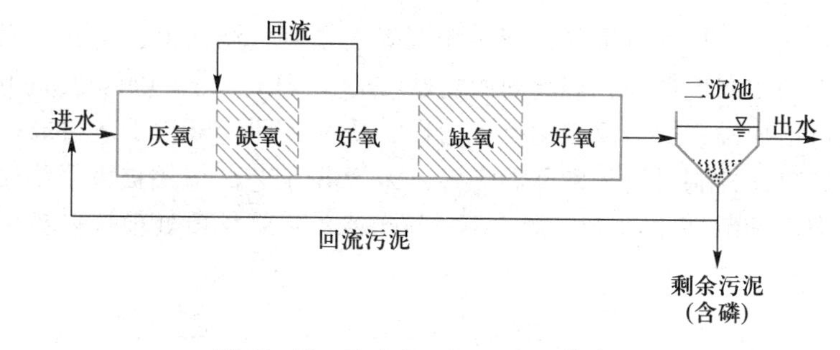

图 12-48　改良 Bardenpho 工艺流程

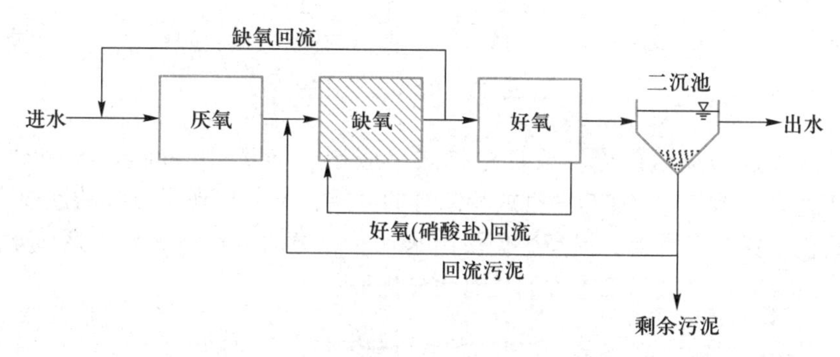

图 12-49　UCT 工艺流程

改良 UCT 工艺中污泥回流到分隔的第一缺氧区，不与混合液回流到第二缺氧区的硝酸盐混合，第一缺氧区主要是回流污泥中的硝酸盐反硝化区，第二缺氧区是系统的主要反硝化区(图 12-50)。

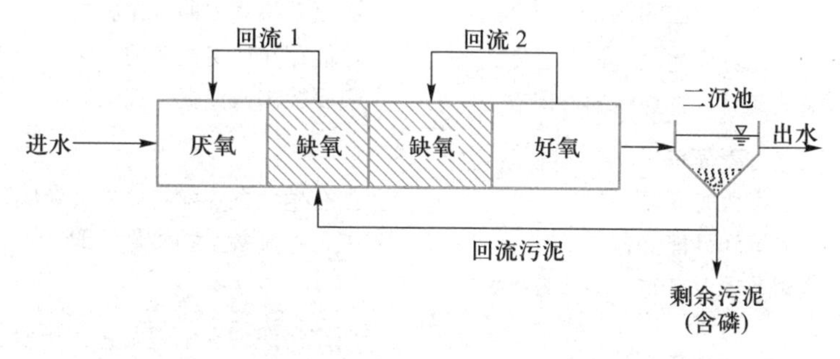

图 12-50　改良 UCT 工艺流程

UCT 工艺和改良 UCT 工艺比 A^2/O 工艺和改良 Bardenpho 工艺多了一套混合液回流系统，流程较为复杂，厌氧区的悬浮固体浓度也较传统 A^2/O 工艺低。

4. SBR 工艺

通过时间顺序上的控制，SBR 工艺也具有同时脱氮除磷功能。如进水后进行一定时间的缺氧搅拌，好氧菌首先利用进水中携带的有机污染物和溶解氧进行好氧分解，此时水中的溶解氧将迅速降低甚至达到零，这时反硝化细菌利用原污水碳源进行反硝化脱氮，去除沉降分离后留在池中的硝酸盐；然后池体进入厌氧状态，聚磷菌释放磷；接着进行曝气，硝化细菌进行硝化反应，聚磷菌吸收磷，经一定反应时间后，停止曝气，进行静置沉降，当污泥沉降下来后，滗出上部清水，而后再进入原污水进行下一个周期循环，如此周而复始(图 12-51)。为了取得更好的脱氮效果，好氧反应后可增加设置缺氧反硝化反应阶段，研究表明，SBR 工艺可取得良好的脱氮除磷效果。自动控制系统的发展和完善，为 SBR 工艺的应用提供了物质基础和控制手段。但由于 SBR 是间歇运行的，不连续出水给后续深度处理带来不便。

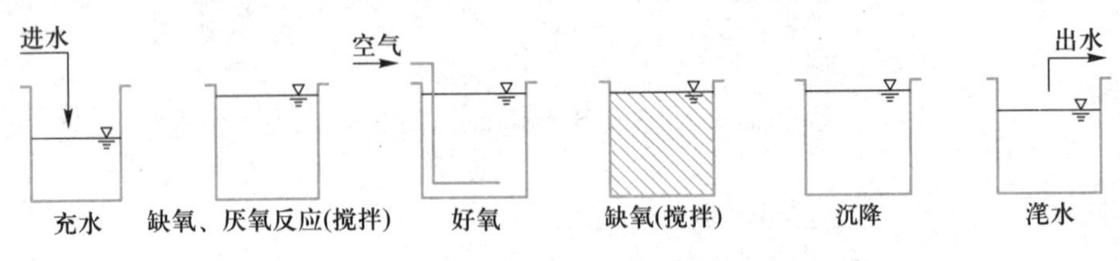

图 12-51 SBR 工艺流程

为了解决连续进水问题，改良序批式反应器(modified sequencing batch reator，MSBR)工艺采用改良 A^2/O 与序批式相结合的方式，不仅实现了系统的连续进出水，其在集约化布置节省占地、提高生化段出水水质、灵活的运行方式以适应水质水量的冲击，以及防止二次污染等方面具有明显优势。

MSBR 污水处理工艺

四、常用生物脱氮除磷工艺的性能特点和设计参数

常用生物脱氮除磷工艺的性能特点和设计参数见表 12-8 和表 12-9。

表 12-8 常用生物脱氮除磷工艺性能特点

工艺名称	优点	缺点
A_N/O	在好氧池前去除 BOD_5，节能； 反硝化过程为硝化补充碱度； 前缺氧具有选择池的作用	脱氮效果受内回流比影响； 可能存在诺卡氏菌的问题； 需要控制回流混合液的 DO
A_P/O	工艺过程简单； 水力停留时间短； 污泥沉降性能好； 聚磷菌碳源丰富，除磷效果好	如有硝化发生除磷效果会降低； 工艺不具备生物脱氮性能
A^2/O	同时脱氮除磷； 反硝化过程为硝化提供碱度； 反硝化过程同时去除有机污染物； 污泥沉降性能好	回流污泥含有硝酸盐进入厌氧区，对除磷效果有影响； 脱氮受内回流比影响； 聚磷菌和反硝化细菌都需要易降解有机污染物
倒置 A^2/O	同时脱氮除磷； 厌氧区释磷无硝酸盐的干扰； 无混合液回流时，流程简捷，节能； 反硝化过程同时去除有机污染物； 好氧吸磷充分； 污泥沉降性能好	厌氧释磷得不到优质易降解碳源； 无混合液回流时总氮去除效率受到影响

续表

工艺名称	优　点	缺　点
UCT	减少了进入厌氧区的硝酸盐量，提高了除磷效率； 对有机污染物浓度偏低的污水，除磷效率有所改善； 脱氮效果好	操作较为复杂； 需增加附加回流系统
改良 Bardenpho	脱氮效果优良； 污泥沉降性能好	池体分隔较多； 池体容积较大
Phostrip	易于与现有设施结合及改造； 过程灵活性好； 除磷性能不受进水有机污染物浓度限制； 加药量比直接采用化学沉淀除磷小； 出水磷酸盐浓度可稳定小于 1 mg/L	需要投加化学药剂； 混合液需保持较高 DO 浓度，以防止磷在二沉池中释放； 需附加的池体用于磷的解吸； 如使用石灰可能存在结垢问题
SBR 及变形工艺	单池运行，占地省； 可同时脱氮除磷； 静置沉降可获得低 SS 出水； 耐受水力冲击负荷； 操作灵活性好 无回流，或回流量小	同时脱氮除磷时操作复杂； 滗水设备的可靠性对出水水质影响大； 设计过程复杂； 维护要求高，运行对自动控制依赖性强； 池体容积较大； 设备利用率低； 出水不连续； 水头损失大

表 12-9　常用生物脱氮除磷工艺设计参数

工艺名称	SRT/d	MLSS/($mg\cdot L^{-1}$)	水力停留时间/h			污泥回流比/%	混合液回流比/%
			厌氧区	缺氧区	好氧区		
A_N/O	11~23	2 500~4 500	—	2~10	9~22	50~100	100~300
A_P/O	3~7	2 000~4 000	1~2	—	5~8	25~100	—
A^2/O	10~22	2 500~4 500	1~2	2~10	10~23	25~100	100~400
倒置 A^2/O	10~22	2 500~4 500	1~2	2~10	10~23	25~100	0~200
UCT	10~25	2 500~4 500	1~2	2~10	10~23	80~100	200~400（缺氧） 100~300（好氧）

续表

工艺名称	SRT/d	MLSS/(mg·L^{-1})	水力停留时间/h			污泥回流比/%	混合液回流比/%
			厌氧区	缺氧区	好氧区		
改良 Bardenpho	10~22	2 500~4 500	1~2	2~8(一段) 2~4(二段)	10~20(一段) 2~4(二段)	50~100	200~400
Phostrip	5~20	1 000~3 000	8~12	—	10~20	50~100	10~20
SBR 及变形工艺	20~40	3 000~4 000	1.5~3	2~5	4~10	—	—

第七节 二次沉淀池

二沉池

二次沉淀池(简称二沉池)是整个活性污泥法系统中非常重要的组成部分。整个系统的处理效能与二沉池的设计和运行密切相关，在功能上要同时满足澄清(固液分离)和污泥浓缩(提高回流污泥的含固率)两方面的要求，它的工作效果将直接影响系统的出水水质和回流污泥浓度。从利用悬浮固体与污水的密度差以达到固液分离的原理来看，二沉池与一般的沉淀池并无二样；但是，二沉池的功能要求不同，沉淀的类型不同。因此，二沉池的设计原理和构造都与一般的沉淀池有所区别。

一、基本原理

悬浮颗粒在水中的沉淀可分为：自由沉淀、絮凝沉淀、成层沉淀(阻碍沉淀)和压缩沉淀。通过在沉淀筒中的沉淀试验可以模拟沉淀池中的工作情况，从而获得设计计算方法和一些基本参数。

把运行正常的曝气池混合液放在沉淀筒(可以用 1 000 mL 的玻璃量筒)中，观察活性污泥的沉淀过程，可以看到类似图 12-52(a)所示的情况。开始沉淀时，筒中混合液是均匀一致的，沉淀片刻后，开始出现泥、水分层现象，且泥面清晰，上层清液 A 中虽可能仍有微细的泥花，但数量极少，且不易沉降。如果取样分析，则这时泥层 B 中固体浓度是均匀一致的。随着沉淀时间的延长，泥面逐渐下沉，量筒底部出现泥层 C。泥层 B 与泥层 C 是不同的。泥层 B 的固体浓度不变，整个泥层以整体的形式缓缓等速下沉，可称为成层沉淀。泥层中絮体的相对位置保持不变。在泥层 C 中，随着泥面的下降，絮体之间的距离缩小。泥层逐渐变浓，最后出现 D 层，上层絮体挤压下层絮体，通常叫污泥压缩。

试验还表明，当混合液的悬浮固体浓度达 1 000 mg/L 以上时，不论浓度大小，都会得到上述类似的现象。但泥层 B 的沉速与悬浮固体的浓度有关。悬浮固体的浓度越大，沉速越小；反之，则沉速越大。图 12-52(b)同时给出了不同初始 MLSS 浓度的沉淀曲线。

一般认为，混合液在沉淀筒中的试验，与自由沉淀、絮凝沉淀时的情况相类似，

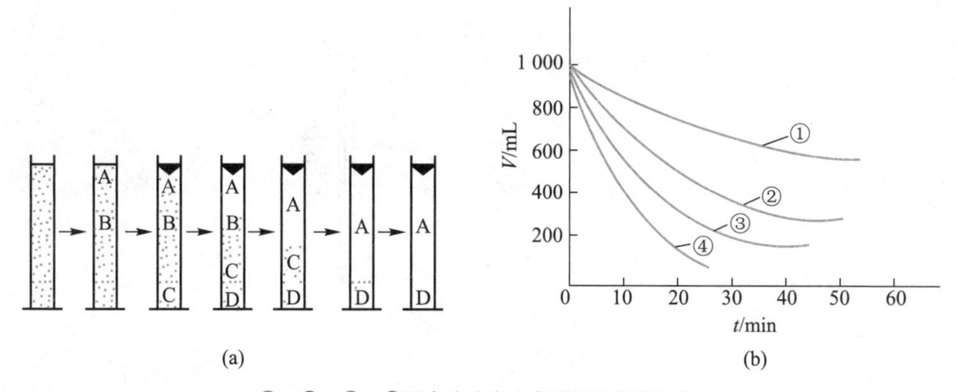

①，②，③，④混合液浓度由高到低的沉淀曲线。

图 12-52 活性污泥的沉淀过程

都可以较好地反映混合液在二沉池中的起初情况。从这一点出发，Kynch、Fitch、Dick 等分别提出和推导出各种设计计算二沉池的方法。

他们的基本思路大致可归纳为：

(1) 假定混合液在沉淀筒中的静止沉淀试验，可以反映混合液在二沉池中的真实情况。因此静止沉淀试验所得的数据可以作为设计时的依据。

(2) 二沉池要同时考虑澄清和浓缩的要求。

(3) 静止沉淀时，成层沉降速度(即泥层 B 的沉速)取决于悬浮固体的初始浓度。此速度决定了二沉池的澄清能力。由此，即可算出二沉池所需的满足澄清要求的面积。

(4) 二沉池的浓缩能力决定了底流浓度(排出二沉池的回流污泥的浓度)。根据沉速是固体浓度的函数及物料平衡原理，可以按所要求的底流浓度推算出二沉池所需要的表面面积。

(5) 根据以上(3)及(4)算得的两个表面面积，选择大的数值作为二沉池的设计面积。

但是，污水处理厂现场实测和连续流沉淀池模型试验的结果表明，二沉池的实际工作状态与在沉淀筒中试验的情况明显不同，表现为：

(1) 二沉池中普遍地存在着四个区，即清水区、絮凝区、成层沉降区、污泥压缩区(图 12-53)。一般存在着两个界面，即泥水界面和压缩界面。

(2) 混合液进入二沉池以后，立即被池水稀释，固体浓度大大降低，并形成一个絮凝区。絮凝区上部是清水区，清水区与絮凝区之间有泥水界面。

(3) 絮凝区后是一个成层沉降区，此区内固体浓度基本不变，沉速也基本不变。絮凝区中生物絮凝情况的优劣，直接影响成层沉降区中泥花的形态、大小和沉速。

(4) 靠近池底处形成污泥压缩区。污泥压缩区与成层沉降区之间有明显界面，固体浓度发生突变。运行正常的、沉降性能良好的活性污泥，在污泥压缩区的积存量是很少的。排出二沉池的底流浓度主要取决于污泥性质和污泥在污泥区中的积存

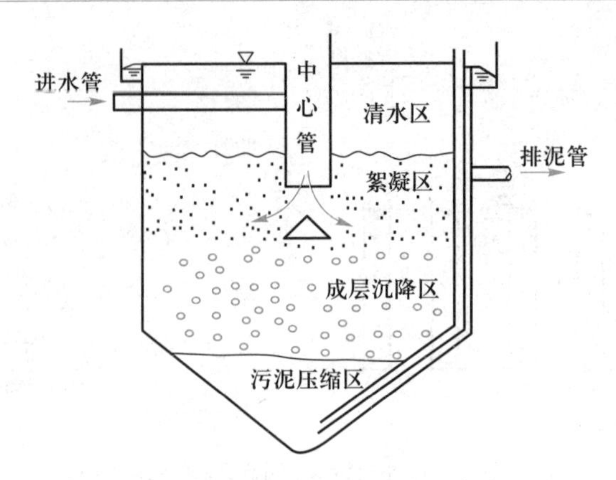

图 12-53 二沉池的沉淀工作状态

时间。

因此，可以认为，二沉池的澄清能力与混合液进入池后的絮凝情况密切相关，也与二沉池的表面面积有关。二沉池的浓缩能力除与沉淀池面积有关外，还与污泥性质及污泥区的容积有关，对于沉降性能良好的活性污泥，二沉池的污泥区容积可以适当减小。

二、二次沉淀池的构造

二沉池的构造与污水处理厂的初沉池一样，可以采用竖流式、平流式和辐流式。但在构造上要注意以下特点：

（1）二沉池的进水部分要仔细考虑，应使布水均匀并创造有利于生物絮凝的条件，使污泥絮体增大。

（2）二沉池中污泥絮体较轻，容易被出水携走，因此要限制出流堰处的流速，可在池面设置更多的出水堰槽，使单位堰长的出水量符合标准要求，一般二沉池出水堰最大负荷不宜大于 1.7 L/(s·m)，当采用周边进水、周边出水的辐流式沉淀池时，出水堰的最大负荷可适当放大。

（3）污泥区的容积，要考虑污泥浓缩的要求。在二沉池内，活性污泥中的溶解氧只有消耗，没有补充，容易耗尽。缺氧时间过长可能影响活性污泥中微生物的活力，并可能因反硝化而使污泥上浮，故浓缩时间一般不超过 2 h。采用污泥斗排泥时，污泥斗斜壁与水平面的夹角，方斗宜大于 60°，圆斗宜大于 55°。二沉池静压排泥的净水头，活性污泥法处理系统不应小于 0.9 m，生物接触氧化法不应小于 1.2 m。排泥管直径宜大于 200 mm。

（4）二沉池应设置浮渣的收集、撇除、输送和处置装置。由于曝气池混合液的沉淀属于成层沉淀，在沉淀池中还存在异重流现象，沉淀情况显然不同于初沉池，实际的过水断面面积要远小于理论计算的过水断面面积，故其最大允许水平流速一般仅为初沉池的一半。因此同其设计原理一样，其构造也是一个研究课题。

有时为了提高二沉池的负荷，国内有污水处理厂采用在澄清区内加设斜板的方法。这在理论上和实践上都不够妥当。从提高二沉池的澄清能力来看，斜板可以提高沉淀效能的原理主要适用于自由沉淀，但在二沉池中，沉淀形式主要是成层沉淀而非自由沉淀。当然，在二沉池中设置斜板后，实践上可以适当提高二沉池的澄清能力，这是由于斜板的设置可以改善布水的有效性和提高斜板间的弗劳德数，而不属于哈真浅池理论的原理。而且加设斜板既增加了二沉池的基建投资，也会由于斜板上容易积存污泥，造成运行管理上的麻烦。要提高二沉池的澄清能力，更有效的方法应是合理设计进水口，促进配水后的生物絮凝，同时保证过水断面水流的均匀性。

三、二次沉淀池的设计计算

二沉池设计的主要内容：① 选择池型；② 计算需要的沉淀池面积、有效水深和污泥区容积。池型选择可根据各种沉淀池的特点结合污水处理厂的规模、处理的对象、地质条件等情况综合确定。

计算沉淀池的面积有表面负荷法和固体通量法。

（一）表面负荷法

采用表面负荷法设计计算二沉池与一般沉淀池相同，但由于水质和功能不同，采用的设计参数也有差异。

1. 沉淀池面积

沉淀池面积计算公式：

$$A=\frac{Q}{q} \tag{12-103}$$

式中：A——沉淀池面积，m^2；

Q——污水设计流量，用最大时流量，m^3/h；

q——表面水力负荷，$m^3/(m^2 \cdot h)$或 m/h。

计算沉淀池面积时，设计流量采用污水最大时的设计流量，而不包括回流污泥量，这是因为混合液进入沉淀池后基本上分为两路，一路流过澄清区从出水堰槽流出池外，另一路通过污泥区从排泥管排出。所以采用污水最大时设计流量可以满足澄清区面积计算要求。但是二沉池进水管、配水区、中心管、中心导流筒等的设计应包括回流污泥量。

表面水力负荷 q 的取值应等于或小于活性污泥的成层沉淀速率 u，通常 u 的变化范围为 0.2~0.5 mm/s，混合液浓度对 u 值有较大影响，当 MLSS 较高时，应采用较低的 u 值。

2. 二沉池有效水深

尽管从理论上说澄清区的水深并不影响沉淀效率，但是水深影响流态，对沉淀效率还是有一定的影响，特别是活性污泥法二沉池中存在异重流现象，主流会潜在水下，池水深度设计更应注意，所以澄清区需要保持一定的深度以维持水流稳定。有效水深 H 一般按沉淀时间 t 计算，沉淀池水力停留时间 t 一般取 1.5~4 h，对应的沉淀池有效水深在 2.0~4.0 m。

$$H=\frac{Qt}{A}=qt \tag{12-104}$$

式中：t——水力停留时间，h，其他符号意义同前。

3. 二沉池污泥区容积

为了减少污泥回流量，同时减轻后续污泥处理的水力负荷，要求二沉池排出的污泥浓度尽量提高，这就需要二沉池污泥区保持一定的容积，以保证污泥有一定的浓缩时间；但污泥区容积又不能过大，以避免污泥在污泥区停留时间过长，因缺氧而失去活性，甚至反硝化或腐化上浮。一般规定污泥区贮泥时间为 2 h。

污泥区与澄清区之间应留有一定的缓冲层高度，非机械排泥时宜为 0.5 m，机械排泥时应根据刮泥板高度确定，同时宜高出刮泥板高度 0.3 m，沉淀池的设计应尽量避免在局部地方形成污泥死区。

二沉池污泥区容积可用下式计算：

$$V_S = RQt_S \tag{12-105}$$

式中：V_S——污泥区容积，m^3；

R——最大污泥回流比；

t_S——污泥在二沉池中的浓缩时间，h。

（二）固体通量法

固体通量法也是确定二沉池面积的基本理论基础，但是因为目前二沉池采用的表面水力负荷都较低，计算的沉淀池面积可以满足固体通量核算要求，而且固体通量法在理论上与污泥浓缩过程更为贴切，用于浓缩池的设计计算更实际，所以关于固体通量的概念和应用将在污泥处理章节介绍。

二沉池常用设计数据见表 12-10。

表 12-10 二沉池常用设计数据

二沉池类型	表面水力负荷/（$m^3 \cdot m^{-2} \cdot h^{-1}$）	沉淀时间/h	污泥含水率/%	固体通量负荷/（$kg \cdot m^{-2} \cdot d^{-1}$）
生物膜法后	1.0~2.0	1.5~4.0	96.0~98.0	≤150
活性污泥法后	0.6~1.5	1.5~4.0	99.2~99.6	≤150

与活性污泥法数学模型一样，二沉池也开发了不少数学模型。其中比较实用的是一维分层动态模型。将活性污泥法数学模型和二沉池数学模型融合构成一个系统，形成一个完整的活性污泥法应用软件，并在研究和实际工程中得到应用。

第八节 活性污泥法处理系统的设计、运行与管理

活性污泥法系统的设计和运行管理必须认识和理解一系列对系统产生重要影响的问题。它们是：① 污水水质与表面水力负荷；② 有机负荷；③ 微生物浓度；④ 曝气时间；⑤ 污泥龄；⑥ 氧传递速率；⑦ 回流污泥浓度；⑧ 污泥回流比；⑨ 曝气池的构造；⑩ pH 和碱度；⑪ 溶解氧浓度；⑫ 污泥膨胀及其控制等。

1. 污水水质与表面水力负荷

污水需含有微生物生长代谢必需的营养物质及产生生命活动需要的能源物质。

通常城镇生活污水中的BOD_5、氮、磷可以满足微生物生长要求，但某些工业废水可能因为营养物质的缺乏，需要投加氮源、磷源甚至碳源。城镇污水往往因为氮、磷元素超过微生物合成代谢所需浓度，导致出水浓度超过排放标准要求，这时需要通过生物强化脱氮除磷，甚至采用其他物理化学或化学的处理方法达到排放要求。在碳源浓度充足的条件下，通过厌氧、缺氧和好氧的合理组合，基本可以使COD、BOD_5、SS、TN、NH_4^+-N和TP达到排放标准。若进水氮、磷浓度较高，或者出水标准要求更加严格，则需采取强化或其他辅助措施。如脱氮或除磷碳源不足时，可利用初沉池污泥或剩余污泥发酵产酸，甚至餐厨垃圾发酵产酸作为补充碳源，或投加外购商品碳源。同时可以通过投加化学药剂强化除磷效果，除磷药剂投加点可以选择在初沉池前或曝气池的末端，也可以结合深度处理进一步降低出水磷酸盐浓度。

大部分污水的流量变化是不易控制的因素，当地的生活方式和集水范围影响污水处理厂的流量变化。高峰常出现在白天，低谷则出现在深夜。变化幅度随城市大小而异，城市越小，变化幅度越大。在一般的设计中，高峰值约为平均值的200%，最低值约为平均值的50%。污水流量还随季节变化，夏季流量大，冬季流量小。污水处理厂设计时应充分考虑流量变化和一组设备检修时运行线的负荷。

在合流制管道系统中，降雨时流量增加很大，足以破坏污水处理厂的正常运行。若要保证出水的质量，有必要将过大的流量转移到雨水调节池中去，当流量回跌到最大允许流量之下时，再将调节池中的雨水抽送到处理构筑物。雨水的储存增加了处理系统的复杂性。在分流制系统中，雨水的渗入也可能引起运行问题或者改变工艺系统运行方式，保存活性污泥量，以便高峰流量过后尽快恢复运行。

污水处理厂一般用泵来提升污水进入处理设施，水泵搭配及峰值流量启用备用泵的问题也会引起流量的冲击。小厂往往只有两个提升泵，一个运行，一个备用，高峰流量时两台泵同时投入运行，这时的流量为平均流量的2~3倍，对运行十分不利。应该选用同样型号的几台泵，并和泵前集水井的容积相配合，通过井和泵的配合调蓄后，得到相对较稳定的流量，有时需要专门设置调节池平衡一日内的流量变化。变频控制系统在污水提升泵站的使用，可以有效缓解流量的突然大幅变化。

表面水力负荷的变化影响活性污泥法系统的曝气池和二沉池。当流量增加时，污水在曝气池内的水力停留时间缩短，影响出水质量，同时影响曝气池的水位。若为机械表面曝气机，由于水位的变化，它们的运行就变得不稳定。水力冲击对二沉池的影响尤为显著。

2. 有机负荷

曝气池容积的计算，最早以经验的曝气时间作为主要的设计参数。有了曝气时间(即水力停留时间)，再乘上设计流量，就可得到曝气池容积，后来发展到以污泥的有机负荷和污泥龄作为设计参数，目前常用污泥龄计算曝气池容积，活性污泥动力学模型也逐步应用到工程设计中。

运用有机负荷计算时主要问题是如何确定污泥负荷和MLSS的设计值。从式(12-73)可知，这两个设计值采用得大一些，曝气池所需的容积可以小一些。污泥负荷的大小影响处理效率。根据经验，当要求的处理效率较高时，设计的污泥负荷一般不宜大于0.5 kg(BOD_5)/[kg(MLSS)·d]；如果要求进入硝化阶段，一般采用0.12 kg(BOD_5)/[kg(MLSS)·d]左右。有时为了减小曝气池的容积，可以采用高负荷，即污泥负荷采用1.0 kg(BOD_5)/[kg(MLSS)·d]以上。采用高的污泥负荷虽可减小曝气池的容积，但出水水质会降低，而且使剩余污泥量增多，污泥中有机质成分含量提高，以前高负荷用于提高投资效益，利用微生物的快速生长期缩短曝气池水力停留时间。目前高负荷活性污泥法可用于快速富集分离污水中的碳源。有时为避免剩余污泥处理处置上的困难，可以采用低的污泥负荷{小于0.1 kg(BOD_5)/[kg(MLSS)·d]}，曝气池容积很大，曝气池中的污泥浓度维持较高，基本上没有剩余污泥排放，这就是延时曝气法。图12-54显示了BOD_5去除率与污泥负荷、污泥龄及污泥产量的关系。

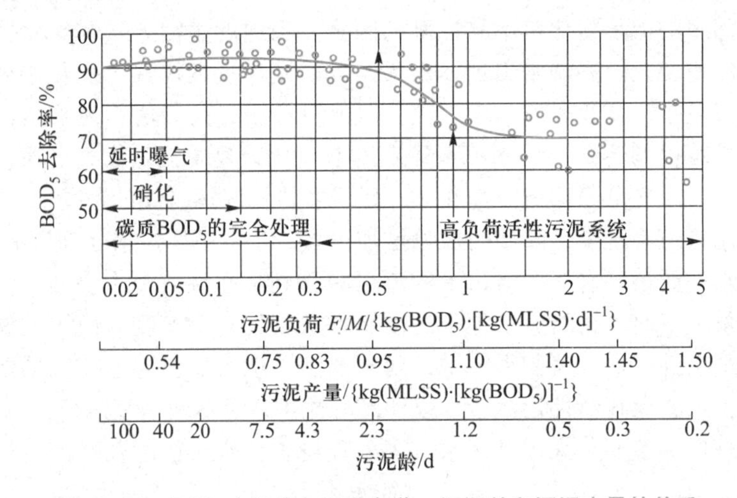

图12-54 BOD_5去除率与污泥负荷、污泥龄和污泥产量的关系

采用污泥龄计算曝气池容积时[式(12-76)]，关键是如何选择或计算污泥龄，以及如何确定混合液悬浮固体浓度、衰减系数和污泥产率系数。

3. 微生物浓度

提高生化反应系统的MLSS浓度，可以缩小曝气池的容积，同时可以降低污泥负荷，提高处理效率，但是，生化处理系统中污泥浓度并不是越高越好。其一，污泥量并不就是微生物的活细胞量；曝气池污泥量的增加意味着污泥龄的增加，污泥龄的增加就使污泥中活细胞的比例减小；其二，过高的微生物浓度在后续的沉淀池中难于沉淀，影响出水水质；其三，混合液污泥浓度是通过二沉池底泥回流与进水混合而得到的，依靠重力进行泥水分离得到的初步浓缩的二沉池底泥，很难通过污泥回流形成较高的混合液浓度；其四，曝气池污泥浓度的增加，就要求曝气池中有更高的氧传递速率，否则，微生物就受到抑制，处理效率降低，而高污泥浓度也会降低曝气系统的总传质系数。各种曝气设备都有其合理的氧传递速率范围。例如，穿孔管的氧传递速率为20~30 mg/(L·h)，微孔曝气设备的氧传递速率为40~60 mg/(L·h)，纯氧曝气设备的氧传递速率为150 mg/(L·h)左右。对于每一种曝气设备，超出了它合理的氧传递速率范围，其充氧动力效率将明显降低，使能耗增加。因此，采用一定的曝气设备系统，实际上只能够采用相应的污泥浓度，MLSS的提高是有限度的。根据长期的运行经验，采用鼓风曝气设备的传统活性污泥法时，曝气池中 MLSS 在 2 000~4 000 mg/L是适宜的。在膜生物反应器系统中，由于泥水分离采用微滤或超滤膜，反应池的污泥浓度可以提高到 10 g/L，膜池的污泥浓度可以提高到 12 g/L，但污泥浓度提高以后，生化池的好氧曝气量和膜池膜擦洗曝气量会随之提高。

对不同的水质、不同的工艺应根据具体情况探索合理的微生物浓度。

4. 曝气时间

曝气时间（水力停留时间，HRT）与有机负荷有着密切关系，在考虑曝气时间时需注意一些其他有关因素。通常情况下，城镇污水的最短曝气时间为 3 h，这与满足曝气池需氧速率有关。当曝气池建得较小时，曝气设备是按系统的峰值负荷控制设计的，在其他时间，供氧量过大，如得不到有效控制，则会造成浪费。但若曝气池建得大些。则可降低需氧速率，同时由于负荷率的降低，曝气设备可以减小，曝气设备的利用率得到提高。因而要仔细地评价曝气设备和能源消耗的费用及曝气池的基建费用，使它们获得最佳匹配。

氨氮硝化过程中，曝气时间的选择更为重要，因为硝化细菌比普通异养菌世代增殖时间长，异养菌降解有机污染物时与氧气有更高的亲和力，一般认为在有机污染物浓度降低到一定水平以下时，硝化作用才明显出现，所以要获得硝化效果，保证足够的曝气反应时间是必要条件之一。

长时间曝气能降低剩余污泥量，这是由于好氧消化及内源呼吸降低了活性物质量。这样的系统更能适应冲击负荷，但曝气池容积增大，具体问题需要具体对待。

5. 污泥龄

污泥龄是活性污泥法系统设计和运行管理中最重要的参数之一。选择一定的有机负荷和一定的 MLSS 浓度，就相应决定了系统的污泥龄，因而有机负荷和污泥龄存在着内在的联系。

微生物平均停留时间至少等于水力停留时间，此时，曝气池内的微生物浓度很低，大部分微生物是充分分散的。当用污泥回流使微生物的平均停留时间大于水力停留时间时，微生物浓度增加，改善了微生物的絮凝条件，提高了微生物在二沉池中的固液分离性能。但过长的污泥龄使微生物老化，絮凝条件恶化，并增加了惰性物质引起的浊度。根据这个现象，微生物的停留时间应满足工艺要求，促使微生物很好地絮凝，以便实现重力分离，但不宜过长，过长除带来处理效果上的问题外，沉淀效果也会变差。

经验表明，主要去除有机污染物的活性污泥法系统的污泥龄约为水力停留时间的 20 倍，延时曝气系统一般为 30~40 倍。对于高负荷系统，SRT：HRT 比例接近 10：1。对于一般城镇污水水质，仅需降解有机污染物时曝气时间一般为 4~6 h，则相应的微生物停留时间为 3.3~5 d。延时曝气的水力停留时间为 24 h，则微生物停留时间为 30 d 左右。高负荷系统曝气时间为 2~3 h，微生物停留时间约为 1 d。

对于生物脱氮工艺而言，宜选择较长的污泥龄，如20 d甚至更高，因为亚硝化菌和硝化菌世代增殖时间较长，如果污泥龄短于亚硝化菌和硝化菌的世代增殖时间，这些微生物几乎不可能在这个活性污泥法系统中繁殖。有人曾研究了亚硝化单胞菌属的生长率，并推算了它们的世代增殖时间，如表12-11所示。

表12-11 亚硝化单胞菌属的生长率和世代增殖时间

温度/℃	生长率/%	世代增殖时间/d
10	1	10
15	13	5.5
20	33	3.0
25	60	1.7

从上表可知，当混合液温度为20℃，污泥龄为2 d时，亚硝化单胞菌属不可能在这个活性污泥法系统中繁殖。因为在这种情况下，该属细菌每日只能增加33%，但每日却要排出50%。排出的多，增加的少，它们会逐渐减少直至最后消失，混合液中氨氮就不会得到硝化，出水中即使有硝酸盐，浓度必然很低。若希望氨氮得到硝化，就需要提高系统的污泥龄，使亚硝化菌和硝化菌得以正常繁殖。

对于生物除磷工艺而言，在培养阶段，宜减少排泥以增加系统中的聚磷菌含量，系统稳定运行后，可缩短污泥龄，通过剩余污泥排放达到除磷目的，如果考虑同时生物脱氮除磷，就必须兼顾两者取适中的污泥龄，如可取污泥龄为10~15 d。

计算活性污泥法系统的污泥龄是否应包括二沉池中的活性污泥量呢？无疑在二沉池中有着可观的活性污泥量，但由于氧的浓度很低，微生物代谢可以忽略。正由于此，大多数活性污泥法系统设计时，只根据曝气池的活性污泥量来计算污泥龄。但在吸附再生系统中，因为吸附池和再生池的水力停留时间不同，MLSS浓度也不同，且二沉池经常用作污泥调蓄池，在这种情况下，根据吸附池和再生池的运行数据计算污泥龄的变化很大，而在考虑二沉池的活性污泥量后，污泥龄则比较稳定。

如果在污水处理系统中设置有厌氧区、缺氧区、好氧区以达到脱氮除磷目的，则污泥龄可以分区单独计算，如厌氧区污泥龄、缺氧区污泥龄、好氧区污泥龄，它们分别是对应区域内的污泥总量与系统每日排泥量的比值。

6. 氧传递速率

氧传递速率将决定活性污泥法系统的能力，氧传递速率要考虑两个过程，即氧溶解到水中及真正传递到微生物的膜表面。通常的试验数据只表明氧传递到水相，但这并不意味着同样量的氧已达到了微生物膜表面，而后者则控制着微生物活性的发挥。从这个观点来看，曝气设备不仅要提供充分的氧，而且要创造足够的紊动条件，以剪切活性污泥絮体，这样可使污泥絮体内部的细菌得到氧。因此要提高氧传递速率，除了供应充足的氧外，应使混合液中的悬浮固体保持悬浮状态和紊动条件。无疑，曝气设备的选择、布置，以及如何与池型配合，是关系到曝气池性能的重要条件。

机械表面曝气机，是把水粉碎成小的液滴，散布于连续的大气相中的设备，而扩散曝气器则是把空气粉碎成微小气泡，散布于连续的液相中的设备。其目的都是希望从空气中获得氧，提高液相中的氧浓度。目前两种曝气方法都有广泛使用。事实上，曝气设备的发展还与水力流态，即反应器的形式有关。

气泡曝气过程中的气泡上升阶段，向邻近液体传递氧，因而气泡中的氧浓度降低，相邻液体的氧浓度提高，这两个因素都使氧传递速率减慢。而细的气泡不能促使邻近液体产生紊动，气泡和液体几乎是同速上升。因而最大的氧传递速率发生在气泡刚形成时。基于这种认识，要提高氧传递速率，就要尽可能使单位气量分布在最宽的断面上。但是当把扩散器布满大部分池底时，在同样的气量下，曝气强度（单位面积上的气体流量）如果不够，MLSS 就要沉下来。这时可把扩散装置布置在池底的一边，这样能使曝气池 MLSS 保持螺旋运动，促进其处于悬浮状态，高效微孔曝气加上机械搅拌在实际工程中也有应用。

随着高效微孔扩散装置的研发，一般认为鼓风曝气系统的能耗要低于机械曝气，但是考虑微孔扩散装置的效率应该从其全生命周期考虑，如果仅是新装的前一两年效率较高，后几年效率下降很快，总体的氧传递速率或动力效率还是低的。

因为曝气量随进水水量、水质等因素变化较大，所以目前曝气设备一般都具有充氧量调节功能。如鼓风曝气，采用高速离心风机时，可以使用进出口导叶片调节风量，采用多级离心风机、罗茨风机或磁浮、空气悬浮风机时可以使用变频调节电机转速以调节风量。采用机械曝气时，目前多使用多级调速装置，或者使用变频连续调节表曝机的转速。

7. 回流污泥浓度

回流污泥浓度是活性污泥沉淀特性、污泥浓缩时间和污泥回流比的函数。

混合液中污泥基本来自回流污泥，故 MLSS 必然同回流污泥量和回流污泥浓度有关。按图 12-55 进行物料平衡，可推得下列关系式：

$$RQX_R = (Q+RQ)X \qquad (12-106)$$

$$X = \frac{R}{1+R}X_R \qquad (12-107)$$

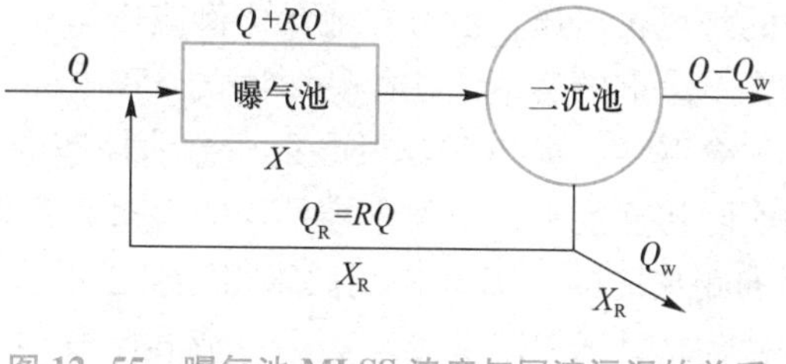

图 12-55　曝气池 MLSS 浓度与回流污泥的关系

根据这个公式可知，曝气池中的 MLSS 不可能高于回流污泥浓度，回流比越大，两者越接近。限制 MLSS 值的主要因素是回流污泥的浓度。回流污泥来自二沉池，二沉池中污泥浓度与活性污泥的沉降浓缩性能和浓缩时间有关。常用活性污泥体积指数 SVI 作指标来衡量活性污泥的沉降浓缩特性。通常 SVI 为 100 左右，相应的回流污泥浓度为 10 000 mg/L。回流流量过大，会影响二沉池中的浓缩状态，回流污泥浓度则相应降低。

沉降浓缩性能略差的活性污泥，其回流污泥浓度 X_R 为 5 000～8 000 mg/L，若 X_R 以 7 000 mg/L 计，则要保持曝气池 MLSS 在 3 000 mg/L，污泥回流比 R 必须大于 0.75。

8. 污泥回流比

正如上面所说，曝气池 MLSS 浓度与回流污泥浓度和污泥回流比有关，同样的回流污泥浓度情况下，要求的 MLSS 浓度越高，污泥回流比就越大。

较高的污泥回流比增大了进入二沉池的流量，增加了二沉池的负荷，降低了沉淀效率。污泥回流比的设计应有一定的范围，并应操作在可能的最低流量，以降低能耗并保持二沉池运行稳定。

在污水处理厂运行过程中，为了保持稳定的有机负荷，有一种控制方法就是使用变频调节回流泵，回流量的大小根据进水流量比例调节，或者根据曝气池 MLSS 浓度要求反馈调节，也可以根据一定的 F/M 值动态调节。

常量的污泥回流简便易行，效果也可以保证。当入流污水量较低时，二沉池中有较多的回流污泥进入曝气池，比从曝气池中进入二沉池的污泥多，曝气池中的 MLSS 浓度增加了，这等于为流量和有机负荷的增加做了准备，而二沉池中贮存的污泥体积变得较小。当流量和有机负荷增加时，曝气池中较高的 MLSS 已具备了适应条件，这时有更多的 MLSS 从曝气池中流向二沉池，二沉池已留出了空间。MLSS 能自动地响应流量和有机负荷的变化，从而保证了出水水质。季节性的流量变化较大时，可以几个星期或数月调整一次回流量。

9. 曝气池的构造

曝气池的构造对活性污泥法系统运行起着十分重要的作用，英国开发的狭长形曝气池可以连续流代替间歇流。当旋流曝气池引入美国时，人们开始注意曝气池的纵向短流问题。于是在池的横向设置了隔板以防短流，但效果不佳，之后又拆除了。将曝气池横断面的底角做成内圆，有利于旋转并防止死角，减少能量消耗。池深取决于曝气系统所使用的鼓风机风压，池宽与池深比例应恰当。

示踪剂研究表明：示踪剂的峰值约在停留时间的 35%的长度位置上，说明推流式曝气池流态倾向于完全混合，纵向混合很严重。氧消耗率的数据表明：开始时氧的消耗远远超过氧的实际传递能力，迫使未被处理的有机污染物移向曝气池的后端，氧消耗率在 35%的纵向距离之前，OUR 曲线斜率很陡，然后慢慢往下跌，曝气池底部的 DO 仍然为零，明显说明氧传递受到限制。推流式曝气池实质上类似串联的多个完全混合池，曝气量的控制可以实行分区分别调节。

采用圆形和矩形池的小型完全混合处理系统，只配有一个机械曝气器，很容易围绕曝气器形成完全混合区。但当处理量增大后，曝气池也相应增大。多组曝气器放在同一个大的曝气池中，围绕每一个曝气器形成了一个混合区。若在曝气池的一端进水，另一端出水，则进水端混合液的氧利用率比较高，而出水端附近的混合液氧利用率较低。这种情况说明曝气池不是充分完全混合的。当曝气池很大时，设置很多等距离的曝气机，一端进水，一端出水，这样的曝气池就类似于传统的推流式曝气池。

10. pH 和碱度

活性污泥法通常运行在 pH 为 6.5~8.5 的范围内。pH 之所以能保持在这个范围，是由于污水中的蛋白质代谢后产生了碳酸铵碱度和从原污水中带来了碱度。生活污水中有足够的碱度使 pH 保持在较好的水平，如果原污水缺少天然碱度，由于 CO_2 和有机酸的形成，pH 可跌到 5.5，甚至低于 5.0。在这种系统中硝化作用将会受到明显抑制，纯氧或富氧曝气系统因为曝气池的密封，非常容易出现这种情况。

工业废水中经常缺少蛋白质，因而会产生 pH 过低问题，在糖厂、淀粉厂和某些合成化学厂，这个问题尤为严重。糖、醛、丙酮和乙醇被细菌代谢为有机酸，它能降低 pH 和减慢代谢速率，碱或石灰可直接添加到曝气池中，以维持所希望的 pH。碱或石灰与代谢产生的 CO_2 作用而产生的碳酸钠或碳酸钙可作为缓冲剂。工业废水中的酸性物质通常应在进入曝气池前进行中和。有机污染物被代谢后形成了相应的碳酸盐，氨基化合物和蛋白质由于代谢释放了铵离子，从而形成了碳酸铵。

微生物群体中不同细菌有不同的最佳 pH 适应范围，可以通过调节 pH 来富集或筛选某种特定的微生物。pH 低于 6 会刺激霉菌和其他真菌的生长，抑制常见细菌的繁殖，容易导致丝状菌膨胀。

11. 溶解氧浓度

通常溶解氧浓度不是一个关键因素，除非溶解氧浓度低到接近于零。只要细菌能获得所需要的溶解氧来进行代谢，其代谢速率受溶解氧浓度的影响就不大。当耗氧速率超过实际的氧传递速率时，代谢速率受氧传递速率控制。

好氧代谢，包括硝化过程，仅发生在曝气池中有溶解氧的地方。从理论上讲，溶解氧保持约 1 mg/L 就足够了，混合液溶解氧浓度偏高还会降低氧传递的推动力。有研究认为，对于单个悬浮着的好氧细菌代谢，溶解氧浓度一般只要高于 0.3 mg/L，代谢速率就不受溶解氧浓度影响。但是，活性污泥絮体是许多个体集结在一起的絮状物质，要使内部的溶解氧浓度达到 0.1~0.3 mg/L，絮体周围的溶解氧浓度一定要高出许多，具体数值同絮体的大小、结构及影响氧扩散性能的混合情况有关。最主要的还是取决于混合情况，从某种意义上讲，混合情况决定了絮体的大小和结构。而混合、充氧基本都是通过曝气设备来完成的，一般认为，在好氧区硝化菌和聚磷菌要求有较高的溶解氧浓度，混合液应保持溶解氧浓度在 0.5~2 mg/L，厌氧区如果存在溶解氧或硝酸盐，则进入厌氧区的易生物降解有机污染物在被聚磷菌利用之前，就被普通异养菌和反硝化菌利用了，从而影响释磷效果。同样，如果缺氧区溶解氧浓度较高，也会消耗反硝化菌所需要的易生物降解有机污染物浓度，因而在曝气池尾部混合液回流区域宜减少曝气量或设置消氧区，以降低通过混合液回流进入缺氧区的溶解氧。

过分的曝气，虽然使溶解氧浓度很高，但由于紊动过分剧烈，絮体会发生破裂，出水浊度也会升高。特别是对于耗氧速率不高、污泥龄偏长的系统，强烈混合使破碎的絮体不能很好地再凝聚，保证絮体很好凝聚的条件是活性物质占整个 MLSS 的 1/3

以上，当活性物质低于10%时，絮体很易破碎而很难再凝聚。这些离散的污泥沉淀性能差，往往流失于出水中。原生动物也不能去除这些颗粒，因为它缺少原生动物所需的营养。过分的曝气使这些颗粒有可能积聚在沉淀池的表面，形成深褐色的浮渣。

12. 污泥膨胀及其控制

正常的活性污泥沉降性能良好，其活性污泥体积指数SVI为50~150；当活性污泥不正常时，污泥就不易沉淀，体现为SVI值升高。混合液在1 000 mL量筒中沉淀30 min后，污泥体积膨胀，上层澄清液减少，这种现象称为污泥膨胀。膨胀污泥不易沉淀，容易流失，既影响处理后的出水水质，又造成回流污泥量的不足，如不及时加以控制，就会使系统中的污泥越来越少，从根本上破坏曝气池的运行。

但是，沉降性能恶化并不都是污泥膨胀现象，不应混淆。例如，在二沉池中，由于沉淀污泥反硝化生成氮气使污泥上浮或部分区域积泥造成厌氧发酵而上浮等都不属于污泥膨胀问题。膨胀的活性污泥，主要表现为压缩性能差，沉降性能不良，而它的处理功能和净化效果并不差。

污泥膨胀的SVI限值目前并不统一。一般认为，SVI超过200，就算污泥膨胀。污泥膨胀可分为：污泥中丝状菌大量繁殖导致的丝状菌性膨胀，以及并无大量丝状菌存在的非丝状菌性膨胀。

（1）丝状菌性膨胀：这类膨胀是污泥中的丝状菌过度增长繁殖的结果。活性污泥中的微生物是一个以细菌为主的群体。正常的活性污泥是絮状物质，其骨干是千百个细菌结成的团粒，叫作菌胶团；细菌分泌的外酶和胞外聚合物促进了菌胶团的凝聚。在不正常的情况下，活性污泥中菌胶团受破坏，而丝状菌大量出现。据研究，膨胀污泥中的丝状菌已分离出一百多种，其中常见的有数十种。根据上海市污水处理厂的调查，丝状菌主要是以浮游球衣菌（*Sphaerotilus natans*）为代表的鞘细菌和以丝硫细菌为代表的硫细菌。

当污泥中有大量丝状菌时，大量具有一定强度的丝状体相互支撑、交错，可大大恶化污泥的凝聚、沉降、压缩性能，形成污泥膨胀。

造成污泥丝状菌性膨胀的主要因素大致为：① 污水水质。研究结果表明，污水水质是造成污泥膨胀的最主要因素。含溶解性糖类高的污水往往发生由浮游球衣菌引起的丝状菌性膨胀，含硫化物高的污水往往发生由丝硫细菌引起的丝状菌性膨胀。污水的水温和pH也对污泥膨胀有明显的影响。水温低于15℃时，一般不会膨胀。pH低时，容易产生膨胀。有的研究认为，污水中碳、氮、磷的比例对发生丝状菌性膨胀影响很大，氮和磷不足都易发生丝状菌性膨胀。但有的研究结果表明，恰恰是含氮太高促使了污泥膨胀，在实验室的研究也表明，如以葡萄糖和牛肉膏为主配制人工污水进行试验，则不论碳、氮、磷的比例是高或低，都会产生极其严重的污泥膨胀。② 运行条件。曝气池的负荷和溶解氧浓度都会影响污泥膨胀。曝气池中的污泥负荷较高时，容易发生污泥膨胀。曾有人根据部分城镇污水处理厂的运行资料统计后得出结论：活性污泥的SVI与污泥负荷密切相关。污泥负荷低或高都不易发生污泥膨胀，而在0.5~1.5 kg(BOD_5)/[kg(MLSS)·d]时SVI较高{负荷为1.0 kg(BOD_5)/[kg(MLSS)·d]时最严重}，甚至导出了SVI与污泥负荷的关系公式。但实践表明，这样的结论并不恰当。影响污泥丝状菌性膨胀的最主要因素是水质而不是污泥负荷。对一些污水，不论污泥负荷较高或较低都会发生污泥丝状菌性膨胀；对另一些污水则相反。关于溶解氧浓度的影响，结论也往往有矛盾。多数资料表明，溶解氧浓度低时，容易发生由浮游球衣菌和丝硫细菌引起的污泥膨胀。但也有资料表明，正是溶解氧浓度高，促进了污泥膨胀。研究证实，对于含硫化物高的污水（例如已经陈腐的污水），不论曝气池中的溶解氧浓度低或高都会产生由丝硫细菌过度繁殖引起的污泥膨胀。不过，在溶解氧浓度低时，污泥中占优势的是丝硫细菌；在溶解氧浓度高时，占优势的是亮发菌。③ 工艺方法。研究和调查表明，完全混合的工艺方法比传统的推流方式较易发生污泥膨胀，而间歇运行的曝气池最不容易发生污泥膨胀；不设初沉池的活性污泥法，SVI 值较低，不容易发生污泥膨胀；叶轮式机械曝气与鼓风曝气相比，易于发生丝状菌性膨胀；射流式曝气的供氧方式可以有效地克服浮游球衣菌引起的污泥膨胀。目前建设的城镇污水处理厂基本都有生物脱氮除磷要求，污泥经过厌氧、缺氧、好氧的环境条件，不易发生污泥膨胀。

（2）非丝状菌性膨胀：发生污泥非丝状菌性膨胀时，与丝状菌性膨胀相类似。SVI 值很高，污泥在沉淀池内很难沉淀、压缩。此时的处理效率仍很高，上清液也清澈。如将污泥用显微镜检查，情况就完全不同。在显微镜下，看不到丝状细菌，即使看到也是数量极少的短丝状菌。

研究表明，非丝状菌性膨胀污泥含有大量的表面附着水，细菌外面包有黏度极高的黏性物质，这种黏性物质是由葡萄糖、甘露糖、阿拉伯糖、鼠李糖、脱氧核糖等形成的多糖类。

非丝状菌性膨胀主要发生在污水水温较低而污泥负荷太高的情况。微生物的负荷高，细菌吸取了大量的营养物，但由于温度低，代谢速率较慢，就积贮大量高黏度的多糖类物质。这些多糖类物质的积贮，使活性污泥的表面附着水大大增加，污泥的 SVI 值很高，形成膨胀污泥，这种情况在冬季的北方污水处理厂时常出现。

在运行中，如发生污泥膨胀，可针对膨胀的类型和丝状菌的特性，采取以下一些抑制的措施，如：① 控制曝气量，使曝气池中保持适量的溶解氧（不低于1 mg/L，不超过4 mg/L）。② 调整 pH。③ 如氮、磷的比例失调，可适量投加氮、磷营养元素及其他营养成分。④ 投加一些化学药剂（如铁盐混凝剂、有机高分子絮凝剂等），但投加药剂费用较高，停止加药后往往会恢复膨胀，而且并不是对各类膨胀都有效。⑤ 城镇污水处理厂的污水经过沉砂池后，超越初沉池，直接进入曝气池。

在设计时，对于容易发生污泥膨胀的污水，可以采取以下一些方法：① 减小城镇污水的初沉池或取消初沉池，增加进入曝气池的污水中的悬浮物，可使曝气池中的污泥浓度明显增加，改善污泥沉降性能。② 在常规曝气池前设置污泥厌氧或缺氧选择池。③ 对于现有的容易发生污泥膨胀的污水处理厂，可以在曝气池的前端补充设置填料。这样，既降低了曝气池的污泥负荷，也改变了进入后面曝气池的水质，可以有效地克服污泥膨胀；④ 用气浮法代替二沉池，可以有效地使整个处理系统维持正常运行，但气浮法的运行费用比二沉池高。

思考题和习题

1. 活性污泥法的基本概念和基本流程是什么?

2. 常用的活性污泥法曝气池的基本形式有哪些?

3. 活性污泥法有哪些主要运行方式? 各种运行方式有何特点?

4. 解释污泥龄的概念，说明它在污水处理系统设计和运行管理中的作用。

5. 从气体传递的双膜理论分析影响氧传递的主要影响因素。

6. 生物脱氮、除磷的环境条件要求和主要影响因素有哪些? 举例说明主要生物脱氮、除磷工艺的特点。

7. 如何计算生物脱氮、除磷系统的厌氧区、缺氧区、曝气池容积，以及曝气池需氧量和剩余污泥量?

8. 仔细分析污水中 COD 的组成，并说明它们在污水处理系统中的去除途径。

9. 二沉池的功能和构造与一般沉淀池有什么不同? 在二沉池中设置斜板为什么不能取得理想的效果?

10. 生物脱氮是城镇污水处理厂控制氮排放采用的主要工艺方式，请说明传统硝化反硝化、短程硝化反硝化和厌氧氨氧化脱氮的原理，并写出它们的生化反应方程式，根据反应方程式从理论上进行比较，并说明三种生物脱氮工艺在曝气能耗和碳源需求上的差异。

11. 某污水处理厂处理规模为 $10\times10^4\ m^3/d$(总变化系数 $K_z=1.3$)，经预处理沉淀后 TKN 浓度为 40 mg/L，要求经过生物脱氮处理后的出水总氮浓度小于 10 mg/L。不计剩余污泥中同化去除的氮素含量，设计计算缺氧反硝化池的容积。

相关参数可按下列条件选取:

(1) 计算温度取 12 ℃，温度系数 θ 取 1.08;

(2) 20 ℃时该污水反硝化速率 $K_{dn}=0.30\ kg(NO_3^--N)/[kg(MLVSS)\cdot d]$，污水中含有足够碳源;

(3) 曝气池的 MLSS 为 3 000 mg/L，MLVSS 与 MLSS 之比为 0.7。

12. 某污水处理厂处理规模为 $5\times10^4\ m^3/d$(总变化系数 K_z 取 1.6)，经预处理沉淀后 BOD_5 为 200 mg/L，要求经过生物处理后的出水 BOD_5 小于 10 mg/L。设计计算曝气池容积、污泥回流比和每日排放剩余污泥干重。

相关参数可按下列条件选取:

(1) 曝气池中 MLVSS 与 MLSS 之比为 0.65;

(2) 回流污泥悬浮固体浓度取 10 000 mg/L;

(3) 曝气池的 MLSS 为 3 000 mg/L;

(4) 污泥龄取 10~15 d;

(5) $Y=0.6\ kg(MLVSS)/kg(BOD_5)$，$K_d=0.08\ d^{-1}$;

(6) 假设污水中含有足够的生化反应所需的氮、磷和其他营养元素。

参考文献

[1] 张自杰. 排水工程: 下册 [M] . 5 版. 北京: 中国建筑工业出版社, 2015.

［2］北京市市政工程设计研究总院有限公司．给水排水设计手册：第五册［M］．3版．北京：中国建筑工业出版社，2017.

［3］聂梅生．水工业工程设计手册：废水处理及再用［M］．北京：中国建筑工业出版社，2002.

［4］郑兴灿，李亚新．污水除磷脱氮技术［M］．北京：中国建筑工业出版社，1998.

［5］张忠祥，钱易．废水生物处理新技术［M］．北京：清华大学出版社，2004.

［6］郑平，徐向阳，胡宝兰．新型生物脱氮理论与技术［M］．北京：科学出版社，2004.

［7］Grady C P L，Daigger G T，Love N G. Biological wastewater treatment［M］. 3rd ed. London：IWA Publishing，2011.

［8］Metcalf & Eddy | AECOM. Wastewater engineering：treatment and resource recovery［M］. 5th ed. Boston：McGraw-Hill，2014.

［9］中华人民共和国住房和城乡建设部．室外排水设计标准：GB 50014—2021［S］．北京：中国计划出版社，2021.

［10］姚重华．废水处理计量学导论［M］．北京：化学工业出版社，2002.

第十三章

生物膜法

生物膜法是一大类生物处理法的统称，包括生物滤池、生物转盘、生物接触氧化池、曝气生物滤池及生物流化床等工艺形式，其共同的特点是微生物附着生长在滤料或填料表面上，形成生物膜。污水与生物膜接触后，污染物被微生物吸附转化，污水得到净化。生物膜法对水质、水量变化的适应性较强，污染物去除效果好，是一种被广泛采用的生物处理方法，可单独应用，也可与其他污水处理工艺组合应用。

1893 年英国将污水喷洒在粗滤料上进行净化试验，取得良好的净化效果，生物滤池自此问世，并开始应用于污水处理。经过长期发展，生物膜法已从早期的洒滴滤池（普通生物滤池），发展到现有的各种高负荷生物膜法处理工艺。特别是随着塑料工业的发展，生物滤池的填料从碎石、卵石、炉渣和焦炭等比表面积小和孔隙率低的实心滤料，发展到如今高强度、轻质、比表面积大、孔隙率高的各种塑料滤料，大幅度提高了生物膜法的处理效率，扩大了生物滤池的应用范围。目前所采用的生物膜法多数是好氧工艺，主要用于中小规模的污水处理，少数是厌氧的，本章讨论好氧生物膜法。

第一节　基本原理

一、生物膜的结构及净化机理

（一）生物膜的形成及结构

微生物细胞在水环境中，能在适宜的载体表面牢固附着，生长繁殖，细胞胞外多聚物使微生物细胞形成纤维状的缠结结构，称为生物膜。

污水处理生物膜法中，生物膜是指：附着在惰性载体表面生长的，以微生物为主，包含微生物及其产生的胞外多聚物和吸附在微生物表面的无机物及有机物等组成，并具有较强的吸附和生物降解性能的结构。提供微生物附着生长的惰性载体称为滤料或填料。生物膜在载体表面分布的均匀性，以及生物膜的厚度随着污水中营养底物浓度、时间和空间的改变而发生变化。图 13-1 是生

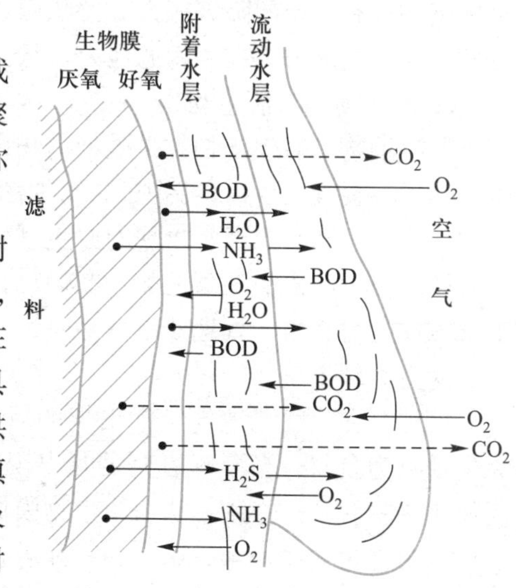

图 13-1　生物滤池滤料上生物膜的基本结构

物膜法污水处理中，生物滤池滤料上生物膜的基本结构。

早期的生物滤池中，污水通过布水设备均匀地喷洒到滤床表面上，在重力作用下，污水以水滴的形式向下渗沥，污水、污染物和细菌附着在滤料表面上，微生物便在滤料表面大量繁殖，在滤料表面形成生物膜。

污水流过生物膜生长成熟的滤床时，污水中的有机污染物被生物膜中的微生物吸附、降解，从而得到净化。生物膜表层生长的是好氧和兼性微生物，在这里，有机污染物经微生物好氧代谢而降解，终产物是 H_2O、CO_2 等。由于氧在生物膜表层基本耗尽，生物膜内层的微生物处于厌氧状态，在这里，进行的是有机污染物的厌氧代谢，终产物是有机酸、乙醇、醛和 H_2S 等。由于微生物的不断繁殖，生物膜不断增厚，超过一定厚度后，吸附的有机污染物在传递到生物膜内层的微生物以前，已被代谢掉。此时，内层微生物因得不到充分的营养而进入内源代谢，失去其黏附在滤料上的性能，脱落下来随水流出滤池，滤料表面再重新长出新的生物膜。生物膜脱落的速率与有机负荷、水力负荷等因素有关。

（二）生物膜的组成

填料表面生物膜中的生物种类相当丰富，一般由细菌（好氧、厌氧、兼性）、真菌、原生动物、后生动物、藻类，以及一些肉眼可见的蠕虫、昆虫的幼虫等组成，生物膜中的生物相组成情况如下。

1. 细菌与真菌

细菌对有机污染物氧化分解起主要作用，生物膜中常见的细菌种类有球衣菌属、动胶菌属、硫杆菌属、无色杆菌属、产碱菌属、甲单胞菌属、诺卡氏菌属、色杆菌属、八叠球菌属、粪链球菌、大肠埃希菌、副大肠杆菌属、亚硝化单胞菌属和硝化杆菌属等。

除细菌外，真菌在生物膜中也较为常见，其可利用的有机污染物范围很广，有些真菌可降解木质素等难生物降解的有机污染物，对某些人工合成的难生物降解有机污染物也有一定的降解能力。丝状菌也易在生物膜中滋长，它们具有很强的降解有机污染物的能力，在生物滤池内丝状菌的增长繁殖有利于提高污染物的去除效果。

2. 原生动物与后生动物

原生动物与后生动物都是微型动物中的一类，栖息在生物膜的好氧表层内。原生动物以吞食细菌为生（特别是游离细菌），在生物滤池中，对改善出水水质起着重要的作用。生物膜内经常出现的原生动物有鞭毛类、肉足类、纤毛类，后生动物主要有轮虫类、线虫类及寡毛类。在运行初期，原生动物多为豆形虫一类的游泳型纤毛虫。在运行正常、处理效果良好时，原生动物多为钟虫、独缩虫、等枝虫、盖纤虫等附着型纤毛虫。

例如，在生物滤池内经常出现的后生动物主要是轮虫、线虫等，它们以细菌、原生动物为食料，在溶解氧充足时出现。线虫及其幼虫等后生动物有软化生物膜、促使生物膜脱落的作用，从而使生物膜保持活性和良好的净化功能。

与活性污泥法一样，原生动物和后生动物可以作为指示生物，来检查和判断工艺运行情况及污水处理效果。当后生动物出现在生物膜中时，表明水中有机污染物含量很低并已稳定，污水处理效果良好。

另外，与活性污泥法系统相比，在生物膜反应器中是否有原生动物及后生动物出现与反应器类型密切相关。通常，原生动物及后生动物在生物滤池及生物接触氧化池的载体表面出现较多，而对于三相流化床或生物流动床这类生物膜反应器，生物相中原生动物及后生动物的量则非常少。

3. 滤池蝇

在生物滤池中，还栖息着以滤池蝇为代表的昆虫。这是一种体形较一般家蝇小的苍蝇，它的产卵、幼虫、成蛹、成虫等过程全部在滤池内进行。滤池蝇及其幼虫以微生物及生物膜为食料，故可抑制生物膜的过度增长，具有使生物膜疏松，促使生物膜脱落的作用，从而使生物膜保持活性，同时在一定程度上防止滤床的堵塞。但是，由于滤池蝇繁殖能力很强，大量产生后飞散在滤池周围，会对环境造成不良影响。

4. 藻类

受阳光照射的生物膜部分会生长藻类，如普通生物滤池表层滤料生物膜中可出现藻类。一些藻类如海藻是肉眼可见的，但大多数只能在显微镜下观察。由于藻类的出现仅限于生物膜反应器表层的很小部分，对污水净化所起作用不大。

生物膜的微生物除了含有丰富的生物相这一特点外，还有着其自身的分层分布特征。例如，在正常运行的生物滤池中，随着滤床深度的逐渐下移，生物膜中的微生物逐渐从低级趋向高级，种类逐渐增多，但个体数量减少。生物膜的上层以菌胶团等为主，而且由于营养丰富，繁殖速率快，生物膜也最厚。往下的层次，随着污水中有机污染物浓度的下降，可能会出现丝状菌、原生动物和后生动物，但是生物量即膜的厚度逐渐减少。到了下层，污水浓度大大下降，生物膜更薄，生物相以原生动物、后生动物为主。滤床中的这种生物分层现象，是适应不同生态条件(污水浓度)的结果，各层生物膜中都有其特征的微生物，处理污水的功能也随之不同。特别在含多种有害物质的工业废水中，这种微生物分层和处理功能变化的现象更为明显。如用塔式生物滤池处理腈纶废水时，上层生物膜中的微生物转化丙烯腈的能力特别强，而下层生物膜中的微生物则转化其他有害物质的能力比较强(如转化上层所不易转化的异丙醇、SCN^-等)。因此，上层主要去除丙烯腈，下层则去除异丙醇、SCN^-等。另外，出水水质越好，上层与下层生态条件相差越大，分层越明显。若分层不明显，说明上下层水质变化不显著，处理效果较差，所以生物膜分层观察对处理工艺运行具有一定的指导意义。

（三）生物膜法的净化过程

生物膜法去除污水中污染物是一个吸附、稳定的复杂过程，包括污染物在液相中的紊流扩散、污染物在膜中的扩散传递、氧向生物膜内部的扩散和吸附、有机污染物的氧化分解和微生物的新陈代谢等过程。

生物膜表面容易吸取营养物质和溶解氧，形成由好氧和兼性微生物组成的好氧层，而在生物膜内层，微生物利用和扩散阻力制约了溶解氧的渗透，形成了由厌氧和兼性微生物组成的厌氧层。

在生物膜外，附着一层薄薄的水层，附着水流动很慢，其中的有机污染物大多已被生物膜中的微生物摄取，其浓度要比流动水层中的有机污染物浓度低。与此同时，空气中的氧也扩散转移进入生物膜好氧层，供微生物呼吸。生物膜上的微生物利用溶入的氧气对有机污染物进行氧化分解，产生无机盐和二氧化碳，达到水质净化的效果。有机污染物代谢过程的产物沿着相反方向从生物膜经过附着水层排到流动水或空气中去。

污水中溶解性有机污染物可直接被生物膜中微生物利用，而不溶性有机污染物先被生物膜吸附，然后通过微生物胞外酶的水解作用，降解为可直接生物利用的溶解性小分子物质。由于水解过程比生物代谢过程要慢得多，水解过程是生物膜污水处理速率的主要限制因素。

二、影响生物膜法污水处理效果的主要因素

影响生物膜法污水处理效果的因素很多，在各种影响因素中，主要的有：进水底物的组分和浓度、营养物质、有机负荷及水力负荷、溶解氧、生物膜量、pH、温度和有毒物质等。在工程实际中，应控制影响生物膜法运行的主要因素，创造适于生物膜生长的环境，使生物膜法处理工艺达到令人满意的效果。

1. 进水底物的组分和浓度

污水中污染物组分、含量及其变化规律是影响生物膜法工艺运行效果的重要因素。若处理过程以去除有机污染物为主，则底物主要是可生物降解有机污染物。在用以去除氮的硝化反应工艺过程中，底物是微生物利用的氨氮。底物浓度的改变会导致生物膜的特性和剩余污泥量的变化，直接影响到处理水的水质。季节性水质变化、工业废水的冲击负荷等都会导致污水进水底物浓度、流量及组成的变化，虽然生物膜法具有较强的抗冲击负荷的能力，但亦会因此造成处理效果的改变。因此，与其他生物处理法一样，掌握进水底物组分和浓度的变化规律，在工程设计和运行管理中采取对应措施，是保证生物膜法正常运行的重要条件。

2. 营养物质

生物膜中的微生物需不断地从外界环境中汲取营养物质，获得能量以合成新的细胞物质。与好氧微生物一般要求一致，生物膜法对营养物质要求的比例为 BOD_5：N：P = 100：5：1。因此，在生物膜法中，污水所含的营养组分应符合上述比例才有可能使生物膜正常发育。生活污水中含有各种微生物所需要的营养元素（如碳、氮、磷、硫、钾、钠等），一般不需要额外投加碳源、氮源或者磷源，故生物膜法处理生活污水的效果良好。在工业废水中，营养元素往往不齐全，营养组分也不符合上述的比例，有时需要额外添加营养物质。例如，对于那些含有大量淀粉、纤维素、糖、有机酸等有机污染物的工业废水而言，碳源过于丰富，故需投加一定的氮和磷。有时候需对工业废水进行必要的预处理以去除对微生物有害的物质，然后将其与生活污水合并，以补充氮、磷营养源和其他营养元素。

3. 有机负荷及水力负荷

生物膜法与活性污泥法一样，是在一定的负荷条件下运行的。负荷是影响生物

膜法处理能力的首要因素，是集中反映生物膜法工作性能的参数。例如，生物滤池的负荷分有机负荷和水力负荷两种，前者通常以污水中有机污染物的量(BOD_5)来计算，单位为 kg(BOD_5)/[m^3(滤床)·d]，后者是以污水量来计算的负荷，单位为 m^3(污水)/[m^2(滤床)·d]，相当于 m/d，故又可称为滤率。有机负荷和滤床性质关系极大，如采用比表面积大、孔隙率高的滤料，加上供氧良好，则负荷可提高。对于有机负荷高的生物滤池，生物膜增长较快，需增加水力冲刷的强度，以利于生物膜增厚后能适时脱落，此时，应采用较高的水力负荷。合适的水力负荷是保证生物滤池不堵塞的关键因素。提高有机负荷，出水水质相应有所下降。生物滤池生物膜法设计负荷值的大小取决于污水性质和所用的滤料品种。表 13-1 是几种生物膜法工艺的负荷比较。

表 13-1　几种生物膜法工艺的负荷

生物膜法类型	有机负荷 /[kg(BOD_5)·m^{-3}·d^{-1}]	水力负荷 /(m^3·m^{-2}·d^{-1})	BOD_5 处理效率/%
普通低负荷生物滤池	0.1~0.3	1~5	85~90
普通高负荷生物滤池	0.5~1.5	9~40	80~90
塔式生物滤池	1.0~2.5	90~150	80~90
生物接触氧化池	2.5~4.0	100~160	85~90
生物转盘	0.02~0.03 kg (BOD_5)·m^{-2}·d^{-1}	0.1~0.2	85~90

4. 溶解氧

对于好氧生物膜来说，必须有足够的溶解氧供给好氧微生物利用。如果供氧不足，好氧微生物的活性受到影响，新陈代谢能力降低，对溶解氧要求较低的微生物将滋生繁殖，正常的生化反应过程将会受到抑制，处理效果下降。严重时还会使厌氧微生物大量繁殖，好氧微生物受到抑制而大量死亡，从而导致生物膜的恶化和变质。但供氧过高，不仅造成能量浪费，微生物也会因代谢活动增强、营养供应不足而使生物膜自身发生氧化(老化)，造成处理效果降低。

5. 生物膜量

衡量生物膜量的指标主要有生物膜厚度与密度，生物膜密度是指单位体积湿生物膜被烘干后的质量。生物膜的厚度与密度由生物膜所处的环境条件决定。膜的厚度与污水中有机污染物浓度成正比，有机污染物浓度越高，有机污染物能扩散的深度越大，生物膜厚度也越大。水流搅动强度也是一个重要的因素，搅动强度高，水力剪切力大，促进膜的更新作用强。

6. pH

虽然生物膜反应器具有较强的耐冲击负荷能力，但 pH 变化幅度过大，也会明显影响处理效率，甚至对微生物造成毒性而使反应器失效。这是因为 pH 的改变可能会引起细胞膜电荷的变化，进而影响微生物对营养物质的吸收和微生物代谢过程中酶的活性。当 pH 变化过大时，可以考虑在生物膜反应器前设置调节池或中和池来均衡水质。

7. 温度

水温也是生物膜法中影响微生物生长及生物化学反应的重要因素。例如，生物滤池的滤床温度在一定程度上会受到环境温度的影响，但主要还是取决于污水温度。滤床内温度过高不利于微生物的生长，当水温达到 40 ℃时，生物膜将出现坏死和脱落现象。若温度过低，则影响微生物的活力，物质转化速率下降。一般而言，生物滤床内部温度最低不应小于 5 ℃。在严寒地区，生物滤池应建于有保温措施的室内。

8. 有毒物质

有毒物质如酸、碱、重金属盐、有毒有机物等会对生物膜产生抑制甚至杀害作用，使微生物失去活性，发生膜大量脱落现象。尽管生物膜中的微生物具有被逐步驯化和适应的能力，但如果高毒物负荷持续较长时间，会使毒性物质完全穿透生物膜，生物膜代谢能力必然会受到较大的影响。

三、生物膜法污水处理特征

与传统活性污泥法相比，生物膜法处理污水技术因为操作方便、剩余污泥量少、抗冲击负荷等特点，适合于中小型污水处理厂，在工艺上有如下几方面特征。

（一）微生物方面的特征

1. 微生物种类丰富，生物的食物链长

相对于活性污泥法，生物膜载体（滤料、填料）为微生物提供了固定生长的条件，以及较低的水流、气流搅拌冲击，有利于微生物的生长增殖。因此，生物膜反应器为微生物的繁衍、增殖及生长栖息创造了更为适宜的生长环境，除大量细菌及真菌生长外，线虫类、轮虫类及寡毛虫类等出现的频率也较高，还可能出现大量丝状菌，不仅不会发生污泥膨胀，还有利于提高处理效果。

另外，生物膜上能够栖息高营养水平的生物，在捕食性纤毛虫、轮虫类、线虫类之上，还栖息着寡毛虫和昆虫，在生物膜上形成长于活性污泥的食物链。

较多种类的微生物、较大的生物量、较长的食物链有利于提高处理效果和单位体积的处理负荷，也有利于处理系统内剩余污泥量的减少。

2. 存活世代增殖时间较长的微生物，有利于不同功能的优势菌群分段运行

由于生物膜附着生长在固体载体上，其生物固体平均停留时间（污泥龄）较长、在生物膜上能够生长世代增殖时间较长、增殖速率慢的微生物，如硝化细菌、某些特殊污染物降解专属菌等，为生物处理分段运行创造了更为适宜的条件。

生物膜处理法多分段进行，每段繁衍与进入本段污水水质相适应的微生物，并形成优势菌群，有利于提高微生物对污染物的生物降解效率。硝化细菌和亚硝化细菌也可以繁殖生长，因此生物膜法具有一定的硝化功能，采取适当的运行方式，具有反硝化脱氮的功能。分段进行也有利于难生物降解有机污染物的降解去除。

（二）处理工艺方面的特征

1. 对水质、水量变动有较强的适应性

生物膜反应器内有较多的生物量，较长的食物链，使得各种工艺对水质、水量的变化都具有较强的适应性，耐冲击负荷能力较强，对毒性物质也有较好的抵抗性。一

段时间中断进水或遭到冲击负荷破坏，处理功能不会受到致命的影响，恢复起来也较快。因此，生物膜法更适合于工业废水及其他水质水量波动较大的中小规模污水处理。

2. 适合低浓度污水的处理

在处理水污染物浓度较低的情况下，载体上的生物膜及微生物能保持与水质一致的数量和种类，不会发生在活性污泥法处理系统中，污水浓度过低会影响活性污泥絮凝体形成和增长的现象。生物膜处理法对低浓度污水能够取得良好的处理效果，正常运行时可使 BOD_5 为 20~30 mg/L(污水)，出水 BOD_5 降至 10 mg/L 以下。所以，生物膜法更适用于低浓度污水处理和要求优质出水的场合。

3. 剩余污泥量少

生物膜中较长的食物链，使剩余污泥量明显减少。特别在生物膜较厚时，厌氧层的厌氧菌能够降解好氧过程合成的剩余污泥，使剩余污泥量进一步减少，污泥处理与处置费用随之降低。通常，生物膜上脱落下来的污泥，相对密度较大，污泥颗粒个体也较大，沉降性能较好，易于固液分离。

4. 运行管理方便

生物膜法中的微生物是附着生长的，一般无须污泥回流，也不需要经常调整反应器内污泥量和剩余污泥排放量，且生物膜法没有丝状菌性膨胀的潜在威胁，易于运行维护与管理。另外，生物转盘、生物滤池等工艺，动力消耗较低，单位污染物去除耗电量较少。

生物膜法的缺点在于滤料增加了工程建设投资，特别是处理规模较大的工程，滤料投资所占比例较大，还包括滤料的周期性更新费用。生物膜法工艺设计和运行不当可能会发生滤料破损、堵塞等现象。

四、生物膜反应动力学介绍

生物膜反应动力学是生物膜法污水处理技术的深入研究，目前还处于继续研究和不断完善之中。而生物膜在载体表面的固定、增长及底物去除规律的揭示，对各种新型生物膜反应器的开发和技术进步，可以起到重要的推动作用。本节对生物膜在载体表面的附着过程及生物膜反应动力学的几个重要参数进行简要介绍。

（一）微生物在载体表面附着的一般过程

微生物在载体表面的附着是微生物表面与载体表面间相互作用的结果，大量研究表明，微生物在载体表面的附着取决于微生物的表面特性和载体的表面物理化学特性。从理论上讲，微生物在载体表面附着过程可以划分为如图 13-2 所示的步骤。

1. 微生物向载体表面运送

微生物在液相向载体表面的运送主要通过以下两种方式完成。

（1）主动运送：微生物借助于水力动力学作用及浓度扩散向载体表面迁移；

（2）被动运送：通过布朗运动、微生物自身运动和沉降等作用实现。

一般而言，主动运送是微生物从液相转移到载体表面的主要途径，特别是在动态环境中，它是微生物长距离移动的主要方式。同时，微生物自身的布朗运动增加了微生物与载体表面的接触机会。微生物附着的静态试验表明，由浓度扩散而形成的悬浮相与载体表面间的浓度梯度直接影响微生物从液相向载体表面的移动过程。悬浮相的微生物正是通过上述各种途径从液相被运送到载体表面的，促成了微生物与载体表面的直接接触附着。在整个生物膜形成过程中，微生物向载体表面的运送过程至关重要。

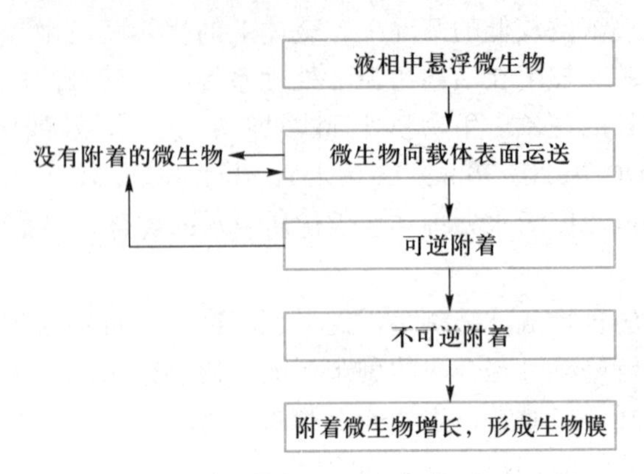

图 13-2 微生物在载体表面附着的步骤

2. 可逆附着过程

微生物被运送到载体表面后，通过各种物理或化学作用附着于载体表面。在微生物与载体表面接触的最初阶段，微生物与载体间首先形成可逆附着。这个过程是附着与脱落的双向动态过程，环境中存在的水力学力、微生物的布朗运动，以及微生物自身运动都可能使已附着在载体表面的微生物重新返回悬浮液相中。生物的可逆附着取决于微生物与载体表面间力的作用强度。在微生物附着过程中，各种热力学力也影响微生物在载体表面附着的可逆性程度。试验表明，微生物的附着可逆性与微生物-载体间的自由能水平相关。

3. 不可逆附着过程

不可逆附着过程是可逆附着过程的延续。不可逆附着过程通常由微生物分泌的黏性代谢物质如多聚糖形成。这些体外多聚糖类物质起到了生物“胶水”作用，因此附着的微生物不易被水力剪切力冲刷脱落。生物膜法实际运行中，若能够保证微生物与载体间的接触时间充分，微生物有足够时间进行生理代谢活动，不可逆附着过程就能发生。可逆与不可逆附着的区别在于是否有生物聚合物参与微生物与载体表面间的相互作用，而不可逆附着是形成生物膜群落的基础。

4. 附着微生物的增长

经过不可逆附着过程后，微生物在载体表面建立了一个相对稳定的生存环境，可以利用周围环境提供的养分进一步增长繁殖，逐渐形成成熟的生物膜。

（二）生物膜反应动力学的几个重要参数

生物膜反应动力学参数可从不同角度揭示生物膜的各种特征，在生物膜法处理技术研究及工程实际中都有重要的价值，下面介绍几个重要的生物膜反应动力学参数。

1. 生物膜比生长速率(μ)

生物膜比生长速率(μ)是描述生长繁殖特征最常用的参数之一，反映了生物膜生长的活性，如式（13-1）表示：

$$\mu=\frac{\frac{\mathrm{d}X}{\mathrm{d}t}}{X} \tag{13-1}$$

式中：μ——生物膜比生长速率，T^{-1}；

X——微生物浓度，M/L^3。

当获得生物膜生长曲线($t-X$)后，可通过任一点的导数及对应的 X 值计算出生物膜生长过程中 t 时刻对应的比生长速率。目前，生物膜比生长速率主要有两类：一是动力学生长阶段的比生长速率，亦称为生物膜最大比生长速率，二是整个生物膜过程的平均比生长速率。

（1）生物膜最大比生长速率(μ_{max})：根据式(13-1)，生物膜在动力学生长阶段遵循如下规律：

$$\frac{\mathrm{d}M_b}{\mathrm{d}t}=\mu_{max}M_b \tag{13-2}$$

积分后得

$$\ln M_b=\mu_{max}t+C \tag{13-3}$$

式中：M_b——生物膜总量，为活性生物量 M_a 和非活性物质 M_i 之和，即

$$M_b=M_a+M_i \tag{13-4}$$

C——常数。

根据公式，可绘制 $t-\ln M_b$ 曲线图，用图解法来确定 μ_{max}。

（2）生物膜平均比生长速率($\bar{\mu}$)：生物膜平均比生长速率一般根据下式计算：

$$\bar{\mu}=\frac{\frac{M_{bs}-M_{b0}}{t}}{M_{bs}} \tag{13-5}$$

式中：M_{bs}——生物膜稳态时所对应的生物膜量，M/L^2；

M_{b0}——初始生物膜量，M/L^2。

生物膜平均比生长速率反映了生物膜表观生长特性。由于生物膜生长过程中往往伴随着非活性物质的积累，因此，从严格生物学意义上说，$\bar{\mu}$ 并不能真实反映生物膜群体的生长特性。

2. 底物比去除速率(q_{obs})

生物膜反应器中底物比去除速率可由下式计算：

$$q_{obs}=\frac{Q(S_0-S)}{A_0M_b} \tag{13-6}$$

式中：q_{obs}——底物比去除速率，T^{-1}；

Q——进水流量，L^3/T；

S_0——进水底物浓度，M/L^3；

S——出水底物浓度，M/L^3；

A_0——载体表面积，L^2。

在实际过程中，底物比去除速率反映了生物膜群体的活性，底物的比去除速率

越高，说明生物膜生化反应活性越高。

3. 表观生物膜产率系数(Y_{obs})

表观生物膜产率系数(Y_{obs})是指微生物在利用、降解底物的过程中自身生长的能力，定义为每消耗单位底物浓度时生物膜自身生物量的积累，即

$$Y_{obs}=-\frac{A_0}{V_0}\frac{\frac{dM_b}{dt}}{\frac{dS}{dt}} \tag{13-7}$$

式中：Y_{obs}——表观生物膜产率系数，M/M；

V_0——生物膜反应器有效体积，L^3。

表观生物膜产率系数在生物膜研究中具有重要意义，它揭示了生物膜群体合成与能量代谢间的相互耦合程度，式(13-7)中 $V_0\frac{dS}{dt}$可由下式表示：

$$V_0\frac{dS}{dt}=-Q(S_0-S) \tag{13-8}$$

同时将式(13-2)及式(13-8)代入式(13-7)中有：

$$Y_{obs}=\frac{A_0\mu_0M_b}{Q(S_0-S)} \tag{13-9}$$

对于处于稳态的生物膜，有 $M_b=M_{bs}$及 $S=S_e$，则

$$Y_{obs}=\frac{A_0\mu_0M_{bs}}{Q(S_0-S_e)} \tag{13-10}$$

式中：S_e——稳态下生物膜反应器出水底物浓度，M/L^3。

4. 生物膜密度(ρ)

生物膜密度一般为生物膜平均干密度，经实验测定生物膜总量(M_b)及生物膜膜厚(Th)后，平均密度可通过 Th-M_b图求得，即

$$M_b=\rho\text{Th} \tag{13-11}$$

式中：ρ——Th-M_b拟合直线的斜率，即为生物膜密度。

第二节 生物滤池

一、概述

生物滤池是生物膜法处理污水的传统工艺，在19世纪末发展起来，先于活性污泥法。早期的普通生物滤池水力负荷和有机负荷都很低，虽净化效果好，但占地面积大，易于堵塞。后来开发出采用处理水回流，水力负荷和有机负荷都较高的高负荷生物滤池，以及污水、生物膜和空气三者充分接触，水流紊动剧烈，通风条件改善的塔式生物滤池。而在生物滤池基础上发展起来的曝气生物滤池，已成为一种独立的生物膜法污水处理工艺。图13-3(a)、(b)是不同布水方式的生物滤池实例。

(a)

(b)

图 13-3 不同布水方式的生物滤池实例
（a）调试中采用旋转式布水的生物滤池；（b）采用固定喷嘴式布水的生物滤池

二、生物滤池的构造

图 13-4 是典型的生物滤池示意图，其构造由滤床及池体、布水设备和排水系统等部分组成。

1. 滤床及池体

滤床由滤料组成。滤料是微生物生长栖息的场所，理想的滤料应具备下述特性：① 能为微生物附着提供大量的表面积；② 使污水以液膜状态流过生物膜；③ 有足够的孔隙率，保证通风（即保证氧的供给）和使脱落的生物膜能随水流出滤池；④ 不被微生物分解，也不抑制微生物生长，有良好的生物化学稳定性；⑤ 有一定机械强度；⑥ 价格低廉。早期主要以石质拳状为滤料，此外，碎钢渣、焦炭等也可作为滤料，其粒径一般为 3~8 cm，孔隙率一般为 45%~50%，比表面积（可附着面积）为 65~100 m^2/m^3。从理论上讲，这类滤料粒径越小，滤床的可附着面积越大，则生物膜的面积将越大，滤床的工作能力也越大。但粒径越小，空隙就越小，滤床越易被生物膜堵塞，滤床的通风也越差，可见滤料的粒径不宜太小。经验表明在常用粒径范围内，粒径略大或略小些，对滤池的工作没有明显的影响。

调试中的采用旋转布水器的生物滤池

20 世纪 60 年代中期，塑料工业快速发展之后，塑料滤料开始被广泛采用。图 13-5 和图 13-6 是两种常见的塑料滤料。图 13-5 所示滤料比表面积为 98~340 m^2/m^3，孔隙率为 93%~95%。图 13-6 所示滤料比表面积为 81~195 m^2/m^3，孔隙率为 93%~95%。国内目前采用的玻璃钢蜂窝状块状滤料，孔心间距在20 mm左右，孔隙率为95%左右，比表面积在 200 m^2/m^3左右。

滤床高度同滤料的密度有密切关系。石质拳状滤料组成的滤床高度一般为 1~2.5 m。一方面由于孔隙率低，滤床过高会影响通风；另一方面由于质量太大（每

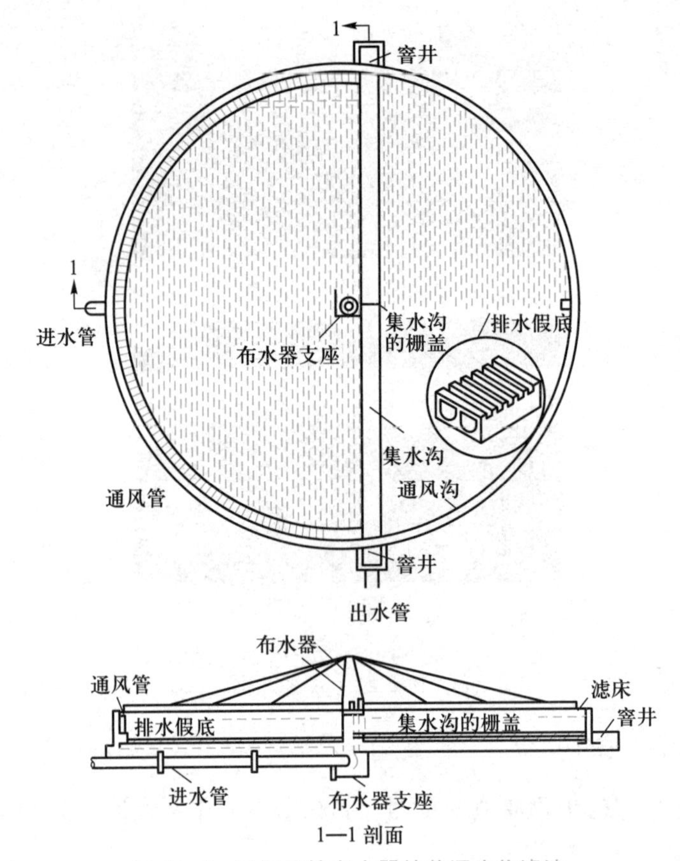

图 13-4 采用旋转布水器的普通生物滤池

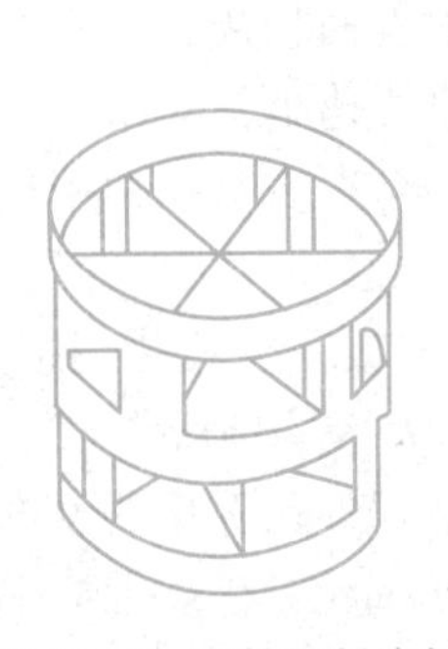

图 13-5 环状塑料滤料

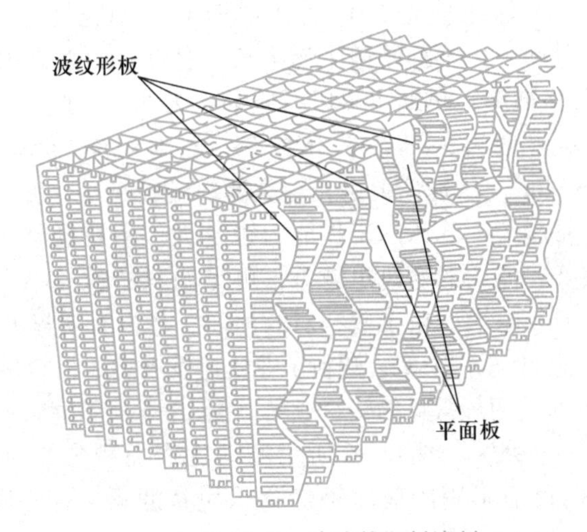

图 13-6 波纹状塑料滤料

立方米石质拳状滤料达 1.1~1.4 t)，过高将影响排水系统和滤池基础的结构。而塑料滤料每立方米仅为 100 kg 左右，孔隙率则高达 93%~95%，滤床高度不但可以提高，而且可以采用双层或多层构造。国外采用的双层滤床，高 7 m 左右；国内常采用多层的“塔式”结构，高度常在 10 m 以上。

滤床四周为生物滤池池壁，起围护滤料作用。一般为钢筋混凝土结构或砖混结构。

2. 布水设备

旋转布水器—1

设置布水设备的目的是使污水能均匀地分布在整个滤床表面上。生物滤池的布水设备分为两类：旋转布水器和固定布水器。以下介绍旋转布水器。

旋转布水器的中央是一根空心的立柱，底端与设在池底下面的进水管衔接。布水横管的一侧开有喷水孔口，孔口直径为 10~15 mm，间距不等，越近池心间距越大，使滤池单位面积接受的污水量基本上相等，见图 13-4。布水器的横管可为两根(小池)或四根(大池)，对称布置。污水通过中央立柱流入布水横管，由喷水孔口分配到滤池表面。污水喷出孔口时，作用于横管的反作用力推动布水器绕立柱旋转，转动方向与孔口喷嘴方向相反。所需水头一般为 0.6~1.5 m。如果水头不足，可用电动机转动布水器。

旋转布水器—2

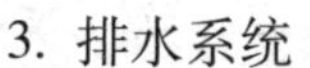

3. 排水系统

池底排水系统的作用是：① 收集滤床流出的污水与生物膜；② 保证通风；③ 支承滤料。池底排水系统由池底、排水假底和集水沟组成，见图 13-7。排水假底用特制砌块或栅板铺成(图 13-8)，滤料堆在排水假底上面。早期都采用混凝土栅板作为排水假底，自从塑料填料出现以后，滤料质量减轻，可采用金属栅板作为排水假底。排水假底的空隙所占面积不宜小于滤池平面的 5%，与池底的距离不应小于 0.6 m。

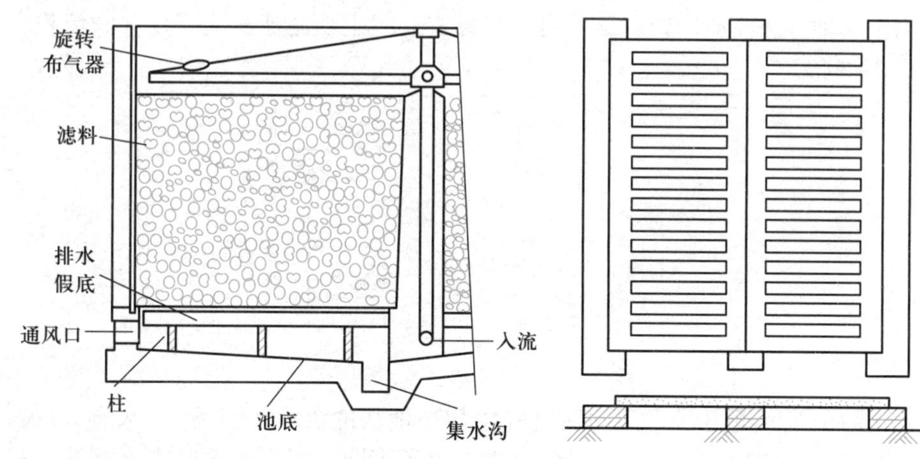

图 13-7 生物滤池池底排水系统示意图　　图 13-8 混凝土栅板式排水假底

池底除支承滤料外，还要排泄滤床上的来水，池底中心轴线上设有集水沟，两侧底面向集水沟倾斜，池底和集水沟的坡度一般为 1%~2%。集水沟要有充分的高度，并在任何时候都不会满流，确保空气能在水面上畅通无阻，使滤池中的孔隙充满空气。

三、生物滤池法的工艺流程

1. 生物滤池法的基本流程

生物滤池法的基本流程由初沉池、生物滤池、二沉池组成。进入生物滤池的污水，必须通过预处理，去除悬浮物、油脂等会堵塞滤料的物质，并使水质均化稳定。一般在生物滤池前设初沉池，但也可以根据污水水质而采取其他方式进行预处理，达到同样的效果。生物滤池后面的二沉池，用以截留滤池中脱落的生物膜，以保证出水水质。

2. 高负荷生物滤池

低负荷生物滤池又称为普通生物滤池，在处理城市污水方面，普通生物滤池有长期运行的经验。普通生物滤池的优点是处理效果好，BOD_5去除率可达 90%以上，出水 BOD_5可下降到 25 mg/L 以下，硝酸盐含量在 10 mg/L 左右，出水水质稳定。缺点是占地面积大，易于堵塞，灰蝇很多，影响环境卫生。后来，人们通过采用新型滤料，革新流程，提出多种形式的高负荷生物滤池，使负荷比普通生物滤池提高数倍，池子体积大大缩小。回流式生物滤池、塔式生物滤池属于这样类型的滤池。它们的运行比较灵活，可以通过调整负荷和流程，得到不同的处理效率(65%~90%)。负荷高时，有机污染物转化较不彻底，排出的生物膜容易腐化。

图 13-9 是交替式二级生物滤池法的流程。运行时，滤池是串联工作的，污水经初沉池后进入一级生物滤池，出水经相应的中间沉淀池去除残膜后用泵送入二级生物滤池，二级生物滤池的出水经过沉淀后排出污水处理厂。工作一段时间后，一级生物滤池因表层生物膜的累积，即将出现堵塞，改作二级生物滤池，而原来的二级生物滤池则改作一级生物滤池。运行中每个生物滤池交替作为一级和二级生物滤池使用。这种方法在英国曾广泛采用。交替式二级生物滤池法流程比并联流程负荷可提高 2~3 倍。

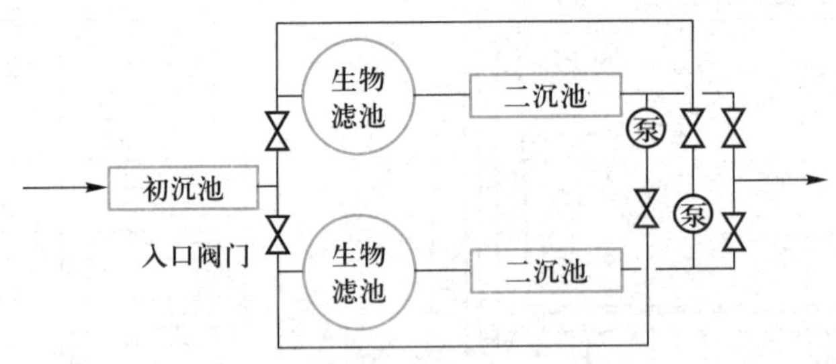

图 13-9 交替式二级生物滤池法流程

图 13-10 所示是几种常用的回流式生物滤池法的流程。当条件(水质、负荷、总回流量与进水量之比)相同时，它们的处理效率不同。图中次序基本上是按效率从较低到较高排列的，符号 Q 代表污水量，R 代表回流比。当污水浓度不太高时，回流系统可采用图 13-10(a)流程，回流比可以通过回流管线上的闸阀调节，当入流水量小于平均流量时，增大回流量；当入流水量大时，减少或停止回流。图 13-10(c)、(d)是二级生物滤池，系统中有两个生物滤池。这种流程用于处理高浓度污水或出水水质要求较高的场合。

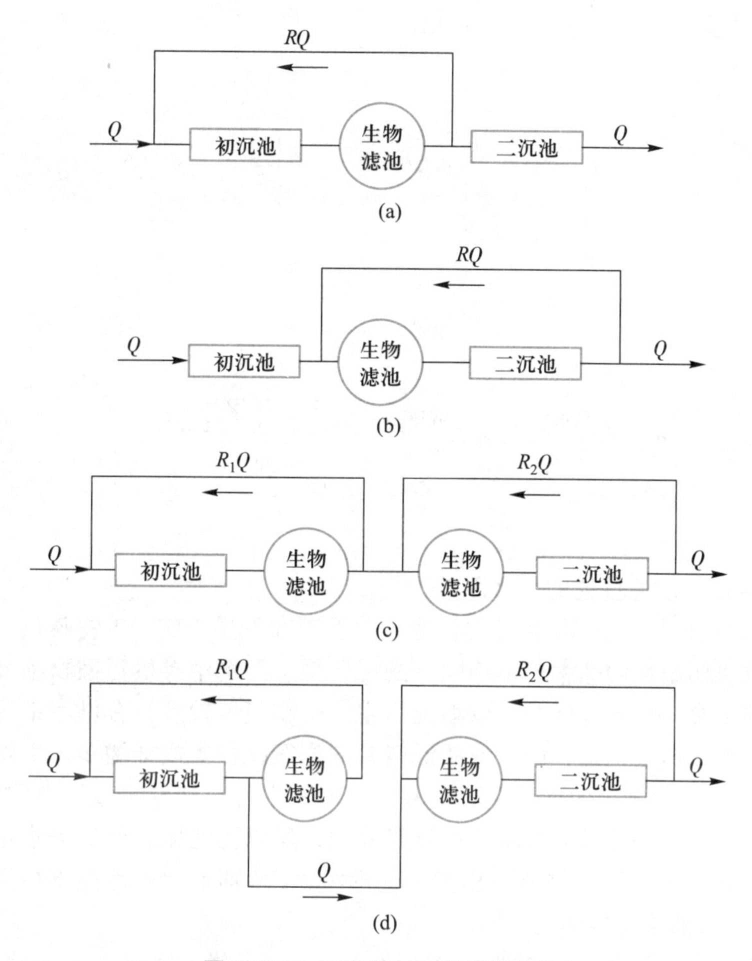

图 13-10　回流式生物滤池法流程

生物滤池的一个主要优点是运行简单，因此适用于小城镇和边远地区。一般认为，它对入流水质水量变化的承受能力较强，脱落的生物膜密实，较容易在二沉池中被分离。

3. 塔式生物滤池

塔式生物滤池是在普通生物滤池的基础上发展起来的，如图 13-11 所示。塔式生物滤池的污水净化机理与普通生物滤池一样，但是与普通生物滤池相比具有负荷高（比普通生物滤池高 2~10 倍）、生物相分层明显、滤床堵塞可能性减小、占地小等特点。在工程设计中，塔式生物滤池直径宜为 1~3.5 m，直径与高度之比宜为 1∶8~1∶6，塔式生物滤池的填料应采用轻质材料。塔式生物滤池填料应分层，每层高度不宜大于 2 m，填料层厚度宜根据试验资料确定，一般宜为 8~12 m。

图 13-11(b)所示的是分两级进水的塔式生物滤池，把每层滤床作为独立单元时，可看作是一种带并联性质的串联布置。同单级进水塔式生物滤池相比，这种方法有可能进一步提高负荷。

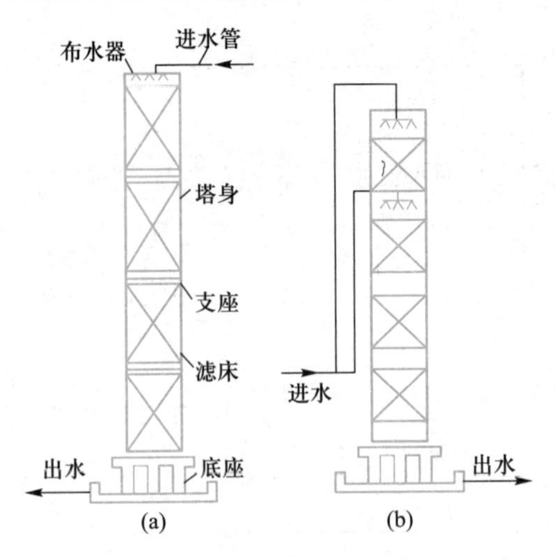

图 13-11 塔式生物滤池

4. 影响生物滤池性能的主要因素

（1）滤池高度：人们早就发现，滤床的上层和下层相比，生物膜量、微生物种类和去除有机污染物的速率均不相同。滤床上层，污水中有机污染物浓度较高，微生物繁殖速率高，种属较低级，以细菌为主，生物膜量较多，有机污染物去除速率较高。随着滤床深度增加，微生物从低级趋向高级，种类逐渐增多，生物膜量从多到少(表13-2)。滤床中的这一递变现象，类似污染河流在自净过程中的生物递变。因为微生物的生长和繁殖同环境因素息息相关，所以当滤床各层的进水水质互不相同时，各层生物膜的微生物就不相同，处理污水(特别是含多种性质相异的有害物质的工业废水)的功能也随之不同。

表 13-2 滤床高度与处理效率之间的关系及滤床不同深度处的生物膜状况

取样点离滤床表面深度/m	有害物质去除率/%				生物膜	
	丙烯腈 (156①)	异丙醇 (35.4①)	SCN^- (18.0①)	COD (955①)	膜量/ ($kg\cdot m^{-3}$)	吸氧量/ ($\mu L\cdot h^{-1}$)
2	82.6	31	6	60	3.0	84
5	99.2	60	10	66	1.1	63
8.5	99.3	70	24	73	0.8	41
12	99.4	91	46	79	0.7	27

① 滤料进水有害物质的浓度，mg/L。

由于生化反应速率与有机污染物浓度有关，而滤床不同深度处的有机污染物浓度不同，自上而下递减。因此，各层滤床有机污染物去除率不同，有机污染物的去除率沿池深方向呈指数形式下降(图 13-12 和图 13-13)。研究表明，生物滤池的处理效率，在一定条件下随着滤床高度的增加而增加，在滤床高度超过某一数值(视具体条件而定)后，处理效率的提高微不足道，是不经济的。研究还表明：滤床不同深度处的微生物种群不同，反映了滤床高度对处理效率的影响与污水水质有关。对水质比较复杂的工业废水来讲，这一点是值得注意的。

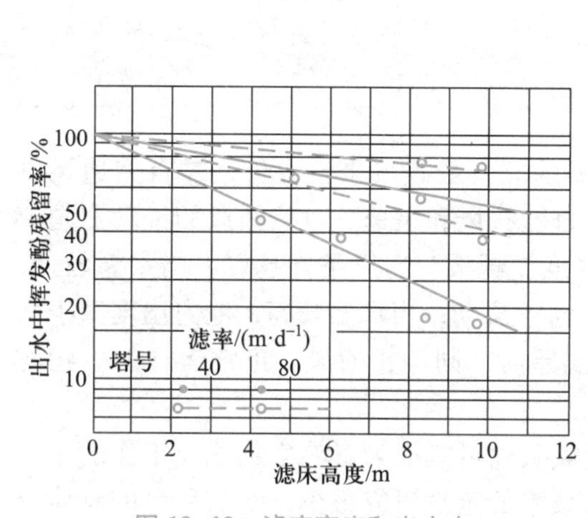

图 13-12　滤床高度和出水中挥发酚残留率的关系

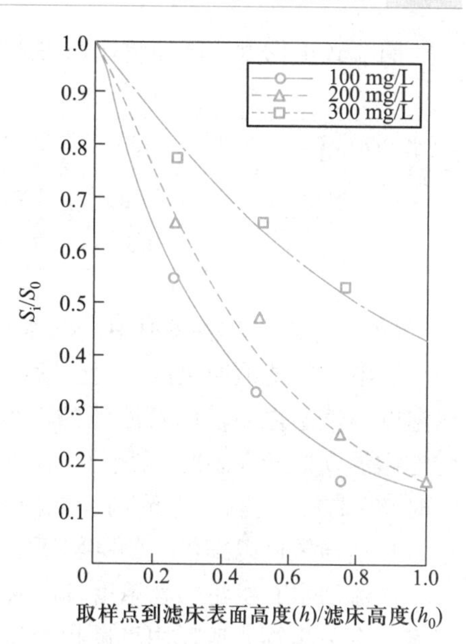

图 13-13　滤床高度对有机污染物去除的影响

（2）负荷：生物滤池的负荷是一个集中反映生物滤池工作性能的参数，同滤床的高度一样，负荷直接影响生物滤池的工作。

生物滤池的负荷以水力负荷和五日生化需氧量容积负荷表示。水力负荷以滤池面积计，单位为 $m^3/(m^2\cdot d)$。由于生物滤池的作用是去除污水中有机污染物或特定污染物，它的负荷以有机污染物或特定污染物来计算较为合理，对于一般污水则常以 BOD_5为准，负荷的单位以 $kg(BOD_5)/(m^3\cdot d)$表示。

（3）回流：利用污水厂的出水或生物滤池出水稀释进水的做法称为回流，回流水量与进水量之比称为回流比。

回流对生物滤池性能有下述影响：① 回流可提高生物滤池的滤率，它是使生物滤池由低负荷演变为高负荷的方法之一（增大滤床高度也可提高负荷）；② 提高滤率有利于防止产生灰蝇和减少恶臭；③ 当进水缺氧、腐化、缺少营养元素或含有毒有害物质时，回流可改善进水的腐化状况，提供营养元素和降低毒物浓度；④ 进水的水质水量有波动时，回流有调节和稳定进水的作用。

回流将降低入流污水的有机污染物浓度，减少流动水与附着水中有机污染物的浓度差，因而降低传质和有机污染物去除速率。此外，回流增大流动水的紊流程度，增加传质和有机污染物去除速率，当后者的影响大于前者时，回流可以改善滤池的工作。以塔式生物滤池为例，当进水的 BOD_5 值大于 500 mg/L 时，一般处理出水应回流。

一些研究表明，用生物滤池出水回流，增加滤床的生物量，可以改善生物滤池的工作。但是，悬浮微生物的增加，又可能影响氧向生物膜的转移，影响生物滤池的效率。可见，回流对生物滤池性能的影响是多方面的，不可以一概而论。

回流式生物滤池的回流比与进水 BOD_5 有关，可参考表 13-3。

表 13-3 回流式生物滤池的回流比与进水 BOD_5 之间的关系

进水 BOD_5/($mg \cdot L^{-1}$)	<150	150~300	300~450	450~600	600~750	750~900
一级	0.75	1.50	2.25	3.00	3.75	4.50
二级(各级)	0.5	1.0	1.5	2.0	2.5	3.0

（4）供氧：生物滤池中，微生物所需的氧一般直接来自大气，靠自然通风供给。影响生物滤池通风的主要因素是滤床自然拔风和风速。自然拔风的推动力是池内温度与气温之差，以及滤池的高度。温度差越大，通风条件越好。当水温较低，滤池内温度低于气温时(夏季)，池内气流向下流动；当水温较高，池内温度高于气温时(冬季)，气流向上流动。池内外无温差时，则停止通风。正常运行的生物滤池，自然通风可以提供生物降解所需的氧量。

入流污水有机污染物浓度较高时，供氧条件可能成为影响生物滤池工作的主要因素。有关生物滤池耗用氧量和实际传氧效率的定量研究很少，给需氧量的具体分析和应用带来困难。图 13-14 反映了生物滤池可能出现的滤池进水有机污染物浓度对膜内有机污染物和氧浓度的影响。曲线表明进水有机污染物浓度较低，COD 为 300 mg/L 时，氧的供给是充足的。当 COD 为 500 mg/L 时，生物滤池出现供氧不足，生物膜好氧层厚度变薄。为保证生物滤池正常工作，根据试验研究和工程实践，有人建议滤池进水 COD 应小于 400 mg/L。当进水浓度高于此值时，可以通过回流的方法，降低滤池进水有机污染物浓度，以保证生物滤池供氧充足，正常运行。

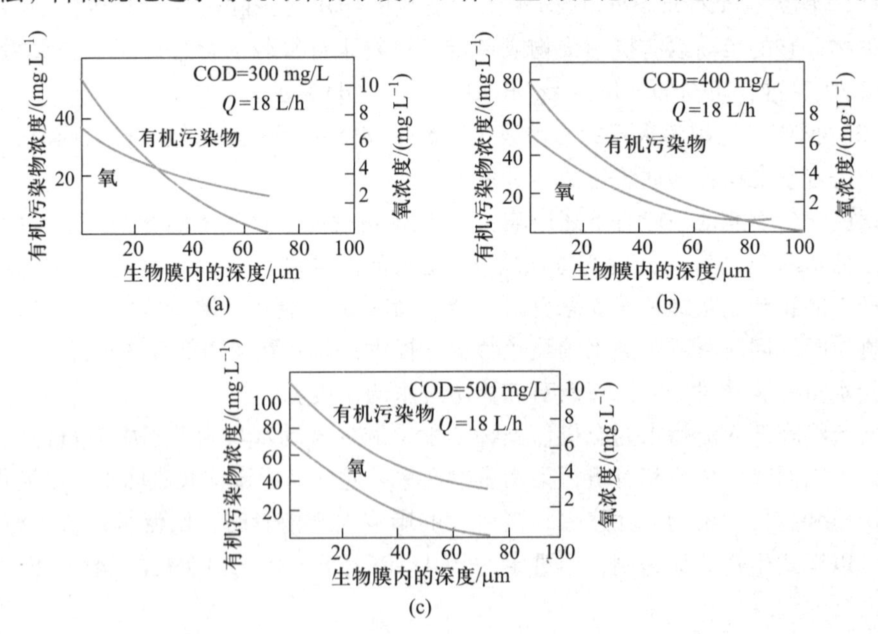

图 13-14 生物膜内氧和有机污染物浓度示意图

(a) 进水有机污染物浓度较低；(b) 氧基本满足要求；(c) 有机污染物浓度较高，氧不足

四、滤床高度的动力学计算方法

1. 计算公式

污水流过生物滤池时，污染物浓度的下降率，即每单位滤床高度(h)去除的污染物的量(以浓度 S 计)，与该污染物的浓度成正比，即

$$\frac{dS}{dh}=-KS$$

积分，得 $\ln\left(\frac{S}{S_0}\right)=-Kh$

$$\frac{S}{S_0}=\exp(-Kh) \tag{13-12}$$

式中：$\frac{dS}{dh}$——污染物浓度(以 bCOD、BOD_5或某特定指标表示)的下降率，mg/(L·m)；

S_0——生物滤池进水污染物浓度，mg/L；

S——床深为 h 处水中的污染物浓度，mg/L；

h——距离滤床表面的深度，m；

K——反映生物滤池处理效率的系数，m^{-1}。它与污水性质，生物滤池的特性(包括滤料的材料、形状、表面积、孔隙率、堆砌方式和生物膜性质)，以及滤率有关，布水方式(如均匀程度、进水周期等)也可能对其有影响。K 可以用下式求得

$$K=K'S_0^m\left(\frac{Q}{A}\right)^n \tag{13-13}$$

式中：Q——生物滤池进水流量，m^3/d；

A——滤床的面积，m^2；

K'——系数，它与进水水质、滤率有关；

m——与进水水质有关的系数；

n——与生物滤池特性、滤率有关的系数。

将式(13-13)代入式(13-12)得

$$\frac{S}{S_0}=\exp\left[-K'S_0^m\left(\frac{Q}{A}\right)^n h\right] \tag{13-14}$$

式(13-14)可以直接用于无回流生物滤池的计算，令 $S=S_e$，$h=h_0$，解得生物滤池深度 h_0：

$$h_0=\frac{\ln\left(\frac{S_0}{S_e}\right)}{K'S_0^m\left(\frac{Q}{A}\right)^n} \tag{13-15}$$

当采用回流式生物滤池时，应考虑回流的影响，按图 13-15建立物料衡算式：

$$QS_i+Q_RS_e=(Q+Q_R)S_0$$

$$S_0=\frac{QS_i+Q_RS_e}{Q+Q_R}$$

上式右边的分子和分母各除以 Q，并以回流比 R 代替 Q_R/Q，得

$$S_0=\frac{S_i+RS_e}{1+R} \tag{13-16}$$

式中：S_i——生物滤池入流污水的污染物浓度，mg/L。

考虑回流的影响，生物滤池进水流量为$(1+R)Q$，将式(13-16)代入式(13-14)，令 $S=S_e$，$h=h_0$，得

$$\frac{S_e(1+R)}{S_i+RS_e}=\exp\left\{-K'\left(\frac{S_i+RS_e}{1+R}\right)^m\left[\frac{(1+R)Q}{A}\right]^n h_0\right\}$$

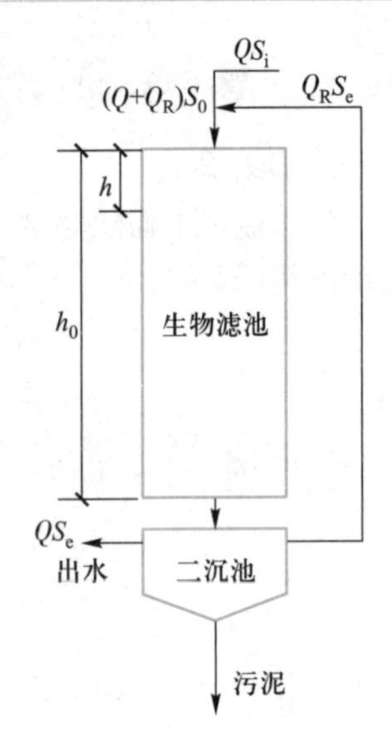

图 13-15 生物滤池示意图

解上式得

$$h_0=\frac{\ln\dfrac{S_i+RS_e}{S_e(1+R)}}{K'\left(\dfrac{S_i+RS_e}{1+R}\right)^m\left[\dfrac{(1+R)Q}{A}\right]^n} \tag{13-17}$$

生化反应速率受温度影响，可以用下式校正：

$$K'(T)=K'_{(20)}1.035^{T-20}$$

式中：$K'_{(20)}$——20 ℃时的 K'。

2. 系数的确定

运用式(13-15)和式(13-17)进行生物滤池设计，应先确定 K'、m 和 n 三个常数，通常通过生物滤池模型试验求得。一般情况下，试验以前已选定滤料和进水方式，试验用的滤料和进水方式应与欲设计的生物滤池相同，试验装置可以不回流。当污水 bCOD>400 mg/L，或污水中含有毒有害物质时，试验装置应考虑回流。

试验时应通过浓度或流量变化(固定其中一个变量)，各做 5~9 次试验。K'、m 和 n 可以根据试验所得数据，用图解法求得。

(1) 求 $K'S_0^m\left(\dfrac{Q}{A}\right)^n$

式(13-14)取对数得

$$\ln\left(\frac{S}{S_0}\right)=-K'S_0^m\left(\frac{Q}{A}\right)^n h \tag{13-18}$$

这是一个直线方程，可以通过测定不同池深 h 的 S/S_0，绘制 $\ln(S/S_0)$和 h 的关系曲线，其|斜率|就是 $K'S_0^m\left(\dfrac{Q}{A}\right)^n$。见图 13-16。

（2）求 n

由于｜斜率｜$=K'S_0^m\left(\frac{Q}{A}\right)^n$，两边取对数：

$$\lg|斜率|=\lg K'S_0^m+n\lg\left(\frac{Q}{A}\right)$$

以 lg｜斜率｜与 $\lg(\frac{Q}{A})$ 作图，其新的斜率为 n。见图 13-17。

（3）求 m

同前述 $\lg|斜率|=\lg K'\left(\frac{Q}{A}\right)^n+m\lg S_0$

以 lg｜斜率｜与 $\lg S_0$ 作图，其新的斜率为 m。见图 13-17。

（4）求 K'

式(13-18)中各系数均已知，可以求出 K'。

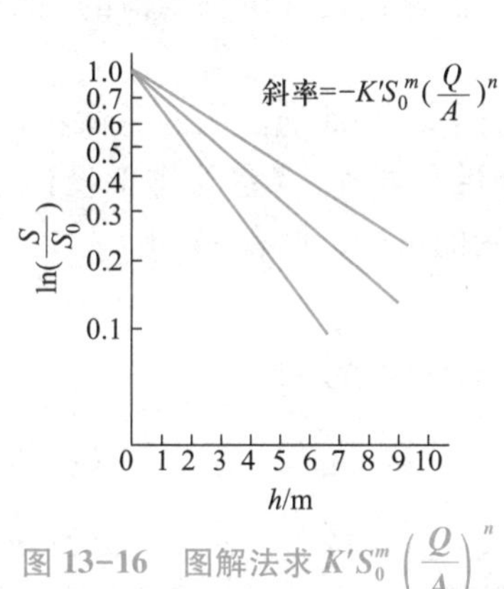

图 13-16　图解法求 $K'S_0^m\left(\frac{Q}{A}\right)^n$

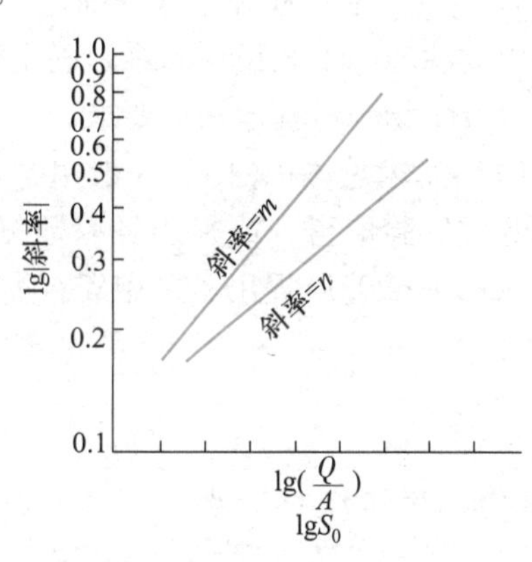

图 13-17　图解法求 m，n

五、生物滤池的设计计算

生物滤池处理系统包括生物滤池和二沉池，有时还包括初沉池和回流泵。生物滤池的设计一般包括：① 生物滤池类型和流程选择；② 生物滤池尺寸和个数的确定；③ 旋转布水器计算；④ 二沉池的形式、个数和工艺尺寸的确定(参照第十章相关章节介绍)。

国内生物滤池的设计计算，还处在以经验法为主的阶段。由于污水水质的复杂性，往往要通过试验来确定设计参数，或借鉴经验数据进行设计。同时，生物膜动力学的计算模式及参数的确定，还未达到实际应用的程度，增加了理论方法使用的难度。但是，理论方法能深刻地揭示生物膜法的本质，加深对它的认识和理解。随着对生物膜动力学研究的深入，其计算模式将逐步得到应用，设计计算的精确性也将随之提高。

1. 生物滤池类型的选择

目前，高负荷生物滤池使用更广泛，低负荷生物滤池仅在污水量小、地区比较偏僻、石料不贵的场合选用。高负荷生物滤池主要有两种类型：回流式和塔式(多层式)生物滤池。生物滤池类型的选择，需要对占地面积、基建费用和运行费用等关键指标进行分析，通过方案比较，才能得出合理的结论。

2. 流程的选择

在确定流程时，通常要解决的问题是：① 是否设初沉池；② 采用几级生物滤池；③ 是否采用回流，回流方式和回流比的确定。

当废水含悬浮物较多，采用拳状滤料时，需有初沉池，以避免生物滤池阻塞。处理城市污水时，一般都设置初沉池。

下述三种情况应考虑用二沉池出水回流：① 入流有机污染物浓度较高，可能引起供氧不足时，有研究提出生物滤池的入流 bCOD 应小于 400 mg/L；② 水量很小，无法维持最小经验值以下的水力负荷时；③ 污水中某种污染物在高浓度时可能抑制微生物生长的情况。

3. 生物滤池尺寸和个数的确定

生物滤池的工艺设计内容是确定滤床总体积、滤床高度、生物滤池的面积和个数，以及生物滤池其他构造要求。

(1) 滤床总体积(V)：一般用容积负荷(L_V)计算生物滤池滤床的总体积，负荷可以经过试验取得，或采用经验数据。对于城镇污水处理，《室外排水设计标准》(GB 50014—2021)提出了采用碎石类填料时可采用的负荷，见表 13-4。

表 13-4 城镇污水处理生物滤池负荷取值

	低负荷生物滤池	高负荷生物滤池	塔式生物滤池
$L_V/[kg(BOD_5)\cdot m^{-3}\cdot d^{-1}]$	0.15~0.3	≥1.8	1.0~3.0
$q/(m^3\cdot m^{-2}\cdot d^{-1})$	1~3	10~36	80~200

注：表中为低负荷和高负荷生物滤池采用碎石类填料，塔式生物滤池采用塑料等轻质填料时生物滤池负荷的建议值。

滤床总体积计算公式如下：

$$V=\frac{QS_0}{L_V}\times10^{-6} \tag{13-19}$$

式中：V——滤床总体积，m^3；

S_0——污水进生物滤池前的 BOD_5，mg/L；

Q——污水日平均流量，m^3/d，采用回流式生物滤池时，此项应为 $Q(1+R)$，回流比 R 可根据经验确定；

L_V——容积负荷，$kg(BOD_5)/(m^3\cdot d)$。

滤床计算时，应注意下述几个问题：

① 计算时采用的负荷应与设计处理效率相应。通常，负荷是影响处理效率的主要因素，两者常相提并论。

② 影响处理效率的因素很多，除负荷之外，主要还有污水的浓度、水质、温

度、滤料特性和滤床高度。对于回流式生物滤池，则还有回流比。因此，同类生物滤池，即使负荷相同，处理效率也可以有差别。

③ 没有经验可以引用的工业废水，应经过试验，确定其设计的负荷。试验生物滤池的滤料和滤床高度应与设计相一致。

（2）滤床高度：滤床高度一般根据经验或试验结果确定。对于没有类似水质和处理要求的经验可以参照时，可以通过试验，按照本节介绍的滤床高度动力学计算方法确定。

对于城镇污水处理，生物滤池采用碎石类填料时，低负荷生物滤池一般下层填料粒径宜为60~100 mm，厚0.2 m，上层填料粒径为30~50 mm，厚1.3~1.8 m；高负荷生物滤池一般下层填料粒径宜为70~100 mm，厚0.2 m；上层填料粒径为40~70 mm，厚度不宜大于1.8 m。塔式生物滤池的填料应采用轻质材料，滤层厚度根据试验资料确定，一般为8~12 m，填料分层布置，每层高度不大于2 m，便于安装和养护。

（3）生物滤池面积和个数：滤床总体积和高度确定之后，即可算出滤床的总面积，但需要核算水力负荷，看它是否合理，建议的水力负荷见表13-4。回流式生物滤池池深较浅时，水力负荷一般不超过30 $m^3/(m^2 \cdot d)$。其水力负荷的确定与进水BOD_5有关，如表13-5所示。

表13-5 回流式生物滤池的水力负荷

进水 $BOD_5/(mg \cdot L^{-1})$	120	150	200
水力负荷/$(m^3 \cdot m^{-2} \cdot d^{-1})$	25	20	15

与其他处理构筑物一样，生物滤池的个数一般情况下应大于2个，并联运行。当处理规模很小，生物滤池总面积不大时，也可采用1个生物滤池。根据生物滤池的总面积和生物滤池个数，即可算得单个生物滤池的面积，确定生物滤池直径（或边长）。

（4）其他构造要求：生物滤池通风好坏是影响处理效率的重要因素，生物滤池底部空间的高度不应小于0.6 m，并沿生物滤池池壁四周下部设置自然通风孔，总面积大于生物滤池表面积的1%。另外，生物滤池的池底有1%~2%的坡度，坡向集水沟，集水沟再以0.5%~2%的坡度坡向总排水沟，并有冲洗底部排水渠的措施。

例13-1 已知某工业废水bCOD为700 mg/L，水量为7 080 m^3/d。选用塑料滤料，在满足出水水质要求的条件下，其最小水力负荷为24.4 $m^3/(m^2 \cdot d)$，最大水力负荷为244 $m^3/(m^2 \cdot d)$。试验得到$K'=128$、$m=-0.45$、$n=-0.55$。要求出水bCOD不大于30 mg/L。计算确定生物滤池的滤床高度和滤池面积。

解： 由于入流污水浓度较高，应考虑采用二沉池出水回流。当回流比为1时，生物滤池进水bCOD=365 mg/L。而回流比为2时，生物滤池进水bCOD=253 mg/L。回流比为1时，利用式（13-17）得

$$h_0=\frac{\ln\left[\frac{700+30}{30(1+1)}\right]}{128\left(\frac{700+30}{1+1}\right)^{-0.45}\cdot\left[\frac{(1+1)Q}{A}\right]^{-0.55}}=\frac{0.278}{\left(2\frac{Q}{A}\right)^{-0.55}} \quad (\text{I})$$

要求生物滤池的最小面积为(7 080×2)/244 m^2≈58 m^2，最大面积为(7 080×2)/24.4 m^2≈580 m^2。

回流比为 2 时：

$$h_0=\frac{\ln\left[\frac{700+30\times2}{30(1+2)}\right]}{128\left(\frac{700+30\times2}{1+2}\right)^{-0.45}\cdot\left[\frac{(1+2)Q}{A}\right]^{-0.55}}=\frac{0.201}{\left(3\frac{Q}{A}\right)^{-0.55}} \quad (\text{II})$$

要求生物滤池的最小面积为(7 080×3)/244 m^2≈87 m^2，最大面积为(7 080×3)/24.4 m^2≈870 m^2。根据式(Ⅰ)和式(Ⅱ)可以绘制水力负荷与滤床高度、滤床总体积的关系曲线(图 13-18)。图中表明，虽然采用回流比 $R=2$ 时，滤床高度比 $R=1$ 时略低些，但两种情况下滤床总体积差不多。此时，运行费用、场地大小等因素则是确定选用哪种回流比和生物滤池尺寸的主要因素。

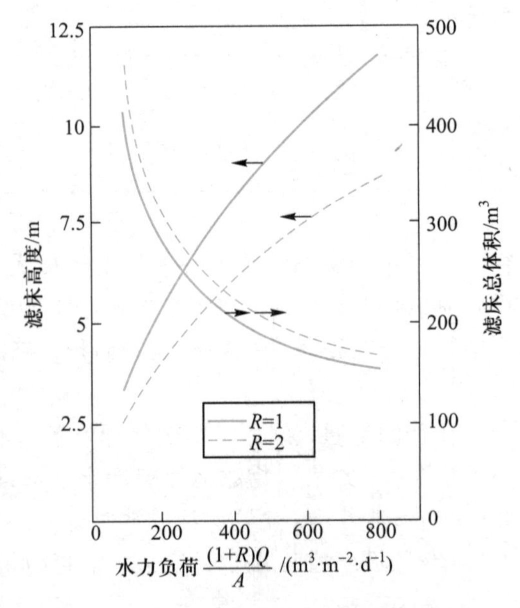

图 13-18 水力负荷与滤床高度、滤床总体积的关系曲线

4. 旋转布水器的计算

旋转布水器计算的主要内容包括：① 确定布水横管根数(一般是 2 根或 4 根)和直径；② 布水横管上的孔口数和在布水横管上的位置；③ 旋转布水器的转速。旋转布水器如图 13-19 所示。

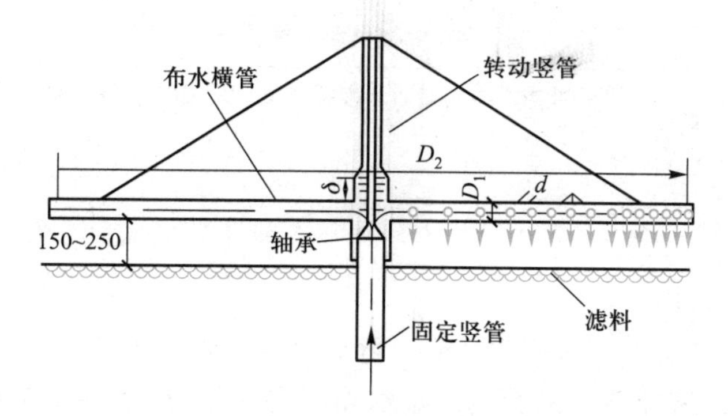

图 13-19 旋转布水器示意图

(1) 布水横管根数和直径：布水横管的根数取决于生物滤池和滤率的大小，布水量大时用 4 根，一般用 2 根。布水横管的直径(D_1,单位为 mm)计算公式如下：

$$D_1 = 2\ 000\sqrt{\frac{Q'}{\pi v}} \tag{13-20}$$

$$Q' = \frac{(1+R)Q}{n} \tag{13-21}$$

式中：Q'——每根布水横管的最大设计流量，m^3/s；

v——布水横管进水端流速，m/s；

R——回流比；

Q——每个生物滤池处理的水量，m^3/s；

n——布水横管数。

(2) 布水横管上的孔口数和在布水横管的位置：假定每个出水孔口喷洒的面积基本相同，孔口数(m)的计算公式为

$$m = \frac{1}{1-\left(1-\frac{4d}{D_2}\right)^2} \tag{13-22}$$

式中：d——孔口直径，一般为 10~15 mm，孔口流速为 2 m/s 左右或更大些；

D_2——旋转布水器直径，mm，比生物滤池内径小 200 mm。

第 i 个孔口中心距生物滤池中心的距离(r_i)为

$$r_i = \frac{D_2}{2}\sqrt{\frac{i}{m}} \tag{13-23}$$

式中：i——从生物滤池中心算起，任一孔口在布水横管上的排列顺序序号。

(3) 旋转布水器的转速：布水横管的转速与滤率、布水横管根数有关，如表 13-6 所示。也可以近似地用下式计算：

$$n = \frac{34.78\times10^6}{md^2D_2}Q' \tag{13-24}$$

表 13-6 回流式生物滤池的旋转布水器转速

滤率/($m \cdot d^{-1}$)	转速/($r \cdot min^{-1}$)(4 根横管)	转速/($r \cdot min^{-1}$)(2 根横管)
15	1	2
20	2	3
25	2	4

布水横管可以采用金属管或高分子材料管，其管底离滤床表面的距离一般为150~250 mm，以避免风力的影响。布水器所需水压为 0.6 ~1.5 m（1 m 水柱 = 9 806.65 Pa）。

六、生物滤池的运行

生物滤池投入运行之前，先要检查各项机械设备(水泵、布水器等)和管道，然后用清水替代污水进行试运行，发现问题时需做必要的整修。

生物滤池正式运行之后，有一个“挂膜”阶段，即培养生物膜的阶段。在这个运行阶段，洁净的无膜滤床逐渐长出了生物膜，处理效率和出水水质不断提高，逐步进入正常运行状态。

处理含有毒物质的工业废水时，生物滤池的运行要按设计确定的方案进行。一般说来，有毒物质也正是生物滤池的处理对象，而能分解氧化某种有毒物质的微生物在一般环境中并不占优势，或对这种有毒物质还不太适应，因此，在生物滤池正常运行前，要有一个让它们适应新环境、繁殖壮大的运行阶段，称为“挂膜—驯化”阶段。

工业废水生物滤池的挂膜—驯化有两种方式。一种方式是从其他工厂废水处理设施或城镇污水处理厂取来活性污泥或生物膜碎屑，进行挂膜—驯化。可把取来的数量充足的污泥同工业废水、清水和养料(生活污水或培养微生物用的化学品,有些工业废水并不需要外加养料)按适当比例混合后淋洒生物滤池，出水进入二沉池，并以二沉池作为循环水池，循环运行。当滤床明显出现生物膜迹象后，以二沉池出水水质为参考，在循环中逐步调整工业废水和出水的比例，直到出水正常。这时，挂膜—驯化结束，运行进入正常状态。这种方式是目前常用的方式，特别适用于试验性装置。

对于大型生物滤池，由于需要的活性污泥量太多，有时采用另一种方式，即用生活污水、城镇污水或回流出水，替代部分工业废水进行运行挂膜—驯化，运行过程中把二沉池中的污泥不断回流到生物滤池的进水中。在滤床明显出现生物膜迹象后，以二沉池出水水质为参考，逐步降低稀释用水流量和增加工业废水量，直至正常运行。

在运行中，用心积累和整理有关水量、水质、能量消耗和设备维修等方面的资料数据，仔细记录出现的特殊情况，并不断总结分析，对提高运行水平、促进生物滤池的研究和应用革新，能起到重要作用。

第三节 生物转盘法

一、概述

自1954年德国建立第一座生物转盘污水厂后，生物转盘污水厂在欧洲已有上千座，发展迅速。我国于20世纪70年代开始进行研究，在印染、造纸、皮革和石油化工等行业的工业废水处理中得到应用，效果较好。

生物转盘去除污水中有机污染物的机理，与生物滤池基本相同，但构造形式与生物滤池很不相同，见图13-20。当圆盘浸没于污水中时，污水中的有机污染物被盘片上的生物膜吸附，当圆盘离开污水时，盘片表面形成薄薄一层水膜。水膜从空气中吸收氧气，同时生物膜分解被吸附的有机污染物。这样，圆盘每转动一圈，即进行一次吸附—吸氧—氧化分解过程。圆盘不断转动，污水得到净化，同时盘片上的生物膜不断生长、增厚。老化的生物膜靠圆盘旋转时产生的剪切力脱落下来，生物膜得到更新。

与生物滤池相比，生物转盘有如下特点：① 不会发生堵塞现象，净化效果好；② 能耗低，管理方便；③ 占地面积较大；④ 有气味产生，对环境有一定影响。

二、生物转盘的构造

生物转盘由一系列平行的旋转圆盘、转动中心轴、动力及减速装置、氧化槽等组成。

生物转盘的主体是垂直固定在中心轴上的一组圆形盘片和一个同其配合的半圆形水槽(图13-20)。微生物生长并形成一层生物膜附着在盘片表面，40%~45%的盘面(转轴以下的部分)浸没在污水中，上半部分敞露在大气中。工作时，污水流过水槽，电动机带动转盘，生物膜与大气和污水轮替接触，浸没时吸附污水中的有机污染物，敞露时吸收大气中的氧气。转盘的转动，带进空气，并引起水槽内污水紊动，使槽内污水的溶解氧均匀分布。生物膜的厚度一般为0.5~2.0 mm，随着生物膜的增厚，内层的微生物呈厌氧状态，当其失去活性时则使生物膜自盘面脱落，并随同出水流至二沉池。

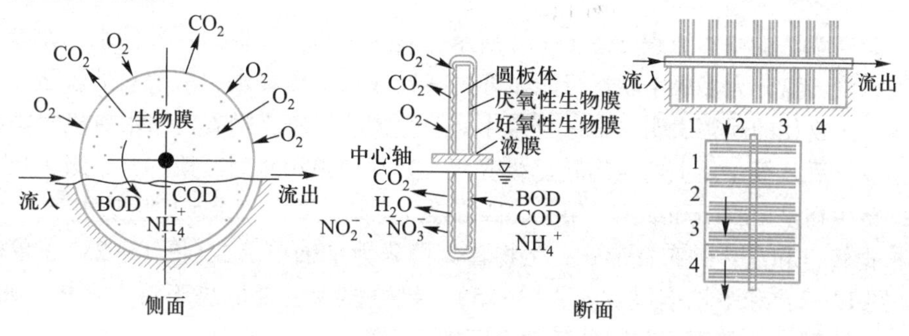

图13-20 生物转盘工作情况示意图

生物转盘的盘体材料应质轻、高强度、耐腐蚀、抗老化、易挂膜、比表面积大，以及方便安装、养护和运输。目前多采用聚乙烯硬质塑料或玻璃钢制作盘片，一般由直管蜂窝填料或波纹板填料等组成，图 13-21 为平板与波纹板填料交替组合的盘片示意图。盘片直径一般为 2~3 m，最大为 5 m。盘片净间距，进水端宜为 25~35 mm，出水端宜为 10~20 mm。当系统要求的盘片总面积较大时，可分组安装，一组称一级，串联运行。转盘分级布置使其运行较灵活，可以提高处理效率。

水槽可以用钢筋混凝土或钢板及其他材料制作，断面直径比转盘略大，盘片外缘和槽壁的净距不宜小于 150 mm，使转盘既可以在槽内自由转动，脱落的残膜又不至于留在槽内。

生物转盘的转轴强度和挠度必须满足盘体自重和运行过程中附加荷重的要求。盘片在槽内的浸没深度不应小于盘片直径的 35%，转轴中心高度应高出水位 150 mm 以上。轴长通常小于 7.6 m，不能太长，否则往往由于同心度加工欠佳，易于挠曲变形，发生磨断或扭转，轴的强度和刚度必须经过力学计算以防断裂和挠曲。驱动装置通常采用附有减速装置的电动机。根据具体情况，也可以采用水轮驱动或空气驱动。

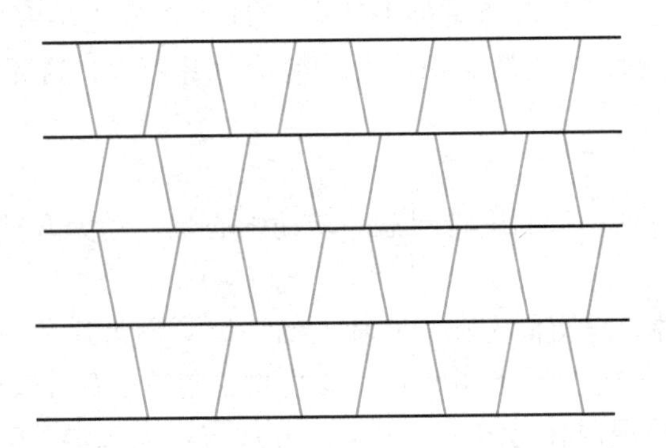

图 13-21 平板与波纹板填料交替组合的盘片

为防止转盘设备遭受风吹雨打和日光暴晒，生物转盘应设置在房屋或雨棚内或用罩覆盖，罩上应开孔，以促进空气流通。

三、生物转盘法的工艺流程

生物转盘法的基本流程如图 13-22 所示。实践表明，处理同一种污水，如盘片面积不变，将转盘分为多级串联运行能显著提高处理水水质和水中溶解氧的含量。对生物转盘上生物相的观察表明，第一级盘片上的生物膜最厚，随着污水中有机污染物的逐渐减少，后几级盘片上的生物膜逐级变薄。处理城镇污水时，第一、二级盘片上占优势的微生物是菌胶团和细菌，第三、四级盘片上则主要是细菌和原生动物。

根据转盘和盘片的布置形式，生物转盘可分为单轴单级式(图 13-23)、单轴多级式(图 13-24)和多轴多级式(图 13-25)，级数多少主要取决于污水水量与水质、处理水应达到的处理程度和现场条件等因素。

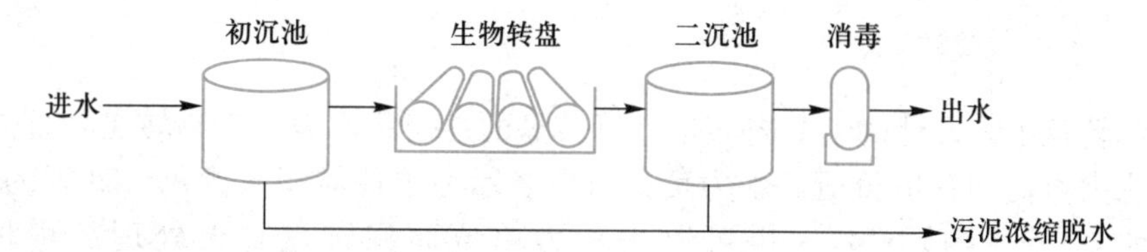

图 13-22　生物转盘法工艺流程图

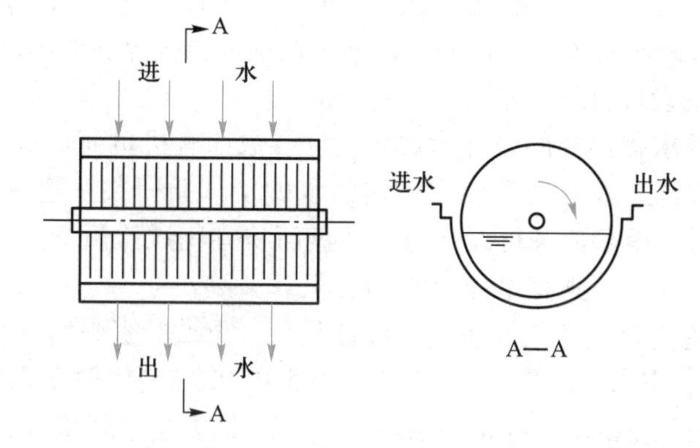

图 13-23　单轴单级式生物转盘

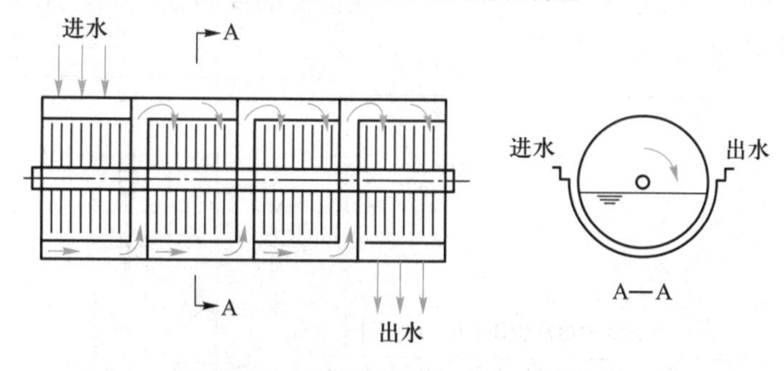

图 13-24　单轴多级式(四级)生物转盘

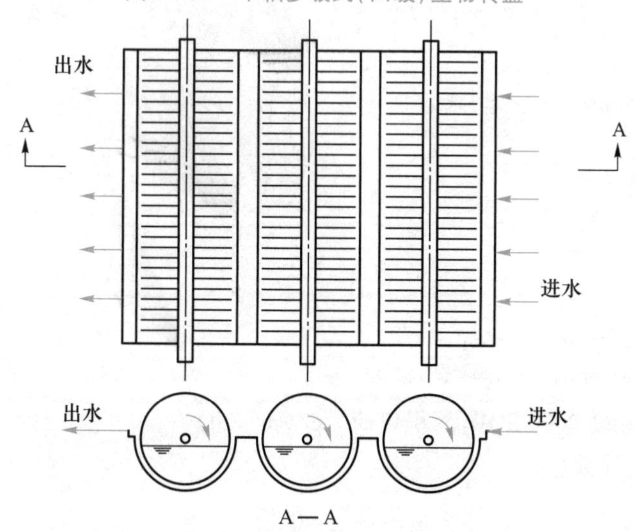

图 13-25　多轴多级式生物转盘

四、生物转盘的设计计算

生物转盘工艺设计的主要内容是计算转盘的总面积。表示生物转盘处理能力的指标是水力负荷和有机负荷。水力负荷可以表示为单位体积水槽每天处理的水量，即 m^3(水)/[m^3(槽)·d]，也可以表示为单位面积转盘每天处理的水量，即 m^3(水)/[m^2(盘片)·d]。有机负荷的单位是 kg(BOD_5)/[m^3(槽)·d] 或 kg(BOD_5)/[m^2(盘片)·d]。生物转盘的负荷与污水性质、污水浓度、气候条件及构造、运行等多种因素有关，设计时可以通过试验或根据经验值确定。

1. 生物转盘的设计计算方法

(1) 通过试验求得需要的设计参数：设计参数如有机负荷、水力负荷、停留时间等可通过试验求得。威尔逊等使用生活污水做了试验研究，建议当采用0.5 m直径转盘做试验，对所得参数进行设计时，转盘面积宜比试验值增加 25%；当试验采用的转盘直径为 2 m 时，则宜增加 10%的面积。

(2) 根据试验资料或其他方法确定设计负荷：无试验资料时，城镇污水五日生化需氧量有机负荷，以盘片面积计，一般为 0.005~0.020 kg(BOD_5)/(m^2·d)，首级转盘不宜超过 0.030 kg(BOD_5)/(m^2·d)；水力负荷以盘片面积计，一般为 0.04~0.20 m^3/(m^2·d)。也可以用图 13-26 或其他类似的经验性图表。用图 13-26 进行计算时，应按图 13-27 进行校正。

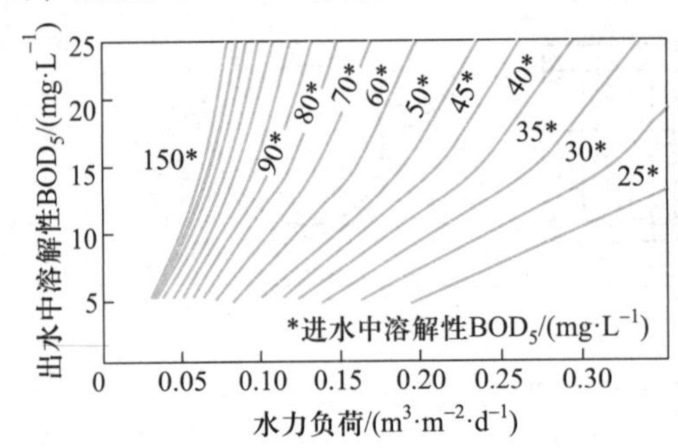

图 13-26 生物转盘的水力负荷与出水中溶解性 BOD_5

(适用于城镇污水，水温 13℃以上)

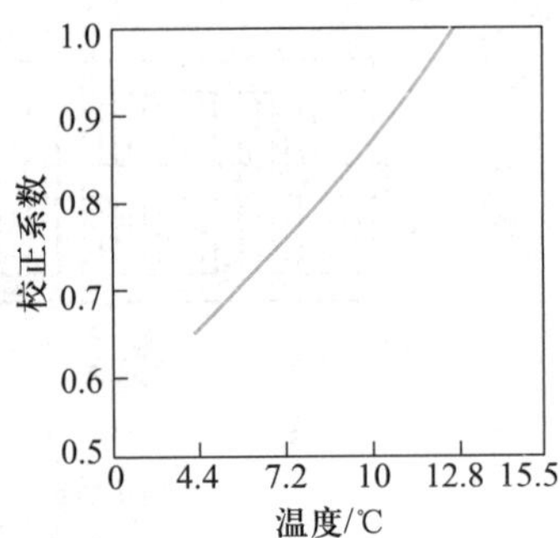

图 13-27 温度校正

2. 设计参数计算

(1) 转盘总面积(A,单位为 m^2)：

$$A=\frac{QS_0}{L_A} \tag{13-25}$$

式中：Q——处理水量，m^3/d；

S_0——进水 BOD_5，mg/L；

L_A——生物转盘的 BOD_5面积负荷，g/(m^2·d)。

(2) 转盘盘片数(m)：

$$m=\frac{4A}{2\pi D^2}=0.64\frac{A}{D^2} \tag{13-26}$$

式中：D——转盘直径，m。

（3）污水处理槽有效长度(L)：

$$L=m(a+b)K \tag{13-27}$$

式中：a——盘片净间距，一般进水端为25～35 mm，出水端为10～20 mm；

b——盘片厚度，视材料强度确定；

m——盘片数；

K——系数，一般取1.2。

（4）废水处理槽有效容积(V)：

$$V=(0.294\sim0.335)(D+2\delta)^2L \tag{13-28}$$

净有效容积(V_1)：

$$V_1=(0.294\sim0.335)(D+2\delta)^2(L-mb) \tag{13-29}$$

当$r/D=0.1$时，系数取0.294；当$r/D=0.06$时，系数取0.335。

式中：r——中心轴与槽内水面的距离，m；

δ——盘片边缘与处理槽内壁的间距，m，不小于150 mm，一般取$\delta=200\sim400$ mm。

（5）转盘的转速(n_0，单位为r/min)：

$$n_0=\frac{6.37}{D}\left(0.9-\frac{V_1}{Q_1}\right) \tag{13-30}$$

式中：Q_1——每个处理槽的设计水量，m^3/d；

V_1——每个处理槽的容积，m^3。

实践证明，水力负荷、转盘的转速、级数、水温和溶解氧等因素都影响生物转盘的设计和操作运行，设计运行过程应重视这些参数的影响。图13-28表明，水力负荷对出水水质和BOD_5去除率有明显的影响。生物转盘的转速也是影响处理效果的重要因素，包括影响溶解氧的供给，微生物与污水的接触，污水的混合程度和传质，过剩生物膜的脱落，从而影响有机污染物的去除率，图13-29是转速、处理级数对处理效果影响的试验结果。

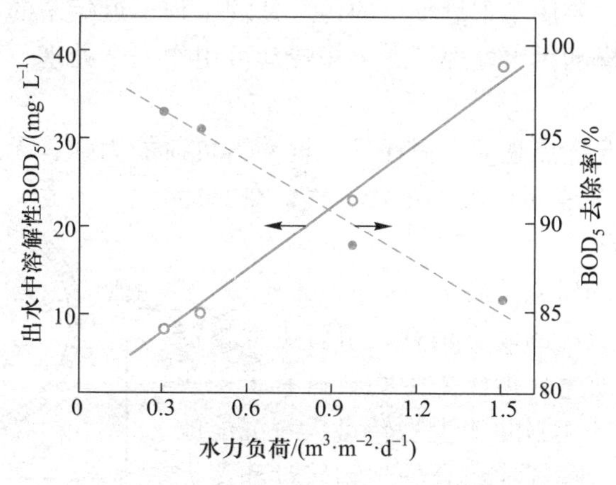

图13-28 水力负荷对生物转盘处理效果的影响

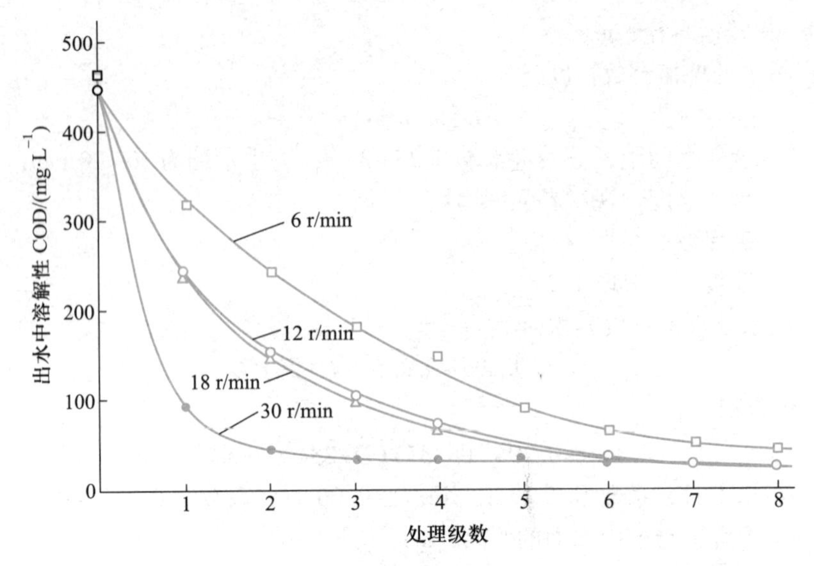

图 13-29 转速、处理级数对处理效果的影响

转盘的传动装置最好采用无级变速器，以便在运行时有调节的余地。但是随着转速的增加，动力消耗也提高，而且增加转轴的受力，因而转速不宜太高。实践表明，生物转盘转速一般为 2.0~4.0 r/min，盘体外缘线速度为15~19 m/min。

转盘分级布置使其运行较为灵活，可以根据具体情况调整污水在各级处理槽内的水力停留时间，减少短路，提高处理效率，如图 13-30 所示。

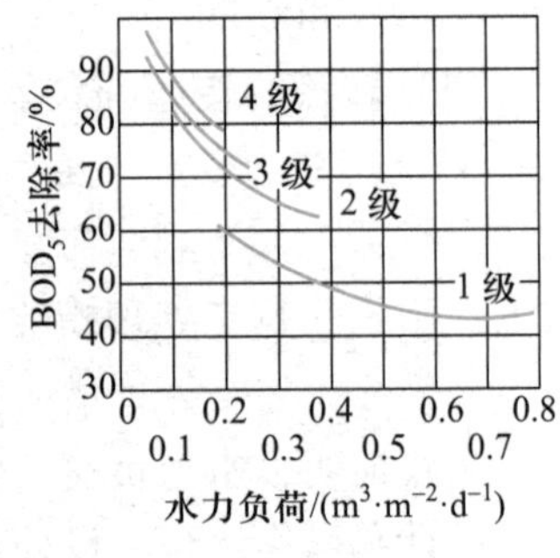

图 13-30 处理级数对 BOD_5 处理效果的影响

五、生物转盘法的应用和研究进展

1. 生物转盘法的应用

以往生物转盘主要用于水量较小的污水处理工程，近年来的实践表明，生物转盘也可用于一定规模的污水处理厂。生物转盘可用作完全处理、不完全处理和工业废水的预处理。

生物转盘的主要优点是动力消耗低、抗冲击负荷能力强、无须回流污泥、管理运行方便。缺点是占地面积大、散发臭气，在寒冷的地区需做保温处理。

2. 生物转盘法的研究发展

为降低生物转盘法的动力消耗、节省工程投资和提高处理设施的效率，近年来生物转盘有了一些新的发展，主要有空气驱动式生物转盘、与沉淀池合建的生物转盘、与曝气池组合的生物转盘和藻类转盘等。

空气驱动式生物转盘

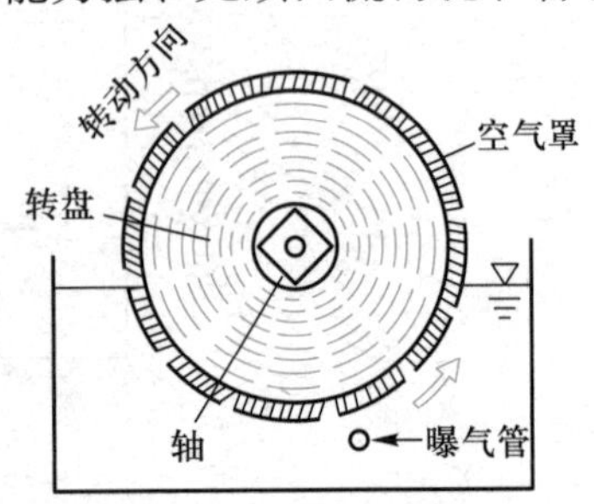

图 13-31 空气驱动式生物转盘

空气驱动式生物转盘(图 13-31)在盘片外缘周围设置空气罩，在转盘下侧设置曝气管，管上装有空气扩散器，空气从扩散器吹向空气罩，产生浮力，使转盘转动。

与沉淀池合建的生物转盘(图 13-32)把平流沉淀池做成二层，上层设置生物转盘，下层是沉淀区。生物转盘用于初沉池时可起生物处理作用，用于二沉池时可进一步改善出水水质。

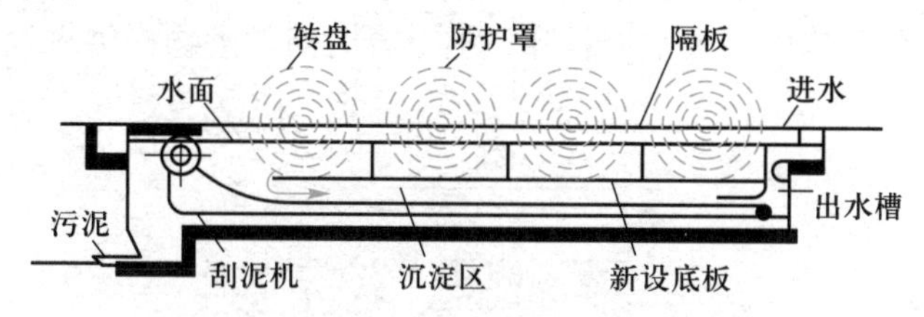

图 13-32　与沉淀池合建的生物转盘

与曝气池组合的生物转盘(图 13-33)在活性污泥法曝气池中设置生物转盘，以提高原有设备的处理效果和处理能力。

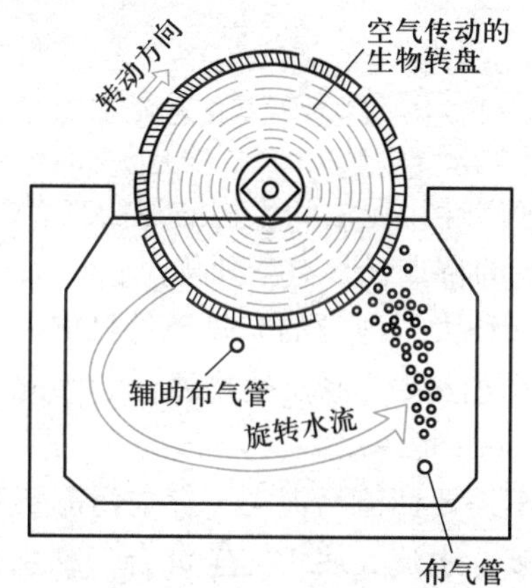

图 13-33　与曝气池组合的生物转盘

第四节　生物接触氧化法

一、概述

生物接触氧化法又称为浸没式曝气生物滤池，是在生物滤池的基础上发展演变而来的。

早在 19 世纪末，研究者就开始了对生物接触氧化法污水处理技术的试验研究，1912 年克洛斯(Closs)获得了德国专利登记。之后，经过长时期的技术改进和工艺完善，生物接触氧化法在欧洲、美国、日本及苏联等国家和地区获得了广泛应用。我国从 1975 年开始了生物接触氧化法污水处理的试验工作，1977 年之后，国内在生物接触氧化法方面的试验研究和工程实践方面都达到了一个新的水平，尤其在生物接触氧化污水处理技术应用领域的拓宽，生物接触氧化池形式的改进，生物接触氧化填料的研究开发方面，取得了重要突破和技术进步。目前，生物接触氧化法在国内的污水处理领域，特别在有机工业废水生物处理、小型生活污水处理中得到广泛应用，成为污水处理的主流工艺之一。

生物接触氧化池内设置填料，填料淹没在污水中，填料上长满生物膜，在污水与生物膜接触的过程中，水中的有机污染物被微生物吸附、氧化分解和转化为新的生物膜。从填料上脱落的生物膜，随水流到二沉池后被去除，污水得到净化。空气通过设在池底的布气装置进入水流，随气泡上升时向微生物提供氧气，见图 13-34。

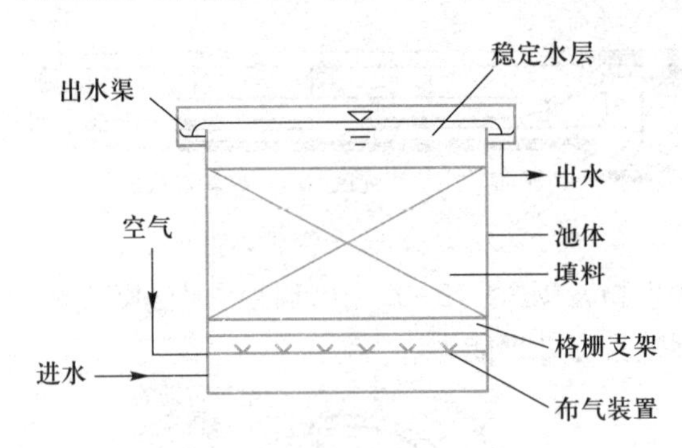

图 13-34 生物接触氧化池构造示意图

生物接触氧化法是介于活性污泥法和生物滤池法二者之间的污水生物处理技术，兼有活性污泥法和生物膜法的特点，具有下列优点：

（1）由于填料的比表面积大，池内的充氧条件良好。生物接触氧化池内单位容积的生物固体量高于活性污泥法曝气池及生物滤池。因此，生物接触氧化池具有较高的容积负荷。

（2）生物接触氧化法不需要回流污泥，不存在污泥膨胀问题，运行管理简便。

（3）由于生物固体量多，水流又属于完全混合型，生物接触氧化池对水质水量的骤变有较强的适应能力。

（4）生物接触氧化池容积负荷较高时，其 *F/M* 保持在较低水平，污泥产率较低。

二、生物接触氧化池的构造

生物接触氧化池平面形状一般采用矩形，进水端应有防止短流措施，出水端一般为堰式出水，图 13-34 为生物接触氧化池构造示意图。

生物接触氧化池的构造主要由池体、填料和布气装置等组成。

各种类型生物接触氧化池填料及安装

池体用于设置填料、布气装置和支承填料的支架。池体可为钢结构或钢筋混凝土结构。从填料上脱落的生物膜会有一部分沉积在池底，必要时，池底部可设置排泥和放空设施。

生物接触氧化池填料要求对微生物无毒害、易挂膜、质轻、高强度、抗老化、比表面积大和孔隙率高。目前常采用的填料主要有聚氯乙烯塑料、聚丙烯塑料、环氧玻璃钢等做成的波纹板状和蜂窝状填料，纤维组合填料，立体弹性填料等（图 13-35）。

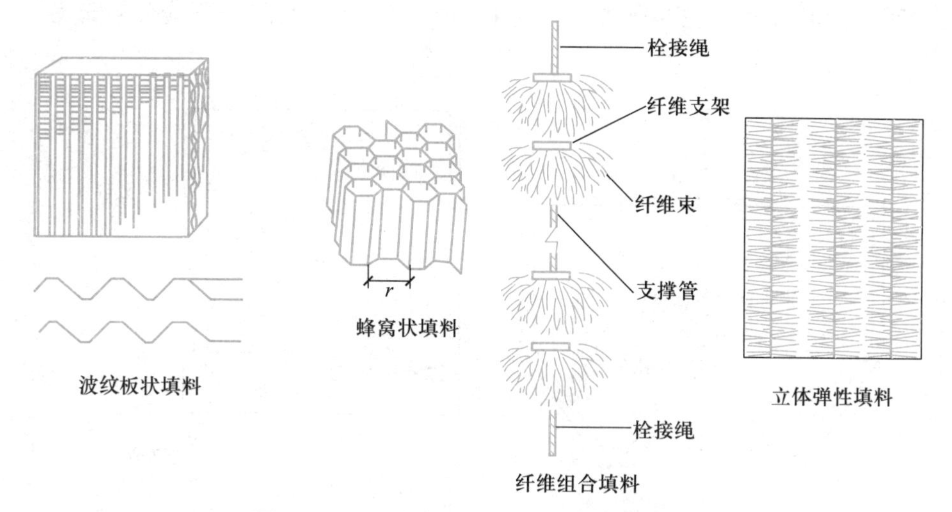

图 13-35 几种常用的生物接触氧化池填料

纤维组合填料由尼龙、维纶、腈纶、涤纶等化学纤维编结成束，呈绳状连接。用尼龙绳直接固定纤维束的软性填料，易产生纤维填料结团(俗称“起球”)问题，现在已较少采用。实践表明，采用圆形塑料盘作为纤维填料支架，将纤维固定在支架四周，可以有效解决纤维填料结团问题，同时保持纤维填料比表面积大、来源广、价格较低的优势，得到较为广泛的应用。为安装检修方便，填料常以料框组装，带框放入池中，或在池中设置固定支架，用于固定填料。

近年来国内开发的空心塑料体(聚乙烯、聚丙烯等材料,球状或柱状)，如图 13-36 所示，其相对密度近于 1(并可按工艺要求,在加工制造时调节相对密度)，称为悬浮填料。运行时，由于悬浮填料在池内均匀分布，并不断切割气泡，可使氧利用率、动力效率得到提高。

图 13-36 悬浮填料

生物接触氧化池中的填料可采用全池布置，底部进水，整个池底安装布气装置，全池曝气，如图 13-34；两侧布置，底部进水，布气管布置在池子中心，中心曝气，如图 13-37；单侧布置，上部进水，侧面曝气，如图 13-38。填料全池布置、全池曝气的形式，由于曝气均匀，填料不易堵塞，氧化池容积利用率高等优势，是目前生物接触氧化法采用的主要形式。但不管哪种形式，曝气池的填料应分层安装。

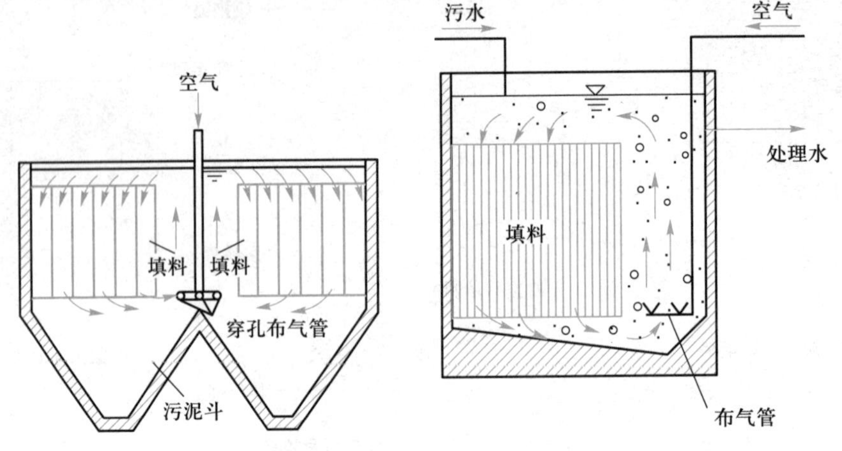

图 13-37 中心曝气的生物接触氧化池　图 13-38 侧面曝气的生物接触氧化池

三、生物接触氧化法的工艺流程

生物接触氧化池应根据进水水质和处理程度确定采用单级式、二级式或多级式，图 13-39、图 13-40、图 13-41 是生物接触氧化法的几种基本流程。在单级式处理流程中，污水经预处理（主要为初沉池）后进入生物接触氧化池，出水经过二沉池分离脱落的生物膜，实现泥水分离。在二级式处理流程中，两级生物接触氧化池串联运行，必要时中间可设中间沉淀池（简称为中沉池）。多级式处理流程中串联三座或三座以上的生物接触氧化池。一级生物接触氧化池内的微生物处于对数增长期和减速增长期的前段，生物膜增长较快，有机负荷较高，有机污染物降解速率也较大；后续的生物接触氧化池内微生物处在生长曲线的减速增长期后段或生物膜稳定期，生物膜增长缓慢，处理水水质逐步提高。

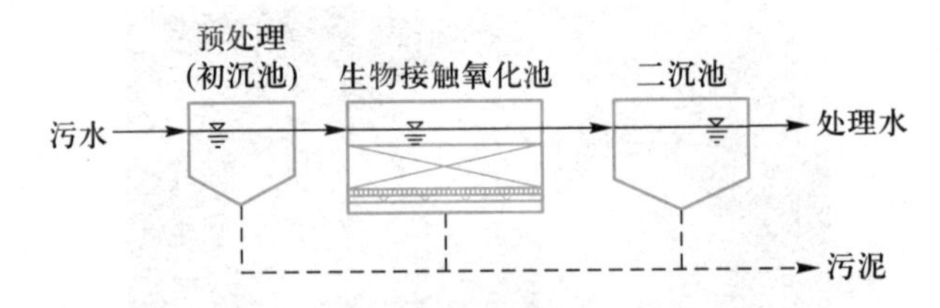

图 13-39 单级式生物接触氧化法工艺流程

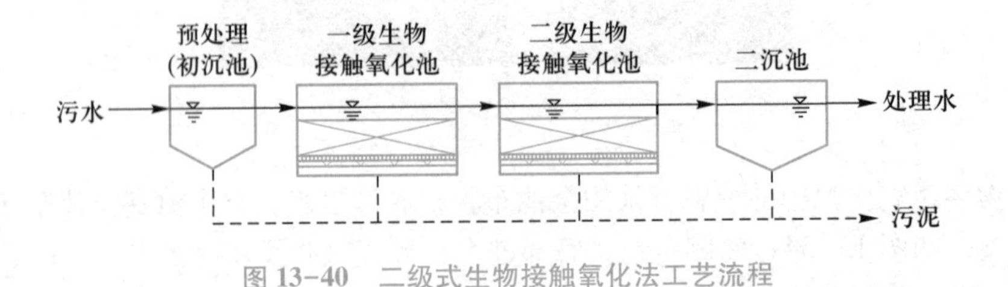

图 13-40 二级式生物接触氧化法工艺流程

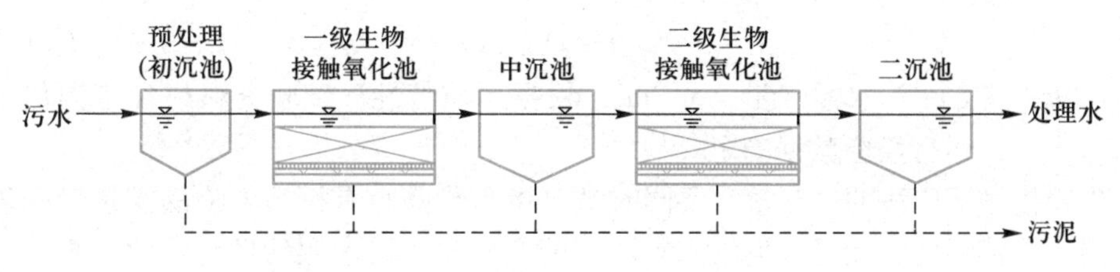

图 13-41 二级式生物接触氧化法工艺流程(设中沉池)

四、生物接触氧化法的设计计算

生物接触氧化池工艺设计的主要内容是计算生物接触氧化池的有效容积和池子的尺寸，计算供气量和空气管道系统。目前一般是在用有机负荷计算填料体积的基础上，按照构造要求确定池子具体尺寸、池数及池的分级。对于工业废水，最好通过试验确定有机负荷，也可审慎地采用经验数据。

1. 生物接触氧化池的有效容积(即填料体积)(V)

$$V=\frac{Q(S_0-S_e)}{L_V} \tag{13-31}$$

式中：Q——设计污水处理量，m^3/d；

S_0、S_e——进水、出水 BOD_5，mg/L；

L_V——填料容积负荷，kg(BOD_5)/[m^3(填料)·d]。

生物接触氧化池的五日生化需氧量容积负荷宜根据试验资料确定，无试验资料时，城镇污水碳氧化处理一般取 2.0~5.0 kg(BOD_5)/[m^3(填料)·d]，碳氧化/硝化一般取 0.2~2.0 kg(BOD_5)/[m^3(填料)·d]。

2. 生物接触氧化池的总面积(A)和池数(N)

$$A=\frac{V}{h_0} \tag{13-32}$$

$$N=\frac{A}{A_1} \tag{13-33}$$

式中：h_0——填料高度，一般采用 3.0 m；

A_1——每座池子的面积，m^2。

3. 池深(h)

$$h=h_0+h_1+h_2+h_3 \tag{13-34}$$

式中：h_1——超高，0.5~0.6 m；

h_2——填料层上水深，0.4~0.5 m；

h_3——填料至池底的高度，一般采用 0.5 m。

生物接触氧化池池数一般不少于 2 个，并联运行，每池由二级或二级以上的氧化池组成。

4. 有效停留时间(t)

$$t=\frac{V}{Q} \tag{13-35}$$

5. 供气量(D)和空气管道系统计算

$$D=D_0Q \tag{13-36}$$

式中：D_0——1 m^3污水需气量，m^3/m^3，根据水质特性、试验资料或参考类似工程运行经验数据确定。

生物接触氧化法的供气量，要同时满足微生物降解有机污染物的需氧量和氧化池的混合搅拌强度。满足微生物需氧所需的空气量，可参照活性污泥法计算。为保持氧化池内一定的搅拌强度，满足营养物质、溶解氧和生物膜之间的充分接触，以及老化生物膜的冲刷脱落。对于城镇生活污水处理，D_0值宜采用6~9。

空气管道系统的计算方法与活性污泥法曝气池的空气管道系统计算方法基本相同。

第五节 曝气生物滤池

一、概述

曝气生物滤池(biological aerated filter, BAF)，又称为颗粒填料生物滤池，是在20世纪70年代末80年代初出现于欧洲的一种生物膜法处理工艺。曝气生物滤池最初用于污水二级处理后的深度处理，由于其良好的处理性能，应用范围不断扩大。与传统的活性污泥法相比，曝气生物滤池中活性微生物的浓度要高得多，反应器体积小，且不需二沉池，占地面积小，还具有模块化结构、便于自动控制和臭气少等优点。

20世纪90年代初曝气生物滤池得到了较大发展，在法国、英国、奥地利和澳大利亚等国已有较成熟的技术和设备产品，部分大型污水厂也采用了曝气生物滤池工艺。目前，我国曝气生物滤池主要用于城镇污水处理、某些工业废水处理和污水回用深度处理。

曝气生物滤池的主要优点及缺点如下。

1. 优点

(1) 从投资费用上看，曝气生物滤池不需设二沉池，水力负荷、容积负荷远高于传统污水处理工艺，停留时间短，厂区布置紧凑，可以节省占地面积和建设费用。

(2) 从工艺效果上看，由于生物量大，以及滤料截留和生物膜的生物絮凝作用，抗冲击负荷能力较强，耐低温，不发生污泥膨胀，出水水质高。

(3) 从运行上看，曝气生物滤池易挂膜，启动快。根据运行经验，在水温为10~15 ℃时，2~3周可完成挂膜过程。

(4) 曝气生物滤池中氧的传输效率高，曝气量小，供氧动力消耗低，处理单位污水电耗低。此外，自动化程度高，运行管理方便。

2. 缺点

(1) 曝气生物滤池对进水的SS要求较高，需要采用对SS有较高处理效果的预处理工艺。此外，进水的浓度不能太高，否则容易引起滤料结团、堵塞。

（2）曝气生物滤池水头损失较大，加上大部分都建于地面以上，进水提升水头较大。

（3）曝气生物滤池的反冲洗是决定滤池运行的关键因素之一，滤料冲洗不充分，可能出现结团现象，导致工艺运行失效。操作中，反冲洗出水回流入初沉池，对初沉池有较大的冲击负荷。此外，设计或运行管理不当会造成滤料随水流失等问题。

（4）产泥量略大于活性污泥法，污泥稳定性稍差。

二、曝气生物滤池的构造及工作原理

曝气生物滤池分为上向流式和下向流式，下面以下向流式为例介绍其工作原理。如图 13-42 所示，曝气生物滤池由池体、布水系统、布气系统、承托层、滤料层、反冲洗系统等部分组成。池底设承托层，上部为滤料层。

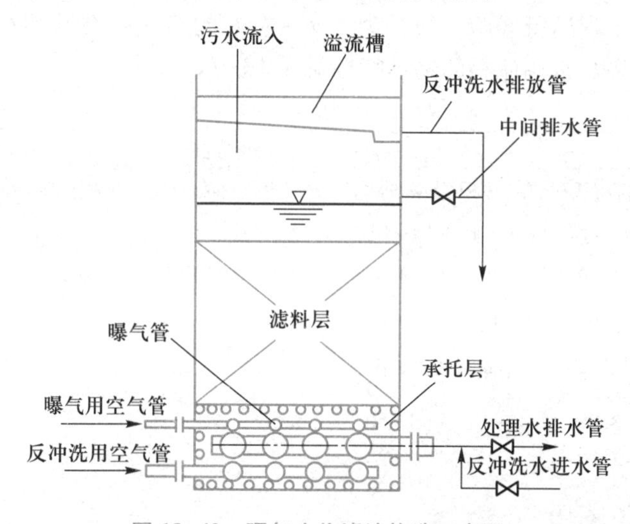

图 13-42 曝气生物滤池构造示意图

曝气生物滤池承托层采用的材质应具有良好的机械强度和化学稳定性，一般选用卵石作承托层，其级配自上而下为：卵石直径 2~4 mm、4~8 mm、8~16 mm；卵石层高度分别为 50 mm、100 mm、100 mm。曝气生物滤池的布水布气系统有滤头布水布气系统、栅型承托板布水布气系统和穿孔管布水布气系统。城镇污水处理一般采用滤头布水布气系统。曝气用空气管、布水布气装置及处理水排水管兼作反冲洗水进水管，可设置在承托层内。

污水从池上部进入滤池，并通过由滤料组成的滤料层，在滤料表面形成有微生物栖息的生物膜。在污水滤过滤料层的同时，空气从滤料处通入，并由滤料的间隙上升，与下向流的污水相向接触，空气中的氧转移到污水中，向生物膜上的微生物提供充足的溶解氧和丰富的有机污染物。在微生物的代谢作用下，有机污染物被降解，污水得到净化。

运行时，污水中的悬浮物，以及由于生物膜脱落形成的生物污泥被滤料截留。

因此，滤料层具有二沉池的功能。运行一定时间后，因水头损失的增加，需对滤池进行反冲洗，以释放截留的悬浮物并更新生物膜，一般采用气水联合反冲，反冲洗水通过反冲洗水排放管排出后，回流至初沉池。

滤料是生物膜的载体，同时兼有截留悬浮物质的作用，直接影响曝气生物滤池的效能。滤料费用在曝气生物滤池处理系统建设费用中占有较大的比例。所以，滤料的优劣直接关系到系统的合理与否。开发经济高效的滤料是曝气生物滤池技术发展的重要方面。

对曝气生物滤池滤料有以下要求：

（1）质轻，堆积容重小，有足够的机械强度；

（2）比表面积大，孔隙率高，属于多孔惰性载体；

（3）不含有害于人体健康的有害物质，化学稳定性良好；

（4）水头损失小，形状系数好，吸附能力强。

根据资料和工程运行经验，粒径为 5 mm 左右的均质陶粒及塑料球形颗粒能达到较好的处理效果。常用滤料的物理特性见表 13-7。

表 13-7 常用滤料的物理特性

名称	物理特性							
	比表面积/($m^3 \cdot g^{-1}$)	总孔体积/($cm^3 \cdot g^{-1}$)	堆积容重/($g \cdot L^{-1}$)	磨损率/%	堆积密度/($g \cdot cm^{-3}$)	堆积孔隙率/%	粒内孔隙率/%	粒径/mm
黏土陶粒	4.89	0.39	875	≤3	0.7~1.0	>42	>30	3~5
页岩陶粒	3.99	0.103	976	—	—	—	—	—
沸 石	0.46	0.026 9	830	—	—	—	—	—
膨胀球形黏土	3.98	—	1 550	1.5	—	—	—	3.5~6.2

三、曝气生物滤池的工艺

如图 13-43 所示，曝气生物滤池污水处理工艺由预处理设施、曝气生物滤池及滤池反冲洗系统组成，可不设二沉池。预处理设施一般包括沉砂池、初沉池或混凝沉淀池、隔油池等。污水经预处理后悬浮固体浓度降低，再进入曝气生物滤池，有利于减少反冲洗次数和保证滤池的正常运行。如进水有机污染物浓度较高，污水经沉淀后可进入水解调节池进行水质水量的调节，同时也提高了污水的生物可降解性。曝气生物滤池的进水悬浮固体浓度应控制在 60 mg/L 以下，并根据处理程度不同，可分为碳氧化、硝化、后置反硝化或前置反硝化等。碳氧化、硝化和反硝化可在单级曝气生物滤池内完成，也可在多级曝气生物滤池内完成。

根据进水流向的不同，曝气生物滤池的池型主要有下向流式（滤池上部进水，水流与空气逆向运行）和上向流式（池底进水，水流与空气同向运行）。

1. 下向流式

早期开发的一种下向流式曝气生物滤池称作 BIOCARBONE，其基本工作原理在本节概述中已做介绍。这种曝气生物滤池的缺点是负荷不够高，大量被截留的 SS 集

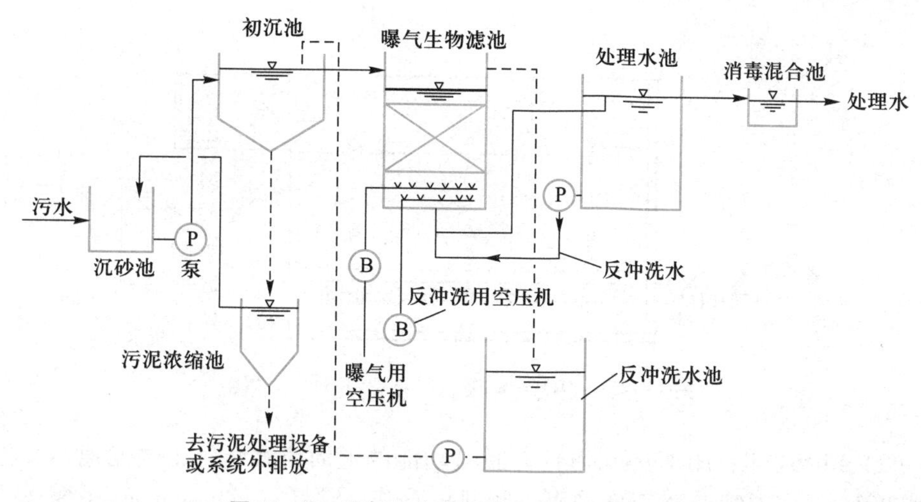

图 13-43 曝气生物滤池污水处理工艺系统图

中在滤池上端几十厘米处，此处水头损失占了整个滤池水头损失的绝大部分；滤池纳污率不高，容易堵塞，运行周期短。图 13-44 是法国昂蒂布-朱安雷宾(Antibes)污水厂下向流式曝气生物滤池工艺流程。

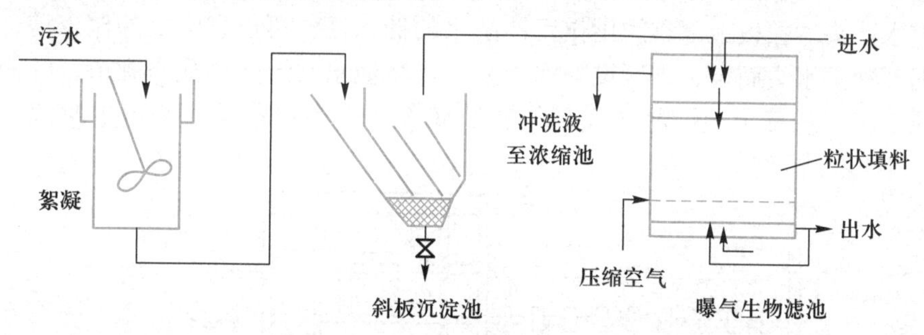

图 13-44 法国昂蒂布-朱安雷宾(Antibes)污水厂下向流式曝气生物滤池工艺流程

2. 上向流式

(1) BIOFOR：图 13-45 所示为典型的上向流式(气水同向流)曝气生物滤池，又称为 BIOFOR。其底部为气水混合室，其上为长柄滤头、曝气管、承托层、滤料。所用滤料密度大于水，自然堆积，滤层厚度一般为 2～4 m。BIOFOR 运行时，污水从底部进入气水混合室，经长柄滤头配水后通过承托层进入滤料，在此进行有机污染物、氨氮和 SS 的去除。反冲洗时，气水同时进入气水混合室，经长柄滤头进入滤料，反冲洗出水回流入初沉池，与原污水合并处理。采用长柄滤头的优点是简化了管路系统，便于控制，缺点是增加了对滤头的强度要求，滤头的使用寿命会受影响。上向流的主要优点有：① 同向流可促使布水布气均匀。若采用下向流，则截留的 SS 主要集中在滤料的上部，运行时间一长，滤池内会出现负水头现象，进而引起沟流，采用上向流可避免这一缺点。② 采用上向流，截留在底部的 SS 可在气泡的上升过程中被带入滤池中上部，加大滤料的纳污率，延长反冲洗间隔时间。③ 气水同向流有利于氧的传递与利用。

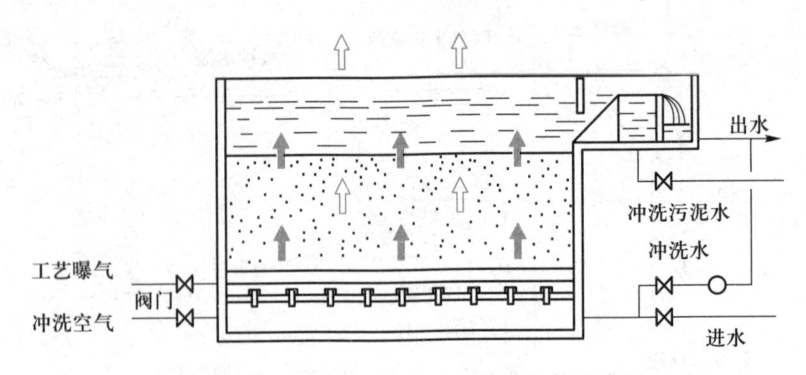

图 13-45 BIOFOR 曝气生物滤池结构示意图

(2) BIOSTYR：图 13-46 为具有脱氮功能的上向流式曝气生物滤池，又称为 BIOSTYR，其主要特点为：① 采用了新型轻质悬浮滤料——Biostyrene(主要成分是聚苯乙烯,密度小于 1.0 g/cm^3)。② 将滤床分为两部分，上部分为曝气的生化反应区，下部分为非曝气的过滤区。

如图 13-46 所示，滤池底部设有进水和排泥管，中上部是滤料层，厚度一般为 2.5~3 m，滤料顶部装有挡板或隔网，防止悬浮滤料的流失。在上部挡板上均匀安装有出水滤头。挡板上部空间用作反冲洗水的储水区，可以省去反冲储水池，其高度根据反冲洗水头而定，该区设有回流泵，将滤池出水泵送至配水廊道，继而回流到滤池底部实现反硝化。滤料底部与滤池底部的空间留作反冲洗再生时滤料膨胀之用。

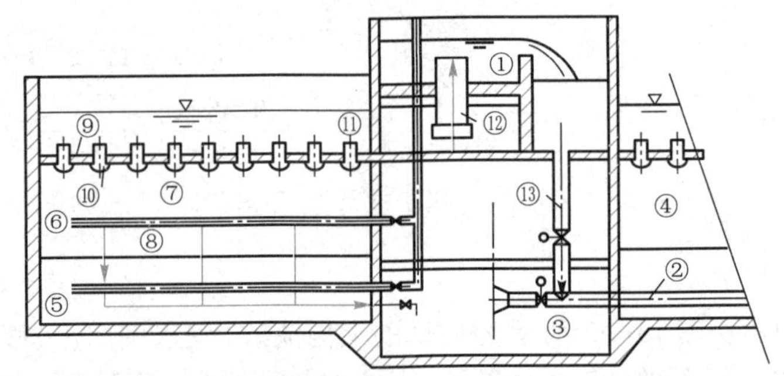

① 配水廊道；② 滤池进水和排泥管；③ 反冲洗循环闸门；④ 滤料；⑤ 反冲洗用空气管；⑥ 工艺曝气管；⑦ 好氧区；⑧ 缺氧区；⑨ 挡板；⑩ 出水滤头；⑪ 处理后水的储存和排出；⑫ 回流泵；⑬ 进水管。

图 13-46 BIOSTYR 曝气生物滤池结构示意图

经预处理的污水与经过硝化的滤池出水按照一定回流比混合后，通过滤池进水管进入滤池底部，并向上首先经过滤料层的缺氧区，此时反冲洗用空气管处于关闭状态。在缺氧区内，滤料上的微生物利用进水中有机污染物作为碳源将滤池进水中的硝酸盐氮转化为氮气，实现反硝化脱氮和部分 BOD_5 的降解，同时 SS 被生物膜吸附和截留。然后污水进入好氧区，实现硝化和 BOD_5 的进一步降解。流出滤料层的净化后污水通过滤池挡板上的出水滤头排出滤池。出水分为三部分，一部分排出系统外，一部分按回流比与原污水混合后进入滤池，一部分用作反冲洗水。反冲洗时可以采用气水交替反冲。滤池顶部设置挡板或隔网可以阻止滤料流出。

四、曝气生物滤池的主要工艺设计参数

曝气生物滤池的工艺设计参数主要有水力负荷、容积负荷、滤料高度、滤料粒径、单池面积，以及反冲洗周期、反冲洗强度、反冲洗时间和反冲洗气水比等。

根据《室外排水设计标准》(GB 50014—2021)要求，曝气生物滤池的容积负荷宜根据试验资料确定，无试验资料时，对于城镇污水处理，曝气生物滤池的五日生化需氧量碳氧化容积负荷宜为3~6 kg(BOD_5)/(m^3·d)，硝化容积负荷(以NH_3-N计)宜为0.4~0.6 kg(NH_3-N)/(m^3·d)。曝气生物滤池用于二级处理时，污泥产率系数可为0.3~0.5 kg(VSS)/kg(BOD_5)。表13-8为曝气生物滤池的典型设计参数。

表13-8　曝气生物滤池的典型设计参数

类型	功能	参数	单位	取值
硝化曝气生物滤池	对污水中的氨氮进行硝化	滤池水力负荷(滤速)	m^3/(m^2·h)或m/h	3.0~12.0
		硝化负荷	kg(NH_3-N)/(m^3·d)	0.6~1.0
前置反硝化生物滤池	利用污水中的碳源对硝态氮进行反硝化	滤池水力负荷(滤速)	m^3/(m^2·h)或m/h	8.0~10.0(含回流)
		反硝化负荷	kg(NO_3^--N)/(m^3·d)	0.8~1.2
后置反硝化生物滤池	利用外加碳源对硝态氮进行反硝化	滤池水力负荷(滤速)	m^3/(m^2·h)或m/h	8.0~12.0
		反硝化负荷	kg(NO_3^--N)/(m^3·d)	1.5~3.0
碳氧化曝气生物滤池	降解污水中的含碳有机污染物	滤池水力负荷(滤速)	m^3/(m^2·h)或m/h	3.0~6.0
		BOD_5负荷	kg(BOD_5)/(m^3·d)	2.5~6.0
碳氧化/硝化曝气生物滤池	降解污水中的含碳有机污染物并对氨氮进行部分硝化	滤池水力负荷(滤速)	m^3/(m^2·h)或m/h	2.5~4.0
		BOD_5负荷	kg(BOD_5)/(m^3·d)	1.2~2.0
		硝化负荷	kg(NH_3-N)/(m^3·d)	0.4~0.6

曝气生物滤池的池体高度一般为5~9 m，由配水区、承托层、滤料层、清水区的高度和超高等组成。反冲洗一般采用气水联合反冲洗，由单独气冲洗、气水联合反冲洗、单独水冲洗三个过程组成，通过滤板或固定其上的长柄滤头实现。反冲洗空气强度为10~15 L/(m^2·s)，反冲洗水强度不宜超过8 L/(m^2·s)。反冲洗周期根据水质参数和滤料层阻力加以控制，一般设24 h为1周期。

第六节 生物流化床

生物流化床处理技术是借助流体(液体、气体)使表面生长着微生物的载体颗粒(生物颗粒)呈流态化，同时进行有机污染物降解的生物膜法处理技术。它是20世纪70年代开始研究并应用于污水处理的一种高效生物处理技术。

一、流态化原理

如图13-47所示，在圆柱形流化床①的底部，装置一块多孔液体分布板②，在分布板上堆放载体颗粒(如砂、活性炭)，液体从床底的进水管③进入，经过分布板均匀地向上流动，并通过固体床层由顶部出水管④流出。流化床上装有压差计⑤，用以测量液体流经床层的压降。当液体流过床层时，随着液体流速的不同，床层会出现下述三种不同的状态。

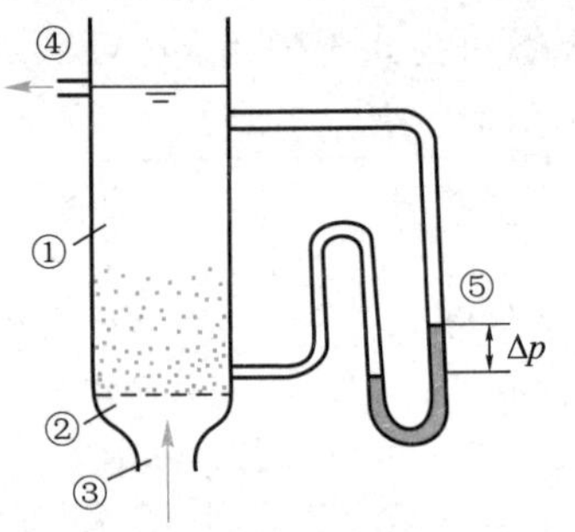

① 圆柱形流化床；② 分布板；③ 进水管；④ 出水管；⑤ 压差计。

图13-47 生物流化床示意图

1. 固定床阶段[图13-48(a)]

当液体以很小的流速流经床层时，载体颗粒处于静止不动的状态，床层高度也基本维持不变，这时的床层称为固定床。在这一阶段，液体通过床层的压降Δp随空床流速v的上升而增加，呈幂函数关系，在双对数坐标图纸上呈直线关系，即图13-49(b)中的ab段。

当液体流速增大到压降Δp大致等于单位面积床层质量时[图13-49(b)中的b点]，载体颗粒间的相对位置略有变化，床层开始膨胀，载体颗粒仍保持接触且不流态化。

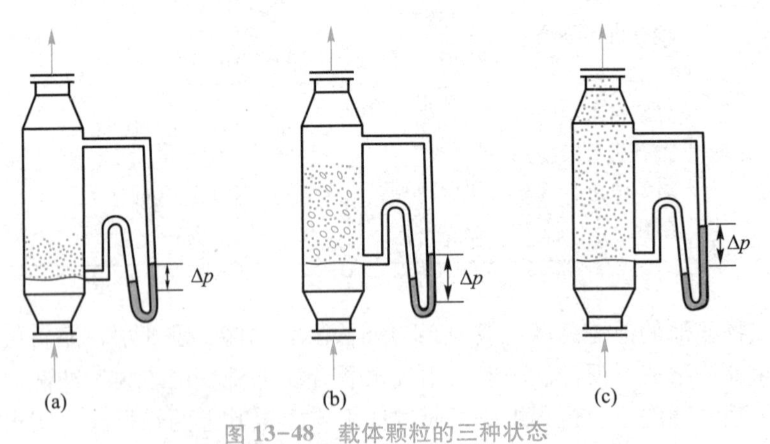

图13-48 载体颗粒的三种状态

(a) 固定床阶段；(b) 流化床阶段；(c) 液体输送阶段

2. 流化床阶段[图13-48(b)]

当液体流速大于图13-49(b)中b点流速，床层不再维持固定床状态，载体颗粒被液体托起而呈悬浮状态，且在床层内向各个方向流动，在床层上部有一个水平界面，此时由载体颗粒所形成的床层完全处于流态化状态，这类床层称为流化床。在这阶段，流化层的高度 h 随流速上升而增大，床层压降 Δp 则基本上不随流速改变，如图 13-49(b) 中的 bc 段所示。b 点的流速 v_{min} 是达到流态化的起始速度，称为临界流态化速度。临界流态化速度值随载体颗粒的大小、密度和液体的物理性质而异。

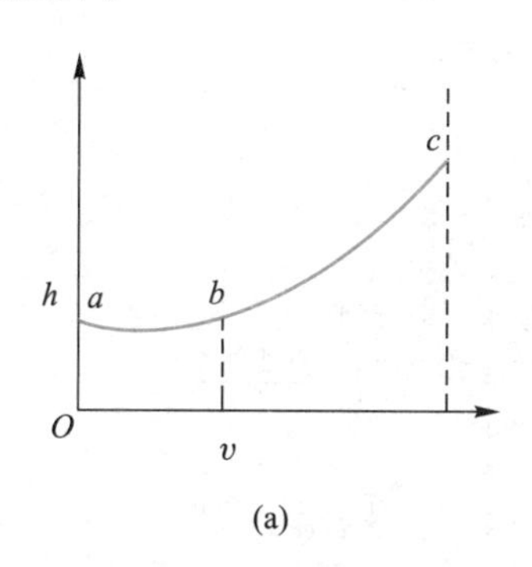

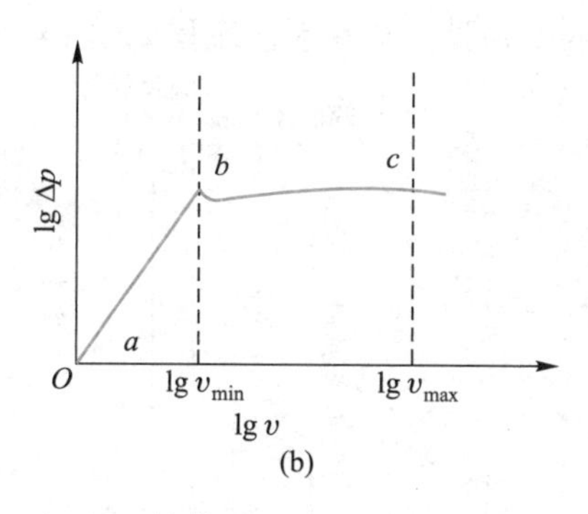

图 13-49　h、Δp 与 v 的关系

由于生物流化床中的载体颗粒表面有一层微生物膜，其流化特性与普通的流化床不同。流化床床层的膨胀程度可以用膨胀率 K 或膨胀比 R 表示：

$$K=\left(\frac{V_e}{V}-1\right)\times 100\% \tag{13-37}$$

式中：V，V_e——固定床层和流化床层体积。

$$R=\frac{h_e}{h} \tag{13-38}$$

式中：h，h_e——固定床层和流化床层高度。

在生物流化床中，相同的流速下，膨胀率随着生物膜厚度的增加而增大，如图 13-50 所示。一般 K 采用 50%~200%。

3. 液体输送阶段[图 13-48(c)]

当液体流速提高至超过图 13-49(b) 中 c 点后，床层不再保持流态化，床层上部的界面消失，载体颗粒随液体从流化床带出，这阶段称为液体输送阶段。在水处理工艺中，这种床称为“移动床”或“流动床”。c 点的流速 v_{max} 称为颗粒带出速度或最大流态化速度。

流化床的正常操作流速应控制在 v_{min} 与 v_{max} 之间。

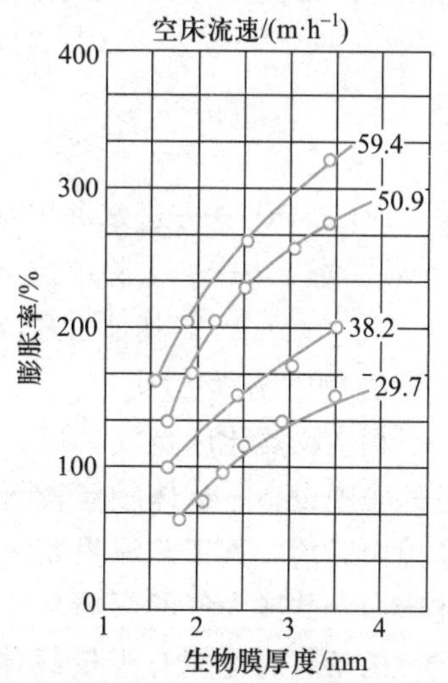

图 13-50　生物膜厚度与膨胀率的关系（载体颗粒粒径为 0.84~1.00 mm）

二、生物流化床的类型

根据生物流化床的供氧、脱膜和床体结构等方面的不同，好氧生物流化床主要有下述两种类型。

1. 两相生物流化床

这类流化床在流化床体外设置充氧设备与脱膜设备，为处理水充氧并脱除载体颗粒表面的生物膜。基本工艺流程如图 13-51 所示。

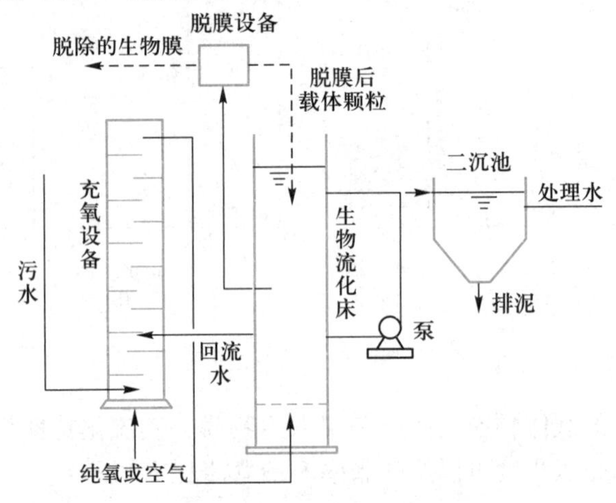

图 13-51 两相生物流化床工艺流程图

以纯氧为氧源时，充氧后水中溶解氧可达 30~40 mg/L。以压缩空气为氧源时，水中溶解氧一般低于 9 mg/L。当一次充氧不能提供足够的溶解氧时，可采用处理水回流循环。回流比 R 可以根据氧量平衡计算来确定：

$$(1+R)Q(DO_0-DO_e)=Q(S_0-S_e)D$$

$$R=\frac{(S_0-S_e)D}{DO_0-DO_e}-1 \tag{13-39}$$

式中：DO_0，DO_e——进水和出水的溶解氧浓度，mg/L；

D——去除单位 BOD_5所需的氧量，kg(O_2)/kg(BOD_5)。

其他符号同前。

2. 三相生物流化床

三相生物流化床是气、液、固三相直接在流化床内进行生化反应，不另设充氧设备和脱膜设备，载体颗粒表面的生物膜依靠气体的搅动作用，使载体颗粒之间激烈摩擦而脱落。其工艺流程如图 13-52 所示。三相生物流化床的设计应注意防止气泡在床内合并成大气泡影响充氧效率。充氧方式有鼓风曝气充氧和射流曝气充氧等形式。由于有时可能有少量载体颗粒被带出床体，在流程中通常有载体颗粒（含污泥）回流。三相生物流化床设备较简单，操作亦较容易，此外，能耗也较两相生物流化床低，因此对三相生物流化床的研究较多。

生物流化床除用于好氧生物处理外，也可用于生物脱氮和厌氧生物处理。

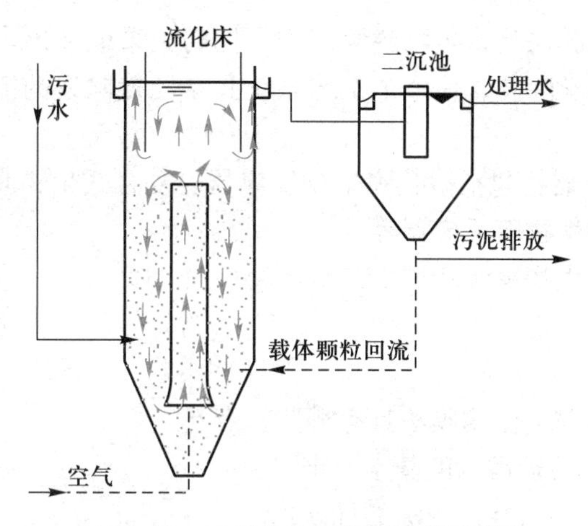

图 13-52　三相生物流化床工艺流程图

三、生物流化床的优缺点

1. 生物流化床的主要优点

（1）容积负荷高，抗冲击负荷能力强：生物流化床采用小粒径固体颗粒作为载体，且载体颗粒在床内呈流态化，因此其每单位体积表面积比其他生物膜法大很多。这就使其单位床体的生物量很高（10~14 g/L），加上传质速率快，污水一进入床内，即很快被混合和稀释，因此生物流化床的抗冲击负荷能力较强，容积负荷也较其他生物处理法高。

（2）微生物活性高：由于载体颗粒在床体内不断相互碰撞和摩擦，其生物膜厚度较薄，一般在 0.2 μm 以下，且较均匀。据研究，对于同类污水，在相同处理条件下，其生物膜的呼吸率约为活性污泥的两倍，可见其反应速率快，微生物的活性较强。这也是生物流化床负荷较高的原因之一。

（3）传质效果好：载体颗粒在床体内处于剧烈运动状态，气-固-液界面不断更新，因此传质效果好，这有利于微生物对污染物的吸附和降解，加快了生化反应速率。

2. 生物流化床的主要缺点

其主要缺点是设备的磨损较固定床严重，载体颗粒在湍流过程中会被磨损变小。此外，设计时还存在着生产放大方面的问题，如防堵塞、曝气方法、进水配水系统的选用和载体颗粒流失等。因此，目前我国污水处理中应用较少，上述问题的解决，有可能使生物流化床获得较广泛的工程规模应用。

随着污水处理技术的快速发展，近年来研究开发出许多生物膜法新型工艺方法，并在工程实践中得到应用。

（1）生物膜-活性污泥法联合处理工艺：这类工艺综合发挥生物膜法和活性污泥法的特点，克服各自的不足，使生物处理工艺发挥出更高的效率。工艺形式包括活性生物滤池、生物滤池-活性污泥法串联处理工艺、悬浮滤料活性污泥法等。

（2）生物脱氮除磷工艺：应用硝化/反硝化生物脱氮原理，组合生物膜反应器的运行方式，使生物膜法具备生物脱氮能力。同时，采取在出水端或反应器内少量投药的方法，进行化学除磷，使整个工艺系统具备脱氮除磷的能力，满足当今污水处理脱氮除磷的要求。

（3）生物膜反应器：包括微孔膜生物反应器、复合式生物膜反应器、移动床生物膜反应器、序批式生物膜反应器等。

限于篇幅，这些生物膜法新型工艺请参阅相关文献。

思考题和习题<<<

1. 什么是生物膜法？生物膜法具有哪些特点？
2. 试述生物膜法处理污水的基本原理。
3. 比较生物膜法和活性污泥法的优缺点。
4. 生物膜的形成一般有哪几个过程？与活性污泥相比有什么区别？
5. 生物膜法有哪几种形式？试比较它们的特点。
6. 试述各种生物膜法处理构筑物的基本构造及其功能。
7. 生物滤池有几种形式？各适用于什么具体条件？
8. 影响生物滤池处理效率的因素有哪些？它们是如何影响处理效果的？
9. 影响生物转盘处理效率的因素有哪些？它们是如何影响处理效果的？
10. 某工业废水水量为600 m^3/d，BOD_5为430 mg/L，经初沉池后进入高负荷生物滤池处理，要求出水 $BOD_5 \leqslant 30$ mg/L，试计算高负荷生物滤池尺寸和回流比。
11. 某印染厂废水量为 1 000 m^3/d，废水平均 BOD_5为 170 mg/L，COD 为 600 mg/L，试计算生物转盘尺寸。
12. 某印染厂废水量为 1 500 m^3/d，废水平均 BOD_5为 170 mg/L，COD 为 600 mg/L，采用生物接触氧化池处理，要求出水 $BOD_5 \leqslant 20$ mg/L，COD≤250 mg/L，试计算生物接触氧化池的尺寸。

参考文献<<<

[1] 张自杰．排水工程：下册[M]．5 版．北京：中国建筑工业出版社，2015.

[2] 张自杰．环境工程手册：水污染防治卷[M]．北京：高等教育出版社，1996.

[3] 刘雨，赵庆良，郑兴灿．生物膜法污水处理技术[M]．北京：中国建筑工业出版社，2000.

[4] 金兆丰，余志荣．污水处理组合工艺及工程实例[M]．北京：化学工业出版社，2003.

[5] 金兆丰，徐竟成．城市污水回用技术手册[M]．北京：化学工业出版社，2004.

[6] 张忠祥，钱易．废水生物处理新技术[M]．北京：清华大学出版社，2004.

[7] 范瑾初，金兆丰．水质工程[M]．北京：中国建筑工业出版社，2009.

[8] Grady C P L，Lim H C. Biological wastewater treatment：theory and applications

[M]. New York: Marcel Dekker, 1980.

[9] Metcalf & Eddy | AECOM. Wastewater engineering: treatment and resource recovery[M]. 5th ed. Boston: McGraw-Hill, 2014.

[10] Clark J W, Viessman W, Hammer M J. Water supply and pollution control [M]. 3rd ed. New York: Harper & Row, 1977.

[11] Benefield L D, Randall C W. Biological process design for wastewater treatment [M]. New York: Prentice Hall, 1980.

[12] 中华人民共和国住房和城乡建设部. 室外排水设计标准: GB 50014—2021[S]. 北京: 中国计划出版社, 2021.

第十四章

稳定塘和污水的土地处理

污水的稳定塘、土地处理及人工湿地技术充分利用水体、土壤、植物和微生物去除污染物的功能，通过人工强化，形成一种具有处理成本低，运行管理简便的污水净化工艺。这类工艺具有可同时有效去除BOD_5、病原菌、重金属、有毒有机物及氮、磷营养物质的特点，在村镇污水及分散生活污水的处理、面源污染控制、河流湖泊的生态修复、进一步降低污水处理厂出水中的低浓度污染物、氮和磷等营养物质方面具有一定的优势。

第一节　稳定塘

一、概述

稳定塘(stabilization pond)又称为氧化塘(oxidation pond)，是一种天然的或经一定人工构筑的污水净化系统。污水在塘内经较长时间的停留、储存，通过微生物(细菌、真菌、藻类、原生动物等)的代谢活动，以及相伴随的物理的、化学的、物理化学的过程，使污水中的有机污染物、营养物质和其他污染物质进行多级转换、降解和去除，从而实现污水的无害化、资源化与再利用。

稳定塘净化污水历史悠久，早在3 000余年以前，人们就使用稳定塘净化污水，但其真正的研究却始于20世纪初。在美国，用于污水处理的稳定塘数目逐年增多，其中90%用于处理人口在5 000人以下的城镇污水。使用稳定塘的地区涵盖广大地域，从热带、亚热带，到温带、亚寒带，如美国寒冷地区阿拉斯加州，地处高纬度的瑞典、加拿大等。目前，全世界已有50多个国家采用稳定塘处理污水。稳定塘处理污水的规模也逐渐扩大，较大的稳定塘每日可处理几十万立方米污水。

我国有关稳定塘的研究始于20世纪50年代末，从60年代起陆续建成了一批污水塘库，80—90年代是我国稳定塘处理技术迅速发展的时期，全国各个地区都建有稳定塘。

稳定塘既可作为二级生物处理，相当于传统的生物处理，也可作为二级生物处理出水的深度处理。实践证明，设计合理、运行正常的稳定塘系统，其出水水质常常相当甚至优于二级生物处理的出水。当然，在不理想的气候条件下，出水水质也会比生物法的出水差。不同类型、不同功能的稳定塘可以串联起来分别作预处理或后处理用。用作二级处理的稳定塘系统，处理规模一般不宜大于5 000 m^3/d。

稳定塘的主要优点是处理成本低，操作管理容易。此外，稳定塘不仅能取得较

好的 BOD_5 去除效果，还可以去除氮、磷营养物质及病原菌，重金属及有毒有机物。它的主要缺点是占地面积大，处理效果受环境条件影响大，处理效率相对较低，可能产生臭味及滋生蚊蝇，不宜建设在居住区附近。

稳定塘按塘中微生物优势群体类型和塘水中的溶解氧状况可分为好氧塘、兼性塘、厌氧塘和曝气塘。按用途又可分为深度处理塘、强化处理塘、储存塘和综合生物塘等。上述不同性质的塘组合成的塘称为复合稳定塘。此外，还可以用排放间歇或连续、污水进塘前的处理程度或塘的排放方式(如果用到多个塘的时候)来进行划分。在本章中，主要针对常用的溶解氧分类方式，对稳定塘进行分类介绍。

二、好氧塘

(一) 好氧塘概述

好氧塘(aerobic pond)是一类在有氧状态下净化污水的稳定塘，它完全依靠藻类光合作用和塘表面风力搅动自然复氧供氧。通常好氧塘都是一些很浅的池塘，塘深一般为0.15~0.5 m，最多不深于1 m，污水水力停留时间一般为2~6 d。好氧塘一般适于处理 BOD_5小于100 mg/L的污水，多用于处理其他处理方法的出水，其出水溶解性 BOD_5 低而藻类固体含量高，因而往往需要补充除藻过程。好氧塘按有机负荷的高低又可分为高负荷好氧塘、普通好氧塘和深度处理好氧塘。

(1) 高负荷好氧塘：这类塘设置在处理系统的前部，目的是处理污水和产生藻类。特点是塘的水深较浅，水力停留时间较短，有机负荷高。

(2) 普通好氧塘：这类塘用于处理污水，起二级处理作用。较高负荷好氧塘深而有机负荷低于高负荷好氧塘，水力停留时间较长。

(3) 深度处理好氧塘：深度处理好氧塘设置在塘处理系统的后部或二级处理系统之后，作为深度处理设施。特点是有机负荷较低，塘较高负荷好氧塘深。

(二) 好氧塘的净化机理

好氧塘工作原理如图14-1所示，塘内存在着细菌、藻类和原生动物的共生系统。有阳光照射时，塘内的藻类进行光合作用，释放出氧，同时，由于风力的搅动，塘表面还存在自然复氧，两者使塘水呈好氧状态。塘内的好氧型异养细菌利用水中的氧，通过好氧代谢氧化分解有机污染物并合成本身的细胞质(细胞增殖)，其代谢产物 CO_2 则是藻类光合作用的碳源。塘内菌藻生化反应可用式(14-1)和式(14-2)表示。

细菌的降解作用：

$$\text{有机污染物}+O_2+H^+ \longrightarrow CO_2+H_2O+NH_4^++\underset{(\text{细菌})}{C_5H_7O_2N} \tag{14-1}$$

藻类的光合作用：

$$106CO_2+16NO_3^-+HPO_4^{2-}+122H_2O+18H^+ \longrightarrow \underset{(\text{藻类})}{C_{106}H_{263}O_{110}N_{16}P}+138O_2 \tag{14-2}$$

上述生化反应表明，好氧塘内有机污染物的降解过程是溶解性有机污染物转换为无机物和固态有机物——细菌与藻类细胞的过程。此外，式(14-2)表明，每合成1 g藻类，释放1.244 g氧气。

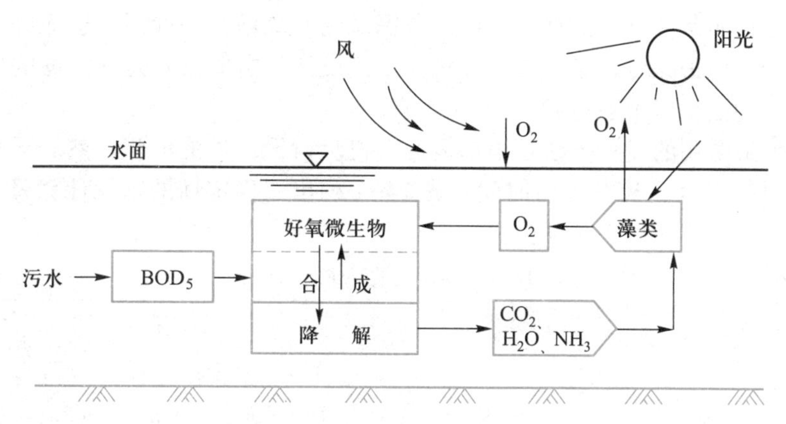

图 14-1　好氧塘工作原理示意图

好氧塘工作原理

藻类光合作用使塘水的溶解氧和 pH 呈昼夜变化。白天，藻类光合作用释放的氧，超过细菌降解有机污染物的需氧量，此时塘水的溶解氧浓度很高，可达到饱和状态。夜间，藻类停止光合作用，且由于生物的呼吸消耗氧，水中的溶解氧浓度下降，凌晨时达到最低。阳光照射后，溶解氧再逐渐上升。好氧塘的 pH 与水中 CO_2 浓度有关，受塘水中碳酸盐系统的 CO_2平衡关系影响，其平衡关系式如下：

$$\left.\begin{array}{l} CO_2+H_2O \rightleftharpoons H_2CO_3 \rightleftharpoons HCO_3^-+H^+ \\ CO_3^-+H_2O \rightleftharpoons HCO_3^-+OH^- \\ H_2O \rightleftharpoons H^++OH^- \end{array}\right\} \tag{14-3}$$

上式表明，白天，藻类光合作用使 CO_2浓度降低，pH 上升。夜间，藻类停止光合作用，细菌降解有机污染物的代谢没有中止，CO_2累积，pH 下降。

(三) 好氧塘内的生物种群

好氧塘内的生物种群主要有细菌、藻类、原生动物、后生动物和水蚤等。

细菌主要生存在水深 0.5 m 的上层，浓度一般为 $1\times10^8\sim5\times10^9$个/mL，主要种属与活性污泥法和生物膜法相同。好氧塘的细菌绝大部分属于兼性异养菌，这类细菌以有机物如糖类、有机酸等作为碳源，并以这些物质分解过程中产生的能量作为维持其生理活动的能源，其营养氮源为含氮化合物。细菌对有机污染物的降解起主要作用。

藻类在好氧塘中起着重要的作用，它可以进行光合作用，是塘水中溶解氧的主要提供者。藻类主要有绿藻、蓝绿藻两种，有时也会出现褐藻，但它一般不能成为优势藻类。藻类的种类和数量与塘的负荷有关，它可反映塘的运行状况和处理效果。若塘水营养物质浓度过高，会引起藻类异常繁殖，产生藻类水华，此时藻类聚结形成蓝绿色絮状体和胶团状体，使塘水浑浊。

原生动物和后生动物的种属数与个体数均比活性污泥法和生物膜法少。水蚤捕食藻类和细菌，本身又是好的鱼饵，但过分增殖会影响塘内细菌和藻类的数量。

(四) 好氧塘的设计

在有可供污水处理利用的湖塘、洼地，以及在有可利用的荒地或闲地等条件下，气温适宜、日照条件良好的地方，可以考虑采用好氧塘。一般污水进入好氧塘前需进行预处理，以去除可沉悬浮物。好氧塘工艺设计的主要内容是计算塘的尺寸和个数，每座塘的面积以不超过40 000 m^2为宜。

好氧塘最常用的设计方法是根据表面有机负荷设计塘的面积，然后再相应确定塘结构的其他尺寸，校核停留时间。表 14-1 列出了稳定塘的基本计算公式。好氧塘的设计计算同样适用于这些公式。

表 14-1 稳定塘的基本计算公式

计算项目	计算公式	符号说明
塘的总面积	$A=\frac{QS_0}{L_A}$	A——稳定塘的总面积，m^2； Q——进水设计流量，m^3/d； S_0——进水 BOD_5浓度，mg/L； L_A——BOD_5面积负荷，$g/(m^2 \cdot d)$
单塘有效面积	$A_1=\frac{A}{n}$	A_1——单塘有效面积，m^2； n——塘个数
单塘水面长度	$L_1=\sqrt{RA_1}$	L_1——单塘水面长度，m； R——塘水面的长宽比例，如长宽比为 3∶1 时，$R=3$
单塘水面宽度	$B_1=\frac{1}{R}L_1$	B_1——单塘水面宽度，m
单塘有效容积 （有斜坡的矩形塘）	$V_1=[L_1B_1+(L_1-2sd_1)\times(B_1-2sd_1)+4(L_1-sd_1)\times(B_1-sd_1)]\ d_1/6$	V_1——单塘有效容积，m^3； d_1——单塘有效深度，m； s——水平坡度系数，例如坡度为 3∶1 时，$s=3$
水力停留时间	$\mathrm{HRT}=\frac{nV_1}{Q}$	HRT——水力停留时间，d
单塘长度	$L=L_1+2s(d-d_1)$	L——单塘长度，m； d——塘总深度，m
单塘宽度	$B=B_1+2s(d-d_1)$	B——单塘宽度，m
单塘容积	$V_2=[LB+(L-2sd)\times(B-2sd)+4(L-sd)\times(B-sd)]\ d/6$	V_2——单塘容积，m^3
塘总容积	$V=nV_2$	V——塘总容积，m^3

出水有机污染物的浓度可根据经验公式(14-4)估算：

$$S_e=16.3S_0^{0.7}(\mathrm{HRT})^{-0.44}t^{-0.66} \tag{14-4}$$

式中：S_0——进水 BOD_5浓度，mg/L；

S_e——出水 BOD_5浓度，mg/L；

HRT——水力停留时间，d；

t——平均水温，℃。

由于好氧塘内反应复杂，且受外界条件影响较大，对好氧塘建立严密的以理论为基础的计算方法是有一定困难的。表 14-2 是好氧塘的典型设计参数，可供参考。

表 14-2　好氧塘的典型设计参数

设计参数	高负荷好氧塘	普通好氧塘	深度处理好氧塘
BOD_5负荷/($kg \cdot hm^{-2} \cdot d^{-1}$)	80~160	10~120	<5
水力停留时间/d	4~6	10~40	5~20
有效水深/m	0.3~0.45	0.5~1.5	0.5~1.5
pH	6.5~10.5	6.5~10.5	6.5~10.5
温度/℃	0~30	0~30	0~30
BOD_5去除率/%	80~95	80~95	60~80
藻类浓度/($mg \cdot L^{-1}$)	100~260	40~100	5~10
出水 SS/($mg \cdot L^{-1}$)	150~300	80~140	10~30

好氧塘主要尺寸的经验值如下：

（1）好氧塘多采用矩形，表面的长宽比为 4∶1~3∶1，一般以塘深的 1/2 处的面积作为计算塘面。塘堤的超高为 0.6~1.0 m。

（2）塘堤的内坡坡度为 1∶3~1∶2(垂直∶水平)，外坡坡度为 1∶5~1∶2(垂直∶水平)。

（3）好氧塘的座数一般不少于 3 座，规模很小时不少于 2 座。

三、兼性塘

（一）兼性塘概述

兼性塘(facultative pond)是指在上层有氧、下层无氧的条件下净化污水的稳定塘，是最常用的塘型。其塘深通常为 1.0~2.0 m。兼性塘上部有一个好氧层，下部是厌氧层，中间是兼性层。污泥在底部进行消化，常用的水力停留时间为 5~30 d。兼性塘运行效果主要取决于藻类光合作用产氧量和塘表面的复氧情况。

兼性塘常被用于处理小城镇的原污水，以及中小城镇污水处理厂一级沉淀处理后的出水或二级生物处理后的出水。在工业废水处理中，接在曝气塘或厌氧塘之后作为二级处理塘使用。兼性塘的运行管理极为方便，较长的污水停留时间使它能经受污水水量、水质的较大波动而不致严重影响出水质量。此外，为了使 BOD_5 面积负荷保持在适宜的范围之内，兼性塘需要的土地面积很大。

储存塘和间歇排放塘属于兼性塘类型。储存塘可用于蒸发量大于降水量的气候条件。间歇排放塘的水力停留时间长而且可控制，当出水水质令人满意的时候，每年排放 1~2 次。

（二）兼性塘的净化机理

兼性塘的好氧层对有机污染物的净化机理与好氧塘基本相同。在好氧层进行的各项反应与存活的生物相也基本与好氧塘相同。但由于污水的水力停留时间长，有可能生长繁殖更多种属的微生物，如硝化细菌等。因此兼性塘也会进行较为复杂的反应，如硝化反应等。兼性塘净化机理见图 14-2。

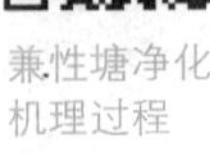

兼性塘净化机理过程

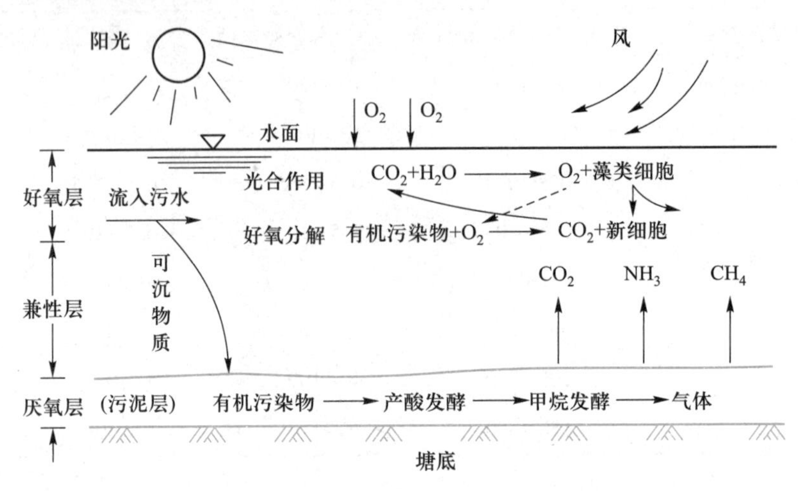

图 14-2 兼性塘净化机理示意图

兼性层的塘水溶解氧较低，且时有时无。这里的微生物是异养型兼性细菌，它们既能利用水中的溶解氧氧化分解有机污染物，也能在无分子氧的条件下，以 NO_3^-、CO_3^{2-} 作为电子受体进行无氧代谢。

厌氧层没有溶解氧。可沉物质和死亡的藻类、菌类在此形成污泥层，污泥层中的有机质由厌氧微生物对其进行厌氧分解。与一般的厌氧发酵反应相同，其厌氧分解包括产酸发酵和甲烷发酵两个过程。发酵过程中未被甲烷化的中间产物（如脂肪酸、醛、醇等）进入塘的上、中层，由好氧菌和兼性菌继续进行降解。而 CO_2、NH_3 等代谢产物进入好氧层，部分逸出水面，部分参与藻类的光合作用。

兼性塘的净化机理比较复杂，因此兼性塘去除污染物的范围比好氧处理系统广泛，它不仅可去除一般的有机污染物，还可有效地去除磷、氮等营养物质和某些难生物降解的有机污染物，如木质素、有机氯农药、合成洗涤剂、硝基芳烃等；因此，它不仅用于处理城镇污水，还被用于处理石油化工、有机化工、印染、造纸等工业废水。

（三）兼性塘的生物种群

兼性塘中的生物种群与好氧塘基本相同，但由于其存在兼性层和厌氧层，产酸菌和厌氧菌得以生长。在缺氧条件下，属于兼性异养菌的产酸菌可将有机污染物分解为乙酸、丙酸、丁酸等有机酸和醇类。产酸菌对温度及 pH 的适应性较强，常存在于兼性塘的较深处。厌氧菌常见于兼性塘污泥区，产甲烷菌即是其中之一，它将有机酸转化为 CH_4 和 CO_2，但甲烷水溶性极差，将很快地逸出水面，达到塘内有机污染物降解的目的，且污泥在此过程中也可以减量。在厌氧塘内常见的还有厌氧的脱硫弧菌，它能使硫酸盐还原成硫化氢。

（四）兼性塘的设计

兼性塘可以作为独立处理技术，也可作为生物处理系统中的一个处理单元在实践中应用。兼性塘一般采用负荷法进行计算，BOD_5表面负荷按 0.000 2~0.010 kg/(m^2 · d)考虑，随着气温的升高，可采用较大的BOD_5表面负荷值。水力停留时间一般规定为7~180 d，北方的水力停留时间较长，南方的水力停留时间则较短。表14-3是城镇污水兼性塘的主要设计参数。

表 14-3 城镇污水兼性塘的设计负荷和水力停留时间

冬季平均气温/℃	BOD_5表面负荷/[kg(BOD_5) · hm^{-2} · d^{-1}]	水力停留时间/d
>15	70~100	≥7
10~15	50~70	20~7
0~10	30~50	40~20
-10~0	20~30	120~40
-20~-10	10~20	150~120
<-20	<10	180~150

兼性塘主要尺寸的经验值如下：

（1）兼性塘以采用矩形为宜，便于施工和串联组合，也有助于风对塘水的混合，减少死角。长宽比为4：1~3：1。塘深一般采用1.2~2.5 m。此外还应考虑污泥层厚度，以及为容纳流量变化和风浪冲击的保护高度，在北方寒冷地区还应考虑冰盖的厚度。污泥层厚度可取0.3 m，保护高度为0.5~1.0 m，冰盖厚度为0.2~0.6 m。

（2）兼性塘堤坝的内坡坡度为1：3~1：2(垂直：水平)，外坡坡度为1：5~1：2。

（3）兼性塘一般不少于3座，多采用串联，其中第一塘的面积一般占兼性塘总面积的30%~60%，单塘面积应小于4 hm^2，以避免布水不均匀或波浪较大等问题。

四、厌氧塘

（一）厌氧塘概述

厌氧塘(anaerobic pond)是一类在无氧状态下净化污水的稳定塘，其有机负荷高、以厌氧反应为主。当稳定塘中有机污染物的需氧量超过了光合作用的产氧量和塘面复氧量时，该塘即处于厌氧条件，厌氧菌大量生长并消耗有机污染物。由于专性厌氧菌在有氧环境中不能生存，厌氧塘常常是一些表面积较小、深度较大的塘。

厌氧塘最初被作为预处理设施使用，并且特别适用于处理高温、高浓度的污水，在处理城镇污水方面也已取得了成功。这类塘的塘深通常是2.5~5 m，水力停留时间为 20~50 d。主要的反应是酸化和甲烷发酵。当厌氧塘作为预处理工艺使用时，其优点是可以大大减少随后的兼性塘、好氧塘的容积，消除了兼性塘夏季运行时经常出现的漂浮污泥层问题，并使随后的处理塘中不致形成大量导致塘最终淤积的污泥层。

（二）厌氧塘的净化机理

厌氧塘对有机污染物的降解与所有的厌氧生物处理设备相同，是由两类厌氧菌通过产酸发酵和甲烷发酵两阶段来完成的。即先由兼性厌氧产酸菌将复杂的有机污染物水解、转化为简单的有机物（如有机酸、醇、醛等），再由专性厌氧菌（产甲烷菌）将有机酸转化为 CH_4 和 CO_2 等。产甲烷菌的世代增殖时间长，增殖速率慢，且对溶解氧和 pH 敏感，因此厌氧塘的设计和运行必须以甲烷发酵阶段的要求作为控制条件，控制有机污染物的投配率，以保持产酸菌与产甲烷菌之间的动态平衡。应控制塘内的有机酸浓度在 3 000 mg/L 以下，pH 为 6.5~7.5，进水的 BOD_5 : N : P = 100 : 2.5 : 1，硫酸盐浓度应小于 500 mg/L，以使厌氧塘能正常运行。图 14-3 是厌氧塘功能模式图。

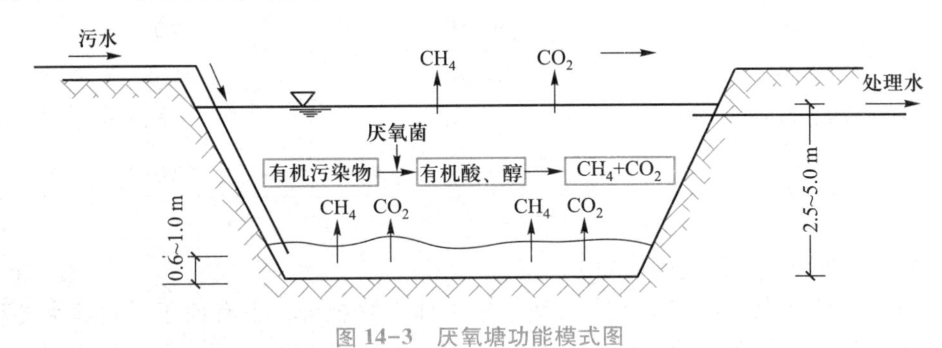

图 14-3 厌氧塘功能模式图

（三）厌氧塘的生物种群

厌氧塘中参与反应的生物只有细菌，不存在其他任何生物，在系统中有产酸菌、产氢产乙酸菌和产甲烷菌共存，但三者之间不是直接的食物链关系，产酸菌和产氢产乙酸菌的代谢产物——有机酸、乙酸和氢是产甲烷菌的营养物质。产酸菌和产氢产乙酸菌是由兼性厌氧菌和专性厌氧菌组成的菌群，产甲烷菌则是专性厌氧菌，它们能够从 NO_3^-、NO_2^- 及 SO_4^{2-} 和 CO_3^{2-} 中获取氧。

产甲烷菌的世代增殖时间长，增殖速率缓慢，厌氧发酵反应的速率也较慢，而产酸菌和产氢产乙酸菌的世代增殖时间短，增殖速率较快，因此三种细菌需保持动态平衡，否则有机酸将大量积累，使 pH 下降，导致甲烷发酵反应受到抑制。

（四）厌氧塘的设计

厌氧塘的设计通常是用经验数据，采用有机负荷进行设计的。设计的主要经验数据如下。

（1）有机负荷：有机负荷的表示方法有 BOD_5 表面负荷[单位：kg(BOD_5)/(hm^2 · d)]、BOD_5容积负荷[单位：kg(BOD_5)/(m^3 · d)]和 VSS 容积负荷[单位：kg(VSS)/(m^3 · d)]，我国采用 BOD_5 表面负荷。处理城镇污水的建议负荷值为 200~600 kg/(hm^2 · d)。对于工业废水，设计负荷应通过试验确定。

VSS 容积负荷用于处理 VSS 很高的污水，如家禽粪尿污水、猪粪尿污水、菜牛屠宰污水等。

（2）厌氧塘一般为矩形，长宽比为 2∶1~2.5∶1。单塘面积不大于 40 000 m^2。塘的有效水深一般为 2.0~4.5 m，储泥深度大于 0.5 m，超高为 0.6~1.0 m。

（3）厌氧塘底略具坡度，堤内坡度为 1∶1~1∶3。

（4）厌氧塘一般位于稳定塘系统之首，截留污泥量较大，宜设至少两个厌氧塘，以便轮换清除塘泥。厌氧塘的进水口离塘底 0.6~1.0 m，出水口离水面的深度应大于 0.6 m。为使塘的配水和出水较均匀，进、出水口的个数均应大于两个。

由于厌氧塘的处理效率不高，出水 BOD_5浓度仍然较高，不能达到二级处理出水水平，因此，厌氧塘很少单独用于污水处理，而是作为其他处理设备的前处理单元。厌氧塘前应设置格栅、普通沉砂池，有时也设置初沉池，其设计方法与传统二级处理方法相同。厌氧塘的主要问题是产生臭气，目前利用厌氧塘表面的浮渣层或采取人工覆盖措施（如聚苯乙烯泡沫塑料板）防止臭气逸出。也可用回流好氧塘出水使其布满厌氧塘表层来减少臭气逸出。

厌氧塘宜用于处理高浓度有机污水，如制浆造纸、酿酒、农牧产品加工、农药等工业废水和家禽家畜粪尿污水等，也可用于处理城镇污水。

五、曝气塘

（一）曝气塘概述

通过人工曝气装置向塘中污水供氧的稳定塘称为曝气塘（aerated pond），是人工强化与自然净化相结合的一种形式，适用于土地面积有限，不足以建成完全以自然净化为特征的塘系统。曝气塘 BOD_5的去除率为 50%~90%。但出水中常含大量活性和惰性微生物体，因而曝气塘出水不宜直接排放，一般需后续连接其他类型的塘或生物固体沉淀分离设施进行进一步处理。曝气塘又可分为好氧曝气塘与兼性曝气塘两种，见图 14-4。

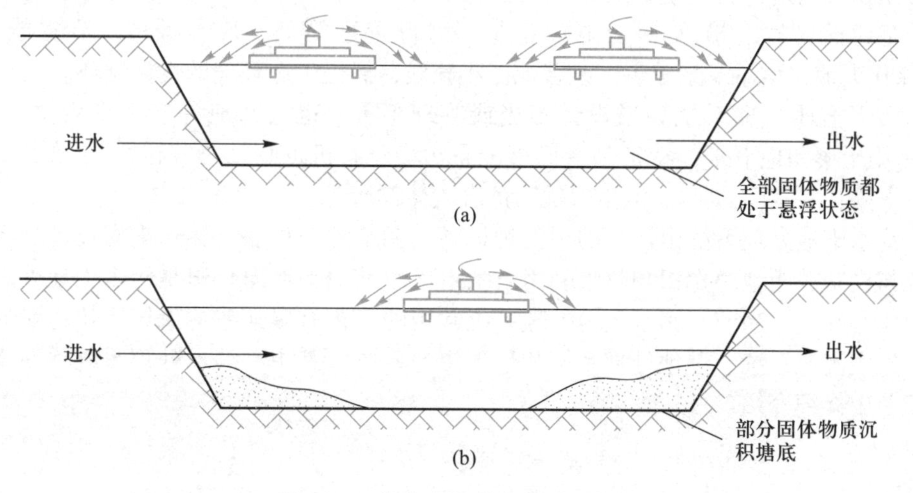

图 14-4 好氧曝气塘与兼性曝气塘

（a）好氧曝气塘；（b）兼性曝气塘

（二）曝气塘的设计

好氧曝气塘在工艺和有机污染物降解机理等方面与活性污泥法的延时曝气法相类似，因此，有关活性污泥法的计算理论，对曝气塘也适用。

曝气塘也用表面负荷进行计算，参数参考如下：

（1）BOD_5表面负荷建议采用30~60 g(BOD_5)/(m^2·d)；塘内悬浮固体(生物污泥)浓度为80~200 mg/L。

（2）塘深与采用的表面机械曝气设备的功率有关，一般为2.5~6.0 m。

（3）好氧曝气塘的水力停留时间为1~10 d，兼性曝气塘的水力停留时间为7~20 d。

（4）曝气塘一般不少于3座，通常按串联方式运行。

第二节 污水土地处理

一、概述

污水土地处理系统是指利用农田、林地等土壤-微生物-植物构成的陆地生态系统对污染物进行综合净化处理的生态工程；它能在处理城镇污水及一些工业废水的同时，通过营养物质和水分的生物地球化学循环，促进绿色植物生长，实现污水的资源化与无害化。

污水土地处理源于污水灌溉农田，其历史可追溯至公元前。欧洲自1531年即有记载。美国于1888年开发了污水快速渗滤技术，经过改善演变，至20世纪60年代已建有2 000多座具有不同特色、不同类型的污水土地处理场，截至1987年，美国已有4 000多座运行良好的污水土地处理系统。我国也有利用污水灌溉农田并进行污水处理的悠久历史。20世纪80年代初，随着城市与工业生产的发展，我国先后建立了十多个大型污水灌区。

污水土地处理系统具有明显的优点：① 促进污水中植物营养素的循环，污水中的有用物质通过作物的生长而获得再利用；② 可利用废劣土地、坑塘洼地处理污水，基建投资省；③ 使用机电设备少，运行管理简便、成本低廉，节省能源；④ 绿化大地，增添风景美色，改善地区小气候，促进生态环境的良性循环。

污水土地处理系统如果设计不当或管理不善，也会造成许多不良后果，如：① 污染土壤和地下水，特别是造成重金属污染、有机毒物污染等；② 导致农产品质量下降；③ 散发臭味、滋生蚊蝇，危害人体健康等。

污水土地处理系统由污水的预处理设备、调节贮存设备、输送配布设备、控制系统与设备、土地净化田和收集利用系统组成。其中土地净化田是污水土地处理系统的核心环节。当前，污水土地处理系统常用的工艺有慢速渗滤系统、快速渗滤系统、地表漫流系统、湿地处理系统和地下渗滤系统。其中，湿地处理系统将在本章第三节中详细介绍。

二、污水土地处理系统的净化原理

结构良好的表层土壤中存在土壤-水-空气三相体系。在这个体系中，土壤胶体和土壤微生物是土壤能够容纳、缓冲和分解多种污染物的关键因素。污水土地处理系统的净化过程包括物理过滤、物理吸附与沉积、物理化学吸附、化学反应与沉淀、微生物代谢与有机污染物的生物降解等过程，是一个十分复杂的综合净化过程，其对各项污染物的去除机理如下。

（一）悬浮固体的去除

悬浮固体(SS)主要通过过滤截留、沉淀、生物的吸附及作物的阻截作用去除。慢速渗滤、快速渗滤和地下渗滤系统中悬浮固体的去除以过滤截留作用为主，地表漫流系统中的悬浮固体去除则主要靠沉淀、生物的吸附及作物的阻截作用，后者的去除效果较前者稍差。

值得注意的是，悬浮固体是导致土地处理系统堵塞的一个重要原因。一般来说，二级处理出水中的悬浮固体导致土壤堵塞的可能性更大，而一级处理出水的悬浮固体则不易造成明显的堵塞，这是因为一级处理出水悬浮固体中可降解成分多，而二级处理出水悬浮固体中难降解的惰性成分较多。

（二）BOD_5 的去除

BOD_5 进入土地处理系统以后，在土壤表层区域即通过过滤、吸附作用被截留下来，然后通过土壤层中生长着的细菌、真菌(酵母、霉菌等)、原生动物、后生动物，甚至像蚯蚓那样的动物作用将其最后降解。土壤微生物一般集中在表层 50 cm 深度的土壤中，因而大多数 BOD_5 的去除反应都发生在地表或靠近地表的地方。

土壤微生物通过驯化，可以较大幅度提高土地处理系统的有机负荷。对于某些处理易生物降解工业废水的土地处理系统，进水 BOD_5 浓度即使达到1 000 mg/L 或者更高，系统仍能有效地运行。城镇污水有机污染物浓度一般远低于上述值，因此，采用土地处理系统净化城镇污水中的有机污染物是没有问题的。各种土地处理系统处理城镇污水时使用的典型有机负荷如表 14-4 所示。

表 14-4 各种土地处理系统处理城镇污水时使用的典型有机负荷

工艺	慢速渗滤	快速渗滤	地表漫流	地下渗滤
BOD_5/(kg·hm^{-2}·a^{-1})	370~1 830	8 000~40 000	2 000~7 500	5 500~22 000

（三）氮的去除

氮脱除机理主要包括作物吸附吸收、生物脱氮及挥发。城镇污水中的氮通常以有机氮和氨氮(也可以是铵离子)的形式存在。在土地处理系统中，有机氮首先被截留或沉淀，然后在微生物的作用下转化为氨氮。由于土壤颗粒带有负电荷，铵离子很容易被吸附，土壤微生物通过硝化作用将铵离子转化为 NO_3^-后，土壤又恢复对铵离子的吸附功能。土壤对负电荷的 NO_3^-没有吸附截留能力，因此一部分 NO_3^-随水分下移而淋失，一部分 NO_3^-被植物根系吸收而成为植物营养成分，一部分 NO_3^-发生反硝化反应，最终转化为 N_2或者 N_2O 而挥发掉。

土壤的微生物脱氮是土地处理系统中氮去除的主要机理，而在慢速渗滤和地表漫流系统中，作物吸收也是去除氮的一个重要方面(可去除施入氮素的 10%~50%)。

土壤中的氨挥发是一个物理化学过程。其挥发量和土壤的 pH 有关。如果土壤 pH 小于 7.5，实际上只有 NH_4^+ 存在；在 pH 小于 8.0 时氨的挥发并不严重；在 pH 为 9.3 时，土壤中氨和铵离子的比例是 1∶1，通过挥发造成的氨氮损失开始变得显著(达到 10%左右)；在 pH 为 12 时，全部氨氮都转化为溶解性氨气，挥发造成的氨氮损失非常显著。

(四) 磷的去除

污水中的磷可能以聚磷酸盐、正磷酸盐等无机磷和有机磷形态存在。土地处理系统中磷的去除过程包括植物根系吸收、生物作用过程、吸附和沉淀等，其中以土壤吸附和沉淀为主。

土壤对磷的吸附能力极强，水中 95%以上的磷可以被土壤吸附而储存于土壤中。而磷在土壤中的扩散、移动极弱，只有在沙质土壤、水田淹水土壤中大量施用有机肥的情况下，才可能引起土壤中磷的淋失。土壤的固磷作用主要有以下四种机制。

(1) 化学沉淀作用：在酸性土壤中，磷与铁、铝等作用，生成不溶性磷酸盐。

(2) 表面反应：土壤胶体和 $H_2PO_4^-$ 在土壤表面发生交换反应和吸附反应。

(3) 闭蓄反应：土壤中的 $Fe(OH)_3$ 和其他不溶性的铝质和钙质胶膜将含磷矿化物包裹起来，使其丧失在土壤中的流动性。

(4) 生物固定作用：土壤中的无机磷被微生物吸收利用，转化为有机磷。

可见，土壤对磷的吸附容量与土壤中所含的黏土、铝、铁和钙等化合物的数量及土壤的 pH 有关。矿物质含量高、pH 为偏酸性或者偏碱性、具有良好团粒结构的土壤，对磷的吸附容量大。而有机质含量多、pH 为中性、具有粗团粒结构的土壤，对磷的吸附容量小。

植物对磷的吸收与对氮的吸收成比例。通常认为，植物要求氮、磷的营养比为 6∶1。对于慢速渗滤系统及地表漫流系统，由于经常收割，植物根系对磷的吸收一般占总输入的 20%~30%。慢速渗滤、快速渗滤及地下渗滤系统，只要发生渗透和侧渗过程，污水中的磷有机会接触大量土壤表面，吸附和沉淀作用就成为土地处理系统中磷净化作用的主要因素。而漫流系统由于土壤渗透性小，污水中磷与土壤接触的表面积不大，因而吸附和沉淀作用受到一定的限制。

(五) 金属元素的去除

污水中的金属元素包括 Hg、As(类金属)、Cr、Pb、Cd、Cu、Zn 和 Ni 等。痕量金属元素在土壤中的去除是一个复杂的过程，包括吸附、沉淀、离子交换和螯合等反应。由于大多数痕量金属的吸附发生在黏土矿物质、金属氧化物及有机物的表面，所以质地细黏和有机质丰富的土壤对痕量金属的吸附能力比沙质土壤大。

值得注意的是，虽然金属元素在土壤表面中的蓄积特性可以免除或大大减轻对地下水的污染，但却会产生土地处理系统金属元素蓄积的长期效应问题，土壤一旦被金属元素污染，就很难像大气污染那样通过扩散自净作用加以消除。因此，有必要对投配到土壤中的金属元素浓度加以限制。土壤 pH 保持在 6.5 以上，可使某些痕量元素以难溶化合物形式存在，其毒性降至最低程度。

（六）痕量有机物的去除

痕量有机物在土地处理系统中的去除主要是通过挥发、光解、吸附和生物降解等作用完成的。

典型城镇污水中的痕量有机物一般不会对土地处理场地的地下含水层产生不良影响。但是应当指出，如果城镇污水中包括了化学工业、制药工业和石化工业等行业的工业废水，对这种混有工业废水的城镇污水采用土地处理工艺时，应重视污水中的有毒化合物。

（七）病原微生物的去除

污水土地处理所关注的病原微生物有细菌、寄生虫和病毒。它们通过过滤、吸附、干化、辐照、生物捕食，以及暴露在不利条件下等方式去除。由于原生动物和蠕虫的个体尺寸较大，它们主要通过土壤的表面过滤作用去除，细菌主要通过土壤的吸附和土壤表面的过滤作用去除，而病毒则几乎全部是通过土壤的吸附作用去除的。

三、污水土地处理系统的工艺类型

根据系统中水流运动的速率和流动轨迹的不同，污水土地处理系统可分为四种类型：慢速渗滤系统、快速渗滤系统、地表漫流系统和地下渗滤系统。

（一）慢速渗滤系统

慢速渗滤系统（slow rate infiltration system，SR 系统）是将污水投配到种有作物的土壤表面，污水中的污染物在流经地表土壤-植物系统时得到充分净化的一种土地处理工艺系统，见图 14-5。在慢速渗滤系统中，投配的污水部分被作物吸收，部分渗入地下，部分蒸发散失，流出处理场地的水量一般为零。污水的投配方式可采用畦灌、沟灌及可升降的或可移动的喷灌系统。

慢速渗滤系统适用于处理村镇生活污水和季节性排放的有机工业废水，通过收割系统种植的经济作物，可以取得一定的经济收入；由于投配污水的负荷低，污水通过土壤的渗滤速度慢，水质净化效果非常好。但由于其表面种植作物，所以慢速渗滤系统受季节和植物营养需求的影响很大；另外由于水力负荷小，土地面积需求量大。

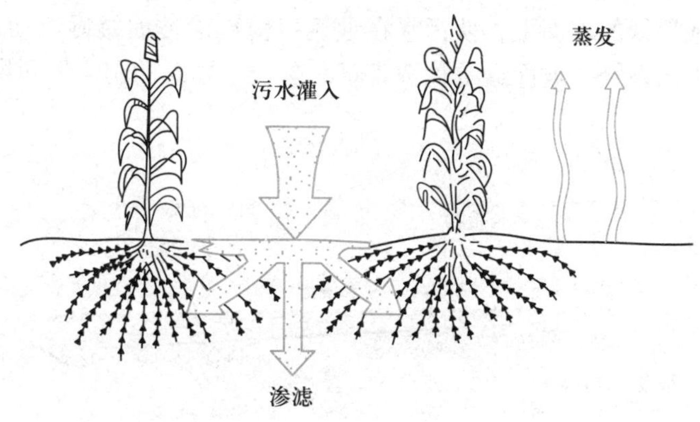

图 14-5　慢速渗滤系统示意图

土地处理慢速渗滤系统运行过程

（二）快速渗滤系统

快速渗滤系统（rapid rate infiltration system，RI 系统）是将污水有控制地投配到具有良好渗滤性能的土壤，如沙土、沙壤土表面，进行污水净化处理的高效土地处理工艺，其作用机理与间歇运行的"生物砂滤池"相似，见图 14-6。投配到系统中的污水快速下渗，部分被蒸发，部分渗入地下。快速渗滤系统通常淹水、干化交替运行，以便使渗滤池处于厌氧和好氧交替运行状态，通过土壤及不同种群微生物对污水中组分的阻截、吸附及生物分解作用等，使污水中的有机污染物、氮、磷等物质得以去除。其水力负荷和有机负荷较其他类型的土地处理系统高得多。其处理出水可用于回用或回灌以补充地下水；但其对水文地质条件的要求较其他土地处理系统更为严格，场地和土壤条件决定了快速渗滤系统的适用性；而且它对总氮的去除率不高，处理出水中的硝态氮可能导致地下水污染。但其投资省，管理方便，土地面积需求量少，可常年运行。

土地处理快速渗滤系统运行过程

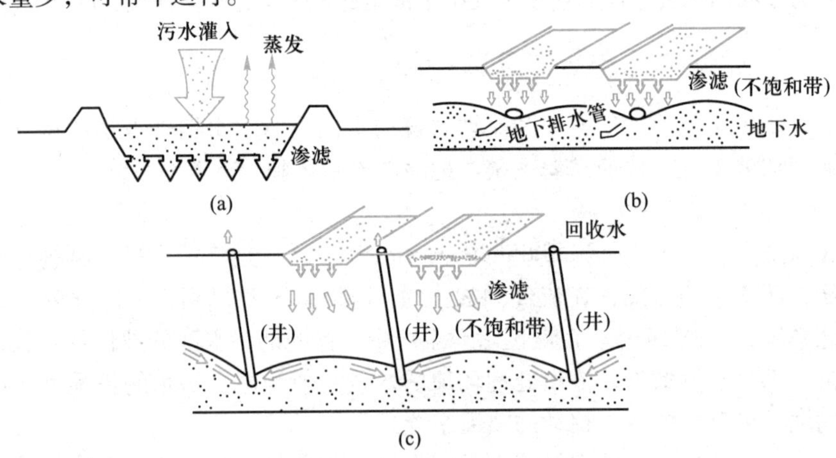

图 14-6 快速渗滤系统示意图

（a）补给地下水；（b）由地下排水管收集处理水；（c）由井群收集处理水

（三）地表漫流系统

地表漫流系统（overland flow system，OF 系统）是将污水有控制地投配到坡度和缓均匀、土壤渗透性低的坡面上，使污水在地表以薄层沿坡面缓慢流动过程中得到净化的土地处理工艺系统。坡面通常种植青草，防止土壤被冲刷流失和供微生物栖息，见图 14-7。

土地处理地表漫流系统运行过程

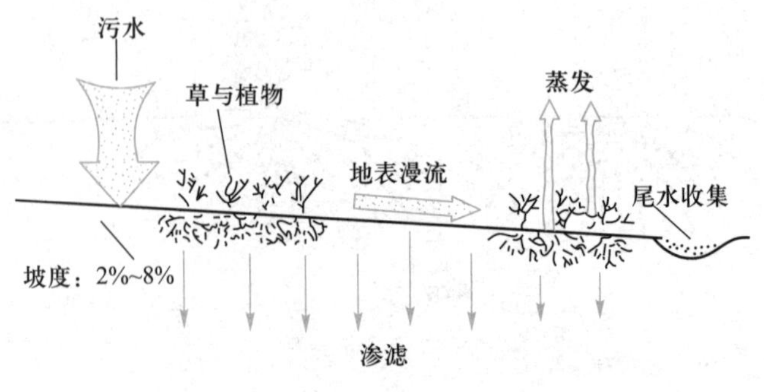

图 14-7 地表漫流系统

地表漫流系统出水以地表径流收集为主，对地下水的影响最小。处理过程中只有少部分水量因蒸发和入渗地下而损失掉，大部分径流水汇入集水沟。

地表漫流系统适用于处理分散居住地区的生活污水和季节性排放的有机工业废水。它对污水预处理程度要求低，处理出水可达到二级或高于二级处理的出水水质；投资省，管理简单；地表可种植经济作物，处理出水也可用于回用。但该系统受气候、作物需水量、地表坡度的影响大，气温降至冰点和雨季期间，其应用受到限制，通常还需考虑出水在排入水体以前的消毒问题。

（四）地下渗滤系统

地下渗滤系统（subsurface wastewater infiltration system，SWI 系统）是将污水有控制地投配到距地表一定深度、具有一定构造和良好扩散性能的土层中，使污水在土壤的毛细管浸润和渗滤作用下，向周围运动且达到净化要求的土地处理工艺系统。

地下渗滤系统属于就地处理的小规模土地处理系统。投配污水缓慢地通过布水管周围的碎石和沙层，在土壤毛细管作用下向附近土层中扩散。在土壤的过滤、吸附、生物氧化等的作用下使污染物得到净化，其过程类似于污水慢速渗滤过程。由于负荷低，水力停留时间长，水质净化效果非常好，而且稳定。

地下渗滤系统的布水系统埋于地下，不影响地面景观，适用于分散的居住小区、度假村、疗养院、机关和学校等小规模的污水处理，并可与绿化和生态环境的建设相结合；运行管理简单；氮、磷去除能力强，处理出水水质好，处理出水可用于回用。其缺点是：受场地和土壤条件的影响较大；如果负荷控制不当，土壤会堵塞；进、出水设施埋于地下，工程量较大，投资相对比其他土地处理类型要高一些。

（五）污水土地处理工艺类型比较

表 14-5 给出了污水土地处理系统各种工艺的特性与场地特征；表 14-6 给出了污水土地处理系统各种工艺的处理出水水质。在工艺的选择过程中，可根据处理水水质情况、处理程度，结合土壤及植物的实际情况，选择适用的污水土地处理工艺。

表 14-5　污水土地处理系统各种工艺的特性与场地特征

工艺特性	慢速渗滤	快速渗滤	地表漫流	地下渗滤
投配方式	表面布水 高压喷洒	表面布水	表面布水或 高低压布水	地下布水
水力负荷/ ($cm \cdot d^{-1}$)	1.2~1.5	6~122	3~21	0.2~4
预处理最低程度	一级处理	一级处理	格栅筛滤	化粪池、一级处理
投配污水最终去向	下渗、蒸散	下渗、蒸散	径流、下渗、蒸散	下渗、蒸散
植物要求	谷物、牧草、森林	无要求	牧草	草皮、花木
适用气候	较温暖	无限制	较温暖	无限制
达到处理目标	二级或三级	二、三级或 回注地下水	二级、除氮	二级或三级

续表

工艺特性	慢速渗滤	快速渗滤	地表漫流	地下渗滤
占地性质	农、牧、林	征地	牧业	绿化
土层厚度/m	>0.6	>1.5	>0.3	>0.6
地下水埋深/m	0.6~3.0	淹水期：>1.0 干化期：1.5~3.0	无需求	>1.0
土壤类型	沙壤土、黏壤土	沙土、沙壤土	黏土、黏壤土	沙壤土、黏壤土
土壤渗滤系数	≥0.15，中	≥5.0，快	≤0.5，慢	0.15~5.0，中

表 14-6 污水土地处理系统各种工艺的处理出水水质[①]

污水成分	慢速渗滤[②]		快速渗滤[③]		地表漫流[④]		地下渗滤	
	平均值	最高值	平均值	最高值	平均值	最高值	平均值	最高值
$BOD_5/(mg \cdot L^{-1})$	<2	<5	5	<10	10	<15	<2	<5
$SS/(mg \cdot L^{-1})$	<1	<5	2	<5	10	<20	<1	<5
$TN/(mg \cdot L^{-1})$	3[⑤]	<8[⑥]	10	<20	5[⑥]	<10	3	<8
$NH_3-N/(mg \cdot L^{-1})$	<0.5	<2	0.5	<2	<4	<6	<0.5	<2
$TP/(mg \cdot L^{-1})$	<0.1	<0.3	1	<5	4	<6	<0.1	<0.3
大肠菌群/(个 $\cdot L^{-1}$)	0	$<1\times10^2$	$<1\times10^2$	$<1\times10^3$	$<1\times10^3$	$<1\times10^4$	0	$<1\times10^2$

① 负荷的取值参见表 14-4。
② 投配水为一级或者二级处理出水，渗滤土壤为 1.5 m 深的非饱和土壤。
③ 投配水为一级或者二级处理出水，渗滤土壤为 4.5 m 深的非饱和土壤；总磷和大肠菌群的去除率随深度的增加而增加。
④ 投配水为格栅出水，地表漫流的斜坡长度为 30~36 m。
⑤ 出水浓度取决于负荷和栽种的植物。
⑥ 在冬季操作条件下，或者投配水为二级处理出水且采用较高的负荷时，出水浓度会变高。

第三节 人工湿地处理

一、概述

湿地(wetland)被称作地球的“肾”，是地球上的重要自然资源。湿地的定义有多种，目前国际上公认的湿地定义是《关于特别是作为水禽栖息地的国际重要湿地公约》作出的：湿地是指不问其为天然或人工、长久或暂时的沼泽地、泥炭地或水域地带，带有静止或流动的淡水、半咸水或咸水水体，包括低潮时水深不超过 6 m 的水域。

湿地包括多种类型，珊瑚礁、滩涂、红树林、湖泊、河流、河口、沼泽、水库、池塘、水稻田等都属于湿地。它们共同的特点是其表面常年或经常覆盖着水或充满了水，是介于陆地和水体之间的过渡带。但从广义上讲，湿地可分为天然湿地和人工湿地两种。

天然湿地具有复杂的功能，可以通过物理的、化学的和生物的反应（诸如沉淀、储存调节、离子交换、吸附、吸着、固着、生物降解、溶解、气化、氨化、硝化、脱氮、磷吸收等），去除污水中的有机污染物、重金属、氮、磷和细菌等，因而被人们用来净化污水。但由于天然湿地生态系统极其珍贵，而面对人类所需处理的大量污水，湿地能承担的负荷能力有极大的局限性，因而不可能大规模地开发利用。据国外资料介绍，在一般情况下每公顷的天然湿地系统每天只能接纳 100 人产生的污水；还有人认为它每天只能去除 25 人排放的磷量和 125 人排放的氮量。因此，它只适用于人稀地广且气候适宜的地方。然而，湿地系统复杂高效的净化污染物的功能使得科学家继续对其利用方式进行研究，在大量调查及试验研究的基础上，科学家创造了可以进行控制，能达到净化污水、改善水质目的并适用于各种气候条件的人工湿地系统（constructed wetland system）。天然湿地和人工湿地有明确的界定：天然湿地系统以生态系统的保护为主，以维护生物多样性和野生生物良好生境为主，净化污水是辅助性的；人工湿地系统是通过人为控制条件，利用湿地复杂特殊的物理、化学和生物综合功能净化污水。应该指出，人工湿地系统所需要的土地面积较大，并受气候条件影响，且需要一定的基建投资。但是若运行管理得当，它将会带来很高的经济效益、环境效益和社会效益。

人工湿地法在欧洲称为根区法，发展迅速。其优点如下：

（1）设计合理，运行管理严格的人工湿地处理污水效果稳定、有效、可靠，出水 BOD_5、SS 等明显优于生物处理出水，可与污水三级处理媲美，具有相当的除磷脱氮能力。但是若对出水脱氮有更高的要求，则尚嫌不足。此外，它对污水中含有的重金属及难生物降解有机污染物有较高的净化能力。

（2）基建投资费用低，一般为生物处理的 1/3～1/4，甚至 1/5。

（3）能耗省，运行费用低，为生物处理的 1/5～1/6；且可定期收割作物，如芦苇等是优良的造纸及器具加工原料，具有较好的经济价值，可增加收入，抵补运行费用。

（4）运行操作简便，不需复杂的自动控制系统进行控制；机械、电气、自动控制设备少，设备的管理工作量也随之较少，这方面的人力成本也可减少。

（5）对于小流量及间歇排放的污水处理较为适宜，其去除污染物效果好，抗污染负荷和水力负荷冲击能力强；不仅适合于生活污水的处理，对某些工业废水、农业污水、矿山酸性污水及液态污泥也具有较好的净化能力。

（6）既能净化污水，又能美化景观，形成良好的生态环境，为野生动植物提供良好的生境。

但其也存在明显的不足：

（1）需要土地面积较大；

（2）净化能力受气候条件、植物生长和收获、管理水平等因素影响；

（3）对有水面的人工湿地，卫生条件较差。

二、人工湿地的净化机理

人工湿地是人工建造和管理控制的、工程化的湿地；是由水、滤料及水生生物组成，具有较高生产力和比天然湿地有更好的污染物去除效果的生态系统。

（一）填料、植物和微生物在人工湿地系统中的作用

填料、植物、微生物是构成人工湿地生态系统的主要组成部分。

1. 填料

人工湿地中的填料又称为基质，一般由土壤、细砂、粗砂、砾石等组成，根据当地建设的材料来源和处理需要，也可以选用废砖瓦、炭渣、钢渣、石灰石、沸石等。填料不仅为植物和微生物提供生长介质，通过沉淀、过滤和吸附，还可以直接去除污染物。其中钢渣、石灰石等有很好的除磷效果，沸石有去除氨氮的能力。填料粒径大小也会影响处理效果，填料粒径小，有较大的比表面积，处理效果好但容易堵塞，粒径太大会减少填料比表面积和有效反应容积，效果会低一些。表14-7是一般垂直流人工湿地填料的推荐粒径。

表14-7 垂直流人工湿地填料的推荐粒径

项目	厚度/cm	填料
顶层	8	粗砂
上层	40	直径为6 mm的圆形砾石
下层	40	直径为12 mm的圆形砾石
底层	20	直径为30~60 mm的圆形砾石

2. 植物

湿地中生长的植物通常称为湿地植物，包括挺水植物（如图14-8）、沉水植物和浮水植物。大型挺水植物在人工湿地系统中主要起固定床体表面、提供良好的过滤条件、防止湿地被淤泥淤塞、为微生物提供良好根区环境，以及冬季运行支承冰面的作用。人工湿地中的植物一般应具有处理性能好、成活率高、抗水能力强等特点，且具有一定的美学和经济价值。常用的挺水植物主要有芦苇、灯心草、香蒲等。某些大型沉水植物、浮水植物也常被用于人工湿地系统，如浮萍等。人工湿地中种植的许多植物对污染物都具有吸收、代谢、累积作用，对Al、Fe、Ba、Cd、Co、B、Cu、Mn、P、Pb、V、Zn均有富集作用，一般来说，植物的长势越好、密度越大，净化水质的能力越强。

3. 微生物

微生物是人工湿地净化污水不可缺少的重要组成部分。人工湿地在处理污水之前，各类微生物的数量与天然湿地基本相同。但随着污水不断进入人工湿地系统，某些微生物的数量将随之逐渐增加，并随季节和作物生长情况呈规律性变化。人工

湿地中的优势菌属主要有假单胞杆菌属、产碱杆菌属和黄杆菌属。这些优势菌属均为快速生长的微生物，是分解有机污染物的主要微生物种群。人工湿地系统中的微生物主要去除污水中的有机污染物和氨氮，某些难生物降解的有机污染物和有毒物质可以通过微生物自身的变异，达到吸收和分解的目的。

图 14-8　人工湿地中的挺水植物

（二）人工湿地系统净化污水的作用机理

人工湿地系统去除水中污染物的机理列于表 14-8 中。

表 14-8　人工湿地系统去除水中污染物的机理

反应机理		对污染物的去除与影响
物理	沉降	可沉降固体在湿地及预处理的酸化（水解）池中沉降去除，可絮凝固体也能通过絮凝沉降去除，从而使 BOD_5、氮、磷、重金属、难生物降解有机污染物、细菌和病毒等去除
	过滤	通过颗粒间相互引力作用及植物根系的阻截作用使可沉降及可絮凝固体被阻截而去除
化学	沉淀	磷及重金属通过化学反应形成难溶化合物或与难溶化合物一起沉淀去除
	吸附	磷及重金属被吸附在土壤和植物表面而被去除，某些难生物降解有机污染物也能通过吸附去除
	分解	通过紫外辐射、氧化还原等反应过程，使难生物降解有机污染物分解或变成稳定性较差的化合物
生物	微生物代谢	通过悬浮的、底泥的和寄生于植物上的细菌的代谢作用将凝聚性固体、可溶性固体进行分解；通过生物硝化/反硝化作用去除氮；微生物也将部分重金属氧化并经阻截或结合而去除
植物	植物代谢	通过植物对有机污染物的代谢而去除，植物根系分泌物对大肠杆菌和病原体有灭活作用
	植物吸收	相当数量的氮、磷、重金属及难生物降解有机污染物能被植物吸收而去除

从表14-8可知，人工湿地系统通过物理、化学、生物的综合反应过程将水中可沉降固体、胶体物质、BOD_5、氮、磷、重金属、难生物降解有机污染物、细菌和病毒等去除，显示了强大的多方面净化能力。其对有机污染物、氮、磷的去除过程如下。

1. 人工湿地系统的有机污染物去除

人工湿地的显著特点之一是对有机污染物具有较强的去除能力。不溶性有机污染物通过湿地的沉淀、过滤作用，可以很快地被截留进而被微生物利用，可溶性有机污染物则通过植物根系生物膜的吸附、吸收及生物代谢降解过程去除。一般人工湿地对 BOD_5 的去除率为85%~95%，对COD的去除率可达80%以上。随着处理过程的不断进行，人工湿地中的各种生物相应地繁殖生长，通过对填料的定期更换及对湿地植物的收割而将污染物从人工湿地中去除。

2. 人工湿地系统的脱氮过程

图14-9显示了污水中氮经过人工湿地系统后的归宿。这一过程包括：① 氮被有机基质的吸附；② 阳离子交换作用与固氮作用；③ 植物的吸收及因其收获而去除；④ NH_3的挥发而逸入大气；⑤ 被微生物代谢而用于形成新细胞；⑥ 化学的、生物的硝化/反硝化；⑦ 随净化水流出；⑧ 渗入地下水等。

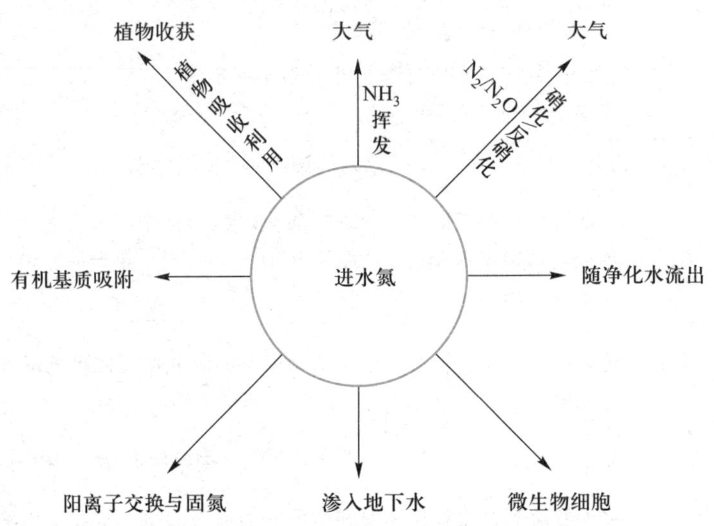

图14-9 污水中氮经过人工湿地系统后的归宿

3. 人工湿地系统的除磷过程

人工湿地系统的除磷过程主要有：① 植物吸收磷；② 生物除磷；③ 磷在介质中的存贮。由于生物除磷量相对较小，可忽略不计，在湿地系统中其量的平衡可表示如下：

湿地进水中磷的总量=出水中的含磷量+植物吸收磷的量+填料截留磷的量

上式右边三者的比例约为13%：17%：70%，可见大部分的磷被填料截留。

植物对磷的吸收与稳定化作用与水中含碳化合物有关。当碳与磷的质量比为150：1时，磷能被同化而组成生物量。植物吸收的磷，在其衰老死亡时能将植物磷的35%~75%快速释出，因而应及时收割植物。

填料截留磷及对磷的沉积作用与填料的 pH 及填料的结构有关，当填料为土壤时，土壤中的铁与铝的含量及其化学形态对磷的沉淀积累起重要影响作用。假如全部铁和铝都溶解并转化为磷酸铁与磷酸铝，则磷可被沉积于土壤中。但是，在正常情况下，pH 接近中性，且在常温情况下，铁和铝的溶解是十分缓慢的，故实际上仅有一部分的磷可以沉淀、积累于土壤中。

三、人工湿地的类型

按照系统布水方式的不同或水在系统中流动方式的不同，一般可将人工湿地分为三种类型：① 表面流湿地；② 水平潜流湿地；③ 垂直流湿地。

（一）表面流湿地

图 14-10 所示为表面流湿地。向湿地表面布水，维持一定的水层厚度，一般为 10~30 cm，这时水力负荷可达 200 $m^3/(hm^2 \cdot d)$。水流呈推流式前进，整个湿地表面形成一层地表水流，流至终端而出流，完成整个净化过程。湿地纵向有坡度，底部可用原土层，但其表层需经人工平整置坡。污水投入湿地后，在流动过程中与土壤、植物，特别是与植物根茎部生长的生物膜接触，通过物理的、化学的及生物的反应过程而得到净化。表面流湿地类似于沼泽，不需要砂砾等物质作填料，因而造价较低。它操作简单、运行费用低，但占地面积大，水力负荷小，净化能力有限。湿地中的氧来源于水面扩散与植物根系传输，系统受气候影响大，夏季易滋生蚊蝇。

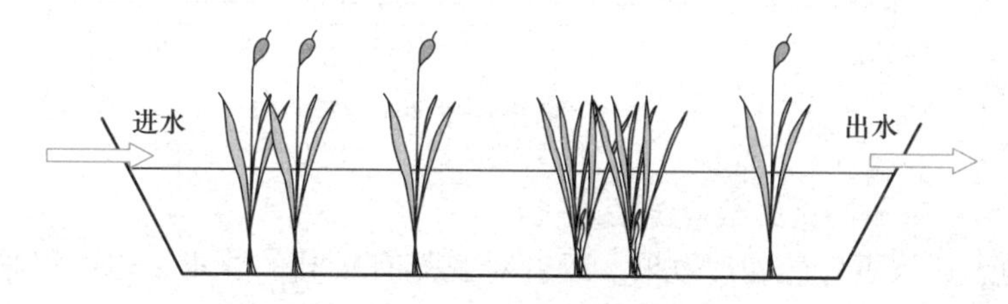

图 14-10 表面流湿地系统示意图

（二）水平潜流湿地

水平潜流湿地是由基质、植物和微生物组成的系统，见图 14-11。床底有隔水层，纵向有坡度。进水端沿床宽构筑有布水沟(管)，内置填料。污水从布水沟进入进水区砾石层，然后呈水平渗滤从另一端出水沟流出。在出水端砾石层底部设置多孔集水管，与能调节床内水位的出水管连接，以控制、调节床内水位。水平潜流湿地可由一个或多个填料床组成，床体填充基质，床底设隔水层。水力负荷与污染负荷较大，对 BOD_5、COD、SS 及重金属等处理效果好，氧源于植物根系传输，但因为整个床层氧不足，氨氮去除效果欠佳。水平潜流一般卫生条件比表面流好。

（三）垂直流湿地

垂直流湿地实质上是渗滤型土地处理系统强化的一种湿地形式，见图14-12。渗滤湿地采取湿地表面布水，污水经过向下垂直的渗滤，在渗滤层(填料层)得到净化，净化后的水由湿地底部设置的多孔集水管收集并排除。垂直流湿地通过地表与地下渗滤过程中发生的物理、化学和生物反应使污水得到净化。在湿地中，床体处于不同的溶解氧状态，氧通过大气扩散与植物根系传输进入湿地。在表层由于溶解氧足够而硝化能力强，下部因为缺氧而适于反硝化，如果碳源足够，垂直流湿地可以进行反硝化而除去总氮，因而该工艺适合于处理氨氮含量高的污水。在运行上可以根据不同处理要求，采用落干/淹水交替或连续进水的方式运行。

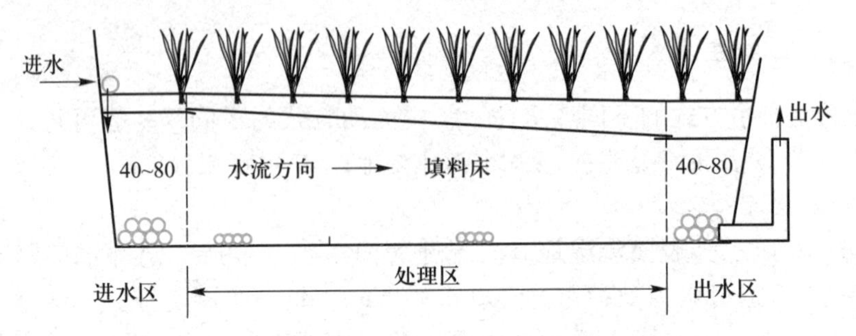

图 14-11　水平潜流湿地示意图

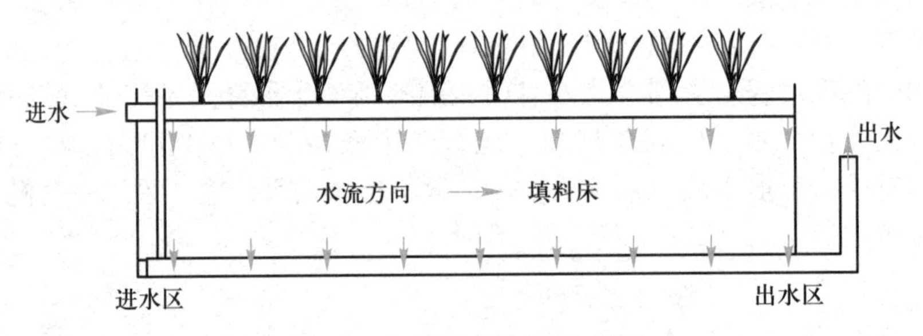

图 14-12　垂直流湿地示意图

（四）水平流和垂直流组合湿地系统

有时为了达到更好的处理效果，或者对脱氮有较高的要求，也可以采用水平流和垂直流组合的人工湿地，如图 14-13 所示。有时也将系统的出水回流到进水，达到去除总氮的目的。

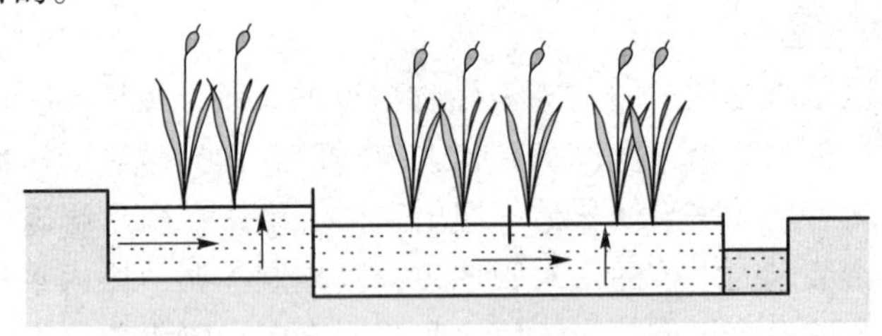

图 14-13　水平流和垂直流组合湿地系统示意图

四、人工湿地的设计

人工湿地的设计内容包括处理系统设计和人工湿地设计。

处理系统设计：首先要考虑去除对象，如果是生活污水，需要进行预处理工艺的选择和设计。预处理通常可以选用沉砂池、沉淀池、化粪池或厌氧酸化池，可以减轻进入人工湿地的有机负荷和悬浮固体，延长人工湿地的运行寿命。

人工湿地处理城市面源污染(初期雨水)示范工程

人工湿地系统很适宜进一步净化污水处理厂的出水，达到深度脱氮除磷的要求。因为处理对象已经通过了生物工艺，大部分的有机污染物、氮和磷已经去除，进水的SS浓度也低(通常达到了国家污水排放的相应标准)，水中的氮也大部分是硝态氮，可以采用水平流人工湿地进行脱氮，根据填料的选择和微生物及植物的作用，去除水中的有机污染物、氮和磷。出水满足水回用和景观用水的要求。

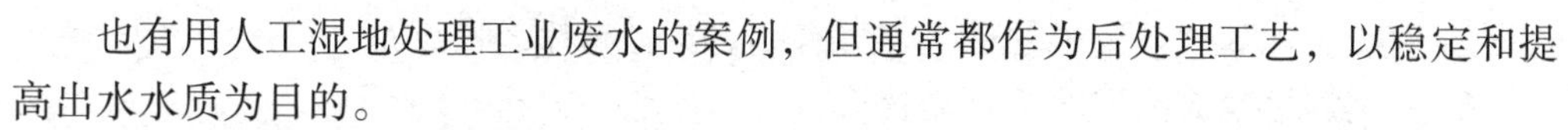

也有用人工湿地处理工业废水的案例，但通常都作为后处理工艺，以稳定和提高出水水质为目的。

近年来也有用人工湿地作为面源污染控制的技术。在农村，利用空地和塘系统建立人工湿地系统，处理来自暴雨期的农田径流，去除氮和磷等营养物质，保护水环境不至于发生富营养化。在城镇，有土地可以利用的条件下可用人工湿地处理城镇初期雨水，因为初期雨水常常含有较高浓度的有机污染物，直排水体会导致水体发黑发臭。此外，也可以用人工湿地作为污染水体的旁路净化系统来去除水中的污染物，经循环达到良好水环境的要求。

人工湿地设计：设计参数包括水力停留时间，水力负荷与水量平衡，布水周期和投配时间，有机负荷(氮、磷负荷)，所需土地面积，长宽比和底坡，填料种类、渗透性和渗透速率，植物的选择等。人工湿地还需要考虑防渗。

表面流人工湿地几何尺寸设计，单池长度宜为20~50 m，长宽比宜控制在3∶1~5∶1，当区域受限，长宽比>10∶1时，需要计算死水曲线；表面流人工湿地的水深宜为0.3~0.6 m；水力坡度宜为0.1%~0.5%。

水平潜流人工湿地单元的面积宜小于800 m^2，垂直流人工湿地单元的面积宜小于1 500 m^2，潜流人工湿地单元的长宽比宜控制在3∶1~4∶1；规则的潜流人工湿地单元的长度宜为20~50 m。对于不规则潜流人工湿地单元，应考虑均匀布水和集水的问题；潜流人工湿地水深宜为0.4~1.6 m；潜流人工湿地的水力坡度宜为0.5%~1%。

人工湿地的主要设计参数宜根据试验资料确定，在无试验资料时，人工湿地设计可以采用经验数据或参考表14-9取值。

表14-9 人工湿地的主要设计参数

人工湿地类型	表面BOD_5负荷/($g \cdot m^{-2} \cdot d^{-1}$)	表面水力负荷/($m^3 \cdot m^{-2} \cdot d^{-1}$)	水力停留时间/d
表面流人工湿地	1.5~5	≤0.1	4~8
水平潜流人工湿地	4~8	≤0.3	1~3
垂直流人工湿地	5~8	<0.5	1~3

关于植物的选择，应根据当地植物的资源来考虑，通常潜流人工湿地可选择芦苇、水烛、荸荠、莲、水芹、水葱、茭白、香蒲、千屈菜、菖蒲、水麦冬、风车草、灯心草等挺水植物。表面流人工湿地可选择菖蒲、灯心草等挺水植物；凤眼莲、浮萍、睡莲等浮水植物；伊乐藻、茨藻、金鱼藻、黑藻等沉水植物。

思考题和习题<<<

1. 稳定塘有哪几种主要类型？各适用于什么场合？
2. 试述好氧塘、兼性塘和厌氧塘净化污水的基本原理及优缺点。
3. 好氧塘中溶解氧和 pH 为什么会发生变化？
4. 在稳定塘的设计计算时一般采用什么方法？应注意哪些问题？
5. 污水土地处理系统中的工艺类型有哪些？各有什么特点？
6. 人工湿地脱氮除磷的机理是什么？
7. 人工湿地系统设计的主要工艺参数是什么？选用参数时应考虑哪些问题？

参考文献<<<

[1] 张自杰．排水工程：下册［M］.5 版．北京：中国建筑工业出版社，2015.

[2] 李献文．城市污水稳定塘设计手册［M］．北京：中国建筑工业出版社，1990.

[3] 高拯民，李宪法．城市污水土地处理利用设计手册［M］．北京：中国标准出版社，1991.

[4] 中华人民共和国环境保护部．人工湿地污水处理工程技术规范：HJ 2005—2010［S］．北京：中国环境科学出版社．

[5] 陆健健，何文珊，童春富，等．湿地生态学［M］．北京：高等教育出版社，2006.

第十五章

污水的厌氧生物处理

人们有目的地利用厌氧生物处理法已有100多年的历史。传统的厌氧法由于存在水力停留时间长、有机负荷低等缺点，在过去很长一段时间里，仅限于处理污水厂的污泥、粪便等，没有得到广泛采用。在污水处理方面，几乎都是利用好氧生物处理。最近20多年来，世界上的能源问题突出，人们认识到了污水处理领域里节能降耗对可持续发展的重要意义。厌氧消化耗能小，还能回收甲烷来产生电能并对污水处理工艺电耗进行补充。厌氧生物学、生物化学等学科的发展和工程实践经验的积累，使新的厌氧处理工艺和构筑物不断地被开发出来。新工艺克服了传统工艺处理效率不高、水力停留时间长等缺点，使得厌氧生物处理技术的理论和实践都有了很大进步，从处理高浓度工业有机污水到中低浓度污水方面都取得了良好的效果和经济效益，为污水处理方法提供了一条高效低耗的工艺途径。

第一节　污水厌氧生物处理的基本原理

一、厌氧消化的机理

早期的厌氧生物处理研究都针对污泥消化，即在无氧的条件下，由兼性厌氧细菌及专性厌氧细菌降解有机污染物使污泥得到稳定，其最终产物是二氧化碳和甲烷气(或称为污泥气、消化气)等。所以污泥厌氧消化过程也称为污泥生物稳定过程。

污泥的厌氧处理面对的是固态有机污染物，所以称为消化。对批量污泥静置考察，可以见到污泥的消化过程明显分为两个阶段。固态有机污染物先液化，称为液化阶段；接着降解产物气化，称为气化阶段；整个过程历时半年以上。第一阶段最显著的特征是液态污泥的pH迅速下降，不到10 d即可降到最低值(即使在室温下，露在空气中的食物几天内就变馊发酸)，这是因为污泥中的固态有机污染物主要是天然高分子化合物，如淀粉、纤维素、油脂、蛋白质等，在无氧环境中降解时，转化为有机酸、醇、醛、水分子等液态产物和CO_2、H_2、NH_3、H_2S等气体分子，转化产物中有机酸是主体，因此才会发生pH迅速下降的现象。所以，此阶段常被称为“酸化阶段”。酸化阶段产生的气体大多溶解在泥液中，其中NH_3溶解产物$NH_3 \cdot H_2O$有中和作用，经过长时间的酸化阶段，pH回升，随后进入气化阶段。气化阶段产生的气体称为“消化气”，主要成分是CH_4，因此气化阶段常被称为“甲烷化阶段”。与酸化阶段相应，甲烷化阶段中产生CO_2的量也相当多，还有微量H_2S。参与消化的细菌，酸化阶段的统称为产酸或酸化细菌，几乎包括所有的兼性厌氧细菌；甲烷化阶段的统称为产甲烷菌。截至2001年，分离得到的产甲烷菌已达到78种。

1979 年，Bryant 根据对产甲烷菌和产氢产乙酸菌的研究结果，认为两阶段理论不够完善，提出了三阶段理论(如图 15-1 所示)。该理论认为产甲烷菌不能利用除乙酸、H_2/CO_2和甲醇等以外的有机酸和醇类，长链脂肪酸和醇类必须经过产氢产乙酸菌转化为乙酸、H_2和 CO_2等后，才能被产甲烷菌利用。三阶段理论包括：

第一阶段为水解发酵阶段。在该阶段，复杂的有机污染物在厌氧菌胞外酶的作用下，首先被分解成简单的有机物，如纤维素经水解转化成较简单的糖类；蛋白质转化成较简单的氨基酸；脂类转化成脂肪酸和甘油等。继而这些简单的有机物在产酸菌的作用下经过厌氧发酵和氧化转化成乙酸、丙酸、丁酸等脂肪酸和醇类等。参与这个阶段的水解发酵菌主要是专性厌氧菌和兼性厌氧菌。

第二阶段为产氢产乙酸阶段。在该阶段，产氢产乙酸菌把除乙酸、甲烷、甲醇以外的第一阶段产生的中间产物，如丙酸、丁酸等脂肪酸和醇类等转化成乙酸和 H_2，并有 CO_2产生。

第三阶段为产甲烷阶段。在该阶段中，产甲烷菌把第一阶段和第二阶段产生的乙酸、H_2和 CO_2等转化为甲烷。

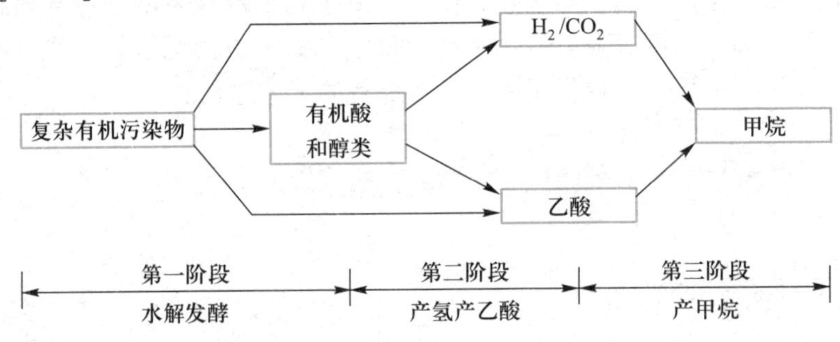

图 15-1 三阶段厌氧消化过程示意图

二、厌氧消化的影响因素

在工程技术上，研究产甲烷菌的通性是重要的，这有助于打破厌氧生物处理过程分阶段的现象，从而最大限度地缩短处理过程的历时。因此厌氧反应的各项影响因素也以对产甲烷菌的影响因素为准。

(一) pH

产甲烷菌适宜的 pH 应为 6.8～7.2。污水和泥液中的碱度有缓冲作用，如果有足够的碱度中和有机酸，其 pH 有可能维持在 6.8 以上，酸化和甲烷化两大类细菌就有可能共存，从而消除分阶段现象。此外，消化池池液的充分混合对调整 pH 也是必要的。

(二) 温度

从液温看，消化可在中温(35～38℃)进行(称为中温消化)，也可在高温(52～55℃)进行(称为高温消化)。中温消化的消化时间(产气量达到总量 90%所需时间)约为 20 d，高温消化的消化时间约为 10 d。因中温消化的温度与人体温度接近，故对寄生虫卵及大肠菌的杀灭率较低，高温消化对寄生虫卵的杀灭率可达 99%，但高温消化需要的热量比中温消化要高很多。

（三）生物固体停留时间（污泥龄）

厌氧消化的效果与污泥龄有直接关系，污泥龄的表达式为

$$\theta_c = \frac{m_r}{\Phi_e} \tag{15-1}$$

式中：θ_c——污泥龄（SRT），d；

m_r——消化池内的总生物量，kg；

Φ_e——消化池每日排出的生物量，$\Phi_e = \frac{m_e}{t}$，其中，m_e为排出消化池的总生物量，kg；t为排泥时间，d。

普通厌氧消化池的水力停留时间等于污泥龄。由于产甲烷菌的增殖速率较慢，对环境条件的变化十分敏感，要获得稳定的处理效果就需要保持较长的污泥龄。

（四）搅拌和混合

厌氧消化是由细菌体的内酶和外酶与底物进行的接触反应。因此，必须使两者充分混合。此外，有研究表明，产乙酸菌和产甲烷菌之间存在着严格的共生关系。这种共生关系对于厌氧工艺的改进有实际意义，但如果在系统内进行连续的剧烈搅拌则会破坏这种共生关系。德国一个果胶厂污水厌氧处理装置的运行实践也证实，当采用低速循环泵代替高速泵进行搅拌时，处理效果就会提高。搅拌的方法一般有：水射器搅拌法、消化气循环搅拌法、机械搅拌和混合搅拌法。

（五）营养与 C/N 比

基质的组成也直接影响厌氧处理的效率和微生物的增长，但与好氧法相比，厌氧处理对污水中 N、P 含量的要求低。有资料报道，只要达到 COD：N：P = 800：5：1即可满足厌氧处理的营养要求。但一般来讲，要求 C/N 比达到（10～20）：1 为宜。C/N 比太高，细胞的氮量不足，消化液的缓冲能力低，pH 容易降低；C/N 比太低，氮量过多，pH 可能上升，铵盐容易积累，会抑制消化进程。

（六）有毒物质

1. 重金属离子

重金属离子对甲烷消化的抑制有两个方面：① 与酶结合，产生变性物质，使酶的作用消失；② 重金属离子及氢氧化物的絮凝作用，使酶沉淀。

2. H_2S

当有机污水中含有硫酸盐等含硫化合物时，在厌氧条件下会产生硫酸盐还原作用，硫酸盐还原菌利用 SO_4^{2-} 和 SO_3^{2-} 作为最终电子受体，参与有机物的分解代谢，将乳酸、丙酮酸和乙醇转化为 H_2、CO_2和乙酸，同时也以乙酸和 H_2为基质，与产甲烷菌竞争基质，而还原 SO_4^{2-} 和 SO_3^{2-} 产生的 H_2S 对产甲烷菌有毒害作用。因此，当厌氧处理系统中 SO_4^{2-} 和 SO_3^{2-} 浓度过高时，产甲烷过程就会受到抑制。消化气中 CO_2成分提高，并含有较多的 H_2S。H_2S 的存在降低消化气的质量并腐蚀金属设备（管道、锅炉等），其对产甲烷菌的毒害作用更进一步影响整个系统的正常工作。

3. 氨

当有机酸积累时，pH 降低，此时 NH_3转变为 NH_4^+，当 NH_4^+浓度超过 150 mg/L 时，消化受到抑制。

第二节 污水的厌氧生物处理工艺

最早的厌氧生物处理构筑物是化粪池，近年开发的有普通厌氧消化池、厌氧生物滤池、厌氧接触法、升流式厌氧污泥床反应器、厌氧流化床和颗粒污泥膨胀床、厌氧内循环反应器、厌氧折流板反应器、厌氧生物转盘、厌氧序批式反应器、两相厌氧法、分段厌氧处理法等。

一、化粪池

化粪池用于处理来自厕所的粪便污水，曾广泛用于不设污水处理厂的合流制排水系统，尚可用于郊区的别墅式建筑。

图 15-2 所示为化粪池的一种构造方式。首先，污水进入第一室，水中悬浮固体或沉于池底，或浮于池面；池水一般分为三层，上层为浮渣层，下层为污泥层，中间为水流。然后，污水进入第二室，底泥和浮渣则被第一室截留，达到初步净化的目的。污水在池内的水力停留时间一般为 12~24 h。污泥在池内进行厌氧消化，一般半年左右清除一次。出水不能直接排入水体。常在绿地下设渗水系统，排除化粪池出水。随着城镇污水收集管网的普及和污水处理厂处理能力的不断提高，化粪池的使用已较少。

作为改进型，现在有了两室、三室的化粪池，对污水中的有机污染物也有一定的降解作用。

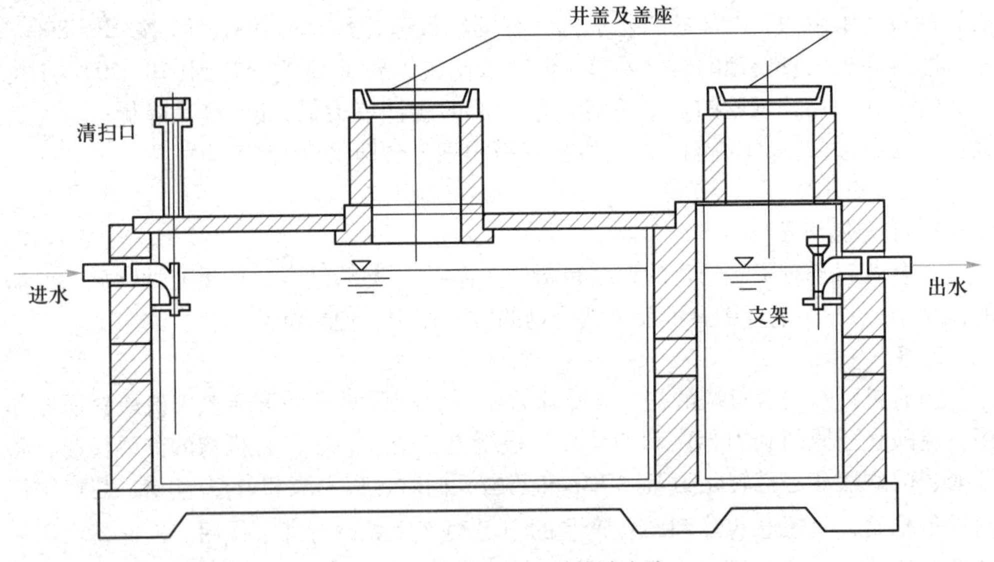

图 15-2 化粪池的一种构造方式

二、普通厌氧消化池

普通厌氧消化池如图 15-3 所示，是一个完全混合的厌氧过程，它没有污泥回流，其特点是水力停留时间和固体停留时间相同，适合于处理高浓度的有机污水或含悬浮固体高的污水。为了保证有稳定的厌氧产甲烷环境、满意的处理效果和消化气产量，通常水力停留时间达到15~30 d。为了提高消化效果，池子里设置机械搅拌或消化气搅拌，根据处理污水的生物降解性不同，有机负荷为1.0~5.0 kg(COD)/(m^3·d)。

三、厌氧生物滤池

厌氧生物滤池是密封的水池，池内放置滤料，如图15-4所示，污水从池底进入，从池顶排出。微生物附着生长在滤料上，平均水力停留时间可长达100 d左右。滤料可采用石质拳状滤料，如碎石、卵石等，粒径在40 mm左右，也可使用塑料滤料。塑料滤料具有较高的孔隙率，质量也轻，但价格较贵。

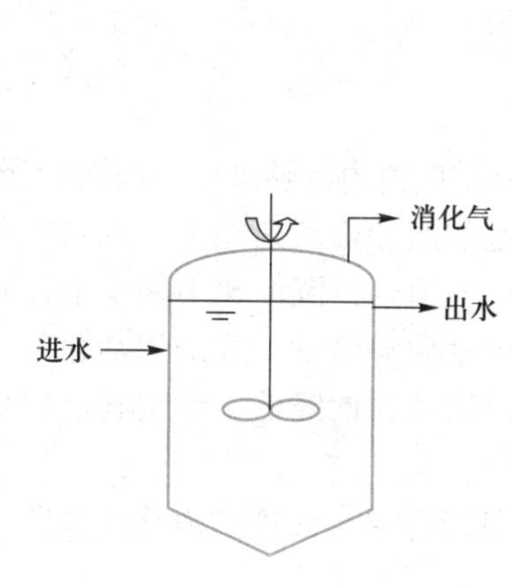

图15-3　普通厌氧消化池

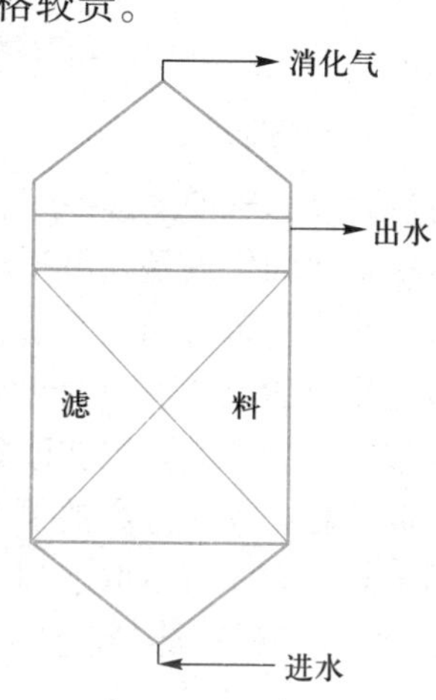

图15-4　厌氧生物滤池

根据对一些有机污水的试验结果，当温度在25~35 ℃时，在使用石质拳状滤料时，有机负荷可达到3~6 kg(COD)/(m^3·d)；在使用塑料滤料时，有机负荷可达到3~10 kg(COD)/(m^3·d)。

厌氧生物滤池的主要优点是：处理能力较高；滤池内可以保持很高的微生物浓度；不需另设泥水分离设备，出水SS较低；设备简单、操作方便等。它的主要缺点是：滤料费用较贵；滤料容易堵塞，尤其在下部，生物膜很厚，堵塞后没有简单有效的清洗方法。因此，悬浮固体高的污水不适用此法。

四、厌氧接触法

对于悬浮固体较高的有机污水，可以采用厌氧接触法，其流程见图15-5。污水先进入混合接触池与回流的厌氧污泥相混合，然后经真空脱气器流入沉淀池。混合接触池中的污泥浓度要求很高，在12 000~15 000 mg/L，因此污泥回流量很大，一般是污水流量的2~3倍。

厌氧接触法实质上是厌氧活性污泥法，不需要曝气而需要脱气。厌氧接触法对悬浮固体高的有机污水(如肉类加工污水等)效果很好，悬浮颗粒成为微生物的载体，并且很容易在沉淀池中沉淀。在混合接触池中，要进行适当搅拌以使污泥保持悬浮状态。搅拌可以用机械方法，也可以用泵循环池水。据报道，肉类加工污水(BOD_5一般为1 000~1 800 mg/L)在中温消化时，经过6~12 h(以污水入流量计)的

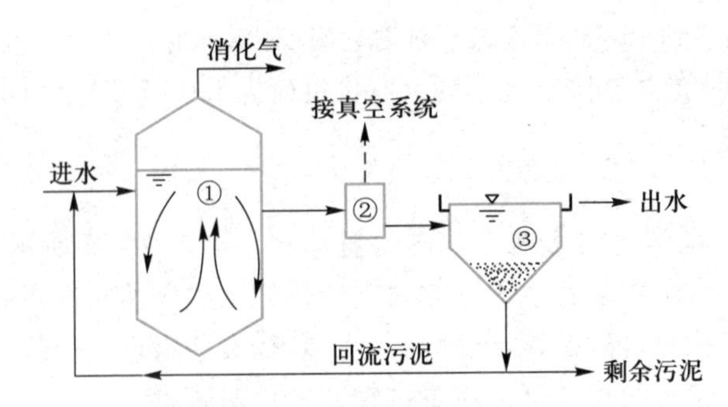

① 混合接触池；② 真空脱气器；③ 沉淀池。

图 15-5 厌氧接触法的流程

厌氧接触法处理，BOD_5 去除率可达 90%以上。

厌氧接触法的优点是，由于污泥回流，厌氧反应器内能够维持较高的污泥浓度，大大降低了水力停留时间，并使反应器具有一定的耐冲击负荷能力。其缺点是，从厌氧反应器排出的混合液中的污泥由于附着大量气泡，在沉淀池中易于上浮到水面而被出水带走。此外进入沉淀池的污泥仍有产甲烷菌在活动，并产生消化气，使已沉淀的污泥上翻，固液分离效果不佳，回流污泥浓度因此降低，影响到反应器内污泥浓度的提高。对此可采取下列技术措施：

（1）在反应器与沉淀池之间设脱气器，尽可能将混合液中的消化气脱除。但这种措施不能抑制产甲烷菌在沉淀池内继续产气。

（2）在反应器与沉淀池之间设冷却器，使混合液的温度由 35 ℃降至 15 ℃，以抑制产甲烷菌在沉淀池内活动，将冷却器与真空脱气器联用能够比较有效地防止产生污泥上浮现象。

（3）投加混凝剂，提高沉淀效果。

（4）用膜过滤代替沉淀池。

五、升流式厌氧污泥床反应器

UASB 运行过程

升流式厌氧污泥床反应器（up-flow anaerobic sludge bed/blanket，UASB）是由荷兰的 Lettinga 教授等在 1972 年研制，于 1977 年开发的。如图 15-6 所示，污水自下而上地通过厌氧污泥床反应器。在反应器的底部有一个高浓度（可达 60～80 g/L）、高活性的污泥层，大部分的有机污染物在这里被转化为 CH_4 和 CO_2。由于气态产物（消化气）的搅动和气泡黏附污泥，在污泥层之上形成一个悬浮污泥层。反应器的上部设有三相分离器，完成气、液、固三相的分离。被分离的消化气从上部导出，被分离的污泥则自动滑落到悬浮污泥层。出水则从澄清区流出。由于在反应器内可以培养出大量厌氧颗粒污泥，反

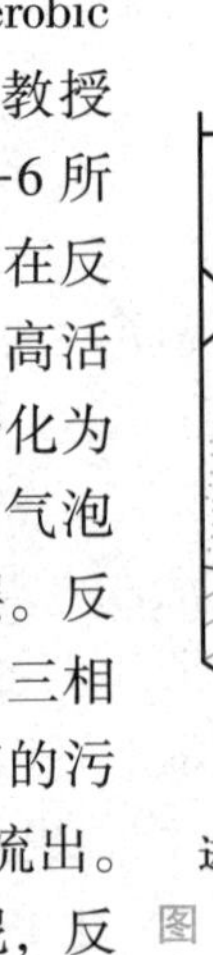

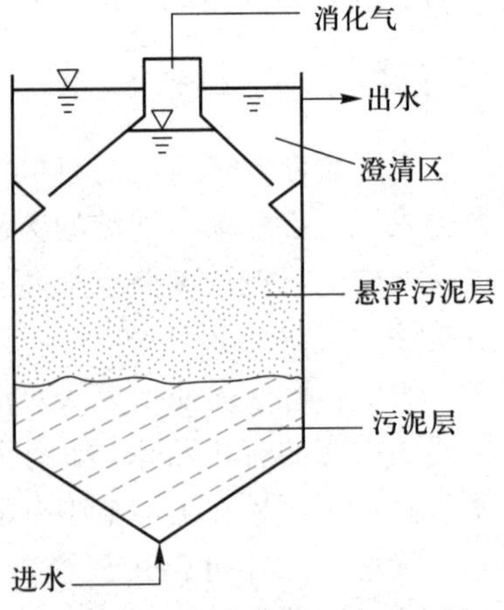

图 15-6 升流式厌氧污泥床反应器

应器的负荷很高。对一般的高浓度有机污水，当水温在 30 ℃左右时，有机负荷可达 10～20 kg(COD)/(m^3·d)。

培养和形成活性高、沉降性能好的颗粒污泥是 UASB 反应器高效运行的关键。影响颗粒污泥生成的因素和条件为：进水的 COD 浓度一般宜控制在4 000～5 000 mg/L，进水中 SS 不宜高于 2 000 mg/L，控制有毒有害物质的浓度，其中氨氮浓度控制在 1 000 mg/L以下，太高会产生明显的抑制。其中对厌氧产甲烷影响大的是水中的硫酸盐含量，一方面硫酸盐还原菌与产甲烷菌竞争基质，另一方面硫酸根还原产生未离解态的硫化氢对微生物毒性很大，研究表明 COD/SO_4^{2-} 比值大于 10 时厌氧反应器可以很好地运行。此外 UASB 反应器碱度的正常范围为 1 000～5 000 mg/L，挥发性脂肪酸(VFA)须小于 200 mg/L。

UASB 反应器上部的三相分离器也是一个重要的组成部分，它的主要功能是气液分离、固液分离和污泥回流，构造中需要注意的是水流上升不要干扰污泥回流，保持回流通畅，泥水分离效果好。图 15-7 是三相分离器的几种基本构造示意。

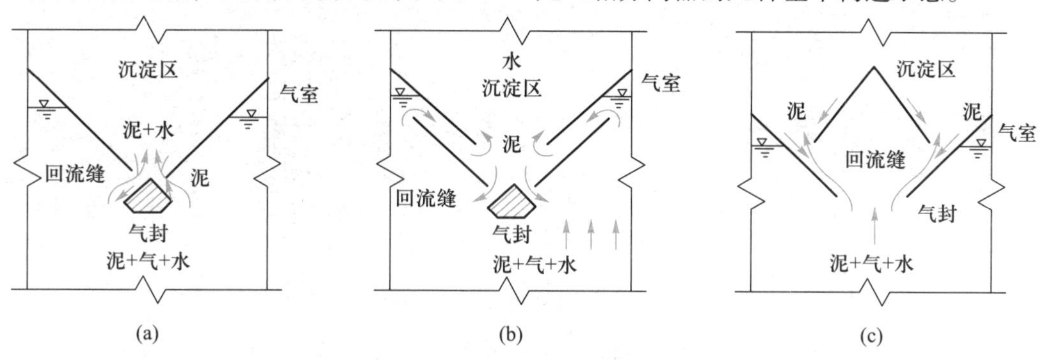

图 15-7　三相分离器的几种基本构造

六、厌氧流化床和颗粒污泥膨胀床

厌氧流化床如图 15-8 所示，床体内充填细小的固体颗粒填料，如石英砂、无烟煤、活性炭、陶粒和沸石等，填料粒径一般为0.2～1 mm。污水从床底部流入，为使填料层膨胀，需将部分出水用循环泵回流，提高床内水流的上升流速。一般认为膨胀率为 10%～20%的为厌氧膨胀床，膨胀床的颗粒保持相互接触；膨胀率为 20%～70%的为厌氧流化床，流化床的颗粒做无规则的自由运动。

厌氧流化床的优点是有机污染物容积负荷较高，可达 30 kg(COD)/(m^3·d)以上，水力停留时间短，耐冲击负荷能力强，运行稳定，填料不易堵塞。缺点是耗能较大。

厌氧颗粒污泥膨胀床则是将厌氧颗粒污泥直接接种运行的一种高效反应器，如图 15-9 所示，在运行特点上类似厌氧膨胀床，有机负荷比 UASB 反应器高，水力停留时间短，适宜处理中低浓度的溶解性污水，进水 COD 浓度可以低到 500 mg/L。

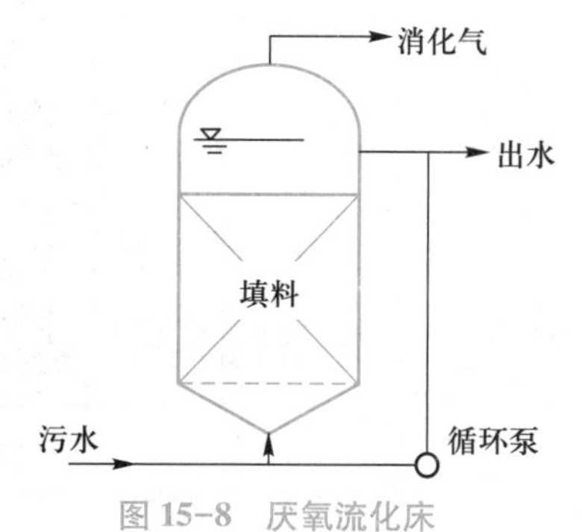

图 15-8　厌氧流化床

七、厌氧内循环反应器

厌氧内循环反应器(internal circulation,IC 反应器)，是在 UASB 反应器的基础上开发出来的，其原理如图15-10所示，图中 1 为第一反应室集气罩，2 为消化气提升管，3 为气液分离室，4 为沉淀区，5 为第二反应室集气罩，6 为回流管，7 为集气管。污水进入第一反应室，与反应室内的厌氧颗粒污泥很好地混合，污水中的大部分有机污染物被转化成为消化气，由第一反应室集气罩收集，进入消化气提升管，同时把混合液提升到气液分离室，气体被分离而液体沿回流管回到第一反应室，实现了回流混合。其稀释了的混合液进入第二反应室继续反应，达到了比 UASB 反应器有更高的有机负荷和处理效果的目的。当处理高浓度有机污水时，有机负荷可达到30~50 kg(COD)/(m^3·d)。

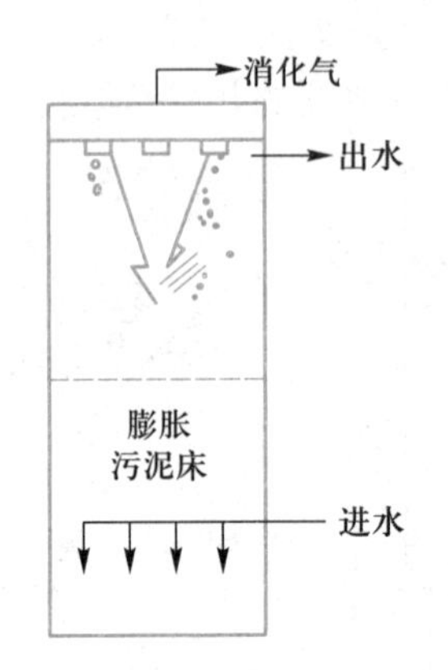

图 15-9 厌氧颗粒污泥膨胀床

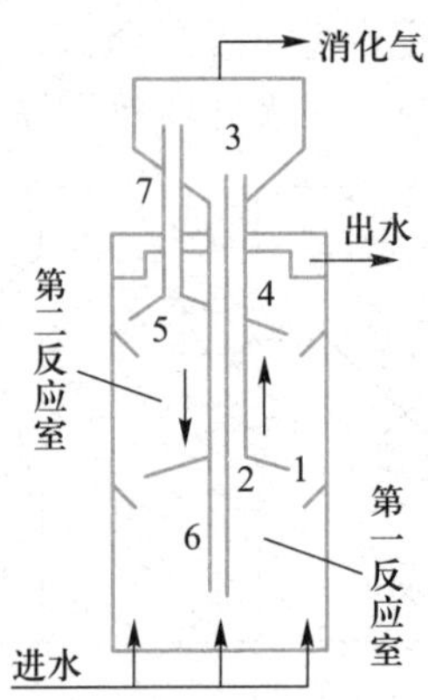

图 15-10 厌氧内循环反应器构造原理

八、厌氧折流板反应器

厌氧折流板反应器如图 15-11 所示，污水进入反应器后以升流形式流经每一个折板反应区，由于产气和向上流速，形成 n 个(视折板个数)升流污泥床反应器，床层可能形成颗粒污泥，也可以絮体污泥形式运行。该反应器有如下特点：构造简洁，不需要填料，不需要特别的气体分离装置，无机械搅拌，很少堵塞，有较长的 SRT 和较短的 HRT，大部分有机污水都可以适应，能抗冲击负荷。

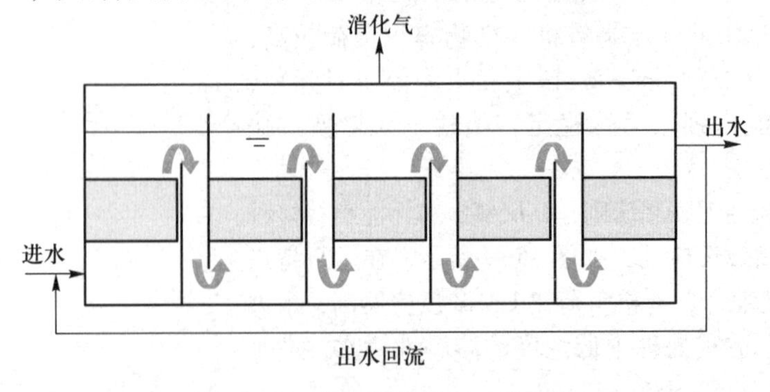

图 15-11 厌氧折流板反应器原理

九、厌氧生物转盘

厌氧生物转盘的构造与好氧生物转盘相似，不同之处在于上部加盖密封，为收集消化气和防止液面上的空间氧对运行产生影响。厌氧生物转盘的构造见图15-12。污水处理靠盘片表面生物膜和悬浮在反应槽中的厌氧活性污泥共同完成。盘片转动时，作用在生物膜上的剪切力将老化的生物膜剥下，在水中呈悬浮状态，随水流出。消化气从转盘槽顶排出。

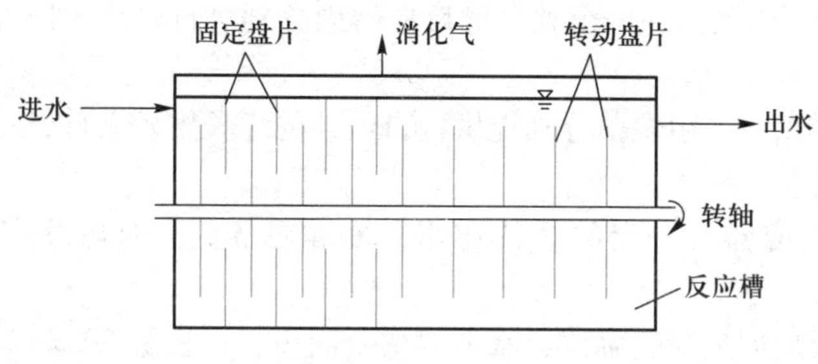

图 15-12　厌氧生物转盘

厌氧生物转盘可承受较高的有机负荷和冲击负荷，COD 去除率可达 90%以上；不存在载体堵塞问题，生物膜可经常保持较高活性，便于操作，易于管理。其缺点是造价较高，生物膜大量生长后转轴的负荷加大。

十、厌氧序批式反应器

厌氧序批式反应器如图 15-13 所示，其反应和固液分离在同一个反应器内进行，而良好的沉淀分离效果取决于是否形成了颗粒污泥。序批过程分别为：① 进水；② 反应；③ 沉淀；④ 出水(排水)；⑤ 待机。根据进水浓度和设计有机负荷不同，序批时间在 6～24 h。在处理奶制品污水时，在中温和有机负荷为 1.2～2.4 kg(COD)/(m^3·d)条件下，COD 去除率可以达到90%以上。沉淀时间的控制也是一个关键问题，一般取 30 min。这需要在反应阶段有机污染物去除比较充分，在反应阶段末期产气量降低，才能保障较好的沉淀效果。通常出水的 SS 为 50～100 mg/L，低温时出水的 SS 要高些。

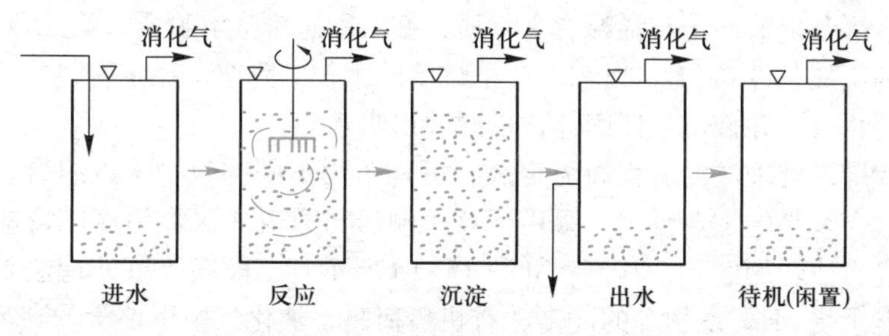

图 15-13　厌氧序批式反应器

十一、两相厌氧法

两相厌氧法是一种新型的厌氧生物处理工艺。1971 年戈什(Ghosh)和波兰特(Pohland)首次提出了两相发酵的概念，即把产酸和产甲烷两个阶段的反应分别在两个独立的反应器内进行，以创造各自最佳的环境条件，并将这两个反应器串联起来，形成两相厌氧发酵系统。

两相厌氧发酵系统能够承受较高的负荷，总的反应器容积较小，运行稳定。

由于酸化和甲烷发酵在两个独立的反应器内分别进行，从而使该工艺具有下列特点：

(1) 为产酸菌、产甲烷菌分别提供各自最佳的生长繁殖条件，在各自反应器能够得到最高的反应速率。

(2) 酸化反应器有一定的缓冲作用，缓解冲击负荷对后续产甲烷反应器的影响。

(3) 酸化反应器反应速率快，水力停留时间短，可去除 20%~25%的 COD，能够大大减轻产甲烷反应器的负荷。

(4) 负荷高，反应器容积小，基建费用低。

两相厌氧法的工艺流程见图 15-14。

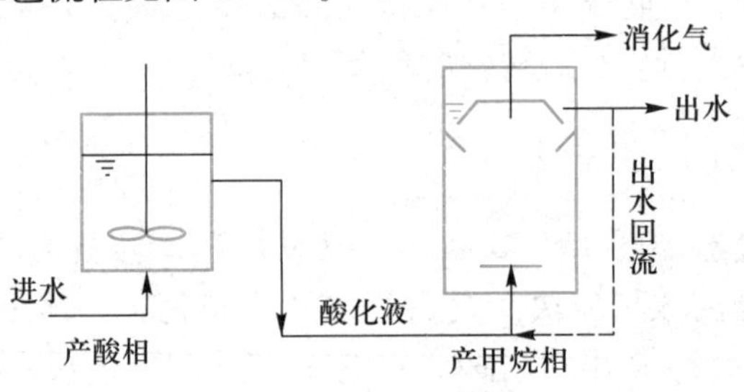

图 15-14 两相厌氧法

十二、分段厌氧处理法

对于固态有机物浓度高的污水，将水解、酸化和甲烷化过程分开进行，形成了分段厌氧处理法。常见的是二段式厌氧处理法。第一段的功能是：固态有机物水解为有机酸；缓和负荷冲击与稀释有害物质，截留固态难降解物质。第二段的功能是：保持严格的厌氧条件和 pH，以利于产甲烷菌的生长，降解、稳定有机物，产生含甲烷较多的消化气，并截留悬浮固体，以改善出水水质。

二段式厌氧处理法的流程尚无定式，可以采用不同构筑物予以组合。例如，对于悬浮固体含量高的工业废水，采用厌氧接触法与升流式厌氧污泥床反应器串联的组合，已经有成功的经验，其流程如图 15-15 所示。二段式厌氧处理法具有运行稳定可靠，能承受 pH、毒物等的冲击，有机负荷高，消化气中甲烷含量高等特点。但这种方法也有设备较多、流程和操作复杂等缺陷。应用表明，二段式厌氧处理法并不是对各种污水都能提高负荷。例如，对于固态有机物含量低的污水，不论用一段式或二段式，负荷和效果都差不多。因此，究竟采用什么样的反应器以及如何组合，要根据具体的水质等情况而定。

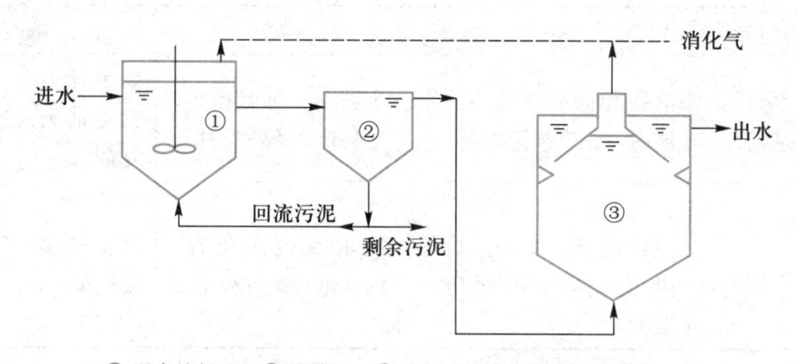

① 混合接触池；② 沉淀池；③ 升流式厌氧污泥床反应器。

图 15-15 厌氧接触法与升流式厌氧污泥床反应器串联的二段式厌氧处理法

第三节 厌氧生物处理法的设计计算

厌氧生物处理系统的设计包括：流程和设备的选择，反应器、构筑物的构造和容积的确定，反应器的热量计算和搅拌设备的设计等。

厌氧生物处理工程实例

一、流程和设备的选择

流程和设备的选择包括：处理工艺和设备的选择、消化温度、采用单级或两级(段)消化等。表 15-1 列举了几种厌氧处理方法的一般性特点和优缺点，可供工艺选择时参考。

表 15-1 几种厌氧处理方法的一般性特点和优缺点

方法或反应器	特点	优点	缺点
传统消化法	在一个消化池内进行酸化，甲烷化和固液分离	设备简单	反应时间长，池容积大；污泥易随水流带走
厌氧生物滤池	微生物固着生长在滤料表面，适用于悬浮固体量低的污水	设备简单，能承受较高负荷，出水悬浮固体含量低，能耗小	底部易发生堵塞，滤料费用较贵
厌氧接触法	用沉淀池分离污泥并进行回流，消化池中进行适当搅拌，池内呈完全混合，能适应高有机污染物浓度和高悬浮固体的污水	能承受较高负荷，有一定抗冲击负荷能力，运行较稳定，不受进水悬浮固体含量的影响；出水悬浮固体含量低	负荷高时污泥会流失；设备较多，操作要求较高

续表

方法或反应器	特点	优点	缺点
升流式厌氧污泥床反应器	消化和固液分离在一个池内，微生物量很高	负荷高；总容积小；能耗低，不需搅拌	如设计不善，污泥会大量消失；池的构造复杂
两相厌氧法	酸化和甲烷化在两个反应器进行，两个反应器内可以采用不同反应温度	能承受较高负荷，耐冲击，运行稳定	设备较多，运行操作较复杂

表 15-2 是几种厌氧处理方法的运行数据，在工艺设计中可以参考。

表 15-2 几种厌氧处理方法的运行数据

方法或反应器	污水种类	有机负荷/($kg \cdot m^{-3} \cdot d^{-1}$)	水力停留时间/h	温度/℃	去除率/%	规模
厌氧接触法	肉类加工	3.2(BOD_5)	12	30	95	小试
	肉类加工	2.5(BOD_5)	13.3	35	90	生产
	小麦淀粉	2.5(COD)	3.6(d)	—	—	中试
	朗姆酒蒸馏	4.5(COD)	2.0(d)	—	63.5	—
厌氧生物滤池	有机合成污水	2.5(COD)	96	35	92	小试
	制药污水	3.5(COD)	48	35	98	小试
	酒精上清液	7.3(COD)	20.8	28	85	小试
	Guar 树胶	7.4(COD)	24	37	60	生产
	小麦淀粉污水	3.8(COD)	22	35	65	生产
	食品加工	6(COD)	1.3(d)	35	81	生产
升流式厌氧污泥床反应器	糖厂	22.5(COD)	6	30	94	小试
	土豆加工	25~45(COD)	4	35	93	小试
	蘑菇加工	15.0(COD)	6.8	30	91	生产
	啤酒污水	10.0(COD)	9.0	30	90	生产
	食品加工	10~20(COD)	—	30~35	80~90	生产
	屠宰污水	2.5(COD)	—	常温	77	生产

二、厌氧反应器的设计

第十一章所讨论的生化反应动力学和基本方程式，同样适用于厌氧生物处理，但一些动力学常数的数值则有显著的差别。厌氧反应的速率显著低于好氧反应；由于厌氧反应大体上分为酸化和甲烷化两个阶段，甲烷化阶段的反应速率明显低于酸化阶段的反应速率。因此，整个厌氧反应的总速率主要取决于甲烷化阶段的速率。但是在一般的单级完全混合反应器中，各类细菌是混合生长、相互协调的，酸化过程和甲烷化过程同时存在，因此在进行厌氧过程的动力学分析时，也可以将反应器作为一个系统统一进行分析。

反应器的设计可以在模型试验的基础上，按照所得的参数值进行计算，也可以按照类似污水的经验值选择采用。

计算确定反应器容积的常用参数是负荷 L 和消化时间 t，公式为

$$V=Qt \tag{15-2}$$

$$V=\frac{QS_0}{L} \tag{15-3}$$

式中：V——反应(消化)器的容积，m^3；

Q——污水的设计流量，m^3/d；

t——消化时间，d；

S_0——污水有机污染物的浓度，$g(BOD_5)/L$ 或 $g(COD)/L$；

L——反应器的设计负荷，$kg(BOD_5)/(m^3 \cdot d)$ 或 $kg(COD)/(m^3 \cdot d)$。

在设计升流式厌氧污泥床反应器的时候，上部通常有一个气体的储存空间(一般为2.5~3.0 m)，下部是液相区，但实际污泥床(消化器)只占液相区的一部分，因此在设计升流式厌氧污泥床反应器时考虑一个0.8~0.9的比例系数，故设计液相反应器总容积为

$$V_T=\frac{V}{E} \tag{15-4}$$

式中：V_T——反应(消化)器的总容积，m^3；

V——反应(消化)器的容积，m^3；

E——比例系数。

采用中温消化时，对于传统消化法，消化时间为1~5 d，有机负荷为1~3 $kg(COD)/(m^3 \cdot d)$，BOD_5去除率可达50%~90%。对于厌氧生物滤池和厌氧接触法，消化时间可缩短至0.5~3 d，有机负荷可提高到3~10 $kg(COD)/(m^3 \cdot d)$。对于升流式厌氧污泥床反应器，有时甚至可采用更高的负荷，但上部的三相分离器应缜密设计，避免上升的消化气影响固液分离，造成污泥流失。

消化气的产气量一般可按0.4~0.5 $m_N^3/kg(COD)$进行估算。

三、反应器的热量计算

厌氧生物处理特别是甲烷化，需要较高的反应温度。一般需要对投加的污水加温和对反应器保温。加温所需的热量可以利用消化过程中产生的消化气提供。如前所述，消化气的产量可按0.4~0.5 $m_N^3/kg(COD)$估算，消化气的热值一般为21 000~25 000 kJ/m_N^3。如果消化气所能提供的热量不足，则应由其他能源补充。

反应器所需的热量包括：将污水提高到反应器温度所需的热量和补偿池壁、池

盖所散失的热量。提高污水温度所需的热量为 Q_1：

$$Q_1 = Qc(t_2 - t_1) \tag{15-5}$$

式中：Q——污水投加量，m^3/h；

　　c——污水的比热容，约为 4 200 $kJ/(m^3 \cdot ℃)$（试验值）；

　　t_2——反应器温度，℃；

　　t_1——污水温度，℃。

反应器温度高于周围环境，一般采用中温。通过池壁、池盖等散失的热量 Q_2 与池子的构造和材料有关，可用下式估算：

$$Q_2 = KA(t_2 - t_1) \tag{15-6}$$

式中：A——散热面积，m^2；

　　K——传热系数，$kJ/(h \cdot m^2 \cdot ℃)$；

　　t_2——反应器内壁温度，℃；

　　t_1——反应器外壁温度，℃。

对于一般的钢筋混凝土池子，外面加设绝缘层，K 一般为 20～25 $kJ/(h \cdot m^2 \cdot ℃)$。

例 15-1　某啤酒厂每日污水产生量为 1 000 m^3/d，进水中溶解有机污染物浓度为 2 000 mg(COD)/L，SO_4^{2-} 为 200 mg/L，pH 为 6。采用 UASB 反应器进行处理，要求 COD 去除率为 90%，温度控制在 35 ℃。计算反应器的尺寸、水力停留时间和消化气产量。

解：根据式(15-3)和参考表 15-2，其中进水有机负荷 L 参考已建 UASB 反应器在中温条件下处理类似污水的运行数据，当 COD 去除率为 90%时，L 可以取 10 kg(COD)/($m^3 \cdot d$)。当 $COD/SO_4^{2-} = 10$ 时，硫酸盐对厌氧消化的影响较小。由于 pH 为 6，进水需要用碱调节至 pH 为 7。

(1) 确定反应器的容积：

进水 S_0 换算为 2 kg(COD)/m^3，则

$$V = \frac{QS_0}{L} = \frac{(1\ 000\ m^3/d)[2\ kg(COD)/m^3]}{10\ kg(COD)/(m^3 \cdot d)}$$

$$V = 200\ m^3$$

(2) 根据式(15-4)，取 $E = 0.85$，确定液相反应器总容积 V_T：

$$V_T = \frac{V}{E} = \frac{200\ m^3}{0.85} \approx 235\ m^3$$

(3) 确定反应器的横截面积 A 和直径 D：

设升流速率 $v = 1.5$ m/h，则

$$A = \frac{Q}{v} = \frac{1\ 000\ m^3/d}{24 \cdot (1.5\ m/h)} \approx 27.8\ m^2$$

$$D \approx 6\ m$$

(4) 确定反应器液相高度 H_L 和总高度 H_T。

$$H_L = \frac{V_L}{A} = \frac{235\ m^3}{27.8\ m^2} \approx 8.5\ m$$

$$H_T = H_L + H_G \approx 8.5\ m + 2.5\ m = 11.0\ m$$

（5）确定反应器的水力停留时间 HRT：

$$HRT = \frac{V}{Q} = \frac{200\ m^3}{1\ 000\ m^3/d} = 0.2\ d$$

（6）确定消化气产量 Q_G（η 为 COD 去除率，$\eta = 90\%$）：

$$Q_G = 0.4QS_0\eta = 720\ m^3/d$$

思考题和习题

1. 厌氧生物处理的基本原理是什么？

2. 厌氧发酵分为哪几个阶段？为什么厌氧生物处理有中温消化和高温消化之分？污水的厌氧生物处理有什么优势，又有哪些不足之处？

3. 影响厌氧生物处理的主要因素有哪些？提高厌氧生物处理的效能主要从哪些方面考虑？

4. 试比较现有几种厌氧生物处理方法和构筑物的优缺点和适用条件。

5. 试述 UASB 反应器的构造和高效运行的特点。

6. 某食品加工厂，每日污水产生量为 1 000 m^3/d，进水中溶解有机污染物 S_0 为 2 500 mg(COD)/L，$CaCO_3$ 碱度为 500 mg/L，SO_4^{2-} 为 200 mg/L。要求处理后的 COD 为 500 mg(COD)/L，温度控制在 30℃左右。试计算采用厌氧生物滤池和 UASB 反应器的各自尺寸。如果出水需要达到我国《污水综合排放标准》(GB 8978—1996)中的一级 A 标准，后续需要何种处理工艺才能达到要求？

参考文献

[1] 胡纪萃．废水厌氧生物处理理论与技术[M]．北京：中国建筑工业出版社，2003.

[2] Rittmann B E，McCarty P L. Environmental biotechnology：principles and applications [M] . Boston：McGraw-Hill，2001.

[3] Metcalf & Eddy | AECOM. Wastewater engineering：treatment and resource recovery[M]. 5th ed. Boston：McGraw-Hill，2014.

第十六章

污水的化学与物理化学处理

污水的化学处理利用化学反应的作用去除水中的污染物。它的处理对象主要是污水中无机的或有机的(难于生物降解的)溶解物质或胶体物质。对于污水中易生物降解的有机溶解物质或胶体物质，尤其是当水量较大时，一般采用生物处理的方法。因为生物处理法不仅有效，而且处理费用低廉。

污水也可以利用物理化学的原理和化工单元操作去除水中的污染物。它的处理对象与化学处理相似，尤其适用于污染物浓度很高的污水(通常用于物质的回收利用)或污染物浓度很低的污水(通常作为污水的深度处理)。

本章介绍的化学处理法有中和法、化学混凝法、化学沉淀法和氧化还原法。本章介绍的物理化学处理法有吸附法、离子交换法、萃取法、膜分离法和超临界处理技术。其他主要用于回收利用的蒸发、蒸馏、结晶等方法可参考有关“化工原理和过程”方面的书籍，本书不再介绍。

第一节　中和法

酸和碱是常用的工业原料。使用酸、碱的工厂往往有酸性废水和碱性废水排放。天然水的碱度主要以碳酸氢盐(HCO_3^-)形式存在，有一定的缓冲作用。少量的酸、碱废水混入大量的城镇污水，不致使后者的 pH 偏离 7 过多。但是，酸性废水会腐蚀管道、破坏环境，不能允许它进入城镇排水管道。至于以酸或碱作为洗涤剂的生产工序，产生的大量废水需要处理则是不言而喻的。

对于酸性和碱性废水，除予以利用外，常用的就是中和法处理。中和法的原理是：用碱或碱性物质中和酸性废水或用酸或酸性物质中和碱性废水，把废水的 pH 调到 7 左右。

如果同一工厂或相邻工厂同时有酸性和碱性废水，可以先让两种废水相互中和，然后再用中和剂中和剩余的酸或碱。

中和剂能制成溶液或浆料时，可用湿投加法。中和剂为粒料或块料时，可用过滤法。用烟道气中和碱性废水时，可在塔式反应器中接触中和。常用的碱性中和剂有石灰、电石渣、石灰石和白云石等。常用的酸性中和剂有废酸、粗制酸和烟道气等。

一、湿投加法

酸性废水投药中和法常用的药剂是石灰、电石渣、石灰石和白云石等，有时也采用氢氧化钠和碳酸钠。

中和药剂的投加量，可按化学反应式进行估算。实际操作中通常是通过试验来确定的。例如，碱性药剂的用量 G 可按下式计算：

$$G=\frac{(Q\,c_1a_1+Q\,c_2a_2)K}{P} \tag{16-1}$$

式中：Q——废水流量，m^3/d；

c_1——废水含酸量，kg/m^3；

a_1——中和 1 kg 酸所需的碱性药剂；

a_2——中和 1 kg 酸性盐类所需的碱性药剂；

c_2——废水中需中和的酸性盐类量，kg/m^3；

K——考虑部分药剂不能完全参加反应的加大系数，用石灰湿投时，K 取 1. 05～1. 10；

P——药剂的有效成分含量，一般生石灰含量为 CaO 60%～80%，熟石灰含量为 $Ca(OH)_2$ 65%～75%，电石渣含量为 CaO 60%～70%。

石灰常使用熟石灰，配制成石灰乳，浓度在 10%左右，反应在池中进行。流程如图 16-1(a)所示。图 16-1(b)为投配器。

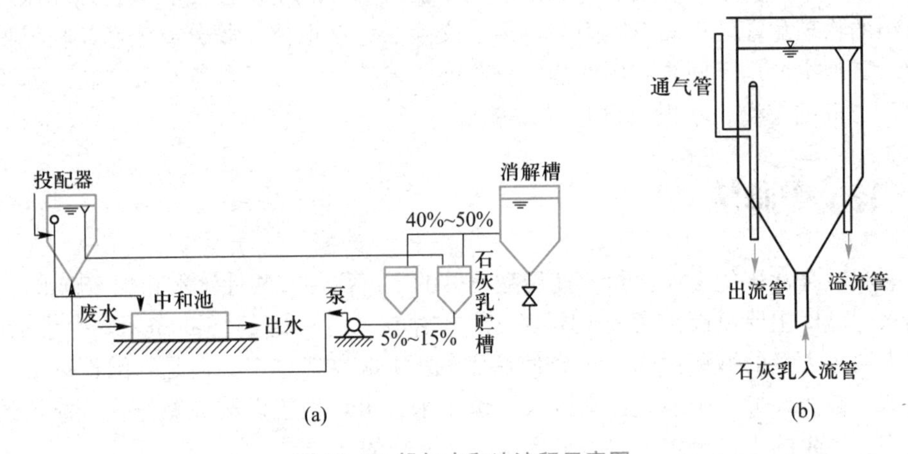

图 16-1 投加中和法流程示意图

石灰用量多时，可用生石灰，采用如图 16-2 所示的系统配制石灰乳。为了防止产生沉淀，石灰乳槽均装有搅拌设备。

中和反应较快，废水与药剂边混合边中和，可用隔板构成狭道或用搅拌设备混合药剂和废水。水力停留时间采用 5～20 min。

中和池可间歇运行也可连续运行。当废水量少、废水间断产生时采用间歇运行。设置 2 个池子，交替工作。当废水量大时，一般用连续处理。

二、过滤法

用石灰石或白云石作中和剂时，常用过滤法，并将它们作为滤料。

石灰石的主要成分是 $CaCO_3$，白云石的主要成分是 $CaCO_3 \cdot MgCO_3$。若废水含硫酸而浓度又较高时，滤料将因表面形成硫酸钙外壳而失去中和作用。因此，以石灰石为滤料时，废水的硫酸浓度一般不应超过 2 g/L。如硫酸浓度过高，可以回流出

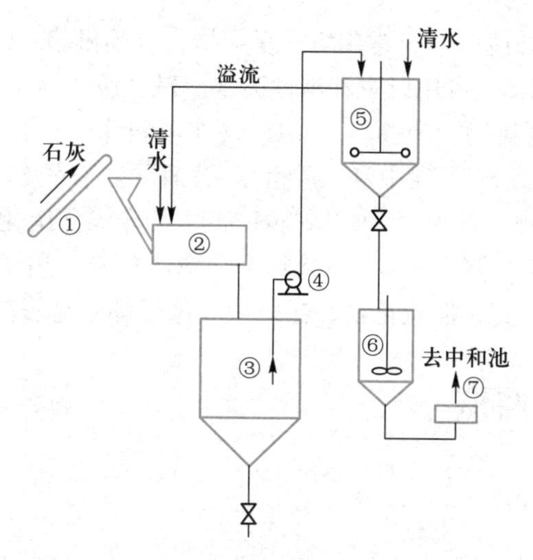

① 石灰输送带；② 石灰消解机；③ 石灰乳配制槽；④ 石灰乳泵；
⑤ 石灰乳贮槽；⑥ 石灰乳槽；⑦ 加药泵。

图 16-2　大量石灰乳配制系统

水，予以稀释。

采用升流式膨胀中和滤池，可以改善硫酸废水的中和过滤过程。当滤料的粒径较细(<3 mm)，废水上升滤速较高(50~70 m/h)时，滤床膨胀，滤料相互碰撞摩擦，有助于防止结壳。某厂用这种滤池处理酸度低于 2.3 g/L 的硫酸废水，所用滤池的直径为 1.2 m，深度为 2.9 m；石灰石滤床高 1~1.2 m，膨胀后高 1.4~1.8 m。废水从池底进入，从池顶四周溢出，流速为 50~55 m/h。出水 pH 接近 4.5，曝气后因 CO_2 逸出，pH 上升到 6 以上，达到了中和目的。

滤池常采用大阻力配水系统，直径一般不大于 2.0 m。图 16-3 是升流式膨胀中和滤池的示意图。

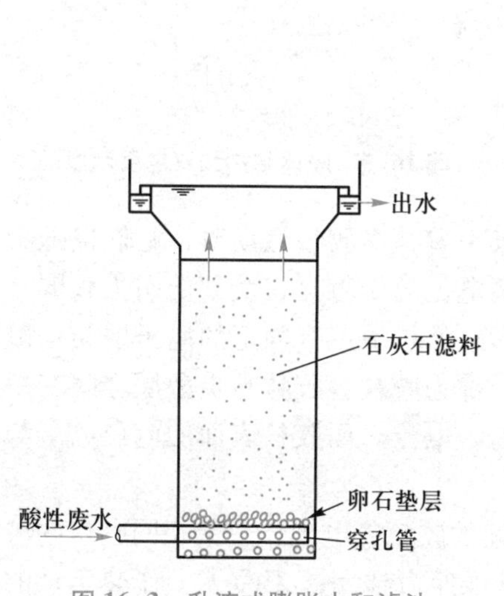

图 16-3　升流式膨胀中和滤池

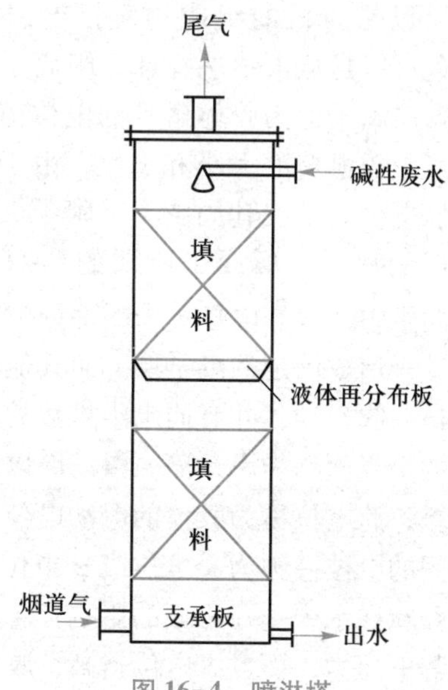

图 16-4　喷淋塔

用烟道气中和碱性废水时，常用塔式反应器，如喷淋塔(图 16-4)。烟道气含有 CO_2 和少量的 SO_2、H_2S，可用以中和碱性废水。碱性废水从塔顶布液器喷出，流向填料床，烟道气则自塔底进入填料床。水、气在填料床逆向接触过程中，废水和烟道气都得到了净化，废水得到中和，烟尘得以消除。有资料表明，含 12%~14% CO_2 的烟道气与硫化物含量为 30 mg/L、pH 为 11 的印染厂硫化染料废水在喷淋塔接触 20 min，废水的 pH 可降至 6.4，硫化物去除率达 98%。用烟道气中和一般的碱性废水，出水的 pH 虽不高，但硫化物、耗氧量和色度都有显著增加。

第二节 化学混凝法

一、混凝原理

化学混凝所处理的对象，主要是水中的微小悬浮固体和胶体物质。大颗粒的悬浮固体由于受重力的作用而下沉，可以用沉淀等方法去除。但是，微小粒径的悬浮固体和胶体，能在水中长期保持分散悬游状态，即使静置数十小时以上，也不会自然沉降。这是由于胶体微粒及细微悬浮颗粒具有“稳定性”。

1. 胶体的稳定性

胶体是指一种分散质粒子直径为 1~100 nm 的微粒均匀分散在另一种介质中组成的分散系统。

根据研究可知，胶体微粒都带有电荷。天然水中的黏土类胶体微粒及污水中的胶态蛋白质和淀粉微粒等都带有负电荷，其结构示意见图 16-5。它的中心称为胶核。其表面选择性地吸附了一层带有电荷的离子，这些离子可以是胶核的组成物直接电离而产生的，也可以是从水中选择性吸附离子而造成的。这层离子称为胶体微粒的电位离子，它决定了胶粒电荷的大小和电性。由于电位离子的静电引力，在其周围又吸附了大量的电荷相反的离子，形成了所谓的“双电层”。

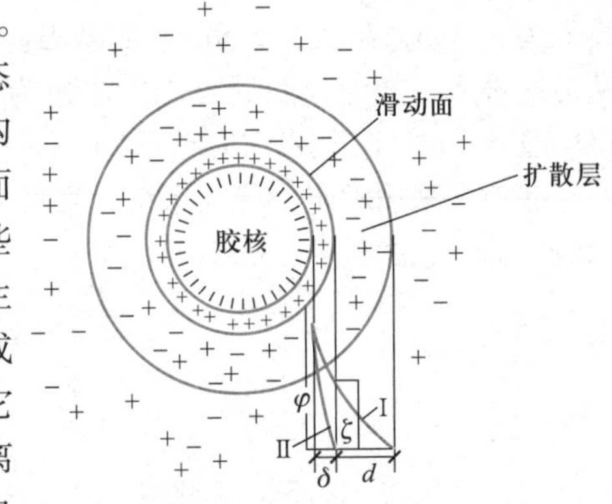

图 16-5 胶体结构和双电层示意图

这些离子中，紧靠电位离子的部分被牢固地吸引着，当胶核运动时，它们也随着一起运动，形成固定的离子层。而其他的离子离电位离子较远，受到的引力较弱，不随胶核一起运动，并有向水中扩散的趋势，形成了扩散层。固定的离子层与扩散层之间的交界面称为滑动面。滑动面以内的部分称为胶粒，胶粒与扩散层之间有一个电位差，此电位称为胶体的电动电位，常称为 ζ 电位。而胶核表面的电位离子与溶液之间的电位差称为总电位或 φ 电位。

胶粒在水中受几方面的影响：① 由于上述的胶粒带电现象，带相同电荷的胶粒产生静电斥力，而且 ζ 电位越高，胶粒间的静电斥力越大；② 受水分子热运动的撞击，胶粒在水中做不规则的运动，即“布朗运动”；③ 胶粒之间还存在着相互引力——范德瓦耳斯力。范德瓦耳斯力的大小与胶粒间距的 2 次方成反比，当间距较大时，此引力略去不计。

一般水中的胶粒，ζ 电位较高。其相互间斥力不仅与 ζ 电位有关，还与胶粒的间距有关，距离越近，斥力越大。而布朗运动的动能不足以将两胶粒推近到使范德瓦耳斯力发挥作用的距离。因此，胶粒不能相互聚结，而是长期保持稳定的分散状态。

使胶粒不能相互聚结的另一个因素是水化作用。由于胶粒带电，将极性水分子吸引到它的周围形成一层水化膜。水化膜同样能阻止胶粒间相互接触。但是，水化膜是伴随胶粒带电而产生的，如果胶粒的 ζ 电位消除或减弱，水化膜也就随之消失或减弱。

2. 混凝原理

水中的胶粒具有稳定性，这些微粒可以在水中长时间地保持分散悬浮状态，只有使这些胶粒脱稳，断而凝聚和絮凝才能有效地将其去除。混凝为胶粒的脱稳(即凝聚)和絮凝过程。化学混凝的原理至今仍未完全清楚。因为它涉及的因素很多，如水中杂质的成分和浓度、水温、水的 pH、碱度，以及混凝剂的性质和混凝条件等。但归结起来，可以认为主要是三方面的作用。

混凝作用原理示意图

（1）压缩双电层作用：如前所述，水中胶粒能维持稳定的分散悬浮状态，主要是由于胶粒具有 ζ 电位。如能消除或降低胶粒的 ζ 电位，就有可能使微粒碰撞聚结，失去稳定性。在水中投加电解质——混凝剂可达此目的。例如，天然水中带负电荷的黏土胶粒，在投入铁盐或铝盐等混凝剂后，混凝剂提供的大量正离子不仅增大了离子强度，而且由于电中和及吸附作用，这些离子会涌入胶体扩散层甚至吸附层。因为胶核表面的总电位不变，增加扩散层及吸附层中的正离子浓度，就使扩散层减薄，图 16-5 中的 ζ 电位降低。当大量正离子涌入吸附层以致扩散层完全消失时，ζ 电位为零，称为等电状态。在等电状态下，胶粒间静电斥力消失，胶粒最易发生聚结。实际上，ζ 电位只要降至某一程度而使胶粒间排斥的能量小于胶粒布朗运动的动能时，胶粒就开始产生明显的聚结，这时的 ζ 电位称为临界电位。胶粒因 ζ 电位降低或消除以致失去稳定性的过程，称为胶粒脱稳。脱稳的胶粒相互聚结，称为凝聚。

压缩双电层作用是阐明胶体凝聚的一个重要理论。它特别适用于无机盐混凝剂所提供的简单离子的情况。但是，如果仅用双电层作用原理来解释水中的混凝现象，则会产生一些矛盾。例如，三价铝盐或铁盐混凝剂投量过多时效果反而下降，水中的胶粒又会重新获得稳定。又如在等电状态下，混凝效果似应最好，但生产实践却表明，混凝效果最佳时的 ζ 电位常大于零。这表明除了压缩双电层作用外，还有其他作用存在。

（2）吸附架桥作用：三价铝盐或铁盐及其他高分子混凝剂溶于水后，经水解和缩聚反应形成高分子聚合物，具有线性结构。这类高分子物质可被胶粒强烈吸附。因其线性长度较大，当它的一端吸附某一胶粒后，另一端又吸附另一胶粒，在相距较远的两胶粒间进行吸附架桥，使颗粒逐渐结大，形成肉眼可见的粗大絮体。这种由高分子物质吸附架桥作用而使微粒相互黏结的过程，称为絮凝。

（3）网捕作用：三价铝盐或铁盐等水解而生成沉淀物。这些沉淀物在自身沉淀过程中，能卷集、网捕水中的胶体等微粒，使胶体黏结。

上述产生的微粒凝结现象——凝聚和絮凝总称为混凝。

压缩双电层作用和吸附架桥作用，对于不同类型的混凝剂所起的作用程度并不相同。对高分子混凝剂特别是有机高分子混凝剂，吸附架桥可能起主要作用；对铝盐、铁盐等无机混凝剂，压缩双电层和吸附架桥及网捕都具有重要作用。

可以在实验室做一个试验：在两个烧杯中盛放同等的水样，分别加入相同的适量硫酸铝溶液。在第一个烧杯中，在投药的同时进行剧烈搅拌，然后再缓慢搅动数分钟后静沉；在第二个烧杯中，加药时不进行搅拌，而在相隔 1 min 后才缓慢搅动数分钟，再静沉。结果，我们会得到两种相差悬殊的处理效果，前者的效果显著优于后者。其原因就在于为使混凝剂达到优异的混凝效果，应尽量使胶粒脱稳，并使吸附架桥作用得到充分发挥。因此，当混凝剂投放水中后，应立即进行剧烈搅拌，使带电聚合物迅速均匀地与全部胶体杂质接触，使胶粒脱稳，随后，脱稳胶粒在相互凝聚的同时，靠聚合度不断增大的高聚物的吸附架桥作用，形成大的絮体，使混凝过程很好地完成。

污水处理方面的混凝原理，既与给水处理中有相同之处，又有所区别，特别是在加药混凝与生物处理相结合时，投加混凝剂不仅会对污水中的悬浮固体和胶体杂质起吸附、絮凝作用，还会使后续生物处理中的活性污泥或生物膜的性质得到改善，尤其是在投加铁盐作为混凝剂时，由于铁盐是生物的营养剂，即使投加较少的铁盐(例如数十毫克每升)，也能明显改善活性污泥的结构和沉降性能，以及生物膜的附着性能(如作为生物处理的前处理)。由于二价铁的还原作用，投加二价铁盐对某些有色废水有一定的脱色作用，对某些难生物降解的污染物可改变其分子结构，从而改善其可生物降解性，与后续的活性污泥法处理相结合，能产生良好的效果。

二、混凝剂和助凝剂

1. 混凝剂

用于水处理的混凝剂应满足如下要求：混凝效果良好，对人体健康无害，价廉易得，使用方便。混凝剂的种类较多，归纳起来主要有以下三大类。

（1）无机盐类混凝剂

目前应用最广的是铝盐和铁盐。传统的铝盐(混凝剂)主要有硫酸铝、明矾等。硫酸铝［$Al_2(SO_4)_3 \cdot 18H_2O$］的产品有精制和粗制两种。精制硫酸铝是白色结晶体。粗制硫酸铝中 Al_2O_3 的含量不少于 14.5%，不溶杂质含量不大于 30%，价格较低；但质量不稳定，因含不溶杂质较多，增加了药液配制和排除废渣等方面的困难。明矾是硫酸铝和硫酸钾的复盐[$Al_2(SO_4)_3 \cdot K_2SO_4 \cdot 24H_2O$]，$Al_2O_3$ 含量约为 10.6%，是天然矿物。硫酸铝混凝效果较好，使用方便，对处理后的水质没有任何不良影响。但水温低时，硫酸铝水解困难，形成的絮凝体较松散，效果不及铁盐。

传统的铁盐混凝剂主要有三氯化铁、硫酸亚铁和硫酸铁等。三氯化铁是褐色结晶体，极易溶解，形成的絮凝体较紧密，易沉淀，但三氯化铁腐蚀性强，易吸水潮解，不易保管。硫酸亚铁($FeSO_4 \cdot 7H_2O$)是半透明绿色结晶体，解离出二价铁离子(Fe^{2+})，如单独用于水处理，使用时应将二价铁氧化成三价铁。同时，残留在水中的 Fe^{2+} 会使处理后的水带色。

（2）高分子混凝剂

高分子混凝剂分无机和有机两类。近年来，无机高分子混凝剂的发展非常迅速，聚合氯化铝(PAC)和聚合硫酸铁（PFS）是目前国内研制和使用比较广泛的无机高分子混凝剂。实际上，目前我国使用的混凝剂中，无机高分子混凝剂的用量已占80%以上，基本上代替了传统混凝剂。

硫酸铝投入水中后，主要是各种形态的水解聚合物发挥混凝作用。但由于影响硫酸铝化学反应的因素复杂，要想根据不同水质控制水解聚合物的形态几乎是不可能的。人工合成的聚合氯化铝则是在人工控制的条件下预先制成最优形态的聚合物，投入水中后可发挥优良的混凝作用。它对各种水质适应性较强，适用的 pH 范围较广，对低温水效果也较好，形成的絮凝体粒大而重，所需的投量一般为硫酸铝的1/2~1/3。

聚合硫酸铁是一种高效的无机高分子混凝剂。它可以用酸洗废液作为原料，在催化剂作用下，将二价铁氧化成三价铁，再加碱剂调制而成。它比三氯化铁腐蚀性小而混凝效果良好。

有机高分子混凝剂有天然的和人工合成的。这类混凝剂都具有巨大的线性分子，每一个大分子都由许多链节组成，链节间以共价键结合。我国当前使用较多的是人工合成的聚丙烯酰胺(PAM)，分子结构为：

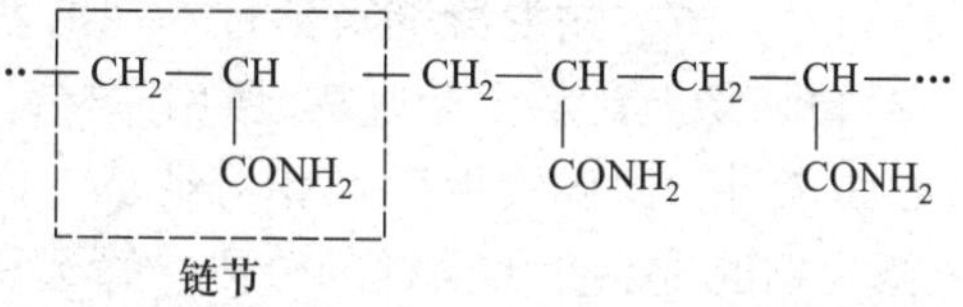

$$\cdots\underbrace{\left[CH_2-\underset{\substack{|\\ CONH_2}}{CH} \right]}_{\text{链节}} CH_2-\underset{\substack{|\\ CONH_2}}{CH}-CH_2-\underset{\substack{|\\ CONH_2}}{CH}-\cdots$$

聚丙烯酰胺的聚合度可多达 2×10^4 ~ 9×10^4，相应的相对分子质量高达 150×10^4 ~ 600×10^4。若有机高分子混凝剂的链节上含可解离基团，则解离后带正电的称为阳离子型，带负电的称为阴离子型。链节上不含可解离基团的称非离子型。聚丙烯酰胺为非离子型高聚物，但它可以通过水解构成阴离子型，也可通过引入基团构成阳离子型。

有机高分子混凝剂由于分子上的链节与水中胶粒有极强的吸附作用，混凝效果优异。即使是阴离子型高聚物，对负电胶粒也有强的吸附作用。但对于未经脱稳的胶粒，由于静电斥力有碍于吸附架桥作用，通常作助凝剂使用。阳离子型高聚物的吸附作用尤其强烈，且在吸附的同时，对负电胶粒有电中和的脱稳作用。

有机高分子混凝剂虽然效果优异，但制造过程复杂，价格较贵。另外，由于聚丙烯酰胺的单体——丙烯酰胺有一定的毒性，因此它们的毒性问题引起人们的注意和研究。

（3）微生物混凝剂

微生物混凝剂是20世纪80年代开发出的第三代混凝剂，它是利用现代生物技术，经微生物的发酵、提取、精制等工艺从微生物或其分泌物中制备的具有凝聚性的代谢产物，包含机能性蛋白质或机能性多糖类物质，如DNA、蛋白质、糖蛋白、多糖、纤维素等。微生物混凝剂主要包含微生物细胞（如某些细菌、霉菌、放线菌和酵母等）、微生物细胞壁提取物（如葡萄糖、蛋白质、甘露聚糖等）和微生物细胞代谢产物（主要是细菌的荚膜和黏液质，其主要成分为多糖和少量的多肽、蛋白质、脂类及其复合物）。

微生物混凝剂的混凝机理主要有以下三种：① 电中和作用机理。水中的胶粒一般带有负电荷，而微生物混凝剂一般也是带有电荷的生物大分子。当向原水中投加与胶粒带相反电荷的微生物混凝剂时，混凝剂就会中和胶粒表面的部分电荷使胶粒脱稳。② 桥连作用机理。微生物混凝剂大分子借助离子键、氢键及范德瓦尔斯力等同时吸附多个胶粒，通过在胶粒间“架桥”的方式形成絮体。③ 化学键作用机理。微生物混凝剂大分子中含有的活性基团如—OH、—COOH等可以与胶粒表面发生化学键作用（如表面配位），使胶粒聚集成较大的絮体而沉淀下来。

与无机或有机高分子混凝剂相比，微生物混凝剂具有以下特性：① 混凝范围广泛。其处理的对象包含活性污泥、河底沉积物、细菌、酵母菌和各种生产废水（如印染废水）等，其他混凝剂由于各自的特点会在某些应用领域受到限制。② 安全。微生物混凝剂来源于微生物（自身细胞、细胞壁提取物或细胞代谢产物），它是一类安全无毒的有机高分子混凝剂，不会危害微生物也不会影响水处理效果，因此可应用于食品、医药等行业。③ 高效。与无机或有机高分子混凝剂相比（如铝盐、铁盐、聚丙烯酰胺等），用量相同时，微生物混凝剂对活性污泥的絮凝速率高，且生成的絮凝沉淀较容易过滤。④ 价格低廉。从生产成本（所用原材料、生产工艺和能源消耗等）和处理技术总费用方面来讲，微生物混凝剂相对经济。目前对微生物混凝剂的研究还主要停留在高效微生物混凝剂产生菌种的分离、筛选和培养上，尚未能大规模应用于废水处理。

2. 助凝剂

当单用混凝剂不能取得良好效果时，可投加某些辅助药剂以提高混凝效果，这些辅助药剂称为助凝剂。助凝剂可用以调节或改善混凝的条件，例如，当原水的碱度不足时可投加石灰或碳酸氢钠等；当采用硫酸亚铁作混凝剂时可加氯气将二价铁离子氧化成三价铁离子等。助凝剂也可用以改善絮体的结构，利用高分子助凝剂的强烈吸附架桥作用，使细小松散的絮体变得粗大而紧密，常用的有聚丙烯酰胺、活化硅酸、骨胶、海藻酸钠、红花树等。

三、影响混凝效果的主要因素

影响混凝效果的因素较复杂，主要有水温、pH、水质和水力条件等。

1. 水温

水温对混凝效果有明显的影响。无机盐类混凝剂的水解是吸热反应，水温低时，水解困难，特别是硫酸铝，当水温低于5 ℃时，水解速率非常缓慢。而且，水温低，黏度大，不利于脱稳胶粒相互絮凝，影响絮体的结大和后续沉淀处理的效果。改善的办法是投加高分子助凝剂或用气浮法代替沉淀法作为后续处理。

2. pH

水的pH对混凝的影响程度，视混凝剂的品种而异。用硫酸铝时，最佳pH为6.5~7.5；用于除色时，pH为4.5~5。用三价铁盐时，最佳pH为6.0~8.4，比硫酸铝宽。如用硫酸亚铁，只有在pH>8.5和水中有足够溶解氧时，才能迅速形成Fe^{3+}，这就使设备和操作较复杂。为此，常采用加氯氧化的方法，其反应为

$$6FeSO_4+3Cl_2 \longrightarrow 2Fe_2(SO_4)_3+2FeCl_3$$

高分子混凝剂尤其是有机高分子混凝剂，混凝的效果受pH的影响较小。从铝盐和铁盐的水解反应式可以看出，水解过程中不断产生的H^+必将使水的pH下降。要使pH保持在最佳的范围内，应有碱性物质与其中和。当原水中碱度充分时，pH略有下降而不致影响混凝效果。当原水中碱度不足或混凝剂投量较大时，水的pH将大幅度下降，影响混凝效果。此时，应投加石灰或碳酸氢钠等。

3. 水中杂质的成分、性质和浓度

水中杂质的成分、性质和浓度都对混凝效果有明显的影响。例如，天然水中主要含黏土类杂质，需要投加混凝剂的量较少，而污水中含有大量有机物时，需要投加较多的混凝剂才有混凝效果，有时投加量可达$10\sim10^3$ mg/L。这说明影响的因素比较复杂，理论上只限于做定性推断和估计。在生产和实用上，主要靠混凝试验，以选择合适的混凝剂品种和最佳投加量。

在城镇污水处理方面，过去很少采用化学混凝的方法。但近年来，化学混凝剂的品种和质量都有较大的变化，使化学混凝法处理城镇污水有一定的竞争力。实践表明，对某些浓度不高的城镇污水，投加20~80 mg/L的聚合氯化铝与0.3~0.5 mg/L的阴离子聚丙烯酰胺，就可去除约70%的COD，悬浮固体和总磷可去除90%以上。

4. 水力条件

混凝过程中的水力条件对絮体的形成影响极大。整个混凝过程可以分为两个阶段：混合和反应。这两个阶段在水力条件上的配合非常重要。

混合阶段的要求是使药剂迅速均匀地扩散到全部水中以创造良好的水解和聚合条件，使胶粒脱稳并借胶粒的布朗运动和紊动水流进行凝聚。在此阶段并不要求形成大的絮体。混合要求快速和剧烈搅拌，在几秒钟或1 min内完成。对于高分子混凝剂，由于它们在水中的形态不像无机高分子混凝剂那样受时间的影响，混合的作用主要是使药剂在水中均匀分散，混合反应可以在很短的时间内完成，而且不宜进行过剧烈的搅拌。

反应阶段的要求是使混凝剂的微粒通过絮凝形成大的具有良好沉淀性能的絮体。反应阶段的搅拌强度或水流速度应随着絮体的结大而逐渐降低，以免结大的絮体被

打碎。如果在化学混凝以后不经沉淀处理而直接进行接触过滤或进行气浮处理，反应阶段可以省略。

四、化学混凝的设备

化学混凝的设备包括：混凝剂的溶解配制和投加设备、混合设备和反应设备。

1. 混凝剂的溶解配制和投加设备

将混凝剂投加到待处理的水中，可以用干投法和湿投法。干投法就是将固体药剂(如硫酸铝)破碎成粉末后定量地投加，这种方法现在使用较少。目前常用的湿投法是将混凝剂先溶解，再配制成一定浓度的溶液后定量地投加。因此，它包括溶解配制设备和投加设备。

(1) 混凝剂的溶解和配制：混凝剂在溶解池中进行溶解。溶解池应有搅拌装置，搅拌的目的是加速药剂的溶解。搅拌的方法常有机械搅拌、压缩空气搅拌和水泵搅拌等。机械搅拌是用电动机带动桨板或涡轮。压缩空气搅拌是向溶解池通入压缩空气进行搅拌。水泵搅拌是直接用水泵从溶解池内抽取溶液再循环回到溶解池。对于无机盐类混凝剂溶解池，搅拌装置和管配件等都应考虑防腐措施或用防腐材料。当使用 $FeCl_3$ 时，腐蚀性非常强，更需注意。

药剂溶解完全后，将浓药液送入溶液池，用清水稀释到一定的浓度备用。无机混凝剂溶液浓度一般用 10%~20%。有机高分子混凝剂溶液的浓度一般用0.5%~1.0%。

溶液池容积(V_1)可按下式计算：

$$V_1=\frac{24\times100AQ}{1\ 000\times1\ 000wn}=\frac{AQ}{417wn} \tag{16-2}$$

式中：V_1——溶液池容积，m^3；

Q——处理的水量，m^3/h；

A——混凝剂的最大投加量，mg/L；

w——溶液质量分数,%；

n——每天配制次数，一般为 2~6 次。

溶解池容积 V_2：

$$V_2=(0.2\sim0.3)V_1 \tag{16-3}$$

(2) 混凝剂溶液的投加：药剂投入原水中必须有计量及定量设备，并能随时调节投加量。计量设备可以用转子流量计、电磁流量计等。图 16-6 是一种常用的简单计量设备。配制好的药剂溶液通过浮球阀进入恒位水箱。箱中液位靠浮球阀保持恒定。在恒定液位下 h 处有出液管，管端装有苗嘴或孔板，见图16-7(a)和(b)。因作用水头 h 恒定，一定口径的苗嘴或一定开启度的孔板出流量是恒定的。当需要调节投药量时，可以更换苗嘴或改变孔板的出口断面。

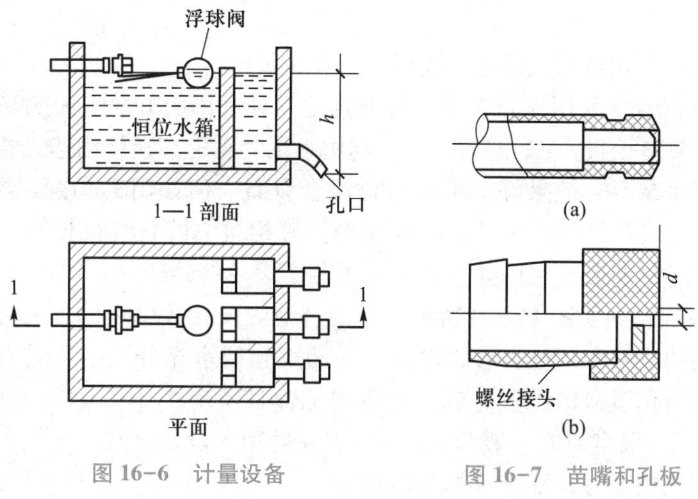

图 16-6 计量设备

图 16-7 苗嘴和孔板

（a）苗嘴；（b）孔板

药剂投入原水中的方式，可以采用在泵前重力投加(图 16-8)，也可以用水射器投加(图 16-9)或直接用计量泵投加。

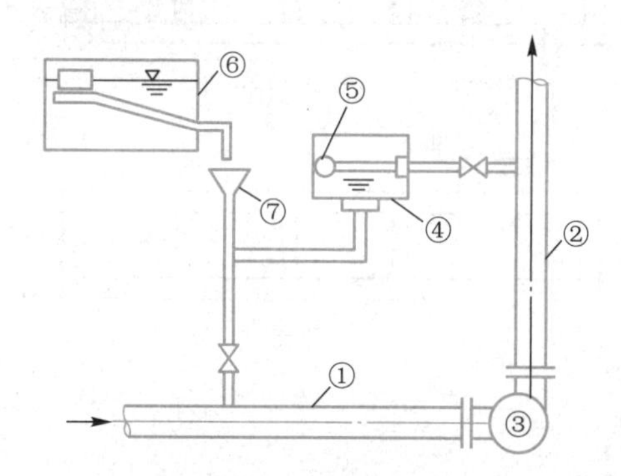

① 吸水管；② 出水管；③ 水泵；④ 水封箱；⑤ 浮球阀；⑥ 溶液池；⑦ 漏斗管。

图 16-8 泵前重力投加

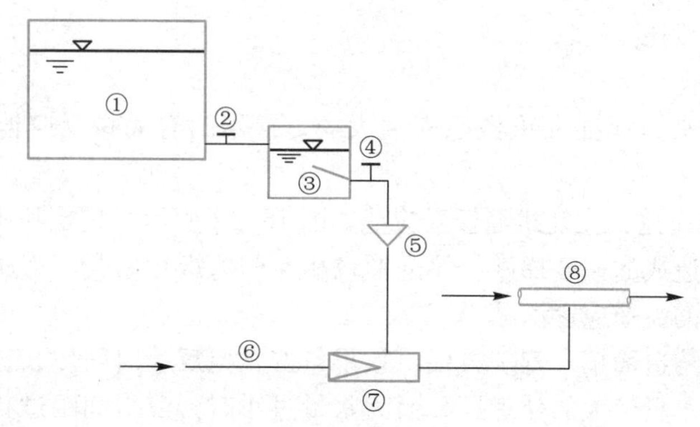

① 溶液池；② 阀门；③ 投药箱；④ 阀门；⑤ 漏斗；⑥ 高压水管；⑦ 水射器；⑧ 原水。

图 16-9 水射器投加

2. 混合设备

常用的混合方式是水泵混合、隔板混合和机械混合。

（1）水泵混合：利用提升水泵进行混合是一种常用的方法。药剂在水泵的吸水管上或吸水喇叭口处投入（如图 16-8），利用水泵叶轮的高速转动达到快速而剧烈的混合目的。用水泵混合效果好，不需另建混合设备。但如用 $FeCl_3$ 作混凝剂时，对水泵叶轮有一定腐蚀作用。另外，当水泵到处理构筑物的管线很长时，可能会在长距离的管道中过早地形成絮体并被打碎，不利于以后的处理。

（2）隔板混合：如图 16-10 所示，在混合池内设有数块隔板，水流通过隔板孔道时产生急剧的收缩和扩散，形成涡流，使药剂与原水充分混合。隔板间距约为池宽的 2 倍。隔板孔道交错设置，流过孔道时的流速不应小于 1 m/s，池内平均流速不小于 0.6 m/s。混合时间一般为 10~30 s。在处理水量稳定时，隔板混合的效果较好；如流量变化较大时，混合效果不稳定。

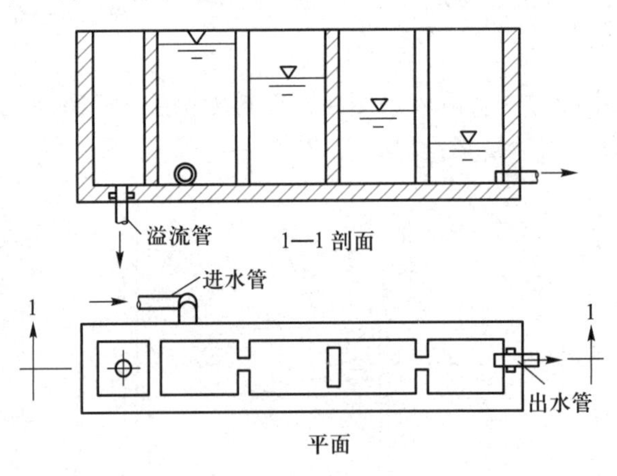

图 16-10　隔板混合池

（3）机械混合：用电动机带动桨板或螺旋桨进行强烈搅拌是一种有效的混合方法。如图 16-11 所示，桨板的外缘线速度一般为 2 m/s，混合时间为 10~30 s。机械搅拌的强度可以调节，比较灵活。这种方法的缺点是增加了机械设备，增加了维修保养工作和动力消耗。

3. 反应设备

反应设备有水力搅拌和机械搅拌两大类。常用的有隔板反应池和机械搅拌反应池。

（1）隔板反应池：往复式隔板反应池如图 16-12 所示。它是利用水流断面上流速分布不均匀所造成的速度梯度，促进颗粒相互碰撞进行絮凝。为避免结成的絮体被打碎，隔板中的流速应逐渐减小。

隔板反应池构造简单，管理方便，效果较好，但反应时间较长，容积较大，且主要适用于处理水量较大的处理厂。因为水量过小时，隔板间距过狭，难于施工和维修。

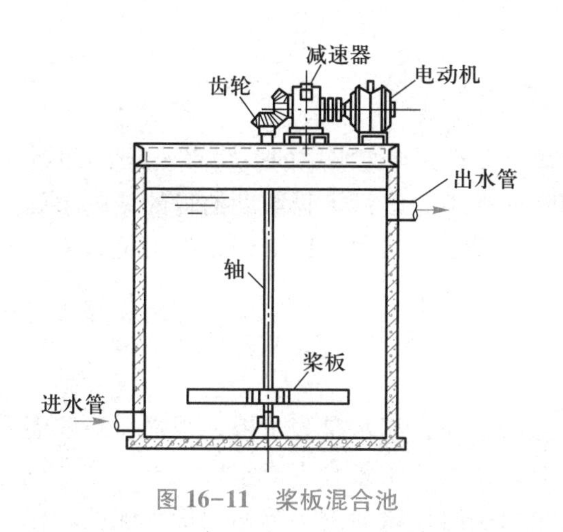

图 16-11 桨板混合池

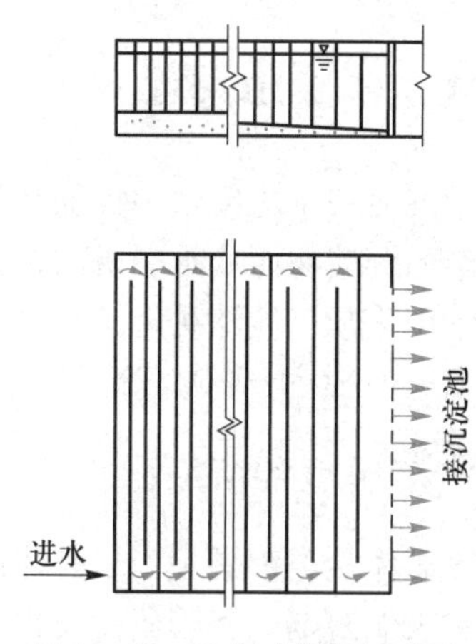

图 16-12 往复式隔板反应池

隔板反应池的主要设计参数可采用：① 反应池隔板间的流速，起端部分为 0.5~0.6 m/s，末端部分为 0.15~0.2 m/s。隔板的间距从进口到出口逐渐放宽。② 反应时间为 20~30 min。③ 为便于施工和检修，隔板间距应大于 0.5 m。池底应有 0.02~0.03 的坡度并设排泥管。④ 转弯处的过水断面面积应是隔板间过水断面面积的 1.2~1.5 倍。⑤ 反应池的总水头损失为 0.3~0.5 m。

（2）机械搅拌反应池：机械搅拌反应池如图 16-13 所示。图中的转动轴是垂直的，也可以用水平轴式。

机械搅拌反应池的主要设计参数可采用：① 每台搅拌装置上的桨板总面积为水流截面积的 10%~20%，不超过 25%。桨板长度不大于叶轮直径的 75%，宽度为 10~30 cm。② 叶轮半径中心点的旋转线速度在第一格用 0.5~0.6 m/s，以后逐格减少，最后一格采用 0.1~0.2 m/s，不得大于 0.3 m/s。③ 反应时间为 15~20 min。

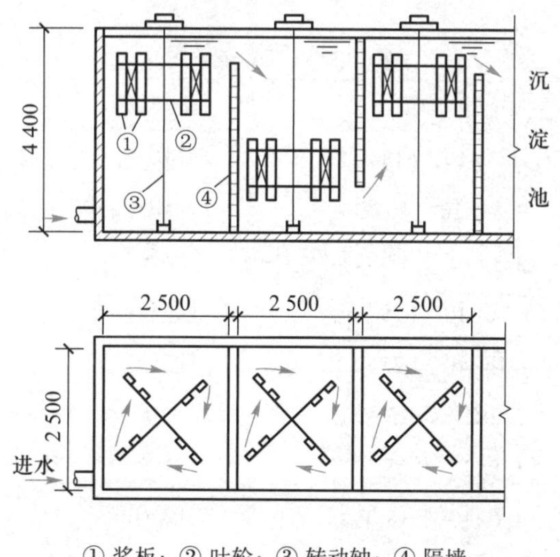

① 桨板；② 叶轮；③ 转动轴；④ 隔墙。

图 16-13 机械搅拌反应池

第三节 化学沉淀法

化学沉淀法是向废水中投加某种化学物质，使其与废水中的一些离子发生反应，生成难溶的沉淀物而从水中析出，以达到降低水中溶解污染物浓度的目的。废水处理中，常用化学沉淀法去除废水中的阳离子如 Hg^{2+}、Ca^{2+}、Pb^{2+}、Cu^{2+}、Zn^{2+}、Cr^{3+} 等，阴离子如 SO_4^{2-}、PO_4^{3-} 等。

一、溶解度和溶度积

各种固体盐类都是呈离子晶体结构的强电解质，而水是分子极性很强、溶解能力很高的天然溶剂。当固体盐类进入水中时，盐类离子就会生成水合离子，这个过程称为溶解。当某种盐在水中溶解达到平衡状态时，该盐的溶解达到最大限度，称为该种盐的溶解度。根据化学平衡的原理，溶解达到平衡时，存在所谓的溶解平衡常数。溶解平衡常数等于两种离子溶解度的乘积，称为溶度积常数或简称为溶度积（K_s）。溶解盐类发生沉淀的必要条件是其离子的浓度积大于溶度积。因此，化学沉淀法的实质主要是向水中投加某种适当的化学物质，以使投入的离子与水中的有害离子形成溶度积很小的难溶盐和难溶氢氧化物而沉淀析出。

溶度积（K_s）是常数，其数值可参阅有关的化学手册。表 16-1 为溶度积的一个简表，包括了上述一些离子的难溶盐或难溶氢氧化物。当能结合成难溶盐的两种离子的浓度之积超过该盐溶度积时，该盐将析出，而这两种离子的浓度将下降，需要去除的离子就与水分离。例如，水中的 Zn^{2+}浓度为 a，需要降低，可投加 Na_2S，S^{2-}的浓度为 b；若 $a \cdot b$ 超过 ZnS 的 $K_s = 1.2 \times 10^{-23}$，则 ZnS 从水中析出，$Zn^{2+}$的浓度降低。由此可见，上述各离子都有难溶盐或难溶氢氧化物，它们都能用化学沉淀法从废水中去除。

表 16-1 溶度积简表

化合物	溶度积	化合物	溶度积
$Al(OH)_3$	11.1×10^{-15}(18 ℃)	$Fe(OH)_2$	1.64×10^{-14}(18 ℃)
$AlPO_4$	9.84×10^{21}(25 ℃)	$Fe(OH)_3$	1.1×10^{-36}(18 ℃)
AgBr	4.1×10^{-13}(18 ℃)	FeS	3.7×10^{-19}(18 ℃)
AgCl	1.56×10^{-10}(25 ℃)	Hg_2Br_2	1.3×10^{-21}(25 ℃)
Ag_2CO_3	6.15×10^{-12}(25 ℃)	Hg_2Cl_2	2×10^{-18}(25 ℃)
Ag_2CrO_4	1.2×10^{-12}(25 ℃)	Hg_2I_2	1.2×10^{-28}(25 ℃)
Ag	1.5×10^{-16}(25 ℃)	HgS	$4\times10^{-53}\sim2\times10^{-49}$(18 ℃)
Ag_2S	1.6×10^{-49}(18 ℃)	$MgCO_3$	2.6×10^{-5}(12 ℃)
$BaCO_3$	7×10^{-9}(16 ℃)	MgF_2	7.1×10^{-9}(18 ℃)
$BaCrO_4$	1.6×10^{-10}(18 ℃)	$Mg(OH)_2$	1.2×10^{-11}(18 ℃)

续表

化合物	溶度积	化合物	溶度积
$BaSO_4$	0.87×10^{-10}(18 ℃)	$Mn(OH)_2$	4×10^{-14}(18 ℃)
$CaCO_3$	0.99×10^{-8}(15 ℃)	MnS	1.4×10^{-15}(18 ℃)
$CaSO_4$	2.45×10^{-5}(25 ℃)	$PbCO_3$	3.3×10^{-14}(18 ℃)
CdS	3.6×10^{-29}(18 ℃)	$PbCrO_4$	1.77×10^{-14}(18 ℃)
CoS	3×10^{-26}(18 ℃)	PbF_2	3.2×10^{-8}(18 ℃)
$Cr(OH)_3$	—	PbI_2	7.47×10^{-9}(15 ℃)
CuBr	4.15×10^{-8}(18~20 ℃)	PbS	3.4×10^{-28}(18 ℃)
CuCl	1.02×10^{-6}(18~20 ℃)	$PbSO_4$	1.06×10^{-5}(18 ℃)
CuI	5.06×10^{-12}(18~20 ℃)	$Zn(OH)_2$	1.8×10^{-14}(18~20 ℃)
CuS	8.5×10^{-45}(18 ℃)	ZnS	1.2×10^{-23}(18 ℃)
Cu_2S	2×10^{-47}(16~18 ℃)		

顺便说明一点，易溶与难溶是相对的，我们可用较难溶的物质作为沉淀剂去除能构成更难溶盐的某一离子。例如，难溶盐 $CaSO_4$ 的 $K_s=2.45\times10^{-5}$很低，但 $BaSO_4$ 的 $K_s=0.87\times10^{-10}$更低，可以用 $CaSO_4$ 作为沉淀剂，沉淀 Ba^{2+}。

二、沉淀剂用量计算

以黏胶纤维厂含锌废水的处理为例，加以说明。

黏胶纤维厂纺练车间的酸浴是硫酸和硫酸锌的溶液。从酸浴槽出来的丝束将附着的酸带入塑化槽，由不断注入的温水稀释成塑化浴，塑化槽的溢流成为废水。废水的成分与塑化浴相同，是稀释了的酸浴，应与回流酸浴一起进入循环，流向酸站。若经计算比较，采用直接排放，则塑化槽废水应按工业废水排放标准进行处理。

需特殊处理的废水单独处理时常比与其他废水混合后再处理要经济有效。塑化浴溢流一般需要的处理是中和硫酸和去除 Zn^{2+}，后者可采用化学沉淀法。从表 16-1 可看出，$Zn(OH)_2$ 和 ZnS 的 K_s 都很小，氢氧化物和硫化物都可作为 Zn^{2+} 的沉淀剂，若采用硫化物，中和与沉淀必须分步进行，否则将产生有毒的 H_2S，增加处理的复杂性。采用碱性物质为中和剂，则中和与沉淀可同步进行。黏胶纤维厂耗用大量 NaOH，碱站排放的碱性废水应首先利用。量不足时，再用 NaOH 或 $Ca(OH)_2$。用量不多时，用 NaOH 比较经济且便于管理，同时可避免沉淀中夹杂 $CaSO_4$ 杂质，既减少废渣的量，又为沉渣 $Zn(OH)_2$ 回用于酸浴创造条件。

假设废水的 pH 已调到 7 或更高些，$ZnSO_4$ 浓度为 9 g/L，则用于沉淀 Zn^{2+} 的 NaOH 的量可计算如下：

$$ZnSO_4+2NaOH \longrightarrow Zn(OH)_2 \downarrow +Na_2SO_4$$

$$161 \qquad 80$$

$$9 \qquad x$$

$$161:80=9:x$$

$$x=\frac{80\times9}{161}\ g/L\approx4.5\ g/L$$

但是残留的 Zn^{2+} 浓度取决于废水的 pH。若排放的 Zn^{2+} 浓度必须低于 5 mg/L，则出水应达到的 pH 可计算如下：

从表 16-1 查得 $Zn(OH)_2$ 的 $K_s=1.8\times10^{-14}$，且 Zn^{2+}浓度为 5 mg/L，则

$$[Zn^{2+}]=\frac{5\times10^{-3}}{65.4}\ mol/L\approx7.64\times10^{-5}mol/L$$

$$[OH^-]=\left\{\frac{1.8\times10^{-14}}{[Zn^{2+}]}\right\}^{1/2}$$

$$\approx(2.35\times10^{-10})^{1/2}$$

$$\approx10^{-4.814}$$

$$[H^+]=\frac{10^{-14}}{[OH^-]}=\frac{10^{-14}}{10^{-4.814}}\approx10^{-9.19}$$

即：pH≈9.19

在实际操作中，沉淀剂用量常以计算量为参考，以 pH 为控制参数。因考虑反应速率，常过量操作。

第四节 氧化和还原法

在化学反应中，如果发生电子的转移，参与反应的物质所含元素将发生化合价的改变，称为氧化还原反应。失去电子的过程称为氧化，失去电子的物质被氧化；得到电子的过程称为还原，得到电子的物质被还原。在水处理中，可采用氧化或还原的方法改变水中某些有毒有害化合物中元素的化合价及改变化合物分子的结构，使剧毒的化合物变为微毒或无毒的化合物，使难于生物降解的有机物转化为可以生物降解的有机物。

一、氧化法

废水处理中常用的氧化剂有氯、臭氧等。下面举例说明。

1. 氯氧化

电镀废水往往含 CN^-，可加氯氧化为 N_2 和 CO_2。一般采用间歇式分批处理。处理时分两步进行。先加碱，调整 pH 至 10 以上，同时按质量浓度的计算量（$CN^-:Cl_2=1:2.7$）加氯，搅拌混合数分钟。然后调整 pH 到 8.5，再按计算量（$CN^-:Cl_2=1:4.1$）的 110%第二次加氯，搅拌 1 h 以上完成反应，其反应式如下：

第一步：$CN^-+2OH^-+Cl_2 \longrightarrow CNO^-+2Cl^-+H_2O$

第二步：$2CNO^{-}+4OH^{-}+3Cl_2 \longrightarrow 2CO_2\uparrow+N_2\uparrow+6Cl^{-}+2H_2O$

2. 臭氧氧化

对某些工业废水，如炼油废水、重油裂解废水、高炉煤气洗涤水等，虽经过了某些生物方法处理，但废水中的污染物如酚、氰及色度等仍较高，还不能达标排放或加以回用，此时可用臭氧氧化进行深度处理。表 16-2 是某些工业废水用臭氧处理的效果。

表 16-2　某些含酚、氰废水臭氧处理效果

废水种类	处理方式	臭氧投加量/($mg \cdot L^{-1}$)	停留时间/mm	处理方式		
				水质指标	处理前/($mg \cdot L^{-1}$)	处理后/($mg \cdot L^{-1}$)
炼油废水生物处理+过滤出水	微气泡接触塔 直径 800 mm 高 7 500 mm 20~30 μm 微孔钛板	35	12	COD 酚 油	70~100 0. 3 5~10	<50 <0. 01 <0. 3
重油裂解废水	填料接触塔	96. 8	13	酚 氰	0. 9 0. 74	0. 001 0. 021
		64. 9	21. 6	酚 氰	2. 12 1. 15	0. 016 0. 38
高炉煤气洗涤水	四级微孔鼓泡塔	30	40	酚 氰 COD	3. 82 0. 1 14. 72	0 0. 015 6. 72

3. 湿式氧化和催化湿式氧化

湿式氧化(wet oxidation, WO)是在高温(125 ℃~320 ℃)和高压(0. 5~20 MPa)条件下，以氧气或空气为氧化剂，将有机污染物氧化分解为二氧化碳和水等无机物或小分子有机物的技术。湿式氧化和催化湿式氧化(catalytic wet oxidation, CWO)通常用于不可生物降解的废水处理。有研究表明，当进水 COD 浓度大于 20 g/L 时，这两种方法在能量方面可以自我维持。日本、美国和欧盟国家已成功地将湿式氧化技术用于含高浓度有机污水和污泥的处理。

湿式氧化中，一般形成的最终产物是小分子的羧酸，其中乙酸和丙酸对湿式氧化有抗性，因此它们的氧化需要借助催化剂。在 WO 工艺基础上添加适当的催化剂即成为催化湿式氧化(CWO)工艺，通过催化剂，CWO 工艺可实现有机污染物的高效氧化降解，并大大降低反应所需的温度和压力，提高反应速率，缩短反应时间，提高氧化效率，节省能耗和设备投资，降低成本。

CWO 工艺中的催化剂主要包括过渡金属及其氧化物、复合氧化物和盐类。根据催化状态可分为均相和非均相催化剂。均相催化剂具有活性高、反应速率快等优点。但需进行后续处理，流程较复杂，易引起二次污染。非均相催化剂以固态形式存在，

具有活性高、易分离、稳定性好等优点，因而受到普遍关注。

二、高级氧化技术

随着水污染问题的日益突出，以及人们对水质要求的提高，那些难以生物降解或对生物有毒害作用的有机污染物的处理问题引起人们极大的重视。但是，这些有机污染物不仅难以生物降解，也很难用一般的氧化剂加以氧化去除。1987 年，Glaze 等提出了以羟基自由基(·OH)作为主要氧化剂的高级氧化工艺(advanced oxidation processes,AOPs)。这类工艺采用两种或多种氧化剂联用发生协同效应，或者与催化剂联用，提高·OH 的生成量和生成速率，加速反应过程，提高处理效率和出水水质。

·OH 是最具有活性的氧化剂之一，在高级氧化工艺中起主要的作用。·OH作为氧化反应的中间产物通常由以下反应产生：自由基链式反应分解水中的 O_3(臭氧)；光分解 H_2O_2；水合氯、硝酸盐、亚硝酸盐或溶解的水合亚铁离子；Fenton 反应或离子化辐射反应等。

(一) 高级氧化工艺的特点

1. 强氧化性

·OH 是一种极强的化学氧化剂。它的氧化电位要比普通氧化剂，如 Cl_2、H_2O_2 和 O_3 等高得多。因此，·OH 的氧化能力明显高于普通氧化剂。表 16-3 为几种氧化剂的氧化电位比较。

表 16-3 几种氧化剂的氧化电位比较

氧化剂	半反应	氧化电位/V
F_2	$F_2(g)+2H^++2e^-\longrightarrow 2HF(aq)$	3.05
·OH	$\cdot OH+H^++e^-\longrightarrow H_2O$	2.80
MnO_4^-	$HMnO_4^-+3H^++2e^-\longrightarrow MnO_2(s)+2H_2O$	2.09
O_3	$O_3+6H^++6e^-\longrightarrow 3H_2O$	2.07
H_2O_2	$H_2O_2+2H^++2e^-\longrightarrow 2H_2O$	1.78
HClO	$HClO+H^++2e^-\longrightarrow Cl^-+H_2O$	1.63
Cl_2	$Cl_2+2e^-\longrightarrow 2Cl^-$	1.36
O_2	$O_2(g)+2H_2O+4e^-\longrightarrow 4OH^-(aq)$	0.40

2. 反应速率快

与普通化学氧化法相比，·OH 的反应速率很快。据测定，一些主要有机污染物与 O_3 的反应速率常数为 0.01~1 000 L/(mol·s)，而·OH 与这些有机污染物的反应速率常数达到 10^8~10^{10} L/(mol·s)。因此，氧化反应的速率主要由·OH的产生速率决定。

3. 提高可生物降解性，减少三卤甲烷(trihalomethanes,THMs)和溴酸盐的生成

在高级氧化工艺中，如 H_2O_2/UV、O_3/UV 和 γ 辐射/O_3 等比单用 O_3 可以更有效地提高有机污染物的可生物降解性。而且，可以避免和减少用 Cl_2 氧化可能产生

的 THMs，以及用 O_3 氧化可能产生的溴酸盐等有害化合物。

（二）几种有代表性的高级氧化工艺

1. Fenton 试剂法（H_2O_2/Fe^{2+}）

Fenton 试剂由 Fe^{2+}和 H_2O_2 组成，当 pH 低时（一般要求 pH=3 左右），在 Fe^{2+}的催化作用下，H_2O_2 就会分解产生·OH，从而引发链式反应。

有研究曾用 Fenton 试剂进行垃圾渗滤液的处理试验。试验时，控制 pH=3，Fe^{2+}的投加量为 0.05 mol/L，H_2O_2 的投加量是 Fe^{2+}的 3~4 倍，可将 COD 为2 450 mg/L的垃圾渗滤液达到超过 80%的 COD 去除率。

Fenton 试剂法具有操作过程简单、设备投资少、氧化能力强、反应速率快等优势，但同时也存在催化剂消耗量大、易产生铁泥、氧化剂利用率受限等缺点。

2. H_2O_2/UV 法

H_2O_2/UV 法对有机污染物的去除能力比单独用 H_2O_2 更强。H_2O_2 在受到一定能量的紫外光（UV）照射时可以产生·OH。有研究认为，这一工艺具有比 Fenton 试剂法更佳的费用效益比。它不仅能有效地去除水中的有机污染物，而且不会造成二次污染。

Moza 等对氯代酚类化合物的处理试验表明，当光的波长>290 nm 和 H_2O_2 含量为 55 mg/L 时，可显著提高对 2-氯酚、2，4-二氯酚和 2，4，6-三氯酚的处理效果。

这一工艺的缺点是对 UV 的利用率低，H_2O_2 只显著吸收波长 300 nm 以下的紫外光，因此摩尔吸收系数低，反应速率较慢。但这一工艺不造成二次污染，对饮用水处理仍是一种很有前途的工艺。

3. 类 Fenton 试剂法

在常规 Fenton 试剂法中引入紫外光（UV）、光能（Photo-）、超声（US）、微波（MW）、电能（Electro-）和氧气时可以提高 H_2O_2 催化分解产生·OH 的效率，显著增强 Fenton 试剂的氧化能力，节省 H_2O_2 的用量，因此提出了类 Fenton 试剂法。

例如 UV/H_2O_2/Fe^{2+}工艺，此工艺实际上是 Fenton 试剂法和 H_2O_2/UV 法的结合。其优点是可降低 H_2O_2 的用量。UV 和 Fe^{2+}对 H_2O_2 的分解具有协同作用。除 Fe^{2+}外，Fe^{3+}、钴盐、镍盐、铜盐等也可催化 H_2O_2 生成·OH。某些非金属如石墨、活性炭都可催化 H_2O_2 的分解。但从 H_2O_2 的分解来看，Fe^{2+}效果好。大量研究表明 UV/H_2O_2/Fe^{2+}工艺对氯酚混合液、硝基苯、十二烷基苯磺酸、苯、氯苯的降解都十分有效。

4. UV/TiO_2 法

TiO_2 在受到大于禁带宽度的能量（约为 3.2 eV）激发时，其充满的价带上的电子被激发越过禁带进入导带，同时价带上形成相应的空穴（h^+），所产生的空穴具有很强的捕获电子的能力，而导带上的光致电子 e^-又具有很高的活性，在半导体表面形成氧化还原体系。当半导体处于溶液中时，便可产生·OH，因此 UV/TiO_2 法成为备受关注的高级氧化过程。

UV/TiO_2 法的缺点是对 UV 的吸收范围较窄、光能利用率低、电子-空穴复合率高、量子产率较低。为了解决这一问题，人们正在 TiO_2 改性方面进行努力。

5. 以 O_3 为主体的高级氧化过程

O_3 同有机污染物的反应机理包括 O_3 与有机污染物直接反应和 O_3 分解产生 ·OH，以及·OH 同有机污染物反应的间接反应。O_3 的直接反应具有较强的选择性，一般是破坏有机污染物的双键结构；间接反应一般不具有选择性。O_3 在水中生成·OH 主要有以下三种途径：① O_3 在碱性条件下分解生成·OH；② O_3 在 UV 的作用下生成·OH；③ O_3 在金属催化剂的催化作用下生成·OH；

以 O_3 为主体的高级氧化过程有 O_3/UV 工艺、O_3/H_2O_2 工艺、$O_3/H_2O_2/UV$ 工艺、O_3/金属催化剂工艺等。

O_3/UV 工艺在饮用水深度处理和难降解有机污水处理方面的应用具有广泛的发展前景，美国国家环境保护局将其定为处理多氯联苯最有效的技术。但由于建设投资大，运行费用高，其应用受到一定的限制。O_3/H_2O_2 工艺因为只需对常规氧化处理技术进行简单改造，向 O_3 反应器中加入 H_2O_2 即可，所以 O_3/H_2O_2 工艺是饮用水处理中应用最广的高级氧化技术。$O_3/H_2O_2/UV$ 工艺的高能量（UV 辐射）输入强化了·OH 的产生，诱发自由基反应。

$O_3/H_2O_2/UV$ 工艺可使挥发性有机氯化合物的去除率达到 98%，几乎可使芳香族化合物完全矿化。O_3/金属催化剂工艺以固体金属、金属盐及其氧化物为催化剂，加强 O_3 反应。

6. 电化学高级氧化

电化学高级氧化法通过有催化活性的电极反应直接或间接产生·OH，有效降解难生化处理的有机污染物。但长期以来，受电极材料的限制，该工艺降解有机污染物的电流效率低，能耗高，难以实现工业化。近年来在电催化电极材料和机理方面的研究取得了较大的发展，并开始应用于难降解污水的处理。

电化学高级氧化原理及装置示意图

（1）阳极催化氧化工艺：利用有催化活性的阳极电极反应，产生·OH，阳极工艺分为直接氧化和间接氧化。直接氧化主要靠阳极的氧化作用直接氧化有机污染物，电极的选择很重要。间接氧化是通过阳极氧化溶液中的一些基团生成强氧化剂，间接氧化废水中的有机污染物，达到强化降解的目的。由于间接氧化既在一定程度上发挥了阳极直接氧化的作用，又利用了产生的氧化剂，处理效率大为提高。阳极催化氧化工艺在工业废水（含酚废水、印染废水、化工废水）中得到较广泛的应用。

（2）阴极还原工艺：阴极还原工艺是在适当电极电位下，通过合适阴极的还原作用产生 H_2O_2 或 Fe^{2+}，再外加合适的试剂发生类 Fenton 试剂的氧化反应，从而间接降解有机污染物。按照阴极还原产物的不同，阴极还原工艺分为阴极产生 H_2O_2 和阴极电解还原 Fe^{3+} 产生 Fe^{2+}。H_2O_2 的氧化电位不是很高，氧化能力受到限制。而加入 Fe^{2+} 等金属催化剂，可催化 H_2O_2 产生·OH，形成所谓的“电 Fenton 工艺”。与 Fenton 试剂法相比，无须投加 H_2O_2，通过控制电催化条件能精确控制 H_2O_2 的产量及有机污染物降解的速率，避免了 H_2O_2 运输转移过程可能产生的危害。且新生的氧化能力更强，反应速率高。但 H_2O_2 的产生量受氧气溶解量的限制，在酸性条件下电流效率较低。目前使用的阴极材料大多为石墨、网状多孔碳电极、碳-聚四氟乙烯充氧阴极。这些阴极产生 H_2O_2 的电流效率为50%~95%，对苯酚、苯胺、氯苯、氯酚等有机污染物都能彻底去除。染料脱色也很明显。

（3）阴阳两极协同催化降解工艺：通过合理的电催化反应器设计，同时利用上述阳极催化氧化工艺和阴极还原工艺中阴阳两极的作用，处理效率较单电极催化大大增强。Brillas 等以铁为阳极，碳-聚四氟乙烯充氧阴极为阴极，对 129 mg/L 的苯胺，在温度为 35 ℃，pH 为 4.0 时，经 1 h 的处理，总有机碳去除率可达 95%。

7. 光催化氧化法

半导体光催化剂经太阳光或人工光照射而吸附光能后，发生电子跃迁并生成电子-空穴对，对吸附于表面的有机污染物，直接进行氧化降解，或在催化剂表面形成强氧化性的自由基，并通过自由基氧化有机污染物，达到对有机污染物的降解或矿化。光催化剂主要有 TiO_2、ZnO、CdS、WO_3、SnO_2 等半导体材料。光催化氧化技术对难生物降解有机污染物有着较好的降解效果，并具有反应条件温和、能耗低、无二次污染和应用范围广等优点。然而由于光催化氧化技术普遍存在催化剂不成熟、光生电子-空穴复合过快、光催化量子效率低、处理能力小、装置复杂等问题，影响其在实际水处理中的应用与推广。

8. 超声氧化法

超声降解有机污染物的机理是在超声波(频率一般为 $2\times10^4\sim5\times10^8$ Hz)作用下液体发生声空化，产生空化泡，空化泡崩溃的瞬间，在空化泡内及周围极小空间范围内产生高温(1 900~5 200 K)和高压(5×10^7 Pa)，并伴有强烈的冲击波和时速高达 400 km/s 的射流，这使泡内水蒸气发生热分解反应，产生具有强氧化能力的自由基，易挥发有机污染物形成蒸汽直接热分解，而难挥发的有机污染物在空化泡气液界面上或在本体溶液中与空化产生的自由基发生氧化反应得到降解。

超声氧化法具有设备简单、易操作、无二次污染等优点，但超声氧化法存在降解效果差、超声能量转换率及利用率低、处理量小、处理费用高和处理时间长等问题。目前，超声氧化法常常作为其他氧化剂或处理技术的辅助和强化技术，形成了 US/O_3、US/H_2O_2、US/Fenton、$US/UV/TiO_2$、US/WAO(湿式空气氧化)等组合工艺。

高级氧化工艺能对污水中的难生物降解及不能生物降解的有毒有害污染物发挥显著的处理功效，成为近年来水处理方面的研究热点。但这些工艺的处理成本尚较昂贵，目前还主要应用于某些特种废水的处理。

三、还原法

废水中的有些污染物，如六价铬[Cr(Ⅵ)]毒性很大，可用还原的方法还原成毒性较小的三价铬(Cr^{3+})，再使其生成 $Cr(OH)_3$ 沉淀而去除。又如一些难生物降解的有机污染物(如硝基苯)，有较大的毒性并对微生物有抑制作用，且难以被氧化，但在适当的条件下，可以被还原成另一种化合物(如硝基苯类、偶氮类生成苯胺类，高氯代烃类转化为低氯代烃类，或彻底脱氯生成相应的烃、醇或烯)，进而改善可生物降解性和色度。如下列举几种主要的还原处理方法。

(一) 药剂还原法处理

通过投加具有还原性的药剂使污染物还原、沉淀去除，或降低毒性，提高可生化性。水处理中常用的还原剂有：铁屑、锌粉、硼氢化钠、硫酸亚铁、二氧化硫等。例如，含铬废水的处理可以用投加 $FeSO_4$ 和石灰的方法进行处理。反应式为

$$Cr_2O_7^{2-}+6Fe^{2+}+14H^+ \longrightarrow 2Cr^{3+}+6Fe^{3+}+7H_2O$$

$$CrO_4^{2-}+3Fe^{2+}+8H^+ \longrightarrow Cr^{3+}+3Fe^{3+}+4H_2O$$

$$Cr^{3+}+3OH^- \longrightarrow Cr(OH)_3\downarrow$$

$$Fe^{3+}+3OH^- \longrightarrow Fe(OH)_3\downarrow$$

(二) 电解还原法处理

电解还原法处理，包括污染物在阴极上得到电子而发生的直接还原和利用电解过程中产生的强还原活性物质使污染物发生的间接还原。例如，电解还原处理含铬废水，以铁板为阳极，在电解过程中铁溶解生成 Fe^{2+}，在酸性条件下，CrO_4^{2-} 被 Fe^{2+} 还原成 Cr^{3+}。同时由于阴极上析出 H_2，使废水 pH 逐渐升高，Cr^{3+} 和 Fe^{3+} 便形成 $Cr(OH)_3$ 及 $Fe(OH)_3$ 沉淀。$Fe(OH)_3$ 有凝聚作用，能促进 $Cr(OH)_3$ 迅速沉淀。

在阳极：

$$Fe \longrightarrow Fe^{2+}+2e^-$$

$$CrO_4^{2-}+3Fe^{2+}+8H^+ \longrightarrow Cr^{3+}+3Fe^{3+}+4H_2O$$

在阴极：

$$2H^++2e^- \longrightarrow H_2\uparrow$$

$$CrO_4^{2-}+3e^-+8H^+ \longrightarrow Cr^{3+}+4H_2O$$

直接电解处理的优点是占地面积少，易于实现自动化控制，药剂消耗量和废液排放量都较少，通过调节电解电压或电流，可以适应废水水量和水质大幅度变化带来的冲击。缺点是电耗和可溶性阳极材料消耗较大，副反应多，电极容易钝化。

(三) 铁碳内电解法处理

铁碳内电解法主要是利用铁碳床中铁和碳(或加入的惰性电极)构成无数微小原电池，碳的电位高，形成许多微阴极，铁的电位低，形成微阳极，在电化学催化作用下，有机污染物在电极表面发生化学反应，降解有机污染物，因此又可称为内电解法。新生成的电极产物活性极高，能与废水中的有机污染物发生氧化还原反应，使其结构形态发生变化，完成由难处理到易处理、由有色到无色的转变。同时微小原电池自身反应产生 Fe^{3+} 和 $Fe(OH)_3$，其水解产物具有较强的吸附和絮凝作用，在微小原电池周围电场的作用下，废水中以胶体存在的有机污染物可以在短时间内完成电泳沉积过程，从而去除有机污染物。实际应用中的金属铁中都含有杂质碳，又由于材料表面的不均匀性，有利于形成腐蚀电池。其电极反应为

阳极(Fe)：

$$Fe \longrightarrow Fe^{2+}+2e^-，\ Fe^{2+}\text{还会与 }OH^-\text{反应}$$

$$Fe^{2+}+3OH^- \longrightarrow Fe(OH)_3\downarrow+e^-$$

$$Fe^{2+}+2H_2O \longrightarrow Fe(OH)_2\downarrow +2H^+$$

$$Fe^{2+}+2OH^- \longrightarrow Fe(OH)_2\downarrow$$

阴极(铁中的杂质碳或外加的碳):

$$2H^++2e^- \longrightarrow 2[H] \longrightarrow H_2$$

$$O_2+4H^++4e^- \longrightarrow 2H_2O(\text{酸性充氧时})$$

在电极反应基础上，金属铁还原法降解水中有机污染物的机理可能包括以下几种：

1. 铁的还原作用

铁是活泼金属，在酸性条件下可使一些重金属离子和有机污染物还原为还原态。

2. $Fe(OH)_2$ 的还原作用

电极反应过程中所产生的产物 $Fe(OH)_2$ 对硝基、亚硝基及偶氮化合物具有强烈的还原作用，可把硝基苯类污染物还原成可以生物降解的苯胺类化合物。

3. 氢的还原作用

电极反应中新生成的氢具有较大的活性，能与废水中许多组分发生还原反应，破坏发色、助色基团的结构，使偶氮键断裂、硝基化合物还原为氨基化合物。

因此，用金属铁还原法处理硝基苯类废水的反应机理为：硝基苯首先在阴极表面得到 2 个电子还原为亚硝基苯，亚硝基苯继续获得 2 个电子还原为羟基苯胺，羟基苯胺再得到 2 个电子还原为苯胺。同时，阳极产物 $Fe(OH)_2$ 有强烈的还原作用，可将硝基苯类化合物还原成苯胺类化合物。这就使废水的毒性降低至 1/50，且 BOD_5/COD_{Cr} 从 0 提高到 0.4~0.5。

目前，国内外已有不少关于用金属铁还原法处理难生物降解工业废水和提高硝基苯类废水可生物降解性方面的研究和工程实践报道。但在工程实践中，也存在以下一些局限性，严重影响这一方法的推广应用：

(1) 铁粉的特点是粒度小，比表面积大，可以有较高的表面反应活性。但铁粉的成本较高、容易流失、循环再生的利用率较低，而且容易板结成块，影响使用。

(2) 铁屑法和铁碳法处理废水时，为了提高效率，要在酸性条件下进行，且要曝气充氧。这样，pH 的调节要消耗酸、碱，提高了处理成本，增加了工艺流程的复杂性，而且增大了铁的消耗和沉淀污泥的产生。

(3) 铁屑法和铁碳法处理废水在酸性充氧条件下进行，使铁屑处理装置运行一段时间后，形成大量铁泥，结块板结，产生腐蚀钝化，使处理效果大幅下降。

(四) Cu/Fe 催化还原法处理

为了克服金属铁还原法的局限性，近年来，同济大学等开发了新型的 Cu/Fe 催化还原法，成功地应用于多种难生物降解工业废水的处理。

Cu/Fe 催化还原法的机理也是基于原电池反应的电化学原理，在导电性溶液中形成原电池。由于铜的标准电极电势较高(+0.34 V)，可促进宏观腐蚀电池的产生，增强铁的接触腐蚀，提高反应速率，而且铜的电催化性能使有机污染物在其表面直接还原，弥补了传统铁屑法和铁碳法仅适用于处理 pH 较低的废水，以及需要曝气和铁屑容易结块板结等不足。实践表明，该方法有以下特点：① 铁和铜都可以用废料，只要比表面积较大，混合均匀，还原的效率大大超过铁碳内电解法；② 经连续运行两年以上，没有发生结块板结现象，而且铁的消耗量较低(约40 mg/L)，铜没有消耗也未出现钝化现象；③ pH 的适用范围较广(pH≤10 时,都能取得较好的效果)。

该方法已成功地应用于上海某化工区污水厂($6×10^4$ m^3/d)的改造工程。污水厂接纳了大量化工医药和轻化工企业的生产废水，COD 和色度很高，还存在很多的苯系物、苯胺类、硝基苯类物质。污水厂改造工程在原有处理工艺中的初沉池和生物处理池之间增加了 Cu/Fe 催化还原反应池作为生物处理的预处理段，反应时间为 2 h。经改造后，污水厂的出水 COD 达到 100 mg/L 以下，BOD_5 在 20 mg/L 以下，氨氮在 10 mg/L以下，色度去除率达 75%，仅剩一点淡黄色，硝基苯的去除率在 70%以上。

（五）Cu/Al 催化还原法处理

零价铁和催化铁内电解处理对碱性特别强的废水效果不好，若采用酸去中和废水，酸耗量大。而铝是两性金属，能与碱反应，在碱性条件处理废水时，处理效果会比催化铁内电解好。有研究表明在 pH = 12 时，催化铝内电解处理活性艳红的去除率要比相同条件下催化铁内电解高 60%左右。Cu/Al 催化还原工艺对污染物具有电化学还原、铝离子的絮凝、单质铝的直接还原等作用。

（六）电化学还原法处理

电化学还原是一种通过阴极还原反应去除废水中污染物的技术，常用于金属离子和卤代有机物的处理。金属离子电沉积可用于有价值重金属的回收，而卤代有机物经电化学还原脱卤后毒性显著降低。电化学还原可分为阴极直接还原和阴极间接还原。阴极直接还原是指污染物在阴极表面直接得电子，生成相对应的还原产物；阴极间接还原则是指利用电化学过程生成的一些氧化还原媒介（如 H^+ 或 Ti^{3+}、V^{2+}、Cr^{2+}等低价态金属离子）还原废水中污染物。有研究表明，使用电化学还原法可处理含铬废水，可使溶液中铬含量降低至 0.1 mg/L 以下，该方法具有效果稳定可靠、操作管理简单、设备占地面积小等优势，但运行费用较高，沉渣综合利用问题也有待进一步研究解决。

（七）联合工艺

除上述几种方法，还有一些协同处理可以提高对污染物的去除率，相对降低运行成本，是提高铁碳内电解处理效果的新方向。如与光催化氧化结合处理有机染料废水，利用臭氧协同内电解提高 COD 的去除效率，用镀铜磁性粒子强化内电解后处理硝基苯酚废水，内电解结合超声降解碱性品绿染料。高压脉冲在有铁碳内电解存在的条件下，对有机污染物的降解率增加，尤其是对有机污染物 4-氯酚的去除率大大增加。投加添加剂，如在铁碳内电解反应过程中加入 H_2O_2，使其与电解产生的 Fe^{2+}形成 Fenton 试剂，大大提高了去除率。在印染废水铁碳内电解处理中投加 $FeCl_3$，$FeCl_3$ 有很强的去极化作用，促进 COD 的去除。铁碳内电解预处理段增加 Fe^{3+} 含量可以改善后续工艺活性污泥沉降性能，提高 COD 去除率，加入催化剂如一定量的无机催化剂、沸石等，铁碳内电解处理废水效果也会增加。微波协同内电解，在常压下微波场内形成一种非稳态的放电等离子体，使铁屑表面结构发生明显改变。在产生等离子体的同时也激发产生 Fe^{3+}、Fe^{2+}及强氧化剂 O_3，电弧(紫外光)等，可以强化铁屑表面及孔隙中的有机污染物降解。

第五节 吸附法

一、吸附原理

(一) 吸附平衡和吸附等温线

当气体或液体与固体接触时，固体表面上某些成分被富集的过程称为吸附。气体或液体物质吸附于固体表面的作用力一般可分为两类：一类是由范德瓦耳斯力引起的分子之间的相互作用力，由这种力引起的吸附称为物理吸附。物理吸附类似于气体的凝聚现象，没有电子转移，所需活化能小，吸附量较低，其吸附和解吸速率都很快。另一类是化学力，吸附质分子与吸附剂表面的原子反应生成配合物，需要一定的活化能，这类吸附称为化学吸附。化学吸附的吸附热较物理吸附过程大，接近化学反应热，其吸附或解吸速率都要比物理吸附慢，且吸附速率随温度的升高而增加。这两类吸附作用不能截然分开，物理吸附和化学吸附没有严格的界限，而且随着条件的变化可以相伴发生。但在一个系统中，可能某一类吸附是主要的。在污水处理中，多数情况下，往往是几类吸附作用的综合结果。

吸附等温线的作用及五种吸附等温线示意图

在等温吸附过程中，两相在一定温度下充分接触，最后吸附质分子到达吸附剂表面的数量和吸附剂表面释放吸附质的数量相等，即达到吸附平衡。将吸附容量 Q_e 与相应的平衡浓度 C_e 作图，可得吸附等温线。已有众多学者从不同的吸附等温平衡模型和学说出发，推导和修正出各种吸附等温式。由于吸附机理比较复杂，这些吸附等温式只能适用于特定的吸附情况。较常用的吸附等温式如下。

1. 亨利吸附等温式

对于低浓度吸附质的水溶液，吸附分子如不缔合或解离，保持分子状态的单分子层吸附于均一表面的吸附剂时，单位吸附剂的吸附量和液体中吸附质质量浓度呈线性关系：

$$q=\frac{y}{m}=Hc \tag{16-4}$$

式中：q——单位吸附剂的吸附量，mg/mg；

y——吸附剂吸附的物质总量，mg；

m——投加的吸附剂量，mg；

H——亨利常数，L/mg；

c——吸附质在液体中的质量浓度，mg/L。

2. 朗缪尔(Langmuir)吸附等温式

朗缪尔假设在吸附剂表面具有均匀的吸附能力，所有的吸附机理相同，被吸附的吸附质分子之间没有相互作用力，也不影响分子的吸附，在吸附剂表面只形成单分子层吸附，因此吸附速率和解吸速率与吸附剂表面被吸附分子的覆盖率 θ 和裸露率 $(1-\theta)$ 有关，由此导出：

$$\text{吸附速率}=k_a(1-\theta)c \tag{16-5}$$

$$解吸速率=k_d\theta \tag{16-6}$$

式中：k_a——吸附速率常数；

k_d——解吸速率常数；

c——溶液中溶质的质量浓度，mg/L。

设 q_m 为单位质量或单位体积吸附剂盖满一层单分子层时的吸附量。q 为达到任一平衡状态时的吸附量，覆盖率 $\theta=\frac{q}{q_m}$。在平衡状态时，吸附速率等于解吸速率：

$$k_a c(1-\theta)=k_d\theta \tag{16-7}$$

$$\theta=\frac{q}{q_m}=\frac{k_1 c}{1+k_1 c} 或 q=\frac{y}{m}=\frac{q_m k_1 c}{1+k_1 c}=\frac{k'c}{1+k_1 c} \tag{16-8}$$

式中：k_1——朗缪尔常数，$k_1=\frac{k_a}{k_d}$，$k'=q_m k_1$。

在吸附力很弱或浓度很低时，$k_1 c \ll 1$，式(16-8)中分母的 $k_1 c$ 可以忽略不计，则式(16-8)改成：

$$q=q_m k_1 c=k'c \tag{16-9}$$

与亨利吸附等温式相似，吸附量与吸附质在液相中的浓度成正比，$q_m k_1$ 相当于亨利常数。

如果吸附力比较强，浓度较高时，$k_1 c \gg 1$，则式(16-8)中分母的 1 可以略去，则成为：

$$q=q_m \tag{16-10}$$

吸附量趋于极限值，吸附等温线趋于一条渐近线。

朗缪尔吸附等温式通过变形，可写成直线式：

$$\frac{1}{q}=\frac{1}{q_m k_1 c}+\frac{1}{q_m} \tag{16-11}$$

将试验数据以 $\frac{1}{q}$ 为纵坐标，$\frac{1}{c}$ 为横坐标，可求得常数 q_m 和 k_1，如图 16-14 所示。

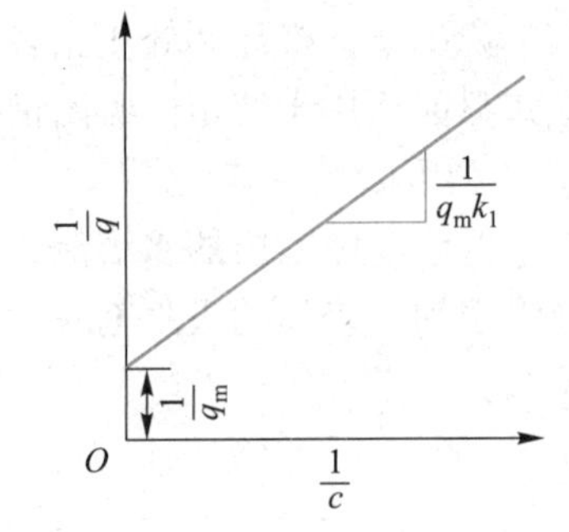

图 16-14 朗缪尔吸附等温式

3. 弗罗因德利希(Freundlich)吸附等温式

弗罗因德利希吸附等温式是一个经验式，该式与不均匀表面吸附理论所得的吸附量与吸附热的关系相符。

$$q=\frac{y}{m}=kc^{\frac{1}{n}} \tag{16-12}$$

式中：k——弗罗因德利希常数；

n——常数，通常 $n>1$，随温度的升高，吸附指数 $\frac{1}{n}$ 趋于 1，一般认为：$\frac{1}{n}$ 为 0.1~0.5，则容易吸附；$\frac{1}{n}>2$ 的物质难以吸附。

弗罗因德利希吸附等温式可以表示成对数形式：

$$\lg q=\frac{1}{n}\lg c+\lg k \tag{16-13}$$

以 $\lg q$ 和 $\lg c$ 作图，可得一条直线，直线斜率为$\frac{1}{n}$，截距为 $\lg k$。

4. BET 方程

1938 年 Brunauer、Emmett 和 Teller 三人在朗缪尔模型和假定的基础上提出了多层吸附理论。多层吸附的吸附量等于各层吸附量的总和，由此推出的吸附等温方程式即 BET 方程。

$$\frac{c}{q(c_s-c)}=\frac{1}{kq_m}+\frac{k-1}{kq_m}\frac{c}{c_s} \tag{16-14}$$

$$q=\frac{kq_m c}{(c_s-c)\left[1+(k-1)\frac{c}{c_s}\right]} \tag{16-15}$$

当吸附质的平衡浓度 c 远小于饱和浓度 c_s，即 $c_s>>c$ 时，则

$$\frac{q}{q_m}=\frac{k\frac{c}{c_s}}{1+k\frac{c}{c_s}} \tag{16-16}$$

令 $k_1=\frac{k}{c_s}$，则上式变为朗缪尔吸附等温式。

以$\frac{1}{q}\ \frac{c/c_s}{1-c/c_s}$为纵坐标，$\frac{c}{c_s}$为横坐标作图，可得一条直线。该直线的斜率为$\frac{k-1}{kq_m}$，截距为$\frac{1}{kq_m}$，由图解法可得 k 和 q_m 的值。

（二）吸附速率

前述的吸附平衡值表明了吸附过程中的吸附质在溶液和吸附剂之间的浓度分配的极限。但在实际的吸附过程中，吸附需要的时间，吸附设备的大小都与吸附速率有关。吸附速率越快，所需要的时间就越短，吸附设备所需要的容积也就越小。

常见吸附等温式图解

吸附速率取决于吸附剂对吸附质的吸附过程。多孔吸附剂与溶液接触时，在固体吸附剂颗粒表面总存在着一层流体薄层，即液相界膜，吸附剂对吸附质的吸附过程可以理解为吸附质首先要通过液相界膜扩散到吸附剂表面，称为颗粒的外扩散，或称为膜扩散。然后吸附质通过细孔向吸附剂内部扩散，称为孔隙扩散。最后是吸附质在吸附剂内表面上的吸附，称为吸附反应。吸附速率取决于上述三个过程，通常吸附反应速率非常快，因而吸附速率主要由外扩散和孔隙扩散速率控制。

界膜内吸附质扩散速率 N 与界膜厚度成反比，与单位体积床层中吸附剂颗粒的外表面积(界膜面积)a、流体主体中吸附质的浓度 c 和吸附剂颗粒外表面上流体中吸附质浓度 c_i 之差成正比，即

$$N=k_{L}a(c-c_{i})=\frac{D}{\delta}a(c-c_{i}) \tag{16-17}$$

提高溶液的流速，可使界膜厚度降低，界膜传质系数 k_L 增大，提高吸附速率。吸附剂颗粒变小，界膜面积 a 增加，溶液浓度 c 提高等都可提高吸附速率。

孔隙扩散速率与吸附剂孔隙的大小、结构、吸附质颗粒的大小等因素有关。扩散速率与吸附剂颗粒外表面的吸附量 q_i 和颗粒的平均吸附量 q 的差成正比。

$$N=k_{s}a(q_{i}-q) \tag{16-18}$$

式中：k_s——吸附剂外表面至内表面的传质系数。

吸附速率与吸附质颗粒直径的较高次方成反比，颗粒越小，内扩散阻力越小，扩散速率越大。

（三）影响吸附的因素

吸附是溶剂、溶质和固体吸附剂三者之间的作用，因此溶质、吸附剂和溶液的性质都对吸附过程产生影响。

1. 溶质（吸附质）的性质

（1）溶质和溶剂之间的作用力：溶质在水中的溶解度越大，溶质对水的亲和力就越强，就不易转向吸附剂界面而被吸附，反之亦然。有机物在水中的溶解度一般与分子结构和大小有关，并随着链长的增加而降低，如活性炭自水中吸附脂肪族有机酸的量，按甲酸、乙酸、丙酸、丁酸的顺序增加。芳香族化合物较脂肪族化合物容易吸附，苯甲醛在活性炭上的吸附量是丁醛的 2 倍，苯甲酸是乙酸的 5 倍。

（2）溶质分子的大小：Tranbe 定律认为，大尺寸疏水分子的斥力增加了水-水间的键合，因此随着吸附质相对分子质量的增加，吸附量增加。但吸附速率受颗粒内扩散速率控制时，吸附速率随着相对分子质量的增加而降低，低相对分子质量的有机物反而容易被去除。

（3）电离和极性：简单化合物，非解离的分子较离子化合物的吸附量大，但随着化合物结构的复杂化，电离对吸附的影响减小。有机物的极性是分子内部电荷分布的函数，不对称的化合物都或多或少地带有极性。衡量溶质极性对吸附的影响，服从极性相容的原则，即极性吸附剂能强烈地从非极性溶剂中将极性溶质吸附，但是非极性吸附剂却很难将极性溶剂中的极性溶质吸附。水是极性很强的物质，极性溶质在水中的吸附量随着溶质极性的增强而减小。羟基、羧基、硝基、腈基、磺基、氨基等都能增加分子的极性，对吸附是不利的。

2. 吸附剂的性质

吸附量的多少随着吸附剂比表面积的增大而增加，吸附剂的孔径、颗粒度等都影响比表面积的大小，从而影响吸附性能。不同的吸附剂，用不同的方法制造的吸附剂，其吸附性能也不相同，吸附剂的极性对不同吸附质的吸附性能也不一样。

3. 溶液的性质

（1）pH：pH 对吸附质在溶液中存在的形态（电离、配合）和溶解度均有影响，因而对吸附性能也产生影响。水中的有机物一般在低 pH 时，电离度较小，吸附去除率高。活性炭吸附剂在低 pH 时，表面上的负电荷将随着溶液中氢离子浓度的增加而减少，使活性炭具有更多的活化表面，吸附性能变得更好。

（2）温度：吸附反应通常是放热的，因此温度越低对吸附越有利。但是在水处理中，一般温度变化不大，因而温度的影响往往很小，常常可以不加考虑。

（3）共存物质：其影响较复杂，有的可以相互诱发吸附，有的能独立地被吸附，有的则相互起干扰作用。水溶液中有相当于天然水含量的无机离子共存时，对有机物的吸附几乎没有什么影响。当有汞、铬、铁等金属的离子在活性炭表面氧化还原发生沉积时，活性炭的孔径会变窄，妨碍有机物的扩散。悬浮物会堵塞吸附剂的孔隙，油类物质会在吸附剂表面形成油膜，均对吸附有很大影响。

二、吸附剂

所有的固体表面都或多或少地具有吸附作用，而作为工业用的吸附剂，必须具有较大的比表面积，较高的吸附容量，良好的吸附选择性、稳定性、耐磨性、耐腐蚀性和较好的机械强度，并且具有价廉易得等特点。常用的工业吸附剂有以下几种。

（1）活性白土、漂白土、硅藻土等天然矿物质：其主要成分是 SiO_2、Al_2O_3、Fe_2O_3。经适当加工活化处理后即可作为吸附剂使用，虽然吸附容量不大，选择吸附分离能力低，但这些天然材料来源广泛。

（2）活性炭：活性炭是煤、重油、木材、果壳等含碳类物质加热炭化，再经药剂（如氯化锌、氯化锰、磷酸等）或水蒸气活化而制成的多孔性炭结构的吸附剂。活性炭的性质由于原料和制备方法的不同而相差很大。按孔径分，碳分子筛在 10 Å 以下，活性焦炭在 20 Å 以下，活性炭在 50 Å 以下；按原料可分为果壳系、泥炭褐煤系、烟煤系和石油系；按形态可分为粉末活性炭、颗粒活性炭、纤维活性炭等。活性炭具有吸附容量大，性能稳定，抗腐蚀，在高温解吸时结构热稳定性好，解吸容易等特点，可吸附解吸多次反复使用，被广泛用于环境保护和工业领域。

（3）硅胶：硅胶是一种坚硬、多孔结构的硅酸聚合物颗粒，其分子式为 $SiO_2 \cdot nH_2O$，是用酸处理硅酸钠水溶液生成的凝胶。控制其生成、洗涤和老化的条件，可调节和控制比表面积、孔体积和孔半径的大小。硅胶是极性吸附剂，对极性的含氮或含氧物质如酚、胺、吡啶、水、醇等易于吸附，对非极性物质吸附较难。

（4）活性氧化铝：一般都不是纯的 Al_2O_3，而是水合物的无定形凝胶和氢氧化物晶体构成的多孔刚性骨架结构的物质，由铝的水合物加热脱水、活化而制成。水合物的结构和形态及制备条件都影响产品的性质。

活性氧化铝是没有毒性的坚硬颗粒，对多数气体性质稳定，在水或液体中不溶胀、软化或崩碎破裂，抗冲击和耐磨损的能力强。

（5）沸石分子筛：沸石分子筛是以通式（M^{2+}、M^+）$O \cdot Al_2O_3 \cdot nSiO_2 \cdot mH_2O$ 表示的铝硅酸盐晶体，是一种孔径大小均一的吸附剂，M^{2+}、M^+ 为二价或一价金属离子，n 为硅铝比，m 为结晶水分子数。沸石分子筛具有许多孔穴和微孔，因此具有很大的内表面积，吸附容量大。沸石分子筛的孔径大小均匀一致，只能吸附能通过孔道的分子。人工合成沸石是极性吸附剂，对极性分子具有很大的亲和力，能根据溶质极性的不同进行选择性吸附。

沸石分子筛的化学稳定性、耐热稳定性、抗酸碱能力、机械强度、耐磨损性都较差。除了人工合成沸石外，我国天然沸石资源丰富，价格低廉，亦具有沸石分子筛的性能。天然沸石因成因和晶体结构不同，种类繁多，性质相差也较大，天然沸石离子交换容量和选择性较低，工业上常用改性的沸石。

（6）吸附树脂：吸附树脂是具有巨大网状结构的合成大孔径树脂。由苯乙烯、吡啶等单体和乙二烯苯共聚而成。这些大孔径树脂具有非极性到高极性多种类型，除价格较活性炭贵外，它的物理化学性能稳定，品种较多，可按不同的需求选择使用。

（7）腐殖酸类吸附剂：主要有天然的富含腐殖酸的风化煤、泥煤、褐煤等，它们可以直接使用或经简单处理后使用；将富含腐殖酸的物质加以适当的黏合剂可制备成腐殖酸系树脂。

腐殖酸是一组芳香结构的，性质与酸性物质相似的复杂混合物。它含有的活性基团包括酚羟基、羧基、醇羟基、甲氧基、羰基、醌基、氨基、磺酸基等。这些活性基团具有阳离子吸附性能。腐殖酸对阳离子的吸附方式，包括离子交换、螯合、表面吸附、凝聚等。

腐殖酸类物质能吸附工业废水中的许多金属离子，如汞、铬、锌、镉、铅、铜等金属的离子。腐殖酸类物质在吸附金属离子后，可以用 H_2SO_4、HCl、NaCl 等进行解吸。目前，这方面的应用还处于试验、研究阶段，还存在吸附（变换）容量不高，适用的 pH 范围较窄，机械强度低等问题，需要进一步研究和解决。

三、吸附工艺和设备

吸附操作可以间歇方式进行，也可以连续方式进行。但不论何种方式，吸附操作均应包括下列三个步骤：

（1）流体与固体吸附剂进行充分接触，使流体中的吸附质吸附在吸附剂上；

（2）将已吸附吸附质的吸附剂与流体分离；

（3）进行吸附剂的再生或更换新的吸附剂。

因此，在吸附工艺流程中，除吸附装置本身外，一般都须具有脱附及再生装置。吸附装置主要的结构形式有以下几种。

1. 混合接触式吸附装置

混合接触式吸附装置是一种带有搅拌的吸附池（槽），将污水和吸附剂投入池内进行搅拌，使其充分接触，然后静置沉淀，排除澄清液，或用压滤机等固液分离设备间歇地把吸附剂从液相中分离出来，此法多用于小型的处理和试验研究，因操作是间歇进行，所以生产上一般要用两个吸附池交替工作，吸附剂添加量为 0.1%~0.2%。被处理液和吸附剂仅接触一次为单级吸附。被处理液也可多次和吸附剂接触，进行多级吸附。多级吸附有并流和逆流两种，并流多级吸附中被处理液在每级中都和新的吸附剂相接触，而逆流多级吸附中被处理液多次逆流和吸附剂接触。

并流多级吸附：

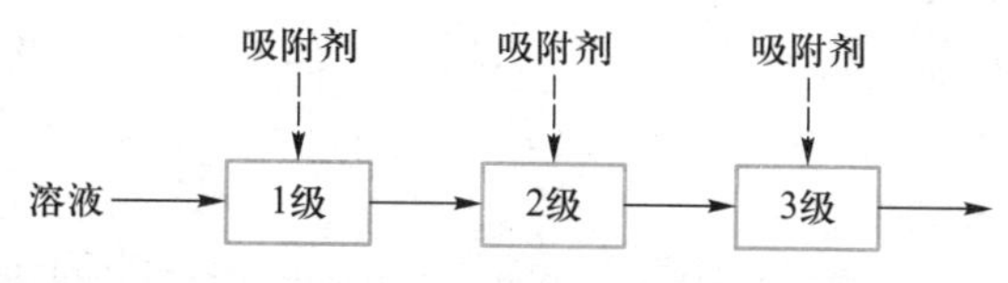

逆流多级吸附：

2. 固定床吸附装置

固定床吸附装置把颗粒状的吸附剂装填在吸附装置（柱、塔、罐）中，使含有吸附质的流体流过吸附装置时被吸附，这是污水处理中最常使用的方式。

固定床吸附装置有立式、环式、卧式等多种形式，如图 16-15 所示。

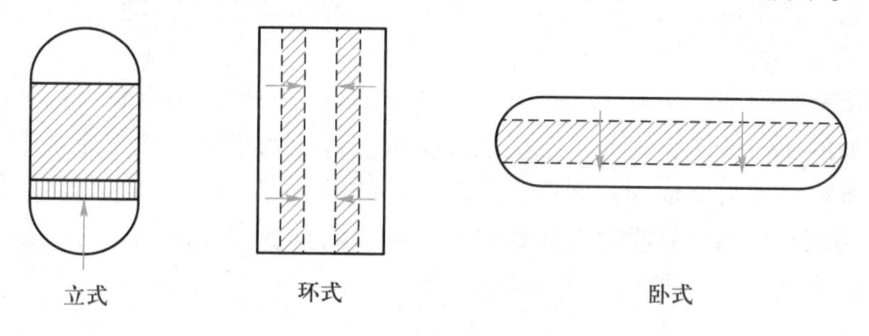

图 16-15 固定床吸附装置示意图（一）

固定床吸附装置可采用单床，也可采用多床串联及多床并联，如图 16-16 所示。

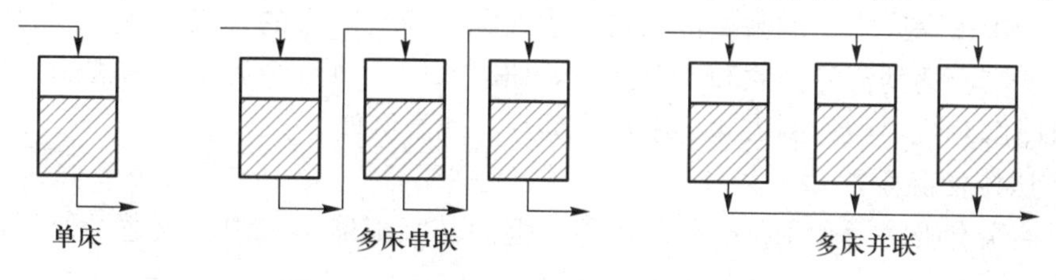

图 16-16 固定床吸附装置示意图（二）

多床串联采用逆流操作时，随着床数的增加则接近于下述的移动床。吸附床数多能提高吸附剂的利用率。

多床串联时一般采用轮回式，即第一循环按第一、第二、第三……塔的顺序通入流体，当第一塔没有吸附能力时，第一塔进行再生或更换新的吸附剂，此时的循环将从第二塔开始，按第二、第三……第一塔的顺序进行。

固定床一般用于处理量少或处理量虽多但被吸附物质量少的场合。为防止床层堵塞，含悬浮物的污水一般先经过砂滤等预处理再进行吸附处理。

3. 移动床吸附装置

在移动床内，被处理流体由塔下部进入，和吸附剂呈逆流接触，再从塔的上部排出。由塔的上部每隔一定时间加入一些新鲜的吸附剂，同时由塔的下部取出几乎吸附饱和的吸附剂进行再生，通常占床层总量 5%～10% 的吸附剂一日数次被取出再生。移动床吸附装置中吸附剂的利用效率比固定床高、装置占地面积小。这种装置与前述的多床串联装置原理基本相同，而只要一个吸附塔，因此可以节省建设投资费用。

4. 流化床吸附装置

被处理液体向上流过颗粒吸附剂床层时，如流速较低，则流体从粒子间空隙流过而粒子不动，这就是固定床。如流速逐渐增加，则粒子间空隙开始增大，少数粒子出现翻动，床层体积有所增大，称为膨胀床。一旦流速达到某一极限后，液体与粒子间的摩擦力与粒子的重力相平衡，使粒子都浮动起来，称为流化床。这种状态称为临界流态化，这时的空床线速称为临界流化速度或最小流化速度。如流速进一步增加，将导致床层均匀地逐渐膨胀，粒子分散在整个床层中，床层波动较小，称为散式流化。如流速增至可以带出颗粒时，粒子将被流体带出吸附装置，这就如同流体输送了。

流化床是吸附剂处于流化状态操作的吸附装置。颗粒吸附剂在流化状态下具有与流体相似的流动性能，因此具有接触面积大，传质效果好，避免原水中悬浮物在吸附层上沉积，不需要像固定床那样进行反冲洗等优点。但流化床稳定操作要求较高，要有熟练的技术，其吸附剂的磨损大，对吸附剂粒径要求均匀等，是流化床存在的缺点，因此在水处理等工程中应用较少。

四、吸附法在废水处理中的应用

吸附法对进水的预处理要求高，吸附剂的价格昂贵，因此在废水处理中，吸附法主要用来去除废水中的微量污染物，达到深度净化的目的，或从高浓度的废水中吸附某些物质达到资源回收和治理目的。如废水中少量重金属离子的去除、有害的生物难降解有机污染物的去除、脱色除臭等。现举例如下。

1. 吸附法除汞

活性炭有吸附汞和汞化合物的性能，但因其吸附能力有限，只适于处理含汞量低的废水。

某工厂将活性炭用于含汞废水的最终处理，其流程如图 16-17 所示。该厂的废水量不大($10\sim20 m^3/d$)，但含汞的浓度较高，因此先用化学沉淀法[如 Na_2S,同时加 $Ca(OH)_2$ 和 $FeSO_4$] 处理，处理后废水含汞约 1 mg/L，高时达 2~3 mg/L，不符合排放标准。然后，用活性炭做进一步处理。有两个间歇式吸附池，每池容积40 m^3，交替工作，池内共盛放 2.7 t 活性炭(相当于池水的 5%左右)。当某池盛满废水后，用压缩空气搅拌 30 min，再静置 2 h，经取样测定废水含汞量符合排放标准(≤0.05 mg/L)后，排放上清液。活性炭每年更换一次，用加热干馏法再生(干馏温度1 000 ℃)，可取得纯净的汞。

2. 炼油厂、印染厂废水的深度处理

某炼油厂含油废水，经隔油、气浮和生物处理后，再经砂滤和活性炭过滤深度处理。废水的含酚量从 0.1 mg/L(生物处理后)降至 0.005 mg/L，氰从0.19 mg/L降至 0.048 mg/L，COD 从 85 mg/L 降至 18 mg/L。

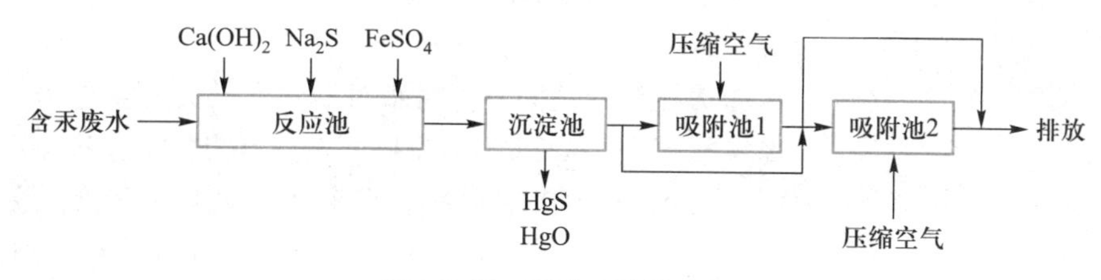

图 16-17 吸附法除汞流程

3. 芳香磺酸类有机废水的治理和资源回收

重庆市某化工厂生产2-萘酚。2-萘酚是一种重要的染料中间体。在生产过程中产生含高浓度萘磺酸钠的母液废水，经吹萘后形成的吹萘废水 COD 高达 20 000 mg/L 左右，废水中的主要有机污染物是β-萘磺酸钠和α-萘磺酸钠，同时含有6%左右的无机盐。该废水很难生物处理。采用络合吸附树脂 ND-910 与复合功能吸附树脂 NDA-99 二级吸附加氧化的组合工艺，废水经处理后可直接达标排放，同时可从每吨废水中回收 5~8 kg 的萘磺酸钠。年回收萘磺酸钠超过 1 000 t。

江苏某化工厂生产4，4′-二氨基二苯基乙烯-2，2′-二磺酸(DSD 酸)。DSD 酸是重要的染料中间体，以对硝基甲苯为原料，经磺化、氧化、缩合和还原等反应制得。生产工艺中氧化工段产生的废水颜色深、酸性强、无机盐含量高，COD 高达 20 000 mg/L，色度高达 25 000 倍。经采用络合吸附树脂 ND-900 与复合功能吸附树脂 NDA-88 二级串联吸附工艺，COD 去除率达到 95%以上，色度可降到 100 倍左右。

4. 芳香胺类有机废水的治理和资源回收

江苏某化工厂生产邻甲苯胺和对甲苯胺。它们都是重要的有机中间体，毒性很大。在其生产过程中产生大量废水，COD 分别达到 37 000 mg/L 和21 000 mg/L,色度高、可生物降解性差。经采用氨基修饰复合功能吸附树脂处理该废水，COD 去除率均达到 94%左右，还从废水中回收了大部分邻甲苯胺和对甲苯胺，平均每吨废水中可回收邻甲苯胺产品 8~10 kg，对甲苯胺产品 4~6 kg。每年回收的产品价值在抵偿设备运行费用后还略有盈余。

第六节 离子交换法

离子交换法是水处理中软化和除盐的主要方法之一。在污水处理中，主要用于去除污水中的金属离子。离子交换的实质是不溶性离子化合物(离子交换剂)的交换离子与溶液中其他同性离子的交换反应，是一种特殊的吸附过程，通常是可逆性化学吸附。

离子交换是可逆反应，对于 $RA+B^+ \rightleftharpoons RB+A^+$ 的反应，在平衡状态下，树脂中及溶液中的反应物浓度符合下列关系式：

$$K=\frac{[RB][A^+]}{[RA][B^+]}=\frac{[RB]/[RA]}{[B^+]/[A^+]} \tag{16-19}$$

式中：[RB]、[RA] ——树脂中 B^+、A^+的离子浓度；

[A^+]、[B^+] ——溶液中 A^+、B^+的离子浓度；

K——平衡选择系数，同一种树脂对不同离子交换反应的平衡选择系数不同，K 值为树脂中 B^+与 A^+浓度的比率与溶液中 B^+与 A^+浓度的比率之比。平衡选择系数大于 1，说明该树脂对 B^+的亲和力大于 A^+的亲和力，亦即有利于进行 B^+交换反应。

一、离子交换剂

水处理中用的离子交换剂主要有磺化煤和离子交换树脂。磺化煤利用天然煤为原料，经浓硫酸磺化处理后制成，但交换容量低，机械强度差，化学稳定性较差，已逐渐为离子交换树脂所取代。

离子交换剂示意图与分类

离子交换树脂是人工合成的高分子聚合物，由树脂本体（又称为母体或骨架）和活性基团两部分组成。生产离子交换剂的树脂本体最常见的是苯乙烯的聚合物，是线性结构的高分子有机物。在原料中，常加上一定数量的二乙烯苯作交联剂，使线状聚合物之间相互交联，成立体网状结构。树脂的外形呈球状颗粒，粒径为 0.6～1.2 mm（大粒径树脂），0.3～0.6 mm（中粒径树脂），或 0.02～0.1 mm（小粒径树脂）。树脂本身不是离子化合物，并无离子交换能力，需经适当处理加上活性基团后，才具有离子交换能力。活性基团由固定离子和活动离子（或称为交换离子）组成。固定离子固定在树脂的网状骨架上，活动离子则依靠静电引力与固定离子结合在一起，两者电性相反、电荷相等。

离子交换树脂按树脂的类型和孔结构的不同可分为：凝胶型树脂、大孔型树脂、多孔凝胶型树脂、巨孔型（MR 型）树脂和高巨孔型（超 MR 型）树脂等。

离子交换树脂按活性基团的不同可分为：含有酸性基团的阳离子交换树脂，含有碱性基团的阴离子交换树脂，含有胺羧基团等的螯合树脂，含有氧化还原基团的氧化还原树脂及两性树脂等。其中，阴、阳离子交换树脂按照活性基团电离的强弱程度，又分为强酸性（离子性基团为—SO_3H）、弱酸性（离子性基团为—COOH）、强碱性（离子性基团为—NOH）和弱碱性（离子性基团有—NH_3OH、—NH_2OH、—NHOH）离子交换树脂。

二、离子交换树脂的选用

目前，我国生产的离子交换树脂品种很多，价格差别很大。而污水的成分复杂，要求处理的程度各异，因此，合理地选择离子交换树脂，在生产和经济上都有重大意义。严格地讲，对于不同的污水，应通过一定的试验以确定合适的离子交换树脂牌号和采用的流程。

1. 离子交换树脂的有效 pH 范围

由于离子交换树脂的活性基团分为强酸性、弱酸性、强碱性和弱碱性，水的 pH 势必对其造成影响。强酸性、强碱性离子交换树脂的活性基团电离能力强，其交换能力基本上与 pH 无关。弱酸性离子交换树脂在水的 pH 低时不电离或仅部分电离，因此只能在碱性溶液中才有较高的交换能力；弱碱性离子交换树脂则在水的 pH 高时不电离或仅部分电离，只能在酸性溶液中才有较高的交换能力。各类型离子交换树脂的有效 pH 范围见表 16-4。

表 16-4 各类型离子交换树脂的有效 pH 范围

树脂类型	强酸性离子交换树脂	弱酸性离子交换树脂	强碱性离子交换树脂	弱碱性离子交换树脂
有效 pH 范围	1~14	5~14	1~12	1~7

2. 交换容量

交换容量是离子交换树脂最重要的性能，它定量地表示交换能力的大小。交换容量的单位是 mol/kg(干树脂)或 mol/L(湿树脂)。交换容量又可分为全交换容量与工作交换容量。前者指一定量的树脂所具有的活性基团或可交换离子的总数量，后者指树脂在给定工作条件下实际的交换能力。

树脂的全交换容量可由滴定法测定。同时，在理论上也可以从树脂的单元结构式粗略地计算出来。以苯乙烯型强酸性阳离子交换树脂为例，我们可以把它看成是由如下的单元构成的，其单元结构式：

$$\left[\begin{array}{c}-CH-CH_2- \\ | \\ C_6H_4 \\ | \\ SO_3H\end{array}\right]$$

其相对分子质量 $M_r=184.6$，即每 184.6 g 树脂中含有 1 g 可交换离子 H^+。因此，每克树脂具有可交换离子 H^+ 为 $\frac{1}{184.6}$ mol/g≈0.005 42 mol/g 或 5.42 mol/kg(干树脂)。扣去交联剂部分(按质量分数 8%计)，则强酸性离子交换树脂的全交换容量应为 5.42 mol/kg×92%≈4.98 mol/kg(干树脂)。该数值与实际测定结果大致符合。

3. 交联度

树脂合成时采用的交联剂(如二乙烯苯)的用量，影响树脂的交联度。交联度对树脂的许多性能具有决定性的影响。交联度的改变将引起树脂的交换容量、含水率、溶胀度、机械强度等性质的改变。交联度较高的树脂，孔隙率较低，密度较大，离子扩散速率较低，对半径较大的离子和水合离子的交换量较小。浸泡在水中时，水化度较低，形变较小，也就比较稳定，不易碎裂。水处理中使用的离子交换树脂，交联度为 7%~10%。

4. 交换势

前已述及，离子交换是可逆反应，可利用化学中的质量作用定律解释离子交换平衡规律。对同一种离子交换树脂 RH 而言，离子交换反应的平衡选择系数 K 值随

交换离子 M^+而异。K值越大，表明交换离子越容易取代树脂上的可交换离子，也就表明交换离子与树脂之间的亲和力越大，通常说这种离子的交换势很大；反之，K值越小，交换势越小。当含有多种离子的废水同离子交换树脂接触时，交换势大的离子必然最先同树脂上的离子进行交换。我们可做一个简单的实验，把含有 Al^{3+}、Ca^{2+}、Na^+的水溶液缓慢地流过一个阳离子交换树脂床(见图 16-18)。如果在阳离子交换树脂床的不同深度处采样化验，则将发现上层的水样中已经没有 Al^{3+}，中层的水样中只有 Na^+，下层的水样中三种离子基本上都没有了，已全部为离子交换树脂中的 H^+所替代。这个现象表明离子交换树脂对交换离子有“选择”性，先交换交换势大的离子，后交换交换势小的离子。这里还有一个交换量问题，不同离子的交换量往往也同它们的交换势有关。此外，离子的大小有时也影响交换势。

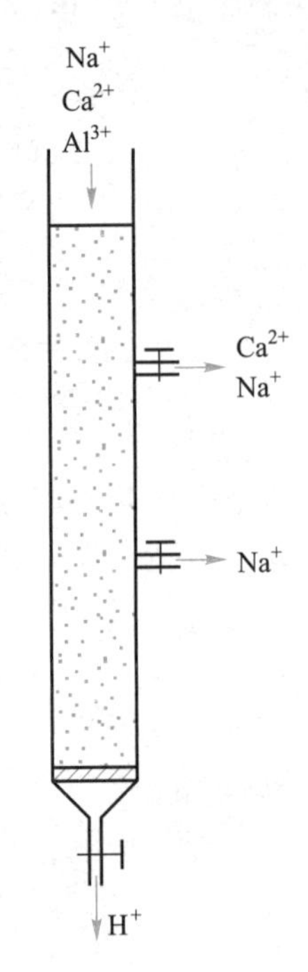

图 16-18 多离子废水的离子交换

关于不同离子交换势大小的解释有多种理论，但是，由于影响的因素还不完全清楚，关于离子交换势的规律还需依靠实践，下面介绍的一些规律可供参考。

（1）离子的交换势，除同它本身和离子交换树脂的化学性质有关外，受温度和浓度的影响也很大。

（2）常温和低浓度水溶液中，阳离子的化合价越高，它的交换势越大。例如，按交换势排列有：$Th^{4+}>Al^{3+}>Ca^{2+}>Mg^{2+}>K^+>NH_4^+>Na^+>H^+>Li^+$。

（3）在常温和低浓度水溶液中，等价阳离子的交换势，一般是原子序数越高，交换势越大；但是稀土元素情况正好相反。

（4）H^+对阳离子交换树脂的交换势取决于树脂的性质。对强酸性阳离子交换树脂，H^+的交换势介于 Na^+和 Li^+之间，但是，对弱酸性阳离子交换树脂，H^+具有最强的交换势，居于交换序列的首位。

（5）在常温和低浓度水溶液中，对弱碱性阴离子交换树脂而言，酸根(阴离子)的交换序列如下：$SO_4^{2-}>CrO_4^{2-}>$柠檬酸根>酒石酸根$>NO_3^->AsO_4^{3-}>PO_4^{3-}>MoO_4^{2-}>$乙酸根、$I^-$、$Br^->Cl^->F^-$。但弱碱性阴离子交换树脂对 CO_3^{2-} 和 S^{2-}的交换能力很弱，对硅酸、苯酚、硼酸和氰酸等弱酸不起反应。

（6）对强碱性阴离子交换树脂，离子的交换势随树脂的性质而异，没有一般性的规律。

（7）OH^-对阴离子交换树脂的交换势取决于树脂类型。对弱碱性阴离子交换树脂，OH^-居于交换序列的首位；对强碱性阴离子交换树脂，则介于 Cl^-和 F^-之间。

（8）离子价位高的有机离子和金属配合离子的交换势特别大。

（9）大孔型树脂具有很强的吸附性能，往往可以吸附废水中的非离子型杂质。例如，弱碱性阴离子交换树脂能吸附废水中的氯酚。

（10）高浓度时，上述次序不再适用。再生时，提高 Na^+ 浓度，可使 Na^+ 置换 Ca^{2+}。

三、离子交换的工艺和装置

离子交换装置，按照进行方式的不同，可分为固定床和连续床两大类：

- 离子交换装置
  - 固定床
    - 单层床
    - 双层床
    - 混合床
  - 连续床
    - 移动床
    - 流动床

在废水处理中，单层固定床离子交换装置是最常用、最基本的一种形式。下面将主要介绍这种装置。在固定床装置中，离子交换树脂装填在离子交换器内，形成一定高度。在整个操作过程中，树脂本身都固定在容器内而不往外输送。

用于废水处理的离子交换系统一般包括：预处理装置(一般采用砂滤器,用于去除悬浮物,防止离子交换树脂受污染和交换床堵塞)、离子交换器和再生附属装置(再生液配制装置)。

常用的固定床离子交换器如图 16-19 所示。

离子交换的运行操作包括四个步骤：交换、反洗、再生、清洗。

1. 交换

离子交换器的阀门配置见图 16-20 所示。操作时，开启进水阀①和出水阀②，其余阀门关闭。交换过程主要与树脂层高度、水流速度、原水浓度、树脂性能及再生程度等因素有关。当出水中的离子浓度达到限值时，应进行再生。

2. 反洗

反洗的目的在于松动树脂层，以便下一步再生时，注入的再生液能分布均匀，同时也及时地清除积存在树脂层内的杂质、碎粒和气泡。反洗前先关闭阀门①和②，打开反洗进水阀③，然后再逐渐开大反洗排水阀④进行反洗，反洗用原水。反洗使树脂层膨胀 40%~60%。反洗流速约 15 m/h，历时约 15 min。

3. 再生

再生前先关闭阀门③和④，打开排气阀⑦及清洗排水阀⑤，将水放到离树脂层表面 10 cm 左右，再关闭阀门⑤，开启进再生液阀⑧，排出交换器内空气后，即关闭阀门⑦，再适当开启阀门⑤，进行再生。再生过程也就是交换反应的逆过程。借助具有较高浓度的再生液流过树脂层，将先前吸附的离子置换出来，使其交换能力得到恢复，再生是固定床运行操作中很重要的一环。

再生液的浓度对树脂再生程度有较大影响。当再生剂用量一定时，在一定范围内，浓度越大再生程度越高；但超过一定范围，再生程度反而下降。对于阳离子交

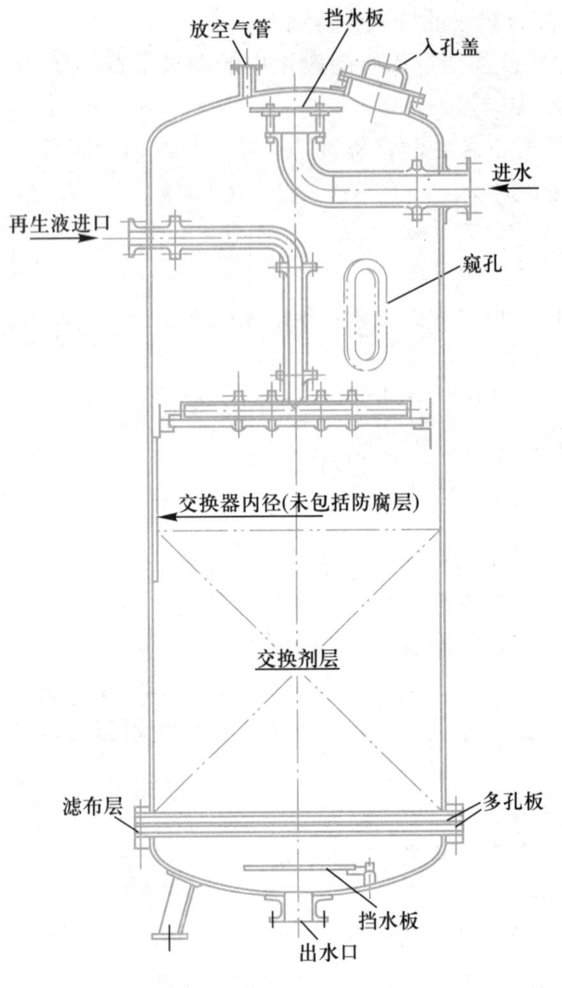

图 16-19 固定床离子交换器

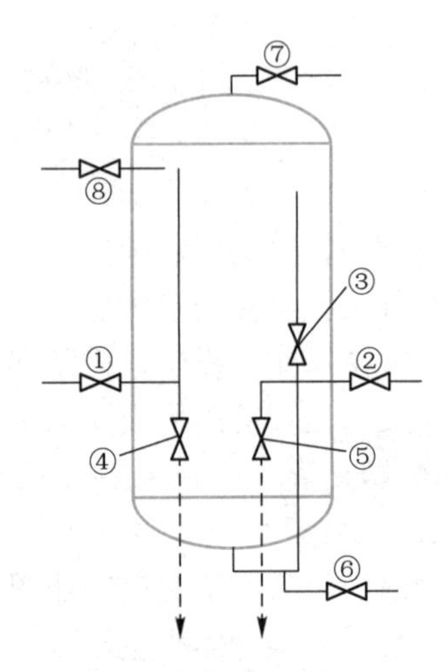

① 进水阀；② 出水阀；③ 反洗进水阀；
④ 反洗排水阀；⑤ 清洗排水阀；⑥ 底部放水阀；
⑦ 排气阀；⑧ 进再生液阀。

图 16-20 离子交换器的阀门配置图

换树脂，食盐再生液浓度一般用 5%~10%；盐酸再生液浓度一般用 4%~6%；硫酸再生液浓度则不应大于 2%，以免再生时生成 $CaSO_4$ 黏着在树脂颗粒上。

4. 清洗

清洗时，先关闭阀门⑧，然后开启阀门①及⑤。清洗水最好用交换处理后的净水。清洗是将树脂层内残留的再生废液清洗掉，直到出水水质符合要求为止。清洗用水量一般为树脂体积的 4~13 倍。

固定床离子交换器的设计计算，根据物料平衡原理，可得如下基本公式：

$$AhE = Q(c_0 - c)T \tag{16-20}$$

式中：A——固定床离子交换器截面积，m^2；

h——树脂层高度，m；

E——离子交换树脂的工作交换容量，一般是全交换容量的 60%~80%，mmol/L；

Q——废水平均流量，m^3/h；

c_0——进水浓度，mmol/L；

c——出水浓度，mmol/L；

T——交换周期，h。

一般固定床离子交换器都有定型产品。它的尺寸和树脂装填高度亦已相应规定。此时，可按上式计算交换周期。如自行设计，则可考虑 h 用 1.5~2.0 m，交换周期一般按 8~10 h，按上式可以算出交换器截面积和交换器直径。根据交换器截面积和树脂层高度，也就可算出离子交换树脂的装填量 $V=Ah$。

四、离子交换法在废水处理中的应用

1. 电镀含铬废水的处理

生产实践表明：在电镀车间铬镀槽的洗涤水闭路循环系统中采用离子交换法分离、回收铬酸是有效的。采用的阳离子交换剂是 732 强酸性树脂，阴离子交换剂是 710 大孔型弱碱性树脂。铬镀槽洗涤水闭路循环系统的流程如图 16-21 所示。

铬镀槽洗涤水的主要杂质是铬酸，也含有一些其他的阴、阳离子和不溶解杂质。从洗涤水中除铬酸主要是去除铬酸根离子，只要用阴离子交换柱就行了。但为了保证回收铬酸的纯度，从漂洗槽流来的水需先经过阳离子交换柱，然后流过阴离子交换柱。同理，阴离子交换剂再生前最好被铬酸根离子饱和，即它的全部可交换氢氧根离子都被铬酸根离子置换，以使它不含其他阴离子。这样，在阴离子交换柱工作的后期就不能保证出水水质符合漂洗槽进水的要求；为了保证出水水质，在工作后期，从阴离子交换柱流出的水，要再流过另一个阴离子交换柱，在流程图(图 16-21)中用虚线箭头表示。

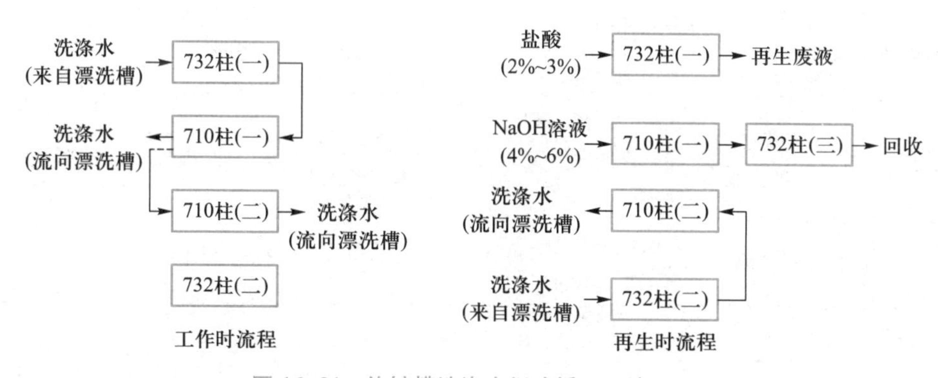

图 16-21　铬镀槽洗涤水闭路循环系统流程

饱和的离子交换剂再生所需要的时间比较长，而洗涤水流量又比较大，因而阳离子交换柱也设置两个，以便当一组离子交换柱因饱和而进行再生时，另一组离子交换柱可以维持工作的连续进行。

阴离子交换剂被铬酸根离子饱和后用氢氧化钠溶液再生，洗脱树脂上的铬酸根离子，使它恢复为氢氧型阴离子交换剂，再生排出的氢氧化钠和铬酸钠混合溶液，流过阳离子交换柱时转化为很纯的铬酸溶液。

被钠离子或其他金属离子饱和的阳离子交换剂用稀盐酸再生，恢复为氢型的阳离子交换剂。再生排出的废液为酸性的氯化物溶液，中和后排放沟道。废液有时含有重金属离子(虽然含量很低)，应当回收重金属离子后再排放，这是需要进一步研究解决的。

2. 离子交换法处理含汞废水

日本和瑞士的氯碱厂采用阴离子交换树脂和螯合树脂处理含汞(氯化汞配合离子)废水。进水的 pH 先调整到 6~8，并用化学品破坏水中氧化物(即调整氧化还原电势)，然后用活性炭滤池过滤，活性炭滤池同时有去除一部分汞和进一步破坏氧化物的作用。随后，将经过预处理的废水通过阴离子交换柱，汞含量下降到 0.1~0.2 mg/L；再通过螯合树脂，汞含量可进一步降低到 0.002 mg/L。

表 16-5 是离子交换法在废水处理方面的某些应用。

表 16-5 离子交换法在废水处理方面的某些应用

废水种类	有害离子或化合物	离子交换树脂类型	废水出路	再生剂	再生液出路	备注
电镀含铬废水镀件清洗水	CrO_4^{2-}	大孔型阴离子交换树脂	循环使用	氯化钠或氢氧化钠	用氢型阳离子交换树脂除钠后回用于生产	
电镀废水	Cr^{3+}、Cu^{2+}	氢型强酸性阳离子交换树脂	循环使用	18%~20%硫酸	蒸发浓缩后回用	
含汞废水	Hg^{2+}、$HgCl_x^{(x-2)-}$	氯型强碱性大孔型阴离子交换树脂	中和后排放	盐酸	回收汞	
黏胶纤维废水	Zn^{2+}	强酸性阳离子交换树脂	中和后排放	硫酸	回用于生产	
放射性废水	各类放射性废水	强酸性阳离子和强碱性阴离子交换树脂	排放	硫酸、盐酸和氢氧化钠	进一步处理	本法只起浓缩作用
氯酚废水	氯酚	弱碱性大孔型离子交换树脂	排放	2%NaOH、甲醇	回收酚及甲醇	

第七节 萃取法

萃取是将一种选定的溶剂加入待分离的液体混合物中，由于混合物中各组分在该溶剂中溶解度的不同，可以将原料中所需分离的一种或数种成分分离出来。该法具有适用浓度范围广、传质速率快、适于连续操作、产品纯度高、能量消耗少等优点，因此在污染物治理和资源回收工程中广泛应用。

萃取过程是一个传质过程。通过溶剂和原料液的一次或多次接触，被萃取组分通过两相的界面溶解入溶剂形成“萃取相”，部分溶剂溶解入原料液形成“萃余相”。

萃取后将此两相分层后分别引出，萃取相通过蒸馏、洗涤等方法把其中的溶剂除去进行回收，就得到产品，称为“萃取液”。将萃余相中的溶剂除去则得残液，称为“萃余液”。每进行一次(称“单级”)萃取，萃取液中所含被萃取组成的浓度就提高一点。为了得到较纯的最终产品，则需进行“多级萃取”直至产品纯度达到指定要求为止。

由此可知，萃取过程包括：① 原料液和溶剂进行接触；② 使萃取相和萃余相分层；③ 进行溶剂回收等步骤。

从传质理论知道，原料液与溶剂的每一次萃取，都有一个限度，即原料液中的各组分只能达到在此条件下溶剂的溶解度，即达到“平衡”。萃取操作中，称这样的过程为一个“理论级”。实际上在生产中的每一个萃取操作过程是不可能达到一个“理论级”的，只能是接近这个理论级。

因此对于液-液萃取设备，既要求能使溶剂与原料液充分接触，尽可能接近理论级，又要求有一定的空间和时间使萃取相和萃余相能够有效地分层以分别引出。同时，为了保证两相有足够大的相对速度和接触面积以利于传质，萃取设备多为“有外加能量”的设备(如振动、搅拌、脉冲等)。如被萃取的原始物料是固体，则称为固-液萃取，本书不做详细介绍。

对溶质浓度比较低、浓度变化范围又不是很大的溶液，在一定温度下进行萃取，若溶质在萃取相及萃余相内的存在形态相同，则萃取达到平衡时，溶质在萃取相与萃余相中的平衡浓度比值为一常数，这种关系称为分配定律。

$$K=\frac{\text{萃取物(溶质)在萃取相中的平衡浓度}}{\text{萃取物(溶质)在萃余相中的平衡浓度}} \qquad (16-21)$$

分配系数 K 越大，被萃取组分在萃取相中的浓度越大，分离效果越好，也就越容易被萃取。焦化厂、煤气厂含酚废水的处理，某些萃取剂萃取酚时的分配系数见表 16-6。

表 16-6　某些萃取剂萃取酚时的分配系数(20℃)

溶液名称	苯	重苯	重溶剂油	酯类	醚类	酮类	醇类
分配系数 K	2.2	2.5 左右	2.5 左右	27~50	1~30	10~150	8~25

但实际上，溶液浓度常不可能很低，且由于缔合、解离、配位等原因，溶质在两相中的形态也不可能完全相同，因此分配系数往往不是常数，它受温度和浓度的影响，通常温度上升，分配系数变小。

一、萃取剂的选择

萃取剂的优劣对于萃取过程的技术经济指标有着直接的影响。一个好的萃取剂，要求具有如下性能。

1. 选择性好

选择性好即该萃取剂对被萃取组分溶解能力大而对非被萃取组分溶解能力小，这样能使萃取剂用量减少，产品质量提高。

2. 萃取剂与原料液有大的密度差

密度差越大，两相就越容易分层、分离。

3. 萃取剂的表面张力

一般希望表面张力大一些，不易产生乳化现象。若表面张力过大，则因不易分散而使两相接触不好，影响传质。

4. 萃取过程的能耗

萃取剂的汽化潜热和比热要小，与被萃取组分的沸点差要大，使过程能耗低。

5. 萃取剂的化学稳定性

萃取剂要求化学稳定性和热稳定性好、无毒、无腐蚀、不易燃烧等。

6. 萃取剂的价格

萃取剂要价格低廉，易得，资源充分。例如，焦化厂、煤气厂、炼油厂脱酚应用较多的萃取剂主要是苯、重苯、重溶剂油。由表16-6可以看到，苯、重苯、重溶剂油脱酚的分配系数并不大，一般在2左右。不过这类试剂多为这些厂的产品，价廉、易得，并且可利用厂现有设备再生，故应用较广。酯类、醚类、酮类萃取剂萃取酚的分配系数都较大，但这类萃取剂的水溶性都较大，因此限制了它们的推广应用。

二、萃取工艺

萃取工艺按不同的分类方式可以分成许多形式，根据操作状态可分为连续式和间歇式；根据萃取次数可分为单级萃取和多级萃取。多级萃取又有错流和逆流两种形式，主要流程如图16-22所示。

错流萃取，原料液经连续多级错流萃取，每级都用新鲜萃取剂进行萃取。

逆流萃取，原料液和萃取剂分别由第一级和最后一级加入，萃取相和萃余相逆流接触。新鲜萃取剂只在最后一级加入，其余各级都是以后一级的萃取相作萃取剂。

单级萃取中萃取剂用量，或加入一定萃取剂后废水中的杂质浓度可根据物料衡算原理计算(即流入萃取系统的萃取物量等于流出萃取系统的萃取物量)，如萃取剂与废水不互溶(或溶解度很小,可忽略)，则萃取相和萃余相都是二元系统。如果萃取剂与水部分互溶，则萃取相与萃余相就是三元系统，因本书篇幅关系，三元系统不做介绍。读者可参考化工原理方面的有关书籍，本书仅对不互溶的二元系统进行一些讨论。参照图16-23，可得

$$V_s c_s + V_c c_c = V_s c_s' + V_c c_c' \tag{16-22}$$

或

$$V_s(c_s - c_s') = V_c(c_c' - c_c)$$

通常，废水的量和浓度与萃取剂的浓度都是已知的，要计算确定萃取剂的量，从上式可得

$$V_c = \frac{V_s(c_s - c_s')}{(c_c' - c_c)} \tag{16-23}$$

式中：V_s——废水量，m^3；

V_c——萃取剂量，m^3；

c_s——废水中萃取物质量浓度，mg/L；

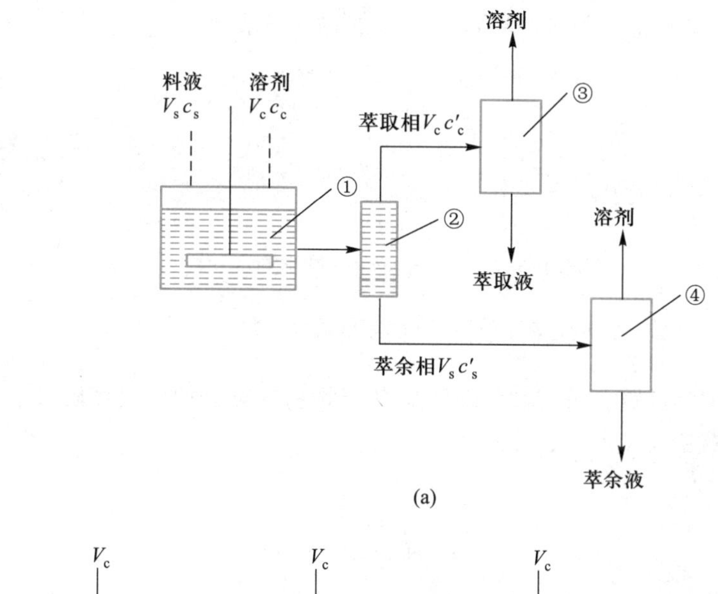

(a)

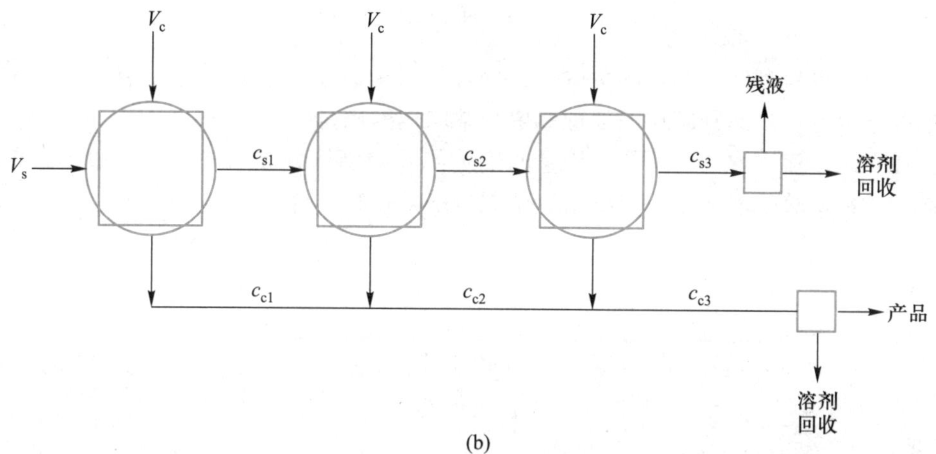

(b)

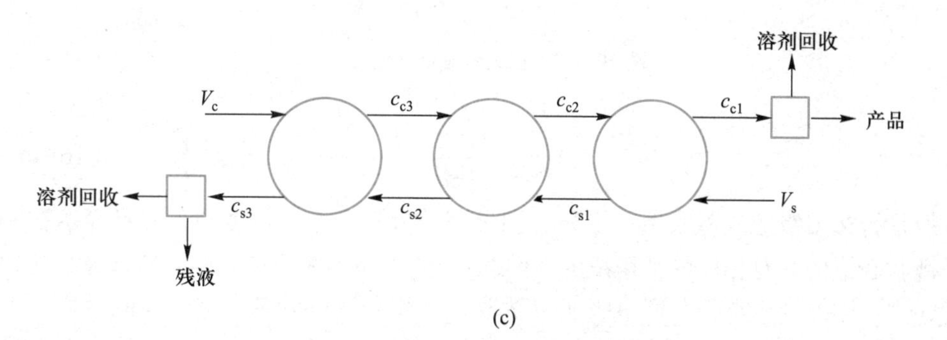

(c)

① 萃取器；② 澄清器；③，④ 溶剂再生器。

图 16-22　萃取的主要工艺流程

（a）单级萃取；（b）多级错流萃取；（c）多级逆流萃取

c'_s——处理后废水中萃取物质量浓度，mg/L；

c_c——萃取剂中萃取物质量浓度，mg/L；

c'_c——经萃取后的萃取剂(萃取液)中萃取物质量浓度，mg/L。

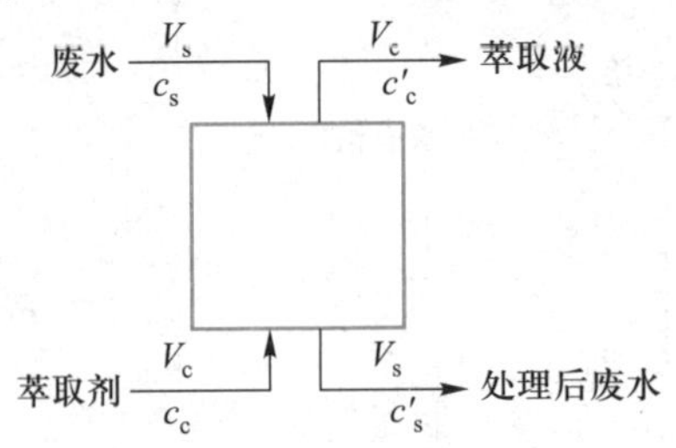

图 16-23 单级萃取流程

多级错流萃取的计算，可对被萃取物做各级物料衡算，如每级新鲜萃取剂用量都相等，则经 n 级错流萃取后，废水的出水浓度：

$$c'_s=\frac{c_s}{\left(1+K\frac{V_c}{V_s}\right)^n} \tag{16-24}$$

由上式可看到使用等量的萃取剂，处理等量的废水，多级错流萃取处理效果要比单级萃取好；或达到同样的处理效果，萃取剂的用量要小。

在多级错流萃取中，萃取剂用量的确定同单级萃取并无不同，因此适用于单级萃取的物料衡算依然适用于多级错流萃取(图 16-24)，即

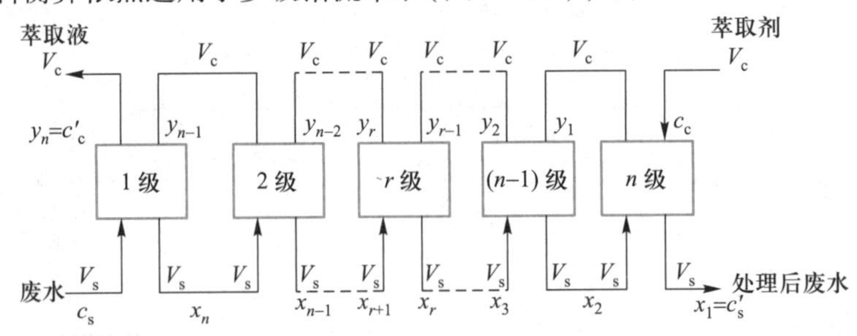

图 16-24 多级错流萃取流程

$$V_c=V_s\frac{c_s-c'_s}{c'_c-c_c} \tag{16-25}$$

但是，在多级逆流萃取中，c'_s 和 c'_c 并不发生在同一个萃取器中，并不表示在一个平衡状态下的一对相应的平衡浓度。因此 c'_s 和 c'_c 还不能简单求得，如每级都达到平衡，则可逐级计算求得。但多级逆流萃取，往往是在塔设备中进行逆流萃取。由于接触时间较短等原因，不可能在每一块塔板上都达到平衡，因此过程的推动力是实际浓度 c 和平衡浓度 c^* 之差，也就是 $c_A-c_A^*$ 和 $c_B^*-c_B$ 的值都很大，传质速率较快，被传递物质较迅速地从 A 相转入 B 相，A 相的浓度 c_A 下降而 B 相的浓度 c_B 上升；这样，随着过程的进行，$c_A-c_A^*$ 和 $c_B^*-c_B$ 的值逐渐变小，传质速率逐渐下降；当 c_A 下降到 c_A^*，c_B 上升到 c_B^* 时，两相达到动态平衡，传质过程停止。

传质过程中的物质传递量与传质的推动力成正比，也同两相接触表面的面积成

正比，因此得公式：

$$G=K_{A}A(c_{A}-c_{A}^{*})=K_{A}A\Delta c_{A} \tag{16-26}$$

或

$$G=K_{B}A(c_{B}^{*}-c_{B})=K_{B}A\Delta c_{B} \tag{16-27}$$

式中：G——单位时间内的物质传递量(即萃取量)，g/h；

Δc_{A}——A 相的浓度平衡差(即推动力)，mg/L；

K_{A}——A 相的传质系数(即萃取系数)，m/h；

Δc_{B}——B 相的浓度平衡差(即推动力)，mg/L；

K_{B}——B 相的传质系数(即萃取系数)，m/h；

A——两相接触表面的面积，m^{2}。

萃取过程中的萃取系数值反映萃取效率，除同各物质的性质有关外，还同萃取器性能和萃取操作有关。对间歇操作(成批操作)来说，还同萃取时间(两相接触时间)有关。

三、萃取设备

萃取设备的形式很多，可以分三大类：罐式(萃取器)、塔式(萃取塔)和离心机式(萃取离心机)，其中塔式设备是最常用的。不论哪种萃取设备，必须完成萃取两相的混合(萃取)与分离。混合要充分，分离更要充分。萃取器通常是间歇操作的，装料、搅拌、静澄和出料四个步骤构成一个循环。萃取塔和萃取离心机则是连续操作的。

萃取器是一个具有搅拌设备的圆筒形容器。在混合时开动搅拌设备，在静澄分离时关闭搅拌设备，搅拌和静澄的时间能够调节。它可以用于单级萃取，也可以用于多级萃取。在用于单级萃取时，多个萃取器可以并联；在用于多级萃取时，多个萃取器可以串联。这种设备较多地用于固-液萃取。

在萃取塔内，重液从顶部流入，从底部流出，而轻液则从底部流入，从顶部流出。在塔身中轻、重两液相充分混合、充分接触，完成萃取。在塔顶有充分的空间和断面，让轻液流中的重液相分离出来，从顶部流出的轻液就比较纯净。同样，在塔底也有充分的空间和断面，让重液流中的轻液相分离出来，从底部流出的重液就比较纯净。常用的萃取塔有以下几种。

1. 筛板萃取塔

图 16-25 是一种筛板萃取塔。塔身用筛板(多孔板)分隔成若干段，筛板上附有导流管。塔的上半部各筛板上的导流管都是向上装的，塔的下半部各筛板上的导流管都是向下装的。在塔的上半部，重液为分散相，轻液为连续相，而在塔的下半部，重液为连续相，轻液为分散相。连续相是通过导流管从一段流向另一段的，分散相是通过筛板的孔眼从一段流向另一段的。萃取主要是在分散相透过连续相时完成的。但不是所有的筛板萃取塔都是这样设计的。有的塔，导流管全都向上装，这时重液为分散相；也有导流管全部向下装的塔，这时重液为连续相。通常以流量较大者作为连续相。

筛板上的孔眼尺寸和筛板之间的距离与萃取效率有关。通常，孔径为 1.6~9.6 mm，每块筛板上孔眼的总面积约为筛板面积的 10%；筛板间距为 150~600 mm。

2. 脉动筛板萃取塔

萃取塔也可采用“搅拌”，方式有多种，图 16-26 是一种筛板上下脉动的筛板塔。这时，导流管的作用不大，常不设。筛板脉动的幅度和频率影响萃取效率，其值由经验决定。例如，当用重苯萃取含酚废水时，筛板脉动频率一般不超过 400 次/min，在 250~350 次/min 较好；筛板脉动幅度为 1~8 mm；筛板间距为 100~600 mm。

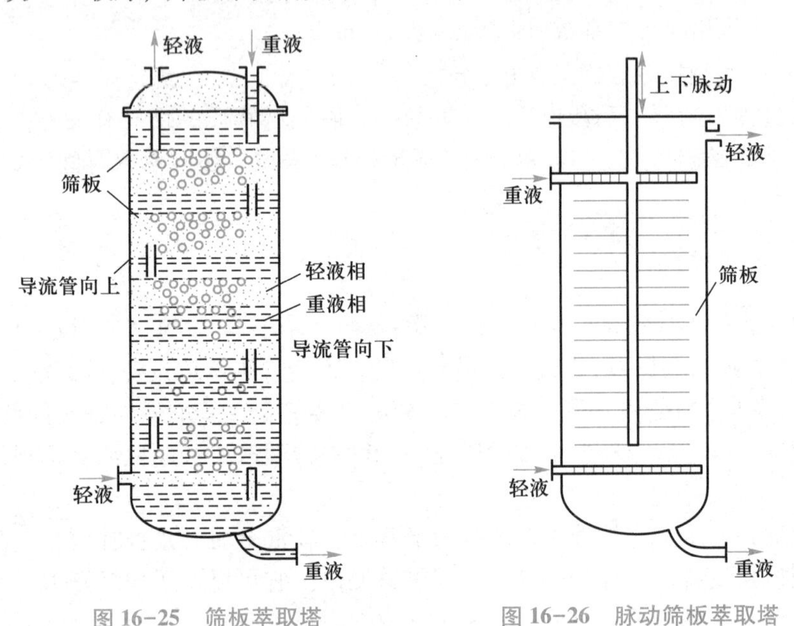

图 16-25 筛板萃取塔　　图 16-26 脉动筛板萃取塔

3. 转盘萃取塔

转盘萃取塔也是一种有搅拌作用的萃取塔。如图 16-27 所示，塔身由若干环形隔板分隔成若干段，每段中央有一块装在一根中心竖轴上的圆盘，竖轴由电动机带动回转，在塔上部的重液入流管和在塔下部的轻液入流管都同塔身相切，液流方向与圆盘旋转方向一致。在圆盘的转动作用下，一相分散，其液滴的大小同转速有关，影响萃取效率。调整圆盘转速，可以获得最佳的萃取条件。塔顶和塔底是分离室，各用环形隔板和网格与入流区分隔，以消除液流的动能，保证分离室不受圆盘转动的影响。

4. 填料萃取塔

填料萃取塔如图 16-28 所示，塔身填充填料。在操作时，流入萃取塔的重液和轻液通过布液装置较均匀地分布在整个塔的断面上，在流过填料时相互充分接触，完成萃取过程。为了防止液流向塔壁集中，塔壁上常设若干环形隔板，使沿塔壁流动的流体回到中间。实践表明，塔径较大时，效率下降。填料萃取塔不适用于有悬浮物的料液。

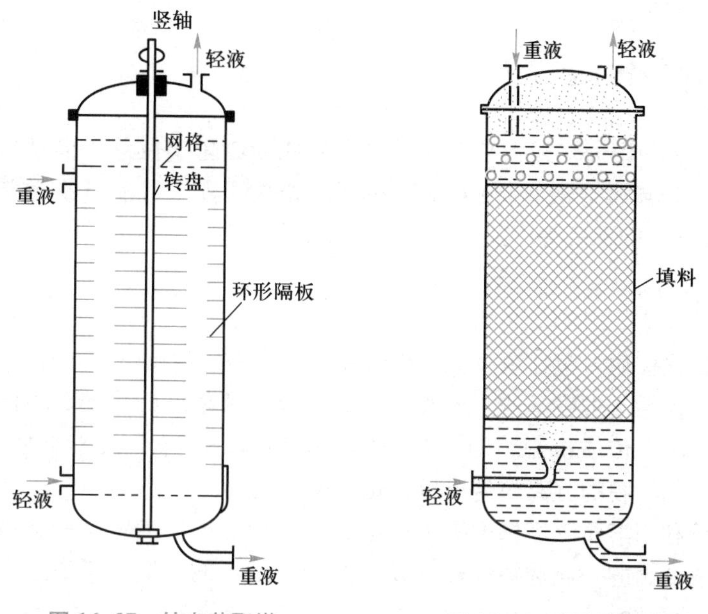

图 16-27 转盘萃取塔

图 16-28 填料萃取塔

四、萃取法在废水处理中的应用

1. 萃取法处理含酚废水

煤气厂、焦化厂煤气冷却时形成的冷凝液中含有很多焦油、氨和酚，称为“氨水”。氨水在脱氨以后含有酚 1～3 g/L。为了回收有用的酚和避免含酚废水污染环境，常用萃取法进行脱酚。

图 16-29 是某煤气厂用萃取法脱酚的工艺流程。废水的流量为 8 m^3/h，含酚量为 3 000 mg/L。利用本厂的产品重苯作为萃取剂。萃取设备采用脉冲筛板萃取塔。从油水分离池流出的废水，经过焦炭过滤器以进一步去除焦油，然后冷却到 40 ℃左右，进行萃取。在萃取塔中，废水与重苯逆流接触，废水中的酚即转入重苯中。饱含酚的重苯经过碱洗塔（塔内装有浓度为 20% 的 NaOH 溶液）得到再生，然后循环使用。从碱洗塔放出的酚钠溶液可作为回收酚的原料。经萃取后，废水中的酚浓度降至 100 mg/L 左右，再与厂内其他废水混合后进行生物处理。

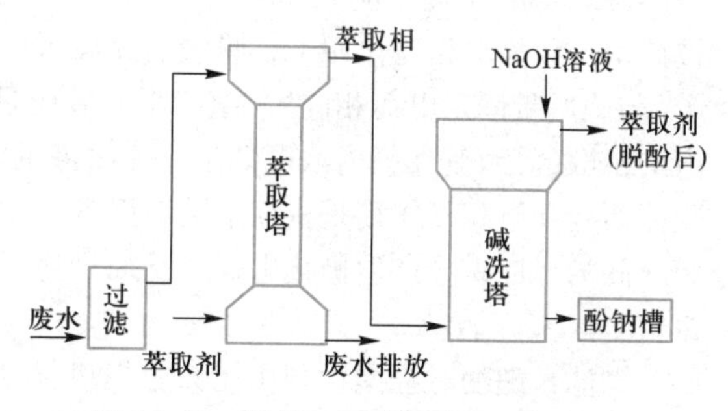

图 16-29 某煤气厂萃取脱酚工艺流程

2. 萃取法处理含重金属废水

某铜矿矿石厂废水含铜 0.3～1.5 g/L，含铁 4.5～5.4 g/L，含砷（类金属）10～300 mg/L，pH＝0.1～3。该废水用 N-510 作复合萃取剂，用萃取器进行六级逆流萃取。含铜的萃取剂用 H_2SO_4 进行反萃取，再生后重复使用。

第八节 膜分离法

膜分离法是利用天然或人工合成膜以外界能量或化学位差作推动力对水溶液中某些物质进行分离、分级、提纯和富集的方法的统称。目前有扩散渗析法(渗析法)、电渗析法、反渗透法、纳滤法、超滤法和微滤法等。

一、膜分离原理

膜分离过程推动力包括浓度差、电位差、压力差、温度差等，在推动力驱动下，原料液组分选择性透过膜，达到分离、分级、提纯和浓缩的目的。不同膜分离过程对应不同的分离和传质机制。即使在同样的推动力条件下，由于所采用膜的孔径、电性等特征不同，膜的分离与传质机制也可能不同。

扩散渗析利用溶质浓度梯度提供推动力，常用离子交换膜将浓溶液和稀溶液隔开，溶质从浓度高的一侧选择性透过膜扩散到浓度低的一侧。正渗透利用半透膜两侧的渗透压差驱动水分子由盐浓度低的一侧透过半透膜渗透到盐浓度高的一侧。

电渗析利用电场提供推动力，在电场的作用下阴离子透过阴离子交换膜向阳极迁移，阳离子透过阳离子交换膜向阴极迁移，从而达到浓缩与分离的目的。

反渗透过程利用压力差提供推动力，主要分离机制为溶解-扩散机制。溶质与溶剂以溶解方式进入膜体，当溶剂的溶解和扩散速率远大于溶质的溶解和扩散速率时，溶剂透过致密膜，溶质在原料液一侧富集，从而实现溶质与溶剂的分离。

与反渗透相比，纳滤膜的分离机制较为复杂，包括孔径筛分、静电相互作用、道南(Donnan)平衡效应及介电相互作用。在孔径筛分作用下，尺寸大于膜孔的溶质被截留。在静电相互作用下，膜吸引反离子(与膜所带固定电荷相反)、排斥同名离子(与膜所带固定电荷相同)。道南平衡效应是指静电相互作用阻止了同名离子向膜内的扩散(导致其在膜内浓度低于主体溶液的浓度)，为了保持电中性，反离子也被膜截留。介电相互作用是指在溶液与膜的介电常数不同的情况下，离子会在溶液和膜之间的界面诱导产生极化电荷，从而产生与离子的介电排斥现象，提高了离子的截留率。

微滤、超滤过程同样利用压力差提供推动力。微滤、超滤膜中的传质主要基于孔径筛分作用，即膜孔按溶质尺寸大小进行分离，部分较小的粒子(小分子)随溶剂透过膜到达渗透液一侧，而大粒子(大分子)则被截留在原料液一侧。

在压力为推动力的膜分离过程中，由于溶剂流动过程中溶质会在膜表面积累，膜表面溶质浓度(c_m)高于原料液中溶质浓度(c_f)，在浓度梯度驱使下膜表面溶质向原料液中反向扩散。当原料液中溶质经对流扩散到膜表面的量与膜表面溶质以反向扩散方式流回原料液的量相等时，会形成一个原料液到膜表面浓度逐步升高的浓度分布，此现象称为浓差极化(如图 16-30 所示)。浓差极化会导致膜通量的下降和截留率的改变。在操作过程中，可以通过优化膜组件设计和操作条件尽可能减少浓差极化。

二、膜通量和截留率

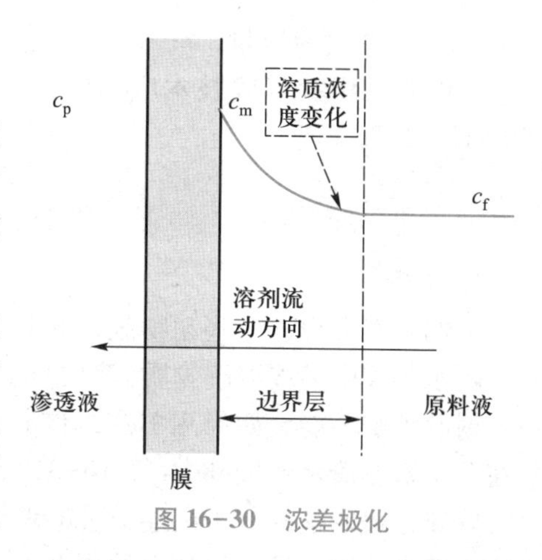

图 16-30　浓差极化

膜通量(J)和截留率(R)是膜分离过程的主要性能评价指标。膜通量指单位时间、单位膜表面积上通过的物质量。国际单位制(SI)单位为 $m^3/(m^2 \cdot s)$ 或者 m/s，在实际的废水处理过程中也用非 SI 单位 $L/(m^2 \cdot h)$ 进行表示。膜通量一般基于质量或物质的量计算，也可定义为水和污染物向膜表面迁移或透过膜的速率与膜表面积(A_m)的比值，即单位时间单位膜表面积透过组分的质量或物质的量。

水溶液的传质常用体积通量($\hat{J}$)表示。体积通量可以定义为单位时间流向膜表面流体的体积与膜表面积的比值，也可将其解释为垂直于膜表面流体的速度，通常用 J_w 表示水通量，J_v 表示总溶液通量。实际应用中常认为溶液的体积通量 $\hat{J}_v$ 近似等于水的体积通量 $\hat{J}_w$。

$$\hat{J}_v \approx \hat{J}_w = \frac{Q_p}{A_m} = v_w \tag{16-28}$$

式中：$\hat{J}_v$——溶液的体积通量，$m^3/(m^2 \cdot s)$；

$\hat{J}_w$——水的体积通量，$m^3/(m^2 \cdot s)$；

Q_p——单位时间流向膜表面流体的体积，m^3/s；

A_m——膜表面积，m^2；

v_w——流体的渗透速率，等于溶液接近膜表面的名义速度，m/s。

原料液在进入膜组件后，透过膜的液体为渗透液，而被膜截留的组分为浓缩液。膜的截留率(R)计算公式如下：

$$R = 1 - \frac{c_p}{c_f} \tag{16-29}$$

式中：R——膜的截留率,%；

c_p——渗透液中的溶质浓度，mg/L；

c_f——原料液中的溶质浓度，mg/L。

此外，回收率(r)也是评价膜产水能力的重要指标，代表原料液中转化为净水的部分，常用如下公式进行定义：

$$r = \frac{Q_p}{Q_f} = 1 - \frac{Q_c}{Q_f} \tag{16-30}$$

式中：r——回收率,%；

Q_p——渗透液流量，m^3/s；

Q_f——原料液流量，m^3/s；

Q_c——浓缩液流量，m^3/s。

在微滤、MBR等膜技术应用中，一般视为不产生浓缩液，回收率指标通常以100%计。

三、膜分离法

1. 渗析法

人们早就发现，一些动物膜，如膀胱膜、羊皮纸(一种把羊皮刮薄做成的纸)，有分隔水溶液中某些溶解物质(溶质)的作用。例如，食盐能透过羊皮纸，而糖、淀粉、树胶等则不能。如果用羊皮纸或其他半透膜包裹一个穿孔杯，杯中满盛盐水，放在一个盛放清水的烧杯中(图16-31)，隔上一段时间，我们会发现烧杯内的清水带有咸味，表明盐的分子已经透过羊皮纸或半透膜进入清水。如果把穿孔杯中的盐水换成糖水，则会发现烧杯中的清水不带甜味。显然，如果把盐和糖的混合液放在穿孔杯内，并不断地更换烧杯里的清水，就能把穿孔杯中混合液内的食盐基本上都分离出来，使混合液中的糖和盐得到分离。这种方法叫渗析法。起渗析作用的薄膜，因对溶质的渗透性有选择作用，故叫半透膜。近年来半透膜有很大的发展，出现很多由高分子化合物制造的人造薄膜，不同的薄膜有不同的选择渗析性。半透膜的渗析作用有三种类型：① 依靠薄膜中“孔道”的尺寸分离大小不同的分子或离子。② 依靠薄膜的离子结构分离性质不同的离子，例如，用阳离子交换树脂做成的薄膜可以透过阳离子，叫作阳离子交换膜(图16-32)；用阴离子交换树脂做成的薄膜可以透过阴离子，叫作阴离子交换膜。③ 依靠薄膜有选择的溶解性分离某些物质，例如，醋酸纤维素膜有溶解某些液体和气体的性能，而使这些物质透过薄膜。一种薄膜只要具备上述三种作用之一，就能有选择地让某些物质透过而成为半透膜。在废水处理中最常用的半透膜是离子交换膜。

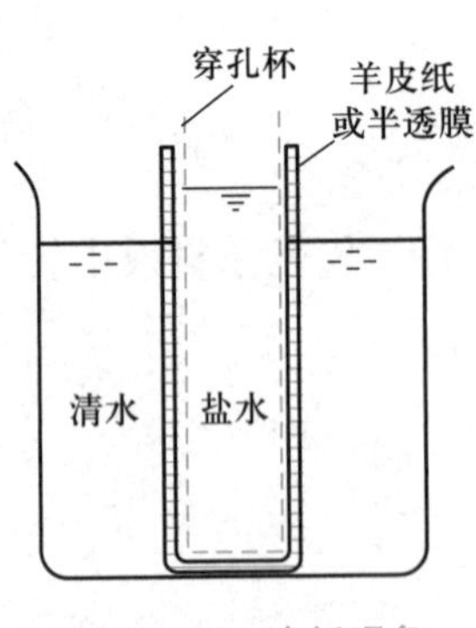

图16-31 渗析现象

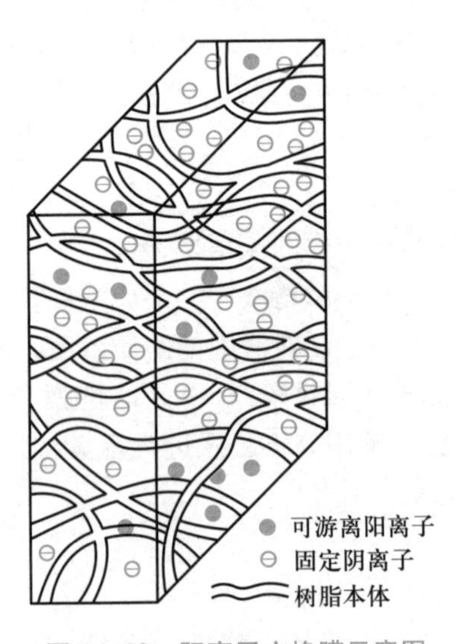

图16-32 阳离子交换膜示意图

在膜分离法中，物质透过薄膜需要动力，目前利用的有三种动力：① 分子扩散作用；② 电力；③ 压力。依靠分子自然扩散的是扩散渗析法，简称为渗析法。水分子在渗透压的驱动下，由盐浓度低(化学势高)的一侧透过半透膜渗透到盐浓度高(化学势低)的一侧的膜过程，称为正渗透。用压力的是反渗透法、纳滤法、超滤法和微滤法。用电力的是电渗析法。

图 16-33 是一种利用渗析法处理钢铁厂酸洗废水的装置示意图。在渗析槽中装设一系列间隔很近的阴离子交换膜，把整个槽分隔成两组相互为邻的小室。一组小室流入酸洗废水，另一组小室流入清水，流向是相反的。由于扩散作用，酸洗废水中的氢离子、亚铁离子和硫酸根离子向清水扩散，但是，由于阴离子交换膜的阻挡，只有硫酸根离子较多地透过薄膜，进入清水；当硫酸根离子透过薄膜时也挟带一些亚铁离子过去，但这是少量的。这样，酸洗废水中的硫酸和硫酸亚铁就在一定程度上得到了分离。

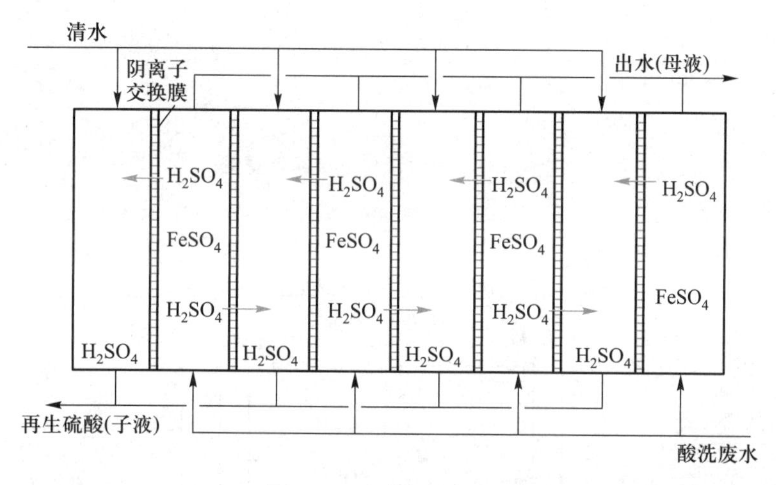

图 16-33　渗析法示意图

2. 电渗析法

图 16-34 是用于海水淡化的电渗析装置示意图，也可以用于含盐废水的浓缩。在电渗析槽中把阴离子交换膜和阳离子交换膜交替排列，隔成宽度仅为 1～2 mm的小室，在槽的两端则分别设阴、阳电极，接通直流电源。海水从电渗析槽一侧进入，从另一侧流出。由于离子的导电性和离子交换膜的半透性，相邻两室中的海水，一个变淡，一个变浓，故电渗析槽的出水管分成两路，一路收集淡水，另一路收集浓盐水。

图 16-35 所示是一种综合利用酸洗废水的装置。这是一种渗析和电解组合在一起的方法。依靠渗析作用回收硫酸，依靠电解作用回收铁。

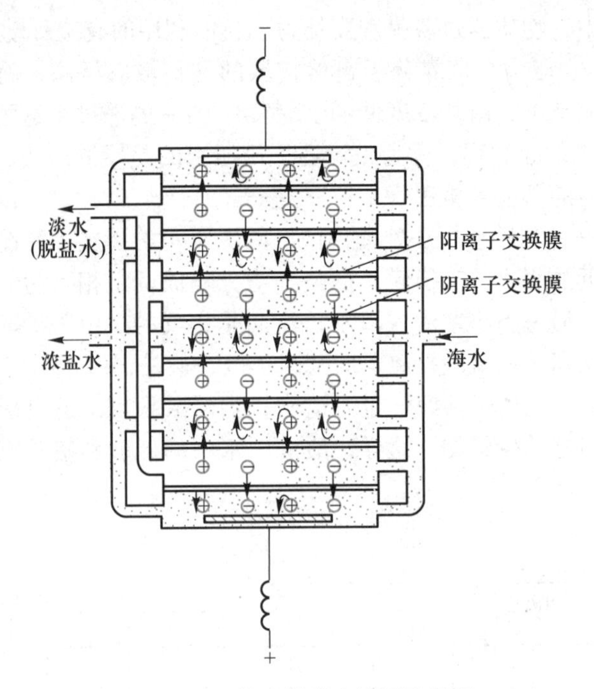

图 16-34 海水淡化电渗析示意图

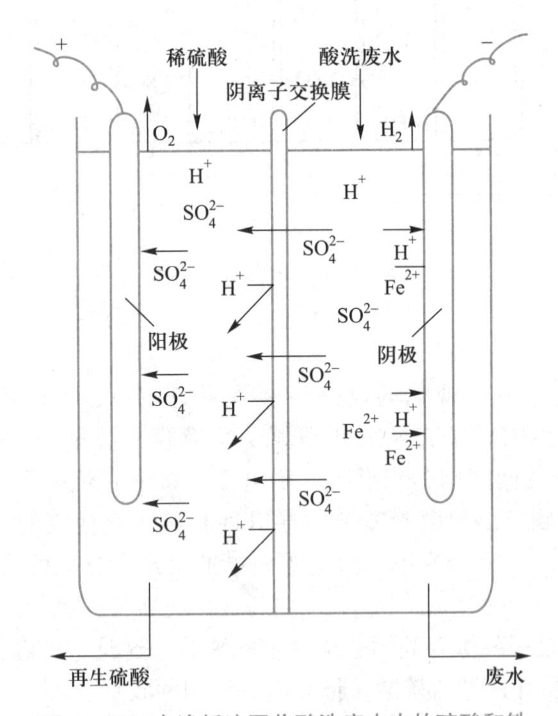

图 16-35 电渗析法回收酸洗废水中的硫酸和铁

阳极反应式：

$$2H_2O \longrightarrow 2H^+ + 2OH^-$$

$$2H^+ + SO_4^{2-} \longrightarrow H_2SO_4$$

$$2OH^- \longrightarrow O_2\uparrow + 2H^+ + 4e^-$$

阴极反应式：

$$Fe^{2+} + 2e^- \longrightarrow Fe\downarrow \quad 2H^+ + 2e^- \longrightarrow H_2\uparrow$$

上海某炼钢厂采用图 16-33 和图 16-35 所示装置做综合利用酸洗废水的试验，过程和成果可概括为图 16-36。

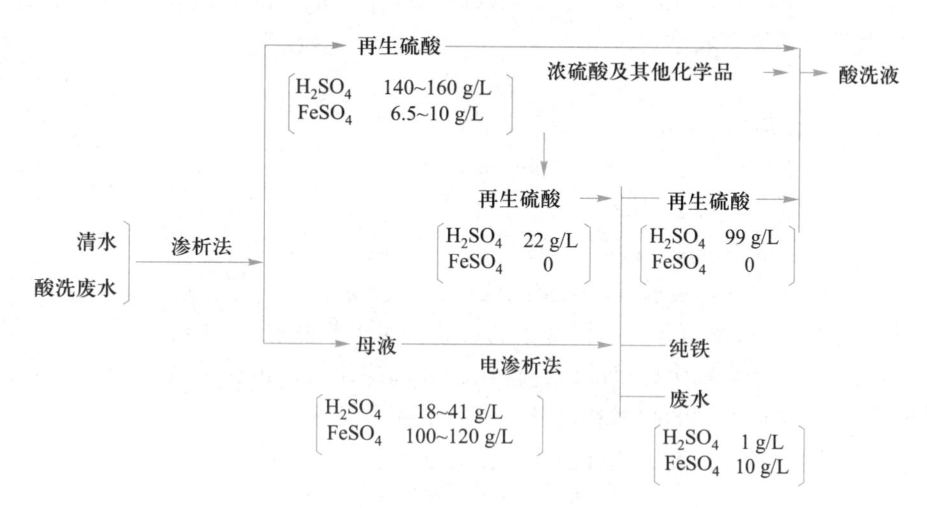

图 16-36　用渗析法处理酸洗废水

在上述过程中，清水与酸洗废水的流量比约为 1.2∶1，从渗析装置中流出的母液与再生硫酸的流量比约为 1∶1(这反映存在着渗透作用)。在电渗析过程中，两个极室的出流都是循环的，再生硫酸在阳极室循环以提高浓度，废水则与母液混合后再进入阴极室。

在电渗析法中，使用的电极材料要不受反应产物的腐蚀。电极材料的选择同离子交换膜的选择一样重要。

3. 反渗透法

反渗透法是一种借助压力促使水分子反向渗透，以浓缩溶液或废水的方法。如果将纯水和盐水用半透膜隔开(图 16-37)，此半透膜只有水分子能够透过而其他溶质不能透过，则水分子将透过半透膜进入溶液(盐水)，溶液逐渐从浓变稀，液面则不断上升，直到某一定值为止。这个现象叫作渗透，高出水面的水柱高度(取决于盐水的浓度)是溶液的渗透压所致。可以理解，如果我们向溶液的一侧施加压力，并且超过它的渗透压，则溶液中的水就会透过半透膜，流向纯水一侧，而溶质被截留在溶液一侧，这种方法就是反渗透法(或称为逆渗透法)。

图 16-37 渗透和反渗透

任何溶液都具有相应的渗透压，其数值取决于溶液中溶质的分子数，而与溶质的性质无关，其数学表达式为

$$\Pi = iRTc \tag{16-31}$$

式中：Π——渗透压，Pa；

R——摩尔气体常数，8.314 J/(mol·K)；

T——热力学温度，K；

c——溶质的浓度，mol/L；

i——系数，它表示溶质的解离状态，其值等于 1 或大于 1。

当完全解离时，i 等于阴、阳离子的总数；对于非电解质，$i=1$。

反渗透膜的种类很多，目前研究得比较多和应用较广的是醋酸纤维素膜和芳香族聚酰胺膜，其他类型的膜材料也正在不断研究开发中。

目前应用于脱盐方面的几种反渗透膜的性能参见表 16-7。

表 16-7 几种反渗透膜的性能

品种	测试条件	透水性/($m^3 \cdot m^{-2} \cdot d^{-1}$)	脱盐率/%
$CA_{2.5}$膜	1%NaCl，5 066.3 kPa	0.8	>99
CA_3 复合膜	海水，10 132.5 kPa	1.0	99.8
CA_3 中空纤维膜	海水，6 079.5 kPa	0.4	99.8
CA 混合膜	3.5%NaCl，10 132.5 kPa	0.44	>99.7
芳香族聚酰胺膜	3.5%NaCl，10 132.5 kPa	0.64	>99.5

板框式反渗透装置是将反渗透膜贴在多孔透水板的单侧或两侧，再紧粘在不锈钢或环氧玻璃钢承压板的两侧，构成一个渗透元件，然后将几块或几十块元件成层叠合，用长螺栓固定后装入密封耐压容器内。

管式反渗透装置是把反渗透膜装在耐压微孔承压管的内侧或外侧，制成管状膜的元件，然后将很多管束装配在筒形耐压容器内。

反渗透膜组件及装置示意图

螺旋卷式反渗透装置是在两层反渗透膜中间夹一层多孔的柔性格网，再在下面铺一层供废水通过的多孔透水格网，然后将它们的一端粘贴在多孔集水管上，绕管卷成螺旋卷筒，并将另一端密封，就成为一个反渗透元件。

中空纤维式反渗透装置是将制造反渗透膜的原料空心纺丝制成中空纤维管。纤

维管的外径为 30～150 μm，壁厚为 7～42 μm。然后将几十万根中空纤维管弯成 U 形装在耐压容器内，即组成反渗透器。

近年来，由于反渗透膜材料和制造技术的发展，以及新型装置的不断开发和运行经验的积累，反渗透技术的发展非常迅速，已广泛用于海水的淡化、除盐和制取纯水等，还能用以去除水中的细菌和病毒。但反渗透法所需的压力较高，工作压力要比渗透压力大几十倍。即使是改进的复合膜，正常工作压力也需 1.5 MPa 左右。同时，为了保证反渗透装置的正常运行和延长膜的寿命，在反渗透装置前必须有充分的预处理装置。

反渗透装置一般都由专门的厂家制成成套设备后出售。在生产中，根据需要予以选用。

4. 纳滤法

纳滤是 20 世纪 80 年代后期发展起来的一种介于反渗透和超滤之间的压力驱动型膜分离技术。纳滤膜的孔径通常为 0.5～1 nm，其操作压力一般为 0.5～2.0 MPa。纳滤适用于截留分子大小在 1 nm 以上或相对分子质量大于 200 的有机小分子，如乳糖、葡萄糖、麦芽糖、抗生素、合成药物等。另外，纳滤在水软化、不同价阴离子分离，以及高、低相对分子质量有机物分级等方面具有独特的优势，并且相比于反渗透操作压力低，通量较大。这些特点使纳滤过程在超纯水制备、食品、化工、医药、生化、环保等多个领域得到广泛应用。

传统纳滤膜主要依赖表层的聚酰胺层实现溶质选择性截留，膜表面主要官能团为氨基和羧基，在中性环境下膜表面带负电，能和荷电溶质产生静电相互作用。不过，对于截留中性不带电荷物质，其截留机制主要基于纳米级微孔的筛分作用，而对离子的截留主要通过离子和膜之间的静电相互作用、Donnan 效应和孔径筛分效应联合实现。由于纳滤膜通常带负电，其能排斥溶液中带负电的离子，吸引溶液中带正电的离子，此为静电相互作用。当主体溶液和膜电荷达到平衡时，膜中的反离子（与膜所带电荷相反）浓度比主体溶液中的浓度高，而同离子（与膜所带电荷相同）的浓度却较低，从而在主体溶液与膜之间产生 Donnan 电势梯度，该作用阻止了反离子从主体溶液向膜的扩散和同离子从膜向主体溶液的扩散，此现象称为 Donnan 平衡。

纳滤与反渗透的对比

由于上述静电相互作用、Donnan 效应和孔径筛分效应的共同作用，纳滤膜对离子截留具有选择性，对二价和高价离子的截留率明显高于单价离子。对阳离子的截留率递增顺序为 H^+、Na^+、K^+、Ca^{2+}、Mg^{2+}、Cu^{2+}；对阴离子的截留率递增顺序为 NO_3^-、Cl^-、OH^-、SO_4^{2-}、CO_3^{2-}；对于价数相同的同类离子，离子半径越小，纳滤膜对其截留率越低。

超滤膜结构及分离原理示意图

5. 超滤法

超滤膜的微孔孔径比纳滤膜大，一般为 1～50 nm。超滤的过程并不是单纯的机械截留，物理筛分，而是存在着以下三种作用：① 溶质在膜表面和微孔孔壁上发生吸附；② 溶质的粒径大小与膜孔径相仿，溶质嵌在孔中，引起阻塞；③ 溶质的粒径大于膜孔径，溶质在膜表面被机械截留，实现筛分。毫无疑问，我们应力求避免在孔壁上的吸附和膜孔的阻塞，应选用与被分离溶质之间相互作用弱和膜孔结构外密内疏的不对称构造的超滤膜。

超滤的过程是动态过滤，即在超滤膜的表面既受到垂直于膜表面的压力，使水分子得以透过膜并与被截留物质分离，同时又产生一个与膜表面平行的切向力，以将截留在膜表面的物质冲开。所以，超滤运行的周期可以较长。在运行方面，还可短时间地停止透水而增加切面流速，即可达到冲洗膜表面的效果，使透水率得到恢复。这样的运行方式，使超滤(膜)-活性污泥法这种新型的处理工艺得以实施和发展。

在污水处理中，超滤法目前主要用于分离有机物，如淀粉、蛋白质、树胶、油漆等。超滤法所需的压力比纳滤法要低，一般为0.1~0.5 MPa。

6. 微滤法

微滤与超滤的对比

微滤膜分离机理是在压力差的作用下，小于膜孔的粒子通过膜，大于膜孔的粒子则被阻拦在膜表面上，使大小不一的组分得以分离。微滤过程近似于硅藻土、沙、无纺布等介质的传统过滤。不过，由于膜孔分布均匀，其过滤精度较高，且过滤时无介质脱落、无杂质溶出、无毒、不产生二次污染、使用方便等，一般认为微滤法优于传统过滤，滤液质量也较高。微滤膜材料主要有有机聚合物膜材料，也有无机金属及非金属材料。微滤膜的孔径一般为0.05~10 μm，操作压力为0.01~0.2 MPa，主要用于去除水中胶体和悬浮微粒，如细菌、油类等。

第九节 超临界处理技术

一、概述

任何物质可以气态、液态、固态三种状态存在，气态物质在温度降低或压力增加时可转变成液态或固态。然而当温度和压力超过临界值时，不论温度和压力如何变化，气体不再凝结为液体，气体与液体之间没有明显的界线，相界面消失，成为浑然一体的“流体”，即超临界流体。如图16-38所示，超临界流体是图上用斜线所示区域中的物质。

超临界流体具有一些特性，如表16-8所示。

表16-8 超临界流体、气体、液体的物理性质比较

流体(压力,温度)	密度/$(g\cdot cm^{-3})$	黏度/$(g\cdot cm^{-1}\cdot s^{-1})$	扩散系数/$(cm^{3}\cdot s^{-1})$
气体(常压,常温)	$(0.62\sim2)\times10^{-3}$	$(1\sim3)\times10^{-4}$	0.1~0.4
超临界流体(p_c,T_c)	0.2~0.5	$(1\sim3)\times10^{-4}$	0.7×10^{-3}
液体(常压,常温)	0.6~1.6	$(0.2\sim3)\times10^{-2}$	$(0.2\sim2)\times10^{-5}$

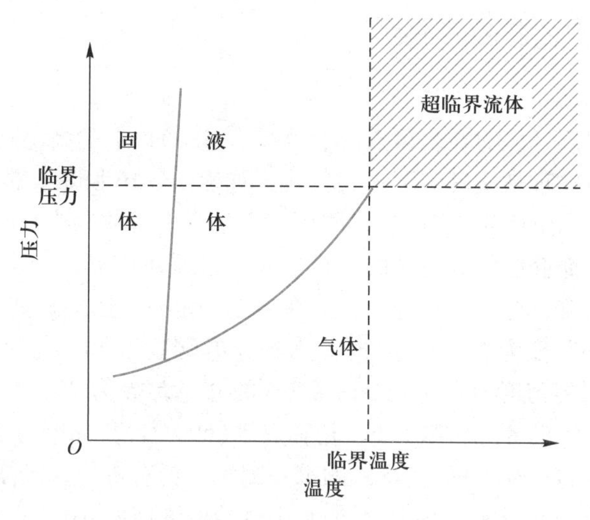

图 16-38　纯物质的压力-温度图

由表 16-8 可知，超临界流体的密度一般是常态液体的 1/3～1/2，比气体大数百倍，超临界流体具有和气体分子同等大小的运动能量，其黏度和气体差不多，扩散系数在液体与气体之间。超临界流体是一种具有接近气体扩散性能的高流动性流体。我们知道，溶剂的溶解能力与溶剂的密度有密切的关系。在临界点附近，超临界流体的密度是温度和压力的函数，故在合适的温度和压力下，它可以具有很高的溶解能力和良好的流动传递性能。因此超临界流体已在天然香料、药物成分及蛋白质等难以提取和分离物质的提取、分离，新材料的合成，有毒有害物质的去除，新能源的开发等领域得到重视和应用。

研究较多的超临界流体体系有二氧化碳、水、氨、甲醇、乙醇、氙、异戊烷、乙烯等。表 16-9 为常用超临界溶剂的临界值。以下我们仅对水和二氧化碳两类常用的超临界流体做较详细介绍。

表 16-9　常用超临界溶剂的临界值

溶剂	临界温度/℃	临界压力/MPa	临界密度/$(g\cdot cm^{-3})$
乙烯	9.2	5.03	0.218
二氧化碳	31.0	7.48	0.468
乙烷	32.2	4.88	0.203
乙炔	91.8	4.62	0.233
丙烷	96.6	4.24	0.217
氨	132.4	11.3	0.235
异戊烷	197	3.37	0.237
甲烷	319	4.11	0.292

二、两类常用的超临界流体

1. 超临界水

超临界水是温度、压力在临界点(374 ℃,22 MPa)以上的高温高压水。在超临界状态下，水的一些物理性质发生了很大变化，如表 16-10 所示。常温、常压下的水(25 ℃,0.1 MPa)，由于存在强的氢键作用，水的介电常数约为 80。因此极性物质、电解质容易溶解，而介电常数较小的无极性物质几乎不溶解。介电常数在密度不变的条件下，温度上升，介电常数降低；而在温度一定时，压力提高，介电常数增大。如在 130 ℃、水的密度为 900 kg/m^3时，水的介电常数为 50，与甲醇的介电常数相当；在 260 ℃、水的密度为 800 kg/m^3时，水的介电常数为 25，与乙醇的介电常数相当；在临界点，水的介电常数为 5，超临界水(600 ℃,25 MPa)的介电常数降低到 2。尽管介电常数不是影响有机物溶解的唯一因素，但有机物、气体在水中的溶解度随水的介电常数减小而增大。在 25 ℃的水中微溶的苯(质量分数 0.07%)，在270 ℃以上时，几乎可完全溶解于水。在 375 ℃以上，超临界水可与气体(如氮气、氧气或空气)及有机物以任意比例互溶；而无机物在水中的溶解度随水的介电常数减小而减小，当温度超过 475 ℃时，无机物在超临界水中的溶解度急剧下降。图 16-39 表示烃类、氧在水中的溶解度与温度的关系。

黏度是反映液体流动性(或称为流变性)的物理参数。牛顿将黏度定义为衡量液体流动时的内摩擦力或阻力的度量。超临界状态下，水的物理性质处于气体和液体之间，既具有与气体相近的扩散系数和较低的黏度，又具有与液体相近的密度和对物质良好的溶解能力。

表 16-10 各种状态下水的物理性质

	水(液体)(25 ℃,0.1 MPa)	水蒸气(气体)(100 ℃,0.1 MPa)	超临界水(600 ℃,25 MPa)
介电常数	80	1	2
黏度/($kg\cdot m^{-1}\cdot s^{-1}$)	891×10^{-6}	12.3×10^{-6}	34.5×10^{-6}
密度/($kg\cdot m^{-3}$)	997	0.59	71

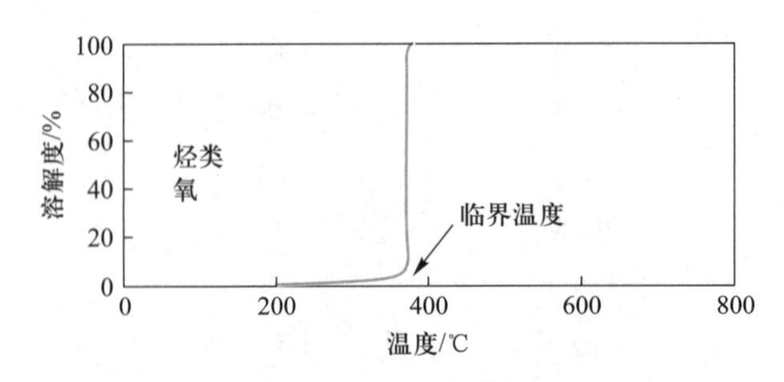

图 16-39 烃类、氧在水中的溶解度与温度的关系

2. 超临界二氧化碳

二氧化碳由于具有无毒、无臭、不可燃、化学性质稳定、价廉、临界温度低(31 ℃)、临界压力低(7.3 MPa)等优点，是超临界研究和应用中使用较多的体系。但二氧化碳极性弱，只适用弱极性物质的提取。

在从废水和废渣中去除重金属和一些有害非金属离子，或者从矿物中(特别是低品位矿物中)提取贵金属等物质时，往往在超临界体系中加入螯合剂，利用螯合剂与带电的离子通过配位键生成电中性的、稳定的、易溶解于超临界流体的螯合物，经传质进入超临界流体相而分离出来。这种方法称为超临界二氧化碳螯合萃取。目前，用于超临界二氧化碳螯合萃取的萃取剂主要有冠醚、β-二酮、膦、胺类和二乙基二硫代氨基甲酸盐及其衍生物等。

三、超临界技术的应用

1. 超临界水氧化

20 世纪 80 年代中期，美国学者蒙戴尔(Modell)首先提出超临界水氧化技术，该技术是利用水在超临界状态下的低介电常数、低黏度、高扩散系数及与有机物和氧气(空气)等气体互溶的特性，使有机物和氧化剂在超临界水介质中发生快速氧化反应来彻底去除有机物的新型氧化技术。该技术反应速率高，氧化完全彻底，对大多数有机废液、废水和有机污泥能在较短的时间内达到 99.9%以上的去除率。大多数高浓度和难降解的有机废液经此技术处理后能够产生直接排放的气体、液体或固体。超临界水氧化技术在处理一些用常规方法难以处理的有机污染物，以及在某些场合取代传统的焚烧方法等方面具有良好的前景，是一项具有很大发展潜力的技术。

超临界水氧化处理污水的工艺流程图

有机物的超临界水氧化受反应温度、反应压力、停留时间、氧化剂量及催化剂等因素的影响。反应温度高，反应速率常数大，反应速率高；但高温会降低反应物的密度，因而降低了反应物的浓度，使反应速率下降。在不同的温度、压力区域，这种效应对反应速率的影响程度是不同的。在远离临界点的区域，升温造成的速率常数增大导致的反应速率提高比反应物密度减小所引起的反应速率降低的程度大，所以升温可加快有机物氧化的反应速率；但在临界点附近，情况刚好相反，升温不利于有机物的氧化。压力变化和水密度的变化有密切关系，进而引起反应物浓度和反应速率的变化。在临界温度附近，水密度受压力影响更显著，反应速率随水密度的增大而快速升高。超临界水氧化的效果随反应停留时间的增加而增加，但增加率随反应时间的增加而减缓。氧化剂浓度也是类似的情况：氧化剂浓度提高，有机物的转化率提高，但并非氧化剂的量越多越好，当氧化剂过量至一定程度时，再增加氧化剂的量对有机物转化率的提高作用就很小了。超临界水氧化也可采用催化技术，特别是对有机物氧化速率较低、反应中间产物较多的反应。但在超临界状态下，可能因超临界水在催化剂上的吸附-解吸，影响了有机物、氧气在催化剂上的平衡吸附，催化效果有所降低。

超临界水氧化的机理比较典型的是在湿式空气氧化、气相氧化的基础上提出的自由基反应机理。

在没有引发物的情况下，自由基由氧气攻击最弱的 C—H 键而产生，反应如下所示：

$$RH+O_2 \longrightarrow R\cdot+HO_2\cdot \quad (16-32)$$

$$RH+HO_2\cdot \longrightarrow R\cdot+H_2O_2 \quad (16-33)$$

$$H_2O_2+M \longrightarrow 2HO\cdot+M \quad (16-34)$$

$$HO\cdot+RH \longrightarrow R\cdot+H_2O \quad (16-35)$$

$$R\cdot+O_2 \longrightarrow ROO\cdot \quad (16-36)$$

$$ROO\cdot+RH \longrightarrow ROOH+R\cdot \quad (16-37)$$

反应式(16-34)中 M 为界面。反应式(16-37)中生成的过氧化物相当不稳定，它可进一步断裂直至生成甲酸或乙酸。许多研究者认为决定有机物超临界水氧化反应速率的往往是其不完全氧化生成的小分子化合物(如一氧化碳、乙酸、氨、甲醇等)的进一步氧化。其中一氧化碳氧化成二氧化碳是有机物转化为二氧化碳的速率控制步骤，氨是有机氮转化为分子氮的速率控制步骤。然而有机物的种类极其复杂，每种反应的机理也不相同。目前的机理研究还集中在一些较简单的有机物氧化方面。

2. 超临界流体萃取

超临界流体萃取的原理是不同温度和压力对超临界流体溶解能力产生的影响。

目前超临界流体萃取技术对于污染物的处理按工艺的不同主要有两种形式。一种是直接接触法，即超临界流体直接与被污染的物质相接触去除其中的有害成分。直接接触法不仅对高浓度废水有很好的去除效果，而且对低浓度废水的净化效果也相当好。Ringhard 和 Kopfler 通过直接接触法流程从含污染物浓度很低的水中萃取一系列污染物，取得满意的净化效果。但考虑到过程的经济性，直接接触法一般适用于有机污染物含量高的废水。另一种方法是间接接触法，即被污染的物质先与中间媒体(吸附剂)相接触，使其中的污染物得到富集，然后将中间媒体在一定条件下经超临界流体萃取，分离出其中的污染物。Knez 等采用直接接触法对除草剂废水进行了超临界二氧化碳净化废水的研究，如表 16-11 所示。Epping 等研究了用活性炭吸附空气中微量汽油、酒精和酮等污染物，并用超临界流体使活性炭再生，结果表明该过程的经济效益和再生效益均很高，投资费用比较见表 16-12。

表 16-11 超临界二氧化碳对除草剂废水净化结果

废水来源	超临界二氧化碳处理的水
莠丁酯生产装置	莠醇含量降低 11.2%
甜菜宁生产装置	COD 降低 22.0%
甲草胺生产装置	COD 降低 21.0%

表 16-12 几种废水处理方法投资费用的比较

费用	处理方法			
	超临界流体萃取法	蒸馏法	焚烧法	活性炭吸附法
投资费用	1	1	4	0.5
操作费用	1	5	25	4

注：以超临界流体萃取法的费用为 1，其他数值为与之比较得出。

思考题和习题

1. 化学处理的对象主要是水中的哪类杂质？它与生物处理相比有什么特点(成本、运行管理、占地、污泥等)？

2. 化学处理所产生的污泥与生物处理相比，在数量(质量及体积)上，以及最后处理、处置上有什么不同？

3. 化学混凝法的原理和适用条件是什么？城镇污水的处理是否可用化学混凝法，为什么？

4. 化学混凝剂在投加时为什么必须立即与处理水充分混合、剧烈搅拌？

5. 化学沉淀法与化学混凝法在原理上有何不同？使用的药剂有何不同？

6. 氧化和还原法有何特点？废水中的杂质是否必须为氧化剂或还原剂才能用此方法？

7. 物理化学处理与化学处理相比，在原理上有何不同？处理的对象有什么不同？在处理成本和运行管理方面又有什么特点？

8. 用吸附法处理废水，可以使出水极为洁净。那么是否对处理要求高、出水要求高的废水，原则上都可以考虑采用吸附法？为什么？

9. 电镀车间的含铬废水，可以用氧化和还原法，化学沉淀法和离子交换法等加以处理，那么，在什么条件下用离子交换法进行处理是比较合适的？

10. 从水中去除某些离子(例如脱盐)，可以用离子交换法和膜分离法。当含盐浓度较高时，应当用什么方法？为什么？

11. 有机酚的去除可以用萃取法。那么，废水中无机物的去除是否可以用萃取法？为什么？

参考文献

[1] 同济大学．排水工程：下册［M］．上海：上海科学技术出版社，1980.

[2] 同济大学．给水工程［M］．北京：中国建筑工业出版社，1980.

[3] 顾夏声，黄铭荣，王占生．水处理工程［M］．北京：清华大学出版社，1985.

[4] 许保玖．当代给水与废水处理原理［M］．北京：高等教育出版社，1991.

[5] 钱易，米祥友．现代废水处理新技术［M］．北京：中国科学技术出版社，1993.

[6] 叶婴齐．工业用水处理技术［M］．上海：上海科学普及出版社，1995.

[7] 张自杰. 环境工程手册：水污染防治卷［M］. 北京：高等教育出版社，1996.

[8] 王宝贞，王琳. 水污染治理新技术——新工艺、新概念、新理论［M］. 北京：科学出版社，2004.

[9] 马鲁铭. 废水的催化还原处理技术——原理及应用［M］. 北京：科学出版社，2008.

[10] 刘茉娥，蔡邦肖，陈益棠. 膜技术在污水治理及回用中的应用[M]. 北京：化学工业出版社，2005.

[11] 王湛，王志，高学理. 膜分离技术基础[M]. 3版. 北京：化学工业出版社，2019.

[12] 陈翠仙，郭红霞，秦培勇. 膜分离[M]. 北京：化学工业出版社，2017.

[13] 王志伟，吴志超. 膜生物反应器污水处理理论与应用[M]. 北京：科学出版社，2018.

[14] (美) Benjamin M M，(美) Lawler D F. 水质工程学：物化处理工艺[M]. 王志伟，译. 上海：同济大学出版社，2022.

第十七章

城镇污水回用

中国水资源总量位居世界第六位，但人均水资源量只有世界平均水平的1/4左右。同时，中国地域辽阔，水资源时空分布不匀，水资源量总体上呈现由东南向西北递减的趋势。在中国社会经济可持续发展过程中，节约用水与保护水资源、开辟新水源并举是缓解水资源短缺的重要措施。其中，城镇污水回用具有水源相对稳定可靠、处理成本可控等优点，是水资源节约使用的重要途径，也越来越受到各国的重视和推广应用。2021年1月，国家发展和改革委员会联合九部门印发了《关于推进污水资源化利用的指导意见》，明确了我国城镇污水资源化利用的发展目标、重要任务和重点工程，标志着污水资源化利用上升为国家行动计划。在"十四五"期间和未来15年，我国污水回用工作将快速发展，城镇污水回用的规划、设施建设、运营维护和管理蕴含巨大的发展潜力和实践机会。

同时，水作为可以再生利用的传输介质和溶剂，经过生产和生活过程后携带有各种污染物，即使深度处理仍不同程度地存在残余的污染组分。为确保回用水的使用安全，需要识别回用水中的污染物类型与性质，按照回用途径和水质标准，确定合理的深度处理工艺，开展相应的风险评价，采取安全的工程技术措施，确保城镇污水经再生处理后得到安全、高效和稳定的回用。

第一节　回用途径

城镇污水回用，也称为再生利用，是污水回收、再生和利用的通称，是污水净化再用、实现水循环的全过程。污水经处理达到回用水水质要求后，回用于工业、农业、城市杂用、景观娱乐、补充地表水和地下水等。城镇污水回用途径广泛，表17-1是《城市污水再生利用　分类》(GB/T 18919—2002)中提出的城市污水再生利用类别。其中，工业、农业和景观环境用水是城市污水回用的主要对象。

表17-1　城市污水再生利用类别

序号	分类	范围	示例
1	农、林、牧、渔业用水	农田灌溉	种籽与育种、粮食与饲料作物、经济作物
		造林育苗	种籽、苗木、苗圃、观赏植物
		畜牧养殖	畜牧、家畜、家禽
		水产养殖	淡水养殖

续表

序号	分类	范围	示例
2	城市杂用水	城市绿化	公共绿地、住宅小区绿化
		冲厕	厕所便器冲洗
		道路清扫	城市道路的冲洗及喷洒
		车辆冲洗	各种车辆冲洗
		建筑施工	施工场地清扫、浇洒、灰尘抑制，混凝土制备与养护，施工中的混凝土构件和建筑物冲洗
		消防	消火栓、消防水炮
3	工业用水	冷却用水	直流式、循环式
		洗涤用水	冲渣、冲灰、消烟除尘、清洗
		锅炉用水	中压、低压锅炉
		工艺用水	溶料、水浴、蒸煮、漂洗、水力开采、水力输送、增湿、稀释、搅拌、选矿、油田回注
		产品用水	浆料、化工制剂、涂料
4	环境用水	娱乐性景观环境用水	娱乐性景观河道、景观湖泊及水景
		观赏性景观环境用水	观赏性景观河道、景观湖泊及水景
		湿地环境用水	恢复自然湿地、营造人工湿地
5	补充水源水	补充地表水	河流、湖泊
		补充地下水	水源补给、防止海水入侵、防止地面沉降

将经过深度处理，达到回用要求的城镇污水回用于工业、农业、城市杂用等需水对象，为直接水回用。其中，最具潜力的是回用于工业冷却水、农田灌溉及景观环境用水等。城镇污水按要求进行处理后排入水体，经自净后供给各类用户使用，为间接水回用。将经过深度处理的城镇污水回灌于地下含水层，再抽取使用，属于间接水回用。几个城镇位于同一条大河流域，都使用该水体作为给水水源和净化污水排放水体，属于宏观意义上的间接水回用。

第二节　回用水水质基本要求和水质标准

一、回用水水质基本要求

为使污水回用安全可靠，城镇污水回用水水质应满足以下基本要求：

（1）回用水的水质符合回用对象的水质控制指标；

（2）回用系统运行可靠，水质水量稳定；

（3）对人体健康、环境质量、生态保护不产生不良影响；

（4）回用于生产目的时，对产品质量无不良影响；

（5）对使用的管道、设备等不产生腐蚀、堵塞、结垢等损害；

（6）使用时没有嗅觉和视觉上的不快感。

二、回用水水质标准

回用水水质标准是确保回用安全可靠和回用工艺选用的基本依据。为引导污水回用健康发展，确保回用水的安全使用，我国已制定了一系列回用水水质标准，包括《城市污水再生利用　工业用水水质》（GB/T 19923—2005）、《城市污水再生利用　城市杂用水水质》（GB/T 18920—2020）、《城市污水再生利用　景观环境用水水质》（GB/T 18921—2019）、《城市污水再生利用　农田灌溉用水水质》（GB 20922—2007）、《城市污水再生利用　地下水回灌水质》（GB/T 19772—2005）、《城市污水再生利用　绿地灌溉水质》（GB/T 25499—2010）等。

《城镇污水再生利用工程设计规范》（GB 50335—2016）提出：当再生水同时用于多种用途时，其水质标准可按最高水质标准确定或分质供水；对于向服务区域内多用户供水的城市再生水厂，可按用水量最大的用户的水质标准确定；个别水质要求更高的用户，可自行补充处理，直至达到该水质标准。

1. 回用于工业用水水质主要控制指标

工业用水种类繁多，水质要求各不相同。经深度处理后的污水主要可回用于冷却用水、洗涤用水、锅炉补给水及工艺与产品用水等。其中，工业冷却水用量大，使用面广，水质要求相对较低，是国内外污水回用于工业的主要对象，回用于工业用水的水质控制指标见表 17-2。

由于工业用水水质与工业生产的类型、生产工艺和产品质量要求直接相关，具体要求各不相同，《城市污水再生利用　工业用水水质》（GB/T 19923—2005）对污水回用于工业用水的方式提出了如下要求。

（1）用作冷却用水（包括直流冷却系统和敞开式循环冷却系统补充水）和洗涤用水时，一般达到表 17-2 中所列的控制指标后可以直接使用。必要时也可进行补充处理或与新鲜水混合使用。

（2）用作锅炉补给水水源时，达到表 17-2 中所列的控制指标后尚不能直接补给锅炉，应根据锅炉工况，对水源水再进行软化、除盐等处理，直至满足相应工况的锅炉水质标准。对于低压锅炉，水质应达到《工业锅炉水质》(GB/T 1576—2008)的要求；对于中压锅炉，水质应达到《火力发电机组及蒸汽动力设备水汽质量》(GB/T 12145—2016)的要求；对于热水热力网和热采锅炉，水质应达到相关行业标准。

(3) 用作工艺与产品用水水源时，达到表17-2中所列的控制指标后，尚应根据不同生产工艺或不同产品的具体情况，通过回用试验或者相似经验证明可行时，工业用户可以直接使用；当表17-2中所列水质不能满足供水水质指标要求，而又无回用经验可借鉴时，则需要对回用水做补充处理试验，直至达到相关工艺与产品的供水水质指标要求。

2. 回用于城市杂用水水质主要控制指标

城市杂用水指经深度处理的城镇污水回用于冲厕、车辆冲洗、城市绿化、道路清扫、消防、建筑施工等。一般而言，回用于城市杂用水需要建设双给水系统，国内目前也有采用给水车送水的供水方式，但成本较高。回用于城市杂用水的水质主要控制指标见表17-2。

循环冷却系统用水量大，与锅炉用水、工艺用水相比较，水质要求不高，污水厂二级出水再经过简单深度处理即可满足水质要求，是污水回用的重要途径。标准中的冷却水水质控制指标，经国家科技攻关及大量调研工作确定，多年实践检验，证明这些控制指标是合适的，在保证生产安全情况下，有较好的经济适用性。用户可根据水质状况进行循环水系统处理，个别水质要求高的用户，也可针对个别指标做补充处理。

再生水用于工业上的生产工艺用水，目前很难制定出众多行业共同使用的再生水水质标准。因为各行业的生产工艺条件相差悬殊，用水水质要求不同，水质标准会差异很大。各行业宜自行编制本行业使用再生水的水质标准。

3. 回用于景观环境用水水质主要控制指标

景观环境回用指经深度处理的城镇污水回用于观赏性景观环境用水、娱乐性景观环境用水、景观湿地环境用水等，其水质主要控制指标见表17-2。再生水回用于景观环境用途中，再生水厂水源宜选用生活污水，或不含有重金属、有毒有害工业废水的城镇污水。

在水体完全使用再生水的情形下，水体温度大于25 ℃时，景观湖泊类水体水力停留时间不宜大于10天；水体温度不大于25 ℃时或再生水补水实际总磷浓度低于表17-2限值时，水体水力停留时间可适当延长。设置人工曝气或水力推动等装置增强水体扰动与流动能力，或大型水面因风力等自然作用具有较强流动和交换能力时，可结合运行过程监测，延长景观湖泊类水体的水力停留时间。

使用再生水的景观水体和景观湿地中，宜培育适宜的水生植物并定期收割处置。以再生水作为景观湿地环境用水，应考虑盐度及其累积作用对植物生长的潜在影响，选择耐盐植物或采取控盐降咸措施。

再生水回用于景观环境过程中，应注意景观水体的底泥淤积和水质变化情况，并应定期进行底泥清淤。

表 17-2　再生水回用于工业用水、城市杂用水、景观环境用水、农田灌溉用水水质主要控制指标　　单位：mg/L

项目	再生水回用于工业用水《城市污水再生利用　工业用水水质》(GB/T 19923—2005)					再生水回用于城市杂用水《城市污水再生利用　城市杂用水水质》(GB/T 18920—2020)		再生水回用于景观环境用水《城市污水再生利用　景观环境用水水质》(GB/T 18921—2019)							再生水回用于农田灌溉用水《城市污水再生利用　农田灌溉用水水质》(GB 20922—2007)			
	冷却用水		洗涤用水	锅炉补给水	工艺与产品用水	冲厕、车辆冲洗	城市绿化、道路清扫、消防、建筑施工	观赏性景观环境用水			娱乐性景观环境用水			景观湿地环境用水	灌溉作物类型			
	直流式	敞开式						河道类	湖泊类	水景类	河道类	湖泊类	水景类		纤维作物	旱地谷物油料作物	水田谷物	露地蔬菜
基本要求	—							无悬浮物，无令人不愉快的嗅和味										
色度(度)	≤30					≤15	≤30	≤20										
嗅	—					无不快感		无令人不愉快的嗅和味										
pH	6.5~9.0		6.5~8.5	6.5~9.0	6.5~8.5	6.0~9.0		6.0~9.0							5.5~8.5			
溶解氧	—					≥2.0		—							—		≥0.5	
COD_{Cr}	—		≤60	—	≤60			—							≤200	≤180	≤150	≤100
BOD_5	≤30		≤10	≤30	≤10	≤10		≤10		≤6	≤10		≤6	≤10	≤100	≤80	≤60	≤40
悬浮物 SS	≤30		—	≤30	—			—							≤100	≤90	≤80	≤60
溶解性总固体	≤1 000					≤1 000 (2 000)[a]		—							非盐碱地地区≤1 000，盐碱地地区≤2 000			≤1 000
浊度(NTU)	—		≤5	—	≤5	≤5	≤10	≤10		≤5	≤10		≤5	≤10				

续表

项目	再生水回用于工业用水《城市污水再生利用 工业用水水质》（GB/T 19923—2005）					再生水回用于城市杂用水《城市污水再生利用 城市杂用水水质》（GB/T 18920—2020）		再生水回用于景观环境用水《城市污水再生利用 景观环境用水水质》（GB/T 18921—2019）							再生水回用于农田灌溉用水《城市污水再生利用 农田灌溉用水水质》（GB 20922—2007）			
	冷却用水		洗涤用水	锅炉补给水	工艺与产品用水	冲厕、车辆冲洗	城市绿化、道路清扫、消防、建筑施工	观赏性景观环境用水			娱乐性景观环境用水			景观湿地环境用水	灌溉作物类型			
	直流式	敞开式						河道类	湖泊类	水景类	河道类	湖泊类	水景类		纤维作物	旱地谷物油料作物	水田谷物	露地蔬菜
氨氮	—		≤10①	—	≤10	≤5	≤8	≤5	≤3		≤5	≤3		≤5				
总磷（以P计）	—		≤1.0	—	≤1.0			≤0.5	≤0.3		≤0.5	≤0.3		≤0.5				
总氮	—		—	—	—			≤15	≤10		≤15	≤10		≤15				
石油类	—		≤1.0	—	≤1.0			—						—	≤10		≤5.0	≤1.0
挥发酚														—	≤1.0			
阴离子表面活性剂	—		≤0.5	—	≤0.5	≤0.5		—							≤8.0		≤5.0	
铁			≤0.3			≤0.3	—	—										
锰			≤0.1			≤0.1	—	—										
氯离子	≤250					≤350（选择性控制项目）		—							≤350			
硫化物								—							≤1.0			
二氧化硅	≤50		—	≤30				—										

续表

项目	再生水回用于工业用水《城市污水再生利用　工业用水水质》(GB/T 19923—2005)					再生水回用于城市杂用水《城市污水再生利用　城市杂用水水质》(GB/T 18920—2020)		再生水回用于景观环境用水《城市污水再生利用　景观环境用水水质》(GB/T 18921—2019)							再生水回用于农田灌溉用水《城市污水再生利用　农田灌溉用水水质》(GB 20922—2007)			
	冷却用水		洗涤用水	锅炉补给水	工艺与产品用水	冲厕、车辆冲洗	城市绿化、道路清扫、消防、建筑施工	观赏性景观环境用水			娱乐性景观环境用水			景观湿地环境用水	灌溉作物类型			
	直流式	敞开式						河道类	湖泊类	水景类	河道类	湖泊类	水景类		纤维作物	旱地谷物油料作物	水田谷物	露地蔬菜
硫酸盐	≤600		≤250			≤500（选择性控制项目）		—										
总硬度（以 $CaCO_3$ 计）	≤450																	
总碱度（以 $CaCO_3$ 计）	≤350																	
余氯/（$mg \cdot L^{-1}$）	≥0.05②					≤1.0（出厂），≤0.2（管网末端）	≤1.0（出厂），≤0.2[b]（管网末端）	—			0.05~0.1			—	≤1.5		≤1.0	
粪大肠菌群/（个 · L^{-1}）	≤2 000														≤40 000		≤20 000	
大肠杆菌/（MPN/100mL）	—					无[c]		—										

续表

项目	再生水回用于工业用水《城市污水再生利用 工业用水水质》（GB/T 19923—2005）					再生水回用于城市杂用水《城市污水再生利用 城市杂用水水质》（GB/T 18920—2020）		再生水回用于景观环境用水《城市污水再生利用 景观环境用水水质》（GB/T 18921—2019）							再生水回用于农田灌溉用水《城市污水再生利用 农田灌溉用水水质》（GB 20922—2007）			
	冷却用水		洗涤用水	锅炉补给水	工艺与产品用水	冲厕、车辆冲洗	城市绿化、道路清扫、消防、建筑施工	观赏性景观环境用水			娱乐性景观环境用水			景观湿地环境用水	灌溉作物类型			
	直流式	敞开式						河道类	湖泊类	水景类	河道类	湖泊类	水景类		纤维作物	旱地谷物油料作物	水田谷物	露地蔬菜
汞															≤0.001			
镉															≤0.01			
砷															≤0.1		≤0.05	
铬（六价）															≤0.1			
铅															≤0.2			
蛔虫卵数/（个·L^{-1}）															≤2			
备注	① 当敞开式循环冷却系统换热器为铜质时，循环冷却系统水中的氨氮指标应小于1 mg/L。 ② 余氯指加氯消毒时管末梢值。					注：“—”表示对此项无要求。 a. 括号内指标值为沿海及本地水源中溶解性固体含量较高的区域的指标。 b. 用于城市绿化时，不应超过2.5 mg/L。 c. 大肠杆菌不应检出。		注1：未采用加氯消毒方式的再生水，其补水点无余氯要求。 注2：“—”表示对此项无要求。										

4. 回用于农田灌溉用水水质主要控制指标

城镇污水经净化后回用于农田灌溉用水水质的主要控制指标包括含盐量、选择性离子毒性、重碳酸盐、pH 等。原污水不允许以任何形式回用于灌溉，一方面是感官上不好，另一方面是粪便聚集于农田可能直接污染作业工人（农民）或通过灰蝇、喷灌产生的气溶胶传播病原体。

再生水回用于农田灌溉用水水质主要控制指标除了满足表 17-2 的基本项目要求外，还应满足重金属等选择性控制项目的水质指标要求，具体见表 17-3。

表 17-3　再生水回用于农田灌溉用水选择性控制项目及水质指标最大限值　单位：mg/L

序号	选择性控制项目	限值	序号	选择性控制项目	限值
1	铍	0.002	10	锌	2.0
2	钴	1.0	11	硼	1.0
3	铜	1.0	12	钒	0.1
4	氟化物	2.0	13	氰化物	0.5
5	铁	1.5	14	三氯乙醛	0.5
6	锰	0.3	15	丙烯醛	0.5
7	钼	0.5	16	甲醛	1.0
8	镍	0.1	17	苯	2.5
9	硒	0.02	—	—	—

再生水农田灌溉的输水过程中，其主渠道应有防渗措施，防止地下水污染。城镇污水再生回用于农田灌溉之前，各地应根据当地的气候条件、作物的种植种类及土壤类别进行灌溉试验，确定适合当地的灌溉制度。

5. 回用于绿地灌溉用水水质主要控制指标

再生水回用于绿地灌溉用水的水质标准按《城市污水再生利用　绿地灌溉水质》（GB/T 25499—2010）的有关规定，包括标准中规定的绿地灌溉水质基本控制项目及限值。绿地灌溉水质标准提出：城市再生水灌溉绿地之前，应根据当地的气候条件、绿地植物种类及土壤条件进行灌溉试验，确定选择性控制项目和灌溉制度。对于古树名木不得利用再生水灌溉，特种花卉和新引进的植物应谨慎使用再生水灌溉。使用再生水灌溉绿地时，还应制定应急处理预案，有突发事件发生时，立即停止使用再生水。

6. 回用于地下水回灌用水水质主要控制指标

地下水回灌可以直接注水到含水层或利用回灌水池，回灌水可用于工业、农业，以及用于建立水力屏障以防止沿海地区由于地下水过量开采引起的海水入侵。回灌水预处理程度受抽取水的用途（回用对象水质要求）、土壤性质与地质条件（含水层性质）、地下水量与进水量（被稀释程度）、抽水量（抽取速度），以及回灌与抽取之间的平均停留时间、距离等因素影响。回灌前除需经生物处理（包括硝化与反硝化脱氮）外，还必须有效地去除有毒有机物与重金属。此外，影响再生水回灌的主要指标还有悬浮物浓度和浊度（引起堵塞）、细菌总数（形成生物黏泥）、氧浓度（引起腐蚀）、硫化氢浓度（引起腐蚀）、总溶解固体（抽取水用于灌溉时）等。

地下水回灌水质按照《城市污水再生利用　地下水回灌水质》（GB/T 19772—2005）的规定，包括标准中规定的地下水回灌基本控制项目及限值。由于地下水环境系统十分复杂，水资源评价和管理难度都很大，一旦受到污染修复成本巨大。因此，再生水用于地下水回灌应谨慎开展，必须进行严格的风险评估后方可实施。

7. 回用于补充水源水质控制指标

对于再生水补充地表水水源，我国目前还没有专门的水质控制标准。地表水的补充是将经处理的城镇污水放流到城镇内河等地表水体，其水质标准可按照《地表水环境质量标准》（GB 3838—2002），结合城镇水环境功能区的管理和环境评价等要求综合确定。

第三节　污水回用系统

一、污水回用系统类型

污水回用系统按服务范围可分为以下三类。

1. 建筑中水系统

在一栋或几栋建筑物内建立的中水系统称为建筑中水系统，处理站一般设在裙房或地下室，中水用于冲厕、洗车、道路保洁、绿化等。

2. 小区中水系统

在小区内建立的中水系统，可采用的水源较多，如邻近城镇污水处理厂出水、工业洁净排水、小区内建筑杂排水、雨水等。小区中水系统有覆盖全区回用的完全系统，供给部分用户使用的部分系统，以及中水不进建筑，仅用于地面绿化、喷洒道路、地面冲洗的简易系统。图 17-1 是用建筑杂排水作为水源的小区中水系统。

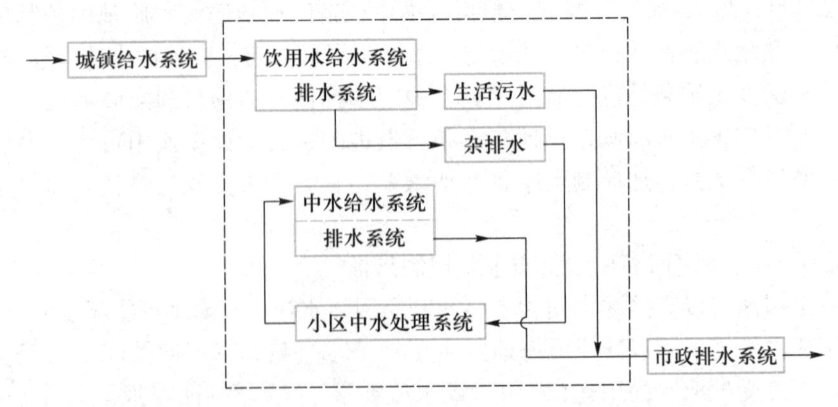

图 17-1　建筑杂排水作为水源的小区中水系统

3. 城镇污水回用系统

城镇污水回用系统又称为城镇污水再生利用系统，是在城镇区域内建立的污水回用系统。城镇污水回用系统以城镇污水、工业洁净排水为水源，经污水处理厂及深度处理工艺处理后，回用于工业用水、农业用水、城市杂用水、环境用水和补充水源水等。

各种回用系统各有其特点，一般而言，建筑或小区中水系统可就地回收、处理和利用，管线短，投资小，容易实施，但水量平衡调节要求高、规模效益较低。从水资源利用的综合效益分析，城镇污水回用系统在运行管理、污泥处理和经济效益上有较大的优势，但需要单独铺设回用水输送管道，整体规划要求较高。

二、污水回用系统组成

污水回用系统一般由污水收集、回用水处理(污水处理厂及深度处理)、回用水输配和用户用水管理等部分组成。

图 17-2 是城镇污水回用系统图，从图中可以看出，城镇污水回用将给水和排水联系起来，实现水资源的良性循环，促进城镇水资源的动态平衡。城镇污水回用关联到公用、城建、工业和规划等多个部门，需要统筹安排，综合实施。

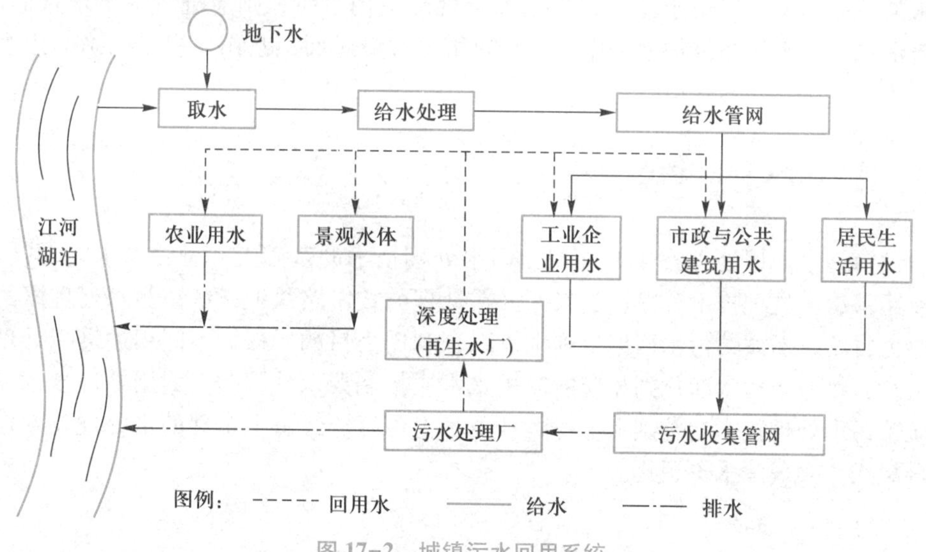

图 17-2 城镇污水回用系统

1. 污水收集

污水收集主要依靠城镇排水管道系统实现，包括生活污水排水管道、工业废水排水管道和雨水排水管道。对于收集工业洁净排水为源水的回用系统，可以利用城镇排水管道，或另行建设收集管道。

2. 回用水处理

(1) 污水处理厂内部深度处理：污水处理厂内部建设深度处理工艺设施，将部分或全部污水处理厂出水进行深度处理，达到要求的回用水水质控制指标后，用专用管道输送到回用用户，包括各类工业用户、城市杂用水、景观用水、农业用水或地下水的回灌等。

(2) 用户自行深度处理：污水处理厂将处理后达到排放标准，或达到用户要求水质指标的出水，用专用管道输送到回用水用户，在用户所在地建设回用水深度处理工艺设施，将污水处理厂供给的出水净化到要求的水质控制指标。

3. 回用水输配

回用水的输配系统应建成独立系统，输配水管道宜采用非金属管道，当使用金属管道时，应进行防腐蚀处理。当水压不足时，用户可自行建设增压泵站。回用水输配管网可参照城镇给水管网的要求开展规划设计工作，除了确保回用水在卫生学方面的安全外，回用水的供水可能产生供水中断、管道腐蚀，以及与自来水误接误用等关系到供水安全性的问题。因此，在回用水输配中必须采取严格的安全措施。

4. 用户用水管理

回用水用户的用水管理十分重要，应根据用水设施的要求确定用户的管理要求和标准。如当回用水用于工业冷却时，用户管理包括水质稳定处理、菌藻控制和进一步改善水质的其他特殊处理，并建立合理的运行工艺条件，减轻使用回用水可能带来的负面影响。当用于城市杂用水和景观环境用水时，则应进行水质水量监测、补充消毒、用水设施维护等工作。污水回用工程应对回用水用户提出明确的用水管理要求，确保系统安全运行。

第四节 回用处理技术方法

城镇污水回用处理技术是在城镇污水处理技术的基础上，融合给水处理技术、工业用水深度处理技术等发展起来的。在处理的技术路线上，城镇污水处理以达标排放为目的，而城镇污水回用处理则以综合利用为目的，根据不同用途进行处理技术组合，将城镇污水净化到相应的回用水水质控制要求。因此，回用处理技术在传统城镇污水处理技术的基础上，将各种技术上可行、经济上合理的水处理技术进行综合集成，实现污水资源化。

一、预处理技术

以生物处理工艺为主体，以达到排放标准为目标的城镇污水处理技术，经过长期的发展，已相当成熟。污水二级处理出水水质主要指标基本上能达到回用于农业的水质控制要求。除浊度、固体物质和有机物等指标外，其他各项已基本接近于回用工业冷却水水质控制指标。

对要求出水回用的污水处理厂，可在技术上通过工艺改进和工艺参数优化，使二级处理后的城镇污水出水大多数指标达到或接近回用水质控制要求，可以较大程度减轻后续深度处理的负担。出水供给回用水厂的二级处理的设计应安全、稳妥，并应考虑低温和冲击负荷的影响。

二、深度处理技术

为了向多种回用途径提供高质量的回用水，需对二级处理后的城镇污水进行深度处理，去除污水处理厂出水中剩余的污染成分，达到回用水水质要求。这些污染物质主要是氮、磷、胶体物质、细菌、病毒、微量有机物、重金属，以及影响回用的溶解性矿物质等。去除这些污染物的技术有的是从给水处理技术移植过来的，有的是单独针对某项污染物的。由于使用对象、水质控制要求与给水处理有所不同，不能简单地套用给水处理的工艺方法和参数，而应根据回用水处理的特殊要求采用相应的深度处理技术及其组合。

城镇污水回用深度处理基本单元技术有：混凝沉淀（或混凝气浮）、化学除磷、过滤、消毒等。对回用水水质有更高要求时，可采用活性炭吸附、脱氨、离子交换、微滤、超滤、纳滤、反渗透、臭氧氧化等深度处理技术。根据去除污染物的对象不同，二级处理出水可采用的相应深度处理方法见表 17-4。

表 17-4 二级处理出水深度处理方法

污染物		处理方法
有机物	悬浮性	过滤（上向流、下向流、重力式、压力式、移动床、双层和多层滤料）、混凝沉淀（石灰、铝盐、铁盐、高分子）、微滤、气浮
	溶解性	活性炭吸附（粒状炭、粉状炭、上向流、下向流、流化床、移动床、压力式、重力式吸附塔）、臭氧氧化、混凝沉淀、生物处理
无机盐	溶解性	反渗透、纳滤、电渗析、离子交换
营养盐	磷	生物除磷、混凝沉淀
	氮	生物硝化及脱氮、氨吹脱、离子交换、折点加氯

三、处理技术组合与集成

回用水的用途不同，采用的水质控制指标和处理方法也不同。同样的回用用途，由于源水水质不同，相应的处理工艺和参数也有差异。因此，污水回用处理工艺应根据处理规模、回用水水源的水质、用途及当地的实际情况，经全面的技术经济比较，将各单元处理技术进行合理组合，集成为技术可行、经济合理的处理工艺。在处理技术组合中，衡量的主要技术经济指标有：处理单位回用水量投资、电耗和成本、占地面积、运行可靠性、管理维护难易程度、总体经济与社会效益等。

图 17-3 是北京高碑店污水处理厂建设过程中的回用深度处理工艺流程图。北京高碑店污水处理厂在 20 世纪 90 年代末开始污水处理回用工程建设，以污水处理厂二级处理出水为源水，通过机械加速澄清池、砂滤池及消毒等深度处理后，主要

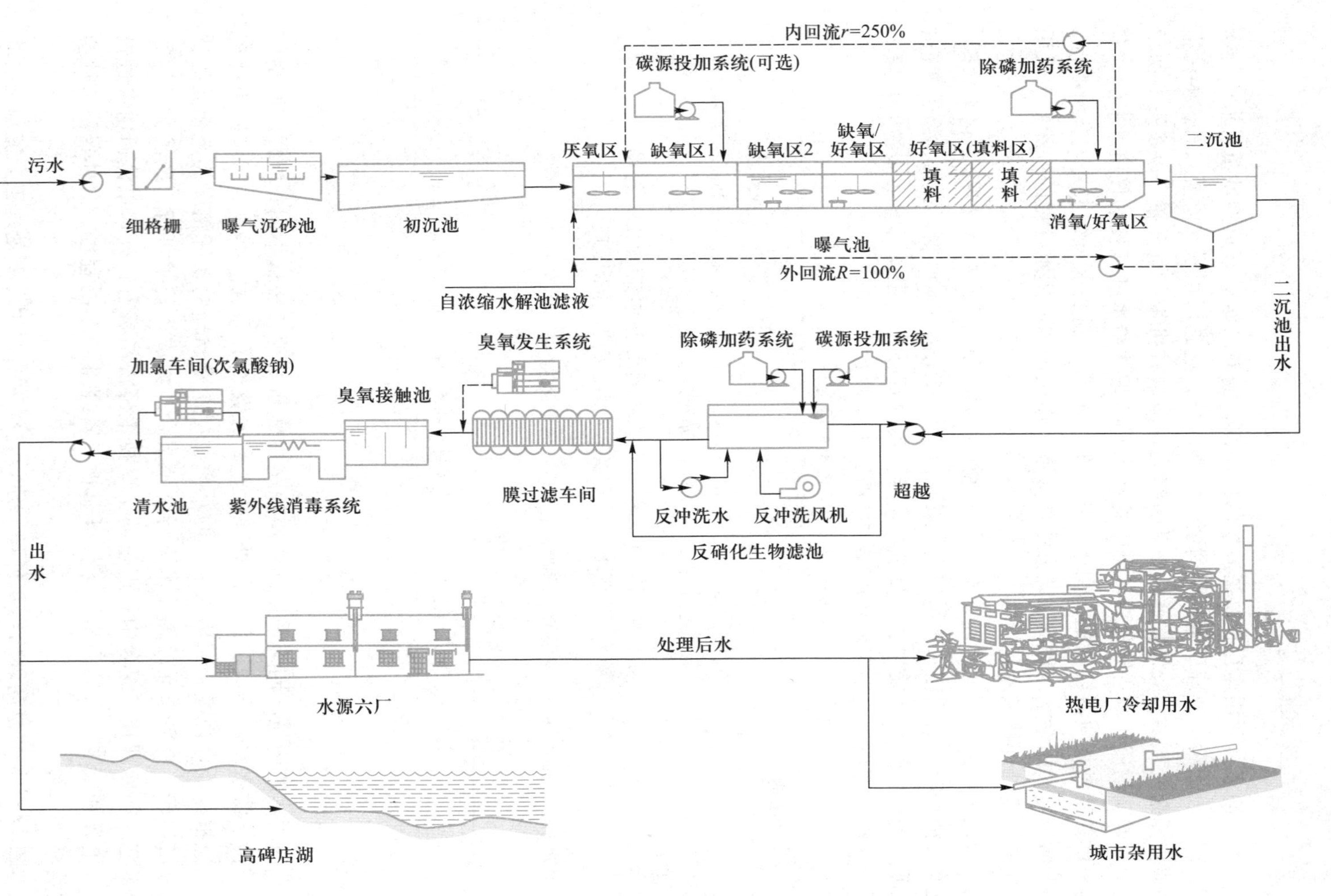

图17-3 北京高碑店污水处理厂回用深度处理工艺流程图

供给热电厂冷却用水，以及城市绿化、道路喷洒和冲刷、河道景观用水等。近年来，随着污水处理技术的进步，排放和回用水水质要求的提高，北京高碑店污水处理厂在污水二级处理工艺改造，提高污水处理效果的同时，对回用深度处理工艺也进行相应的工艺改进，以提高其回用出水水质。

图 17-4 是新加坡裕廊岛污水回用项目深度处理工艺流程图。裕廊岛是化工工业区，岛上有石化公司、化学公司及精炼公司等，回用项目以污水处理厂生物处理出水为源水，采用以二级过滤作为预处理的反渗透技术，深度处理后的出水达到了工业区内企业高级工业用水水质要求，解决了工业区水资源短缺的问题。

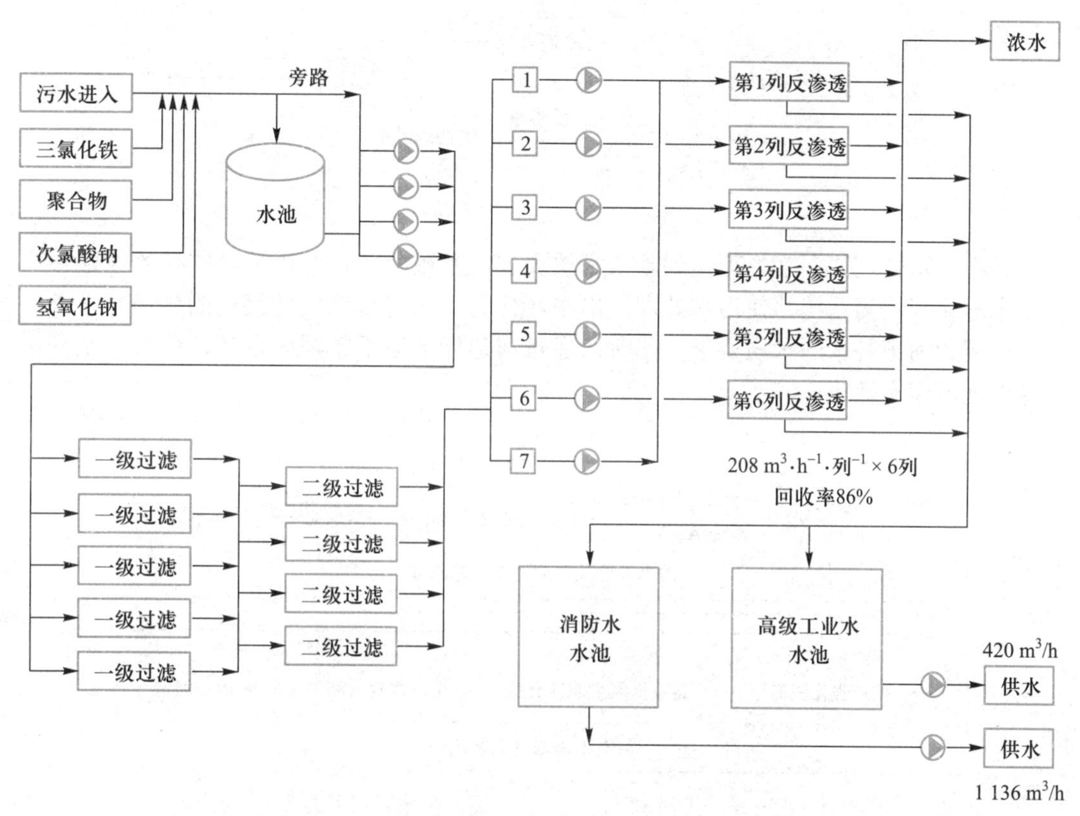

图 17-4 新加坡裕廊岛污水回用项目深度处理工艺流程图

图 17-5 是美国加利福尼亚州 21 世纪水厂回用处理工艺流程图。回用水厂以污水处理厂出水为源水，回用深度处理工艺主要包括化学澄清、空气吹脱、再碳酸化、混合滤料过滤、活性炭吸附、反渗透、氯化处理等。深度处理后的出水与深层地下水按一定比例混合后，通过注水系统注入地层，可以有效地控制海水入侵，并将经地下水层渗滤后的水回用于工业、农业等。

图 17-6 是南方某城镇污水处理厂再生水回用于城镇内河的工艺流程图。该回用项目针对城镇内河补充水源短缺、水体流动凝滞及景观效果不足的问题，利用污水处理厂再生水补给城镇内河，提高河道的水动力学，修复已退化的水生态系统。项目在研究和实施过程中，提出了污水处理厂深度处理与河道生态修复技术合理结

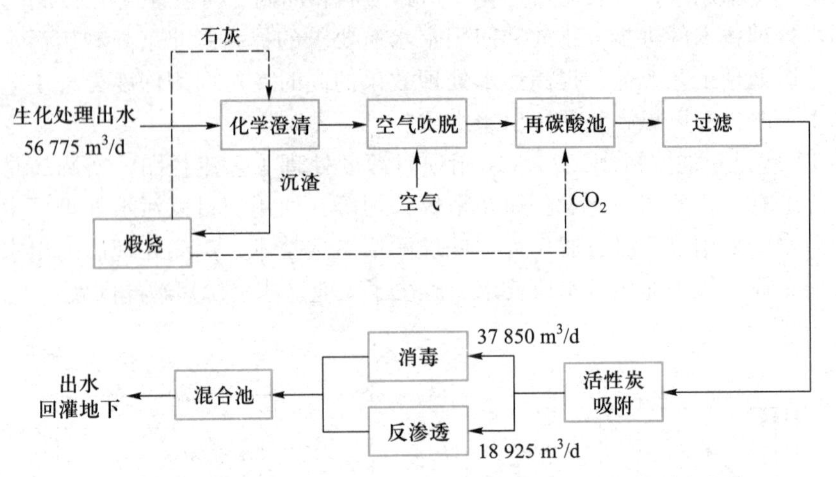

图 17-5 美国加利福尼亚州 21 世纪水厂回用处理工艺流程图

合，在污水处理厂深度处理达到基本水质要求的基础上，在回用河道的初始段建设生态净化与修复系统，使污水处理厂出水转化为水质与自然属性接近的生态水，满足向周边河道补水的水质要求。同时，通过河道岸上岸下景观的设计，营造人水和谐的河滨生态环境。

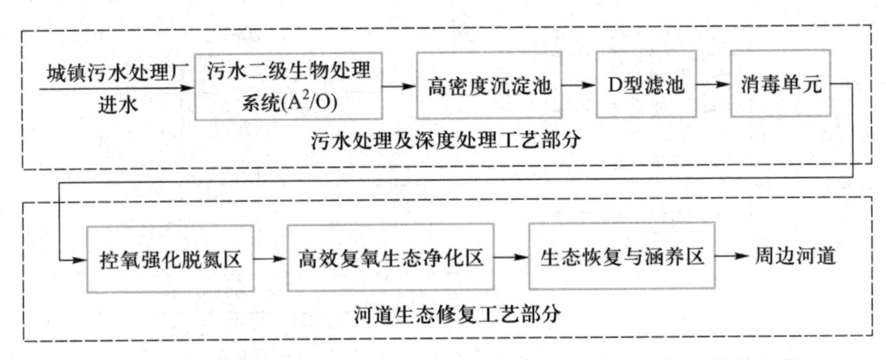

图 17-6 南方某城镇污水处理厂再生水回用于城镇内河的工艺流程图

图 17-7 是河道生态修复工艺示意图，城镇污水处理厂深度处理后的再生水补充至河道后，在河道开始段经进一步生物脱氮后进入高效复氧生态净化区，在该河段内经强化复氧、氮磷营养物的进一步削减后，再进入生态恢复与涵养区，达到恢复水体生态的目的，使再生水逐步趋于自然属性的河道水，通过泵站提升补充至周边的河道系统。

图 17-7 河道生态修复工艺示意图

第五节 污水回用安全措施

一、风险评价的主要内容

污水回用风险评价的主要内容是回用水对人体健康、生态环境和用户的设备与产品的影响。

（一）对人体健康的风险评价

对人体健康的风险评价又称为卫生危害评价，包括危害鉴别、危害判断和社会评价三个方面。

1. 危害鉴别

危害鉴别的目的是确定损害或伤害的潜在可能。鉴别方法有多种，包括危害统计研究、流行病学研究、动物研究、非哺乳动物系统的短期筛选和运用已知的危害模型等。

回用水中有害健康的致病媒介物，可分为生物的和化学的两种。早期的危害评价主要关注水中的致病媒介物病原菌等引起的传染病，如胃肠炎、伤寒、沙门氏杆菌等，这些生物性的致病媒介物可通过消毒来阻止其危害。随着化学工业的快速发展，世界上每年有数千种化学制品产生，近年来的危害评价开始注重有毒化学物质对人体的危害。

危害鉴别包括描述有害物质的性质，鉴别急性和慢性的有害影响和潜在危害等。

2. 危害判断

危害判断又称为危害评价，是设法定量地对损害或伤害的潜在可能进行评价。

一种物质有潜在危险，并不说明使用它就不安全。安全性与不利效应的概率有关，危害判断就是试图评价这一概率。在各种接触情况下，确定某物质的可能致病危害，需评价下述因素：① 产生不利影响时某物质的剂量(超过该剂量越大,危害就越大)；② 危害物在介质(回用水)中的浓度、危害源距离(距危害源越近、浓度越大,危害就越大)；③ 吸收的介质总量(数量越大,危害越大)；④ 持续接触时间(接触时间越长,吸收量越大)；⑤ 接触人员的特点(可能接触的人数越多,危害越大)。

危害判断的方法包括根据危害统计做出基本判断、根据流行病学的研究做出基本判断和根据疾病传播模式做出基本判断等。

3. 社会评价

社会评价是危害判断的最后阶段工作，判断危害是否可以被人们接受。常用的评价方法是成本/效益分析或危害/效益分析，包括危害判断的基本准则、危害的描述、疾病治疗的预计费用等。

(二) 对生态环境的风险评价

城镇污水回用于环境水体、农田灌溉和补充水源水时，都存在对生态环境产生危害的风险，产生危害的主要方面如下。

(1) 对地表水水体环境的影响：如回用水中有机物含量过高会造成水体过度亏氧，过量的氮、磷会使水体发生富营养化，重金属会毒害水生动、植物及进入生物链等，从而引起水体生态环境方面的破坏。

(2) 对地下水水体环境的影响：如重金属、难降解微量有机物和病原体会对地下水环境产生严重的影响，有些甚至是不可逆转的影响。当被影响的地下水源为饮用水源时，情况更为严重，在回用于补充地下水源时，需要高度重视，全面评价，采取可靠对策。

(3) 对植被和作物的影响：如水质不符合要求的回用水会影响植被的生长质量，影响作物的生长周期、生长速率及质量。

(4) 对土壤环境的影响：如污染物含量过高的回用水会造成土壤重金属积累，

酸、碱和盐会造成土壤盐碱化，使土壤环境受到损害。

生态环境的评价主要是鉴别可能产生的潜在影响，提出相应的安全对策，控制回用水可能产生的生态风险。

（三）对用户的设备与产品影响的风险评价

城镇污水回用于工业用水、城市杂用水及农田灌溉用水等方面，都可能对用户的设备与产品产生危害。当回用于工业用水时，回用的主要途径是冷却水、锅炉供水和工艺用水。从工业用水的角度而言，评价内容通常包括以下方面：

1. 评价回用水是否引起产品质量下降

回用水引起的产品质量下降主要表现如下。

（1）由于微生物活动造成的影响：如回用水用于造纸，微生物可能在纸上形成黏性物、产生污点和臭味，必须严格控制微生物指标。

（2）产品上发生污渍：如回用水中的浊度、色度、铁、锰等会使纺织品产生污点，应严格控制相应的水质指标。

（3）化学反应和污染：如硬度会增加纺织工业的各种清洗操作中洗涤剂的用量，可能产生凝块沉积，钙、镁离子会与某些染料作用产生化学沉淀，引起染色不均匀等。

（4）产品颜色、光泽方面的影响：如回用水中的悬浮固体、浊度和色度会影响纸张的颜色与光泽，需严格控制相应水质指标。

2. 评价回用水是否引起设备损坏

主要评价内容为设备的腐蚀。如含氯量高的水不能再用作间接冷却水，避免对热交换器中不锈钢的腐蚀。

3. 评价回用水是否引起效率降低或产量降低

（1）起泡：如含过量钠、钾的回用水作为锅炉供水会引起锅炉水起泡。

（2）滋生微生物：如碳、氮、磷含量高的回用水用作冷却水，易滋生微生物和繁殖藻类，形成生物黏泥。

（3）结垢：如回用水中的钙、镁离子，可形成影响冷却系统传热的水垢。水中的硅、铝也会在锅炉热交换管上形成硬垢，影响传热效果。

二、安全措施和监测控制

用水安全是城镇污水回用的基础，需采取严格的安全措施和监测控制手段，保障回用安全。《城镇污水再生利用工程设计规范》（GB 50335—2016）对再生水的安全措施和监测控制提出了具体要求，其主要安全防护措施和监测控制要求如下。

（1）污水回用系统的设计和运行应保证供水水质稳定、水量可靠，并应备用新鲜水供应系统。

（2）回用水厂与用户之间保持畅通的信息联系。

（3）回用水管道严禁与饮用水管道连接，并有防渗防漏措施；再生水调蓄池的排空管道、溢流管道严禁直接与下水道连通；上述措施防止再生水污染生活饮用水系统。

（4）再生水管道取水接口和取水龙头处应配置“再生水不得饮用”的耐久标识；再生水输配水管网中所有组件和附属设施的显著位置应配置“再生水”的耐久标识，

再生水管道明装时应采用识别色，并配置“再生水管道”的耐久标识，埋地再生水管道应在管道上方设置耐久标志带；上述措施主要为了防范误饮、混接误用再生水。

（5）不得间断运行的回用水水厂，供电按一级负荷设计，以保证供水的可靠性和安全性。

（6）再生水厂应设自动检测与控制系统，输配水管道宜设自动检测与控制系统。再生水厂进水口、出水口应设置水质水量在线监测及预警系统，以保证再生水生产及利用系统的安全可靠运行。在出现异常情况时，通过故障报警，及时启动应急预案和对策。

（7）由于工业废水的稳定性相对较弱，在回用水水源收集系统中的工业废水接入口，应设置水质监测点和控制闸门，在水源发生异常情况时便于及时采取应对措施。

（8）回用水厂和用户应设置水质和用水设备监测设施，控制用水质量，保障再生水使用的安全可靠。

思考题和习题

1. 城镇污水回用的主要途径有哪些？其相应的水质控制指标采用的标准是什么？

2. 试论述针对不同的地区特点，宜采用怎样的回用系统更为合理。

3. 回用深度处理技术有哪些？如何进行工艺的合理组合？

4. 回用处理技术与常用污水处理技术的区别有哪些？

5. 试分析城镇污水回用与工业废水回用在水质指标和回用处理技术上的特点各是什么？

6. 简述污水回用风险评价的主要内容及回用安全控制措施。

参考文献

[1] 金兆丰，徐竟成．城市污水回用技术手册[M]．北京：化学工业出版社，2004.

[2] 章非娟．工业废水污染防治[M]．上海：同济大学出版社，2001.

[3] 国家环境保护局．水污染防治及城市污水资源化技术[M]．北京：科学出版社，1993.

[4] 林宜狮．水的再生与回用[M]．钱易，朱庆奭，李敬，译．北京：中国环境科学出版社，1989.

[5] 邬扬善．居住小区中水系统的设置和组合[J]．给水排水，2001，10(3)：30-38.

[6] 仇付国，王晓昌．污水再生利用的健康风险评价方法[J]．环境污染与防治，2003，25(1)：49-51.

[7] 陆雍森．环境评价[M]．上海：同济大学出版社，1999.

[8] Metcalf & Eddy | AECOM. Wastewater engineering：treatment and resource recovery[M]. 5th ed. Boston：McGraw-Hill，2014.

第十八章

污泥的处理与处置

生活污水和工业废水在处理过程中分离或截留的固体物质统称为污泥。污泥中的固体物质可能是原污水中已存在的，如各种自然沉淀池中截留的悬浮物质；也可能是在污水处理过程中转化形成的，如在生物处理和化学处理过程中，由原来的溶解性物质和胶体物质转化而来的生物絮体和悬浮物质；还可能是在污水处理过程中投加的化学药剂带来的。当固体物质以有机物为主时则称之为污泥；以无机物为主时则称之为泥渣。

污泥作为污水处理的副产物通常含有大量的有毒、有害和对环境产生负面影响的物质，包括有毒有害有机物、重金属、病原菌、寄生虫卵等。如果不进行无害化处理处置，会对环境造成二次污染。污泥的处理与处置是两个不同的阶段，处理必须满足处置的要求。因此污泥的处理技术措施，是以达到在最终处置后不对环境产生有害影响为目标。不同的处置方式须对应相应的处理方法。

污泥处理的工艺路线选择需要强调污泥的减量化、稳定化和无害化，以及污泥的资源化综合利用。其中污泥的减量化是指通过一定的技术措施削减污泥的量和体积；稳定化是指将污泥中的有机物（包括有毒有害有机物）降解成为无机物的过程。污泥在环境中的最终消纳方式包括了土地利用、作建材的原料或进行无害化填埋等。

第一节　污泥的来源、特性、污泥量及水分

一、污泥的来源

污泥的性质和组成主要取决于污水的来源，同时还和污水处理工艺有密切关系。按污水处理工艺的不同，污泥可分为以下几种。

（1）初沉池污泥：来自污水处理的初沉池，是原污水中可沉淀的固体。

（2）二沉池污泥：又称污泥，是由生物处理工艺（活性污泥或生物膜系统）产生的污泥。

（3）消化污泥：经过厌氧消化或好氧消化处理后的污泥。

（4）化学污泥：用混凝、化学沉淀等化学方法处理污水时所产生的污泥。

除了以上污泥外，污水处理厂排出的污泥中还包括栅渣和沉砂池沉渣。栅渣呈垃圾状，沉砂池沉渣中密度较大的无机颗粒含量较高，所以这两者一般作为垃圾处置。初沉池污泥和二沉池污泥，因富含有机物，容易腐化、破坏环境，必须妥善处置。初沉池污泥还含有病原体和重金属化合物等。二沉池污泥基本上是微生物机体，含水率高，数量多，更需注意。这两者在处置前常需处理，处理的目的在于：① 降

低含水率，使其变流态为固态，达到减量目的；② 稳定有机物，使其不易腐化，避免对环境造成二次污染。

二、污泥的特性

污泥的特性主要有以下几个方面。

1. 污泥中的固体

污泥中的总固体包括溶解物质和不溶解物质两部分。前者叫溶解固体，后者叫悬浮固体。总固体、溶解固体和悬浮固体，又可依据其中有机物的含量，分为挥发性固体和稳定性固体。挥发性固体是指在 600 ℃下能被氧化，并以气体产物逸出的那部分固体，它通常用来表示污泥中的有机物含量，而稳定性固体则为挥发后的残余物。污泥固体的含量可用质量浓度表示(mg/L)，也可用质量分数表示(%)。

2. 污泥固体的组分

污泥固体的组分与污泥的来源密切相关，如来自城镇污水处理厂的污泥固体组分主要为蛋白质、纤维素、油脂、氮、磷等；来自金属表面处理厂的污泥固体组分则主要为各种金属氢氧化物或氧化物；来自石油化工企业污水处理厂的污泥固体则含有大量的油。污泥固体组分不同，污泥的性质也就不同，与此对应的处理及处置方法也就不同。表 18-1 为城镇污水处理厂污泥固体的典型组成。

表 18-1 城镇污水处理厂污泥固体的典型组成 单位:%

组分	初沉池污泥		消化污泥		剩余污泥
	范围	典型值	范围	典型值	范围
总固体	5~9	6	2~5	4	0.8~1.2
挥发性固体	60~80	65	30~60	40	59~88
油脂	6~30	—	5~20	18	—
蛋白质	20~30	25	15~20	18	32~14
纤维素	8~15	10	8~15	10	—
氮(以 N 计)	1.5~4	2.5	1.6~3.0	3	2.4~5.0
磷(以 P_2O_5 计)	0.8~2.8	1.6	1.5~4.0	2.5	2.8~11
钾(以 K_2O 计)	0~1	0.4	0~3.0	1	0.5~0.7

3. 含水率

污泥中水的质量分数叫含水率。与此对应，污泥中固体的质量分数叫含固率。很显然，含固率和含水率之间存在如下关系：含固率+含水率=100%。如果某污泥的含固率为 7%，则含水率为 93%。由于多数污泥都由亲水性固体组成，含水率一般都很高。不同污泥，其含水率差异很大，对污泥特性有重要影响。

4. 污泥相对密度

污泥相对密度指污泥的质量与同体积水质量的比值。污泥相对密度主要取决于含水率和污泥中固体组分的比例。固体组分的比例越大，含水率越低，则污泥的相对密度也就越大。城镇污水及其类似污水处理系统排出的污泥相对密度一般略大于1。工业废水处理系统排出的污泥相对密度往往较大。污泥相对密度ρ与其组分之间存在如下关系：

$$\rho=\frac{1}{\sum_{i=1}^{n}\left(\frac{w_i}{\rho_i}\right)} \tag{18-1}$$

式中：w_i——污泥中第i项组分的质量分数,%；

ρ_i——污泥中第i项组分的相对密度。

若污泥仅含有一种固体成分(或者近似为一种成分)，且含水率为P(%)，则上式可简化如下：

$$\rho=\frac{100\rho_1\rho_2}{P\rho_1+(100-P)\rho_2} \tag{18-2}$$

式中：ρ_1——固体相对密度；

ρ_2——水的相对密度。

一般城镇污泥中固体的相对密度ρ_1为2.5，若含水率为99%，则由式(18-2)可知该污泥相对密度约为1.006。

5. 污泥体积、相对密度与含水率的关系

污泥体积、相对密度和含水率的关系如下：

$$V=\frac{m_s}{\rho_w\rho(100-P)} \tag{18-3}$$

式中：V——污泥体积，m^3；

m_s——污泥中固体的质量，kg；

ρ_w——水的密度，kg/m^3。

对于含水率为P_0、体积为V_0、相对密度为ρ_0的污泥，经浓缩后含水率变为P，体积变为V，相对密度变为ρ，忽略浓缩过程中的质量损失，则依据质量守恒定律和式(18-3)可得

$$V_0\rho_w\rho_0(100-P_0)=V\rho_w\rho(100-P) \tag{18-4}$$

将式(18-2)代入式(18-4)，整理后得

$$V=V_0\frac{[100\rho_2+P(\rho_1-\rho_2)](100-P_0)}{[100\rho_2+P_0(\rho_1-\rho_2)](100-P)} \tag{18-5}$$

当ρ_1与ρ_2，以及P与P_0接近时，可简化为

$$V=V_0\frac{100-P_0}{100-P} \tag{18-6}$$

当城镇污泥含水率大于80%时，可按简化公式(18-6)计算污泥体积。由式(18-6)可知，当污泥的含水率由99%降到98%，由97%降到94%，或由95%降到90%时，其

污泥体积均能减少一半。由此可见，含水率越高，降低污泥的含水率对减小其体积的作用越加明显。

6. 污泥脱水性能及评价指标

未浓缩活性污泥的含水率通常在99%以上，通过浓缩和脱水后污泥的容积大大减小，这对污泥的后续处理或外运带来便利。污泥脱水的难易程度或脱水性能通常用污泥过滤比阻(r)或毛细管吸水时间(capillary suction time，CST)来衡量。

污泥过滤比阻的物理意义是在1 m^2过滤面积上截留1 kg干泥时，滤液通过滤纸时所克服的阻力(m/kg)。比阻值越大的污泥，越难过滤，脱水性能也越差。一般认为，当比阻值$r>9.81\times10^{13}$ m/kg时不易脱水；当r在$4.9\times10^{12}\sim8.83\times10^{13}$ m/kg时可以脱水；当$r<4.9\times10^{12}$ m/kg时易于脱水。

CST是指污泥与滤纸接触时，在毛细作用下，污泥中的水分在滤纸上渗透1 cm距离所需的时间。污泥的可滤性越高，毛细管吸水时间越短。一般CST值小于20 s时脱水较容易。

7. 污泥的其他物化性质

通常城镇污水处理厂污泥中还含有重金属(如Hg、As、Cu、Zn、Pb、Cd、Cr、Ni等)、有机污染物(包括持久性有机物和有毒物质)、病原微生物(主要监测指标有总大肠菌群、粪大肠菌群、蛔虫卵及其活卵率等)等。这些指标对于污泥的后续农业利用有较大的影响，是污水处理领域重点关注的问题。如果污泥要进行农业利用，其污染物的指标必须符合表18-2的要求，见《城镇污水处理厂污染物排放标准》(GB 18918—2002)中污泥控制标准。

表18-2 污泥农用时污染物控制标准限值

序号	控制项目	最高允许含量/[$mg\cdot kg^{-1}$(干污泥)]	
		在酸性土壤上 pH<6.5	在中性和碱性土壤上 pH≥6.5
1	总镉	5	20
2	总汞	5	15
3	总铅	300	1 000
4	总铬	600	1 000
5	总砷	75	75
6	总镍	100	200
7	总锌	2 000	3 000
8	总铜	800	1 500
9	硼	150	150
10	石油类	3 000	3 000
11	苯并(*a*)芘	3	3

续表

序号	控制项目	最高允许含量/[mg·kg^{-1}(干污泥)]	
		在酸性土壤上 pH<6.5	在中性和碱性土壤上 pH≥6.5
12	多氯代二苯并二噁英/多氯代二苯并呋喃[PCDD/PCDF,单位：ng 毒性单位/kg(干污泥)]	100	100
13	可吸附有机卤化物(AOX)(以 Cl 计)	500	500
14	多氯联苯(PCBs)	0.2	0.2

三、污泥量

污水处理中产生的污泥量，视污水水质与处理工艺而异。水质不同，同一体积的污水产生的污泥量不同；同一污水，处理工艺不同，产生的污泥量也不同。例如，生活污水一级处理时，如果沉淀时间为 1.5 h，每人每日产生的初沉池污泥量约为 0.4~0.5 L(含水率为 95%)；二级处理采用普通生物滤池时，每人每日产生的剩余污泥量为 0.1 L(含水率为 95%)；二级处理采用高负荷生物滤池时，每人每日产生的剩余污泥量为 0.4 L(含水率为 95%)；二级处理采用活性污泥法时，每人每日产生的剩余污泥量为 2 L(含水率为 99.2%)。

污泥量的计算，可依据有关的设计手册，或根据处理工艺流程进行泥料平衡推算，最好是对类似处理厂进行实际测定。污泥量是处理构筑物工艺尺寸计算的重要数据。表 18-3 是计算城镇污水处理厂的污泥量时常采用的经验数据。需指出的是，随污水处理工艺中的污泥龄延长，污泥的产量会减少，可以为下表的污泥量取值参考。

表 18-3　城镇污水处理厂的污泥量

污泥来源	每人每日污泥量/(g·人$^{-1}$·d^{-1})	含水率/%	密度/(kg·L^{-1})
初沉池	16~33	95~97	1.015~1.02
生物膜法	10~26	96~98	1.02
活性污泥法	12~32	99.2~99.6	1.005~1.008

在已知污泥性能参数的情况下，可用以下公式估算。

1. 初沉池污泥量

可根据污水中悬浮物浓度、去除率、污水流量及污泥含水率，采用式(18-7)计算：

$$V=\frac{100c_0\eta Q}{10^3(100-P)\rho_s} \tag{18-7}$$

式中：V——初沉池污泥量，m^3/d；

Q——污水流量，m^3/d；

η——沉淀池中悬浮物的去除率,%；

c_0——进水中悬浮物的质量浓度，mg/L；

P——污泥含水率,%；

ρ_s——污泥密度，以 1 000 kg/m^3计。

或采用式(18-8)计算：

$$V=\frac{SN}{1\ 000} \tag{18-8}$$

式中：V——初沉池污泥量，m^3/d；

S——每人每日产生的污泥量，一般采用 0.3~0.8 L/(d·人)；

N——设计人口数，人。

2. 剩余污泥量(活性污泥法)

(1) 剩余污泥量以 VSS(挥发性悬浮固体)计：

$$\Delta X_{VSS}=YQ(S_0-S_e)-K_d X_v V \tag{18-9}$$

式中：ΔX_{VSS}——剩余污泥量，kg(VSS)/d；

Y——产率系数，kg(VSS)/kg(BOD_5)，一般采用 0.5~0.6；

S_0——曝气池入流的 BOD_5，kg(BOD_5)/m^3；

S_e——二沉池出流的 BOD_5，kg(BOD_5)/m^3；

Q——曝气池设计流量，m^3/d；

K_d——内源代谢系数，一般采用 0.06~0.1 d^{-1}；

X_v——曝气池的平均 VSS 浓度，kg(VSS)/m^3；

V——曝气池容积，m^3。

(2) 剩余污泥量以 SS(悬浮固体)计：

$$\Delta X_{SS}=\frac{\Delta X_{VSS}}{f} \tag{18-10}$$

式中：ΔX_{SS}——剩余污泥量，kg(SS)/d；

f——VSS 与 SS 之比值，一般采用 0.6~0.75。

(3) 剩余污泥量以体积计：

$$V_{SS}=\frac{100\Delta X_{SS}}{(100-P)\rho_s} \tag{18-11}$$

式中：V_{SS}——剩余污泥量，m^3/d；

ΔX_{SS}——产生的悬浮固体，kg(SS)/d。

四、污泥中的水分及其对污泥处理的影响

1. 污泥中的水分

污泥中水分的存在形式有三种。

(1) 游离水：存在于污泥颗粒间隙中的水，称为间隙水或游离水，占污泥水分

的 70%左右。这部分水一般借助外力可以与污泥颗粒分离。

（2）毛细水：存在于污泥颗粒间的毛细管中，称为毛细水，约占污泥水分的 20%，也有可能用物理方法分离出来。

（3）内部水：黏附于污泥颗粒表面的附着水和存在于其内部（包括生物细胞内）的内部水，约占污泥水分的 10%。只有干化才能分离，但也不完全。

通常，污泥浓缩只能去除游离水的一部分。

2. 污泥中的水分对污泥处理的影响

污泥处理的方法常取决于污泥的含水率和最终的处置方式。例如，含水率大于 98%的污泥，一般要考虑浓缩，使含水率降至 96%左右，以减少污泥体积，有利于后续处理。为了便于污泥处置时的运输，污泥要脱水，使含水率降至 80%以下，失去流态。通常，若污泥进行填埋，其含水率要在 60%以下。

污泥含水率与污泥状态的关系见图 18-1。

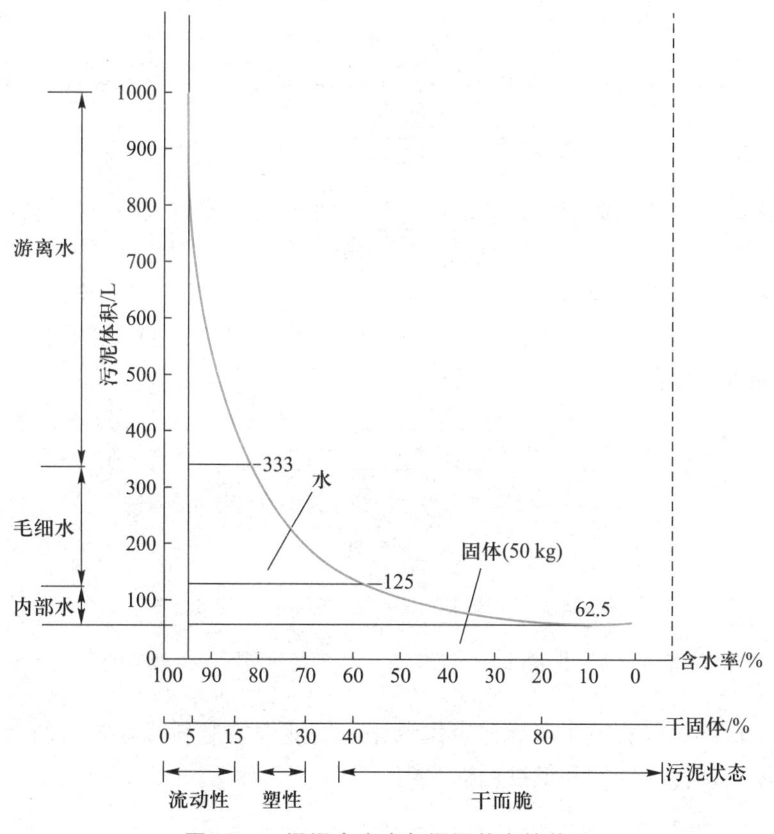

图 18-1 污泥含水率与污泥状态的关系

第二节 污泥的处理工艺

污泥处理是污水处理的重要组成部分。对于以活性污泥法为主的城镇污水处理厂，污泥处理系统的建设投资一般占污水处理厂总投资的 20%～40%，污泥处理运营费用一般占污水处理厂总运营费用的20%~30%，而污泥处理的投资和运营费用与选择的处理工艺密切相关。因此对污泥处理工艺的选择应当给予足够的重视。

污泥处理的主要目的是减少污泥量并使其稳定，便于污泥的运输和最终处置。污泥处理工艺主要由污泥的性质及污泥最终处置的要求决定。图18-2为以活性污泥法为主的城镇污水二级处理厂污泥处理典型流程。来自一级处理的初沉池污泥和二级处理的剩余污泥分别进入储泥池，以调节污水处理系统污泥的产生量和污泥处理系统处理能力之间的平衡；随后进行污泥浓缩，浓缩的方法有自然浓缩和机械浓缩，自然浓缩又分为重力浓缩和气浮浓缩，但目的均为大幅度地削减污泥体积，减小后续处理的水量负荷和污泥调理时的药剂投量；污泥稳定则是为了减少污泥中的有机物含量和致病微生物的数量，降低污泥利用的风险，稳定的方法有厌氧消化、好氧消化和化学稳定；调理则是为了提高污泥的脱水性能(减小污泥的过滤比阻)；脱水的目的是进一步降低污泥的含水率，经脱水后的污泥可直接进行最终处置，也可经干化后再进行最终处置。

图18-2 城镇污水二级处理厂污泥处理典型流程

以无机物为主的工业废水处理系统产生的污泥处理流程则可省掉污泥稳定的操作单元(图18-3)。目前在城镇污水处理中普遍采用生物除磷的工艺，此时所产生的剩余污泥由于富含无机磷，进行重力浓缩时，浓缩池内的厌氧状态会促使磷的释放，常用的一种方法是经调理后直接进行机械浓缩和脱水(图18-4)，使用的主流设备为污泥浓缩脱水一体机。

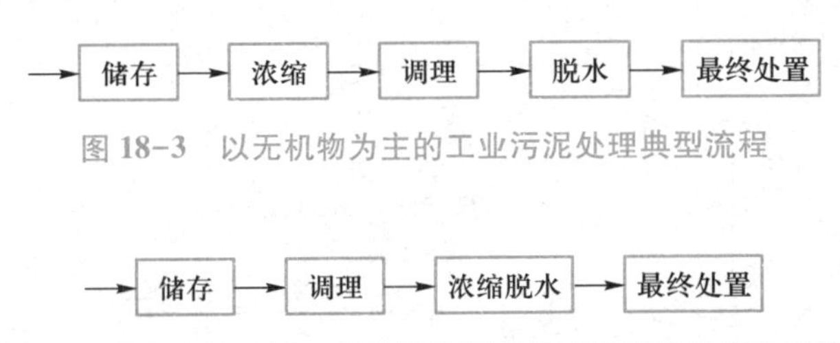

图18-3 以无机物为主的工业污泥处理典型流程

图18-4 带有生物除磷工艺的城镇污水处理厂污泥处理典型流程

污泥的最终处置有卫生填埋、用作绿化用肥或农家肥料及建筑材料等。具体处置方式主要由污泥的性质和最终用途决定。

第三节 污泥浓缩

浓缩的主要目的是减少污泥体积，以便后续的单元操作。例如，剩余污泥的含水率高达99%，若含水率减小为98%，则相应的污泥体积降为原体积的一半，如果后续处理为厌氧消化，则消化池容积可大大缩小；如果进行湿式氧化，不仅加热所需的热量可大大减小，而且污泥自身的比热也可以提高。污泥浓缩的技术界限大致为：活性污泥含水率可降至97%～98%，初沉池污泥可降至90%～92%。

污泥浓缩的操作方式有间歇式和连续式两种。通常间歇式主要用于污泥量较小的场合，而连续式则用于污泥量较大的场合。浓缩方法有重力浓缩、气浮浓缩和离心浓缩，其中重力浓缩应用最广。

一、重力浓缩

污泥颗粒在重力浓缩池中的沉降行为属于分层沉降，其沉降过程如图18-5所示。取一定体积的污泥(浓度大于1 000 mg/L)置于有刻度的沉降筒内，搅拌均匀后让其静置沉降。假定起始的液面高度为H_0，污泥浓度为c_0。沉降开始不久沉降筒内的污泥即出现分层现象，最上面为清水层，其下为浓度均匀的匀降层，再下面为浓度渐变的过渡层，最下面是压缩层。四层之间有三个界面(Ⅰ、Ⅱ和Ⅲ)。随着沉降时间的延长，界面Ⅰ(浑液面)以等速v_1下沉；界面Ⅱ和界面Ⅲ分别以变速v_2和v_3上升。到某一时刻，界面Ⅰ和Ⅱ首先重合，匀降层消失，浑液面由匀速下降转为变速下降，并且速度逐渐减慢。此后不久，界面Ⅲ又与浑液面重合，此时的浑液面叫临界面，其上为清水区，其下是浓度为c_2和高度为H_2的压缩层。记录不同时间浑液面的高度，并以沉降时间为横坐标，浑液面高度为纵坐标，所得的曲线即为浑液面的沉降曲线(图18-6)。该曲线分三段，上部为均匀沉降段，中部为减速沉降段，下部为最终压缩沉降段。曲线上任一点的斜率，即为浑液面在该高度处的下降速度。一般认为，临界面出现时的下降速度v_2可近似等于匀降速度v_1和最终压缩沉降速度v_u的平均值。由此可求出临界面在曲线上的位置K。引上下两线段上的切线AB和CD，其夹角等分线与曲线的交点即为K点。

间歇式重力浓缩池的工作状况与上面描述的沉降过程相同。浓缩池的设计可按相同沉降试验下所需的沉降时间进行设计。

连续式重力浓缩池的构造与沉淀池基本相同，其基本工作状况可由如图18-7所示的竖流式浓缩池说明。被浓缩的污泥由中心筒进入浓缩池，浓缩后的污泥由池底

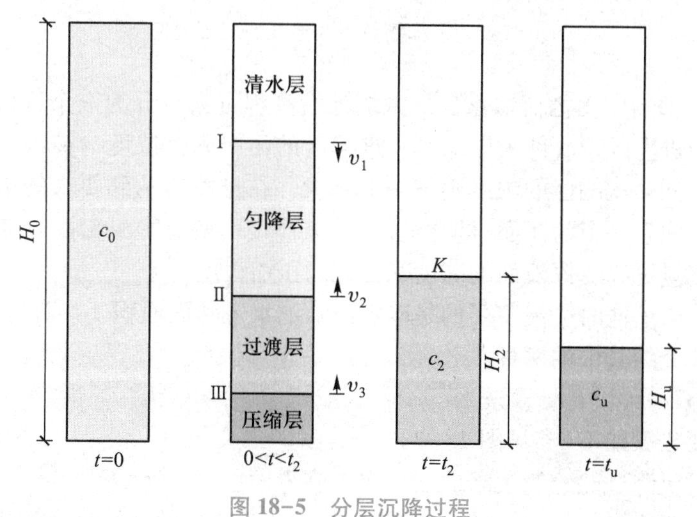

图18-5 分层沉降过程

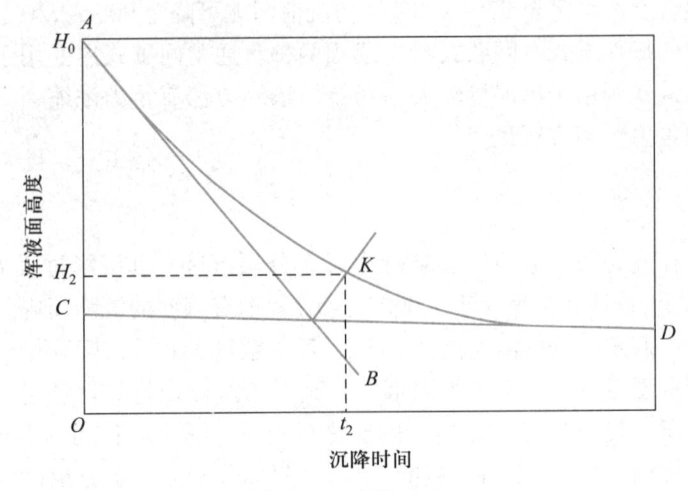

图 18-6 沉降曲线

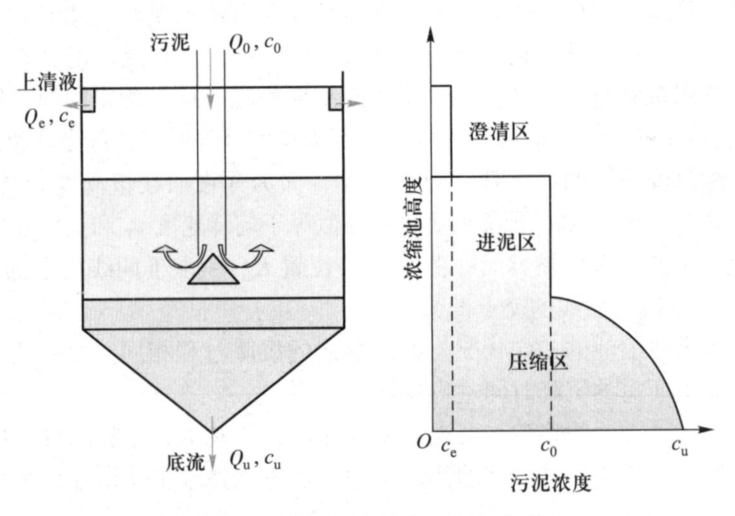

图 18-7 连续式重力浓缩池的工作状况

(底流)排出，澄清水由溢流堰溢出。浓缩池沿高程可大致分为三个区域：顶部为澄清区，中部为进泥区，底部为压缩区。进泥区的污泥固体浓度与被浓缩污泥的固体浓度 c_0 大致相同；压缩区的浓度则越往下越大，在排泥口达到要求的浓度 c_u；澄清区与进泥区之间有一个污泥面(即浑液面)，其高度由底流排泥流量 Q_u 控制，通过调节底流排泥流量可改变浑液面的高度和污泥的压缩程度。

设计重力浓缩池时，最主要的是确定浓缩池水平断面面积 A_t。计算 A_t 的方法很多，下面主要介绍其中的两种。

(一) 沉降曲线简化计算法

该法主要步骤如下(参见图 18-8)：

(1) 通过沉降试验绘制沉降曲线，求出临界面位置 $K(t_2, H_2)$；

(2) 由关系式 $H_u = H_0 c_0 / c_u$ 求出 H_u 值，其中 c_u 为要求的浓缩池底流排泥浓度，H_u

为沉降曲线上对应于c_u时的浑液面高度；

（3）由H_u引水平线，与过K点的切线相交，交点的横坐标为t_u；

（4）由$A_t = Q_0 t_u / H_0$，即可求出浓缩池水平断面面积A_t。

沉降曲线简化计算法的依据如下：

由沉降筒的物料衡算可得：

$$H_0 A c_0 = H_u A c_u \quad \text{或} \quad H_u = \frac{H_0 c_0}{c_u} \tag{18-12}$$

浓缩开始(t_2, H_2)和浓缩结束(t_u, H_u)时，排出的清水量V_W为

$$V_W = A(H_2 - H_u) \tag{18-13}$$

排出的清水量与浓缩时间$(t_u - t_2)$的比值，即为此段时间内的平均产水率Q'：

$$Q' = \frac{V_W}{t_u - t_2} = \frac{A(H_2 - H_u)}{t_u - t_2} \tag{18-14}$$

由临界点K引切线，可得浓缩开始(t_2, H_2)时的浑液面下降速度v_2：

$$v_2 = \frac{H_1 - H_2}{t_2} \tag{18-15}$$

此时，瞬时产水率Q''为

$$Q'' = A v_2 = \frac{A(H_1 - H_2)}{t_2} \tag{18-16}$$

当浓缩池处于连续稳态工作时，Q'和Q''相等，同为溢流率，即

$$\frac{H_2 - H_u}{t_u - t_2} = \frac{H_1 - H_2}{t_2} \tag{18-17}$$

如图 18-8 所示，由H_u引水平线，交于过K点的切线，其横坐标为t_u，即得两相似三角形，相似边能满足式(18-17)，故知由H_u绘图求t_u的方法正确无误。

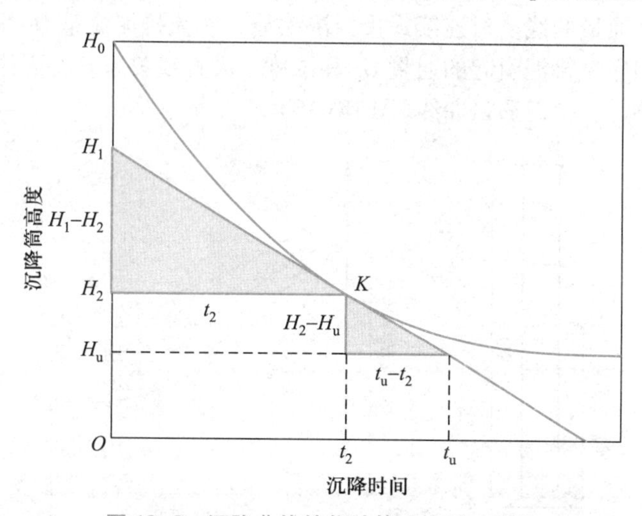

图 18-8　沉降曲线简化计算法求解示意图

在t_u时间内，进入浓缩池的平均固体量为$c_u H_u A_t$，则单位时间平均固体浓缩

率为

$$\frac{c_u H_u A_t}{t_u} \quad 或 \quad \frac{c_0 H_0 A_t}{t_u} \tag{18-18}$$

在连续稳态条件下，进入浓缩池的固体入流率($Q_0 c_0$)应等于浓缩池的固体浓缩率：

$$Q_0 c_0 = \frac{c_0 H_0 A_t}{t_u} \quad 或 \quad A_t = \frac{Q_0 t_u}{H_0} \tag{18-19}$$

(二) 固体通量曲线法

固体通量指的是单位时间通过浓缩池某一水平断面单位面积的固体质量，单位为 kg/($m^2 \cdot h$)。在连续式重力浓缩池内，通过任一水平断面 i 的固体通量 G 等于固体静沉引起的通量 G_s 和底流排泥引起的通量 G_b 之和：

$$G = G_s + G_b \tag{18-20}$$

其中，固体静沉引起的通量 G_s 等于该水平断面的固体浓度 c_i 和对应的界面沉速 v_i之积，即

$$G_s = v_i c_i \tag{18-21}$$

底流排泥引起的通量 G_b等于该水平断面的固体浓度 c_i与排泥引起的液面下降速度 u 之积，即

$$G_b = \frac{Q_u}{A} c_i = u c_i \tag{18-22}$$

式中：Q_u——底流排泥流量，m^3/h；

A——浓缩池水平断面面积，m^2。

在不同污泥浓度的沉降曲线图上(图 18-9)，取匀降层静沉降速度 v_i值(即直线段的斜率)与相应的污泥浓度 c_i 的乘积，以绘成 $G_s(v_i c_i)$和 c_i 的关系曲线，该曲线为静沉引起的固体通量曲线。对连续式重力浓缩池，底流排泥流量 Q_u不变，故 u 为常数值，由此可知底流排泥引起的通量 G_b 和浓度 c_i成直线关系。将固体静沉和底流排泥引起的通量叠加，得总通量曲线(图 18-10)。

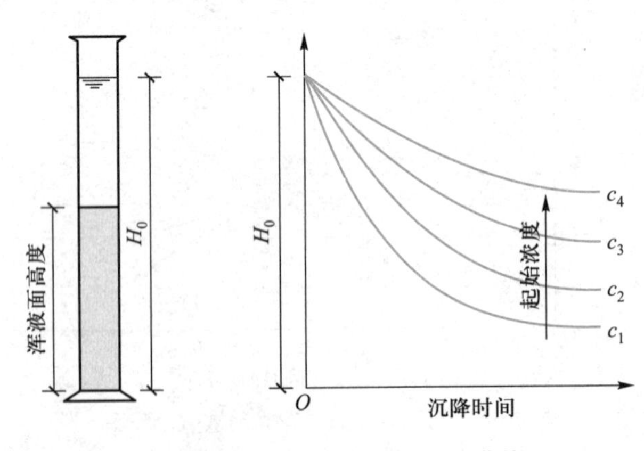

图 18-9 不同污泥浓度的沉降曲线

假定池顶溢流固体浓度为零，则进入稳态连续工作浓缩池的固体总量 Q_0c_0 应等于水平断面面积和通量的乘积：

$$Q_0c_0=A_tG \quad 或 \quad A_t=\frac{Q_0c_0}{G} \tag{18-23}$$

当 Q_0c_0 为定值时，G 越小，则 A_t 越大；即采取最小通量 G_L，所对应面积 A_L 为浓缩池的设计面积，技术上最为可靠。总通量曲线上极小值在 M 点，其纵坐标 G_L 即为最小通量值(亦称为极限通量值)。在 G_b 线上与 G_L 相应的浓度值 c_u，即为底流排泥浓度。

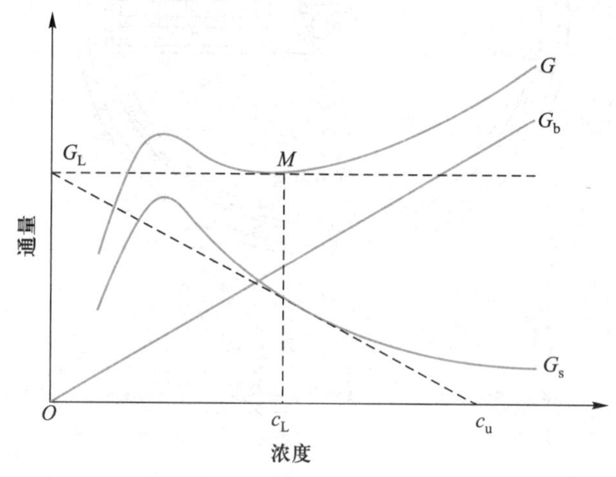

图 18-10　固体通量计算法示意图

在具体计算时，可用简化方法：作出固体静沉引起的通量曲线 G_s，在横坐标上找到给定的 c_u 值，通过(c_u,0)点作曲线 G_s 的切线，其纵坐标截距即为 G_L 值，将 G_L 值代入式(18-23)，即可求出浓缩池设计面积 A_L。

重力浓缩池也可按现有的经验数据进行设计计算。但对于工业废水污泥来说，由于重力浓缩池的负荷随污泥种类不同而有显著差异，最好还是经过试验来确定污泥负荷及水平断面面积的大小。

图 18-11 是设有搅拌栅条的重力浓缩池。当栅条随刮泥机缓慢移动时(2~20 cm/s)，可以破坏污泥网状结构和胶着状态，促使其中的水分及气泡释放，提高固体沉降速度和静沉通量，采取这种措施通常可提高浓缩效率 20%。中小型池多用重力排泥，一般不设搅拌栅条。

二、气浮浓缩

重力浓缩池适合于固体密度较大的重质污泥(如初沉池排出的污泥或其他以无机固体为主的工业污泥)，对于相对密度接近于 1 的轻质污泥(如活性污泥)或含有气泡的污泥(如消化污泥)效果不佳，在此情况下，可采用气浮浓缩池。气浮浓缩池的工艺流程见图 18-12，澄清水进入出水堰，一部分排走，另一部分用水泵回流。通过水射器或空压机将空气引入，然后在压力溶气罐内溶入水中。溶气水经减压阀进入混合池，与流入该池的新污泥混合。减压析出的空气泡附着于污泥固体上，形成相对密度小于 1 的混合体，一起浮于水面形成浮渣，由刮渣机刮出从而使泥水分离和污泥浓缩。采用回流水溶气的优点是节省新鲜补充水，管理方便。

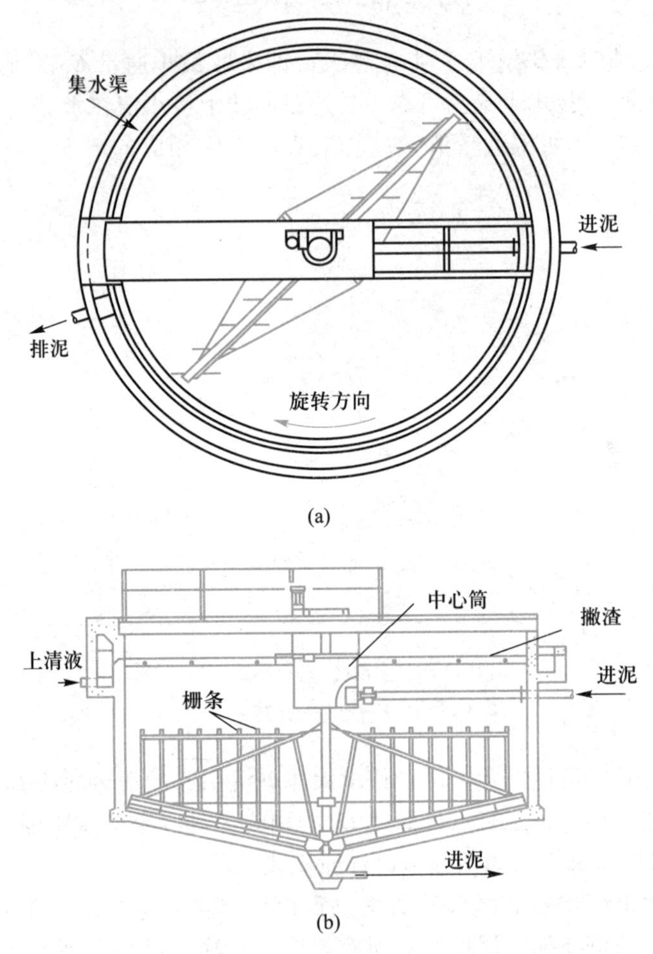

图 18-11 设有搅拌栅条的重力浓缩池

（a）平面；（b）剖面

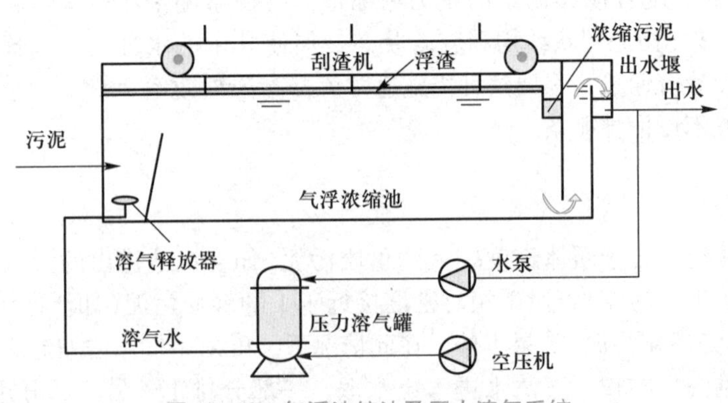

图 18-12 气浮浓缩池及压力溶气系统

气浮浓缩池设计的主要参数为气固比，其定义为浓缩单位质量的污泥固体所需的空气质量，该值可按下式计算：

$$\frac{Q_g}{Q_s}=\frac{(QS_a+QRfS_a p/p_0)-(R+1)QS_a}{Qc_0}=\frac{RS_a(fp/p_0-1)}{c_0} \tag{18-24}$$

式中：Q_g——气浮浓缩池释放出的气体量，等于进、出池溶解气体量之差值，kg/h；

Q_s——流入的污泥质量，kg/h；

Q——流入的污泥量，m^3/h；

c_0——流入的污泥浓度，kg/m^3；

R——回流比，加压溶气水量与需要浓缩的污泥量的体积比；

S_a——常压下空气在回流水中的饱和浓度，kg/m^3；

p——压力溶气罐压力(绝对压力)，一般采用 0.3 MPa；

p_0——标准大气压，MPa；

f——溶解效率，当溶气罐内加填料及溶气时间为 2~3 min 时，f 取 0.9，不加填料时，f 取 0.5。

上式分子中的第一项 QS_a 为新污泥所挟带的空气量，若为活性污泥或好氧消化污泥，则可近似认为处于饱和状态；若为初沉池污泥，则 $QS_a=0$。

在有条件时，设计前应进行必要的试验，针对污泥及溶气水的特性，求得在不同压力下，不同污泥负荷、水力负荷时的污泥浓缩效果，以及出水的悬浮固体浓度、回流比、气固比等，从而确定最佳设计参数。

在缺乏试验条件时，气固比一般取 0.01~0.04；水力负荷取 40~80 $m^3/(m^2 \cdot d)$。

气浮浓缩池的浓缩效果随气固比的增加而提高，一般气固比以 0.01~0.04 为宜。回流比一般取不小于 1；污泥负荷可参考表 18-4 取值。

表 18-4 气浮浓缩池污泥负荷①

污泥种类	污泥负荷/($kg \cdot m^{-2} \cdot d^{-1}$)
空气曝气的活性污泥	25~75
空气曝气的活性污泥经沉淀后	50~100
纯氧曝气的活性污泥经沉淀后	60~150
50%初沉池污泥+50%活性污泥经沉淀后	100~200
初沉池污泥	<260

资料来源：本表摘自北京市环境保护科学研究所．水污染防治手册[M]．上海：上海科学技术出版社，1989.

① 不投加化学絮凝剂。

例 18-1 某污水处理厂的剩余污泥量为 240 m^3/d，含水率为99.3%，泥温为 20 ℃。现采用回流加压溶气气浮法浓缩污泥，要求含固率达到 4%，压力溶气罐的表压 p 为 3×10^5 Pa。试计算气浮浓缩池的面积 A 和回流比 R。若浓缩装置改为每周运行 7 d，每天运行 16 h，计算气浮浓缩池面积。

解：设计一座矩形平流式气浮浓缩池

污泥流量 $Q=240\ m^3/d=10\ m^3/h$。

（1）气浮浓缩池面积 A：

污泥负荷取 75 kg/(m^2·d)，污泥密度为 1 000 kg/m^3：

$$A=\frac{240\times1\ 000\times(1-99.3\%)}{75}\ m^2=22.4\ m^2$$

（2）回流比 R：

据经验，气固比取 0.02；采用装设填料的压力溶气罐，$f=0.9$；20 ℃时，空气饱和溶解度 $S_a=0.018\ 7\times1.164\ g/L\approx0.021\ 8\ g/L=21.8\ mg/L$。

流入的污泥浓度为 7 000 g/m^3，代入式(18-24)，则

$$\frac{Q_g}{Q_s}=\frac{RS_a(fp/p_0-1)}{c_0}$$

$$0.02=\frac{21.8\times R\times(0.9\times3-1)}{7\ 000}$$

$$R\approx3.78\approx380\%$$

回流水量：$Q_R=380\%\times10\ m^3/h=38\ m^3/h$

压力溶气罐净体积(不包括填料)按溶气水停留 3 min 计算，则

$$V_N=38\times\frac{3}{60}\ m^3=1.9\ m^3$$

以水力负荷校核气浮浓缩池面积：

$$\frac{(R+1)Q}{A}=\frac{(380\%+1)\times240}{22.4}\ m^3/(m^2\cdot d)\approx51.4\ m^3/(m^2\cdot d)$$

符合要求。

（3）若气浮浓缩池每天运行 16 h，则流量为

$$Q=\frac{240}{16}\ m^3/h=15\ m^3/h$$

污泥负荷仍取 75 kg/(m^2·d)= 3.125 kg/(m^2·h)，则

$$A=\frac{15\times1\ 000\times(1-99.3\%)}{3.125}\ m^2=33.6\ m^2$$

回流比仍为 380%，

回流水量：$380\%\times15\ m^3/h=57\ m^3/h$

压力溶气罐净体积：$V_N=57\times\frac{3}{60}\ m^3=2.85\ m^3$

以水力负荷校核气浮浓缩池面积：

$$\frac{(R+1)Q}{A}=\frac{(380\%+1)\times15}{33.6}\ m^3/(m^2\cdot h)\approx2.14\ m^3/(m^2\cdot h)$$

$$\approx51.4\ m^3/(m^2\cdot d)$$

符合要求。

三、离心浓缩

重力浓缩所需的设备少，管理简单，运行费用低，是传统的污泥浓缩方法。但该方法占地大，浓缩效率低。随着城镇污水处理中普遍采用生物除磷工艺，重力浓缩池中氧化还原电位较低，甚至可达厌氧状态，因此易于形成磷的释放。近年来，浓缩池有采用机械浓缩，尤其是离心浓缩的趋势。

运行中的污泥离心浓缩设备

离心浓缩利用离心力达到污泥浓缩的目的。离心浓缩时对污泥固体的密度和浓度无特殊要求，浓缩程度主要与离心机内筒直径及转速有关。有关离心浓缩的设备见污泥脱水部分。试验和运行结果表明，离心机能将含固率为0.5%的活性污泥浓缩到5%~6%，不但效率高、时间短、占地少，而且卫生条件好，但费用较高。

第四节 污泥稳定

城镇污水及各种有机污水处理过程中产生的污泥都含有大量有机物，如果将这种污泥投放到自然界，其中的有机物在微生物的作用下，会继续腐化分解，对环境造成各种危害，所以需采用措施降低其有机物含量或使其暂时不产生分解，通常这一过程称为污泥稳定。

污泥之所以不稳定是因为其中不仅含有大量的有机物和微生物，而且污泥环境适宜微生物生存。因此，污泥稳定就是去除或减少其中的有机物，抑制或杀灭其中的微生物，或改变污泥的环境条件使之不适宜微生物的生存，以上途径均可达到消除或减缓微生物对污泥腐化分解的作用。

污泥稳定的方法有生物法和化学法。生物稳定就是在人工条件下加速微生物对污泥中有机物的分解，使之变成稳定的无机物或不易被生物降解的有机物的过程；化学稳定是向污泥中投加化学药剂杀死微生物，或改变污泥的环境使微生物难以生存，从而使污泥中的有机物在短期内不致腐败的过程。

一、污泥的生物稳定

污泥的生物稳定根据降解污泥中有机物的微生物，分为好氧和厌氧两种。污泥的好氧生物稳定又称为好氧消化，厌氧生物稳定又称为厌氧消化。根据我国《城镇污水处理厂污染物排放标准》(GB 18918—2002)的规定，好氧消化和厌氧消化稳定化控制指标为有机物降解率大于40%。

(一) 污泥的好氧生物稳定

所谓好氧消化指的是对二级处理的剩余污泥或一、二级处理的混合污泥进行持续曝气，促使其中的生物细胞或构成 BOD_5 的固体有机物分解，从而降低挥发性悬浮固体(VSS)含量的方法。在好氧消化过程中，污泥中的固体有机物被好氧氧化为 CO_2、NH_3 和 H_2O，以细胞(组成为 $C_5H_7NO_2$)为例，其氧化作用可以下式表示：

$$C_5H_7NO_2+5O_2 \longrightarrow 5CO_2+NH_3+2H_2O \tag{18-25}$$

污泥好氧消化的主要目的是减少污泥中固体有机物的含量，细胞的分解速率随污泥中溶解态有机物和微生物比值(F/M)的增加而降低，通常初沉池污泥的溶解态有机物含量高，因而其好氧消化作用慢。

好氧消化时，污泥中的固体有机物被好氧氧化为CO_2，和厌氧消化比较(固体有机物被转化为CH_4和CO_2)，微生物获得的能量高，因此，反应速率快。在15 ℃条件下，一般只需15~20 d即可减少挥发性悬浮固体40%~50%，而达到同样效率时，厌氧消化却需30~40 d。同时，相对于厌氧消化而言，好氧消化微生物不但种群和数量丰富，而且结构稳定，所以，好氧消化不易受条件变化的冲击，消化效果比较稳定。

污泥好氧消化时，由于微生物的内源呼吸和消化作用，排出消化池的污泥量比流入的要少(而在活性污泥法系统中由于微生物的增殖,排出量大于输入量)，减少量即为污泥的生物降解量，由此可得污泥龄(θ_c)的表达式为

$$\theta_c=\frac{\text{消化池内 VSS 量}}{\text{系统的 VSS 净输入量}} \tag{18-26}$$

即污泥龄相当于污泥净输入量消化时间的平均值。

污泥好氧消化的构筑物为好氧消化池。好氧消化池的结构及构造同普通曝气池，有关设计参数的选择一般应通过试验确定。我国新修订的《室外排水设计标准》(GB 50014—2021)规定有关的设计参数如下。

消化时间：10~20 d；

挥发性悬浮固体容积负荷：重力浓缩后的原污泥宜为0.7~2.8 kg(VSS)/(m^3·d)；机械浓缩后的高浓度原污泥不宜大于4.2 kg(VSS)/(m^3·d)；

消化温度：15~20 ℃；

消化池中污泥的溶解氧浓度：不应低于2 mg/L；

供气量：仅为剩余污泥时为0.02~0.04 m^3(空气)/[m^3(池容)·min]；初沉池污泥或混合污泥为0.04~0.06 m^3(空气)/[m^3(池容)·min]。

由于消化池的需氧量较小，为保证混合效果，采用鼓风曝气时，宜采用中气泡曝气。此外，由于消化池中污泥固体的停留时间较长，消化池内可形成大量的硝化细菌，细胞氧化分解产生的NH_3被完全硝化，出水中含有大量的硝酸盐，因此，在具有生物脱氮处理系统的污水处理厂，好氧消化池及后续处理系统排出的上清液和滤液应直接返回脱氮系统的反硝化段。

近年来，污泥的自热高温好氧消化技术得到了较快的发展。该工艺利用污泥好氧生物降解有机物的过程中产生近20 000 kJ/kg(VS)的热量，通过对自身的设备进行保温，以维持反应所需要的高温(55~70 ℃)，其有机物的降解率可达50%，固体停留时间为6~12 d，短于好氧和厌氧消化的时间，因而消化池的容积小，消化效率高，稳定后的污泥得到很好的杀菌效果。

与厌氧消化相比，好氧消化技术效率高、消化液中COD含量低、无异味，且系统简单易于控制；缺点是能耗较大，污泥经长时间曝气会使污泥指数增大而难以浓缩。因此，通常好氧消化适合于污泥量较小的场合，但国外有不少大型污水处理厂也开始采用好氧消化进行污泥稳定。

（二）污泥的厌氧生物稳定

污泥的厌氧生物稳定在厌氧消化池中进行，有关厌氧消化的基本原理、工艺流程及反应器形式在第十五章已做了详细介绍，本章仅对厌氧消化法处理污泥的有关问题做简要介绍。

常见的厌氧消化池有传统消化池、高速消化池和厌氧接触消化池（图 18-13）。传统消化池和高速消化池的主要区别在于后者进行搅拌，由此产生了两种完全不同的运行工况；而厌氧接触消化池则在消化池内搅拌的同时增加了污泥回流。传统消化池的缺点是，由于污泥的分层使微生物和营养物得不到充分接触，负荷小、产气量低，此外，消化池内形成的浮渣层不但使有效池容减小，而且造成操作困难。高速消化池内的污泥则处于完全混合状态，克服了传统消化池的缺点，从而使负荷和产气率均大大增加。厌氧接触消化池则由于消化污泥的回流在消化池内可维持更高的污泥浓度，因此效率更高。传统消化池、高速消化池和厌氧接触消化池三者的特点比较见表 18-5。

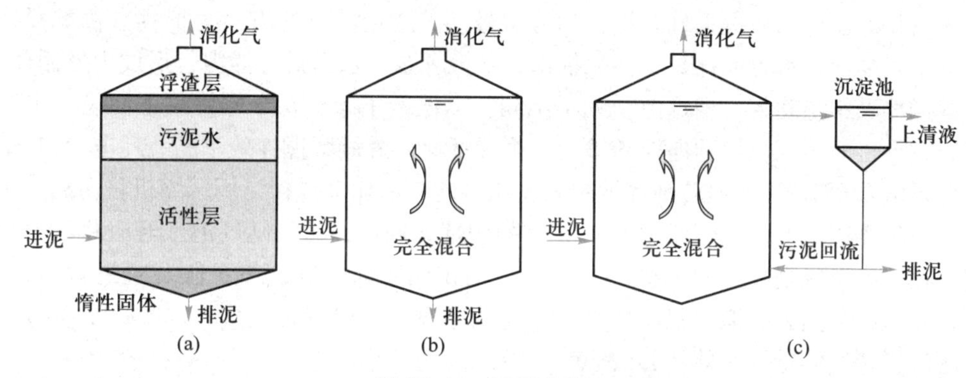

图 18-13　厌氧消化池

（a）传统消化池；（b）高速消化池；（c）厌氧接触消化池

表 18-5　几种厌氧消化池的特点比较

项目	传统消化池	高速消化池	厌氧接触消化池
加热情况	加热或不加热	加热	加热
停留时间/d	>40	10~15	<10
负荷/[kg(VSS)·m^{-3}·d^{-1}]	0.48~0.8	1.6~3.2	1.6~3.2
加料、排料方式	间断	间断或连续	连续
搅拌	不要求	要求	要求
均衡配料	不要求	不要求	要求
脱气	不要求	不要求	要求
排气回流利用	不要求	不要求	要求

厌氧消化池多为钢筋混凝土拱顶圆形池。其顶盖有固定式和浮动式两种。固定式

在加料和排料时，池内可能造成正压和负压，结构易遭破坏，一旦渗入空气，不仅破坏反应条件，还会引起爆炸。浮动式则可克服上述缺点，但构造复杂，建设费用高。

消化池的附属设施有加料、排料、加热、搅拌、破渣、集气、排液、溢流及其他监测防护装置。

(1) 加料与排料：新污泥由泵提升，经池顶或中部进泥管送入池内。排料时污泥从池底排泥管排出。加料和排料一般每日 1~2 次间歇进行。

(2) 加热：消化池的加热方法分为外加热和内加热两种。外加热是将污泥水抽出，通过池外的热交换器加热，再循环到池内去。内加热法采用盘管间接加热或水蒸气直接加热，后者比较简单，水蒸气压力多为 200 kPa(表压)。用水蒸气喷射泵时，还同时起搅拌作用，但由于水蒸气的凝结水进入，需经常排除泥水，以维持污泥体积不变。

(3) 搅拌与破渣：搅拌可促进微生物与污泥基质充分接触，使池内温度及酸碱度均匀，既有利于消化气的释放，又可有效预防浮渣，因此，均匀搅拌是所有高效厌氧消化池运行的前提条件。搅拌的方法较多，常用的方法有水力搅拌、机械搅拌和消化气搅拌。水力搅拌是将污泥抽出，从池顶泵入水力提升器内，形成内外循环。机械搅拌采用螺旋桨，根据池子大小不同，可设若干个，每个螺旋桨下面设一个导流筒，抽出的污泥从筒顶向四周喷出，形成环流。螺旋桨搅拌效率高、耗电少(1 m^3 污泥耗电 0.081 W)，但转轴穿池顶处密封困难。消化气搅拌是用压缩机将污泥消化产生的气体压入池内竖管(一个或几个)的中部或底部，污泥随气泡上升时将污泥带起，在池内形成垂直方向的循环，也可在消化池底部设置气体扩散装置进行搅拌。消化气搅拌范围大、能力强、效果好、消化速率高，但设备繁多、成本昂贵，每小时所需搅拌气体量为有效池容的 36%~79%。

在消化过程中，部分细小的气泡附着于污泥上，浮于表面易形成浮渣，池内温度较高，浮于表面的污泥易失水，更加速了浮渣形成，如不及时破渣，容易形成坚硬的渣盖，严重威胁消化池的正常运行和安全。破渣可在池内液面装设破渣机，或用污泥水压力喷射来破渣。

(4) 集气：浮动盖式消化池的集气空间大，固定顶盖式则较小。固定顶盖式消化池加排料时，池内压力波动大，负压时易漏入空气，故宜单独设污泥贮气罐。贮气罐的主要作用在于调节气量。

(5) 排液：消化池的上清液要及时排出，这样可增加消化池处理容量，降低热耗。由于上清液的 BOD_5 很高，应重新返回到生物处理设施中去。但由于厌氧消化会造成污泥中的氮和磷释放出来，造成上清液中的氮和磷含量高，对于有脱氮除磷的污水处理工艺来说，加大了进水的氮、磷含量，因此需要考虑去除上清液的氮和磷后再回流到污水处理的进水处。目前可以采用投加混凝剂去除磷、投加镁盐形成磷酸氨镁结晶沉淀的方法同时去除氮和磷、用厌氧氨氧化的生物法去除氨氮等。

蛋形消化池是一种新型的污泥消化池(图 18-14)，由于池体形状类似于鸡蛋而得名。蛋形消化池的主要特点是池体采用最佳的流体力学形状，因此所需完全混合的能量最小，池中不存在死角，容积利用率高，此外，池顶液面暴露面积小，通过单独设置的搅拌机能达到理想的破渣效果。蛋形消化池比较适合于大型的城镇污水处理厂的污泥消化。如美国波士顿和巴尔的摩的蛋形消化池高度达 40 m。其缺点是构造较为复杂，投资费用高。

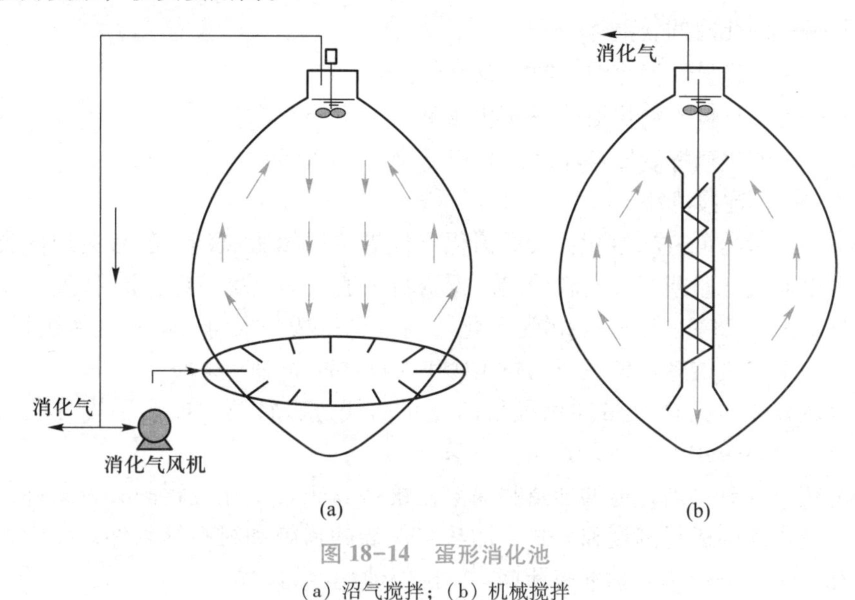

图 18-14　蛋形消化池

（a）沼气搅拌；（b）机械搅拌

厌氧消化池的设计内容包括：确定消化温度与负荷、计算有效池容、计算产气量与贮气罐容积、热力计算和消化气的利用等。

（1）消化温度与负荷：污泥消化分为中温消化和高温消化。中温消化的温度一般控制在 33~38 ℃；高温消化的温度一般控制在 50~55 ℃。高温消化适于要求消毒的污泥及含有大量粪便等生污泥的场合，选择高温消化的污泥通常本身温度较高或就近有多余热源。通常城镇污水处理厂的污泥厌氧消化均采用中温消化。消化池的设计负荷与消化温度、污泥类别及污泥消化的工艺有关。对于城镇污水处理厂的污泥如无试验资料时，可按表 18-6 进行选择。

表 18-6　城镇污水处理厂污泥中温消化时的设计参数

参数	传统消化池	高速消化池
挥发性悬浮固体负荷/[kg(VSS)·m^{-3}·d^{-1}]	0.6~1.5	1.6~3.2
污泥固体停留时间/d	20~30	10~20
污泥固体投配率/%	2~4	5~10

（2）消化池的有效池容：消化池的有效池容 $V(m^3)$ 可按固体停留时间或挥发性悬浮固体负荷或污泥固体投配率计算，有关的计算方法如下：

$$V=V'T_d \tag{18-27}$$

$$V=\frac{V'_c}{L_{VSS}} \tag{18-28}$$

$$V=\frac{V'}{P}\times 100 \tag{18-29}$$

式中：T_d——消化时间，d；

V'——每日投入消化池的原污泥容积，m^3；

V'_c——每日投入消化池的挥发性污泥，kg(VSS)/d；

L_{VSS}——消化池挥发性悬浮固体容积负荷，kg(VSS)/(m^3·d)；

P——污泥投配率,%。

（3）产气量与贮气罐容积：污泥消化产气量可以按厌氧消化的有关理论公式计算，也可以通过试验或经验资料确定。据资料报道，一般每破坏 1 kg 挥发性悬浮固体的产气量为 0.75~1.12 m^3。污泥消化产气量也可按每人每日的产气量进行计算，对于城镇污水二级处理厂该数值为每 1 000 人每日产气 15~28 m^3。

贮气罐容积可按产气量和用气量的变化曲线进行计算，或按平均日产气量的 25%~40%，即 6~10 h 的平均产气量计算。

（4）热力计算：消化池的加热和保温是维持其正常消化过程的必要条件，因此必须根据消化池的运行制度和方式、加热与保温的措施和材料等条件，参考有关资料和计算方法，进行热力学平衡计算，以确保消化池的正常工况。

（5）消化气的利用：污泥厌氧消化时产生的消化气必须妥善加以利用，否则将引起二次污染。消化气的主要成分为 CH_4(60%~70%)和 CO_2(25%~35%)，此外还含有少量的 N_2、H_2、H_2S 和水分。消化气一般用作燃料，用于锅炉或发电，也可用作化工原料。1 m^3消化气的热值相当于 1 kg 的煤，1 m^3消化气可发电 1.5 kW·h。

二、污泥的化学稳定

化学稳定是向污泥中投加化学药剂，以抑制和杀死微生物，消除污泥可能对环境造成的危害(产生恶臭及传染疾病)。化学稳定的方法有石灰稳定法、氯稳定法和臭氧稳定法。

1. 石灰稳定法

向污泥中投加石灰，使污泥的 pH 提高到 11~11.5，在 15 ℃下接触 4 h，能杀死全部大肠杆菌及沙门氏杆菌，但对钩虫、阿米巴包囊的杀伤力较差。经石灰稳定后的污泥脱水性能可得到大大改善，不仅污泥的过滤比阻减小，泥饼的含水率也可降低。但石灰中的钙可与水中的 CO_2 和磷酸盐反应，形成碳酸钙和磷酸钙的沉淀，使得污泥量增大。

进入石灰稳定系统污泥的含水率宜为 60%~80%，且不应含有粒径大于50 mm 的杂质。石灰的投加量与污泥的性质和固体含量有关，表 18-7 是有关的参考数据。

表 18-7　石灰稳定法的投加量

污泥类型	污泥固体浓度/%		$Ca(OH)_2$投加量/［$g \cdot kg^{-1}(SS)$］	
	变化范围	平均值	变化范围	平均值
初沉池污泥	3~6	4.3	60~170	120
活性污泥	1~1.5	1.3	210~430	300
消化污泥	6~7	6.5	140~250	190
腐化污泥	1~4.5	2.7	90~510	200

2. 氯稳定法

氯能杀死各种致病微生物，有较长期的稳定性。但氯化过程中会产生各种氯代有机物(如氯胺等)，造成二次污染，此外污泥经氯化处理后，pH 降低，使得污泥的过滤性能变差，给后续处理带来一定困难。大规模的氯稳定法应用较少，但当污泥量少，且可能含有大量的致病微生物时，如医院污水处理产生的污泥，采用氯稳定法仍为一种安全有效的方法。

3. 臭氧稳定法

臭氧稳定法是近年来国外研究较多的污泥稳定法，与氯相比，臭氧不仅能杀灭细菌，而且对病毒的灭活也十分有效，此外，臭氧稳定也不存在氯稳定时带来的二次污染问题。经臭氧处理后，污泥处于好氧状态，无异味，是目前污泥稳定最安全有效的方法。该法的缺点是臭氧发生器的效率仍较低，建设及运营费用均较高。但对一些危险性很高的污泥，采用臭氧稳定法仍不失为一种最安全的选择。

第五节　污泥脱水和焚烧

将污泥含水率降低到 80%以下的操作称为脱水。脱水后的污泥具有固体特性，成泥块状，能装车运输，便于最终处置与利用。脱水的方法有自然脱水和机械脱水。自然脱水的方法有干化场，所使用的外力为自然力(自然蒸发、渗透等)；机械脱水的方法有真空过滤、压滤、离心脱水等，所使用的外力为机械力(压力、离心力等)。

一、污泥调理

在污泥脱水前需要通过物理、化学或物理化学作用，改善污泥的脱水性能，该操作称为污泥调理。通过调理可改变污泥的组织结构，减小污泥的黏性，降低污泥的过滤比阻，从而达到改善污泥脱水性能的目的。污泥经调理后，不仅脱水压力可大大减少，而且脱水后污泥的含水率可大大降低。

(一) 化学调理

化学调理通过向污泥中投加各种絮凝剂，使污泥中的细小颗粒形成大的絮体并释放吸附水，从而提高污泥的脱水性能。调理所使用的药剂分为无机调理剂和有机调理剂。无机调理剂有铁盐、铝盐和石灰等；有机调理剂有聚丙烯酰胺等。无机调理剂价格低廉，但会增加污泥量，而且污泥的 pH 对调理效果影响较大；而有机调理剂则与之相反。综合应用 2~3 种絮凝剂，混合投配或顺序投配能提高效能。

城镇污水处理厂污泥采用有机调理剂时的典型投量见表 18-8，设计时可供选择。

表 18-8 典型污泥的高分子混凝剂投量 单位：kg/t(干污泥)

污泥种类	带式压滤机	离心脱水机
初沉池污泥	1~4	1~2.5
剩余污泥	4~10	5~8
初沉池污泥与剩余污泥	2~8	2~5
初沉池污泥与生物滤池剩余污泥	2~8	—
初沉池污泥经厌氧消化后	2~5	3~5
初沉池污泥和剩余污泥经厌氧消化后	1.5~8.5	2~5

(二) 物理调理

物理调理有加热、冷冻、添加无机助滤剂和淘洗等方法。如污泥经过160~200 ℃和 1~1.5 MPa 的高温加热和高压处理后，不但可破坏胶体结构，还可以提高脱水性能(过滤比阻降至 1.0×10^{12} m/kg)，而且还能彻底杀灭细菌，解决卫生问题。但缺点是气味大、设备易腐蚀。污泥经反复冷冻后能破坏污泥中固体与结合水的联系，提高过滤能力。人工冷冻成本较高，自然冷冻则受气候条件的影响，故采用均很少。向污泥中投加无机助滤剂，可在滤饼中形成孔隙粗大的骨架，从而形成较大的絮体，减小污泥过滤比阻，常用的无机助滤剂有污泥焚化时的灰烬、飞灰、锯末等。

在各种物理调理方法中，淘洗(也称为水力调理)是较常用的方法。淘洗的原理是利用处理过的污水与污泥混合，然后再澄清分离，以此冲洗和稀释原污泥中的高碱度，带走细小颗粒。淘洗主要用于对消化污泥的调理，通常消化污泥中的碱度很高，投加的酸性药剂(如三氯化铁和硫酸铝等)会与之反应，需要消耗大量药剂，通过淘洗可降低污泥的碱度，降低药剂消耗。此外，污泥中的细小颗粒不仅是化学药剂的主要消耗者，而且易堵塞滤饼，增加过滤阻力，通过淘洗将其冲走，可大大提高污泥的过滤性能。淘洗工艺通常采用多级逆流方式进行，淘洗液中的 BOD_5 和 COD 含量较高，需回流到污水处理设备去重新处理。

二、污泥脱水

(一) 自然脱水

利用自然力(蒸发、渗透等)对污泥进行脱水的方法称为自然脱水。自然脱水的构筑物为污泥干化场(也叫干化床或晒泥场)。污泥干化场的脱水包括上部蒸发、底部渗透、中部放泄等多种自然过程，其中，蒸发受自然条件的影响较大，气温高、干燥、风速大、日晒时间长的地区效果好，寒冷、潮湿、多雨地区则效果较差；渗透作用主要与干化场的渗水层结构有关。根据自然条件和渗水层特征，干化期由数周至数月不等，干化污泥的含水率可降至65%~75%。

污泥干化场一般由大小相等、宽度不大于10 m的若干区段组成(图18-15)，围以土堤，堤上设干渠和支渠用以输配污泥(也可采用管道输送,设干管和支管)。

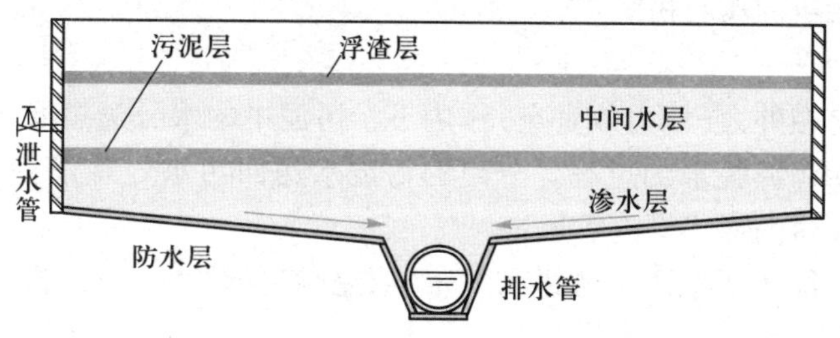

图18-15 污泥干化场的横断面结构

渠道底坡度采用0.01~0.03，支渠沿每块干化场的长度方向设几个放泥口，向干化场均匀配泥。每块干化场的底部设有30~50 cm的渗水层，渗水层的结构为上层细砂，中层粗砂，底层碎石或碎砖。渗水层下为0.3~0.4 m厚的不透水层(防水层)，坡向排水管。排水管管径为75~150 cm，每块干化场设1~2排，埋深1~1.2 m，各节排水管之间不接口，留有缝隙，以便于接纳下渗的污水，排水管的坡度采用0.002~0.005，污水最后汇集于排水总渠。此外，在每块干化场的两侧设置若干排水井，用以收集从干化场不同高度放泄的上清液。

污泥干化场采用间歇、周期运行，每次排放的污泥只存放于1或2块干化场上，泥层厚一般为30~50 cm，下一次排泥进入另外1~2块上，各块干化场依次存泥、干化和铲运。

污泥干化场设计的主要内容为确定有效面积、进泥周期、围堤高度、渗水层结构、污泥输配系统及排水设施等。

干化场的有效面积$A(m^2)$按下式计算：

$$A=\frac{V}{h}T \tag{18-30}$$

式中：V——污泥量，m^3/d；

h——干化场每次放泥高度，一般采用0.3~0.5 m；

V/h——每天污泥需要的存放面积，应等于每块干化场面积的整数倍；

T——污泥干化周期，即某区段两次放泥相隔的天数，该值取决于气候条件及土壤条件。

考虑到土堤等所占面积，干化场实际需要的面积应比A增大20%~40%。

围堤高度在最低处一般取0.5~0.7 m，最高处根据渠道底坡度推算。冰冻期长的地区，应适当增高围堤。若污泥最终用作肥料，也可将冻结污泥运走，以节省场地。

污泥干化场的优点是简单易行、污泥含水率低，缺点是占地面积大、卫生条件差、铲运干污泥的劳动强度大。

（二）机械脱水

利用机械力对污泥进行脱水的方法称为机械脱水。机械力的种类有压力、真空吸力、离心力等，对应的脱水方式称为过滤脱水和离心脱水，相应的设备为压力过滤机、真空过滤机和离心机。

1. 过滤脱水

过滤脱水是在外力(压力或真空)作用下，污泥中的水分透过滤布或滤网，固体被截留，从而使污泥脱水的过程。分离的污泥水送回污水处理设备进行重新处理，截留的固体以泥饼的形式剥落后运走。

污泥过滤性能主要取决于滤饼和滤布(或滤网)的阻力。过滤机的脱水能力可用下式(Darcy 方程)表示：

$$\frac{\mathrm{d}V}{\mathrm{d}t}=\frac{p_{\mathrm{f}}A^{2}}{\mu(rcV+RA)} \tag{18-31}$$

式中：V——过滤水的体积，m^3；

t——过滤时间，s；

p_{f}——过滤推动力(由过滤介质两侧的压力差产生)，Pa；

A——有效面积，m^2；

μ——过滤水的动力黏度，Pa·s；

R——单位面积滤布的过滤阻力，m/m^2；

r——单位质量干滤饼的过滤阻力，即过滤比阻，m/kg；

c——单位体积过滤水所产生的滤饼质量，kg/m^3。

由上式可知，在过滤压力、面积、滤布材料已定的条件下，单位时间的过滤水量与滤液的黏性和滤饼的过滤比阻成反比，也就是说，滤液的黏性和滤饼的过滤比阻决定了污泥的过滤性能。一般而言，污泥颗粒小，粒径不均匀，有机颗粒和有机溶质较多时，黏性和过滤比阻就大，相应的过滤性能就差；反之，过滤性能就好。

将式(18-31)积分，得

$$\frac{t}{V}=\frac{\mu rc}{2p_{\mathrm{f}}A^{2}}V+\frac{\mu R}{pA} \tag{18-32}$$

由上式可见，过滤脱水时滤液的体积与过滤时间和滤液体积的比值成正比。相对于滤饼而言，一般滤布的阻力很小，可忽略不计，式(18-32)可简化为

$$\frac{t}{V}=\frac{\mu rc}{2pA^{2}}V \tag{18-33}$$

此外，污泥的过滤比阻还与滤饼的可压缩程度有直接关系。如果滤饼本身松散，受压时易变形，导致污泥密度增大，则对应的过滤比阻也会随之增大；反之，如果滤饼颗粒比较密实，且具有较坚硬的空间结构，则受压时不易变形，对应的过滤比阻也就较小。过滤比阻与压力的关系通常用下式表示：

$$r=r'p^{s} \tag{18-34}$$

式中：p——压力；

s——压缩系数；

r'——常数。

式(18-34)中的压缩系数表示滤饼的可压缩程度。对于难压缩的污泥，例如砂等，其压缩系数 $s=0$，此时过滤比阻与压力无关，增加过滤压力并不会增加过滤比阻，因此，可以通过增压提高过滤机的生产能力。但像活性污泥这样的易压缩污泥，增大压力，过滤比阻也随之增加，此时增压对提高生产能力并无显著效果。

过滤脱水的方法有真空过滤和压力过滤。真空过滤主要有转筒式、绕绳式和转盘式真空过滤机；压力过滤主要有板框压滤机和带式压滤机，此外，在此基础上还发展了许多改型的过滤设备。以下主要论述生产上最为常用的转筒式真空过滤机和带式压滤机。

(1) 转筒式真空过滤机：转筒式真空过滤机的结构见图 18-16，主要设备由两大部分组成：半圆形污泥槽和过滤转筒。转筒半浸没在污泥中，转筒外覆滤布，筒壁分成的若干隔间分别由导管连于回转阀座上。根据转动时各隔间所处位置的不同，与回转阀座上的抽气管或压气管接通。当隔间位于过滤段时，与抽气管接通，污泥水通过滤布被抽走，固体被截留于滤布上。当转到脱水段时，仍与抽气管接通，水分继续被抽走，泥层逐渐干燥，形成滤饼。当转到排泥段时，由真空抽吸改为正压吹脱段，滤饼被吹离滤布，并用刮刀刮下，通过装运小斗或皮带运输机将其运走。污泥槽底部设有搅拌器，用以防止固体沉积。转筒式真空过滤机的转筒圆周速度为 0.75~1.1 mm/s，真空度为 40~81.3 kPa(过滤段)和 66.7~94.6 kPa(脱水段)。所形成的滤饼厚度视污泥浓度和转筒转速而异，一般为 2~6 mm。

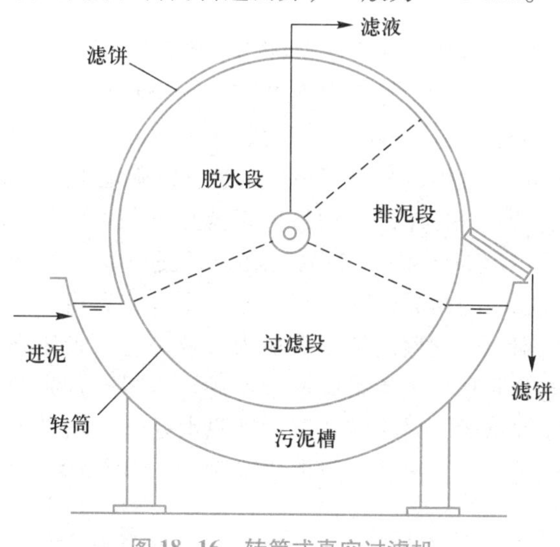

图 18-16 转筒式真空过滤机

转筒式真空过滤机的特点是适应性强、连续运行、操作平稳、全过程自动化。它的缺点是多数污泥须经调理才能过滤，且工序多、费用高。此外，过滤介质(滤网或滤布)紧包在转筒上，再生与清洗不充分，容易堵塞。因此转筒式真空过滤机现已较少采用。

(2) 带式压滤机：带式压滤机的结构见图 18-17，它由上下两组同向移动的回

带式压滤机运行过程

转带组成，上面为金属丝网做成的压榨带，下面为滤布做成的过滤带。污泥由一端进入，在向另一端移动的过程中，先经过浓缩段，主要依靠重力过滤，使污泥失去流动性，然后进入压榨段。污泥通过上、下两排支承辊压轴的挤压而得到脱水，滤饼含水率可降至75%~80%。这种脱水设备的特点是把压力直接施加在滤布上，用滤布的压力或张力使污泥脱水，而不需真空或加压设备，因此它消耗动力少，并可以连续运行。带式压滤机工艺简单，是目前广为采用的污泥脱水设备。

各种类型的带式压滤机

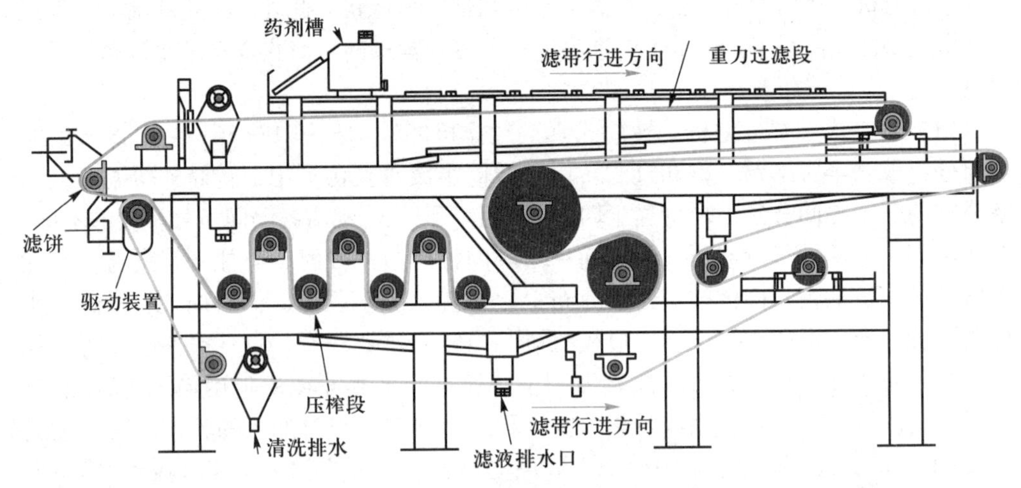

图 18-17 带式压滤机

在选用时，通常根据带式压滤机生产能力、污泥量来确定所需带式压滤机宽度和台数(一般不少于2台)。带式压滤机的生产能力以单位宽度、单位时间分离出的干物质质量［kg/(m·h)］计，也有采用污泥体积［m^3/(m·h)］计的。应根据不同的污泥性质和不同的带机构造，进行模拟试验，以确定生产能力及其他运行参数，也可参考同类污水处理厂(最好是同型号的带式压滤机)的生产能力数据，并参照《室外排水设计标准》(GB 50014—2021)提出的污泥脱水负荷取值。

利用带式压滤机脱水的污泥调理药剂一般采用合成有机聚合物。城镇污水处理厂污泥的调理，采用阳离子型聚丙烯酰胺最为有效，也可采用石灰和阴离子型聚丙烯酰胺，以及无机电解质和聚丙烯酰胺联合使用。无机药剂很少被单独使用，除非污泥中含有很多的纤维物质。采用带式压滤机脱水处理每立方米含水率为96%的城镇污水处理厂混合污泥时，药剂费一般占92%~94%，耗电0.7 kW·h。所需药剂费用较高。

2. 离心脱水

利用离心力的作用对污泥脱水的过程称为离心脱水。当污泥颗粒随流体做旋转运动时，作用在颗粒上的离心力为

$$F_c = m_c\omega^2 r = (\rho_s - \rho) V_p \omega^2 r \tag{18-35}$$

式中：F_c——离心力，N；

m_c——颗粒质量，kg；

ω——流体运动的角速度，1/s；

污泥板框压滤机构造

r——颗粒距圆心的距离，m；

ρ_s——颗粒密度，kg/m^3；

ρ——流体密度，kg/m^3；

V_p——颗粒体积，m^3。

颗粒运动时的流体阻力：

$$F_D=\frac{1}{2}\rho C_D A v^2 \tag{18-36}$$

式中：F_D——流体阻力，N；

C_D——阻力系数；

A——颗粒的横截面积，m^2；

v——颗粒运动速度，m/s。

运行中的污泥板框压滤机

忽略重力，依据牛顿第二定律，可得

$$\rho_s V_p\frac{dV}{dt}=(\rho_s-\rho)V_p\omega^2 r-\frac{1}{2}\rho C_D A v^2 \tag{18-37}$$

将 $v=dr/dt$ 代入上式并整理后可得

$$\frac{d^2r}{dt^2}+C_D\frac{\rho}{\rho_s}\frac{3}{4d}\left(\frac{dr}{dt}\right)^2-\frac{\rho_s-\rho}{\rho_s}\omega^2 r=0 \tag{18-38}$$

当颗粒的运动处于层流状态时，阻力系数 C_D 与雷诺数 Re 的关系为

$$C_D=\frac{24}{Re} \tag{18-39}$$

将式(18-39)代入式(18-38)，得

$$\frac{d^2r}{dt^2}+\frac{18\mu}{\rho_s d^2}\frac{dr}{dt}-\frac{\rho_s-\rho}{\rho_s}\omega^2 r=0 \tag{18-40}$$

式中：μ——流体的黏度，$Pa\cdot s$。

式(18-40)对应的边界条件为 $t=0$，$r=0$ 和 $\frac{dr}{dt}=0$。积分式(18-40)求得在给定颗粒粒径、密度和旋转角速度下颗粒从离心机中心筒运动到 r 时所需的时间，该数值是离心机设计和选型的重要指标。当颗粒运动处于紊流状态下时，可将对应的阻力系数表达式代入式(18-38)，此时，所得的 r 与 t 的关系式为二阶非线性微分方程，必须通过数值计算确定相关的关系。

完成离心脱水的设备为离心机。离心机的种类很多，其中以中、低速转筒式离心机在污泥脱水中应用最为普遍。该机的主要构件是转筒和装于筒内的螺旋输泥机(图 18-18)。污泥通过中空轴连续进入转筒内，由转筒带动污泥高速旋转，在离心力的作用下，向筒壁运动，达到泥水分离。螺旋输泥机与转筒同向旋转，但转速不同，使输泥机的螺旋刮刀对转筒有相对转动，将滤饼由左端推向右端，最后从排泥口排出，澄清水则由另一端排水口流出。

经离心机脱水的污泥，其含水率相应可降至 75%~80%。离心机排出的“滤液”往往含有较多的悬浮固体，应返回污水处理系统进行处理。

运行中的污泥离心脱水机

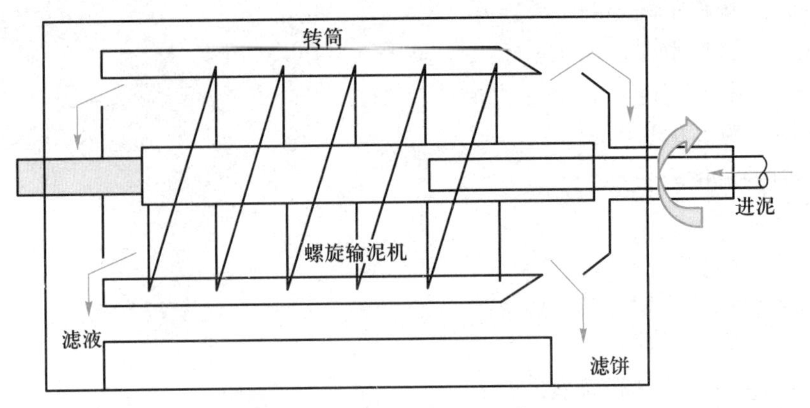

图 18-18 中、低速转筒式离心机

离心机的优点是设备小、效率高、分离能力强、操作条件好(密封、无气味);缺点是制造工艺要求高、设备易磨损、对污泥的预处理要求高,而且必须使用高分子聚合电解质作为调理剂。

三、污泥焚烧

焚烧是污泥减容减量最有效的方法。焚烧时借助辅助燃料,使焚烧炉内温度升至污泥中有机污染物的燃点以上,令其自燃,如果污泥中有机污染物的热值不足,则须不断添加辅助燃料,以维持炉内的温度。燃烧过程中所产生的废气(CO_2、SO_2等)和炉灰,须分别进行处理。

影响污泥焚烧的基本条件包括:温度、时间、氧气量、挥发物含量及泥气混合比等因素。温度超过 800 ℃时有机污染物才能燃烧,1 000 ℃时开始可以消除气味。焚烧时间越长越彻底。焚烧时必须有氧气助燃,氧气通常由空气供应。空气量不足,燃烧不充分;空气量过多,加热空气要消耗过多的热量,一般以 50%~100%的过量空气为宜。挥发物含量高,含水率低,有可能维持自燃,否则须添加燃料。维持自燃的含水量与挥发物质量之比应小于 3.5。污泥焚烧区域空间应满足污泥焚烧产生的烟气在 850 ℃以上高温区域的停留时间不小于 2 s。

常见的焚烧装置有多床炉、流化床炉等。多床炉(图 18-19)由多层炉床(一般 6~12 层)组成,每层炉床上装有耙齿,由中空轴通过电机带动其旋转。脱水后的污泥由炉顶加入,从上到下由耙齿逐层刮下。炉内温度呈现中间高两端低,上层为干燥段,温度约 550 ℃,污泥在此处蒸发干燥;中间层为焚化段,温度在 800~1 000 ℃,污泥在此处与上升的高温气流和侧壁加入的辅助燃料一并燃烧;下层为冷却段,温度在 350 ℃左右,焚灰在此冷却后由排灰口排出。空气由风机沿中空轴鼓入,对耙齿转轴活动部分进行冷却,在上升的同时由于吸热而升温,热空气到达炉顶后,部分放空,部分由回风管回流到炉底,作为助燃剂,向上穿过多层炉床,经气体除尘净化后由燃烧气出口排走。

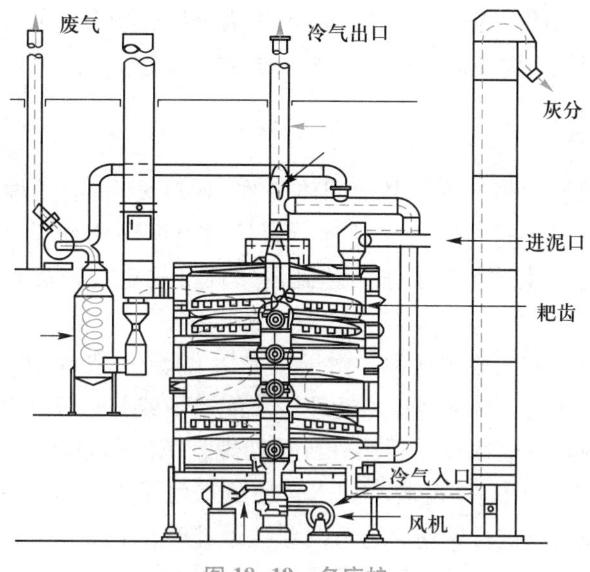

图 18-19　多床炉

第六节　污泥的最终处置

污泥经浓缩、稳定及脱水等处理后，不仅体积大大减小，而且在一定程度上得到了稳定，但污泥作为污水处理过程中的副产物，还需考虑其最终去向，即最终处置。污泥最终处置的方法有综合利用和填埋。

一、污泥的综合利用

污泥中含有各种营养物质及其他有价值的物质，因此，综合利用是污泥最终处置的最佳选择。污泥综合利用的方法及途径随污泥的性质及利用价值而异。

1. 用作肥料和改良土壤

有机污泥中含有丰富的植物营养物质，如城市污泥中一般含氮 2%~7%，磷 1%~5%，钾 0.1%~0.8%。消化污泥除钾含量较少外，氮、磷含量与厩肥差不多。活性污泥的氮、磷含量为厩肥的 4~5 倍。此外，污泥中还含有硫、铁、钙、钠、镁、锌、铜、钼等微量元素和丰富的有机物与腐殖质。用有机污泥施肥，既有较好肥效，又能使土壤形成团粒结构，起到改良土壤的作用。目前在城市园林绿化中作为土壤改良剂较为合适。但污泥用作农用时，必须满足我国《城镇污水处理厂污染物排放标准》(GB 18918—2002)中有关污泥控制标准的要求，以免污泥中的重金属及其他有害物质在作物中富集。

2. 资源化利用

从工业废水处理排除的泥渣中可以回收工业原料，例如，轧钢废水中的氧化铁皮，高炉煤气洗涤水和转炉烟气洗涤水的沉渣，均可作为烧结矿的原料；电镀废水的沉渣为各种贵金属、稀有金属或重金属的氢氧化物或硫化物，可通过电解还原或其他方法将其回收利用。无机污泥或泥渣可作为铺路、制砖、制纤维板和水泥的原料。城镇污水处理厂污泥中磷的回收也越来越受到关注和重视。

二、填埋处置

污泥填埋可以单独填埋或与其他固体废物(如垃圾)一起填埋。在污泥进行填埋处置时，需要对污泥进行无害化处理，而且对填埋场地有要求，需要对填埋场地进行改造，符合卫生填埋的要求，达到国家标准规定的防渗要求，防止污染地下水。

含水率在80%左右的脱水污泥，由于抗剪切力低(一般≤5 kN/m²)、水分含量高，是不能直接填埋的，必须经过预处理后才能单独或与垃圾混合填埋。当脱水污泥和垃圾混合填埋时一般须投加石灰进行预处理，使污泥的含固率≥35%，抗剪切力>25 kN/m²。如果采用高干度脱水技术，使脱水污泥本身达到这种含水率，则可以直接进入垃圾填埋场进行填埋。当污泥单独填埋时，一般要求污泥的抗剪切力达到80～100 kN/m²，采用高干度脱水技术后，如果污泥含固率≥40%，也可以直接填埋。

对污泥填埋场的要求为：

(1) 填埋场地周围设置围栏；

(2) 从填埋场地排出的渗滤水需要收集并处理；

(3) 防止臭味向外扩散，防止蚊蝇生长；

(4) 未经焚烧的污泥，需进行分层填埋。污泥层厚度应≤0.5 m，其上敷设砂土层，厚度为0.5 m，交替填埋，并设置通气装置。消化污泥填埋时污泥层厚度应≤0.3 m，其上敷设砂土层，厚度为0.5 m，交替填埋。

填埋场地的设计年限一般为10年以上。

过去曾采用过的投海处置方法现已被国际公约禁止。

思考题和习题<<<

1. 污泥的来源、性质及主要指标是什么？

2. 污泥的含水率从97.5%降至94%，求污泥体积的变化。

3. 污泥的浓缩方法有哪几种？分别适用于何种情况？

4. 污泥调理和脱水的方法有哪些？

5. 污泥的最终处置方法有哪几种？各有什么作用？

6. 某城市的城市污水为60 000 m³/d，其中生产污水为40 000 m³/d，生活污水为20 000 m³/d。原污水悬浮物浓度为240 mg/L，初沉池沉淀效率为40%，经沉淀处理后BOD_5约为200 mg/L。用活性污泥法处理，曝气池容积为10 000 m³。MLVSS为3.5 g/L，MLSS为4.8 g/L，BOD_5去除率为90%。初沉池污泥及剩余污泥采用中温消化处理，消化温度为33 ℃，污泥投配率为6%，新鲜污泥温度为16 ℃，室外温度为-10 ℃，根据上述数据设计污泥消化池。

参考文献<<<

[1] 张自杰．环境工程手册：水污染防治卷[M]．北京：高等教育出版社，1996.

[2] 北京市市政工程设计研究总院有限公司．给水排水设计手册：第五册[M]. 3版. 北京：中国建筑工业出版社，2017.

[3] 周立祥．固体废物处理处置与资源化[M]．北京：中国农业出版社，2007.

[4] 何品晶．固体废物处理与资源化技术[M]．北京：高等教育出版社，2011.

[5] 张辰．污泥处理处置技术与工程实例[M]．北京：化学工业出版社，2006.

第十九章

工业废水处理

第一节　概述

一、工业废水的来源与特点

工业废水指工业生产过程中排出的废水、废液。水在工业生产中充当着原料、载体和清洗剂等多种角色，排放的废水和废液中含有生产原料、中间产物、副产物、最终产品及生产中的污染物。因此，工业废水的污染成分复杂，种类众多，含有较高浓度的有机污染物、氨氮、石油类污染物、重金属等有毒有害物质，如不加妥善处理，则比生活污水对环境的影响更大。

（一）工业废水的来源

工业生产活动从环境取得资源，将资源加工和转化为生产资料与生活资料，同时又向环境输出废物（排放污染物）污染环境。当污染物排放量在环境自净能力允许的限度之内时，环境可以自动恢复原有平衡，工业生产可以持续发展。如果工业生产对环境资源的开发和利用不合理，资源（即使是可再生资源）不但会逐渐枯竭，而且大量被浪费的资源，随着生产废物被排放至环境中，当其超过环境容量的允许极限，将造成严重的环境污染问题。

工业废水是我国水环境的主要污染源，其中不同行业对水污染的贡献亦不同。根据生态环境部发布的历年《中国生态环境统计年报》，2015 年全国废水排放总量为 $735.3\times10^8\ m^3$，其中工业废水排放量为 $199.5\times10^8\ m^3$。“十三五”期间，我国实施《水污染防治行动计划》，在控制污染物排放方面狠抓工业污染防治：全部取缔不符合国家产业政策的小型造纸、制革、印染、染料、炼焦、炼硫、炼砷、炼油、电镀、农药等“十小”企业严重污染水环境的生产项目；制定造纸、焦化、氮肥、有色金属、印染、农副食品加工、原料药制造、制革、农药、电镀等十大重点行业专项治理方案。2016—2020 年，全国工业源（含非重点）废水中化学需氧量（COD）排放量由 122.8×10^4 t 下降为 49.7×10^4 t，位于前 3 位的行业依次为纺织业、化学原料和化学制品制造业、农副食品加工业，占重点调查企业排放总量的 39.7%；氨氮排放量由 6.5×10^4 t 下降为 2.1×10^4 t，位于前 3 位的行业依次为化学原料和化学制品制造业、农副食品加工业、纺织业，占重点调查企业排放总量的 42.9%；总氮排放量由 18.4×10^4 t 下降为 11.4×10^4 t，位于前 3 位的行业依次为化学原料和化学制品制造业、纺织业、农副食品加工业，占重点调查企业排放总量的 43.7%；总磷排放量由 1.7×10^4 t 下降为 0.4×10^4 t，位于前 3 位的行业依次为农副食品加工业、化学原料和化学制品制造业、纺织业，占重点调查企业排放总量的 46.5%；石油类排放量由 1.2×10^4 t 下降为 3734.0 t；挥发酚排放量由 272.1 t 下降为 59.8 t；氰化物排放量由 57.9 t 下降为 42.4 t；重金属排放量由 162.6 t 下降为 67.5 t。

工业生产过程产生的废水因工业部门、生产工艺、设备条件与管理水平等不同，在水质、水量与排放规律等方面差异很大。即使生产同一产品的同类工厂所排放的废水，其水质、水量与排放规律也有所不同。废水中除含有不能被利用的废物外，常含有流失的原材料、中间产品、最终产品和副产品等，均能构成对环境的危害。影响工业废水所含污染物多少及其种类的因素主要有：① 生产中所用的原材料；② 工业生产中的工艺过程；③ 设备构造与操作条件；④ 生产用水的水质与水量。

（二）工业废水的分类

由于工业废水成分非常复杂，每一种工业废水都是多种杂质和若干项指标表征的综合体系，往往只能以起主导作用的一两项污染因素来对工业废水进行描述和分类。这样的分类有助于归纳处理方法，也便于废水处理技术的研究与总结。

1. 按污染物性质分类

根据废水中污染物的主要化学成分及其性质可有多种分类方法，通常分为有机废水、无机废水、重金属废水、放射性废水和热污染废水等。根据废水中主要污染物种类可以分为含酚废水、含氟废水、含氰废水、含氮废水、含汞废水、含丙烯腈废水和含铬废水等。根据废水的酸碱性，可将废水分为酸性废水、碱性废水和中性废水。根据污染物是否为有机物和是否具有毒性，可分为无机无毒、无机有毒、有机有毒和有机无毒废水等。不同类型的废水采用的处理技术不同。例如，低浓度有机废水常采用好氧生物处理方法，高浓度有机废水常采用厌氧生物处理法与好氧生物处理法联合处理，有毒或难降解的有机废水有时需要采用化学与物理化学方法处理。酸性、碱性废水采用中和法处理，重金属废水采用化学沉淀、离子交换和吸附等化学或物理化学法处理。

2. 按产生废水的工业部门分类

按产生废水的工业部门通常分为冶金工业废水、化学工业废水、煤炭工业废水、石油工业废水、纺织工业废水、轻工业废水和食品工业废水等。有时也按产生废水的行业分类，如制浆造纸工业废水、印染工业废水、焦化工业废水、啤酒工业废水、乳品工业废水、制革工业废水等。这种分类方法主要便于对各工业部门、各行业的工业废水污染防治进行研究与管理。

3. 按废水的来源与受污染程度分类

根据工业废水的来源进行划分：① 工艺废水，生产工艺产生的废水和废液，是工业废水的主要污染源，通常使环境受到较严重的污染，需进行处理；② 冷却水，来源于热交换器、真空泵、风机、压缩机的冷却水，在工业废水中占相当大的比例，一般情况下比较清洁，但因受到热污染，直接排放会增加受纳水体的水温。大多数工业部门都在工厂内通过冷却塔降温，将其循环再用。冷却水循环系统需要定期排放一定量的浓缩水，这部分废水含较高的盐分和缓蚀剂、杀菌剂，但一般能达到纳管排放要求，无须处理；③ 洗涤废水，来源于原材料、产品、设备与生产场地的冲洗。这类废水的水量较大，通常受到污染，处理后或可循环再用；④ 地表径流(雨水)，许多工业(如炼油工业、化学工业、铸造冶炼工业等)厂区的地表径流常受到污染，含有的污染物与工业废水一样，需考虑进行处理(如初期雨水)。

上述废水分类方法只能作为初步了解污染源的参考。实际的工业生产中，一种工业可能排出几种不同性质的废水，而一种废水中又可能含有多种不同的污染物，必须进行深度调查后，根据不同的水质、水量特征确定处理方案。

(三) 工业废水的主要特点

工业废水对环境造成的污染危害，以及相应的防治对策，取决于工业废水的特性。工业废水的特点主要表现为：

1. 工业废水类型复杂，排放量大

由于不同工业部门生产的产品不同，生产原料及生产工艺也不相同，产生的废水差异很大，类型复杂，涉及的处理技术比城镇污水复杂得多。

2. 工业废水处理难度大

工业废水含有的污染物具有种类多、成分复杂、浓度高、可生物降解性差、有毒性等特征。除了悬浮物、化学需氧量、生化需氧量和酸碱度等常规指标外，还含有多种有害成分，如油、酚、农药、染料、多环芳烃、重金属等。据统计，目前工业生产涉及的有机物达400万种，人工合成有机物达10万种以上，这些都给废水处理带来难度。

3. 工业废水排放一般属于点源污染

工业废水通常就近纳污排放，对水环境造成严重的点源污染。而集中于工业园区的企业将在一定区域内形成大量废水，对排放口附近的水环境造成高负荷冲击。

4. 工业废水危害性大，效应持久

工业废水中含有很多人工合成的有机污染物，而这些污染物很难在自然界转化和降解为无害物质，如众所周知的农药、氯化有机物等。

5. 工业废水是重金属污染的主要来源

重金属是人体健康不可缺少的金属元素，但人体中重金属含量甚微，如果过量则会严重影响人体健康，如日本历史上发生的水俣病是由工业废水中的汞造成的，痛痛病是由慢性镉中毒引起的。水体中的重金属污染几乎都来自工业废水，主要来自矿山废水、有色金属冶炼加工废水、电镀废水、钢铁废水，以及电解、电子、蓄电池、农药、医药、涂料、染料等各种工业废水。

二、工业废水中的主要污染物

了解工业废水中污染物的种类、性质和浓度，对于废水的收集、处理、处置设施的设计和操作十分重要。工业废水中污染物种类较多，根据污染物对环境所造成危害的不同，大致可划分为固体污染物、有机污染物、油类污染物、有毒污染物、生物污染物、酸碱污染物、耗氧污染物、营养性污染物、感官污染物和热污染等。水体受污染的程度需要通过水质指标来表征，水质指标可分为物理、化学、生物三大类(详见第九章)。

一种水质指标可能包括几种污染物，而一种污染物也可以造成几种水质指标的表征。如悬浮物可能包括有机颗粒污染物、无机颗粒污染物等，而某种有机污染物就可以造成 COD、BOD、pH 等几种水质指标的变化。表 19-1 列出部分主要工业废水的污染物与水质特点。

表 19-1 部分主要工业废水的污染物与水质特点

工业部门	工厂性质	主要污染物	废水特点
造纸	制浆、造纸	黑液、碱、木质素、悬浮物、硫化物、砷	污染物含量高，碱性大，恶臭，水量大
纺织	棉毛加工、纺织印染、漂洗	染料、酸、碱、纤维悬浮物、洗涤剂、硫化物、砷、硝基化合物	带色，毒性强，pH 变化大，难降解
化工	肥料、纤维、橡胶、染料、塑料、农药、油漆、洗涤剂、树脂	酸、碱、盐类、氰化物、酚、苯、醇、醛、酮、氯仿、氯苯、氯乙烯、有机氯农药、有机磷农药、洗涤剂、多氯联苯、汞、镉、铬、砷、铅、硝基化合物、氨基化合物	BOD 高，COD 高，pH 变化大，含盐量高，毒性强，成分复杂，难降解
医药	药物合成、精制	汞、铬、砷、苯、硝基物	污染物浓度高，难降解，水量小
采矿	煤矿、磷矿、金属矿、油井、天然气井	酚、硫、煤粉、酸、氟、磷、重金属、放射性物质、石油类	成分复杂，悬浮物含量高，油含量高，有的废水含有放射性物质
冶金	选矿、采矿、烧结、炼焦、金属冶炼、电解、精炼、淬火	酚、氰化物、硫化物、氟化物、多环芳烃、吡啶、焦油、煤粉、砷、铅、镉、硼、锰、铜、锌、铬、酸性洗涤水、冷却水热污染、放射性废水	COD 较高，含重金属，毒性较大，废水偏酸性，有时含放射性废物，水量较大
石油化工	炼油、蒸馏、裂解、催化、合成	油、氰化物、酚、硫、砷、吡啶、芳香烃、酮类	COD 高，毒性较强，成分复杂，水量大
机械制造	铸、锻、机械加工、热处理、电镀、喷漆	酸、氰化物、油类、苯、镉、铬、镍、铜、锌、铅	重金属含量高，酸性强
电子仪表	电子器件原料、电讯器材、仪器仪表	酸、氰化物、汞、镉、铬、镍、铜	重金属含量高，酸性强，水量小

续表

工业部门	工厂性质	主要污染物	废水特点
食品	屠宰、肉类加工、油品加工、乳制品加工、水果加工、蔬菜加工等	病原微生物、有机物、油脂	BOD 高，致病菌多，恶臭，水量大
动力	火力发电、核电站	冷却水热污染、火电厂冲灰水中粉煤灰、酸性废水、放射性污染物	温度高，悬浮物含量高，酸性，放射性，水量大
制革	洗毛、鞣革、人造革	硫酸、碱、盐类、硫化物、洗涤剂、甲酸、醛类、蛋白酶、砷、铬	含盐量高，BOD 高，COD 高，恶臭，水量大
建筑材料	石棉、玻璃、耐火材料、化学建材、窑业	无机悬浮物、锰、镉、铜、油类、酚	悬浮物含量高，水量小
半导体与多晶硅	半导体、多晶硅、芯片生产，封装测试、集成电路、太阳能板生产、液晶平板显示器生产等	含硅的研磨废料，氟离子、氨氮、砷、酸碱废水、有机溶剂，铜、锡等重金属，氰化物，磷酸盐，金、铂等贵金属	高浊度、高色度，且颗粒尺寸小，难沉淀；含难生物降解有机污染物和重金属、贵金属

与生活污水相比，许多工业废水中往往还含有各种有毒有害污染物，这些污染物的来源与对人体健康的影响见表 19-2。

表 19-2 工业废水中有毒有害污染物的来源与对人体健康的影响

污染物	主要来源	对人体健康的影响
汞	氯碱工厂、汞催化剂、纸浆与造纸工厂、杀菌剂、种子消毒剂、石油燃料的燃烧、采矿与冶炼、医药研究实验室	对神经系统有累积性毒害影响（特别是甲基汞）；摄取被汞污染的贝类和鱼后，因甲基汞中毒而死亡
铅	汽车燃料防爆剂、铅的冶炼、化学工业、农药、石油燃料的燃烧、含铅的油漆、搪瓷等	影响酶及铁血红素合成，也影响神经系统；在骨骼及肾中累积，有潜在的长期影响
镉	采矿及冶金、化学工业、金属处理、电镀、高级磷酸盐肥料、含镉农药	进入骨骼，造成骨痛；可能成为心血管病的病因
硝酸盐及亚硝酸盐	石油燃烧、硝酸盐肥料工业	在食物及水中的亚硝酸盐能引起婴儿正铁血红蛋白血症
氟化物	化工生产、煤的燃烧、磷肥生产等	低浓度时有益，浓度超过 1 mg/L 时，引起齿斑，更高时，能使骨骼变形

续表

污染物	主要来源	对人体健康的影响
有机氯农药	农药制造和使用	主要从食物中摄取，一年为10~20 mg/kg
多氯联苯	电力工业、塑料工业、润滑剂、含有多氯联苯的工业排放物与工业废水	长期工作在高浓度环境中可使皮肤损伤及肝破坏
多环芳烃	有机物的燃烧、汽油与柴油机废气中的煤烟、煤气工厂、冶炼与化学工业的废物	长期接触苯并(*a*)芘有致癌作用
油类	船只意外漏油事件、炼油厂、海上采油、工业废水废物中的油	油类中有害物质对人体健康会有影响，如石油及其制品含有多种致癌作用的多环芳烃，可通过食物链进入人体诱发癌症
放射性	医药应用、武器生产、试验性核能生产、工业与研究方面放射性同位素与放射源的应用	经常与放射性物质接触会引起疾病，并且会遗传给后代

第二节 工业废水污染控制的基本策略与方式

一、工业废水污染预防与清洁生产

在工业革命的百余年进程中，工业化发展和环境保护的关系从对抗逐渐走向寻求共同发展。最初工业污染防治的方法仅仅依赖末端治理，即工业企业仅仅着眼于污染物产生后的治理，而不考虑生产流程中污染物产生的预防与控制。随着环保意识的提高，人们逐渐发现末端治理具有以下局限性：① 末端治理难以实现资源的有效利用。② 末端治理需要投入额外的能源和资源，增加企业运行成本。③ 末端治理可能产生二次污染。工业废水的末端治理往往会造成污染物从废水中转移到污泥中，如果污泥得不到妥善处置，就可能污染土壤或者地下水，造成更大范围的危害。因此，近代工业逐渐转变污染治理观念，由污染治理的被动反应转移到污染预防的主动反应，由“只治不防”的末端治理转变为“从源头控制和过程控制污染物的产生”的清洁生产。

清洁生产是指不断采取改进设计、使用清洁的能源和原料、采用先进的工艺技术与设备、改善管理、综合利用等措施，从源头削减污染，提高资源利用效率，减少或者避免生产、服务和产品使用过程中污染物的产生和排放，以减轻或者消除对人类健康和环境的危害。随着清洁生产的推进，物料的回收利用、生产技术的革新和生产运营管理的变革，原材料、能源和资源的利用率都能得到提高，不仅降低污染物的排放，还能给企业带来利润增长，更能激发企业的主观能动性。与末端治理相比，清洁生产具有以下特征：① 清洁生产以“预防为主”，从生产环节就开始控制污染物的产生并对最终产生的废物进行综合利用，从源头削减污染物的产生。② 清洁生产综合性高，从产品设计、原材料的选择、生产工艺和生产管理的优化、设备的更新、废物的综合利用各个环节入手解决污染物减量问题，从而达到“节能、降耗、减污、增效”的目的，实现经济和环境效益的双赢局面，并力求减少对整体环境的影响，避免了末端治理中污染物从一种介质迁移至另一种介质的局面。③ 清洁生产是个不断持续进行的深化过程，必将随着各方面技术的进步、管理水平的提高而不断推进。

清洁生产从全方位、多角度的途径实现全过程污染控制，可以概括为以下四个主要方面：① 清洁的原料、能源；② 清洁的生产过程；③ 清洁的产品；④ 对必须排放的污染物，进行低费高效处理。

二、工业废水污染预防的基本途径

工业废水污染预防具体来说有以下两个途径：一是废水的减量化；二是废水回用。通过这两个途径，水资源的综合利用率得以提高，能缓解工业迅速发展与水资源逐渐匮乏之间的矛盾。

（一）废水的减量化

废水的减量化是指在末端处理前，对现有生产设备、工艺等进行改造以减少最终废水和污染物排放量的措施。通过清洁生产的手段实现废水减量，不仅能节省生产成本，更有可能变废为宝。尽管减量化的方法因行业不同而异，甚至因厂而异，但总体而言，可以归纳为：原材料革新与工艺流程改进、设备革新和工业废水中原材料的循环利用。

1. 原材料革新与工艺流程改进

具体的方法为使用毒性小或无毒的生产原料或者改进生产工艺，以提高转化率，降低废水中污染物的含量或者废水产生量。2015 年，国务院发布《水污染防治行动计划》，提出专项整治十大重点行业，实施清洁化改造。造纸行业力争完成纸浆无元素氯漂白改造或采取其他低污染制浆技术，钢铁企业焦炉完成干熄焦技术改造，氮肥行业尿素生产开展工艺冷凝液水解解析技术改造，印染行业实施低排水染整工艺改造，制药(抗生素、维生素)行业实施绿色酶法生产技术改造，制革行业实施铬减量化和封闭循环利用技术改造。

造纸工业长期以来采用氯气或者次氯酸钠漂白纸浆，纸浆中的木质素和氯反应使漂白废水中含有大量以可吸附有机卤化物（adsorbable organic halogen，简称 AOX）为代表的致癌卤化有机物，其中以二噁英毒性最强。为降低 AOX 的产生量，一是在漂白工段之前通过深度脱除木质素等方法去除漂白时可能和氯反应的有机物；二是采用二氧化氯或不含氯的漂白剂(过氧化氢、臭氧等)替代氯气进行漂白。如果以二氧化氯代替氯气漂白，漂白废水量可减少 50%，AOX 的含量可降低 93%；如果采用过氧化氢、臭氧和二氧化氯进行联合漂白，不仅在二氧化氯漂白段之前产生的全部制浆漂白废水都可以回用，废水排放量减少 70%~90%，而且漂白废水中木质素的氯化程度大大降低，甚至接近自然界腐殖质的水平。因此，在造纸行业以二氧化氯为主的漂白技术替代传统氯气漂白工艺后，能大大降低漂白废水中的AOX含量，提高水的循环利用率，降低废水排放量。

在制革工业中，由于铬具有独特的化学性能，与皮胶原作用后制得的革具有良好的稳定性、耐存贮且皮质柔软，全世界80%的皮革是采用碱式硫酸铬进行鞣制的。但常规铬法鞣制中铬的利用率只有70%，约30%的铬随鞣制废液排出。通过改进工艺参数，如提高鞣制后期pH、提高鞣制过程温度、延长鞣制时间等，能提高铬盐的吸收和固定，减少铬的排放。还可以通过使用交联剂、助鞣剂和少铬复合鞣制剂的方法，减少鞣制废液中铬的含量和浓度。

2. 设备革新

通过改进设备或工艺提高原料的转化率或进行废料再循环，可以减少废水的产生和污染物排放。

在制浆造纸行业中，采用传统开放筛浆系统清洗纸浆时，耗水量高达100 m^3/t(浆)，如果洗涤水系统也是开放的，耗水量可高达200~300 m^3/t(浆)。如采用高效压力筛，并改为逆流洗涤封闭筛选系统，则工艺用水量可减少到50 m^3/t(浆)。用水量和废水产生量均大大降低。

在甘蔗亚硫酸盐法制糖生产中，清净工艺产生的泥汁仍含有大量蔗汁，过去多采用板框压滤机进行过滤，再次提取其中的蔗汁，压滤后需对滤布进行清洗，产生大量含高浓度有机物的洗布水，COD和SS的浓度高达几万毫克每升，后续处理费用很高。20世纪90年代以来，我国从国外引进先进的无滤布真空吸滤机。与其他过滤设备相比，无滤布的真空吸滤机过滤效率和自动化程度高，运行稳定可靠，操作方便。而且其干滤泥回收的糖分较多，经济效益好，相应地，废水中糖分含量较低。由于不使用滤布，真空吸滤机没有洗布水，过滤工艺排放的废水量和污染物浓度显著降低。

3. 工业废水中原材料的循环利用

从生产设备上直接排出的废水一般含有较高浓度污染物，对环境污染极大。一旦排入下水道，与其他废水混合，就很难再回收利用，也会给后续处理带来很大的压力。另外，工业废水中往往也含有有用的原材料，如能考虑去除杂质后回收利用，会大大增加工厂的效益。

制浆造纸行业由制浆、洗浆、漂白、抄纸等工序组成，属于工业生产中单位产品耗水量大且污染严重的行业。一般化学制浆造纸废水中不同工段废水的水量和污染物排放情况见表19-3。其中，造纸黑液虽然排水量不大，但却是有机污染物的主要负荷来源。目前碱法制浆和硫酸盐法制浆中重要的清洁生产技术是黑液的碱回收系统，它包括对黑液的提取、蒸发、燃烧和苛化等工段。经过蒸发浓缩后的黑液进入燃烧炉，有机污染物被焚烧转化为热能以提供黑液蒸发、燃烧所需的热量；黑液中大量的无机盐以熔融状态流出燃烧炉排入水中，形成“绿液”；绿液与石灰反应苛化成为“白液”，澄清的白液含有氢氧化钠和硫化钠，可回用于蒸煮工段，实现化学品的循环利用。

表 19-3 化学制浆造纸废水排水量及主要污染物浓度

废水	污染物	排水量/[$m^3 \cdot t^{-1}$(浆)]	pH	BOD_5/($mg \cdot L^{-1}$)	COD_{cr}/($mg \cdot L^{-1}$)	SS/($mg \cdot L^{-1}$)
蒸煮废水(黑液)	木质素、半纤维素等难降解产物，色素、戊糖、残碱等其他溶出物	10	11~13	34 500~42 500	106 000~157 000	23 500~27 800
中段废水	悬浮纤维、木质素、纤维素等难降解产物，有机酸等有机物	50~200	7~9	400~1 000	1 200~3 000	500~1 500
造纸白水	细小纤维、造纸填料、胶料和化学品	100~150	6~8	60~150	150~500	300~700

有机合成制药行业的生产过程中常需要大量使用丙酮、二氯甲烷等有机物作为溶剂，溶解有机物以进行各种反应和药品提纯。这些有机溶剂在蒸馏、结晶等工序中与水形成混合有机废液，直接排放到废水处理站时，不仅给生物处理带来困难，而且造成有机溶剂的浪费。通过单独收集各生产车间排放的溶剂废液，经过蒸馏、冷却等回收处理能有效回收废液中的有机溶剂并显著降低废水的有机污染物浓度。图 19-1 列出国内某制药厂的有机溶剂废水中部分溶剂回收的工艺流程图。

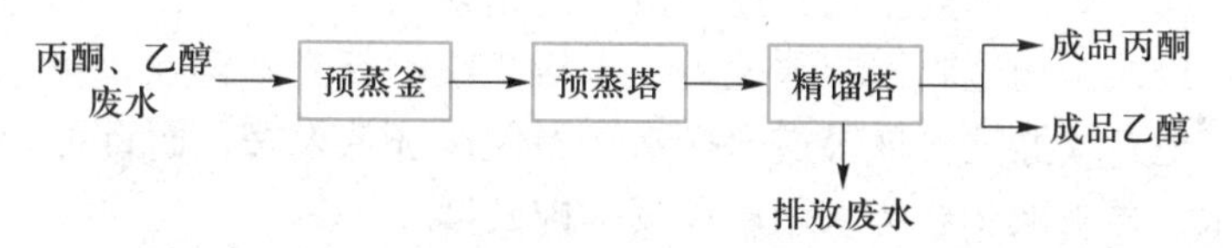

图 19-1 有机合成制药过程中丙酮和乙醇溶剂的回收

啤酒行业大量使用回收瓶，灌装前需要采用 2%的氢氧化钠和一定比例的清洗剂清洗回收瓶。清洗后的清洗液含有标签等纸浆废物，每隔 3~5 d 需要更新排放。如果采用精密陶瓷过滤器对清洗液进行过滤，能去除清洗液中大量悬浮物和胶质。将清洗液的更新排放周期延长至 30 d，不仅能降低含碱废水的排放量，还能减少碱和清洗剂的使用量。

（二）废水回用

随着工业发展，水需求增加与水资源匮乏之间的矛盾日益加剧，人们已无法再把水当作廉价的资源，一次使用后就废弃。为了从有限的水资源中寻求更多经济发展的空间，废水被越来越多地当作补充水源，重新进入工业生产之中。按照废水所经过的处理流程及所形成回用循环的范围，废水回用可以分为以下三种（图19-2）：① 串接重复利用；② 生产工艺内的废水回用；③ 再生处理后回用。

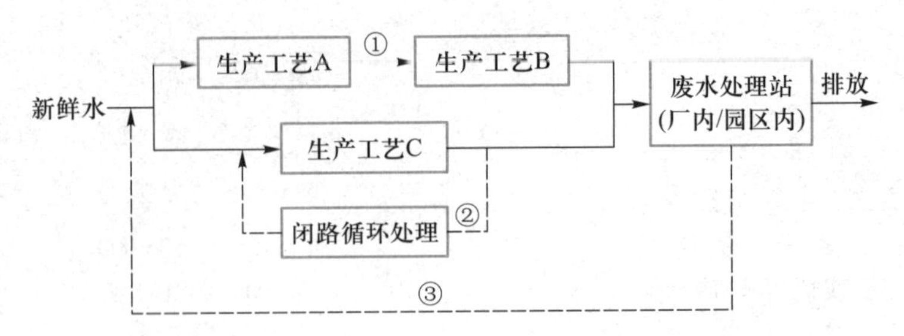

① 串接重复利用；② 生产工艺内的废水回用；③ 再生处理后回用。

图 19-2 工业废水回用中的三种闭路循环

1. 串接重复利用

工业生产过程往往由多个工序组成，不同工序对用水水质要求也不尽相同。当一个工序的排放水水质优于另一个工序的用水水质要求时，就存在水重复利用的可能。串联用水系统是典型的水重复利用系统。串联用水系统又称为循序用水系统，是根据生产过程中各工序、各车间，或者在不同范围内对用水水质的不同要求，将水质要求较高的用水系统的排污水作为水质要求较低的系统的补充水，实现水的依次再利用。例如，钢铁生产企业常根据用水水质的不同分为净循环系统（主要为设备冷却用水）和浊循环系统（冲洗、清扫及湿式除尘用水等），净循环系统的排水可直接用于浊循环系统。

在印染漂洗、电镀和电子行业，大量清水用于产品和半成品的清洗，为了降低清洗水排放量，可以根据工艺要求考虑采用逆流漂洗的方法。例如，在印染漂洗工段，多级漂洗槽形成阶梯式排列，在末级漂洗槽供新鲜水，水流方向与产品传送方向相反。当末级漂洗槽达到控制浓度时，末级漂洗槽补充新鲜水，第一级的漂洗槽溢流排放，其他各级漂洗槽逐级逆向换水。不仅清洗效果好，而且可以节省 90%以上的漂洗用水，显著减少新鲜水用量和废水排放量。

2. 生产工艺内的废水回用

生产工艺内的废水回用与上一节中所讲到的工业废水中原材料的循环利用相似，所不同的是前者更注重废水的回收利用，而后者更注重物料的回收利用。它的特点是待回收的废水在排放到废水处理站之前就得到了循环利用，能有效减少废水排放量，降低废水站的处理成本。在许多用水量大、含有清洗环节的工厂里，通过废水的清浊分流，大量轻污染的废水能在工艺内直接回用或经过简单处理后回用，从而实现水在生产工艺内的闭路循环。

制浆造纸行业中，造纸白水的污染程度相对较低，经过多盘式真空过滤或者加压溶气气浮处理就能回收其中的纤维等有用物质，处理后水的 COD 为 80～120 mg/L，SS 在100 mg/L 以下，可以直接回用于抄纸工段，用于冲网、冲毯，还能用于碎浆、调浆等，从而降低造纸环节的新鲜水消耗量和废水排放量。

3. 再生处理后回用

工业废水处理后，虽然污染物浓度大幅下降，达到排放标准，但处理后的出水仍残留一些有机污染物和悬浮物。可以根据废水处理后的水质情况，直接回用到水质要求不高的生产工序或者生活杂用水，如绿化、道路冲洗等。也可以通过混凝、活性炭吸附等物理化学的深度处理方法，进一步改善水质后再回用于生产，以提高回用的经济价值。

典型的化学制浆造纸行业废水回用系统如图 19-3 所示，在经过黑液碱回收和白水再生利用后，剩余的主要为中段废水，其废水量和有机污染负荷大大减少。在原有二级生物处理的基础上增加高级氧化或者化学絮凝深度处理后水质可达 COD≤80 mg/L，BOD_5≤20 mg/L，SS≤50 mg/L，出水经过简单处理或直接回用到造纸生产中一些水质要求不高的工艺环节（见表 19-4），上述回用的方法可以回用造纸厂内约 30%处理后的工业废水。

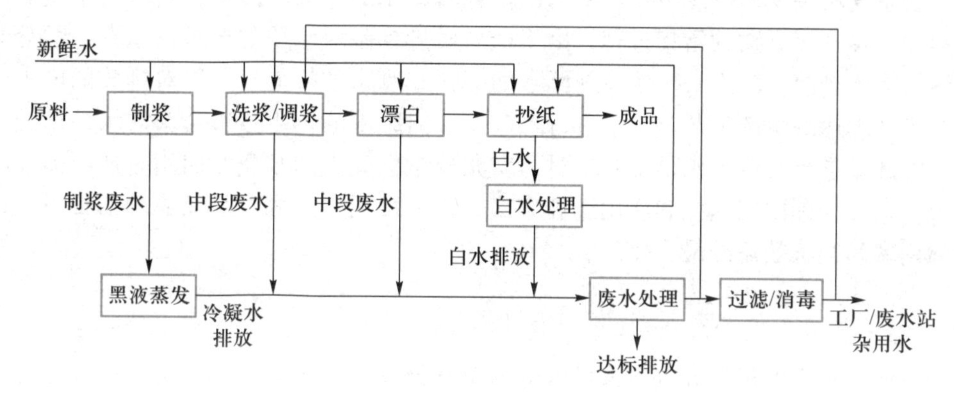

图 19-3 化学制浆造纸行业废水回用系统

表 19-4 化学制浆造纸行业处理后废水回用途径

可回用工序	要求工艺水质	回用途径
废纸碎浆、调浆用水	COD≤400 mg/L SS≤150 mg/L	无须处理，直接回用
洗浆、冲网用水	COD≤100 mg/L BOD_5≤30 mg/L SS≤30 mg/L	需要过滤和消毒处理，以进一步降低悬浮物浓度和改善卫生学指标后再回用
废水处理站药品配备、污泥脱水机冲洗水、场地冲洗及消防用水等	参考《城市污水再生利用 城市杂用水水质》（GB/T 18920—2020）	需要过滤、消毒后再回用
工业杂用水，如冲洗地面、绿化、水力除渣、景观用水等	参考《城市污水再生利用 城市杂用水水质》（GB/T 18920—2020）	需要过滤、消毒后再回用

在用水量大的企业，或者当地政府对用水额度进行控制时，还可以考虑将处理达标的工业废水全部或部分通过以微(超)滤、反渗透为主体的双膜脱盐回用处理系统，以取得优质的再生水。经过反渗透处理，废水中相对分子质量大于 500 的有机

污染物、色度和溶解性盐分都能得到彻底去除，再生后的水质甚至优于市政自来水的水质，回用范围广泛。2002 年在 Kranji 建成的日产 40 000 m^3/d 的高质再生水厂是新加坡第一个全规模生产性再生水厂。该厂以 Kranji 工业园区工业废水二级处理后的出水为进水，通过超滤-反渗透-紫外消毒的处理工艺生产高品质再生水，由专门的再生水管道送往 Tampines/Pasir Ris 和 Woodland 的微电子芯片生产园区供生产使用。由于膜处理工艺的投资和运行费用都远高于活性炭吸附和混凝沉淀等常规深度处理，目前这种方法主要应用于发达地区的工业园区或者用水量很大的大型工业企业。

从提高水资源使用效率的角度出发，工业系统应尽可能实施水的闭路循环，提高水的重复利用率，以减少对新鲜水的消耗和废水的排放。然而，在水的重复利用过程中，存在污染物的富集过程，出于产品质量控制对水质的要求，总有一部分废水最终需要排放。为进一步减少新鲜水的消耗和废水的排放，可以对排放的废水经过再生处理达到生产工艺要求后进行再利用。但废水的再生过程会增加水处理的成本，因此在进行工业废水再生利用时，应充分考虑废水的水质及回用生产所需要的水质，选择合理回用途径和回用处理方法，在不影响生产和产品品质的前提下，以期回用率和经济效益的最大化。

三、工业废水的单独处理与集中处理

工业废水的处理和处置方式可以分为单独处理和集中处理两大类。单独处理指企业单位对各自的污染源建造和运行小型废水处理设施。集中处理指将工业企业的废水纳入城镇污水管网，与城镇污水合并后，由市政部门统一设置的城镇污水处理厂集中处理。

（一）单独处理

工业废水在工厂内单独处理，达到排放标准后排放。对于含有有毒有害污染物或难以生物降解有机污染物的工业废水，应在厂内进行单独处理。例如，工业废水中的重金属、放射性物质，以及一些难生物降解并会毒害微生物的有机污染物，会影响城镇污水处理厂生物处理单元的正常运行，造成处理效果下降，而且这些污染物也无法通过城镇污水处理厂的处理流程得以降解，必须在工厂内采用针对性的处理工艺单独处理。酸碱废水及含大量有毒有害气体废水，在与其他废水混合输送过程中，可能会腐蚀输送管路或造成有毒废气逸出窨井、泵站，对环境和操作人员的身体健康构成危害，也应就地处理，降低毒性或进行酸碱中和后排放。

（二）集中处理

根据不同工业企业排放废水水质的实际情况，工业废水的集中处理可采取直接集中处理和经工厂内预处理后集中处理。与城镇污水水质相近的工业废水可直接排入城镇污水管道，送往城镇污水处理厂集中处理。工业废水中污染物浓度过高或含有毒性污染物时，需经厂内适当预处理，达到国家或地方标准规定的纳管水质要求后，排入城镇污水管网，由城镇污水处理厂统一处理。

城镇污水处理厂大多采用生物法进行处理，因此，纳入城镇污水处理厂统一处理的工业废水需满足以下要求：不得含有破坏城镇排水管道的组分，如 pH 不得低于5；不得含有高浓度的氯、硫酸盐等；不存在抑制微生物代谢活动的物质；不含有黏稠物质，悬浮物浓度应达到一定的要求；有毒物质的浓度不得超过限量；污染物浓度适中，既不过分增加污水处理厂负荷，又不因太低而不利于微生物生长；水温一般要求在 10~40 ℃，以免影响生物处理效果；对于医院、动物实验室排放的废水应严格控制病原菌。

在工业发达国家，除大型集中工业或工业园区采取工业废水单独处理外，对于大量的中、小型工业废水，均倾向于采用与城镇污水合并后集中处理的方针。但我国的城镇污水管网和污水处理厂的覆盖率还有待提高，实践中应尽可能利用地理位置、水质、水量等条件，并优先采取工业废水与城镇污水合并处理的方式，降低建造和运行成本，以发挥大型污水处理厂的规模效应。

第三节　工业废水污染治理技术途径

一、工业废水水质水量的调查

水质水量是废水处理厂（站）设计的基本依据。水质水量数据的准确性，直接影响末端治理设施的基本建设投资、运行费用和处理效果，也是完成工厂内水量平衡、制定水循环利用方案的关键依据。因此，水质水量的调查是工业废水处理厂（站）设计的一项重要任务。

水质水量调查的主要内容为：废水流量测定，水样的采集和保存，水样的水质分析，具体可参考《污水监测技术规范》（HJ 91.1—2019）。水质水量调查一般可按下述步骤进行。

1. 生产工艺过程与废水排放体系的调研

根据调研资料绘制出生产工艺流程图，并标明废水排放点及其相应的废水组分（如主要污染物、大致的污染程度）、排放规律（如间歇排放、周期性排放或连续排放等）等，以利于制定水样采集计划和确定水样、水量测定点位置。同时收集全厂废水管网图，以利于废水处理厂（站）的设计。

2. 废水流量的调查

流量调查对废水处理工艺设计非常重要。对于已建成的工厂，可以从已有的流量计或废水出水计量渠处读取瞬时流量，从而获得最大时流量、平均时流量等流量数据；或者从工厂的用水记录和用水平衡中推算日废水流量。对于待建的工厂只能根据单位产品排水量或者设备用水量来估计废水排放量，多个设备同时使用且不连续排水时，还需要估算设备同时排水的概率，以推算最大时流量。对于设计待建工厂的废水处理设施时，应充分考虑流量的波动和远期扩容的可能。

3. 废水水质调查和水样采集点

根据《污水综合排放标准》（GB 8978—1996）规定，第一类污染物，不分行业和污水排放方式，也不分受纳水体的功能类别，一律在车间或车间处理设施排放口采样；第二类污染物，在排污单位排放口（工厂总排放口）采样。在实际工作中，往往还可根据具体情况，在其他比较重要的污染源设置采样点。

4. 水样的采集方法

为取得具有代表性的水样，水样采集以前，应根据被检测对象的特征，拟定水样采集计划，确定采样时间、采样数量和采样方法等，力求做到所采集水样的污染物组分、各组分的比例和浓度与被检测对象一致。常用的采集方法如下。

（1）瞬时采样：当被检测对象的水质水量在相当长的时间内稳定不变时，瞬时采集的水样具有代表性。

（2）混合水样采集：当废水水质水量随时间变化时，可根据预计的变化频率确定采样时间间隔，用瞬时采样法采集水样，然后将各个水样照流量大小按比例（体积比）混合，得到流量加权的连续混合水样。混合水样可代表一天、一班或一个较短时间周期的平均水质。

（3）连续取样：连续取样采用自动取样装置取样。

根据《污水综合排放标准》（GB 8978—1996）规定，采样频率（采样的时间间隔）应根据生产周期确定。生产周期在 8 h 以内的，每 2 h 采样一次；生产周期大于 8 h 的，每 4 h 采样一次。但在实际工作中，往往还需考虑水质变化幅度和人力、物力情况。变化大，时间间隔短；变化小，时间间隔可长一些。一般可考虑 0.5 h、1 h 或 2 h 取一次样。

5. 水样的保存与分析

水样采集后如能立即分析则最为理想。如需保存后测试的，应根据拟测定的指标选择合适的保存方法。一般情况下，各水质指标的分析宜按国家《污水综合排放标准》（GB 8978—1996）或地方标准规定的方法进行。对于未做规定的指标，可参照行业规定进行分析。

6. 调研结果的统计分析

绘制完整生产周期的水量变化曲线和水质变化曲线。进行统计分析后，就可以求出污染物的最大质量浓度、最小质量浓度和平均质量浓度，以及最大流量、最小流量和平均流量等，以此作为工程设计依据。

二、工业废水的调节

在工业废水处理中，由于生产工艺等因素的影响，废水的水质和水量往往会有波动。工业废水的产生大部分源于对产品或设备的清洗。例如，食品和制药行业存在批次生产的特点，每批次完成后进行清洗和冲洗，会造成废水瞬时高峰排放。水质水量变化对排水设施及废水处理设备，特别是对生物处理设备正常发挥其净化功能是不利的，甚至还可能破坏其运行。为了给后续处理过程提供一个相对稳定的条件，应尽可能减小或控制进入处理设施的废水水质和水量的波动。经常采取的措施主要是在废水处理系统之前，设均和调节池，简称为调节池。

根据调节池的功能，调节池分为均量池、均质池、均化池和事故池。

主要起均化水量作用的调节池称为水量调节池，简称为均量池。主要起均化水质作用的调节池称为水质调节池，简称为均质池。既能均量，又能均质的调节池称为均化池。在实际运行中，均量池和均化池内的水位呈现周期性变化的特征，而均质池内的水位是恒定的。

（一）均量池

常用的均量池有两种。一种为线内调节，进水全部进入均量池，来水为重力流，出水用泵抽取，为了保持恒定的泵出流量，池内水位随着进水量的波动而变化。池中最高水位不高于来水管的设计水位，水深一般为 2 m，最低水位为死水位（水泵最低工作水位），见图 19-4。另一种为线外调节，见图 19-5，调节池设在旁路上，当废水流量超出设定流量时，多余的流量才进入调节池；当进水流量低于设计流量时，再从调节池用泵抽回集水井，并送去后续处理。线外调节与线内调节相比，其调节池可不受进水管高度限制，但被调节水量需要两次提升，消耗动力大。

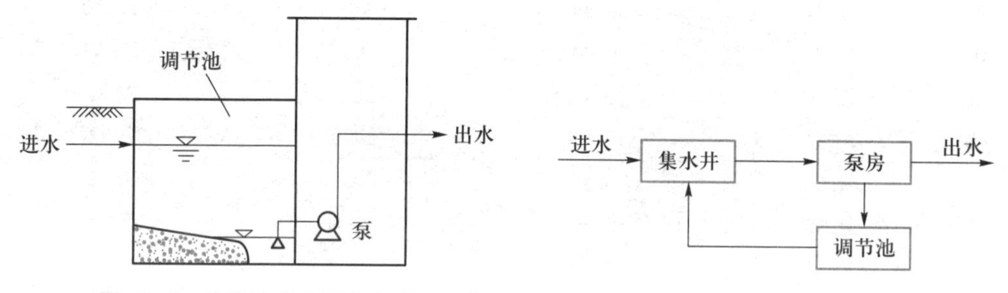

图 19-4　均量池线内调节方式　　图 19-5　均量池线外调节方式

均量池容积的确定（表解法）

均量池的废水平均流量可用下式计算：

$$Q=\frac{W}{T}=\frac{\sum_0^T qt}{T} \tag{19-1}$$

式中：Q——在周期 T 内的废水平均流量，m^3/h；

W——在周期 T 内的废水总量，m^3；

T——废水流量变化周期，h；

q——在 t 时段内的废水平均流量，m^3/h；

t——任一时段，h。

均量池容积的确定需在调查不同时段废水流量变化的基础上确定，可采用作图法或作表法，具体举例说明如下。

例 19-1　已测得某化工厂废水不同时间的小时流量，见表 19-5 第（2）列，试确定该处理系统均量池容积。

解：根据式(19-1)和表中数据，该厂日排放废水总量为 730.74 m^3，按 24 h 连续运行，则每小时水泵的抽水量为 30.44 m^3/h，填入第（3）列；计算每小时进水流量与水泵出水流量差值，填入第（4）列；将上述流量差值的累计差值填入第（5）列。均量池容积应为表 19-5 中第（5）列累计差值最大的正值 171.90 m^3 与最小的负值 -28.67 m^3 的绝对值之和，即 171.90 m^3+28.67 m^3 = 200.57 m^3。

表 19-5 某化工厂废水流量及均量池计算

时间/h (1)	每小时进 水流量/($m^3 \cdot h^{-1}$) (2)	每小时水 泵出水流量/($m^3 \cdot h^{-1}$) (3)	进水流量与水泵 出水流量差值/ ($m^3 \cdot h^{-1}$) (4)=(2)-(3)	累计差值/m^3 (5)
1	12.47	30.44	-17.97	110.24
2	9.07	30.44	-21.37	88.87
3	15.88	30.44	-14.56	74.31
4	17.01	30.44	-13.43	60.88
5	10.21	30.44	-20.23	40.65
6	12.47	30.44	-17.97	22.68
7	7.94	30.44	-22.50	0.18
8	11.34	30.44	-19.10	-19.10
9	20.87	30.44	-9.57	-28.67
10	52.16	30.44	21.72	-6.95
11	70.31	30.44	39.87	32.92
12	61.24	30.44	30.80	63.72
13	31.75	30.44	1.31	65.03
14	20.41	30.44	-10.03	55.00
15	24.95	30.44	-5.49	49.51
16	18.14	30.44	-12.30	37.21
17	34.02	30.44	3.58	40.79
18	52.16	30.44	21.72	62.51
19	69.17	30.44	38.73	101.24
20	86.18	30.44	55.74	156.98
21	45.36	30.44	14.92	171.90
22	18.14	30.44	-12.30	159.60
23	13.61	30.44	-16.83	142.77
24	15.88	30.44	-14.56	128.21

采用作图法时，可用累计流量对时间在整个调节期间作图，进水累计流量曲线通常是不规则的曲线，将曲线的首尾用直线连接，即得到按恒定流量出流的废水出水累计流量直线，两线垂直距离最大处的水量就是所要求的理论调节池容积。两种典型流量模式中均量池容积确定见图 19-6。

调节池的实际容积往往比理论计算值稍大些，主要需要考虑以下增容因素：① 调节池内的死水容积，需要考虑水泵吸入口最低水位、池内搅拌装置的最低水位；② 水池的超高要求。

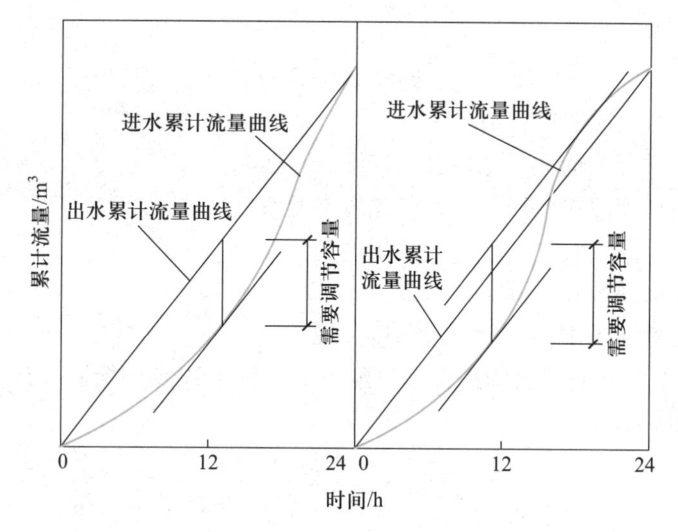

图 19-6　两种典型流量模式中均量池容积确定

均量池容积的确定(图解法)

（二）均质池

水质调节的基本方式有两种：一种为利用外加动力（如叶轮搅拌、空气搅拌、水泵循环）进行的强制调节，特点为设备较简单，效果较好，但动力费用高；另一种为利用差流方式使不同时间和不同浓度的废水混合，基本上无须动力费，但设备结构较复杂。

1. 外加动力搅拌式均质池

为使废水均匀混合，同时也避免悬浮物沉淀，需对调节池内废水进行适当地搅拌。如进水悬浮物含量约为 200 mg/L 时，保持悬浮状态所需动力为 4～8 W/[m^3(污水)]。搅拌方式包括：水泵强制循环搅拌、空气搅拌和机械搅拌。

水泵强制循环搅拌采用水泵将出水部分回流至调节池，调节池底设穿孔管布水，达到搅拌的效果。优点是简单易操作，缺点是动力消耗较多。

空气搅拌采用鼓风机的压缩空气进行搅拌，调节池池底设穿孔管曝气。采用穿孔管曝气时，空气用量可取 2～3 m^3/［h · m(管长)］或 5～6 m^3/［h · m^2(池面积)］。采用空气搅拌效果好，还可起到预曝气防止厌氧的作用，但动力消耗也较高，而且因为产生大量泡沫而不适合含表面活性剂的废水。

外加动力搅拌式均质池容积的确定

机械搅拌通过池内安装的机械搅拌装置达到混合的目的。可采用桨式、推进式和涡流式等搅拌装置，能避免曝气搅拌产生的泡沫问题。但搅拌装置材质选择时应充分考虑废水的腐蚀性，避免桨片腐蚀脱落池底而无法起到搅拌作用。此外，废水中含有长纤维类易缠绕的杂质时，容易缠绕在桨片和轴上造成电机过载，增加维护保养工作。

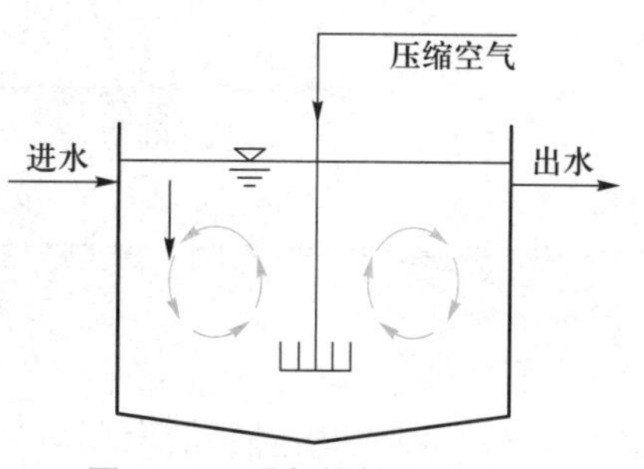

图 19-7　曝气搅拌的均质池

图 19-7 为采用曝气搅拌的均质池。

对于该类调节池，可看作完全混合式，建

立物料平衡方程：

$$c_1Qt+C_0V=c_2Qt+c_2V \tag{19-2}$$

式中：t——采样间隔时间，h；

c_0——采样开始前调节池内废水浓度，kg/m^3；

c_1——采样间隔时间内进入调节池废水的浓度，kg/m^3；

Q——采样间隔时间内的废水平均流量，m^3/h；

V——调节池容积，m^3；

c_2——采样间隔末调节池出水浓度，kg/m^3。

假设在一个采样间隔时间内出水浓度不变，则上式经变换后可计算每个采样间隔末出水的浓度：

$$c_2=\frac{c_1t+c_0V/Q}{t+V/Q} \tag{19-3}$$

可采用试算的方法，选定一定的调节池容积，就可以计算出不同时段调节池出水的浓度变化情况。在该调节池容积条件下，计算调节后出水的最大浓度与平均浓度的比值 P，确定所选调节池容积是否合适。调节池出水的 P 值应小于 1.2。

2. 差流式均质池

常见的差流式均质池有：图 19-8 所示的对角线穿孔导流槽式均质池；图 19-9 所示的同心圆形均质池等。由于流程长短不同，前后进入调节池的废水相混合，达到水质调节的目的。为防止调节池内废水短路，可在池内设置一些纵向挡板，以增加调节效果。采用这种形式的均质池，其容积理论上只需要调节历时总水量的一半。

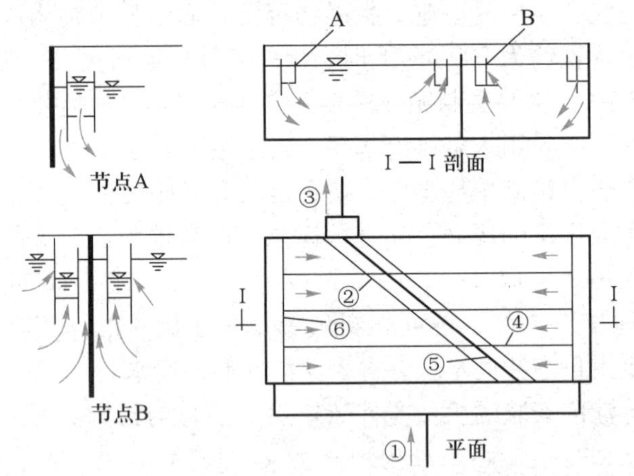

① 进水；② 集水；③ 出水；④ 纵向隔墙；⑤ 斜向隔墙；⑥ 配水槽。

图 19-8 对角线穿孔导流槽式均质池

以差流式均质池为例，其调节历时 T 为

$$T=\frac{V}{Q}=\frac{V}{wv} \tag{19-4}$$

式中：T——调节历时，h；

V——调节池容积，m^3；

Q——废水流量，m^3/h；

w——调节池断面面积，m^2；

v——水流垂直于调节池断面的流速，m/s。

上式为调节池一端进水，另一端出水时的调节历时，当采用图 19-8 方式两端进水，对角线出水时，若调节池尺寸不变，则单独一端的流速仅为 $v/2$。此时，调节池内最靠池壁的水流廊道两端的出水，一端可视为起始时间的排水，另一端排水的历时 t' 为

$$t'=\frac{V}{w\frac{v}{2}}=2\frac{V}{wv}=2T \tag{19-5}$$

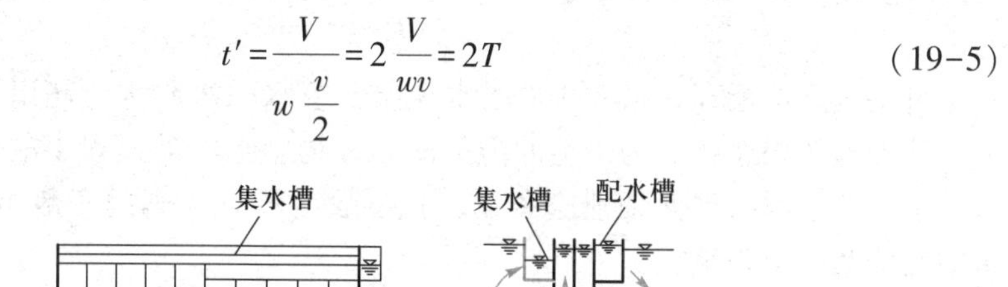
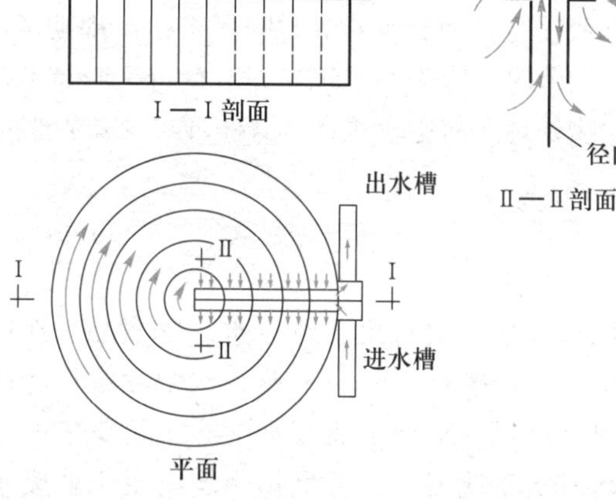

图 19-9　同心圆形均质池

即采用对角线穿孔导流槽式均质池，可以保证两倍调节历时内的排水互相均匀混合。同理，采用图 19-9 所示的同心圆形均质池，池中心出水可视为起始时间的排水，其调节池最外沿的出水历时也为 $2T$，同样可保证两倍调节历时的排水互相均匀混合。采用上述两种调节池时，调节池理论容积可按下式计算：

$$V=\frac{\sum_{i=1}^{t}q_i}{2} \tag{19-6}$$

式中：$\sum_{i=1}^{t}q_i$ ——调节历时 t 时段内排水的总量，m^3。

实际中，考虑水流的不均匀性及构造上的问题，采用下式计算：

$$V=\frac{\sum_{i=1}^{t}q_i}{2\eta} \tag{19-7}$$

式中：η——容积加大系数，通常取 0.7。

（三）均化池

当废水流量与浓度均随时间变化时，需采用均化池。均化池既能均量，又能均质。一般通过在池中设置搅拌装置来达到混合的目的，出水泵的流量用仪表控制。均化池的容积需同时满足水质调节和水量调节的要求。

均化池调节容积首先要符合水量调节的需求，再考虑水质调节的需求。具体设计时，可通过设定若干个不小于水量调节需求的调节池容积（或停留时间），根据各个时段的进出流量计算出调节池内的实际容积，再参照式(19-3)的计算方法计算各个时段的出水浓度，依据最大浓度与平均浓度之比小于1.2的原则，最终确定合适的容积。

（四）事故池

有些工厂可能存在事故排放废水现象，废水的水质水量超出处理设施的处理能力，使处理效果恶化。为避免冲击负荷和毒物影响，需设置事故池，贮存事故排放水。事故池平时必须保证泄空备用，且事故池的进水阀门一般由监测器自动控制，否则无法及时发现事故。

当缺乏水质水量基础数据时，调节池调节时间可按生产周期考虑。如一工作班排浓液，一工作班排稀液，调节时间应为两个工作班。此外，将调节池设置在一级处理即格栅和沉砂池之后，生物处理之前比较适宜，这样可减少调节池内的污泥和浮渣。

三、工业废水的可生物降解性

（一）工业废水的可生物降解性分类

许多工业部门均不同程度地排放有机工业废水，如食品、纺织印染、造纸、焦化及煤制气、农药、石油、制药等行业。当工业废水中含有机污染物时，可根据水质具体情况选择生物法进行处理。根据工业废水中有机污染物的可生物降解性，工业废水可分为易生物降解有机工业废水、可生物降解有机工业废水、难生物降解有机工业废水和含有毒有害污染物的有机工业废水等类型。

（1）易生物降解有机工业废水：这类废水中所含的有机污染物，是一些长期存在于自然界中的天然有机物，对微生物没有毒性，如糖类、脂肪和蛋白质等，它们在自然界或废水生物处理构筑物中易于在较短时间内被微生物分解与利用。这类废水包括啤酒废水、水产加工废水、粮食酒精废水和肉类加工废水等。

（2）可生物降解有机工业废水：这类废水有两种。① 废水含有易生物降解有机污染物，可采用生物法处理，但还含有某些对微生物无毒性，但难以被微生物降解的有机污染物（或降解速度很慢），如木质素、纤维素、聚乙烯醇等，这类废水包括制浆造纸工业中段废水（含木质素、纤维素）、印染废水（含聚乙烯醇、染料）等。② 废水中的有机污染物对微生物有一定毒性作用，但可被驯化后的微生物降解，如甲醛废水、苯酚废水和苯胺废水等。

（3）难生物降解有机工业废水：这类废水中的有机污染物，主要是有机合成化学工业生产的产品或中间产物，如有机氯化物、多氯联苯、部分染料、高分子聚合物及多环有机物等。这些有机物分子上的基团和结构复杂多样，难以被自然界固有的微生物分解转化，也难以在传统的生物处理工艺中被去除。农药、染料、塑料、合成橡胶、化纤等工业废水属于难生物降解有机工业废水。

（4）含有毒有害污染物的有机工业废水：这类废水可分为以下几种情况。① 废水中所含有机污染物具有毒性且难以生物降解。有机磷农药生产废水中的甲胺磷、甲基对硫磷、马拉硫磷、对硫磷和有机氯农药生产废水中的六六六、氯丹等都属于毒性大、难生物降解的有机污染物。② 废水中所含有机污染物具有毒性，但可被微生物降解。如甲醇生产以及用甲醇为溶剂或原料的化学工业中排放的含甲醇废水，甲醇对动物的毒性较大，但其生物降解性很好。③ 废水中所含的有机物无毒性且易降解，但含其他无机的有毒有害污染物。如糖蜜酒精废水主要含糖类、蛋白质、氨基酸等有机物，易于被微生物降解，但废水的 pH 很低(pH=4~5)，还含有高浓度的硫酸盐(几千到几万毫克每升)，由于硫酸盐还原作用的产物对产甲烷细菌有毒害作用，不能直接采用厌氧法进行处理。发酵工业中的味精废水、柠檬酸废水、赖氨酸废水、酵母废水，制药工业中的土霉素废水、麦迪霉素废水、庆大霉素废水等都属于这类废水。

（二）工业废水的可生物降解性评价

工业废水的可生物降解性，又称为工业废水的可生化性，是指工业废水中的有机污染物在微生物(好氧、厌氧)作用下被转变为简单小分子化合物(如 H_2O、CO_2、NH_3、CH_4、低分子有机酸等)的可能性。有机污染物在好氧与厌氧条件下的生物降解特性不同，许多有机污染物在好氧与厌氧条件下都能被降解，但有些有机污染物在好氧条件下难降解或降解性差，而在厌氧条件下却易降解或可降解。如碱性染料中的碱性艳绿(三苯甲烷类)和碱性品蓝 BO 在好氧或厌氧条件下都易被微生物降解，而碱性桃红、活性黄 X-RG 和阳离子嫩黄 7GL 等在好氧条件下难以降解，但在厌氧条件下的可生物降解性较好。因此，评价废水的可生物降解性时，有时需分别测定其好氧可生物降解性和厌氧可生物降解性，才能确定某废水的可生物降解性。

1. 好氧生物处理可生物降解性评价方法

工业废水中有机污染物好氧生物降解过程包含有机污染物被微生物利用、水中溶解氧的消耗、新细胞的合成，以及产生 H_2O 和 CO_2 等代谢产物。此外，如果有机污染物对微生物有某种程度的毒性作用，还可能引起微生物的生理生化指标(如 ATP、脱氢酶活性)发生变化。测定有机污染物好氧生物降解性的方法通常分为氧消耗量测试法、有机污染物降解效果测试法、终点产物 CO_2 产量测试法和微生物生理生化指标测试法四类。目前，氧消耗量测试法在我国使用较为广泛，具体有以下几种测定方法。

（1）水质指标法

工业废水中的有机污染物量可用化学需氧量(COD)来表征，COD 是由可生物降解组分(COD_B)和难生物降解组分(COD_{NB})两部分组成的，即 $COD=COD_B+COD_{NB}$。COD_B/COD 值越高，不可生物降解有机污染物的比例越低，有机污染物的可生物降解性越好。BOD_5 可以用于表征五日生化降解的有机污染物量，它与废水中可生物降解的 COD_B 存在一定的比例关系，因此实际应用中，常测定废水的 COD 和 BOD_5，通过 BOD_5/COD 值(简称 B/C 比)来评价该废水的可生物降解性，参见表 19-6。水质指标法在有机工业废水处理中得到较广泛应用。

表 19-6 有机工业废水好氧生物处理可生物降解性的评定参考值

BOD_5/COD	>0.45	0.3~0.4	0.2~0.3	<0.2
生物降解性能	易生物降解	可生物降解	生物降解性较差	难生物降解
好氧生物处理可行性	较好	可以	较差	不宜

上述划分主要对低浓度有机工业废水而言。对于高浓度有机工业废水，即使 $BOD_5/COD<0.25$，其 BOD_5 的绝对值并不低，往往仍可采用生物法处理。但由于废水中的 COD_{NB} 可能占较大比例，要使生化出水的 COD 达标，还需考虑用物化法等方法进一步处理。

（2）生化呼吸线测试法

好氧微生物氧化分解有机污染物时，呼吸过程消耗氧的速率随时间变化的特性曲线称为生化呼吸线。当不存在外源有机污染物时，微生物处于内源呼吸状态，其呼吸速率是相对恒定的，氧的消耗速率不随时间变化而变化，此时的呼吸线称为内源呼吸线。在有机污染物生物降解过程中，不同生物降解性能的有机污染物的生化呼吸线特性也不同，可通过比较生化呼吸线与内源呼吸线，评价有机污染物的生物降解性能。各类生化呼吸线如图19-10所示。曲线 b 为内源呼吸线。曲线 a 位于内源呼吸线的上方，表明有机污染物可被生物降解，它与内源呼吸线之间的距离越大，曲线的斜率越大，有机污染物的可生物降解性越好。曲线 c 位于内源呼吸线的下方，表明有机污染物对微生物有抑制、毒性作用，难以生物降解，生化呼吸线越接近横坐标，抑制、毒性作用越大。曲线 d 与内源呼吸线基本重合，表明有机污染物不能被微生物氧化分解，但对微生物无抑制、毒性作用。测定耗氧曲线的仪器有瓦氏呼吸仪和溶解氧仪。

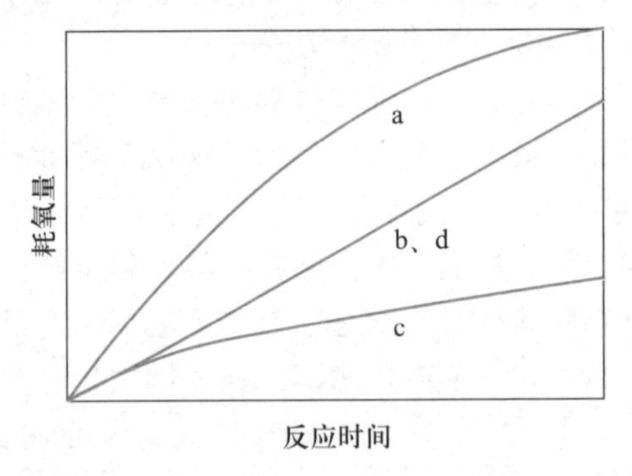

图 19-10 有机污染物生物降解过程的生化呼吸线

（3）氧利用率测试法

氧利用率测试法也是根据降解有机污染物时氧消耗的特性建立的评价方法。该方法通过测定微生物降解不同浓度有机污染物时的氧利用率（氧消耗率）来评价有机污染物的可生物降解性。图 19-11 为四类有机污染物的氧利用特性曲线。曲线 a 表示有机污染物无毒，但不能被微生物利用，其可生物降解性很差。曲线 b 表明有机污染物对微生物无毒害作用，易于被微生物利用，可生物降解性较好，在一定范围内，其氧利用率随有机污染物浓度增大而增大。曲线 c 表示在一定浓度范围内微生物可降解该有机污染物，但同时对微生物有抑制、毒性作用，当有机污染物超过一定浓度后，毒性作用十分明显，此时氧利用率随有机污染物浓度增大而逐渐下降。曲线 d 表示有机污染物的毒性很大，不能被微生物降解。

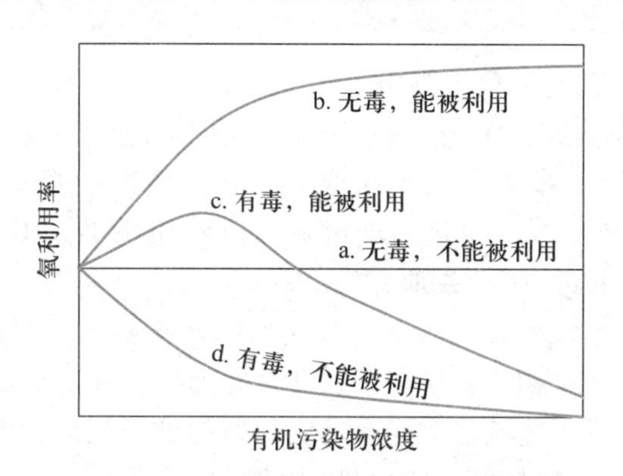

图 19-11 四类有机污染物的氧利用特性曲线

2. 厌氧生物处理可生物降解性评价方法

工业废水中有机污染物厌氧生物降解过程包含有机污染物被微生物利用、新细胞的合成和产生有机酸、醇等低分子有机物及 CH_4、CO_2、NH_3、H_2S 等终点产物。关于有机污染物厌氧条件下可生物降解性评价方面的研究较少，其中模型测试法利用厌氧反应器模型试验处理工业废水，推荐试验周期为 1~2 月或直至生物降解完全，测定反应前后有机污染物浓度和气体产量变化，根据模型试验的有机污染物去除率或产气量实验结果来评价有机污染物厌氧可生物降解性。

有机污染物去除率的测定可采用两类指标：一类是特性指标，当已知废水中被测有机污染物的种类时，通过测定厌氧反应前后该有机污染物的浓度变化来表示该有机污染物的厌氧可生物降解性；另一类是综合性指标，如化学需氧量(COD)、总有机碳(TOC)等。在实际中，选用综合性指标的较多。

当废水中有机污染物的组成、浓度已知时，可以通过模型测试得到的实际产气量与理论产气量的比值来判断有机污染物的厌氧可生物降解性。CH_4 和 CO_2 的理论产量可根据 Busswell-Mueller 通式计算：

$$C_nH_aO_bN_d+\left(n-\frac{a}{4}-\frac{b}{2}+\frac{3}{4}d\right)H_2O\longrightarrow\left(\frac{n}{2}+\frac{a}{8}-\frac{b}{4}-\frac{3}{8}d\right)CH_4+\left(\frac{n}{2}-\frac{a}{8}+\frac{b}{4}+\frac{3}{8}d\right)CO_2+dNH_3 \tag{19-8}$$

有研究认为，实际产气量 Q_F 与理论产气量 Q_T 的比值 $Q_F/Q_T\geqslant 0.75$ 时，可认为该有机污染物易被厌氧生物降解；$0.3<Q_F/Q_T<0.75$ 时，可认为该有机污染物可被厌氧生物降解；$Q_F/Q_T\leqslant 0.3$ 时，可认为该有机污染物难以被厌氧生物降解。

四、工业废水处理工艺流程的选择

工业废水处理工艺流程的选择是指对各单元处理技术(构筑物)的优化组合。工业废水处理工艺流程的确定，取决于原废水的性质、水质和水量的变化特征、要求的处理程度、建设单位的自然地理条件（如气候、地形）、可资利用的厂（站）区面积、工程投资和运行费用等因素。选择的工艺流程应尽量做到技术先进、经济合理，处理过程和处理后不产生二次污染，尽可能采用高效、低耗的回收与处理设备，基本建设投资和运行维修费用较低。

处理程度是影响工艺流程选择的一个重要因素。工业废水处理程度通常根据处理后的尾水出路来确定：① 出水回用（如回用于农业或工业）时，根据相应的回用水水质标准确定；② 排入天然水体或城市下水道时，根据《污水综合排放标准》（GB 8978—1996）、《污水排入城镇下水道水质标准》（GB/T 31962—2015）、行业排放标准（如造纸行业等）或地方标准确定。

原废水的性质和水质水量的变化特征是影响工艺流程选择的另一个重要因素。工业废水种类繁多，污染物组分复杂，因此，处理技术和工艺流程多变。对于工业废水，常常是多种处理工艺流程都能满足应达到的处理程度，因此，一般在设计时需进行多方案的比较；通过对各方案的基本建设投资和运行、维修费用等进行优化比选，确定工艺流程。

（一）单元处理技术的确定

1. 工业废水处理的单元处理技术

单元处理技术的确定主要取决于原废水性质。工业废水中的污染物是多种多样的，就其存在的形态，可分为溶解性和不溶解性两大类。溶解性污染物分为分子态、离子态和胶体态；不溶解性污染物分为漂浮物、悬浮在水中易于沉降和悬浮在水中不易于沉降的物质。水中不同形态污染物的去除难度相差很大，所采用的方法也不相同。漂浮物采用简单的物理方法如格栅或格网就能去除；而分子态和离子态的溶解性污染物最难去除，常常需要通过化学、生物或物理化学的方法才能去除。

工业废水处理方法有许多种，按作用原理可分为物理处理法、化学处理法、物理化学处理法和生物处理法。其中大部分方法是与城镇生活污水处理方法相同的，如格栅、沉淀、活性污泥法、生物膜法等；另一部分则是工业废水处理特有的，如调节、中和、氧化还原、吸附、离子交换、吹脱、萃取等。表 19-7 列出了去除工业废水中各种污染物的相关处理方法。由于工业废水污染物组分的复杂性和多变性，有时需要通过试验研究才能确定单元处理技术和相关的工艺设计参数。

表 19-7 工业废水处理与利用的基本方法

分类	基本原理	单元工艺	处理对象	适用范围
物理处理法	物理分离或机械分离污染物	调节、均化	水质水量的均衡	预处理
		沉淀	可沉物质	预处理
		除油	粒径较大的油珠	预处理
		上浮、气浮	乳化油，相对密度接近于 1 的悬浮物	预处理、最终处理
		旋流分离器	比较大的悬浮物，如铁皮、砂等	预处理

续表

分类	基本原理	单元工艺	处理对象	适用范围
物理处理法	物理分离或机械分离污染物	离心机	乳化油、纤维、纸浆、晶体等	预处理或主体处理
		格栅	粗大的悬浮物	预处理
		筛网	较小的悬浮物	预处理
		砂滤	细小的悬浮物、乳化油	主体处理或深度处理
		微滤机、超滤	极细小的悬浮物	深度处理
化学处理法	利用化学反应去除废水中的溶解物质或胶体物质	中和	酸、碱	预处理、最终处理
		化学沉淀	溶解性有害物质，如汞、镉、硫、氰、铬、锌等	主体处理或最终处理
		氧化还原	溶解性有害物质，如汞、镉、硫、氰、铬、锌等	主体处理或最终处理
		高级氧化	溶解性难降解或有毒的有机物	预处理或深度处理
物理化学处理法	利用物理化学作用来去除废水中的溶解物质或胶体物质	混凝	胶体、乳化油	预处理、主体处理、最终处理
		吹脱	溶解性气体，如 H_2S、CO_2、氨等	主体处理
		萃取	溶解性物质，如酚	主体处理
		气提	溶解性挥发物质，如酚、氨等	主体处理
		吸附	溶解性物质，如酚、汞等	主体处理或深度处理
		离子交换	可离解物质，如盐类物质等	主体处理或深度处理
		电渗析	可离解物质，如盐类物质等	主体处理或深度处理
		反渗透	可离解物质，如盐类物质等及大分子有机物	主体处理或深度处理

续表

分类	基本原理	单元工艺	处理对象	适用范围
生物处理法	微生物吸附、降解废水中的有机污染物	土地处置	胶体和溶解性可生物降解的有机污染物	深度处理
		稳定塘		主体处理或深度处理
		生物膜法		主体处理或深度处理
		活性污泥法		主体处理或深度处理
		厌氧法		主体处理
		人工湿地		主体处理或深度处理

注：表中的“适用范围”一项并不是严格的界限划分，仅作参考。

2. 调研与试验研究

为能正确选择单元处理技术和拟定试验方案，在选择单元处理技术和确定处理工艺流程以前，一般都需进行一些调查研究。调查研究包括查阅文献资料、访问交流，以及对已建成运行的处理设施现场调查。其中，现场调查可以获取可靠的生产运行数据和了解运行情况，及时吸取成功与失败的经验，提高试验水平与设计质量。现场调查的主要内容有：处理厂（站）规模、废水水质、处理效果、运行稳定性、操作管理条件、技术经济指标（单位水量的投资、运行费用、用地面积、能耗等）、人员指标、是否产生二次污染等。

试验研究工作包括实验室试验和半生产性试验两种。

（1）实验室试验（小试）

实验室内进行的试验，一般装置规模都较小，故常称为小试。小试的主要任务是：验证选定的单元处理技术的可行性，确定基本的工艺参数与运行条件。小试的特点是简单易行、操作灵活、便于控制，人力物力消耗相对较低，可用于进行多种处理技术的筛选和各工艺参数与运行条件的比较、优化。

（2）半生产性试验（中试或扩大试验）

当废水水质波动或者工艺运行需要长期考察其稳定性时，实验室试验无法提供可靠的数据，就需要进行一定规模的中试。中试一般在产生废水的企业现场进行。中试可以考察选定的处理技术或工艺流程的运行可靠性，连续运行的稳定性及对实际水质变化的适应性，并指出不同运行条件下的处理效果和发现生产条件下可能出现的异常问题。中试成果可以为设计及日后的运行管理提供依据。但中试消耗的人力物力较大，一般只在工艺较新或者投资较大，有一定风险时进行。

根据上述试验与调查研究结果，通过对处理效率、工艺参数、运行稳定性等进行综合分析，确定单元处理技术和工艺流程。

（二）工艺流程的确定

在水质水量调查、处理技术的试验研究和调查研究的基础上，以及在能达到要求的处理程度的前提下，结合原废水水质水量与拟建项目当地的环境、自然条件等，对各种可能采用的工艺流程方案的工程造价、运行费用、能耗、用地面积、运行管理稳定性和可靠性等进行综合比较，选择较佳的工艺流程及相应的单元处理技术和工艺参数。废水处理工艺流程的确定必须对各因素进行系统、综合的考虑，进行多种方案的技术经济比较。同时，还应与建设单位和当地生态环境主管部门进行充分讨论与交换意见，有时可以请建设单位对生产工艺进行可能的改进，以改变水质水量，从而满足处理工艺要求。这样，才能选定技术上可行、经济上合理、运行管理可靠、满足建设单位和环保要求的工艺流程。

对于污染成分单一的工业废水，一般可以只采用某一单元处理技术，如用离子交换法处理含铬废水、用化学氧化法处理含氰废水等。然而，大多数工业废水组分复杂，或成分虽然单一但浓度较高且要求处理程度高，往往需要多种处理技术联合使用，才能达到预期要求的处理效果。流程的顺序通常采取由易到难、前处理单元确保后续处理单元正常工作的顺序，依次将不同形态的污染物进行去除。

通常可根据污染物的性质来确定工业废水处理工艺流程中的主体工艺，简述如下：

（1）受轻微污染的工业废水，简单处理后回用。如蒸发器冷凝水和设备冷却水，仅受热污染，水温较高，经冷却和过滤后可循环再用。

（2）含有机污染物的工业废水，可采用生物处理。低浓度有机工业废水采用好氧生物处理，高浓度有机工业废水联用厌氧与好氧生物处理工艺。对于含有毒有害有机污染物的工业废水经过预处理后采用生物处理。如农药废水，经水解预处理，降低毒性、提高可生物降解性后进行生物处理；印染废水，经微生物水解酸化预处理、提高可生物降解性后再进行生物处理。当需要考虑废水回用或废水经生物处理后仍不能达到排放标准时，需进行深度处理。主要的工艺有混凝沉淀、混凝气浮、砂滤、活性炭过滤、生物活性炭处理、消毒、反渗透脱盐等。

（3）含无机污染物的工业废水。若污染物主要为悬浮物，则采用沉淀、过滤等物理处理方法。如高炉煤气洗涤水，通过沉淀去除悬浮物（煤灰），冷却后即可循环再用。如含有毒有害的无机污染物，可采用物理化学处理、化学处理等方法。如离子交换法处理电镀废水，化学氧化法处理含氰废水，中和法处理酸、碱废水等。

（4）含液态悬浮物（油类）废水，可采用物理处理、物理化学处理方法。如用隔油法去除浮油，加药气浮、超滤法处理乳化油。

（三）有机工业废水的处理工艺流程

有机工业废水的组分十分复杂，各种废水水质差异大，没有统一的处理技术和工艺流程可用于处理各类有机工业废水。有些废水中有机污染物的可生物降解性差、有毒性、浓度高或含有有毒有害无机污染物等，不可能通过单一的生物处理就达到要求的处理程度，而需要根据水质特征选择多种处理技术形成组合工艺流程。

有机工业废水的处理工艺流程，一般包含预处理、生物处理和后处理三部分。预处理主要包括水质水量调节、大颗粒固态悬浮物的去除等物理处理方法，以及提高有机污染物可生物降解性、降低废水毒性的一些化学、物理化学和生物处理方法。对于某些难处理的废水，虽然经过预处理和生物处理，但有时其出水 COD 仍较高，不能满足排放要求，此时，需再辅以后处理，以满足最终排放标准后排放，后处理方法多为物化法和化学法。根据有机工业废水的特性，其生物处理工艺的流程可依下述原则确定。

1. 低浓度易生物降解有机工业废水

好氧生物法是处理不含有毒有害污染物的低浓度易生物降解有机工业废水的基本方法。其基本处理流程如图 19-12 所示。

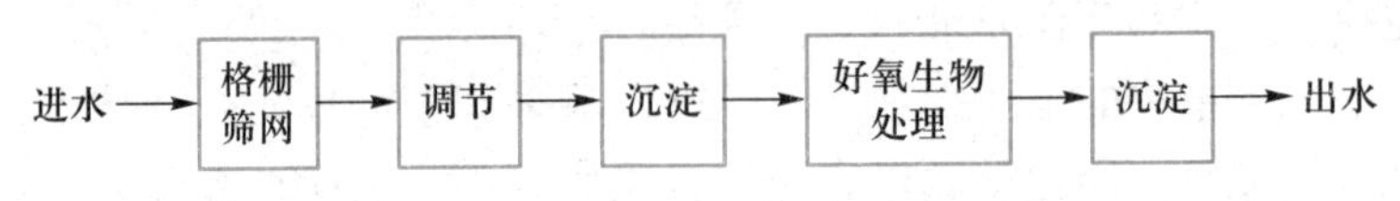

图 19-12 低浓度易生物降解有机工业废水的基本处理流程

工业废水的水质水量受产品变更、生产设备检修、生产季节变化等多种因素影响，其水质水量每日每时都在变化，且变化幅度大。为给后续生物处理设施的正常、稳定运行创造条件，工业废水的处理流程中一般都设置调节池，以调节水量和水质。

若废水中还含有固态有机污染物和无机污染物，为减轻后续生物处理设施的有机负荷、降低运行费用和提高处理效率，或减少对后续处理设施的损害，在生物处理设施前需依据固态污染物的特性设置格栅、筛网或沉淀池等物理处理设施，以去除较大的固态有机污染物和无机污染物。另外废水中的油不仅很难在生物处理单元中被降解，而且还会包裹覆盖生物膜或菌胶团，影响传质速率和生物的代谢，因此需要在生物处理单元之前，通过隔油或者气浮去除。

当废水中含有较高浓度的磷、氨氮或者有机氮时，根据排放标准不同，可能需要采取生物脱氮除磷工艺。

2. 高浓度易生物降解有机工业废水

高浓度易生物降解有机工业废水中的有机污染物易被微生物降解，可采用厌氧、好氧生物法相结合进行处理。厌氧生物法具有耐有机负荷，运行费用低，产生的甲烷气可以回收能源等优点，是处理不含有毒有害污染物的高浓度易生物降解有机工业废水的首选技术。但厌氧生物法处理后出水的有机污染物浓度还比较高，一般都不能达标，需再经好氧生物法处理才能确保出水水质达标。其基本处理流程如图 19-13 所示。

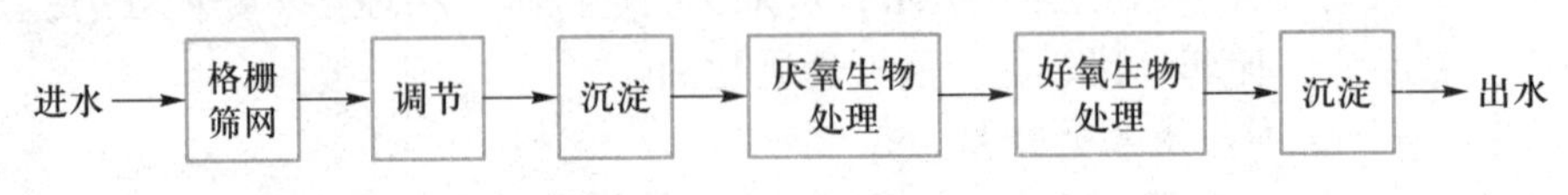

图 19-13 高浓度易生物降解有机工业废水的基本处理流程

3. 可生物降解有机工业废水

可生物降解有机工业废水含有较多的易生物降解有机污染物，可采用生物法处理。但是，废水中还含有一定数量的难生物降解有机污染物，可生物降解性较低，因此，生物处理工艺前需增加预处理，以去除难生物降解有机污染物和提高废水的可生物降解性，如生物处理出水仍不能达标排放，则需增加后处理设施，以降低生物处理工艺出水中难生物降解有机污染物浓度。其基本处理流程如图 19-14 所示。

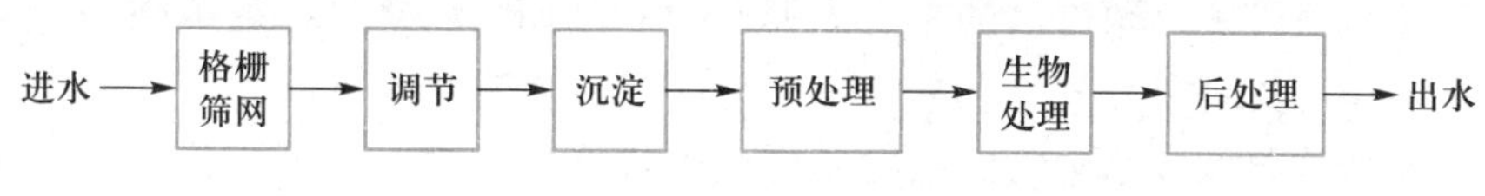

图 19-14 可生物降解有机工业废水的基本处理流程

预处理的方法可采用物理化学法（如混凝沉淀、混凝气浮）和生物法（如厌氧水解酸化）。

厌氧水解酸化工艺的原理是，在厌氧生物处理的水解产酸阶段，水解和产酸微生物能将废水中的固体、大分子和不易生物降解的有机污染物分解为易生物降解的小分子有机物。大量研究和实践表明，某些有机污染物（如杂环化合物、多环芳烃）在好氧条件下难以被微生物降解，但采用厌氧水解酸化工艺进行预处理，可改变其化学结构，改善其生物降解性。

如果某些废水经预处理和生物处理后其水质指标（如色度、COD）依然未能达到预期的水质标准，仍不能满足排放要求，则在生物处理后还需有后处理措施，以降低残留有机污染物浓度。后处理技术主要有混凝沉淀、混凝气浮、活性炭吸附和高级氧化等。

4. 难生物降解有机工业废水

难生物降解有机工业废水的处理问题，是当今水污染防治领域面临的一个难题，至今尚无较为完善、经济、有效的通用处理技术可以被广泛运用于这类废水的处理。采用生物法处理难生物降解有机工业废水时，其基本处理流程可参考图 19-14。

当废水主要含有难生物降解有机污染物时，必须先进行化学的、物理化学的或生物的预处理，以改变难生物降解有机污染物的分子结构或降低其中某些污染物的浓度，降低其毒性，提高废水的可生物降解性，为后续生物处理的运行稳定性和高处理效率创造条件。预处理方法的选择与难生物降解有机污染物的性质、浓度有关，主要方法有：① 化学氧化法（如臭氧氧化法、催化氧化法、湿式氧化法），利用氧化剂去除有机污染物的有毒有害基团，提高其可生物降解性与降低废水 COD 浓度；② 化学水解法（碱水解、酸水解），化学水解法需根据有机污染物特性，用碱或酸进行水解，以改变难生物降解有机污染物的化学结构，降低其毒性和提高废水的可生物处理性；③ 厌氧水解酸化法。后处理技术可采用混凝沉淀、混凝气浮、活性炭吸附和高级氧化等。

5. 含有毒有害污染物的有机工业废水

对于含有毒有害污染物的有机工业废水先要尽可能采用清浊分流和单独收集的原则，以减少废水水量，减少处理规模。含较高浓度有毒有害污染物的有机工业废水采用生物处理工艺时，为降低有毒有害污染物对微生物的毒性作用，在生物处理前都应进行针对性的预处理，使有毒有害污染物的浓度降低或改变有机污染物的化学结构，降低对微生物的毒性作用，使后续的生物处理能顺利进行。其基本处理流程亦可参考图 19-14。

流程中预处理方法的选择与有毒有害污染物的性质有关。主要有：① 物理化学法(如吹脱法、气提法、吸附法、萃取法)，可降低废水中有毒有害污染物浓度，使其降至微生物不受毒害，能进行正常生化反应的水平。该方法可以回收废水中的资源，多用于污染物毒性大、浓度高的有机工业废水。例如，酚是一种杀菌剂，为了降低废水中酚对生物处理单元的不利影响，处理含酚的炼油废水可以先通过蒸汽气提法或者溶剂萃取法降低废水中酚的浓度后再用生物处理法进行处理，分离得到的酚还可回收利用。② 稀释法，当废水含较高浓度的有毒有害无机污染物（如 SO_4^{2-}），或有机污染物在高浓度时对微生物有毒性作用，但降低浓度后易被微生物降解(如甲醇)时，可用其他废水稀释的方法来降低有毒有害污染物的浓度，以满足微生物生长与繁殖的环境条件要求。③ 化学法，如酸碱中和或者化学沉淀、化学氧化等。

第四节 工业园区的废水处理

一、传统工业园区和生态工业园区

工业园区起源于 20 世纪 60—70 年代的西方工业化国家。一般认为，工业园区是指在划定的较为独立的地块或地段内，通过科学规划、合理布局，实现项目、资金、人才、技术、信息等的聚集效应和规模效应，形成产品、产业、行业关联和具有充分活力的工业企业群体，对地区经济发展和对外开放具有推动力的集中经济区域。我国现有工业园区(或传统工业园区)多以同类工业门类或相似企业集聚进行规划和布局，一般按产品、产业或行业的关联分类，如纺织工业园区、造纸工业园区、电镀工业园区、精细化工工业园区、食品工业园区、皮革工业园区、建材工业园区等。进入同一工业门类的企业可以降低基础设施配套建设成本，有利于改善生产经营条件，有利于信息交流，有利于优势互补、产投流动，提高运营效率和经济效益。但是，某些集聚了污染严重工业门类的园区，在一定程度上成为工业污染的集中区域。根据工业门类和性质不同，有的工业园区在运行过程中会排出大量的废水、废气和废渣，未经妥善处理处置会对环境造成严重影响。

由于传统工业园区内各企业、产业之间没有有机联系和共生关系，物料和能源在生产系统之间没有传递和循环，所有企业的物质传递都遵循“资源→产品→污染排放”的规律。因而传统工业园区在加快地区经济快速发展的同时，在生产和经济活动过程中排放大量各类污染物亦对环境造成破坏。新涌现出的生态工业园区将传统经济的物质单向流动模式转变为“资源→产品→再生资源”的物质循环流动，使整个经济系统基本上不产生或者只产生很少的废物。生态工业园区是依清洁生产要求、循环经济理念和工业生态学原理而设计建立的一种新型工业园区。它通过物质流或能量流传递方式把不同工厂或企业连接起来，形成共享资源和互换副产品的产业共生组合，使一家工厂的废物或副产品成为另一家工厂的原料或能源，模拟自然生态系统，在产业系统中建立仿生态系统中“生产者→消费者→分解者”的循环途径，寻求物质闭路循环、能量多级利用和废物产生最小化。

2001 年 8 月，由我国国家环境保护总局批准，在广西贵港建成了第一个国家级生态工业园区——国家生态工业(制糖)示范园区，该示范工业园区由蔗田、制糖、酒精、造纸、热电联产和环境综合处理六个系统组成。每个系统都有产品产出，而各系统之间又通过中间产品和废物的相互交换而衔接起来。整个系统由两条生态链组成。一条以甘蔗为原料制糖，所产生的废糖蜜制酒精，而酒精废液先制成复合肥，再返回到蔗田作为肥料；另一条以制糖产生的蔗渣为原料制浆造纸，而制浆黑液碱回收产生的白泥用来制水泥，其余制浆废水通过废水处理净化后供锅炉消烟除尘等用水，锅炉房排出的废水经处理后达标排放。上述两条生态链如图 19-15 所示。从图 19-15 可以看出，与传统工业园区相比，生态工业园区中的物料和能源都努力实现最大化的重复利用，有效减少废物和污染物的排放。不仅如此，生态工业园区中水资源的重复利用和循环利用也能得到极大地提高。

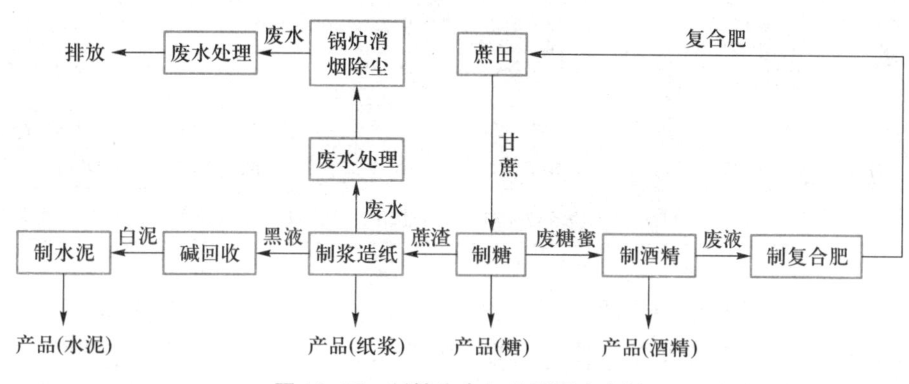

图 19-15　制糖生态工业园区生态链

二、工业园区废水处理特点

我国目前已经建成和运营的工业园区特别是中小型工业园区大部分仍是传统的工业园区经济模式，即某种程度上工业园区是同一工业门类工业企业的相对集中与聚集。所以，一般工业园区废水处理与相应的工业废水处理相似。但是工业园区的企业在生产工艺、技术条件、管理水平、信息聚集及基础设施建设等方面具有自身的优势和活力，在排放条件和要求、水资源有效利用等方面又有别于一般工业企业。

1. 废水来源和水质的复杂性

工业园区废水是由各个工业企业排出的废水组成的。即使同一门类工业园区，由于各企业的工艺生产条件、产品品种、生产设备、管理水平等不同，废水排放状况亦不会相同。在确定工业园区废水排放量和废水水质时，应对园区内所有工业企业的产品、生产规模、工艺生产条件、污染源及源强、管理水平、排水系统设置、排放规律、厂内废水处理设施和废水回用现状等进行充分调查，在此基础上经综合分析论证后才能确定工业园区废水排放量和废水水质，作为工业园区废水处理的重要依据。

表 19-8 为某精细化工工业园区的企业组成、主要产品和废水水量水质。从表

中可以看出，该精细化工工业园区除精细化工企业外，还有纺织、印染等企业。其中，园区混合废水中精细化工废水排放量占57%，COD产生量占68.8%，纺织、印染及其他企业废水排放量占43%，COD产生量占31.2%。该工业园区的染料化工、医药化工的生产流程长，包括硝化、还原、氯化、缩合、耦合等化工生产工序，副反应多，产品回收率低，由这些企业排出废水组成的工业园区废水水质成分复杂，污染物浓度高，COD接近1 000 mg/L。以染料化工为主的废水可生物降解性较差，BOD_5/COD为0.3左右，同时在废水中还含有苯和苯胺类等有害有毒物质。由此可见，废水水质的复杂性通常是工业园区混合废水的显著特点之一。

表19-8 某精细化工工业园区的企业组成、主要产品和废水水量水质

企业名称		企业厂数	废水量/($m^3 \cdot a^{-1}$)	废水量所占比例/%	COD产生量/($t \cdot a^{-1}$)	COD产生量所占比例/%
高污染企业	染料化工	22	8 278 720	47.2	8 657.2	54.6
	医药化工	21	1 713 918	9.8	2 252.7	14.2
	小计	43	9 992 638	57.0	10 909.9	68.8
纺织、印染		28	5 739 301	32.7	3 376.7	21.3
其他企业		39	1 800 231	10.3	1 561.9	9.9
合计		110	17 532 170	100	15 848.5	100

2. 废水排放要求的差异性

单一行业的工业废水排放要求是根据行业类别和排放条件确定的，而工业园区混合废水来自的企业往往属于多种行业，因此其排放要求主要由排放条件决定。需根据当地排放条件，考虑工业园区废水经预处理后纳入市政污水系统一并处理的可能性。具备纳入市政污水系统一并处理可行性时，工业园区废水要求处理达到《污水综合排放标准》(GB 8978—1996)的三级标准和《污水排入城镇下水道水质标准》(GB/T 31962—2015)的要求。当不具备纳入市政污水系统一并处理可行性时，需根据废水性质和当地排放条件确定排放要求，如有的工业园区废水成分复杂，浓度多变，且具有难生物降解的毒物，根据当地排放条件，可能执行工业行业水污染物排放标准或《污水综合排放标准》(GB 8978—1996)的一级或二级标准；还有的工业园区位于环境敏感区或环境承载能力脆弱地区，对排放废水的COD、SS、NH_3-N、TN、TP等指标有更加严格的要求，则有可能按当地排放条件执行《城镇污水处理厂污染物排放标准》(GB 18918—2002)的一级A标准，或者执行相关工业行业排放标准规定的水污染物排放特别限值标准。不同的排放标准将影响工业园区废水处理程度、处理工艺、建设投资、运行成本和管理等。

3. 废水再生利用的必要性和可能性

由于工厂集中，工业园区对水的需求量很大，各用水点相对集中，在供水管网设置上，可以考虑分别设置给水管网和中水管网，以促进废水回用和实行分质供水。同时，园区内企业在生产产品、工艺生产条件、用水水质要求的差异性等方面，也

为园区废水处理提供了多种回用途径。有必要在工业园区特别是生态工业园区废水处理厂规划、设计和建设时，同时考虑废水再生回用，并通过分质供水管网予以实施。

三、工业园区废水污染源控制基本途径

1. 推行清洁生产技术，控制源头污染

推行清洁生产技术是防治工业园区污染的必然选择，可改变传统的以“先污染，后治理”为基本特征的“末端治理”模式。通过清洁生产可以从源头上预防和削减工业园区废水处理的污染负荷，减轻园区废水处理的压力和难度，减少废水处理上的投入，为工业园区的建设带来环境和经济效益。

2. 废水的清浊分流，单独收集

工业园区废水中如含有高浓度废水，宜根据废水特点，进行清浊分流，实施废水分质收集。将高浓度废水专门收集，在企业内部或者园区废水处理厂好氧生物处理之前进行预处理。

3. 废水的预处理

国内工业园区废水处理运行实践表明，预处理是确保园区集中废水处理设施正常运行的关键。通过预处理能去除废水中有碍于后续处理的物质或者消除某些不利影响因素。

（1）重金属和有毒有害污染物预处理：工业园区废水中含有的重金属或有毒有害污染物对废水生物处理有毒害作用，影响微生物的正常生长与繁殖。因此，对含有重金属或有毒有害污染物的废水在进入园区废水处理厂之前应在相关企业内进行预处理，以降低废水中有毒有害污染物浓度，使该部分废水进入园区处理厂经混合稀释后不影响生物处理。

（2）泥砂和大颗粒杂质的去除：工业废水进水中往往含有泥砂等大颗粒悬浮物和杂质，可致使园区废水处理设施管道淤积、提升设备堵塞和磨损，影响处理构筑物的正常运行。为此，工业废水应先经格栅（粗格栅、细格栅）、沉砂和沉淀（有必要时设置）预处理，以拦截废水中的泥砂和杂质等。

（3）调节池的设置：工业园区废水水量往往随园区内企业的生产计划安排和产品的变更而变化，水量不均匀系数大，而废水水质又具多样性和复杂性。为了适应水量负荷和污染物负荷的多变性，工业园区废水处理厂应设置足够容量的调节池。

（4）中和：工业园区内的某些强碱性或强酸性废水，在进入园区废水处理厂之前应先进行中和处理。

（5）事故池的设置：企业在设备检修或者发生生产操作事故等情形下常产生大量高浓度废水。为了避免或减轻对园区废水处理厂运行的冲击，有必要在企业内部或者园区废水处理厂内设置事故池。必要时，将企业排出的超常规高浓度废水暂时在事故池中贮存，待高负荷高峰过后，再按均匀、少量的方法将事故废水纳入园区废水处理系统。

四、工业园区废水处理实例

某精细化工工业园区位于我国东南沿海区域。该园区包括 110 家生产企业，其

中70%以上为精细化工企业，其余为纺织印染企业等。主要产品有染料、颜料、树脂、药业、生物制品及纺织印染产品。其废水来源及水量水质组成见表19-8。

该园区废水处理工程日处理能力为$30\times10^4 m^3/d$，其中，以精细化工废水为主的园区工业废水约占85%，生活污水约占15%，设计水质见表19-9。该园区纳污水域为四类海域功能区，排放水水质执行《污水综合排放标准》(GB 8978—1996)二级排放标准(染料工业)，其中氨氮执行更严格的排放限值25 mg/L。

表19-9 某精细化工工业园区废水处理工程设计水质

指标	原水水质	排放水质要求	处理程度/%
pH	6.0~9.0	6.0~9.0	—
COD/($mg\cdot L^{-1}$)	400~2 400	≤200	≥80
BOD_5/($mg\cdot L^{-1}$)	300~400	≤60	≥80
SS/($mg\cdot L^{-1}$)	≤400	≤150	≥62.5
色度/倍	1 000~2 000	≤80	≥92.0
NH_3-N(以N计)/($mg\cdot L^{-1}$)	≤80	≤25	≥68.8

该工程主要处理以染料、医药等为主的精细化工废水。进水由染料、颜料、医药、印染等废水组成，有机污染物成分复杂、色度大、废水BOD_5/COD比值低，难生物降解；废水中含有染料、颜料等中间体生产过程中排出的芳香族卤化物、芳香族硝基化合物等，具有一定的毒性。染料化工、医药化工废水处理难度大，处理费用高，这是该工程的难点和重点。根据进水水质特点和处理要求，以及一期工程运行经验和存在的问题，参考国内外精细化工废水处理技术的研究成果，并根据试验研究确定采用物理化学预处理-水解酸化-好氧生物处理-物理化学处理的处理工艺。工程设计处理工艺流程如图19-16所示，该处理工艺流程的特点如下。

(1) 针对精细化工废水有机污染物成分复杂、浓度高、可生物降解性较差、色泽深且具有一定毒性的特点，先采用混凝沉淀强化预处理去除废水中悬浮态和大部分胶体态的染料。通过试验表明，投加铝盐（或铁盐）混凝剂和PAM（polyacrylamide，聚丙烯酰胺）絮凝剂，经混凝沉淀后，一般COD去除率可达20%~25%，色度去除率为50%左右，SS去除率为60%~70%。

(2) 采用水解酸化与好氧生物处理相结合的生物处理方法。水解酸化可以通过开环、断键、裂解、基团取代、还原等作用，改变分子结构，使废水中结构复杂、难生物降解的有机污染物转化为结构较简单、可生物降解的有机物，从而提高废水的可生物降解性和脱色效果。同时水解酸化对COD的去除率为15%左右。好氧生物处理采用氧化沟处理工艺，以进一步降解废水中的有机污染物和色度等。

(3) 好氧生物处理出水再经混凝、澄清去除残留的SS、BOD_5、COD、色度等。采用脱色剂脱色和紫外线消毒，可使高密度澄清池出水进一步脱色，去除细菌和病毒等，确保处理水达标排放。

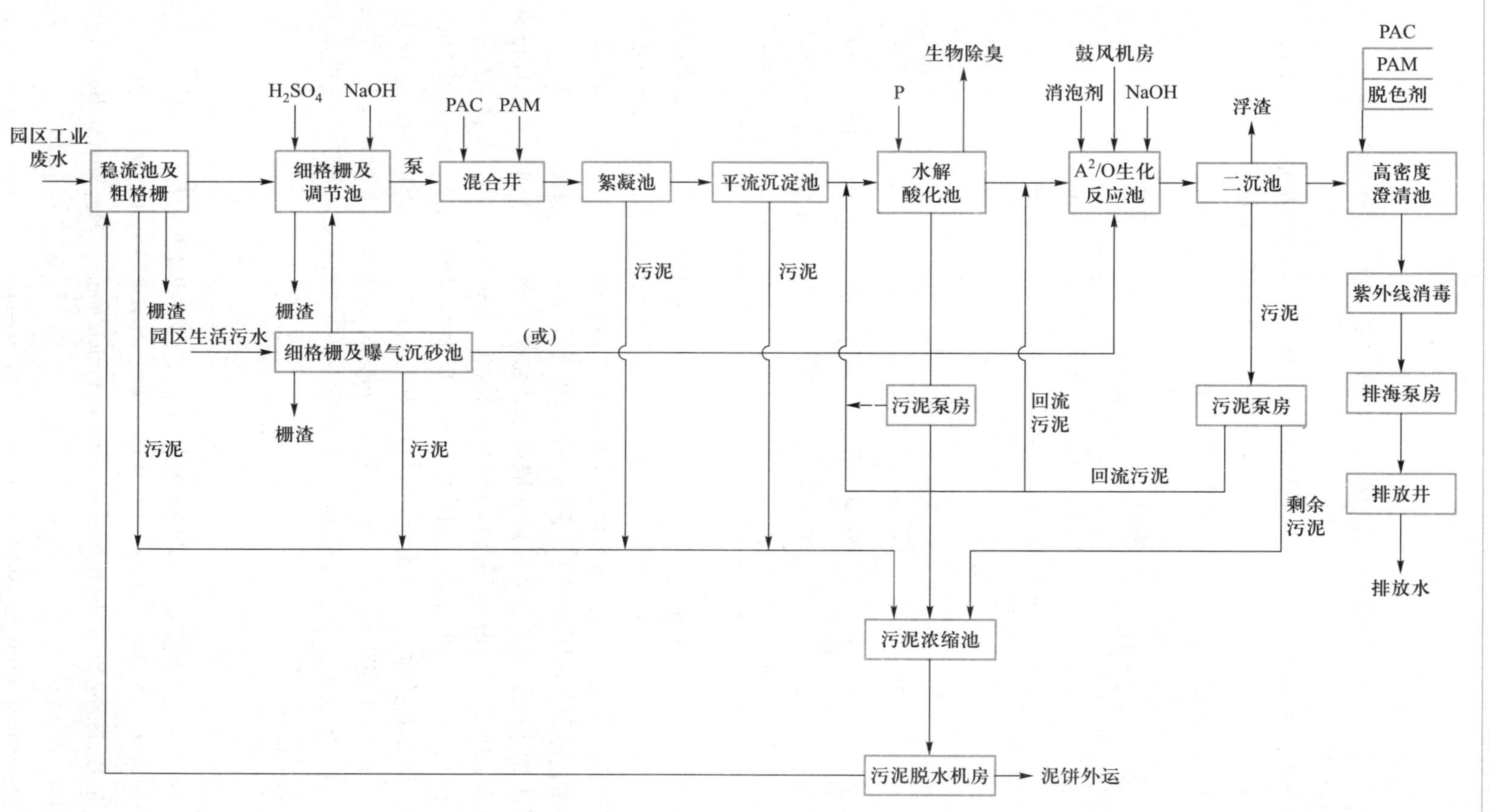

图19－16 某精细化工工业园区废水处理工艺流程

思考题和习题

1. 请列出工业废水区别于生活污水的三个最主要特点，以及这些特点对于处理工艺选择的影响。

2. 清洁生产有哪些实现途径？具体到废水减量化，有哪些清洁生产的措施？

3. 某工厂废水排放情况如下表所示，请根据资料确定以水量调节为目的的调节池容积并计算在此容积下调节池的停留时间和各个时刻池内水容量。

时刻	平均时流量/($m^3 \cdot h^{-1}$)	时刻	平均时流量/($m^3 \cdot h^{-1}$)	时刻	平均时流量/($m^3 \cdot h^{-1}$)
1：00	627	9：00	643	17：00	594
2：00	477	10：00	676	18：00	695
3：00	437	11：00	799	19：00	760
4：00	451	12：00	676	20：00	782
5：00	518	13：00	695	21：00	779
6：00	627	14：00	662	22：00	780
7：00	494	15：00	643	23：00	780
8：00	594	16：00	594	24：00	819

4. 某工厂有一股废水需进行治理，经测定其水质基本情况和主要污染物情况如下：水温为75 ℃，pH为8，COD为50 mg/L，氨氮为100 mg/L，SS为200 mg/L。经处理后需达到的排放标准为《污水综合排放标准》(GB 8978—1996)的一级标准。试选择处理工艺流程并说明原因，并简述各处理单元设计运行参数要点。

5. 某大型微电子生产企业排放3股废水，水量水质情况分别如下。① 酸碱废水：水量为120 m^3/h，pH为2~10，COD<50 mg/L，SS<30 mg/L。② 含氟废水：水量为25 m^3/h，F^-为600 mg/L，pH为8~9，COD为250 mg/L，SS为200 mg/L。③ 有机工业废水：水量为65 m^3/h，pH为2~3.5，SS为40 mg/L，COD为1 200 mg/L，BOD_5为500 mg/L，有机氮为200 mg/L，磷酸盐为1 800 mg/L。处理后的废水要求达到《污水综合排放标准》(GB 8978—1996)的三级标准，请根据水质设计废水处理工艺流程图。

参考文献

[1] 章非娟. 工业废水污染防治[M]. 上海：同济大学出版社，2001.

[2] 范瑾初，金兆丰. 水质工程[M]. 北京：中国建筑工业出版社，2009.

[3] Eckenfelder W W Jr. Industrial water pollution control[M]. 3rd ed. Boston：McGraw-Hill，2000.

[4] Metcalf & Eddy | AECOM. Water reuse：issues，technologies，and applications[M]. Boston：McGraw-Hill，2007.

[5] Metcalf & Eddy | AECOM. Wastewater engineering: treatment and resource recovery[M]. 5th ed. Boston: McGraw-Hill, 2014.

[6] 苏荣军，谷芳，车春波. 工业企业清洁生产理论与实践[M]. 北京：化学工业出版社，2009.

[7] 程言君，吕竹明，孙晓峰. 轻工重点行业清洁生产及污染控制技术[M]. 北京：化学工业出版社，2010.

[8] 余淦申，郭茂新，黄进勇. 工业废水处理及再生利用[M]. 北京：化学工业出版社，2013.

[9] 邹家庆. 工业废水处理技术[M]. 北京：化学工业出版社，2003.

[10] 杨健，章非娟，余志荣. 有机工业废水处理理论与技术[M]. 北京：化学工业出版社，2005.

第二十章

污水处理厂设计

第一节　概述

污水处理厂是城镇排水系统的重要组成部分，由排水管道系统收集的城镇污水，通过由物理、生物及物理化学等方法组合而成的处理工艺，分离去除污水中的污染物，转化有害物为无害物，实现污水的净化，达到进入相应水体环境的排放标准或再生利用水质标准。图 20-1 是城镇污水处理厂的典型工艺流程。

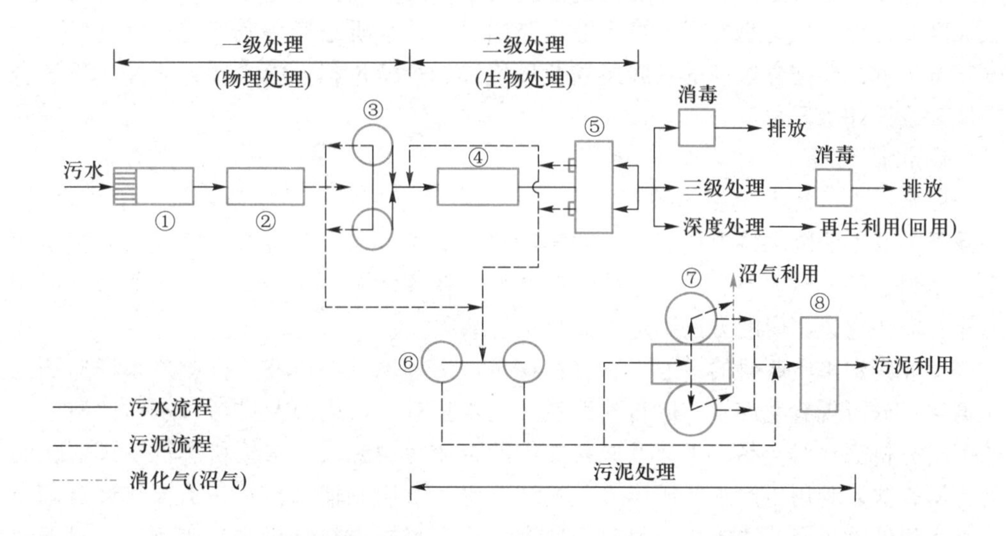

① 格栅；② 沉砂池；③ 初沉池；④ 生物处理设施（活性污泥法或生物膜法）；
⑤ 二沉池；⑥ 污泥浓缩池；⑦ 污泥消化池；⑧ 脱水和干燥设备。

图 20-1　城镇污水处理厂的典型工艺流程

城镇污水处理厂一般由污水处理构筑物、污泥处理设施、动力与控制设备、变配电所及附属建筑物组成，有再生回用要求的还包括深度处理设施。污水处理厂的设计以排放标准和设计规范为基本依据，包括工程可行性研究、初步设计和施工图设计等设计阶段。设计内容包括水质水量、工程地址、气象条件等基础资料的收集，处理厂厂址的确定，处理工艺流程的选择，平面布置和高程布置及技术经济分析等。涉及的专业包括工艺设计、建筑设计、结构设计、机械设计、电气与自控设计及工程概预算等。设计成果包括设计文件和工程图纸。

一、设计依据与资料

污水处理厂工程设计的主要设计依据与资料包括工程设计合同、工程可行性研究报告及批准书、污水处理厂建设的环境影响评价、城镇现状与总体规划资料、排水专业规划及现有排水工程概况，以及其他与工程建设有关的文件，其包含的主要内容如下。

（一）设计水质水量

城镇污水由城镇排水系统服务范围内的生活污水和工业企业排放的工业废水及部分降水组成。影响城镇污水水质水量的因素较多，不同城镇及同一城镇不同区域的城镇污水水质都可能有较大的变化。工业废水对城镇污水的水量水质影响较大，随接纳的工业废水水量和工业企业生产性质的不同，城镇污水水质水量有较大的差异，尤其是化工、染料、印染、农药、冶金等工业行业，对一些特殊污染物指标的影响更大。

污水处理工程的设计规模、原水水质及排放标准在工程可行性研究报告和环境影响评价中提出，在初步设计中确定。其中，污水处理厂水质排放标准是按照排放水体的水体环境质量要求和环境影响评价的要求提出的，污水处理厂采用的主要排放标准或回用标准见第九章、第十七章介绍。设计水质水量是城镇污水处理厂设计的基本依据，要结合城镇的发展规划及环境影响评价过程，深入调查研究，科学合理地确定设计水质水量。

1. 设计水质

原水以生活污水为主的城镇污水，可以参照生活水平、生活习惯、卫生设备、气候条件及工业废水特点类似地区的实际水质确定。在工业废水比例较大或接纳化工、染料、印染、农药、冶金等特殊行业的工业废水时，由于工业废水的水质千变万化，需要通过调研的方法确定工业废水的水质。

工业废水水质调研的一般方法有：在重点污染源排污口和总排放口采样监测的实测法；分析现有生产企业原材料消耗、用水排水、污染源及排污口水质监测数据的资料分析法；对产品、工艺及原料类似的企业污染源及污水资料进行整理对比的类比调查法；利用生产工艺反应方程式结合生产所用原辅材料及其消耗量计算确定污水水质的物料衡算法等。一般对于现有企业可采用资料分析法和实测法；对新建企业可采用类比调查法及同类生产企业实测法；新建企业无类似企业可以参考时，主要以物料衡算法为主开展水质预测。

2. 设计水量

在分流制地区，城镇污水设计水量由综合生活污水和工业废水组成。在截留式合流制地区，设计水量还应计入截留雨水量。综合生活污水由居民生活污水和公共建筑污水组成，包括居民日常生活中洗涤、冲厕、洗澡等产生的污水和娱乐场所、宾馆、浴室、商业网点、学校和办公楼等产生的污水。居民生活污水定额和综合生活污水定额应采用当地的用水定额，结合建筑内部给排水设施水平和排水系统普及程度等因素确定，可取用水定额的 80%～90%作为污水量。工业废水量及其变化系数，应根据工艺特点，并参照国家现行的工业用水量有关规定，通过调研确定。

在地下水位较高的地区，当地下水位高于排水管渠时，应适当考虑入渗地下水量。入渗地下水量宜根据测定资料确定，一般按单位管长和管径的入渗地下水量计，也可按平均日综合生活污水和工业废水总量的比例计，还可按每天每单位服务面积入渗的地下水量计。

城镇污水处理厂设计流量有平均日流量、设计最大流量、合流流量。

（1）平均日流量一般用以表示污水处理厂的处理规模，计算污水处理厂的年电耗、药耗和污泥总量等。

（2）设计最大流量表示污水处理厂在服务期限内最大日最大时流量。污水处理厂进水管采用最大流量；污水处理厂进水井(格栅井)之后的最大设计流量，除生物反应池外，采用组合水泵的工作流量作为处理系统设计最大流量，但应与设计流量相吻合。污水处理厂的各处理构筑物(另有规定除外)及厂内连接各处理构筑物的管渠，都应满足设计最大流量的要求。

（3）合流流量包括旱天最大流量和截留雨水流量，作为污水处理厂进水构筑物设计最大流量。其处理系统仍采用处理系统水泵的提升流量作为处理系统设计最大流量。

设计最大流量的持续时间较短，一般当生物反应池的设计反应时间在 6 h 以上时，可采用平均时流量作为曝气池的设计流量。当污水处理厂分期建设时，以相应的各期流量作为设计流量。

合流制处理构筑物，应考虑截留雨水进入后的影响，各处理构筑物的设计流量一般应符合如下要求：

（1）提升泵站、格栅、沉砂池，按合流流量计算；

（2）初沉池，一般按旱流污水量设计，用合流设计流量校核，校核的沉淀时间不宜小于 30 min；

（3）二级处理系统，按旱流污水量设计，必要时考虑一定的合流设计水量，同时，可以根据需要，设置调蓄池；

（4）污泥浓缩池、湿污泥池和消化池的容积，以及污泥脱水规模，应根据合流水量计算确定。一般可按旱流情况加大 10%~20%计算。

（二）自然条件资料

（1）气象特征资料：包括气温(年平均、最高、最低)，土壤冰冻资料和风向玫瑰图等；

（2）水文资料：排放水体的水位(最高水位、平均水位、最低水位)及区域防洪标准，流速(各特征水位下的平均流速)，流量及潮汐资料，同时还应了解相关水体在城镇给水、渔业和水产养殖、农田灌溉、航运等方面的情况；

（3）地质资料：污水处理厂厂址的地质钻孔柱状图、地基的承载能力、地下水位与地震资料等；

（4）地形资料：污水处理厂厂址和排放口附近的地形图等。

（三）编制概预算资料

编制概预算资料包括当地的《市政工程预算定额》《建筑工程综合预算定额》《安装工程预算定额》；当地建筑材料、设备供应和价格信息等资料；当地《建筑企业单位工程收费标准》；当地基本建设费率规定，以及关于租地、征地、青苗补偿、拆迁补偿等规定与办法。

（四）设计规范

污水处理厂工程设计中，依据的主要设计规范有《室外排水设计标准》（GB 50014—2021）、《建筑给水排水设计标准》（GB 50015—2019）、《室外给水设计标准》（GB 50013—2018）、《城镇给水排水技术规范》（GB 50788—2012）《城镇污水再生利用工程设计规范》（GB 50335—2016）、《建筑中水设计标准》（GB 50336—2018）、《城镇污水处理厂附属建筑和附属设备设计标准》（CJJ 31—89）及相关设备设计与安装规范。

二、设计原则

1. 基础数据可靠

认真研究各项基础资料、基本数据，全面分析各项影响因素，充分掌握水质水量的特点和地域特性，合理选择好设计参数，为工程设计提供可靠的依据。

2. 厂址选择合理

根据城镇总体规划和排水工程专业规划，结合建设地区地形、气象条件，经全面地分析比较，选择建设条件好、环境影响小的厂址。

3. 工艺先进实用

选择技术先进、运行稳定、投资和处理成本合理的污水污泥处理工艺，积极慎重地采用经过实践证明行之有效的新技术、新工艺、新材料和新设备，使污水处理工艺先进，运行可靠，处理后水质稳定地达标排放。

4. 总体布置考虑周全

根据处理工艺流程和各建筑物、构筑物的功能要求，结合厂址地形、地质和气候条件，全面考虑施工、运行和维护的要求，协调好平面布置、高程布置及管线布置间的相互关系，力求整体布局合理完美。

5. 避免二次污染

污水处理厂作为环境保护工程，应避免或尽量减少对环境的负面影响，如气味、噪声、固体废物污染等；妥善处置污水处理过程中产生的栅渣、沉砂、污泥和臭气等，避免对环境的二次污染。

6. 运行管理方便

以人为本，充分考虑便于污水厂运行管理的措施。污水处理过程中的自动控制，力求安全可靠、经济实用，以利于提高管理水平，降低劳动强度和运行费用。

7. 近远期结合

污水处理厂设计应近远期全面规划，污水处理厂的厂区面积，应按项目总规模控制，并做出分期建设的安排，合理确定近期规模。

8. 满足安全要求

污水处理厂设计须充分考虑安全运行要求，如适当设置分流设施、超越管线等。厂区消防的设计和消化池、贮气罐及其他危险单元设计，应符合相应安全设计规范的要求。

三、设计步骤

城镇污水处理厂的设计步骤可分为设计前期工作、初步设计和施工图设计三个阶段。

1. 前期工作

前期工作主要包括编制项目建议书和工程可行性研究报告等。

（1）项目建议书：编制项目建议书的目的是为上级部门的投资决策提供依据。项目建议书的主要内容包括建设项目的必要性、建设项目的规模和地点、采用的技术标准、污水和污泥处理的主要工艺路线、工程投资估算及预期达到的社会效益与环境效益等。

（2）工程可行性研究报告：编制工程可行性研究报告应根据批准的项目建议书和工程咨询合同进行。其主要任务是根据建设项目的工程目的和基础资料，对项目的技术可行性、经济合理性和实施可能性等进行综合分析论证、方案比较和评价，提出工程的推荐方案，以保证拟建项目技术先进、可行、经济合理，有良好的社会效益与经济效益。

2. 初步设计

初步设计应根据批准的工程可行性研究报告、环境影响评价报告等进行编制。主要任务是明确工程规模、设计原则和标准，深化设计方案，进行工程概算，确定主要工程数量和主要材料设备数量，提出设计中需进一步研究解决的问题、注意事项和有关建议。初步设计文件由设计说明书(含主要设备和材料表)、工程概算、设计图纸[平面布置图、工艺流程(高程)图及主要构筑物布置图]等组成。应满足审批、施工图设计、主要设备订货、控制工程投资和施工准备等要求。

3. 施工图设计

施工图设计应根据已批准的初步设计进行。其主要任务是提供能满足施工、安装和加工等要求的设计图纸、设计说明书和施工图预算。施工图设计文件应满足施工招标、施工、安装、材料设备订货、非标设备加工制作、工程验收等要求。

施工图设计的任务是将污水处理厂各处理构筑物的平面位置和高程布置精确地表示在图纸上。将各处理构筑物各个节点的构造、尺寸都用图纸表示出来，每张图纸都应按一定的比例，用标准图例精确绘制，使施工人员能够按照图纸准确施工。

四、设计文件编制

污水处理厂工程的设计文件编制应以一定的规范要求进行，下面为《市政公用工程设计文件编制深度规定》中有关城镇污水处理厂内容的摘要，可供参考。

1. 工程可行性研究报告

（1）概述：包括简述工程项目的背景、编制可行性研究报告过程及文件组成、编制依据、所采用的规范和标准、编制范围、编制原则、结论及主要经济指标等。

（2）城市概况：包括城市自然条件、城市性质及规模、城市总体规划概况、城市给水排水或再生水现状与存在问题、近远期规划概况等。

（3）项目建设必要性：包括城市现状排水或再生水系统存在的问题及其不利影响；城市总体规划、排水或再生水专业规划实施提出的要求；国家或地方对社会经济，城市发展提出的要求；项目建设的重要意义。

（4）方案论证：包括排水体制、排水及再生水系统布局、建设规模与处理程度、厂址、污水处理工艺、污泥处理工艺与处置方式、主要设备形式、总平面/平面布置、厂区设计高程、水利流程等论证。

（5）推荐方案内容：包括设计原则、工艺、建筑、结构、供电、仪表和自控、暖通、辅助设施及除臭设计等。

（6）主要工程量及主要设备材料

（7）管理机构、人员编制及项目实施计划

（8）投资估算、资金筹措及经济评价

（9）其他相关内容：包括土地利用、征地与拆迁、环境保护、水土保持、节能、消防设计、劳动保护、职业安全与卫生、项目招投标内容、新技术、新材料的应用等

（10）结论、建议、附图及附件。

2. 初步设计

（1）概述：包括设计依据、主要设计资料、采用的规范和标准、结论及主要经济指标、城市(或区域)概况及自然资料、排水或再生水现状及存在问题、规划概况等。

（2）设计内容：包括厂址选择；处理规模、污水水质、处理程度、用地条件；总平面布置说明；水力流程说明；厂外主要工程内容(供水、供电等外部条件)；按流程顺序说明各构筑物的方案及选型；管线综合设计；除臭设计；污水消毒方法及主要参数；处理、处置后的污水、污泥的综合利用；简要说明厂内生产生活建筑物的功能及面积；厂内给水、消防、雨污水排水、道路及绿化设计。

（3）建筑、结构、供电、仪表、自动控制及通讯、采暖通风等设计内容。

（4）环境保护、劳动保护与职业安全、消防、节能、水土保持、征地拆迁等措施及新技术应用说明、管理机构与人员编制及建设进度等。其中，环境保护措施包括处理厂、泵站对周围居民点的卫生、环境影响、防臭措施；排放水体的稀释能力、排放水对水体的影响及用于污水灌溉的可能性；污水回用、污泥综合利用的可能性或处置方式；污水处理厂处理效果的监测手段；锅炉房消烟除尘措施和预期效果；降低噪声措施等。

（5）工程概算书

（6）主要材料及设备表

（7）设计图纸

工艺图：平面布置图，比例采用1∶200~1∶500，在测绘地形图上表示全厂构筑物、建筑物、道路、景观绿化(示意)、预留用地、围墙、征地范围、用地范围等布置关系，标注必要的坐标及尺寸、风玫瑰图，列出构筑物和辅助建筑物一览表、工程数量表和主要技术经济指标表；污水、污泥流程断面图，竖向比例1∶100~1∶200，标出工艺流程中各构筑物及其水位标高关系；厂区竖向设计图；管线综合图。

主要构筑物工艺图：比例采用1∶50~1∶200，用平面图、剖面图表示出工艺布

置、设备、仪表等安装尺寸、相对位置和标高，列出主要设备一览表和主要设计技术数据。

主要建筑物、构筑物建筑图，变电所高、低压供配电系统图，自动控制仪表系统布置图，采暖通风与空调系统布置图，锅炉房、采暖通风和空气调节布置图及供热系统流程图、机械设备布置图等。

（8）附件

3. 施工图设计

（1）设计说明，包括设计依据（初步设计批复情况、施工图设计资料、采用的规范标准、详细勘测资料）；设计内容（工艺、建筑、结构及其他专业设计，对照初步设计阐明变更部分的内容、原因、依据等）；采用新技术、新材料的说明；施工安装注意事项及质量验收要求；运转管理注意事项。

（2）主要材料及设备表、施工图预算。

（3）设计图纸，包括① 平面布置图[必要时，可分构（建）筑物定位图和管线布置图两张]：比例 1∶200~1∶500，包括坐标轴线、风玫瑰图、构（建）筑物、围墙、绿地、道路等的平面位置，注明厂界四角坐标及构（建）筑物四角坐标或相对位置、构（建）筑物的主要尺寸，各种管渠及室外地沟尺寸、长度，地质钻孔位置等。附构（建）筑物一览表、工程量表、图例及说明。② 污水、污泥工艺流程图：标出各构（建）筑物及其水位的标高，主要规模指标。③ 竖向布置图：对地形复杂的处理厂应进行竖向设计，内容包括原地形、设计地面、设计路面、构（建）筑物标高及土方平衡数量表。④ 厂内管渠结构示意图：标出各类管渠的断面尺寸和长度、材料、闸门及所有附属构（建）筑物、节点管件，附工程量及管件一览表。⑤ 厂内各处理构（建）筑物的工艺施工图，各处理构（建）筑物和管渠附属设备的安装详图。⑥ 管道综合图：当厂内管线种类较多时，应对干管、干线进行平面综合，绘出各管线的平面位置，注明各管线与构（建）筑物的距离尺寸和各管线间距尺寸。⑦ 单体建构（建）筑物设计图：包括工艺、建筑、结构、采暖通风和空调、建筑给排水设计图等。⑧ 电气、仪表、自动控制及机械设计图等。

第二节 厂址选择

厂址选择是污水处理厂设计的重要环节。污水处理厂的厂址与总体规划、城镇排水系统的走向、布置、处理后污水的出路密切相关，必须在城镇总体规划和排水工程专业规划的指导下进行，通过技术经济综合比较，反复论证后确定。污水处理厂厂址选择，应遵循以下原则：

（1）便于污水收集和处理后再生回用，也应与受纳水体靠近，以利于安全排放。

（2）处理后出水考虑回用时，厂址应与用户靠近，减少回用输送管道。

（3）厂址选择要便于污泥处理和处置。

（4）厂址一般应位于城镇夏季主风向的下风侧，并与城镇、工厂厂区、生活区及农村居民点之间，按环境评价和其他相关要求，保持一定的卫生防护距离。

（5）厂址应有良好的工程地质条件，包括土质、地基承载力和地下水位等因素，可为工程的设计、施工、管理和节省造价提供有利条件。

（6）我国耕地少、人口多，选厂址时应尽量少拆迁、少占农田和不占良田，使污水处理厂工程易于实施。

（7）厂址选择应考虑远期发展的可能性，应根据城镇总体发展规划，满足将来扩建的需要。

（8）厂区地形不应受洪涝灾害影响，不应设在雨季易受水淹的低洼处。靠近水体的处理厂，防洪标准不应低于城镇防洪标准，有良好的排水条件。

（9）有方便的交通、运输和水电条件，有利于缩短污水处理厂建造周期和污水处理厂的日常管理。

（10）如有可能，选择在有适当坡度的位置，以利于处理构筑物高程布置，减少土方工程量。

第三节 工艺流程选择确定

处理工艺流程是指对各单元处理技术(构筑物)的优化组合。处理工艺流程的确定主要取决于要求的处理程度、工程规模、污水性质、建设地点的自然地理条件(如气候、地形)、厂区面积、工程投资和运行费用等因素。影响污水处理工艺流程选择的主要因素如下。

1. 污水的处理程度

处理程度是选择工艺流程的重要因素，通常根据处理后出水的出路来确定：① 出水回用时，根据相应的回用水水质标准确定；② 排入天然水体或城镇下水道时，根据国家制定的排放标准或地方标准，结合环境影响评价的要求确定。

2. 处理规模和水质特点

处理规模对工艺流程的选择有直接影响，有些工艺仅适用于规模较小的污水处理厂。污水水质水量变化幅度是影响工艺流程选择的另一因素，如水质水量变化大时应选用承受冲击能力较强的处理工艺；对于工业废水比例较高的城镇污水，污染物组分复杂，处理技术和工艺流程应根据水质的特点进行比较选择。

3. 工程造价和运行费用

工程造价和运行费用是工艺流程选择的重要因素，在处理出水达标的前提条件下，应结合地区社会经济发展水平，对一次性投资、日常设备维护费用和运行费用等进行系统分析，选择处理系统总造价较低、运行费用合理的污水处理工艺。

4. 污水处理控制要求

仪器设备的控制要求对工艺流程的选择也有重要影响，如序批式活性污泥法要求在线监测曝气池水位、运行时间等，并采用计算机进行自动控制。在工艺选择上要充分考虑控制要求的可行性和可靠性，使工艺过程运行能达到高效、安全与经济的目的。

5. 选择合理的污泥处理工艺

污泥处理是污水处理厂工艺的重要组成部分，对环境有重要的影响。实践表明，污泥处理方案的选择合适与否，直接关系到工程投资、运行费用及日后的管理要求，是污水处理厂工艺选择不可分割的重要组成部分。

综上所述，工艺流程的选择必须对各项因素综合分析，进行多方案的技术经济比较，选择技术先进、经济合理、运行可靠的工艺及相应的工艺参数。

图 20-2 是长江下游 N 市经济开发区污水处理厂工艺流程图。

该污水处理厂服务区范围内工业废水比例较高，由市政管网收集的城镇生活污水和工业废水通过进水泵房前设置的粗格栅去除水中较大的漂浮物后，经提升泵进入旋流沉砂池，旋流沉砂池前端设有机械细格栅，用于去除污水中粒径较小的悬浮杂质。旋流沉砂池出水进入水解酸化池，针对工业废水可生物降解性差的特点，使污水中难生物降解的大分子有机污染物发生水解，形成较易生物降解的小分子有机物，以提高后续生化反应的效果。水解酸化后的污水进入 A^2/O 生化反应池和二沉池，实现有机污染物的降解、脱氮除磷和泥水分离。由于受纳水体对排放要求较高，出水水质要求达到《城镇污水处理厂污染物排放标准》(GB 18918—2002)的一级标准，需要采用深度处理工艺。深度处理采用机械加速澄清池，投加混凝剂在澄清池中进行絮凝、沉淀，进一步降低污染指标。同时，经深度处理的部分出水过滤后达到回用水水质标准，可回用于工业冷却用水及城市杂用水，实现城镇污水部分回用的目标。

图 20-3 是浙江省某市城镇污水处理厂工艺流程图。该污水处理厂受纳水体对排放要求较高，出水水质要求达到《城镇污水处理厂污染物排放标准》的一级 A 标准。污水处理厂处理工艺由预处理、生物处理及深度三级处理三个工艺部分组成。由于污水处理厂服务范围的污水有一定比例来源于工业废水，故生物处理前设置水解酸化处理工艺。

由市政管网收集的污水，通过粗格栅去除漂浮物、细格栅去除悬浮杂质、旋流沉砂池去除无机颗粒，避免砂粒等无机颗粒在反应池内沉积。针对工业废水可生物降解性差的特点，采用水解酸化工艺提高后续生物处理的效果。

根据出水水质要求，该污水处理厂生物处理工艺采用 A^2/O 生化反应池，在去除有机污染物的同时进行生物脱氮除磷。深度处理采用高效沉淀池和反硝化深床滤池。高效沉淀池由混凝、絮凝、斜板沉淀工艺组成，通过化学混凝沉淀的方式进一步降低出水中的总磷及其他污染物。高效沉淀池出水进入反硝化深床滤池进行进一步脱氮，由于该工艺段位于整个处理工艺末端，在进入反硝化深床滤池前需补充碳源，解决反硝化过程碳源不足的问题。最终出水经消毒后排放至受纳水体。

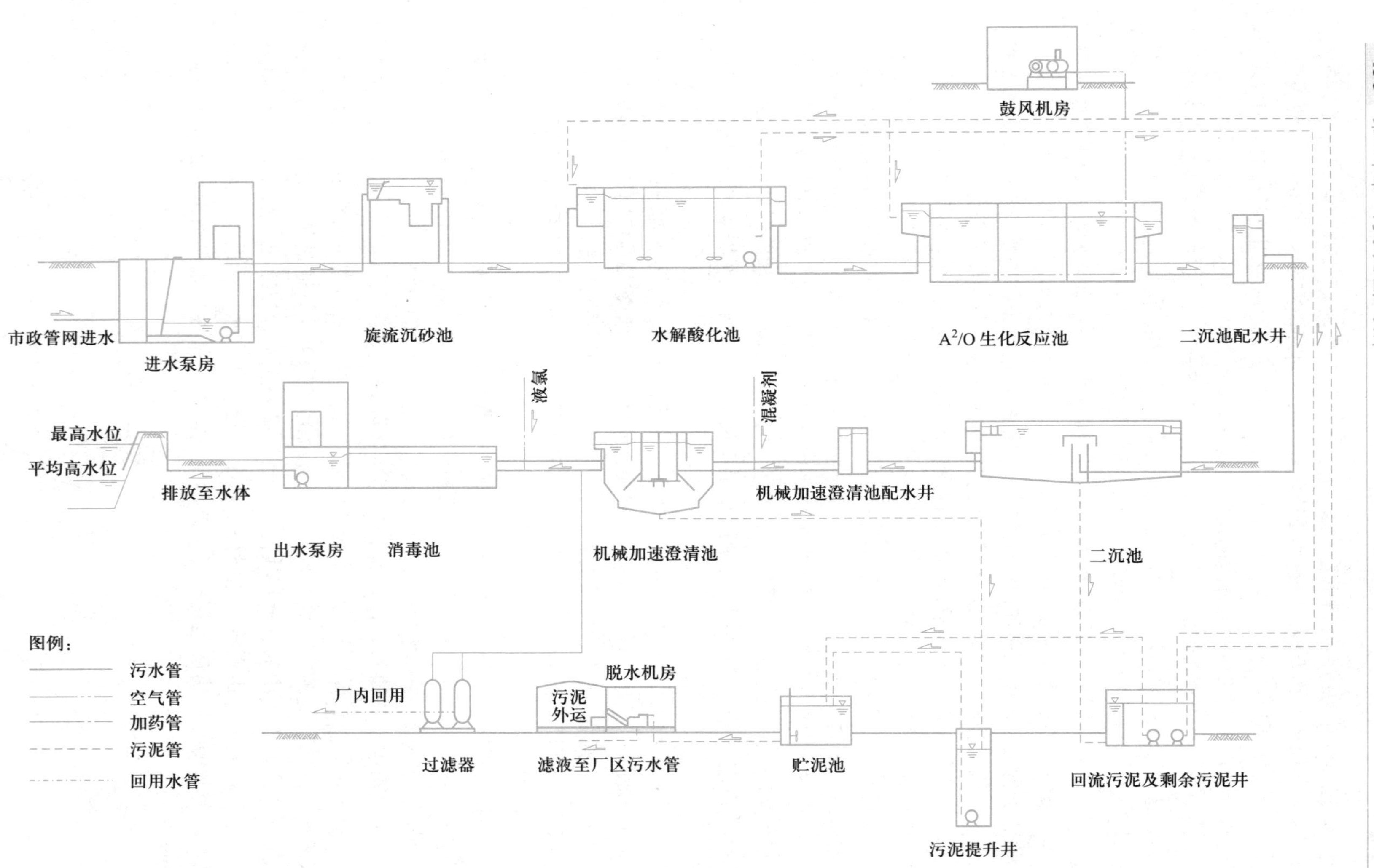

图20－2 N市经济开发区污水处理厂工艺流程图

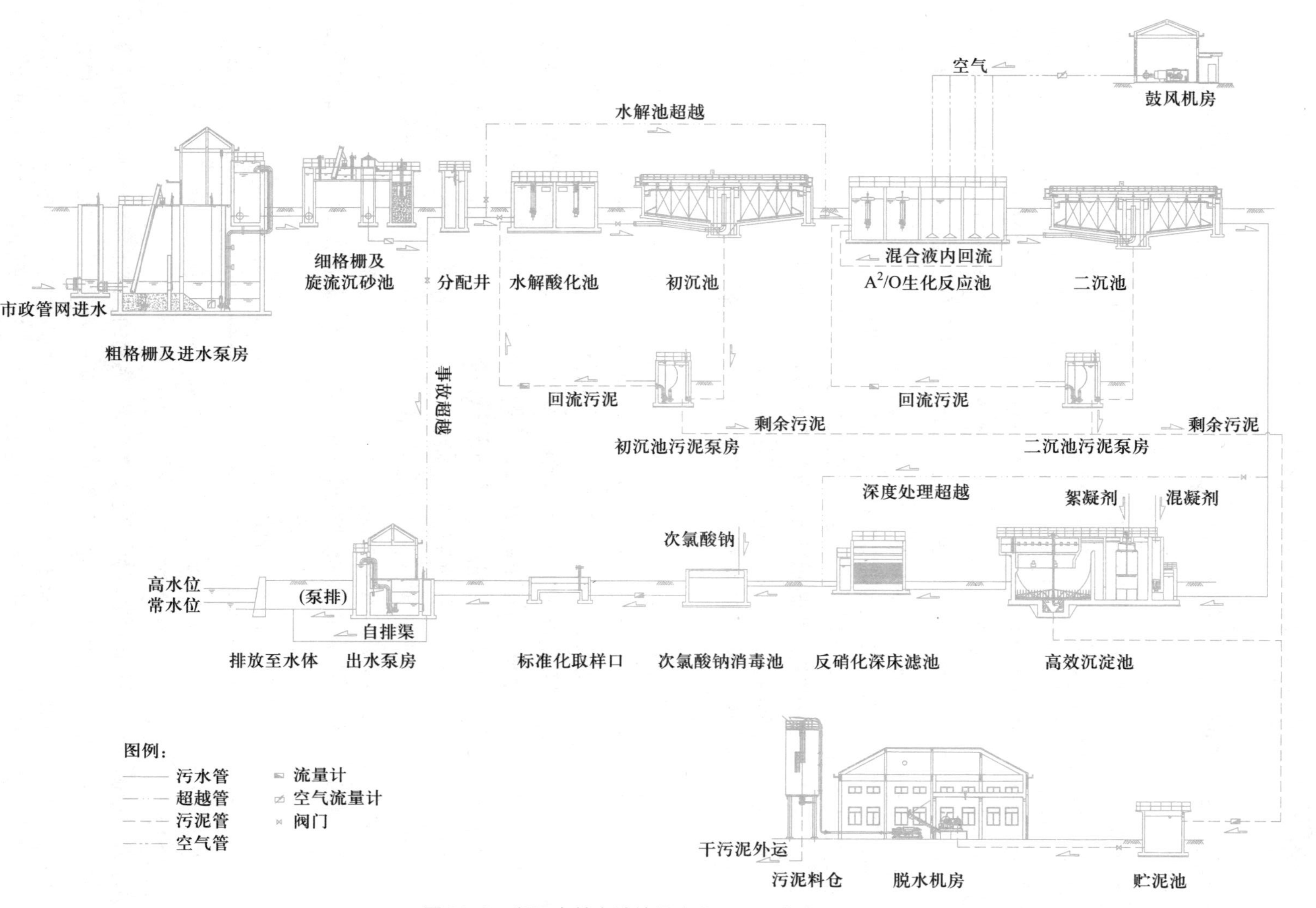

图 20-3　浙江省某市城镇污水处理厂工艺流程图

第四节 平面布置与高程布置

一、平面布置

污水处理厂平面布置的任务是对各单元处理构筑物与辅助设施等的相对位置进行平面布置，包括处理构筑物与辅助构筑物（如泵站、配水井等），各种管线，辅助建筑物（如鼓风机房、办公楼、变电站等），以及道路、绿化等。

污水处理厂平面布置的合理与否直接影响用地面积、日常的运行管理与维修条件，以及周围地区的环境卫生等。进行平面布置时，应综合考虑工艺流程与高程布置中的相关问题，在处理工艺流程不变的前提下，可根据具体情况做适当调整，如修正单元处理构筑物的数目或池型。污水处理厂的平面布置应遵循如下基本原则：

（1）处理构筑物与生活、管理设施宜分别集中布置，其位置和朝向力求合理，生活、管理设施应与处理构筑物保持一定距离。功能分区明确，配置得当，一般可按照厂前区、污水处理区、深度处理区和污泥处理区设置。

（2）处理构筑物宜按流程顺序布置，应充分利用原有地形，尽量做到土方量平衡。构筑物之间的管线应短捷，避免迂回曲折，做到水流通畅。

（3）处理构筑物之间的距离应满足管线（闸阀）敷设施工的要求，并应使操作运行和检修方便。处理厂（站）内的工艺管道、雨水管道、污水管道、给水管道、回用水管道、电气自控线缆等管线应全面安排，避免相互干扰，管道复杂时可考虑设置管廊。

（4）污水处理厂厂区的消防设计和消化池、贮气罐、污泥气压缩机房、污泥气发电机房、污泥气燃烧装置、污泥气管道、污泥好氧发酵工程辅料存储区、污泥干化装置、污泥焚烧装置及其他危险品仓库等的设计，应符合国家现行防火标准的有关规定。

（5）考虑到处理厂发生事故与检修的需要，应设置超越全部处理构筑物的超越管、单元处理构筑物之间的超越管和单元构筑物的放空管道。并联运行的处理构筑物间应设均匀配水装置，各处理构筑物系统间应考虑设置可切换的连通管渠。

（6）产生臭气和噪声的构筑物（如集水井、污泥池）和辅助建筑物（如鼓风机房）的布置，应注意其对周围环境的影响。

（7）设置通向各构筑物和附属建筑物的必要通道，满足物品运输、日常操作管理和检修的需要。

（8）处理厂（站）内的绿化面积一般不小于全厂总面积的30%。

（9）污水处理厂内应该体现海绵城市建设的理念，利用绿色屋顶、透水铺装、生物滞留设施等进行源头减排，并结合道路和建筑物布置雨水口和雨水管道，地形允许散水排水时，可采用植草沟和道路边沟排水。

（10）对于分期建设的项目，应考虑近期与远期的合理布置，以利于分期建设。

地下、半地下污水处理厂的布置要求，见本节“四、地下污水处理厂”的介绍。

平面布置图的比例一般采用1∶500～1∶1 000。平面布置图应标出坐标轴线、风玫瑰图、构筑物与辅助建筑物、主要管渠、围墙、道路及相关位置，列出构筑物与辅助建筑物一览表和工程数量表。对于工程内容较复杂的处理厂，可单独绘制管道布置图。

N市经济开发区污水处理厂建模效果图

图20-4是前述N市经济开发区污水处理厂平面布置图，在总平面设计中按照进出水水流方向和处理工艺要求，将污水处理厂按功能分为厂前区，污水处理区（预处理区、生物处理区、深度处理区），污泥处理区。总平面布置中，按照不同功能、夏季主导风向和全年风频，合理分区布置。厂前区布置在处理构筑物的上风向，与处理构筑物保持一定距离，且用绿化隔离。各相邻处理构筑物之间间距的确定，要考虑管道施工维修方便。各主要构筑物之间均设有道路连接，便于池子间管道敷设及设备运输、安装和维修。

图20-5是前述浙江省某市城镇污水处理厂平面布置图，图20-6、图20-7是广东某城镇污水处理厂工艺流程图和平面布置图，供参考。

二、高程布置

污水处理厂高程布置的任务是对各单元处理构筑物与辅助设施等相对高程做竖向布置；通过计算确定各单元处理构筑物和泵站的高程，以及各单元处理构筑物之间连接管渠的高程和各部位的水面高程，使污水能够沿处理流程在构筑物之间通畅地流动。

高程布置的合理性也直接影响污水处理厂的工程造价、运行费用、维护管理和运行操作等。高程布置时，应综合考虑自然条件（如气温、水文地质、地质条件等），工艺流程和平面布置等。必要时，在工艺流程不变的前提下，可根据具体情况对工艺设计做适当调整。如地质条件不好、地下水位较高时，通过修正单元处理构筑物的数目或池型以减小池子深度，改善施工条件，缩短工期，降低施工费用。

污水处理厂的高程布置应满足如下要求：

（1）尽量采用重力流，合理布置中间提升节点，以降低电耗，方便运行。由于近年来污水处理标准的提高，目前大部分污水处理厂均需设置深度处理工艺。高程布置中，一般进厂污水经一次提升后靠重力通过整个预处理及生物处理系统。深度处理段结合深度处理工艺及排放水体的水位要求，考虑二次提升的必要性及节点设置位置。

（2）应选择距离最长、水头损失最大的流程进行水力计算，并应留有余地，以免因水头不够而发生涌水，影响构筑物的正常运行。

（3）水力计算时，一般以近期流量（水泵最大流量）作为设计流量；涉及远期流量的管渠和设施，应按远期设计流量进行计算，并适当预留贮备水头。

（4）注意污水流程与污泥流程间的配合，尽量减少污泥处理流程的提升，污泥处理设施排出的污水应能自流入集水井或调节池。

（5）污水处理厂出水管渠高程，应使最后一个处理构筑物的出水能自流或经提升后排出，不受水体顶托。

（6）设置调节池的污水处理厂，调节池宜采用半地下式或地下式，以实现减少提升次数的目的。

污水处理厂初步设计时，污水流经处理构筑物的水头损失，可用经验值或参比类似工程估算，施工图设计必须通过水力计算来确定水头损失。

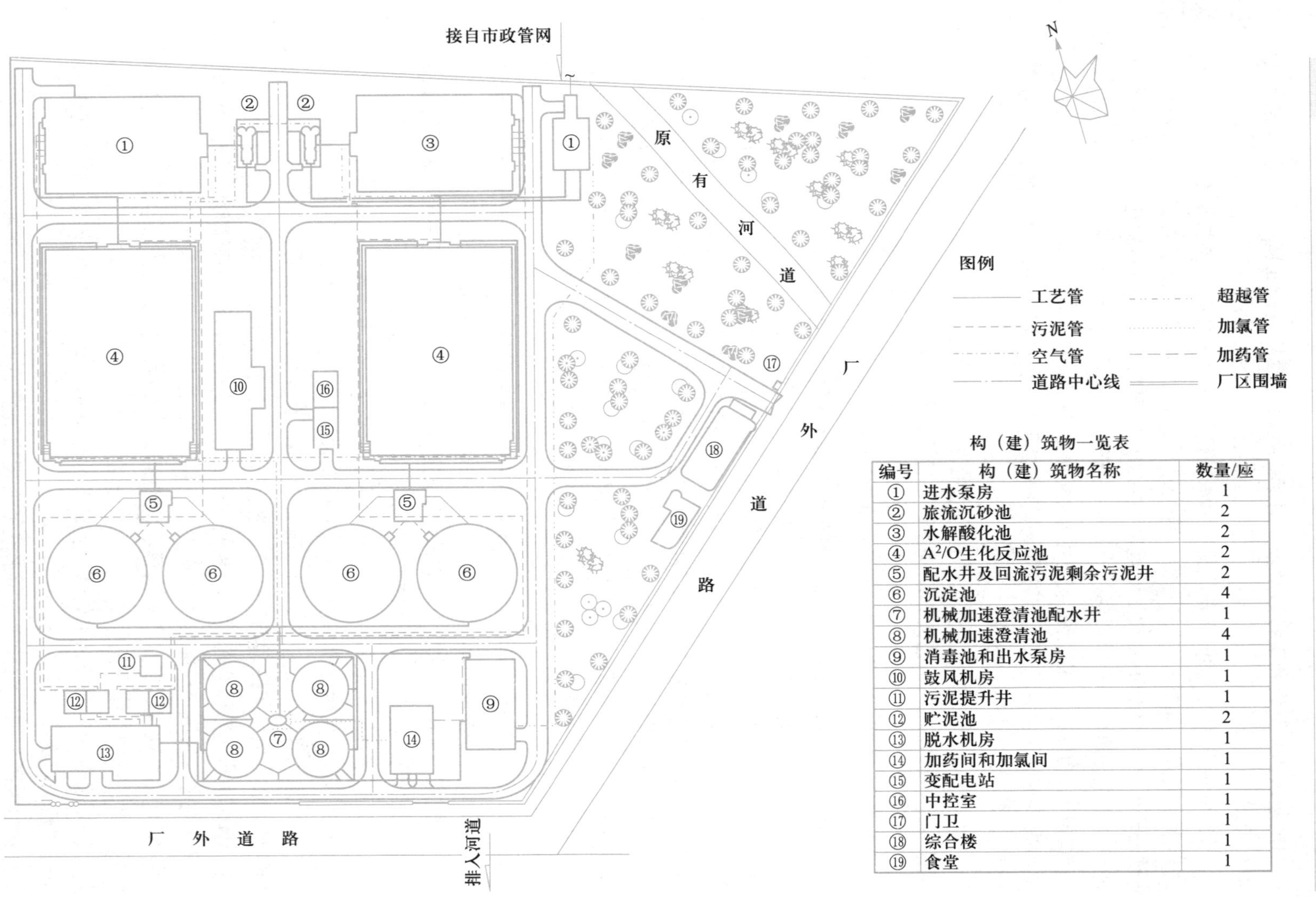

编号	构（建）筑物名称	数量/座
①	进水泵房	1
②	旋流沉砂池	2
③	水解酸化池	2
④	A^2/O生化反应池	2
⑤	配水井及回流污泥剩余污泥井	2
⑥	沉淀池	4
⑦	机械加速澄清池配水井	1
⑧	机械加速澄清池	4
⑨	消毒池和出水泵房	1
⑩	鼓风机房	1
⑪	污泥提升井	1
⑫	贮泥池	2
⑬	脱水机房	1
⑭	加药间和加氯间	1
⑮	变配电站	1
⑯	中控室	1
⑰	门卫	1
⑱	综合楼	1
⑲	食堂	1

图20－4 N市经济开发区污水处理厂平面布置图

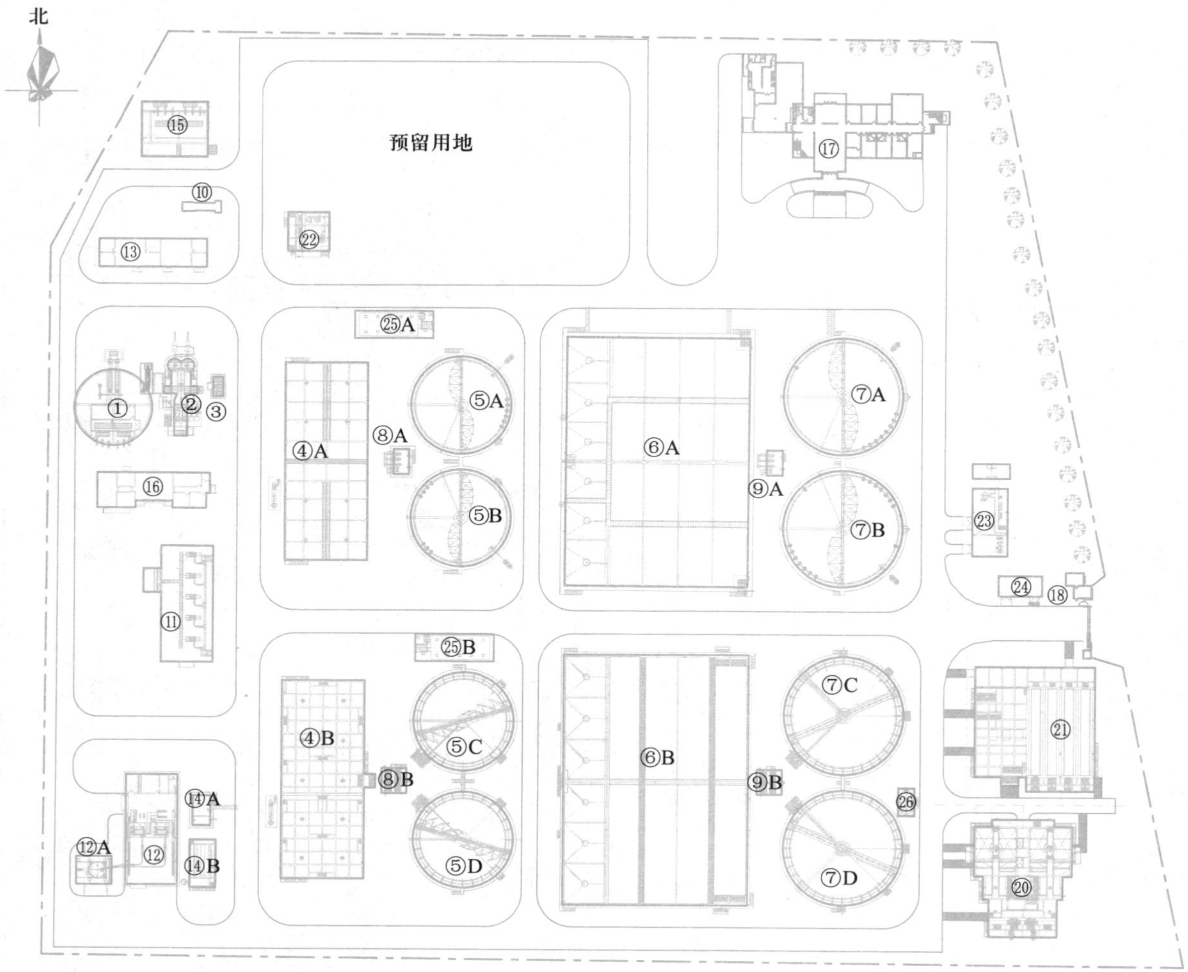

主要构(建)筑物一览表

序号	名称	数量/座
①	粗格栅、进水泵房	1
②	细格栅、旋流沉砂池	1
③	分配井	1
④	水解酸化池	2
⑤	初沉池	2
⑥	A^2/O生化反应池	2
⑦	二沉池	4
⑧	初沉池污泥泵房	2
⑨	二沉池污泥泵房	2
⑩	紫外线消毒渠	1
⑪	鼓风机房	1
⑫	脱水机房及污泥料仓	1
⑬	机修、仓库	1
⑭	贮泥池	2
⑮	出水泵房	1
⑯	交配电站	1
⑰	综合楼	1
⑱	门卫	1
⑲	回用水处理装置	1
⑳	高效沉淀池	1
㉑	反硝化深床滤池	1
㉒	次氯酸钠消毒池	1
㉓	加药间	1
㉔	2#变电所	1
㉕	生物除臭装置	2
㉖	碳源投加装置	1

北

预留用地

图20－5　浙江省某市城镇污水处理厂平面布置图

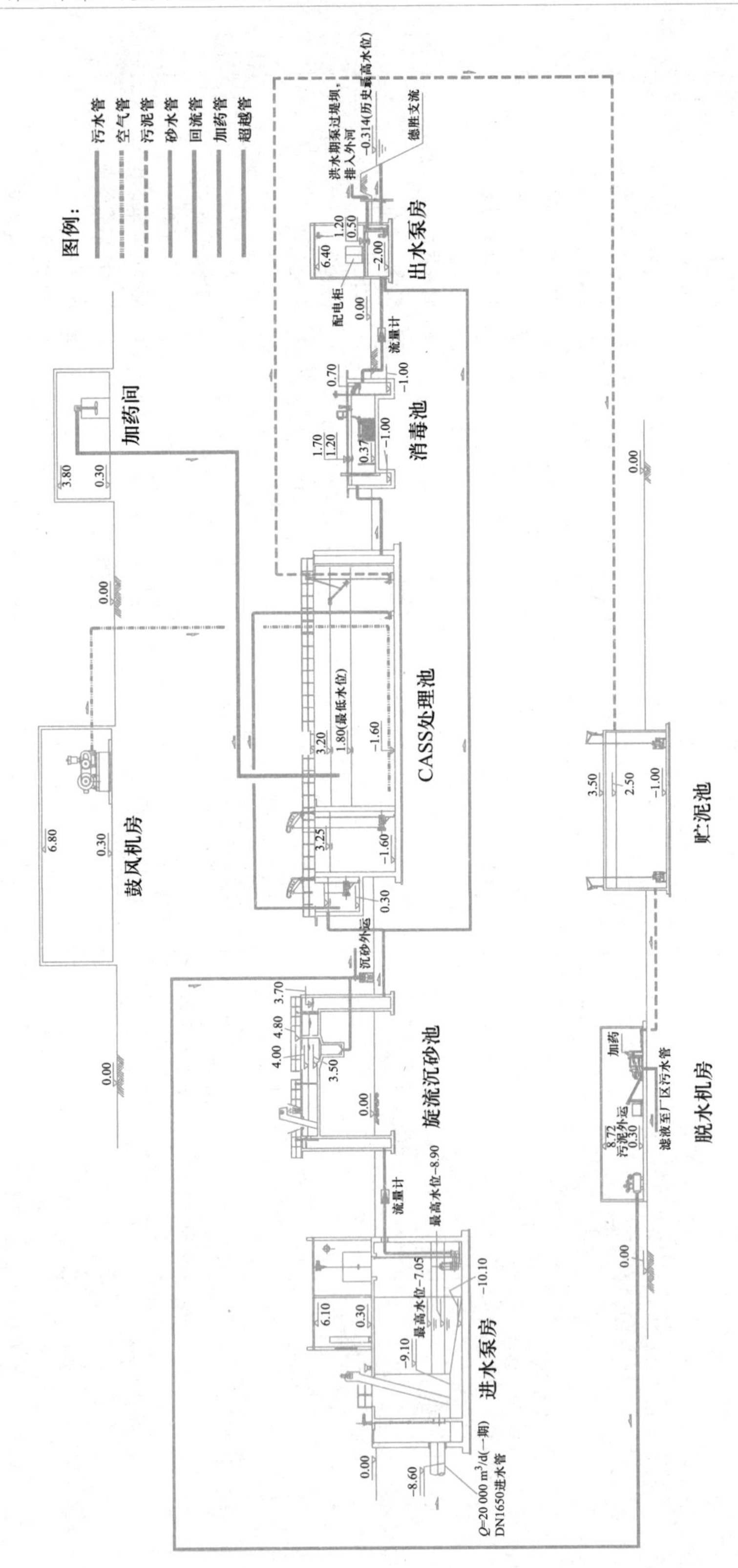

图20－6 广东某城镇污水处理厂工艺流程图

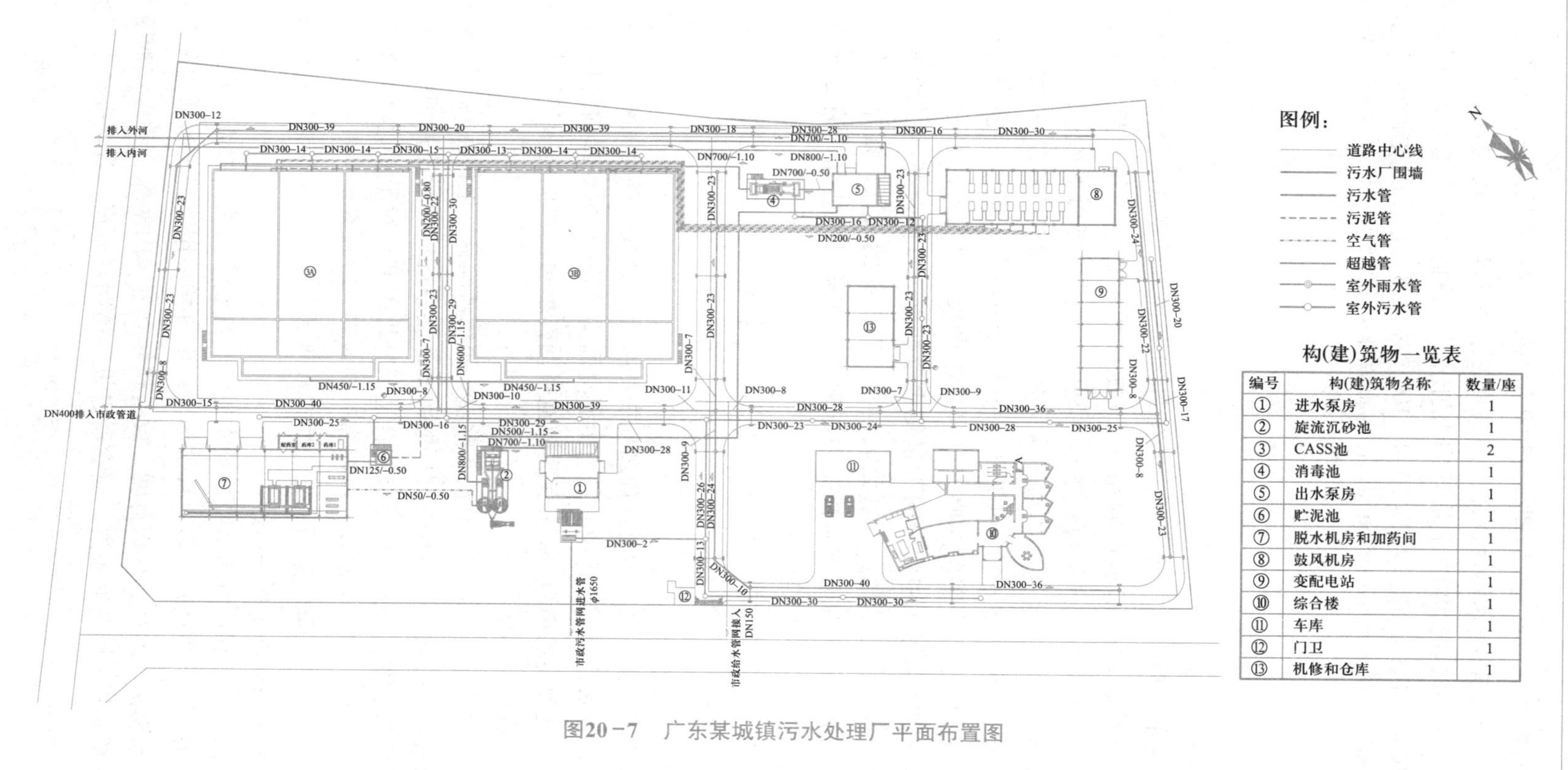

图20-7　广东某城镇污水处理厂平面布置图

高程布置图需标明污水处理构筑物和污泥处理构筑物的池底、池顶及水面高程，表达出各处理构筑物间（污水、污泥）的高程关系和处理工艺流程。

高程布置图在纵向和横向上采用不同的比例尺绘制，横向与总平面布置图相同，可采用1∶500~1∶1 000，纵向为1∶50~1∶100。图20-8为前面已做介绍的N市经济开发区污水处理厂的高程布置图，图20-9为前述浙江省某市城镇污水处理厂的高程布置图。

三、消毒和除臭

1. 消毒

消毒是水处理中的重要工序，早在2002年国家已将微生物指标列入污水处理厂污染物排放标准的基本控制指标。《城市污水再生利用　城市杂用水水质》（GB/T 18920—2020）、《城市污水再生利用　景观环境用水水质》（GB/T 18921—2019）、《城市污水再生利用　地下水回灌水质》（GB/T 19772—2005）、《城市污水再生利用　工业用水水质》（GB/T 19923—2005）等标准中，也对出水粪大肠杆菌群数等微生物指标有明确的要求。根据出水水质要求，污水处理厂必须采用适当的消毒方式杀灭污水中含有的大量细菌及病毒。目前，在污水处理中应用较为广泛的消毒方法有氯消毒、二氧化氯消毒、次氯酸钠消毒、紫外线消毒和臭氧消毒等。污水消毒工艺的选择应根据污水性质、现场用地情况、消毒剂获得的难易度、运输成本等因素综合考虑。

有关消毒的基本方法和内容，可以参考《室外排水设计标准》（GB 50014—2021）、相关设计手册等。

2. 除臭

污水处理厂在污水、污泥处理过程中都会产生臭气，对周围环境产生一定的影响。因此，污水处理厂设计中对易产生恶臭的构筑物（如预处理构筑物、生物处理构筑物及污泥处理构筑物）应采取有效措施降低其影响，防止臭味对厂内工作人员和厂区周围环境产生不良影响。

污水处理厂除臭方式主要有离子除臭、植物液除臭、生物除臭、化学洗涤除臭、土壤除臭等。一般而言，污水处理厂的污水除臭系统应进行源强和组分的分析，根据臭气发散量、浓度和臭气成分选用合适的处理工艺；对于周边环境要求高的场合还需要采用多种处理工艺组合，以提高处理效果。除臭系统一般由臭气源封闭加罩或加盖、臭气收集、臭气处理和处理后排放等部分组成，并根据当地的气候条件确定是否需要采取防冻和保温措施。

臭气源加盖后利用负压抽吸是最常用的臭气收集手段。加盖方式通常采用拱形玻璃钢加盖、反吊膜加盖或新建构筑物设计中直接采用混凝土整体封闭。具体加盖的方式应根据池体形状、单跨宽度、设备检修频率等因素综合考虑。加盖不能影响构筑物内部和相关设备的观察，通常通过设置透明观察窗、观察孔、取样孔和人孔等措施，满足运行中对污水处理工艺观察、设备检修更换的要求。

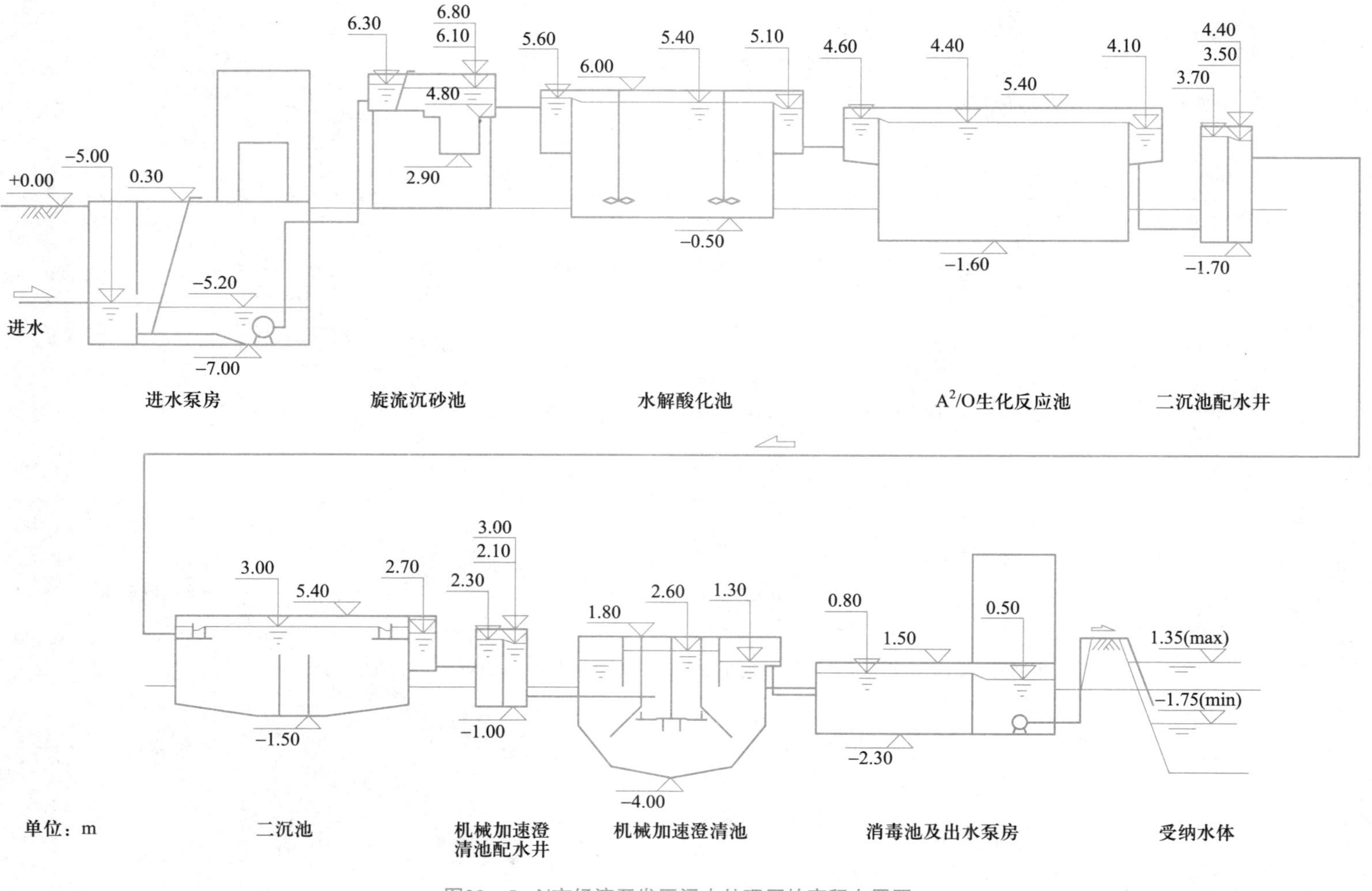

图20－8　N市经济开发区污水处理厂的高程布置图

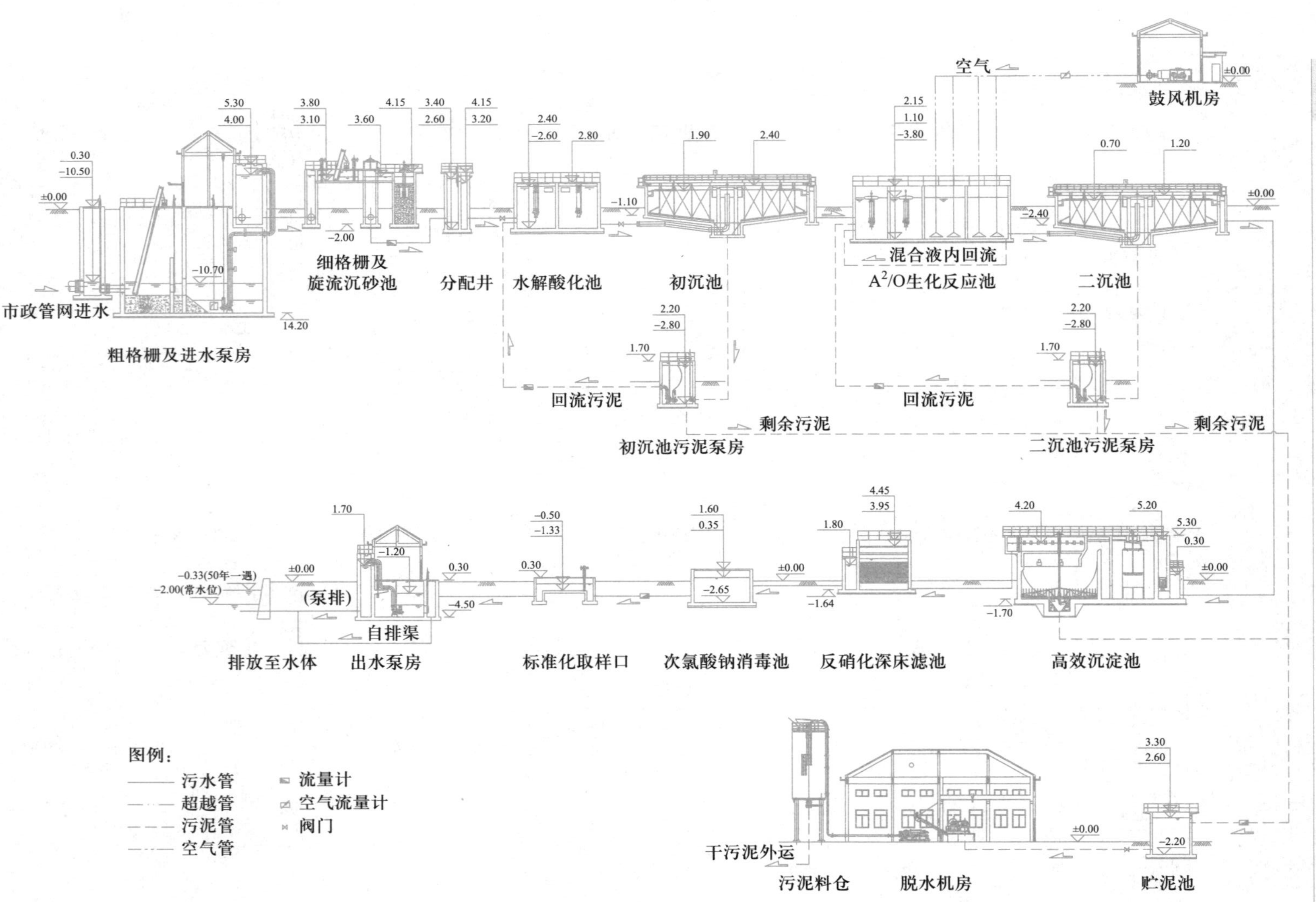

图20-9 浙江省某市城镇污水处理厂的高程布置图

污水处理厂除臭尾气排放标准应满足《城镇污水处理厂污染物排放标准》(GB 18918—2002)及项目环境影响评价报告和批复中的相关要求。当厂区周边存在环境敏感区域时，还应进行臭气防护距离计算。除臭设计标准和要求应符合《城镇污水处理厂污染物排放标准》(GB 18918—2002)和《工业企业设计卫生标准》(GBZ 1-2010)等相关规定。

四、地下污水处理厂

近年来，由于城镇建设用地的日趋紧张、城镇扩张速度加快，越来越多的城镇污水处理厂用地被各类建设用地包围。受管网系统的限制，污水处理厂搬迁的难度极大。随着公众对环境越来越高的要求，针对传统污水处理厂占地面积过大、二次污染比较严重、对周边地区土地价值有负面影响等问题，地下及半地下污水处理厂在国内外日趋受到重视并得到应用。

地下及半地下污水处理厂一般采用构筑物全合建的形式。地下污水处理厂是指污水、污泥处理构筑物及上部操作层箱体整体位于地面以下，箱体顶部有一定厚度的覆土，用于绿化或其他用途的建设。半地下污水处理厂通常构筑物室内地坪略高于室外地面，上部操作层箱体位于地面以上，箱体上部另行以堆坡的形式覆土种植绿化。

相对于传统污水处理厂，地下及半地下污水处理厂主要的处理构筑物建于地下，辅助建筑物建于地面，地下部分无须考虑绿化及隔离带等要求，构筑物设计比较紧凑，占地面积相对较小；由于地下及半地下污水处理厂的主要处理设备一般位于地下，机械噪声和振动对地面产生的影响较小，臭气等也易于收集处理，因此对周边环境影响较低；污水处理工艺在地下运行时，受外界温度等环境因素的影响较小，也有利于生物处理工艺的稳定运行。在有条件的情况下，还可以将地面部分设计为公用绿地，起到改善和美化周边环境的作用。

当然，地下污水处理厂的建设与运行成本都较高，维护管理的难度相对较大，更适用于土地高度紧张、经济发达、环境要求高的地区采用。

《室外排水设计标准》(GB 50014—2021)及《给水排水设计手册》对地下污水处理厂的设计和运行都提出了明确的要求。一般而言，地下污水处理厂的选址应避免地下水位高及不良地质区域，并选择占地面积小、可紧凑布置的处理工艺流程，管线一般在管廊内统一敷设。地下污水处理厂需要强化地下空间通风除臭、有毒有害气体监测报警、室内防爆及消防措施的设计，保证巡检人员的安全，并充分考虑地下封闭空间内设备与池体的防腐、设备的操作、维护与检修、日常管理中人流及物流的通道等具体要求。在运行上，应建立完善的应急处理预案系统，包括地下空间淹泡应急处理、关键工序停电应急处理、主要处理构筑物高液位报警等各种应急处置预案。

五、配水与计量

1. 处理构筑物之间的管渠连接

处理构筑物之间的管渠连接有明渠和管道两种。一般明渠内流速要求为 1.0~

1.5 m/s，为防止悬浮物沉淀，最小流速不小于0.4 m/s(沉砂池前的渠道中为0.6 m/s)；管道内流速宜大于1.0 m/s，以防止管道发生淤积难以清除。

2. 配水设备

为运行灵活和维修方便，污水处理厂设计时应设置配水设备，使各处理单元之间配水均匀，并可相互进行水量调节。

图20-10为几种常用的配水设备。(a)为管式配水井，(b)为倒虹吸管式配水井，这两种配水设备水头稳定，配水均匀，常用于两个或四个一组的对称构筑物。(c)为挡板式配水槽，可用于更多个同类型构筑物。(d)为一种为简易配水槽，构造简单，但配水效果较差。(e)为另一种简易配水槽，结构复杂一些，但配水效果较好。配水设备的配水支管(槽)上都应设置堰门、阀门或闸板阀，以调节水量使配水更均匀，必要时可以关闭。

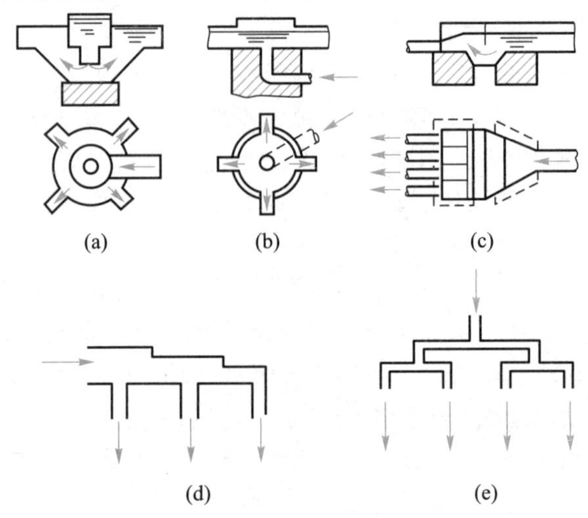

图20-10 几种常用的配水设备

(a) 管式配水井；(b)倒虹吸管式配水井；(c) 挡板式配水槽；(d)，(e) 简易配水槽

3. 计量设备

污水处理厂需要计量的对象包括污水处理量、污泥回流量、污泥处理量、空气量与各种药剂的投加量等。常用的计量设备有如下几种。

(1) 巴氏计量槽：简称为巴氏槽，是一种咽喉式计量槽，其构造如图20-11所示。巴氏槽的精度为95%~98%，其优点是水头损失小，底部冲刷力大，不易沉积杂物。但对施工技术要求高，施工质量不好会影响计量精度。为保证质量，有预制的巴氏槽，在施工时直接安装，效果较好。在巴氏槽中，计量槽的水深随流量而变化，量得水深后便可用公式计算出流量，可配备自动记录仪直接显示出水深与流量。巴氏槽的具体构造与设计计算可参阅《给水排水设计手册》。

(2) 非淹没式薄壁堰：非淹没式薄壁堰有矩形堰和三角堰两种，图20-12为矩形堰和三角堰计量设备。

非淹没式薄壁堰结构简单、运行稳定、精度较高，但水头损失较大。具体构造

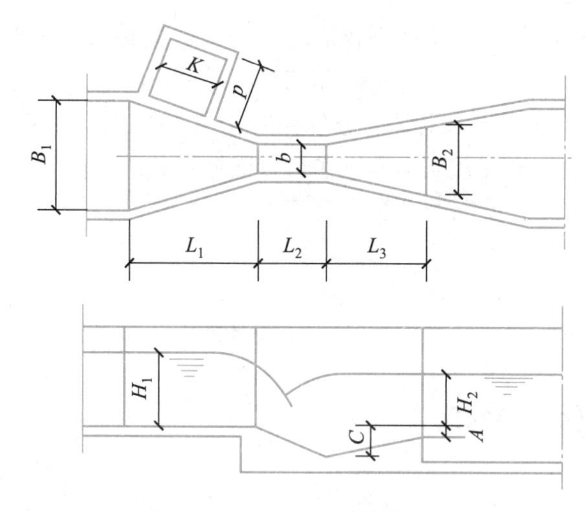

图 20-11　巴氏计量槽构造图

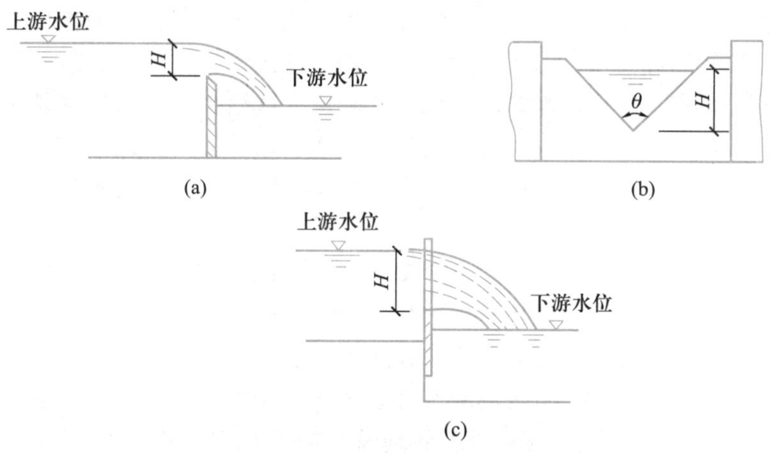

图 20-12　矩形堰和三角堰计量设备

（a）矩形堰剖面；（b）三角堰立面；（c）三角堰剖面

与设计计算参阅《给水排水设计手册》。

（3）电磁流量计：电磁流量计根据法拉第电磁感应定律来测量流体的流量，由电磁流量变送器和电磁流量转换器组成。前者安装在需测量的管道上，当导电流体流过变送器时，切割磁力线而产生感应电势，并以电信号输至转换器进行放大、输出。由于感应电势的大小与流体的平均流速有关，在管径一定的条件下，可以测定管中的流量。电磁流量计可以和其他仪表配套，进行记录、指示、计算、调节控制等，为自动控制创造了条件。电磁流量计的具体规格与安装要求可参阅《给水排水设计手册》与产品样本。

（4）超声波流量计：超声波流量计由传感器和主机组成，可显示瞬时、累计流量，其特点同电磁流量计相似，具体规格与安装要求参阅产品样本。

（5）玻璃转子流量计：玻璃转子流量计由一个垂直安装底部锥形的玻璃管与浮

子组成。浮子在管内的位置随流量变化而变化，可以从玻璃管外壁的刻度上直接读出液体的流量值。常用于小流量的液体如药剂的计量。

（6）计量泵：计量泵可以定量输送各种液体，常用于药剂的计量。计量泵运行稳定，结构牢靠，但价格较高，不适宜输送含固体颗粒的液体。

各种液体计量对象宜使用的计量设备建议如下。

- 污水：可选用非淹没式薄壁堰、电磁流量计、超声波流量计、巴氏计量槽等。
- 污泥：污泥回流量可以选用电磁流量计等。
- 药剂：可以使用玻璃转子流量计、计量泵等。

第五节 技术经济分析

建设项目的技术经济分析是工程设计的有机组成部分和重要内容，是项目和方案决策科学化的重要手段。技术经济分析通过对项目多个方案的投入费用和产出效益进行计算，对拟建项目的经济可行性和合理性进行论证分析，做出全面的技术经济评价，经比较后确定推荐方案，为项目的决策提供依据。城镇污水处理工程对城镇的水务管理系统，包括排水管网、水资源利用、城镇水环境保护等都有重要的影响。因此，除需计算项目本身的直接费用、间接费用外，还应评估项目的直接效益和间接效益，据此从社会、环境与经济等方面综合判别项目的合理性。

1. 技术经济分析的主要内容

（1）处理工艺技术水平比较：包括处理工艺路线与主要处理单元的技术先进性与可靠性、运行的稳定性与操作管理的复杂程度、各级处理的效果与总的处理效果、出水水质、污泥的处理与处置、工程占地面积、施工难易程度、劳动定员等。

（2）处理工程的经济比较：包括工程总投资、经营管理费用（处理成本、折旧与大修费、管理费用等）和制水成本（水处理及相应的污泥处理过程所发生的各项费用）。

在技术经济比较过程中，一个方案的技术先进合理性或经济指标全部优于另一个方案的可能性较小，应注重综合性比较，除注意可比性的指标外，还应结合不同时期、不同地区的实际情况，做出科学的、全面的综合性比较，为项目的科学决策提供正确的依据。

2. 建设投资与经营管理费用

（1）基本建设投资。基本建设投资（又称工程投资）指项目从筹建、设计、施工、试运行到正式运行所需的全部资金，分为工程投资估算、工程建设设计概算和施工图预算三种。工程可行性研究阶段采用工程投资估算，初步设计阶段为概算，施工图设计阶段为预算。

基本建设投资由工程建设费用、工程建设其他费用、工程预备费和建设期利息组成。在估算和概算阶段通常称工程建设费用为第一部分费用，工程建设其他费用为第二部分费用。按时间因素可分为静态投资和动态投资。静态投资指第一部分费用、第二部分费用和工程预备费。动态投资指包括设备材料价差预备费和建设期利息的全部费用。

第一部分费用(工程建设费用)由建筑工程费用、设备和工器具购置费用、安装工程费用组成。第二部分费用(工程建设其他费用)指根据规定应列入投资的费用，包括土地、青苗等补偿和安置费，建设单位管理费，试验研究费，培训费，试运转费，勘察设计费等。工程预备费包括基本预备费和涨价预备费。

(2) 总成本费用：总成本费用是指在运营期内为生产产品或提供服务发生的全部费用。排水项目总承包费用估算一般采用生产要素估算法。(相关计算方法摘自《市政公用设施建设项目经济评价方法与参数》)

总成本费用=外购原材料费、燃料及动力费+职工薪酬+固定资产折旧费+无形资产和其他资产摊销费+修理费+财务费+尾水、尾气、污泥处置费+其他费用

① 外购原材料费：主要指药剂费用。

年药剂费=$\Sigma A_i B_i$(元/a)

式中：A_i——各种化学药剂的年投加量，t/a；

B_i——对应的各种化学药剂单价，元/t。

② 外购燃料及动力费：主要指电力费用，需要冬季供暖的地区还应包括冬季供暖费用。

电费 = 运行期间耗电量(kW·h/a)×电度电价[元/(kW·h)]

③ 职工薪酬：

职工薪酬=职工定员(人)×年人均职工薪酬[元/(人·a)]

④ 固定资产折旧费：一般按税法明确的分类折旧年限计算折旧费，也可采用综合折旧年限法。

⑤ 无形资产和其他资产摊销费：

无形资产摊销费 = 无形资产×摊销费率

其他资产摊销费 = 其他资产×摊销费率

排水项目无形资产按不少于 10 年摊销，其他资产按不少于 5 年摊销。

⑥ 修理费

修理费 = 固定资产原值×修理费率

其中：修理费率取 2%~3%。

⑦ 财务费：包括利息支出、汇兑损失及相关的手续费。

⑧ 尾水、尾气、污泥处置费用：按有关部门规定记取。

⑨ 其他费用：包括其他制造费用、其他管理费用和其他营业费用三项费用。

一般以上述成本费用①~⑦项之和为基数，按照一定的费率提取。排水项目其他费用综合费率取 8%~12%。

(3) 经营成本：经营成本 = 外购原材料费、燃料及动力费+职工薪酬+修理费+尾水、尾气、污泥处置费+其他费用。

(4) 固定成本和可变成本：固定成本=职工薪酬+固定资产折旧费+无形资产和其他资产摊销费+修理费+其他费用+财务费。可变成本=外购原材料费、燃料及动力费+尾水、尾气、污泥处置费。

3. 经济比较与分析方法

建设工程的经济分析有指标对比法和经济评价法。大中型基本建设项目和重要的基本建设项目应按经济评价法进行评价；小型简单的项目可按指标对比法进行比较。

（1）指标对比法：指标对比法是对各个设计方案的相应指标进行逐项比较，通过全面分析比较各指标，可以为方案推荐提供重要的经济分析依据。

基设投资和年经营成本是主要指标，应先予以比较。比较时，若某方案的建设投资与年经营成本两项主要指标均为最小，一般情况下此方案从经济分析的角度可以推荐。但在比较时，遇到建设投资与年经营成本两项主要指标数值互有大小的情况，采用逐项比较法会产生一定困难。这时，一般可采用辅助指标比较，如占地多少，需要材料、设备当地能否解决等，并结合技术比较、效益评估等确定推荐方案。

（2）经济评价法：经济评价是在可行性研究过程中，采用现代分析方法对拟建项目计算期（包括建设期和生产使用期）内投入产出诸多经济因素进行调查、预测、研究、计算和论证，遴选推荐最佳方案，作为项目决策的重要依据。

我国现行的经济评价法分为两个层次，即财务评价和国民经济评价。财务评价是在国家现行财税制度和价格的条件下，从企业财务角度分析、预测项目的费用和效益，考查项目的获利能力、清偿能力和外汇效果等财务状况，以评价项目在财务上的可行性。国民经济评价是从国家、社会的角度考查项目，分析计算项目需要国家付出的代价和对国家与社会的贡献，以判别项目的经济合理性。一般情况下，城镇基础设施项目应以国民经济评价结论作为项目取舍的主要依据。

4. 社会与环境效益评估

社会与环境效益评估的主要内容包括：① 对城镇的社会、经济发展和人民生活水平提高带来的重要影响，促进城镇可持续发展的作用。② 削减了污染物和污水的排放，改善水环境质量，对农业和水产养殖业等的产量与质量等方面的积极影响。③ 改善环境，减少疾病，提高人民健康水平，减少医疗卫生费用，提高劳动生产率等方面的影响和作用。④ 环境改善对城市旅游业、地价等的有利影响。

第六节 污水处理厂碳排放核算

在全球气候变暖的背景下，世界各国都开始采取行动，减少温室气体的排放量。污水处理系统作为城镇基础设施中不可缺少的重要组成部分，在削减污染物排放、解决区域水污染问题、保护水体环境质量方面起着重要作用。但污水处理运行过程中能耗大，工艺过程也会排放大量的温室气体，其低碳设计和运行已是行业可持续发展的重要方面。

污水处理厂整体的碳排放核算包括建设、运行及拆除过程整个生命周期的碳排放量及碳汇，本节以联合国政府间气候变化专门委员会（Intergovernmental Panel on Climate Change，IPCC）指南为主要依据，总结国内外污水处理厂温室气体排放清单及核算方法，介绍城镇污水处理厂运行过程中的碳排放来源、核算边界及核算方法，提出碳减排技术路径与发展趋势，为污水处理厂的设计及运行提供参考。

一、温室气体主要排放来源及特征

温室气体是指大气中吸收和重新放出红外辐射的自然和人为的气态成分，包括二氧化碳、甲烷、氧化亚氮、氢氟碳化物、全氟化碳、六氟化硫和三氟化氮等。由于这些气体对来自太阳辐射的可见光具有高度的透过性，而对地球反射出来的长波辐射具有高度的吸收性，从而造成地球的温室效应，导致全球气温上升，不仅危害自然生态系统的平衡，而且威胁人类的生存环境。

碳排放是指煤炭、石油、天然气等化石能源燃烧活动和工业生产过程，以及土地利用变化与林业等活动产生的温室气体排放，也包括因使用外购电能和热能等所导致的温室气体排放。

因此，碳排放是关于温室气体排放的一个总称或简称。为了避免温室气体排放的重复计算，其排放量的计算分为直接排放和间接排放。直接排放是指煤炭、石油、天然气等化石能源燃烧和工业生产过程，以及农业、林业活动等产生的温室气体排放；间接排放是使用外购电能和热能等所导致的温室气体排放，即基于电力或热能使用的间接排放及其他间接排放。

城镇污水处理厂运行过程中，污水处理和污泥处理处置工艺过程产生的温室气体为直接排放，由电能和物料消耗产生的温室气体为间接排放，能源回收和资源利用产生的碳减排为碳汇。图 20-13 为污水处理厂温室气体排放分类示意图。如图所示，污水处理厂排放的温室气体主要包括二氧化碳（CO_2）、氧化亚氮（N_2O）和甲烷（CH_4）三种。

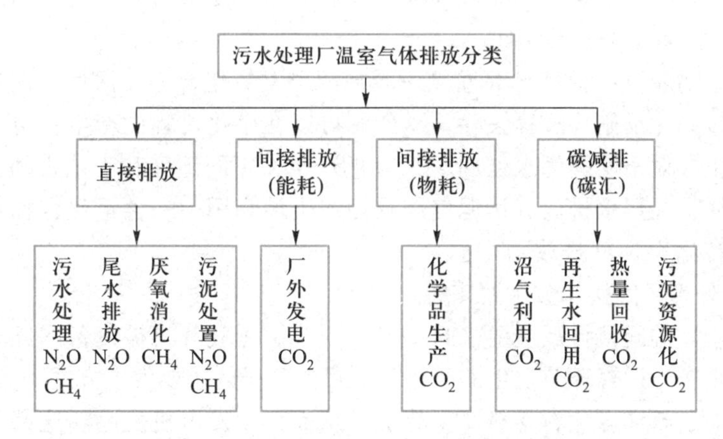

图 20-13　污水处理厂温室气体排放分类示意图

温室气体对全球气候影响的分析计算中，以全球增温潜势（GWP）来衡量不同温室气体与 CO_2 相比的相对辐射影响值，表征不同温室气体对气候变化影响的相对能力，并按照排放清单中温室气体的 GWP，将不同温室气体排放量折算为 CO_2 排放当量（CO_2-eq），即碳排放量。在污水处理厂运行过程碳排放核算中，把污水处理厂运行排放的温室气体，采用 IPCC 对不同温室气体提出的 GWP，折合计算出其碳排放量。

目前，在国际上的碳排放核算实践中，根据 IPCC 指南，生物分解产生的 CO_2 不是来源于化石燃料相关活动，而是自然发生在碳循环的生源碳（bio-genic carbon），不纳入国家排放总量。因此，污水处理、污泥处理处置及利用过程生物降解及污泥焚烧产生的CO_2直接排放为生物成因，不纳入计算范围。污泥运输、污泥焚烧中使用燃料而产生的CO_2排放应计入污水处理厂的排放量。

1. 污水处理厂直接排放主要来源

典型城镇污水处理厂中，运行过程温室气体直接排放的主要单元有沉砂池、初沉池、生物反应池、污泥厌氧消化池及污泥的焚烧、填埋、土地利用等单元。

沉砂池CH_4排放：沉砂池释放的CH_4并非在该处产生，主要是污水在产生点输送至污水处理厂的管道中产生并溶于污水中，进入污水处理厂后，在沉砂池搅动条件下发生逸放。

生物反应池CH_4、N_2O排放：包括厌氧单元产生的CH_4、硝化反硝化过程中产生的N_2O。如前所述，生物反应池虽产生大量的CO_2，但其属于生源碳，不列入碳排放核算。

初沉池及污泥厌氧消化池CH_4排放：主要为沉淀池底部及消化池中厌氧微生物利用有机污染物产生CH_4。

此外，还有尾水排放中N_2O的排放、污泥填埋中CH_4的排放、污泥焚烧中N_2O的排放、污泥土地利用中N_2O的排放及污泥运输中CO_2的排放。其中，污泥运输中的直接排放为运输车辆燃油所致。

污水处理厂CH_4主要产生于污水和污泥的厌氧生物过程，在没有氧气和硝态氮参与的污水生物转化过程中，兼性细菌与厌氧细菌将复杂的有机污染物降解转化为简单的化合物，同时释放出CH_4。

污水的生物脱氮过程是N_2O重要的释放源，含氮化合物在活性污泥曝气池或生物滤池中通过硝化反硝化过程去除，N_2O既可以在硝化过程中产生，也可以在反硝化过程中产生。对于实际污水处理厂N_2O的产生，不同地区和工艺之间表现出较大的差异。同样，在尾水排放、污泥焚烧及污泥土地利用中，含氮化合物在生物化学反应中也会转化为N_2O排放。

2. 污水处理厂间接排放主要来源

污水处理厂的间接排放主要来自提升、搅拌、曝气等机械设备的耗电，以及消耗的药剂在生产与运输环节发生的碳排放。目前我国的主要发电方式仍为火力发电，通过燃烧煤炭、石油等化石燃料产生热能，从而带动发电机发电。这部分碳排放在电厂产生，为污水处理厂购入电能引起的间接排放。

（1）污水处理过程的间接排放

典型污水处理厂污水处理工艺的间接排放途径如表20-1所示。

表20-1 典型污水处理厂污水处理工艺的间接排放途径

序号	排放点	具体排放途径	间接排放形式
1	泵房	污水泵提升消耗的电能	电耗
2	格栅	格栅运转消耗的电能	电耗

续表

序号	排放点	具体排放途径	间接排放形式
3	沉砂池	砂水分离器和吸砂机，或曝气沉砂池中曝气系统消耗的电能	电耗
4	初沉池	刮泥机及吸泥泵等排泥设备消耗的电能；部分污水处理厂采用一级强化工艺投加的混凝剂	电耗及药耗
5	生物反应池	曝气系统消耗的电能；部分脱氮除磷强化处理投加的药剂	电耗及药耗
6	二沉池	污泥排除和表面漂浮物排除消耗的电能	电耗
7	三级处理（深度处理）	污水提升、工艺设备和消毒消耗的电能；投加的药剂	电耗及药耗

（2）污泥处理过程的间接排放

典型污水处理厂污泥处理工艺的间接排放途径如表 20-2 所示。

表 20-2 典型污水处理厂污泥处理工艺的间接排放途径

序号	排放点	具体排放途径	间接排放形式
1	污泥浓缩池	重力浓缩或机械浓缩消耗的电能；投加的絮凝剂及助凝剂	电耗及药耗
2	污泥消化池	保持厌氧消化中的温度所消耗的热能(电能)	电耗
3	污泥脱水机房	机械脱水消耗的电能；污泥调理消耗的絮凝剂及助凝剂	电耗及药耗
4	污泥干化车间	污泥干化消耗的热能(电能)，除臭设备消耗的电能及药剂	电耗及药耗

3. 污水处理厂主要碳汇

污水处理厂的碳汇即碳减排单元，主要为污泥厌氧消化中产生的沼气利用、再生水回用及污泥资源化利用等。

（1）污泥厌氧消化中产生的沼气利用：污泥厌氧消化中产生的沼气利用，是污水处理厂热能利用的主要方式之一。沼气中甲烷燃烧进行热电联产，可以部分替代污水处理厂所需热能和电能，减少碳排放量。

（2）再生水回用：污水处理厂的再生水回用，可以减少给水处理及输送过程中的温室气体排放量，此部分的减排量为使用等量新鲜水所产生的碳排放量。

（3）污泥资源化利用：常用的污泥资源化利用方式为污泥的农用及林业的土地利用。由于污泥中含有一定量的氮、磷营养物质，土地利用中可为植物提供养分，相应减少生产氮、磷肥料使用所产生的碳排放量。

二、碳排放核算边界及方法

1. 污水处理厂主要碳排放部分

虽然污水处理厂所采用的工艺类型不尽相同，但从碳排放核算出发，可将其划分为三个系统和基本单元模块，如图 20-14 所示。

图 20-14 污水处理厂碳排放系统及基本单元模块

从图中可见，在污水系统和污泥系统主要由于物质发生降解、转化产生温室气体的直接排放，在配套系统主要由于电能和药剂的消耗发生温室气体的间接排放。

2. 污水处理厂碳排放核算边界

确定合理的碳排放核算边界是污水处理厂碳排放核算的重要步骤。

从明确污水处理厂碳排放核算界线出发，在图 20-14 核算系统及基本单元模块的基础上，提出污水处理厂碳排放核算中涉及的不同边界，图 20-15 为污水处理厂碳排放核算边界示意图。从图可见，A 边界包含了污水处理和污泥处理过程产生的直接排放、消耗电能和物料产生的间接排放，以及沼气利用、再生水回用产生的碳汇；B 边界增加了尾水排放进入受纳水体之后产生的碳排放和污泥运输、污泥处置和利用产生的碳排放及碳汇；C 边界把污水收集与输送过程中产生的碳排放考虑在内。目前，在国内外的污水处理厂运行过程碳排放核算研究与实践中，碳排放的核算一般以图中的 A 边界和 B 边界为限。

如前所述，本节介绍污水处理厂运行过程中的碳排放范围及核算方法，不包括污水处理厂建设和拆除过程中发生的碳排放。

3. 碳排放核算方法

碳排放常用的核算方法主要有排放因子法、质量平衡法和实测法。

其中，排放因子法是 IPCC 提出的一种碳排放估算方法，也是目前应用最为广泛的方法之一。该方法的基本思路是将碳排放活动数据和与之对应的排放因子的乘积作为碳排放量的估算值。其中，活动数据是指单个排放源与碳排放直接相关的具体使用量和投入数量，其数据主要来自国家相关统计数据、排放源普查、调查资料和监测数据等；而排放因子为某排放源单位用量所释放的温室气体数量，可以采用 IPCC 报告中给出的默认值，也可以自行通过调研分析过程取得。

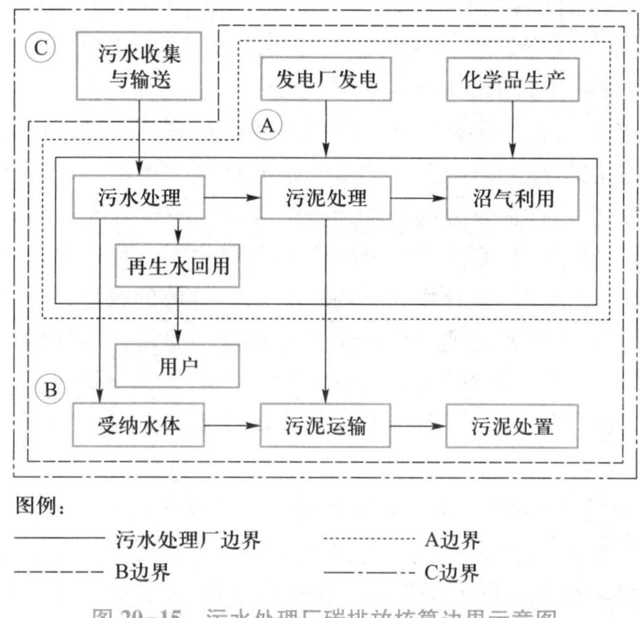

图 20-15　污水处理厂碳排放核算边界示意图

在具体的核算实践中，开展碳排放核算之前，需要对碳排放和碳汇途径进行识别和分析。目前应用较多的碳排放分析方法主要有投入产出分析法(IOA)、生命周期评价法(LCA)和混合生命周期评价法(hybrid LCA)。其中，生命周期评价法更适合用于污水处理厂这类微观系统的碳排放核算分析。通过分析污水处理厂从建设、运行至拆除的整个碳足迹过程，分析确定其整个过程或某个具体阶段及范围内的碳排放因子，计算其碳排放量，包括直接碳排放和间接碳排放，以及项目的碳汇量。

污水处理厂运行过程碳排放的具体计算方法，一般以《2006 年 IPCC 国家温室气体清单指南》第五卷“废弃物”篇、第四卷“农业、林业和其他土地利用”篇等篇章中的相关准则及推荐参数为基本计算依据，在此基础上形成具体的计算公式。对于在清单指南中尚无具体依据的排放过程计算，可以按照指南的基本原则和要求，参照相关的研究与核算实践，形成相应的具体计算方法。

4. 直接排放计算

（1）CH_4 排放计算方法：污水处理过程的 CH_4 排放计算。可以按照《2006 年 IPCC 国家温室气体清单指南》第五卷“废弃物”篇第六章“废水处理和排放”中提出的不同废水处理系统 CH_4 的排放计算方法，参照有关的研究及实践，形成 CH_4 排放的计算公式。

① 污泥厌氧消化 CH_4 排放计算。污泥厌氧消化产生的气体主要有 CH_4、CO_2、H_2S 和 NH_3 等，若对 CH_4 进行收集利用，则此部分 CH_4 的排放量不应计入污水处理厂总的碳排放量中。目前，尚未有相关权威组织针对污泥厌氧消化 CH_4 释放量提出核算方法，可以参照有关的研究及实践，获取相应的计算公式。另外，CH_4 的排放量包括厌氧消化池沼气管道中可能的泄漏，IPCC 对厌氧消化池泄漏导致的 CH_4 排放量的计算提出了相应计算依据及方法。

② 污泥填埋 CH_4 排放计算。由于污水处理厂污泥进入垃圾填埋场后，污泥中的有机污染物在厌氧环境下，经微生物作用分解形成代谢产物 CH_4 和 CO_2，《2006 年 IPCC 国家温室气体清单指南》第五卷“废弃物”篇提出了两类估算固体废弃物处理场所中 CH_4 排放的方法：一阶衰减方法(FOD)和默认估算方法。两类方法的主要区别是，一阶衰减方法提出随时间变化的 CH_4 排放估算，该估算较好体现了废弃物随时间的降解过程；而默认估算方法是基于一个假设，即所有潜在的 CH_4 均在处理当年全部释放完成。采用一阶衰减方法需要近几十年的废弃物产量、成分及处置情况等历史数据，更适合于固体废弃物处置场所的 CH_4 排放的核算，以及历史数据较易详细获取的情形。对于污水处理厂只能获取自身当年的污泥量的情形，在一定程度上更适合采用基于废弃物处置量的默认估算方法。

（2）N_2O 排放计算方法：污水处理过程 N_2O 排放可采用《2006 年 IPCC 国家温室气体清单指南》第五卷第六章推荐的排放因子方法，其排放因子由 1995 年美国北部的生活污水处理厂现场测试期间确定，污水处理厂排放因子是 3.2 g N_2O/(人・年)。由于不同污水处理厂在污水水质、处理工艺及运行条件上的差异，污水处理厂 N_2O 释放源及释放量随国家和地区不同差异很大，仅采用 IPCC 所推荐的释放因子来核算城镇污水处理厂温室气体 N_2O 的释放会存在较大的误差。因此，在现场有条件监测污水处理厂构筑物温室气体排放的情况下，宜开展一定周期内的现场监测，以获取更为准确的碳排放量值。

污水处理厂排放尾水处 N_2O 的排放，可以参照 IPCC 的计算依据，形成尾水排放至受纳水体氮的自然循环发生硝化和反硝化反应后产生 N_2O 的计算公式。

污水处理厂污泥焚烧排放 N_2O 的过程中，影响排放的重要因素有空气污染控制设备的类型、废弃物的类型和氮的含量及过剩空气的比例，以及影响排放的重要因素温度等，可以参照 IPCC 的计算依据及相关研究，形成污泥焚烧产生 N_2O 排放量的计算公式。

污水处理厂污泥土地利用 N_2O 排放的计算，可以参照《2006 年 IPCC 国家温室气体清单指南》第 4 卷“农业、林业和其他土地利用”第 11 章第 11.2 节源自管理土壤的 N_2O 排放依据及相关研究，以污泥应用对象为土壤形成相应的计算公式。

（3）污泥运输 CO_2 排放计算方法：污泥运输产生的 CO_2 排放源于机动车辆燃料燃烧，当污泥被机动车辆运输至处理或处置场所时，其 CO_2 的排放量计算可以参照机动车的碳排放计算方法。

5. 间接排放计算

（1）电耗类间接排放：污水处理厂污水和污泥各处理单元由于电耗产生间接排放，可以按照污水处理厂每日耗电量进行计算。需要关注的是不同电网其单位电量碳排放量有所差异，可通过查阅我国各区域电网的排放因子获得相应的计算值。

（2）物耗类间接排放：污水处理厂污水和污泥各处理单元由于药剂消耗产生间接排放，可以按照污水处理厂各处理单元每日药耗消耗量，采用排放因子法计算其碳排放量。不同药剂及生产企业对应的排放因子[$kg(CO_2)/kg$]，可以通过查阅有关资料及调研获得。

6. 碳汇及碳减排计算

（1）再生水回用：污水处理厂的再生水回用可以减少给水处理及其运输过程中的温室气体排放量，此部分的碳减排量即是假设使用等量的新鲜水所产生的碳排放量，其计算方法为折算的电能及药剂消耗产生的碳排放量，可参照给水处理的碳排放计算方式。

（2）污泥能源回收：污泥厌氧消化过程产生的沼气回收利用过程，主要是通过燃烧产生热能，替代部分污水处理厂所需热能和电能，由此电能和热能消耗降低而减少的碳排放量，可以通过污水处理厂减少的电能和热能使用量进行计算。

（3）污泥土地利用：污泥中含有的氮、磷在土地利用中可为植物提供养分，其碳减排的计算方法是设定污泥中氮、磷的植物利用量，相应计算出氮、磷化肥使用减少量，这部分化肥生产及运输的碳排放量，即为污泥土地利用的碳减排量。

（4）污泥填埋气的回收：污泥进入填埋场会产生大量的填埋气，其主要成分与沼气相似。如污泥填埋场有气体回收设施并进行发电或者热电联产，则可参照污泥厌氧消化过程的沼气利用计算其碳减排量。

三、污水处理厂碳减排途径

目前，我国污水处理厂设计和运行以高效去除污染物为主要目标，其中氮、磷的去除是近年来污水处理厂关注的重点。由于排放标准不断提高，污水处理厂能耗和物料消耗也越来越高。同时，我国污水处理厂进水有机物浓度较低，污泥厌氧消化产气量相对较低，资源化利用不足，碳排放量相对较高。在碳达峰和碳中和要求的背景下，根据我国污水处理厂的现状与特点，提出低碳设计与运行的技术路径及发展趋势如下。

1. 污水中有机碳的回收

有机物是污水中最主要的能源组分。据估算城镇污水中每克 COD 所蕴含的能量可达 13~14 kJ，理论上远超过其处理所需的能量。因此，回收利用污水中的有机碳是减少其碳排放的最主要途径。提高污泥厌氧消化产气量及利用效率又是国内污水处理厂提高能源回收效率的技术关键。污泥热水解、餐厨垃圾协同消化等技术方法，可以改善污泥有机物含量较低，产气量不高的问题，加快污泥水解速度，缩短消化时间，提高沼气产量，相应提高碳减排效率。同时，其他有机物回收技术也在研究推进之中。

2. 污水中营养物质的回收

污水中的主要营养元素为氮和磷，在现行的污水处理过程中，污水的生物脱氮除磷及化学除磷都需要消耗大量的能源和药剂。而污水中氮、磷等营养物质的回收利用，不仅实现有用资源的回收利用，还具有可观的碳减排效果。目前，污水中的磷可通过析出鸟粪石等技术方法实现回收，而氮回收利用的技术方法也日趋成熟。

3. 清洁能源的使用

在太阳能发电、风能发电、生物质发电及氢能利用等新能源技术不断发展的背景下，清洁能源的使用成本在不断降低。借助于绿色输电工程的建设与发展，污水处理厂的设计和运行可以更多地采用清洁能源，以减少污水处理厂的间接碳排放，其也是降低污水处理厂碳排放的重要途径。

4. 污泥的处置与资源化利用

以国内规模型污水处理厂的碳排放核算实践为例，污水处理厂污泥处理处置产生的碳排放占整个污水处理厂碳排放量的50%以上。目前，污泥焚烧发电、污泥水泥窑协同处理、污泥中营养成分的土地利用等技术方法已基本成熟，在污水处理厂的设计和运行中，加强这些技术方法的应用，都能通过碳汇量的增加有效地减少污水处理厂的总体碳排放量。

5. 低能耗低排放工艺技术的应用

污水处理厂在污水的提升、生物反应过程的供氧和污泥处理处置过程中都要消耗大量的能源，尤其是曝气供氧装置占污水处理厂总用电量的50%以上，是污水处理厂碳排放的主要因子。因此，利用现代信息技术与污水处理工艺紧密结合，精准控制微生物供氧的过程，以及减少污水提升中的能耗，可以在设计工艺方法上降低能耗。同时，通过工艺的改进和新工艺的应用，如厌氧氨氧化工艺等，减少污水处理运行单元 N_2O 和 CH_4的释放，都可以有效减少污水处理厂的碳排放量。

6. 污水处理工艺的低碳进步与发展

以活性污泥法及生物膜法为主体的城镇污水处理厂工艺已有100多年的历史，在社会经济整体进入低碳发展的背景下，污水处理厂工艺如何与时俱进，向着能源消耗平衡与碳中和的方向发展，是污水处理厂技术进步与发展的重要方向。目前，国内污水处理概念厂等污水处理领域的研究与实践，顺应了这一发展趋势，而碳达峰和碳中和的国家发展需求，也必将加速推进污水处理厂低碳技术的创新与实践应用。

第七节 污水处理厂运行和控制

一、工程验收和调试运行

1. 工程验收

污水处理厂工程竣工后，一般由建设单位组织施工、设计、质量监督和运行管理等单位联合进行验收。隐蔽工程必须通过由施工、设计和质量监督单位共同参加的中间验收。验收内容为资料验收、土建工程验收和安装工程验收，包括工程技术资料、处理构筑物、附属建筑物、工艺设备安装工程、室内外管道安装工程等。

验收以设计任务书、初步设计、施工图设计、设计变更通知单等设计和施工文件为依据，以建设工程验收标准、安装工程验收标准、生产设备验收标准和档案验收标准等国家现行标准和规范，包括《给水排水构筑物工程施工及验收规范》（GB 50141—2008）、《给水排水管道工程施工及验收规范》（GB 50268—2008）、《机械设备安装工程施工及验收通用规范》（GB 50231—2009）、机械设备自身附带的安装技术文件等为标准对工程进行评价，检验工程的各个方面是否符合设计要求，对存在的问题提出整改意见，使工程达到建设标准。

2. 调试运行

验收工作结束后，即可进行污水处理构筑物的调试。调试包括单体调试、联动调试和达标调试。通过试运行进一步检验土建工程、设备和安装工程的质量，验收工程运行是否能够达到设计的处理效果，以保证正常运行过程能够达到污水治理项目的环境效益、社会效益和经济效益。

污水处理工程的试运行，包括复杂生物化学反应过程的启动和调试，过程缓慢，耗时较长。通过试运行对机械、设备及仪表的设计合理性、运行操作注意事项等提出建议。试运行工作一般由建设单位、试运行承担单位共同完成，设计单位和设备供货方参与配合，达到设计要求后，由建设主管单位、生态环境主管部门进行达标验收。

二、运行管理及水质监测

污水处理厂的设计即使非常合理，但运行管理不善，也不能使污水处理厂运行正常和充分发挥其净化功能。因此，重视污水处理厂的运行管理工作，提高操作人员的基本知识、操作技能和管理水平，做好观察、控制、记录与水质分析监测工作，建立异常情况处理预案制度，对运行中的不正常情况及时采取相应措施，是污水处理厂充分发挥出环境效益、社会效益和经济效益的保障。

水质监测可以反映原污水水质、各处理单元的处理效果和最终出水水质等，运用这些资料可以及时了解运行情况，及时发现问题和解决问题，对于确保污水处理厂的正常运行起着重要作用。目前，国内污水处理厂的水质监测通常有监管部门在线监测及污水处理厂自行监测两种模式。每座污水处理厂进水、出水端均设有在线监测设施，实时将污水处理厂的进出水水质、水量数据上传至监管部门。生态环境等监管部门还定时或不定时对污水处理厂出水排放口进行取样分析。根据污水处理厂运维情况的需要，厂内各主要工艺段出水也设有在线监测仪表，通过 PLC（可编程逻辑控制器）将各工段主要污染物的实时数据上传至污水处理厂中控室，供运维管理人员对污水处理厂实际运行情况进行监控。部分无法在线取得的水质数据，则通过定时取样、化验室检测的方式取得。

污水处理厂水质监测指标因污水性质和处理方法不同有所差异。一般监测的主要指标为水温、pH、BOD、COD、DO、NH_3-N、TN、TP、SS、污泥浓度（MLSS）等。当有特殊工业废水进入时，应根据具体情况增加监测项目。例如，焦化厂的含酚废水需增加酚、氰、油、色度等指标；皮革工业废水需测定 Cr^{3+}、S^{2-}、氯化物等指标。

三、运行过程自动控制

随着社会发展和科技进步，污水处理厂运行过程对自动控制的要求越来越高，自动控制系统已逐步成为城镇污水处理厂的重要组成部分，对稳定处理效果、降低运行成本、提高劳动生产率起着重要的作用。基本的自动控制系统由检测仪表、控制器、执行机构和控制对象等组成。

1. 检测仪表

检测仪表是用来感受并测量被控参数，将其转变为标准信号输出的仪表。污水处理工程常用的检测仪表有处理过程中的温度、压力、流量、液位等检测仪表，各种水质（或特性）参数如 pH、溶解氧（DO）、氮、磷等在线检测仪表。随着计算机的迅速发展，同计算机融为一体的智能化仪表快速发展，能对信息进行综合处理，对系统状态进行预测，全面反映测量的综合信息。

2. 自动控制器

自动控制器是自动控制系统的核心。在自动控制器内，将给定值与测量值进行比较，并按一定的控制规律，发出相应的输出信号去推动执行机构。随着计算机技术的不断发展，在自动控制系统中越来越多地采用以微处理器为核心的计算机作为其自动控制器。可编程控制器由于具有可靠性高、控制功能强、编程方便等优点而越来越受到人们的重视。近年来，我国新建的污水处理厂工程中大多采用了可编程控制器作为自动控制器。

3. 自动控制执行装置

自动控制执行装置用来完成自动控制器的命令，是实现控制调节命令的装置。在污水处理自动控制系统中，主要的执行设备有各种泵，如离心泵、往复式计量泵；各种阀门，如调节阀、电磁阀等；以及鼓风机、加药设备等。通过对自动控制执行装置实现对工艺参数、动力设备等自动调节，从而使污水处理厂的运行经常处于优化的工况条件，节约动力费用，提高运行效率。

另外，污水处理采用的自动控制系统的结构形式，从自控的角度可以划分为数据采集与控制管理系统、集中控制系统、集散控制系统等。数据采集与控制管理系统联网通信功能较强，侧重于监测和少量的控制，一般适用于被测点地域分布较广的场合。集中控制系统将现场所有的信息采集后全部输送到中心计算机或 PLC 进行处理运算后，再由中心计算机系统或 PLC 发出指令，对系统实行控制操作，主要用于小型的水处理自控系统。集散控制系统是目前污水处理自动控制系统中应用较多、具有较大发展和应用空间的控制系统。针对污水处理工艺自动化要求越来越高，需要检测的工艺参数不断增加，以及大型污水处理厂处理构筑物分散、管线复杂、控制设备多等特点，集散控制系统能更有效地对过程予以全面控制。集散控制系统一般由分散过程控制装置部分、操作管理装置部分和通信系统部分组成。

思考题和习题<<<

1. 污水处理厂设计的基础资料主要有哪些？设计的主要原则是什么？

2. 污水处理厂工程设计有几个阶段？每个阶段文件编制的主要内容有哪些？

3. 初步设计和施工图设计的要求分别是什么？

4. 试分析污水处理厂设计中水质水量与工艺流程选用的关系。

5. 根据环境影响评价的要求，分析污水处理厂厂址选择的原则和注意事项。

6. 平面布置与高程布置应遵循哪些基本原则，有哪些主要影响因素？对于有一定坡度的污水处理厂厂址和地形平坦的厂址，试分析其在平面布置与高程布置上的区别。

7. 污水处理厂需要配水和计量的控制点有哪些？配水的方式有哪几种，其特点各是什么？计量装置的设置和配水如何结合？

8. 简述污水处理厂技术经济分析的主要内容和方法，试论述对污水处理厂建设的作用。

9. 污水处理厂自动控制的方式有哪几种？污水处理厂需要自动控制的参数主要有哪些，为什么？

10. 试分析污水处理厂工程设计中，污水处理工艺设计与相关专业设计的关系，如何做好工程设计中专业的配合和合作？

参考文献<<<

[1] 金兆丰，徐竞成．城市污水回用技术手册[M]．北京：化学工业出版社，2004.

[2] 张自杰．排水工程：下册[M].5版．北京：中国建筑工业出版社，2015.

[3] 章非娟．工业废水污染防治[M]．上海：同济大学出版社，2001.

[4] 曾科，卜秋平，陆少鸣．污水处理厂设计与运行[M]．北京：化学工业出版社，2010.

[5] 北京市市政工程设计研究总院有限公司．给水排水设计手册：第五册[M].3版．北京：中国建筑工业出版社，2017.

[6] 张自杰．环境工程手册：水污染防治卷[M]．北京：高等教育出版社，1996.

[7] 金兆丰，余志荣．污水处理组合工艺及工程实例[M]．北京：化学工业出版社，2003.

[8] Metcalf & Eddy | AECOM. Wastewater engineering：treatment and resource recovery[M]. 5th ed. Boston：McGraw-Hill，2014.

[9] 中华人民共和国住房和城乡建设部．室外排水设计标准：GB 50014—2021[S]．北京：中国计划出版社，2021.

[10] 中南建筑设计院股份有限公司．建筑工程设计文件编制深度规定[M]．北京：中国建材工业出版社，2017.

[11] 住房和城乡建设部工程质量安全监管司．市政公用工程设计文件编制深度规定(2013年版)[M]．北京：中国建筑工业出版社，2013.